GLEITLAGER

Von

Dr. phil. **E. Schmid** und Dr.-Ing. **R. Weber**

o. Prof. u. Vorstand d. II. Physikal. Instituts
der Universität Wien, ausw. wissensch. Mitglied
d. Max Planck-Inst. f. Metallforschung Stuttgart

Technisch-wissenschaftlicher
Mitarbeiter im Metall-Laboratorium der
Metallgesellschaft A.-G. Frankfurt a. M.

Mit 212 Abbildungen

Springer-Verlag
Berlin / Göttingen / Heidelberg
1953

ISBN 978-3-642-86874-0   ISBN 978-3-642-86873-3 (eBook)
DOI 10.1007/978-3-642-86873-3

Vorwort.

Das Problem des Gleitlagers zeichnet sich durch eine außerordentliche Vielfältigkeit aus. Von der Hydrodynamik der Schmierung als der theoretischen Grundlage der Lagerreibung führt es über die Werkstoffkunde, über die Physik und Chemie der Oberflächen fester Körper bei Fehlen und Vorhandensein von Schmiermitteln, über Konstitutionsfragen dieser Schmiermittel bis zur Lagergestaltung, Lagerfertigung und Prüfung und Bewährung der Lager in Laboratorium und Betrieb. Diese Sachlage bringt es mit sich, daß übersichtliche Bearbeitungen zumeist nur ein Teilgebiet des gesamten Fragenkomplexes betreffen. Neben mehreren Darstellungen der hydrodynamischen Theorie der Lagerreibung gibt es umfassende Überblicke über das Gebiet der Gleitlagerwerkstoffe und eingehende Behandlungen der Schmiermittelfragen. Über das neuerdings als so wesentlich erkannte Gebiet der Wechselwirkung von Gleitwerkstoff und Schmiermittel ist kürzlich das Werk „The friction and lubrication of solids" von T. P. Bowden und P. Tabor erschienen. Im deutschen Schrifttum, das zahlreiche interessante Originalarbeiten aufweist, fehlt hierüber ein entsprechender, den augenblicklichen Stand kennzeichnender Überblick.

Alle diese Umstände ließen es uns reizvoll erscheinen, den Versuch zu unternehmen, eine umfassende Darstellung des gesamten Fragenkomplexes ohne besondere Betonung des einen oder anderen Teilgebietes zu versuchen als Unterlage für die Beschäftigung mit dem Gebiet des Gleitlagers, welcher Art immer sie sei. Mitveranlassung für die Verwirklichung unseres Vorhabens war weiterhin eine Anregung seitens des Herrn Dr. K. Riederer, Stuttgart.

Wesentlich zurückgreifen konnten wir bei der Darstellung auf lange gemeinsam bei der Metallgesellschaft A. G., Frankfurt/Main verbrachte Arbeitsjahre. Wir möchten es nicht versäumen, dieser Firma für die stets großzügige Unterstützung unserer Arbeiten verbindlichst zu danken. Dank schulden wir ferner einer Reihe von Fachkollegen für freundliche Beratung und wertvolle Vorschläge, insbesondere Fräulein E. Schulz und den Herren Dipl.-Ing. P. Beuerlein, Dr.-Ing. C. Bücken, Dr.-Ing. H. Burckhardt, Dr.-Ing. A. Durer, Dr. phil. J. Jaenicke, Dr. phil. habil. K. Löhberg und Dipl.-Ing. F. W. Rabenau. Eine Reihe von

Firmen hat uns in liebenswürdiger Weise durch Überlassung von Bild-
material unterstützt. Besonders danken möchten wir auch Herrn Dr. phil.
F. Kaysser, der uns durch Literaturhinweise und -beschaffung unter-
stützte, sowie unserer nimmermüden Mitarbeiterin Frau I. Ressdorf.

Dem Verlag danken wir für sein stets freundliches Eingehen auf
unsere Vorschläge.

Wien und Frankfurt a. M., im November 1952.

Erich Schmid.   Richard Weber.

Inhaltsverzeichnis.

Berichtigung.

S. 22, Zeile 3 v. u. statt Öleinlaufwinkel ψ_e lies: Öleinlaufwinkel φ_e.

S. 183, Tab. 29, Ausdehnungskoeffizient für Nylon, statt $\sim$60 lies: $\sim$140.

S. 265, Zeile 20 v. o. statt [*VII, 100*] lies: [*VI, 102*].

S. 269, Zeile 12 v. o. statt Zwischenlager lies: Zwischenlagen.

Einleitung.

1. Gleitlager — Wälzlager.

Zu den wichtigsten Elementen von Maschinen und Geräten aller Art gehören, obwohl sie meist ihrer Größe nach nicht hervorstechend in Erscheinung treten, die Lager. Sie dienen dem Zweck, Kräfte bei gegeneinander bewegten Teilen abstützend aufzunehmen und gleichzeitig die Führung der Teile sicherzustellen. Die Bewegung in der Abstützung kann sowohl gleitend als auch abwälzend sein. Wenn auch eine völlig scharfe Abgrenzung hinsichtlich der Bewegung im Lager nicht möglich ist, so unterscheidet man doch entsprechend diesen beiden Arten der Relativbewegung grundsätzlich Gleitlager und Wälzlager.

Bei den Gleitlagern gleitet i. allg. die Mantelfläche eines kreiszylindrischen rotierenden Zapfens in einem Hohlzylinder (Quer-, Radial- oder Traglager). In besonderen Fällen gleiten auch die Stirnfläche des Zapfens oder parallel der Stirnfläche angeordnete Druckplatten auf entsprechenden Tragringen oder die Seitenflächen von mit dem Zapfen geeignet verbundenen Kämmen auf ebenen Flächen eines Widerlagers (Längs-, Axial-, Spur- oder Kammlager). Zwei Grenzfälle zählen ebenfalls zu den Gleitlagern: Übergang zu sehr kleinem Zapfendurchmesser führt auf die Spitzenlager, bei denen die Verrundung einer konisch verjüngten Welle in einer entsprechend ausgehöhlten Aufnahme (Lagerstein) gleitet. Übergang zu unendlich großem Zapfendurchmesser führt auf die ebenen Lagerstellen, bei denen eine translatorische Hin- und Herbewegung des beweglichen Elements erfolgt (Geradführungen, Kreuzköpfe). Die Gleitflächen können dabei auch als Zylinder mit zur Bewegungsrichtung paralleler Achse ausgebildet sein (Kreuzköpfe, Kolben).

Bei den Wälzlagern (Kugel- und Rollenlagern) werden Kugeln oder Rollen (kreiszylindrische, konische oder tonnenförmige) auf ringförmigen Laufbahnen abgewälzt. Ist der Rollendurchmesser im Vergleich zur Rollenlänge sehr klein, so werden die Lager als Nadellager bezeichnet. In gewissem Sinn gehören zu den Wälzlagern auch die Schneidenlager, bei denen die von einem Zylindermantel sehr kleinen Krümmungshalbmessers gebildete Auflagekante einer Schneide auf einer entsprechend

Tabelle 1.

	Gleitlager	
	Zapfenlager	Spitzenlager
Form der gegeneinander bewegten Flächen	Zylindermäntel; Ebenen	Kalotten und passend gehöhlte Lagerstellen
Richtung des Lastangriffs.	a) Senkrecht zur Drehachse (Quer-, Radial-, Traglager) b) parallel zur Drehachse (Längs-, Axial-Stützlager u. als spezielle Bezeichnung Spur- oder Kammlager) c) Komponenten senkrecht u. parallel zur Drehachse (Gleitdrucklager, Trag- und Kammlager)	Überwiegend parallel zur Drehachse
Tragfähigkeit	niedrig bis hoch (werkstoffabhängig)	sehr niedrig (kleine Auflagefläche)
Gleitgeschwindigkeit (Abwälzgeschwindigkeit)	weiter Bereich; bei geeigneter Werkstoffwahl sehr niedrige und sehr hohe Werte möglich	sehr niedrig
Lebensdauer	begrenzt durch Beanspruchung und Werkstoffeigenschaften, im Idealfall — hydrodyn. Schmierzustand — unbegrenzt	begrenzt durch Verschleißfestigkeit der Werkstoffe
Empfehlende Eigenschaften	je nach Werkstoffauswahl und Gestaltung erreichbar: Stoß- u. Schwingungsdämpfung (geräuschloser, erschütterungsfreier Lauf); hohe Rundlaufgenauigkeit; Unempfindlichkeit gegen Schläge u. kurzzeitige Überlastung; Unempfindlichkeit gegen Schmutzeinwirkung; Ausführungsmöglichkeit korrosions- u. säurefest; Herstellung bis zu kleinsten Abmessungen möglich; billig in Fabrikation u. Reparatur	hervorragende Rundlaufgenauigkeit; sehr kleine Reibung; geringe Ansprüche an Wartung; im Meßgerätebau i. allg. billiger als Zapfenlager
Nachteilige Eigenschaften	sorgfältige Überwachung der Schmierung erforderlich, abgesehen von Lagern des Feingerätebaus; Reibungszahl abhängig von der Drehzahl, Belastung und Temperatur; Reibungszahl in kleinen u. mittleren Drehzahlbereichen im Durchschnitt größer als bei Wälzlagern	geringe Belastbarkeit; Schlag- und Stoßempfindlichkeit; höchste Anforderungen an die Oberflächengüte der Gleitflächen

geformten Pfanne um kleine Beträge hin- und hergehend abgewälzt wird.

Eine Kennzeichnung der verschiedenen Lagerarten und Hervorkehrung charakteristischer Eigentümlichkeiten ist in der Tab. 1 gegeben. Vor allem sollen die Angaben einen allgemeinen Vergleich der Wälzlager mit den Gleitlagern darstellen.

Alle weiteren Ausführungen beschränken sich auf die Gleitlager; bezüglich des hochentwickelten, sehr speziellen Gebiets der Wälzlager sei auf das vorhandene Schrifttum verwiesen [1, 2, 3, 4][1].

----

[1] Die eingeklammerten Zahlen beziehen sich auf die nach Kapiteln geordneten Literaturangaben am Schluß des Buches.

Lagerarten.

ebene Lagerstellen	Wälzlager	
	Kugel- bzw. Rollenlager (Nadellager)	Schneidenlager
Ebenen; koaxiale, längs der Achse gegeneinander bewegte Zylinder	Kugeln, bzw. zylindrische, konische oder tonnenförmige Rollen; Laufringe	Zylinder sehr kleinen Krümmungshalbmessers; passend geformte Auflagestellen (Pfannen).
Komponenten parallel und senkrecht zur Gleitflächenrichtung	a) senkrecht zur Drehachse (Quer- oder Radiallager) b) parallel zur Drehachse (Längs- oder Axiallager) c) Komponenten senkrecht und parallel zur Drehachse (Radiaxlager)	senkrecht zur Abstützungsebene
niedrig bis hoch (werkstoffabhängig)	hoch	hoch
sehr niedrig bis hoch (werkstoffabhängig)	weiter Bereich von sehr niedrigen bis hohen Werten	sehr niedrig
begrenzt durch Verschleißfestigkeit der Werkstoffe	begrenzt durch Ermüdungsfestigkeit (Wöhlerlinie) der Werkstoffe und Verschleiß	begrenzt durch Ermüdungs- und Verschleißfestigkeit der Werkstoffe
erschütterungsfreier Lauf; Stoß- und Schwingungsdämpfung (geräuschloser Lauf); Unempfindlichkeit gegen Schläge und kurzzeitige Überlastung; Unempfindlichkeit gegen Schmutzeinwirkung	Reibungszahl im Durchschnitt kleiner als bei Gleitlagern (0,0020—0,0015 gegenüber 0,100—0,001). Reibungszahl in kleinen und mittleren Bereichen unabhängig von Drehzahl, Belastung und Temperatur; kleine Anfahrreibung; geringer Schmiermittelbedarf; Anspruchslosigkeit hinsichtlich Wartung	große Führungsgenauigkeit; kleinste Reibung: Anspruchslosigkeit hinsichtlich Wartung
sorgfältige Überwachung der Schmierung	hohe Anforderungen an geometrische Genauigkeit und Oberflächenbeschaffenheit der Sitz- und Stützflächen für die Lager; höchste Anforderungen an die Oberflächengüte der Abwälzflächen; Empfindlichkeit gegen Schmutzeinwirkung; Stoßempfindlichkeit; Geräuschbildung; in den kleinsten Abmessungen der Gleitlager nur mit Einschränkungen ausführbar. Relativ großes Gewicht. Einbaumöglichkeiten konstruktiv begrenzt	Schlag- u. Stoßempfindlichkeit; höchste Anforderungen an die Oberflächengüte der Abwälzflächen

I. Zur Theorie der Gleitlager.

Dieses erste Kapitel bringt eine Übersicht über die wichtigsten theoretischen Erkenntnisse auf dem Gleitlagergebiet. Der im Lager stets anzustrebende Fall ist der der Trennung der beiden gegeneinander gleitenden Teile durch eine dünne, aber zusammenhängende flüssige Schmierschicht. Es wird daher zunächst eine Darstellung der wichtigsten Ergebnisse der hydrodynamischen Theorie gegeben, die sich mit dem immer anzustrebenden Idealfall „flüssiger" Reibung beschäftigt. Nach Möglichkeit wird auch der Fall unvollkommener Schmierung mitbehandelt. Der nächste Abschnitt bringt sodann die Bedeutung des Gefügeaufbaues, der physikalischen, mechanischen und chemischen Eigenschaften der

Gleitwerkstoffe für das Verhalten der Gleitlager. In einem dritten Abschnitt folgt schließlich eine Schilderung der Wechselwirkung zwischen Gleitwerkstoff und Schmiermittel. Es ist dies ein Forschungsgebiet, welches, erst am Anfang der Entwicklung stehend, noch bedeutsame Erfolge für die Zukunft verspricht.

A. Hydrodynamische Theorie.

Über die hydrodynamische Gleitlagertheorie liegen eine Reihe von zusammenfassenden Darstellungen vor. In der 1925 erschienenen Monographie GÜMBEL-EVERLING „Reibung und Schmierung im Maschinenbau" [I, 1] wird eine ausführliche Darlegung der Theorie der flüssigen Reibung, vor allem im Hinblick auf die Schmierung umlaufender Lagerzapfen gegeben, einer Theorie, deren Entwicklung GÜMBEL maßgeblich beeinflußt hat. Für weitere Darlegungen der hydrodynamischen Theorie sei auf L. HOPF [I, 2], A. SCHIEBEL und K. KÖRNER [I, 3], W. RUMPF [I, 4], W. STIEBER [I, 5] und A. SOMMERFELD [I, 6] verwiesen. In seinem Buch „Grundzüge der Schmiertechnik" gibt FALZ [I, 7] eine Übersicht über die hydrodynamische Theorie in einer für die praktische Anwendung im Gleitlager zugeschnittenen, reiche Anregungen bringenden Form. Eine Reihe neuerer Arbeiten von G. VOGELPOHL ([I, 8 bis 10], in [I, 8] eine ausführliche Literaturübersicht über die Entwicklung der Theorie) befaßt sich mit den Energieverhältnissen und dem Wärmegleichgewicht in der Schmierschicht und besonders mit den Verhältnissen bei dem praktisch so wichtigen, durch unvollkommene Schmierung gekennzeichneten Fall der Mischreibung. W. FRÖSSEL [I, 11] hat die für endliche Gleitlager gewonnenen theoretischen Ergebnisse in für den Praktiker brauchbaren Tabellen zusammengestellt. K. BAUER [I, 12] hat der praktischen Lagerberechnung dienende Tabellen veröffentlicht.

In Anlehnung an diese Veröffentlichungen sollen, ergänzt durch Angaben aus [I, 108 u. 109], das von der Theorie entworfene Bild der Verhältnisse im Gleitlager und dessen experimentelle Kontrolle, sowie die sich daraus für den Lageraufbau ergebenden Richtlinien geschildert werden.

2. Reibungszustände.

Unter Gleitreibung versteht man den Widerstand, der einer Bewegung zweier aneinander gleitender Körper entgegenwirkt. Auf Grund empirischer Versuche stellte COULOMB das Gesetz der *trockenen Reibung*

$$T_R = N \mu_{tr} \tag{1}$$

auf, worin T_R den Reibungswiderstand (Gleitreibung), N den Normaldruck auf die Gleitfläche und μ_{tr} einen Proportionalitätsfaktor, die Reibungszahl bedeuten. μ_{tr} ist vom Material und dessen Bearbeitungszustand abhängig, dagegen innerhalb weiter Grenzen von der Größe der Berührungsflächen unabhängig. In erster Annäherung an die Wirklichkeit ist μ_{tr} in beschränkten Bereichen auch von der Gleitgeschwindigkeit unabhängig. Bei hohen Geschwindigkeiten (Zuggeschwindigkeiten) tritt indessen ein erheblicher Abfall der Reibungszahl ein, ein Umstand, der z. B. bei der Bemessung von Bremsklötzen zu beachten ist[1]. Wesentlich beeinflußt wird die Reibung durch das Vorhandensein schmierender Flüssigkeitsschichten zwischen den gleitenden Flächen. Sind diese durch eine zusammenhängende Schmierschicht von solcher Stärke getrennt, daß die Schicht als Kontinuum angesehen werden kann, so tritt als Gegenstück zur eben beschriebenen „trockenen" Reibung *„reine Flüssigkeitsreibung"* auf. „*Grenz- oder Epilamenreibung*" liegt vor. wonn bei noch vorhandener zusammenhängender Flüssigkeitstrennschicht, deren Stärke so dünn ist (wenige Molekülschichten), daß sich hydrodynamische Drucke nicht mehr ausbilden können. Bei „*Mischreibung*" liegen die Zustände der Flüssigkeitsreibung und der Epilamenreibung nebeneinander vor. Zwischen die beiden Grenzfälle, trockene und flüssige Reibung, schieben sich also zwei Übergangszustände, die beide in den Gleitlagern auftreten, ein. Allgemein muß man also vier verschiedene Reibungszahlen unterscheiden.

Das auf die trockene Reibung bezügliche μ_{tr} ist, wie eben erläutert, wesentlich von den Gleitwerkstoffen und deren Oberflächenbeschaffenheit abhängig. Das für reine Flüssigkeitsreibung gültige μ_{fl} ist dagegen durch völlig andere Größen bedingt. Entsprechende Überlegungen müssen hier von dem NEWTONschen Gesetz der Flüssigkeitsreibung ausgehen. Dieses besagt, daß der auf ein Flächenelement f innerhalb einer strömenden Flüssigkeit bei einem Geschwindigkeitsgefälle dv/dz senkrecht zu dem betrachteten Flächenelement wirkende Verschiebungswiderstand T_{fl} gegeben ist durch das Produkt

$$T_{fl} = \eta \cdot f \cdot \frac{dv}{dz} \tag{2}$$

(η = Zähigkeit — innere Reibung — der Flüssigkeit.) Eine Abhängigkeit vom Druck ist also hier nicht vorhanden, da die Verschieblichkeit der Flüssigkeitsteilchen davon praktisch unabhängig ist (vgl. hierzu jedoch Punkt 3).

Der von dieser Gleichung ausgehende Übergang zur Berechnung der Reibungszahl für *flüssige Reibung* kann hier nur angedeutet werden

---

[1] Für Bremsklötze aus Stahlguß und stählerne Radreifen hat sich empirisch der Ausdruck

$$\mu_{tr} = \beta \cdot \frac{1 + 0,0112\,v}{1 + 0,06\,v}$$

ergeben, worin v die Fahrgeschwindigkeit in km/Std. und β eine Konstante ist (0,45 für trockene, 0,25 für nasse Reibungsflächen) [*I, 13*.]

(vgl. hierzu [*I, 1*]). Sollen zwei durch eine Flüssigkeitsschicht getrennte Körper im Zustand der Flüssigkeitsreibung gegeneinander verschoben werden, so sind folgende Voraussetzungen unerläßlich. Zunächst muß die Flüssigkeit beide gleitenden Flächen benetzen. Der Gleitvorgang führt dann bei genügender Dicke des Schmierfilms zur Ausbildung eines Geschwindigkeitsgefälles in der Flüssigkeit, das einen Verschiebungswiderstand gemäß Gl. (2) entwickelt. Zur Vermeidung der Verdrängung eines zusammenhängenden Schmiermittelfilms und des damit verbundenen Verlustes hydrodynamischer Druckausbildung muß weiterhin die senkrecht zur Gleitfläche wirkende Kraft in der in bezug auf die Be-

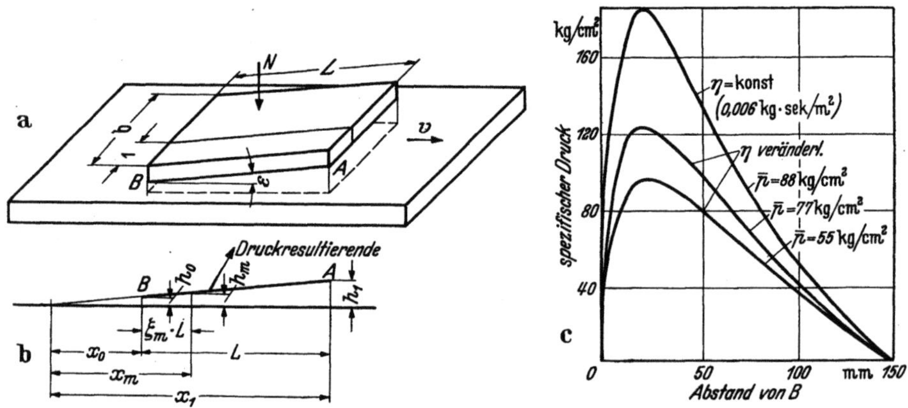

Abb. 1a—c. Ebener Schmierkeil.
a Schema des ebenen Gleitschuhs.
b Zur Ableitung der Druckverteilung in Schmierkeilen.
c Druckverteilung im Schmiermittel längs des Gleitschuhs (nach VOGELPOHL [*I, 7*]).

wegungsrichtung hinteren Hälfte der gleitenden Fläche angreifen. Nur bei diesen gegebenen Voraussetzungen bildet sich durch Schiefstellung der Gleitfläche ein Schmierkeil, der zu einer von Normalkraft N, Verschiebungsgeschwindigkeit v und Zähigkeit η abhängigen, stabilen Lage (Neigungswinkel) und damit zu einer Trennung der gegeneinander bewegten Flächen durch eine hydrodynamisch tragende Flüssigkeitsschicht führt (Abb. 1a).

Die rechnerische Verfolgung ergibt, daß die in Anlehnung an das COULOMBsche Gesetz als Quotient von Reibungswiderstand T_R und Normaldruck N definierte Reibungszahl der flüssigen Reibung μ_{fl} durch einen Ausdruck

$$\mu_{fl} = k \sqrt{\frac{\eta \cdot v}{N/b}} \tag{3}$$

gegeben ist. Die für reine Flüssigkeitsreibung gültige Reibungszahl ist danach vom Schmiermittel, und zwar von dessen temperaturabhängiger

innerer Reibung η abhängig, außerdem von der Gleitgeschwindigkeit v
und von N/b, der auf einen 1 cm breiten Streifen der gleitenden Ebene
von der Breite b wirkenden Kraft. Das Auftreten von b in Gl. (3) entspricht der Abhängigkeit des NEWTONschen Verschiebungswiderstandes
von den Abmessungen der Schmierschicht. k ist eine von den geometrischen Bedingungen abhängige, dimensionslose Konstante. Eigenschaften
des Materials der Gleitflächen treten, dem Zustandekommen des Widerstandes durch reine Flüssigkeitsreibung entsprechend, nicht in Erscheinung. Wesentlich für die Aufnahme von Normalkräften in der Flüssigkeitsschicht ist, worauf nochmals hingewiesen sei, die Ausbildung eines
keilförmigen Zwischenraumes (Lagerspiel). Das nach dem NEWTON-
schen Gesetz nicht zu erwartende Auftreten von N in der Gleichung für

Tabelle 2. *Reibungszahlen der trockenen (bzw. Grenz-) Reibung (nach [I, 14]).*

Reibende Körper	μ_{tr}
Hartholz auf Schmiedeeisen	rd. 0,55
Lederriemen auf Gußeisen	0,56
Hanfseil auf rauhem Holz	0,5
Schweißeisen auf Schweißeisen	0,44
Eiche auf Eiche	
in Richtung der Faser	0,48
senkrecht gegen die Faser des gleitenden Körpers	0,34
Hirnholz auf Langholz in Faserrichtung	0,19
Hanfseil auf Eisen	0,25
Bronze auf Gußeisen	0,21
Bronze auf Bronze	0,20
Schweißeisen auf Gußeisen oder Bronze	0,18
Gußeisen auf Gußeisen, wenig gefettet	0,15
Unbeschlagene Holzkufen auf Schnee und Eis	0,035
Beschlagene Holzkufen auf Schnee und Eis	0,02
Stahl auf Eis	0,014

μ_{fl} findet physikalisch darin seine Erklärung, daß sich bei Begrenzung
der Flüssigkeitsschicht durch einen unter äußerem Druck freibeweglichen
Körper und einem feststehenden Körper die Schichtstärke der Flüssigkeit mit dem Druck ändert.

Grundsätzlich besteht also ein wesentlicher Unterschied zwischen
der Bedeutung der Reibungszahlen der trockenen und der flüssigen
Reibung. Bei der trockenen Reibung ist die Reibungszahl ein Maß für
den unvermeidlichen, durch die Eigenschaften der Gleitflächen hervorgerufenen Energieverlust. Bei der flüssigen Reibung gibt die analog zur
Reibungszahl der trockenen Reibung definierte Reibungszahl ein Maß
für die zur Aufrechterhaltung eines flüssigen Schmierfilms aufzuwendende
Energie. Der stets anzustrebende Idealfall der flüssigen Reibung ist
also mit diesem Opfer zwangsläufig gekoppelt.

Auf eine Erörterung der *Mischreibung* und *Grenzreibung* kann erst später eingegangen werden. Hier seien nur noch in Tab. 2 einige Angaben über trockene Reibung zusammengestellt, die für die Berechnung von Backenbremsen, Reibungskupplungen, Seil- und Riementrieben benutzt werden.

Den bisherigen Erörterungen der Reibungszahl lag der Vorgang des Aneinandergleitens ebener Flächen zugrunde. Für die Reibung im Querlager gilt analog zu dem Ansatz $T_R = N \cdot \mu_{tr}$ die Beziehung

$$M = \mu \cdot P \cdot r \,, \tag{4}$$

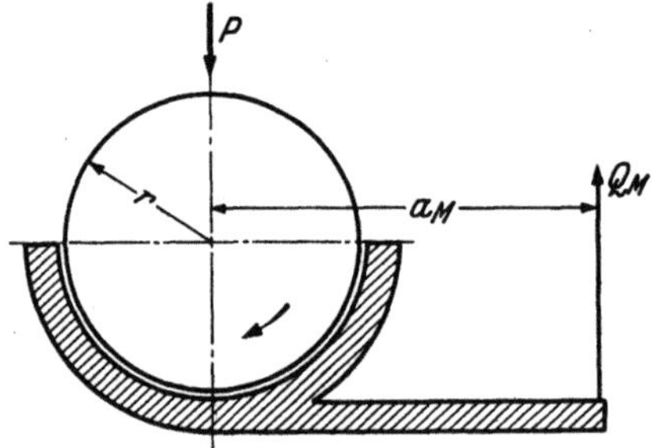

Abb. 2. Bestimmung der Zapfenreibungszahl (schematisch)

Dem Zapfenreibungsmoment $M = \mu \cdot P \cdot r$ wird durch das aufgebrachte Drehmoment $Q_M \cdot a_M$ das Gleichgewicht gehalten

$$\mu = \frac{Q_M \cdot a_M}{P \cdot r}$$

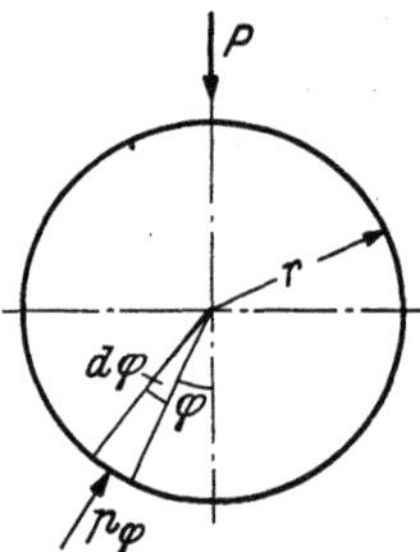

Abb. 3. Zur Ableitung der Zapfenreibungszahl.

worin μ die Zapfen-Reibungszahl, M das Moment der Zapfenreibung (Reibungsmoment bezogen auf die Zapfenachse), P die auf den Zapfen wirkende Last und r dessen Halbmesser bedeuten.

Dieses aus Messungen des dem Zapfen zur Aufrechterhaltung der Bewegung zuzuführenden Drehmoments (vgl. Abb. 2) erhaltene μ ist nicht völlig identisch mit dem aus ebener Gleitung ermittelten. Über den Unterschied gibt die Ableitung der Gl. (4) aus Gl. (1) und den geometrischen Verhältnissen im Querlager einen ungefähren Anhalt [*I, 15*] [1].

---

[1] Abb. 3 stellt den Querschnitt eines mit der Gesamtlast P belasteten Zapfens vom Halbmesser r und der Länge l dar. Der Last P wird durch vom Winkel φ abhängige Normeldrucke p_φ auf die untere Hälfte des Zapfenzylinders das Gleichgewicht gehalten. Auf ein Flächenelement $dF = r \cdot l \cdot d\varphi$ im Winkelabstand φ wird die Normalkraft $dN = p_\varphi \cdot r \cdot l \cdot d\varphi$ ausgeübt. Die bei der Gleitung entstehende Reibungskraft dT_R ist demnach durch $dT_R = \mu \cdot dN$ gegeben. Da der *mittlere* Normaldruck (p) über die ganze untere Zapfenhälfte durch $p = \dfrac{P}{2\,r \cdot l}$ gegeben ist, folgt für das Moment (M) der Zapfenreibung $M = \mu \cdot p \cdot r \int d F$ unter dieser Vereinfachung $M = \dfrac{\pi}{2} \cdot \mu \cdot P \cdot r$, d. h. das am Umfang des umlaufenden Zapfens ermittelte μ würde sich von dem im ebenen Gleitversuch erhaltenen durch den Faktor $\pi/2$ unterscheiden.

Bevor in weiteren Punkten die dynamischen Verhältnisse im Schmierspalt näher beschrieben werden, soll zunächst die für das Verhalten der Schmiermittel so wichtige Zähigkeit kurz behandelt werden.

3. Zähigkeit der Schmiermittel [*I, 16*] u. [*I, 17*].

Zähigkeit (Viskosität oder innere Reibung) einer Flüssigkeit ist der Widerstand, den sie einer Verschiebung ihrer Teilchen (Moleküle oder Molekülkomplexe) entgegensetzt. Ein Maß für die *absolute* oder *dynamische* Zähigkeit ist die Kraft, die aufzuwenden ist, um eine Schicht von 1 cm² Fläche im Abstand 1 cm parallel zu einer ruhenden Schicht mit der Geschwindigkeit 1 cm/s fortzubewegen. Beträgt diese Kraft 1 Dyn, so hat die Flüssigkeit die Einheit der absoluten Zähigkeit, die 1 Poise (P) von der Dimension $\frac{\text{Dyn} \cdot \text{sec}}{\text{cm}^2}$ genannt wird. Der hundertste Teil davon ist 1 Centipoise (cP). Im technischen Maßsystem erhält man die dynamische Zähigkeit in $\frac{\text{kg} \cdot \text{sec}}{\text{m}^2}$, wenn man den in Poisen ausgedrückten Wert durch 98,1 dividiert. *Kinematische* Zähigkeit wird der Quotient aus dynamischer Zähigkeit und spez. Gewicht genannt. Einheiten sind das Stok (St) und Centistok (cSt).

Die Bestimmung der Zähigkeit erfolgt zumeist in Auslaufversuchen auf Grund des POISEUILLEschen Gesetzes. Dieses besagt, daß aus einer Kapillarröhre vom Halbmesser r und der Länge l eine unter dem Überdruck p stehende Flüssigkeitsmenge q die durch den Ausdruck

$$t = \frac{8 \cdot q \cdot l}{\pi \cdot r^4 \cdot p} \cdot \eta \tag{5}$$

gegebene Zeit zum Ausfluß benötigt. Das POISEUILLEsche Gesetz gilt jedoch nur bis zu einer gewissen Grenzgeschwindigkeit. Überschreitet die Ausflußgeschwindigkeit diesen kritischen Wert, so tritt Wirbelbildung ein (Übergang der laminaren Strömung in turbulente), die den Auslaufwiderstand scheinbar vergrößert und zu höheren Werten für die Zähigkeit führt. Die kritische Geschwindigkeit V_k ist nach REYNOLDS durch den Ausdruck

$$V_k = \frac{R_z \cdot \eta}{2 r \cdot \varrho} \tag{6}$$

gegeben, worin ϱ die Dichte der Flüssigkeit, R_z die sogenannte REYNOLDsche Zahl, etwa 2000, bedeuten.

Für praktische Messungen der Zähigkeit wird in Deutschland vielfach das ENGLER-Viskosimeter benutzt (Abb. 4a). Verglichen werden dabei die Ausflußzeiten gleicher Mengen der zu prüfenden Flüssigkeit von Prüftemperatur und von Wasser von 20° C, jeweils durch dieselbe geeichte Düse A. Benötigt dabei die Flüssigkeit den n-fachen Wert der

Ausflußzeit des Wassers, so wird ihr der Zähigkeitswert $n°$ Engler (n E°) zugeschrieben:

$$E° = \frac{\text{Ausflußzeit von 200 cm}^3 \text{ Öl von Versuchstemperatur}}{\text{Ausflußzeit von 200 cm}^3 \text{ Wasser von 20° C}} \cdot$$

Die Abmessungen der wesentlichen Teile des Viskosimeters und der Vorgang der Zähigkeitsbestimmung sind in [I, 19] genormt[1].

Zur unmittelbaren, genaueren Ermittlung der kinematischen und der dynamischen Zähigkeit werden u. a. das VOGEL–OSSAG-Viscosimeter, das

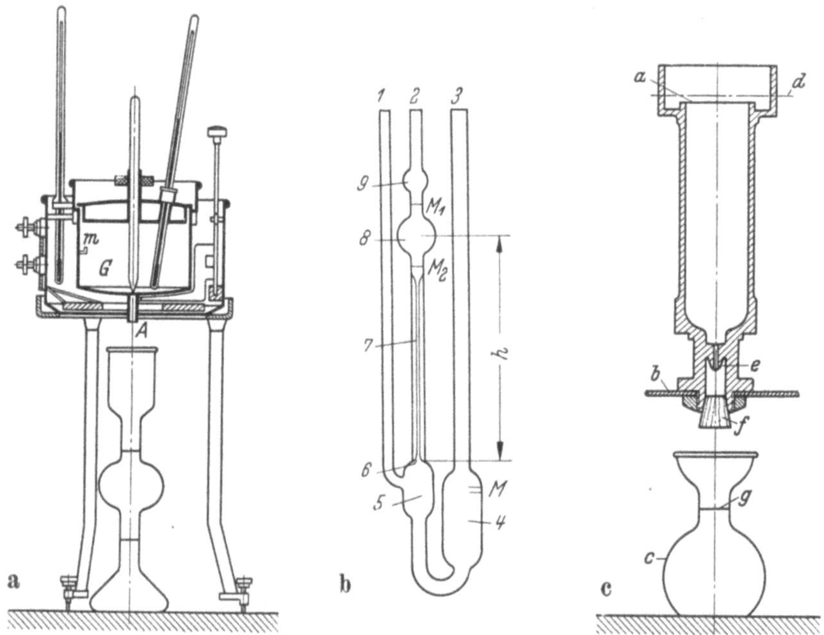

Abb. 4a—c. Ausführungsformen von Viskosimetern.

a ENGLER-Viskosimeter (aus [I, 16]). G = Meßgefäß; m = Füllmarken; A = Düse.

b UBBELOHDE-Viskosimeter (aus [I, 106]). 1, 2, 3 Rohrteile; 4 Vorratsgefäß; 5 Niveaugefäß; 6 oberer Teil des Niveaugefäßes als Kugelkalotte ausgebildet; 7 Kapillare; 8 Meßgefäß; 9 Vorlaufkugel; M Meßmarken; M_1 M_2 Ringmeßmarken; h mittlere Druckhöhe.

c SAYBOLDT-Viskosimeter (aus [I, 18]). a Überströmrand; b Boden des Bades; c Meßkolben; d Spiegel der Badflüssigkeit; e Düse; f Kork; g Füllmarke.

[1] Eine gesiebte Ölmenge von etwa 250 cm³ wird etwas über die beabsichtigte Prüftemperatur erwärmt und in das Meßgefäß G eingefüllt bis zur Höhe von drei in einer Horizontalebene liegenden Marken m. Durch Lüften des Verschlußstiftes wird die Düse mit dem Versuchsöl gefüllt. Nach Aufsetzen des Deckels wird unter Rühren mit Hilfe des Thermometers (Drehen des Deckels) gewartet bis die Prüftemperatur exakt erreicht ist. Sodann wird durch Anheben des Verschlußstiftes das Öl in einen Meßkolben ausfließen gelassen und mit einer Stoppuhr die Zeit gemessen bis zum Ausfluß von 200 cm³. Die so gemessene Zeit wird mit der Zeit verglichen, die zum Ausfluß von 200 cm³ Wasser von 20° C benötigt wird (51—53 sec; Eichwert des Viskosimeters). Als Versuchstemperatur werden für Spindel- und Laweröle meist 20 und 50° C, für Motoren- und Dampfzylinderöle meist 50 und 100° C gewählt.

UBBELOHDE-Viskosimeter, das Kugelfallviskosimeter nach HÖPPLER oder das LAWACZEK-Viskosimeter (zylindrischer Fallkörper) empfohlen ([I, 16] S. 35 u. f.; [I, 106]). Bei dem UBBELOHDE-Viskosimeter (Abb. 4b), das wir als Beispiel anführen, wird die Zeit für das Absinken der Prüfflüssigkeit in einem Meßgefäß bestimmt. Die kinematische Zähigkeit η_k ist dann:

$$\eta_k = k \cdot t \text{ in } cSt \qquad (6\,\text{a})$$

k ist eine von der verwendeten Kapillare abhängige Kennzahl,
t die Durchlaufzeit in Sekunden.

Auch hier sind die wesentlichen Teile des Viskosimeters und die Vornahme der Zähigkeitsbestimmung genormt[1] [I, 107].

Die in England und USA verwendeten Viskosimeter nach REDWOOD bzw. SAYBOLT (Abb. 4c) gleichen grundsätzlich dem ENGLER-Gerät. Als Maß der Zähigkeit wird dabei die Ausflußzeit in Sekunden (REDWOOD-Sec. bzw. SAYBOLT-Sec.) verwendet. Als Bezugstemperaturen werden im REDWOOD-Viskosimeter 70° F (21,0° C), 140° F (60,0° C) und 212° F (100° C), im SAYBOLT-Viskosimeter 100° F (37,8° C), 130° F (54,4° C) und 210° F (98,8° C) benutzt. In Frankreich wird der Reziprokwert der Viskosität, die Fluidität, durch die in der Zeiteinheit ausgeflossene Flüssigkeitsmenge ermittelt (cm^3/h).

In Tab. 3 sind in verschiedenen Maßstäben (ENGLER-Grad, cSt, REDWOOD-Sec., SAYBOLT-Sec. und Fluidität cm^3/h) gemessene Zähigkeitswerte einander gegenübergestellt. Für Zähigkeiten über 50 cSt bestehen überdies folgende lineare Beziehungen zwischen ENGLER-Grad und kinematischer Zähigkeit, REDWOOD- und SAYBOLT-Sec.:

$$1\,E° = 7{,}60\ cSt = 30{,}75\ \text{REDWOOD-Sec.} = 35{,}00\ \text{SAYBOLT-Sec.}$$

Für Zähigkeiten kleiner als 50 cSt stören Turbulenzerscheinungen derartige einfache Beziehungen.

Von wesentlichem Einfluß auf die Zähigkeit der Schmieröle ist die Temperatur. Ein Beispiel hierfür ist in Abb. 5 durch den Temperaturverlauf der Zähigkeit eines Motorenöls gegeben. Der bei niedrigen Tem-

---

[1] Alle mit der Prüfflüssigkeit in Berührung kommenden Teile werden sorgfältig gereinigt und getrocknet. Von der gefilterten Prüfflüssigkeit (25 ml) werden etwa 12 ml durch das Rohr *3* in das Vorratsgefäß *4* bis in die Höhe zwischen den Meßmarken *M* eingefüllt. Das Gerät wird dann in ein mit einem Rührer ausgestattetes Flüssigkeitsbad konstanter Temperatur gebracht. Hat die Prüfflüssigkeit die Badtemperatur angenommen, so wird die Öffnung des Rohres *1* mit dem Finger verschlossen und mit einer Wasserstrahlpumpe an Rohr *2* die Prüfflüssigkeit in dem Niveaugefäß *5*, der Kapillare *7*, dem Meßgefäß *8* und der Vorlaufkugel *9* hochgesaugt. Durch Unterbrechung des Ansaugens und Freigabe der Öffnung *1* reißt die Flüssigkeitssäule am unteren Ende der Kapillare *7* ab. Die in den Gefäßen *9, 8* und der Kapillare *7* befindliche Flüssigkeitsmenge läuft ebenfalls aus. Gemessen wird die Zeit des Absinkens der Flüssigkeit von M_1 nach M_2.

Tabelle 3. *Einander entsprechende Zähigkeitswerte in verschiedenen Maßstäben* (*aus* [*I, 16*]).

°Engler	Centistok	Saybolt-Sec.	Redwood-Sec.	Fluidität cm^3/h
1,3	3,92	38,8	34,8	
1,4	5,10	42,5	38,7	
1,5	6,25	46,2	40,9	
1,6	7,40	49,9	44,1	
1,831	*10,00*	58,8	51,8	478
2,0	11,8	65,2	57,4	407
2,2	13,8	72,8	63,9	352
2,4	15,8	80,2	70,4	311
2,6	17,6	87,7	76,7	278
2,8	19,4	95,1	82,9	255
3,0	21,1	101,2	88,9	233
3,46	*25,0*	119,1	103,2	192
4,0	29,4	138,3	120,7	163
4,5	33,4	156	137	146
5,0	37,4	174	153	131
6,0	45,2	210	184	108
6,62	*50,0*	231	203	98
7,0	53,0	245	216	93
8,0	60,5	279	246	81
9,0	68,3	315	277	72
10	75,9	350	308	64
12	91,0	419	369	52,5
13,17	*100*	460	405	48
14	106,3	488	431	46
16	121,5	559	492	40,5
18	136,8	630	554	36
20	152	700	616	32,5
22	167	768	676	29
25	190	875	769	25,7
30	228	1050	923	21,5
32,9	*250*	1152	1012	19,5
40	304	1400	1231	16,5
50	380	1750	1538	12,5
60	456	2100	1846	
70	532	2450	2156	
80	608	2800	2460	
90	685	3150	2770	
100	760	3498	3077	
131,6	*1000*	4604	4049	
150	1140	5250	4615	
197,5	*1500*	6908	6073	

peraturen sehr steile Abfall der Zähigkeit mit steigender Temperatur verflacht mit zunehmender Temperaturerhöhung. Für verschiedene Öle unterschieden sich d'ese Zähigkeits-Temperaturkurven, man gelangt jedoch sowohl für mineralische als auch für fette Öle zu einer einheitlichen Darstellung mit linearer Abhängigkeit, wenn als Ordinate der log des log der dynamischen Zähigkeit, als Abszisse der log der abs. Temperatur aufgetragen werden. Formelmäßig wird dieser Tatbestand durch die WALTHERsche Gleichung:

$$\frac{\log\log(\eta_{d_1} + c) - \log\log(\eta_{d_2} + c)}{\log T_1 - \log T_2} = m' \tag{7}$$

ausgedrückt [I, 20] [I, 21] [I, 22], worin η_d die dynamische Viskosität in cP, c eine Konstante, die zwischen 0,7 und 0,95, im Mittel bei 0,8 liegt und T die abs. Temperatur darstellen, m' ist der Richtungsfaktor der geneigten Geraden. Praktisch befolgt auch die kinematische Zähigkeit eine derartige Gesetzmäßigkeit. In Abb. 6 wird ·dies für drei Beispiele (Spindelöl, Maschinenöl, Zylinderöl) gezeigt [I, 17].

Auf zwei interessante Kennzahlen ist hier noch hinzuweisen, auf die *Viskositätspolhöhe* [I, 22] [I, 23] [I, 24] und auf den *Viskositätsindex* [I, 25]. Verlängert man im WALTHER-Diagramm (Abb. 6) die Viskositätsgeraden nach niedrigeren Temperaturen hin, so findet man, daß sich

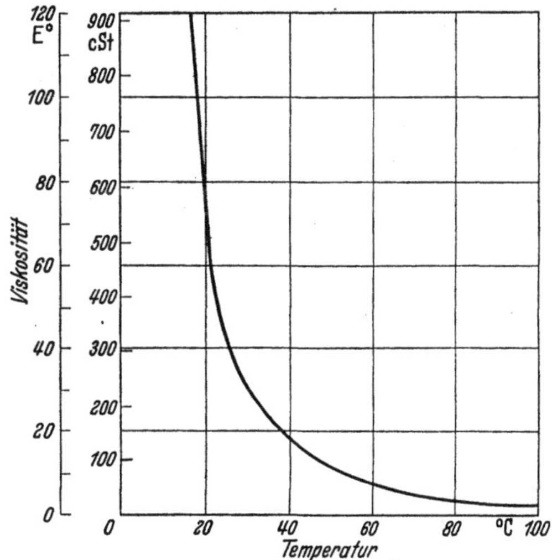

Abb. 5. Temperaturabhängigkeit der Viskosität eines Motorenöles.

diese Linien für alle zu einer bestimmten Familie gehörigen Öle (Öle gleicher Herkunft) in einem Punkt schneiden, „Pol". Die Pole von Ölen verschiedener Herkunft liegen auf einer Geraden, der sog. Polgeraden, deren Gleichung durch

$$\log\log(\eta + 0,8) = -5,15 \log T + 12,41 \tag{7a}$$

gegeben ist [I, 20] [I, 21]. Für eine weitere Erörterung der Viskositätspolhöhe, insbesondere auch ihrer Grenzen sei auf [I, 26] verwiesen.

Der *Viskositätsindex* beschreibt die Steilheit der Abnahme der Viskosität mit der Temperatur. Diese Abnahme wird relativ zu Ölen beschrieben, welchen extrem steile und extrem flache Viskositätsabfälle zukommen. Abb. 7 möge das Vorgehen erläutern. Dargestellt ist für pennsylvanische Öle mit sehr flacher Viskositäts-Temperaturkurve (H-Serie) und für Texasöle mit sehr steiler Kurve (L-Serie) die Viskosität (in SAYBOLT-Sec.) bei 100° F als Funktion der bei 210° F. Da es sich

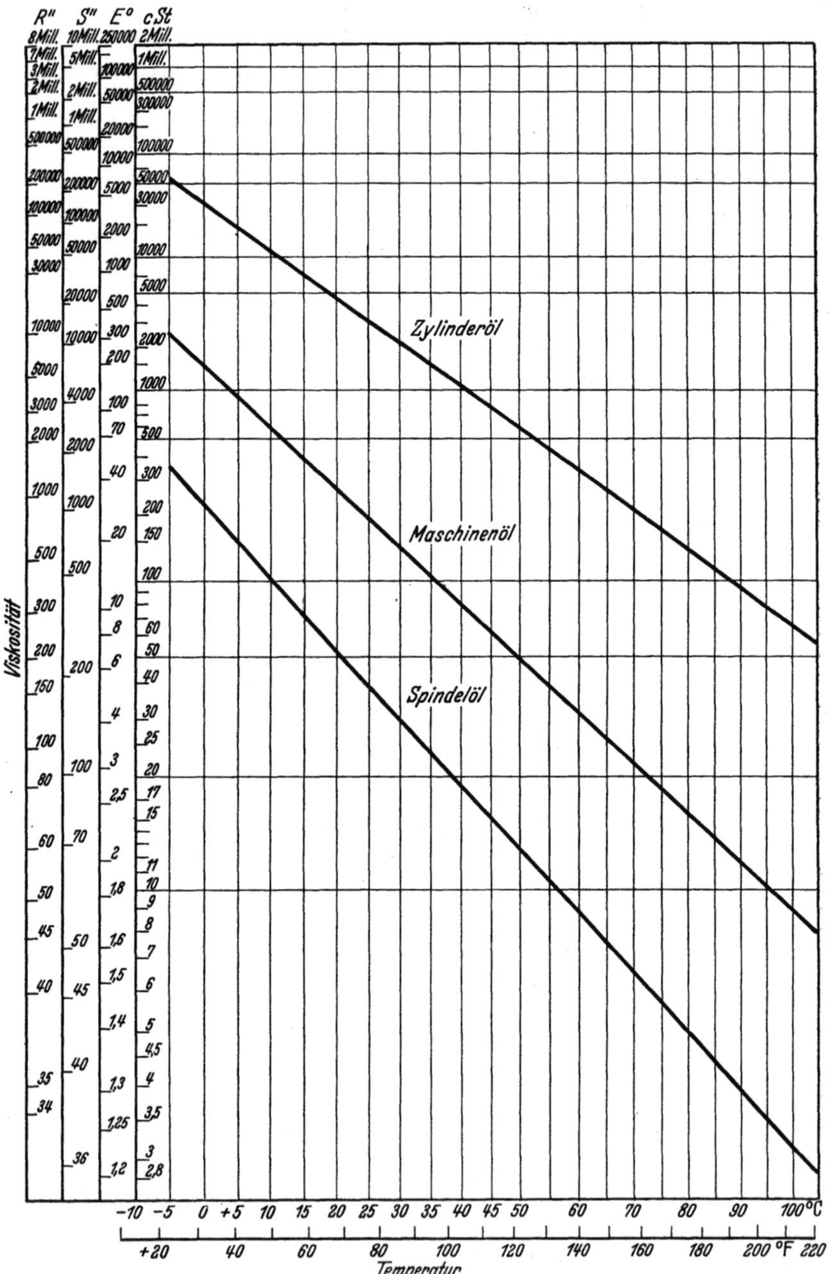

Abb. 6. Temperaturabhängigkeit der Zähigkeit verschiedener Öle in logarithmischer Darstellung (Viskositäts-Temperaturblatt) (aus [I, 17]).

bei diesen Ölen um solche mit extremem Verhalten hinsichtlich der Temperaturabbängigkeit der Zähigkeit handelt, müssen andere Öle durch Punkte im Bereich zwischen den beiden Kurven dargestellt sein. Der Viskositätsindex (VI) des durch den Punkt U gekennzeichneten Versuchsöls ist nun unter der Festsetzung, daß den pennsylvanischen Ölen der Wert 100, den Texasölen der Wert 0 zukommt, definiert durch

$$VI = \frac{L - U}{L - H} \cdot 100, \tag{7b}$$

d. h. die Strecke zwischen den beiden Kurven wird in 100 gleiche Teile geteilt. Auf die Mängel, welche dieser so definierten Kenngröße an-

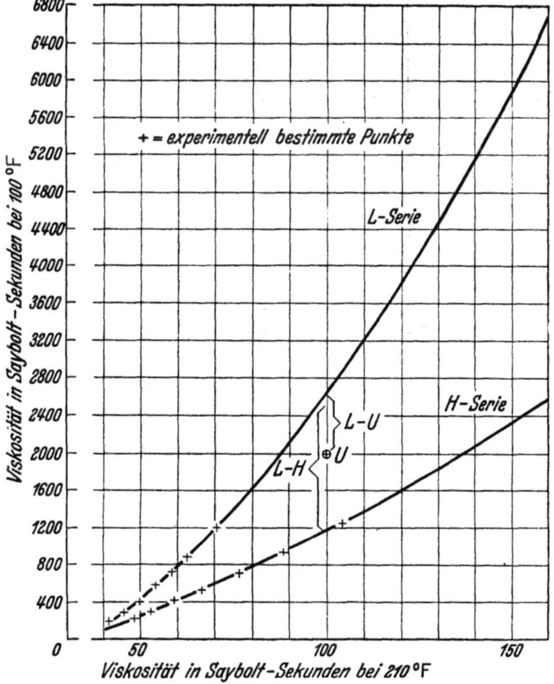

Abb. 7. Zur Ermittlung des Viskositätsindex (nach [I, 26]).

haften und auf die Versuche zu verbesserten Definitionen zu gelangen, kann hier nicht weiter eingegangen werden; Näheres hierzu ist in [I, 26] und [I, 27] zu finden.

Außer der Temperatur ist auch der hydrostatische Druck von erheblichem Einfluß auf die Zähigkeit der Schmieröle. Drucksteigerung bewirkt stets eine Erhöhung der Viskosität, die bei Mineralölen ausgeprägter ist als bei fetten Ölen. Als *relative Druckzähigkeit* wird der Quotient aus Viskosität bei hohem Druck durch Viskosität bei Normaldruck be-

Tabelle 4. *Viskositätsvervielfältigung*

| | Klauenöl | Mineralölraffinate | | RO | A |
| | | Spindelöl | Turbinenöl | | |
		KIESSKALT [*I, 29*]			
Dichte (20°C)	0,912	0,878	0,901	0,903	0,929
η_{20} E°	12,3	3,8	13,8	23,6	68
η_{50} E°	4,0	1,73	3,1	4,3	8,3
Relative Druckzähigkeit 20° C					
100 Atm	1,13	1,20	1,27	1,33	1,36
400	1,64	2,08	2,64	3,18	3,45
600	2,10	2,99	4,28	5,66	6,40
1000	—	6,22	11,25	17,95	22,04
1500					
2000					
50° C					
100 Atm	1,11	1,21	1,20	1,22	1,25
400	1,50	1,73	2,05	2,23	2,42
600	1,83	2,27	2,92	3,34	3,76
1000	—	3,91	5,98	7,45	9,08
1500					
2000					

zeichnet [*I, 28*]; sie gibt also die Vervielfältigung der Zähigkeit durch Druck an. Einige Ergebnisse über den Einfluß steigender Drucke auf die Viskosität zeigt Tab. 4 durch Angabe der relativen Druckzähigkeit. Bei 2000 Atm. werden Viskositätsvervielfachungen auf über das 100-fache beobachtet. Mit steigender Temperatur tritt in allen Fällen eine Abnahme der relativen Druckzähigkeit ein. Bei fetten Ölen ist der Druckeffekt kleiner als bei mineralischen. Mit steigender Viskosität der Öle nimmt ebenso wie mit steigender Temperaturabhängigkeit der Viskosität der Anstieg durch Druckerhöhung zu.

Eine zeitliche Änderung der Zähigkeit, die an Ölen, die eine gewisse Zeit in Ruhe gestanden haben, beobachtet wird, wird auf *Thixotropie* zurückgeführt [*I, 33*]. Als Ursachen dieser Erscheinung wird die Bildung bzw. Zerstörung innerer Strukturen in kolloiden Lösungen angenommen. Die durch sie hervorgerufenen Zähigkeitsschwankungen können bis zu etwa 15% betragen [*I, 9*]. Bezüglich der sog. *Strukturviskosität* (Abhängigkeit der Zähigkeit vom Geschwindigkeitsgefälle) sei auf Punkt 39 verwiesen.

Auf die Berechnung der Zähigkeit aus der Theorie der Flüssigkeiten kann hier nicht eingegangen werden; näheres ist in [*I, 34*] [*I, 35*] zu finden.

durch Druck (aus [I, 16]).

Pennsylvan. Öl	Californisch. Öl	Pennsylvan. Öl	Californisch. Öl	Azeton Raffinat	Pennsylvan. Öl
BREADFORD u. VANDERGRIFT [I, 30]		DOW, FENSKE u. MORGAN [I, 31]		THOMAS, HAMM u. DOW [I, 32]	
—	—	0,876	0,925	0,862	0,872
42	67	42	56	11,3	12,9
8,5	6,8	7,7	7,9	3,1	3,3
1,20	1,40	—	—	1,37	1,35
2,40	3,60	2,26	3,87	2,96	2,53
3,75	6,25	3,50	12,2	3,98	3,64
9,30	26,7	11,05	—	8,67	8,07
27,0	?	39,2	—	21,7	22,30
70,7	190	—	—	56,9	54,20
1,15	1,40	—	—	1,26	1,28
1,96	3,70	2,26	3,61	2,34	2,32
3,05	6,65	3,16	6,97	3,34	3,30
6,05	20,55	6,52	18,3	6,27	6,20
14,5	?	18,05	66,5	12,72	12,95
30,5	121	50,5	—	26,0	26,2

4. Druckverteilung in der Schmierschicht.

Schon in Punkt 2 wurde darauf hingewiesen, daß zur Ausbildung einer tragenden Flüssigkeitsschicht das Vorhandensein einer Strömung unerläßliche Voraussetzung ist. In dem Schmierkeil geht ein Strömungsvorgang vor sich, der durch äußere Druckkräfte und innere Verschiebungskräfte bedingt ist, denen gegenüber Trägheitskräfte (Schwere, Trägheit) vernachlässigbar sind (vgl. hierzu jedoch [I, 36], worin gezeigt wird, daß bei hohen Gleitgeschwindigkeiten Reibungszahl und Tragfähigkeit durch Trägheitskräfte Änderungen bis um etwa 10% erfahren können).

Die Ableitung der Druckverteilung in der Schmierschicht auf Grund der hydrodynamischen Theorie ist auch heute erst näherungsweise durchgeführt. Sie kann im Rahmen dieser Darstellung nur angedeutet werden.

In Abb. 1b ist der gegen eine ruhende Unterlage unter dem Winkel ε geneigte, mit der Geschwindigkeit v bewegte Gleitschuh im Aufriß dargestellt. Der bewegte Gleitschuh nimmt durch Haftung eine gewisse Flüssigkeitsmenge mit. Die Strömung durch die verschiedenen Schmierspaltquerschnitte muß konstant sein, d. h. es muß das Druckgefälle dp/dx bei B größer als bei A sein. Da an den beiden Enden A und B des Gleitschuhs Atmosphärendruck herrscht, muß der Druck in der Schmierflüssigkeit irgendwo zwischen A und B durch ein Maximum gehen (Stelle C).

Die mathematische Formulierung dafür, daß durch jeden Querschnitt des Schmierspalts pro Sekunde die gleiche Flüssigkeitsmenge strömt (Inkompressibilität), führt auf die Grundgleichung für die Druckverteilung

$$\frac{dp}{dx} = 6 \cdot \eta \cdot v \frac{h - h_m}{h^3}, \tag{8}$$

worin h_m die zum Druckmaximum gehörige Keilhöhe bedeutet. Die Integration von Gl. (8) unter den Randbedingungen $p = 0$ für A und B führt bei unbegrenzter Breite des Gleitschuhs auf

$$p = \frac{6 \cdot \eta \cdot v \cdot L}{h_0^2} \cdot \frac{m^2 (1 - \xi)\,\xi}{(2m + 1)\,(m + \xi)^2}, \tag{9}$$

worin $m = \dfrac{x_0}{L}, \quad \xi = \dfrac{x - x_0}{L}$ ist [I, 3] (Abb. 1b).

Im Abstand $\xi_m = \dfrac{m}{2m + 1}$ erreicht der Druck sein Maximum von

$$p_m = \frac{6 \cdot \eta \cdot v \cdot L}{h_0^2} \cdot \frac{m}{4\,(m + 1)\,(2m + 1)}.$$

Dieses hängt bei sonst gleichbleibenden Verhältnissen (konstante minimale Schmierschichtstärke h_0) von der Schiefstellung des Gleitschuhs (m) ab und besitzt, berechnet durch

$$\frac{dp_m}{dm} = 0, \quad \text{für} \quad m = \frac{1}{\sqrt{2}}, \quad \text{also} \quad \varepsilon \sim \frac{h_0}{L} \cdot \sqrt{2}$$

den absolut größten Wert von

$$p_{m,abs} = 0{,}2574\,\frac{\eta \cdot v\,L}{h_0^2}, \quad \text{der im Abstand} \quad \xi_m = \frac{1}{2 + \sqrt{2}} = 0{,}293 \text{ wirkt.}$$

Für Verfeinerungen in den Ableitungen sei z. B. auf G. Vogelpohl [I, 8] verwiesen. Während früher das Schmiermittel durch eine als *konstant* angenommene Zähigkeit gekennzeichnet wurde, wird in [I, 8] die Erwärmung der Schmierschicht quantitativ berücksichtigt. Als physikalische Minimalbedingung ergibt sich, daß sich bei reiner Flüssigkeitsreibung und gegebener Form des Schmierspalts eine solche Druckverteilung einstellt, daß die in Reibungswärme umgesetzte Energie ein Minimum wird.

Abb. 1c gibt zwei Beispiele von durch derart verfeinerte Rechnung für endliche Breite erhaltenen Druckverteilungen wieder. Veränderliche Zähigkeit zufolge Temperaturerhöhung ist dabei berücksichtigt. Zum Vergleich ist auch eine Kurve für konstante Zähigkeit mitaufgenommen. Die errechneten Druckmaxima liegen etwa in der Höhe der doppelten, mittleren spezifischen Belastung.

Die für den ebenen Gleitschuh erhaltenen Ergebnisse sind sinngemäß auf das Zapfenlager übertragbar. Wegen der geringen Dicke des Ölfilms im Vergleich zum Zapfenhalbmesser kann das Element der Strömung als eben angesehen und die Strömung zwischen Nachbarquerschnitten ebenso wie im Gleitschuh behandelt werden. Als Analogie zur notwendigen Neigung des Gleitschuhs ergibt sich, wie schon REYNOLDS [*I, 37*] erkannt hatte, daß die Welle zu ihrer *hydrodynamischen Abstützung exzentrisch im Lager sitzen muß.* Infolge der Haftung der Schmierflüssigkeit wird diese vom rotierenden Zapfen mitgenommen. Zwischen Zapfen und ruhender Lagerschale entsteht ein angenähert linearer Geschwindigkeitsabfall. Bei zentrischer Lage des Zapfens wäre der Druck in der Schmierflüssigkeit überall derselbe, d. h. es entstünde keine Kraft, welche dem Zapfendruck das Gleichgewicht hielte.

Für unbegrenzte Länge eines kreiszylindrischen Tragzapfens führt die Integration der den vorliegenden geometrischen Verhältnissen angepaßten Grundgleichung (8) für die Druckverteilung auf einen Druckverlauf, wie ihn Abb. 8 für ein Vollager darstellt. Für die durch fortgesetzte Näherung durchzuführende Integration sei auf [*I, 3*] und [*I, 8*] verwiesen. Das Wellenmittel ist gegenüber der Achse der Lagerschale versetzt. Der Druck in der Schmierschicht steigt von der Eintrittsstelle des Schmiermittels zunächst stetig

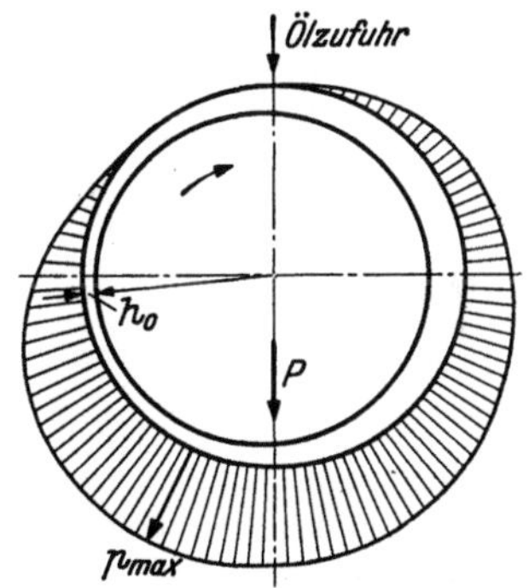

Abb. 8. Theoretischer Druckverlauf im ganz umschlossenen Lager unbegrenzter Länge (nach [*I, 3*]). Öleinlauf am Scheitel.

Relative Exzentrizität des Zapfens $\varkappa = \dfrac{e}{R-r} = 0,33$; R und $r =$ Lager- und Wellendurchmesser.

mit zunehmender Verengung des Schmierkeils an. Er erreicht sein Maximum p_{max} analog dem eben erläuterten Verhalten beim Gleitschuh *bevor* die Schmierkeilstärke auf ihr Minimum (h_0) abgesunken ist.

Der Übergang auf endliche Lagerlänge (das Integral ist dann nicht mehr in geschlossener Form darstellbar) führt unter plausiblen, hier nicht näher angegebenen Annahmen auf nur geringfügige Unterschiede, so daß auf eine Wiedergabe der entsprechenden Druckverteilung verzichtet wird (vgl. hierzu [*I, 3*]). In Abb. 9a ist eine an einem Lager mit einem Verhältnis von Länge zu Durchmesser von 1:1,36 = 0,736 (Lagerlängenverhältnis) erhaltene Druckverteilungskurve dargestellt [*I, 4*]. Da die Ölzufuhr in der Teilfuge zwischen Ober- und Unterschale erfolgte, beginnt hier das Druckgebiet erst um 90° gegenüber dem Scheitel des Lagers versetzt. Wieder tritt die Tatsache, daß das Druckmaximum p_m und die minimale Schmierschichtstärke h_0 nicht an derselben Stelle liegen, deutlich zu Tage. Der Druck hat bereits vor h_0 sein Maximum erreicht, das wieder etwa bei dem doppelten Wert der mittleren spez. Lagerbelastung liegt. Diese ist durch den Quotienten $P/l \cdot d$ gegeben (Lagerbelastung P geteilt durch die Projektion $l \cdot d$ der unterstützten Zapfenfläche). Von den geometrischen Verhältnissen des Lagers (Büchse und geteiltes Lager, Halblager) spielt vor allem der Öleinlaufwinkel eine

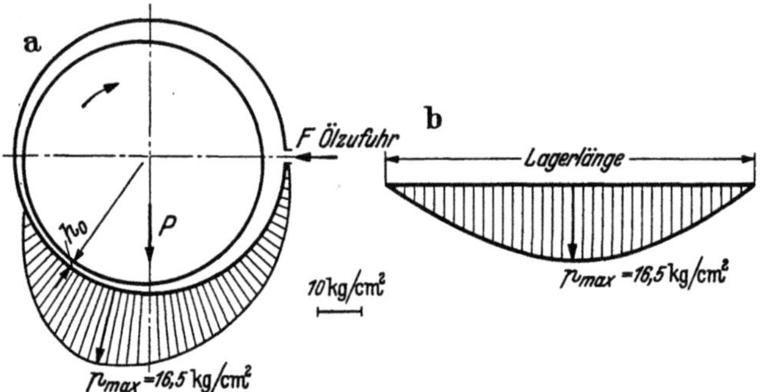

Abb. 9a u. b. Gemessener Druckverlauf im ganz umschlossenen Lager begrenzter Länge (nach [*I, 4*]). Öleinlauf an der Teilfuge *F*.

$D = 220$ mm;	$P = 5$ t;
$v = 10$ m/s;	$p = 7,6$ kg/cm²;
$l/d = 1,36$;	Spiel $= 1,65$ °/₀₀;

Ölzähigkeit $= 4,5\ E°$ bei 50° C; Lagertemperatur $= 68°$ C;

Relative Exzentrizität des Zapfens $\left(\chi = \dfrac{e}{R-r}\right) = 0,91$.

a Druckverlauf über den Umfang   b Druckverlauf über die Lagerlänge. Durchmesserspiel und Wellenverlagerung aus der Schalenmitte sind der Deutlichkeit wegen übertrieben gezeichnet.

Rolle. In Abb. 9b ist die Druckverteilung an der Stelle des Höchstdruckes über die Lagerlänge veranschaulicht. Ein räumliches Modell der gesamten Druckverteilung im Schmierspalt eines Halblagers (Güterwagenlager) ist schließlich in Abb. 10 gegeben [*I, 38*]. Mit Rücksicht auf das hier verwendete große Lagerspiel (einige Prozent, vgl. Punkt 5) bildet sich nur ein schmaler Laufspiegel aus. Der Druckanstieg und -abfall im Ölspalt erfolgt steil und fast unvermittelt. Über die Lagerlänge ergibt sich im Gegensatz zu Abb. 9b ein Sattel über der Lagermitte, der durch eine Verformung der Stützschale zufolge des Lastangriffs

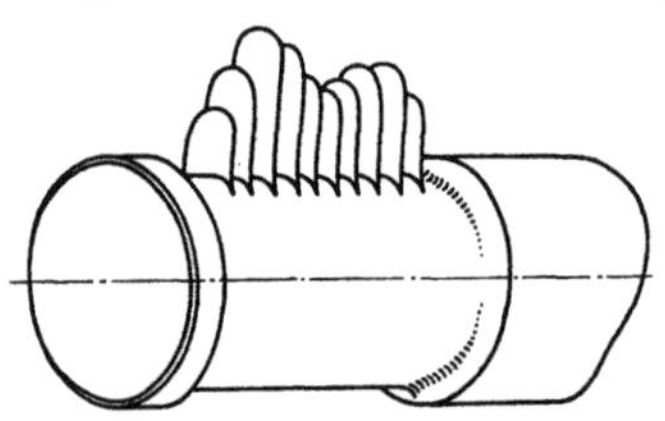

Abb. 10. Räumliches Modell der Öldruckverteilung im Schmierspalt eines Güterwagenlagers (nach [*I, 38*]). (Zapfendurchmesser 109 bis 115 mm, Spiel 10 bis 4 mm $= 84$ bis 34°/₀₀; $l/d = 1,8$ bis 1,7).

bedingt ist (Spielerweiterung in der Mitte durch Ausbiegung der Schale). Bei Zunahme des Lagerspiels (und auch bei unzweckmäßiger Gestaltung [*I,105*] und bei ungünstigem Lagerlängenverhältnis) kann das Druckmaximum ein Vielfaches der spez. Lagerbelastung, die dann immer mehr an Bedeutung verliert, erreichen.

5. Lagerspiel und Schmierschichtstärke.

Bei der Besprechung der Druckverteilung im Lager in Punkt 4 ist
auf die erforderliche exzentrische Lage des Zapfens hingewiesen worden.
Um eine solche Lage zu ermöglichen, muß der Lagerdurchmesser (D)
größer sein als der Wellendurchmesser (d). Die Differenz dieser beiden
Werte wird allgemein als Lagerspiel (s) bezeichnet: $s = D - d$. Die
Versetzung der Wellenachse gegenüber der Lagerschalenachse ist schematisch für verschiedene Drehzahlen in Abb. 11 wiedergegeben. Während für ruhende Welle diese in der Richtung der Beanspruchung auf
der Lagerschale aufliegt, also um $s/2$ gegenüber der Lagerachse versetzt
ist (Abb. 11a), stellt sie sich im Grenzfall unendlich hoher Drehzahl in

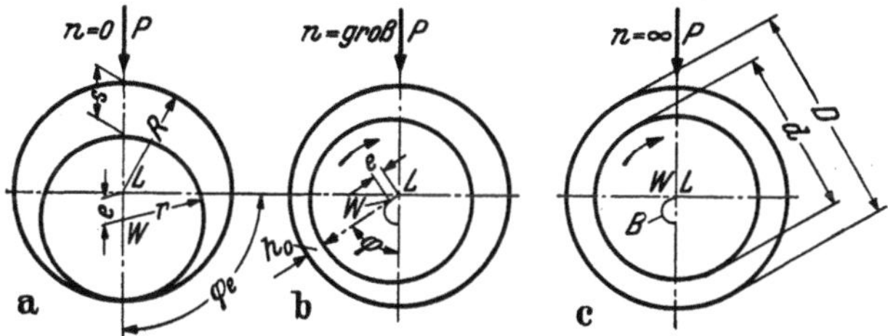

Abb. 11a—c. Einstellung des Zapfens im Lager bei hydrodynamischem Schmierzustand.

P = Lagerbelastung	W = Wellenachse
R = Lagerhalbmesser	e = Mittenabweichung der Welle
r = Wellenhalbmesser	h_0 = geringste Schmierschichtstärke
D = Lagerdurchmesser	B = Weg der Wellenachse
d = Wellendurchmesser	φ_e = Öleinlaufwinkel
L = Lagerachse	φ = Verlagerungswinkel
$D - d = s$ = Lagerspiel	n = Drehzahl
$R - r$ = radiales Lagerspiel	

$$\varkappa = \frac{e}{R-r} \text{ oder } \frac{2e}{D-d} \text{ Relative Exzentrizität des Zapfens.}$$

die Achse des Lagers ein (Abb. 11c). Bei mittleren Drehzahlen ist die
Wellenachse um die Exzentrizität (e) aus der Lagerachse versetzt in
einer Richtung, die mit der ursprünglichen Beanspruchungsrichtung den
Winkel φ bildet (Abb. 11b). Die Exzentrizität e ergänzt sich mit der in
dieser Richtung auftretenden minimalen Dicke (h_0) der tragenden
Schmiermittelschicht zum halben Lagerspiel

$$e + h_0 = \frac{s}{2}. \tag{10}$$

Die Berechnung der Verlagerung der Welle auf Grund der hydro-
dynamischen Theorie ist schon frühzeitig versucht worden. REYNOLDS
[I, 37] erkannte bereits, daß die Verlagerung der Wellenachse von der
Gleitgeschwindigkeit, der Belastung und dem Schmiermittel abhängt.
SOMMERFELDs theoretische Betrachtungen ([I, 39] und [I, 40]) präzi-
sierten diese Abhängigkeiten und ergänzten sie durch Erkennung der
Bedeutung auch des Lagerspiels. GÜMBEL [I, 1] verbesserte die Theorie
und konnte die damals vorliegenden experimentellen Ermittlungen der

Wanderung des Zapfens mit steigender Drehzahl in guter Näherung wiedergeben. Als jüngste theoretische Behandlungen seien die von Schiebel-Körner [I, 3] und Stieber [I, 5] genannt. Ohne auf den Gang der nur durch Näherungsmethoden durchführbaren Lösung der für die Zapfeneinstellung gültigen Gleichungen einzugehen, sei nur hervorgehoben, daß die oben erwähnten Einflußgrößen dabei in einer ganz bestimmten Kombination auftreten, nämlich in der Form der dimensionslosen, für Lagerberechnungen grundlegenden, sogenannten Sommerfeldschen Zahl (*Lagerkennzahl*)

$$Z = \frac{p \cdot \psi^2}{\eta \cdot \omega} \, .$$

Hierin bedeuten $p = \frac{P}{l\,d}$ den Lagerdruck (spez. Belastung), ψ das relative Lagerspiel $\frac{D-d}{d}$, η die Zähigkeit des Schmiermittels und ω die Winkelgeschwindigkeit, gegeben durch 0,1047 n, wenn n die Drehzahl pro Mi-

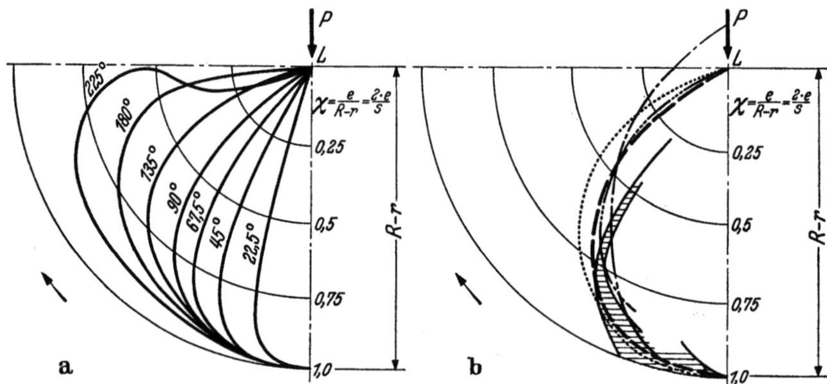

Abb. 12a u. b. Wegkurven der Wellenachse

a theoretische Kurven bei verschiedenem Öleinlaufwinkel φ_e (nach Stieber [I, 5], vgl. auch [I, 3]).
b Vergleich der experimentell ermittelten Kurven bei einem Öleinlaufwinkel $\varphi_e = 90°$ (entspricht Halbschale) mit der theoretischen Kurve.

/////////	Clayton u. Jakemann [I, 41] (Fühlhebel)
— · —	Swift u. Haslegrave [I, 42] (Mikrometer)
—···—	Rumpf [I, 4] (Kapazitive Bestimmung)
··········	Nücker [I, 43] (Kapazitive Bestimmung)
— —	theoret. Kurve nach Stieber.

nute ist. Diese Lagerkennzahl ist der hydrodynamischen Theorie gemäß das Maß für die Beanspruchung eines Lagers. Die Beurteilung auf Grund des Produktes $p \cdot v$ (spez. Belastung mal Gleitgeschwindigkeit) läßt grundsätzliche Einflußgrößen außer Betracht, vor allem das im Ausdruck für Z im Quadrat auftretende Lagerspiel.

In Abb. 12a sind für verschiedene Öleinlaufwinkel ψ_e die theoretischen Bahnen der Wellenachse für steigende Drehzahlen und abnehmende Lagerdrucke wiedergegeben. Wo auf der Bahnkurve die Wellenachse liegt, ist durch die Lagerkennzahl gegeben. Die für einen Öleinlauf-winkel von 90° gültige Kurve stellt den theoretischen Verlauf für Halb-lager dar, hier wandert die Zapfenachse auf einer in erster Näherung durch einen Halbkreis dargestellten Kurve aus ihrer tiefsten Lage (Stillstand der Welle) in die unendlich großer Umlaufgeschwindigkeit zugehörige Mittelachse des Lagers. Für diesen Fall sind in Abb. 13 der Verlagerungswinkel und die relative Zapfenverlagerung $\left(\chi = \dfrac{2e}{s}\right)$ als Funktion der Lagerkennzahl Z dargestellt [I, 1]. Die Abhängigkeiten

gelten für unendliche Lagerlänge. Eine Be-rücksichtigung der End-lichkeit der Lagerlänge ist nur angenähert mög-lich. Für Lager mit einer dem Durchmesser glei-chen Länge sind einer von GÜMBEL angegebe-nen Korrektur zufolge die Werte von φ und χ bei den doppelten Wer-ten der errechneten La-gerkennzahlabzugreifen.

Bei großem Öleinlauf-winkel wandert die Zap-fenachse zunächst bis zur Höhe des Wellen-mittels; bei weiterer Drehzahlsteigerung nähert sie sich ihm etwa hori-zontaler Richtung.

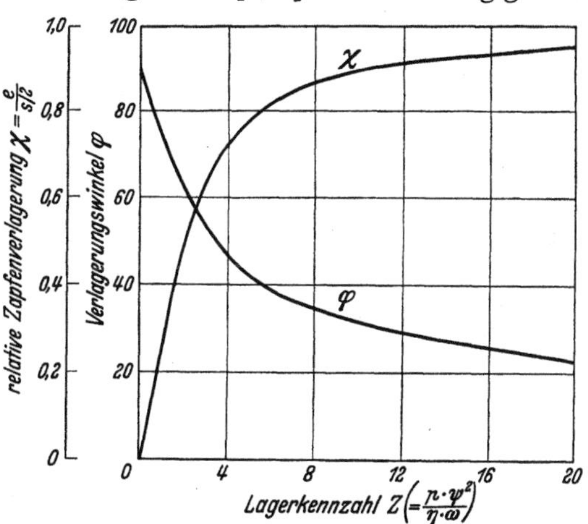

Abb. 13. Abhängigkeit des Verlagerungswinkels φ (vgl. Abb. 11) und der relativen Zapfenverlagerung χ von der Lagerkennzahl für einen Öleinlaufwinkel $\varphi_e = 90°$ (nach [I,1]).

mittels; bei weiterer Drehzahlsteigerung nähert sie sich ihm etwa hori-zontaler Richtung.

In Abb. 12b sind die neueren experimentellen Bestimmungen der Bahnkurven dargestellt. Die dabei benutzten Verfahren verwendeten entweder Kapazitätsbestimmungen des von Lager und Welle gebildeten Kondensators [I, 44] oder unmittelbare mikrometrische Bestimmung mit optischer Messung oder elektrischer Kontaktangabe. Unter Berücksich-tigung der Schwierigkeit derartiger Messungen (es handelt sich darum, an einer rasch rotierenden Welle Verlagerungen um Hundertstel mm mit großer Genauigkeit zu erfassen) muß die Übereinstimmung zwischen Experiment und Theorie als durchaus befriedigend bezeichnet werden. Die auf verschiedene Weise versuchsmäßig ermittelten Bahnkurven werden durch die berechnete Kurve gut ausgeglichen.

Für die Erörterung der Abhängigkeit der für Lagerberechnungen be-sonders wichtigen minimalen Schmierschichtstärke von den Betriebs-bedingungen gehen wir von der oben erwähnten Lagerkennzahl aus, welche eindeutig die Zapfenverlagerung, also auch die Größe von h_0 bestimmt. Wir folgen dabei einer von FALZ $[I, 7]$ gegebenen Darstellung. Im mit Rücksicht auf die Reibungszahl nur in Frage kommenden Bereich von 0,95 bis 0,5 für die relative Zapfenverlagerung $\chi \left(= \dfrac{2 \cdot e}{D - d}\right)$ (vgl. hierzu Punkt 7) ist der Wert der Lagerkennzahl Z für Lager mit dem Lagerlängenverhältnis $l/D = 1$ gut durch den empirischen Ausdruck

$$Z = \left(\frac{p \cdot \psi^2}{\eta \cdot \omega}\right) = \frac{0,52}{1 - \chi} \tag{11a}$$

darstellbar. Da h_0 und χ durch die Beziehung

$$h_0 = (1 - \chi)\,\frac{d}{2} \cdot \psi \tag{12}$$

zusammenhängen, ergibt sich

$$h_0 = \frac{0,52}{Z} \cdot \frac{d}{2} \cdot \psi = \frac{d \cdot \eta \cdot \omega}{3,84 \cdot p \cdot \psi}. \tag{12a}$$

Gl. (12a) besagt, daß geringe Drehzahl und kleine Schmiermittelzähigkeit, hoher Druck und großes Lagerspiel ungünstig für die Einstellung eines ausreichend großen h_0 sind, wie es für die Aufrechterhaltung hydrodynamischer Schmierung (Vermeidung von Grenzreibung) erforderlich ist.

Gl. (12a) gilt der verwendeten Näherung gemäß nur für den Bereich 0,5 bis 0,95 für die relative Zapfenverlagerung. Das heißt, daß h_0 nach Gl. (10) $< 0,25\,s$ sein muß. Ist es größer als $\frac{1}{4}$ des Durchmesserunterschiedes von Lager und Welle, so ist zu seiner Berechnung Gl. (11) anzuwenden.

Bei allen vorstehenden Überlegungen wurden kreiszylindrische, ideal glatte Flächen bei Lagern und Zapfen vorausgesetzt. Dies ist jedoch auch durch beste Bearbeitung der Gleitflächen nicht erreichbar. Zapfen- und Lageroberfläche werden i. allg. Rauhigkeiten von mindestens $1\,\mu$ aufweisen (vgl. Punkt 48a), so daß sich, sehr vergrößert, Verhältnisse gemäß Abb. 14 ergeben $[I, 7]$. Die wirklichen Durchmesser d_w und D_w von Zapfen und Lager unterschieden sich von den in die Rechnungen eingehenden, ideellen oder Grunddurchmessern d und D um die doppelten Höhen δ_1 und δ_2 der Rauhigkeiten: $d_w = d + 2 \cdot \delta_1$; $D_w = D - 2 \cdot \delta_2$. Für das wirkliche Lagerspiel s_w ergibt sich daraus:

$$s_w = s - 2\,(\delta_1 + \delta_2)\,, \tag{13}$$

d. h. also, daß das wirkliche Lagerspiel, das z. B. mit einem Fühlblech gemessen werden kann, um die doppelte Summe der Rauhigkeitserhebungen von Lager und Zapfen kleiner ist als das ideelle. Soll Mischreibung (metallische Berührung) verhindert werden, so muß die *geringste* Schmierschichtstärke h_0, die ja den Abstand der beiden ideellen Zylin-

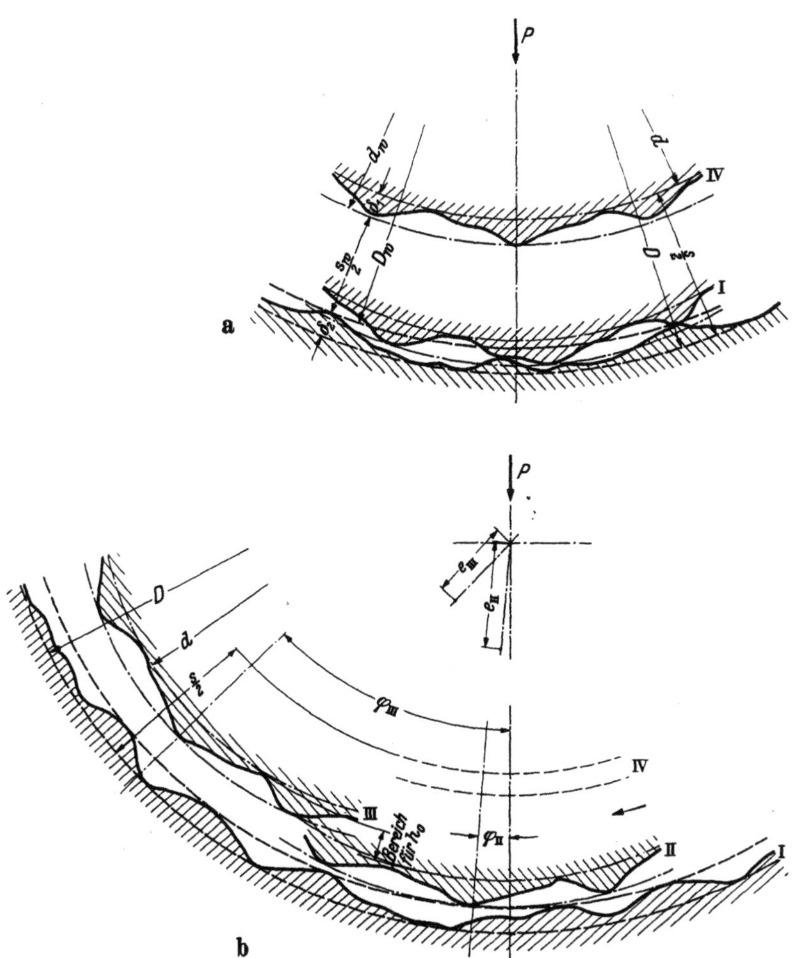

Abb. 14a u. b. Schematische Darstellung des durch die Rauhigkeiten bearbeiteter Zapfen- und Lageroberflächen gegebenen Querschnitts des Schmierspaltes.

	in die Rechnung eingehend	wirklich gemessen
Lagerdurchmesser	D	D_w
Zapfendurchmesser	d	d_w
Halbes Lagerspiel	$s/2$	$s_w/2$

a) **Fall I:** Drehzahl 0. Die Welle liegt auf der Lagerfläche auf. Die Rauhigkeitserhebungen berühren sich stellenweise. Die Wellenachse ist um etwa das halbe Lagerspiel in Richtung des Lastangriffs und gegenüber der Lagerachse verlagert.

    Fall IV: Drehzahl unendlich. Wellen- und Lagerachse fallen zusammen. Der Abstand zwischen Wellen- u. Lagerlauffläche ist gleich dem halben Lagerspiel ($s/2$).

b) **Fall II:** Drehzahl in der Größe, daß der Druck im Ölfilm die Welle über die Rauhigkeiten der Lagerlauffläche anhebt. Die Wellenachse ist um die Exzentrizität e_{II} gegenüber der Lagerachse und den Verlagerungswinkel φ_{II} gegen die Lastangriffsrichtung verlagert.

    Fall III: Drehzahl in der Größe, daß die Welle durch die Druckkräfte im Öl um 0,25 s angehoben wird. Verlagerung der Wellenmitte um e_{III} und φ_{III}.

derflächen darstellt, größer sein als die Summe $\delta_1 + \delta_2$. Dieser Grenzwert wird als die *geringste zulässige* Schmierschichtstärke h_{min} bezeichnet. Die minimale Schmierschichtstärke, für die wir eben die obere Begrenzung $0{,}25\,s$ angegeben haben, ist nach unten durch die Rauhigkeiten der Gleitflächen begrenzt.

Die Rauhigkeiten von Welle und Lager bedingen weiterhin, daß bei Stillstand der Welle diese nicht satt auf dem Lager ruht. Die beiden ideellen Zylinderflächen sind um die Summe der Höhen der sich berührenden Rauhigkeitserhebungen voneinander getrennt. Beim Anfahren wird erst bei einer gewissen Drehzahl (besser bei einer bestimmten Lagerkennzahl) das „Ausklinken", d. h. die Ablösung der Rauhigkeitsspitzen voneinander erfolgen. Der Ausklinkwinkel, Verlagerungswinkel, bei dem durch die hydrodynamischen Druckkräfte ein Abheben der Welle eintritt, wird um so größer sein, je größer die Rauhigkeit, also je unvollkommener die Oberflächenbearbeitung ist.

Die bisherigen Ausführungen über Zapfenverlagerung bezogen sich auf kreiszylindrische Lager und Wellen. Wird eine Schale mit einer Beilage in der Fuge bearbeitet und ohne Beilage eingebaut, so nimmt die ursprüngliche kreiszylindrische Bohrung die Form einer Zitrone an [*I, 45*]. Solche Formen werden benutzt, wenn eine besonders genaue Führung des Zapfens erwünscht ist. Das in der Teilfugenebene vergrößerte Lagerspiel wirkt sich gegen Verklemmen des Lagers vorteilhaft aus. Die Verlagerung des Wellenmittels bei derartigen Lagern ist in [*I, 4*] beschrieben.

Wenigstens angedeutet sei auch noch für den ebenen Gleitschuh die Abhängigkeit der am hinteren Ende der Keilfläche auftretenden geringsten Schmierschichtstärke von den geometrischen und den Beanspruchungsverhältnissen [*I, 7*]. Freie Selbsteinstellbarkeit des Gleitschuhs ist dabei wesentliche Voraussetzung.

Für verschiedene relative Keilspitzenlängen m (Abb. 1b) zwischen 0,8 und 0,05 ergeben sich unter Heranziehung eines numerischen Korrektionsfaktors, der eine endliche Breite b der Keilfläche berücksichtigen soll, für den Keilwinkel ε_m und die geringste Schmierschichtstärke die Ausdrücke

$$\varepsilon_m = C \cdot \sqrt{\frac{\eta \cdot v}{\bar{p} \cdot L}} \tag{14}$$

und

$$h_{0m} = m\,C\,\sqrt{\frac{\eta \cdot v \cdot L}{\bar{p}}}\,, \tag{15}$$

worin η, v und L dieselbe Bedeutung wie in Gl. (9) haben und $\bar{p}$ der mittlere Flächendruck der tragenden Gleitfläche $\left(= \dfrac{P}{L \cdot b}\right)$ ist.

Die Abhängigkeit des Faktors C von m ist in Abb. 15 wiedergegeben.

Als Näherungsformel zur Berechnung der geringsten Schmierschichtstärke für jedes m wird schließlich der Ausdruck

$$h_0 = \sqrt[1,2]{\frac{L \cdot \eta \cdot v}{4{,}7 \cdot \sqrt[1,25]{\varepsilon \cdot \bar{p}}}} \tag{16}$$

verwendet.

Je größer die mittlere Belastung, je kleiner Schmiermittelzähigkeit und Geschwindigkeit sind, um so kleiner sind Keilwinkel und geringste Schmierschichtstärke.

Die Güte der Gleitflächenbearbeitung begrenzt auch hier die geringste Schmierschichtstärke nach unten. Ebenso wie beim Traglager kann sie nicht kleiner werden als die Summe der Unebenheiten der beiden Gleitflächen.

6. Zulässige spez. Lagerbelastung.

Gl. (12a) gibt für den Fall $l/D = 1$ den Zusammenhang zwischen der minimalen Schmierschichtstärke und den übrigen die Beanspruchung eines Querlagers kennzeichnenden Größen. Nach der

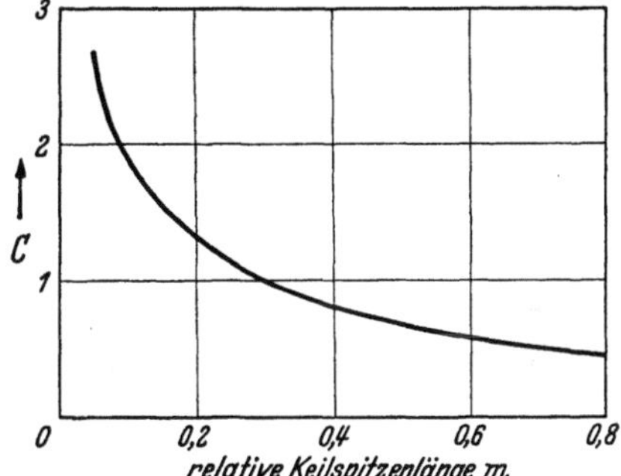

Abb. 15. Zur Abhängigkeit des Keilwinkels $\left(\varepsilon_m = C\sqrt{\dfrac{\eta \cdot v}{\bar{p} \cdot L}}\right)$ und der geringsten Schmierschichtstärke $\left(h_{0\,m} = m \cdot C\sqrt{\dfrac{\eta \cdot v \cdot L}{\bar{p}}}\right)$ von der relativen Keilspitzenlänge m (nach [I, 7]).

spez. Belastung aufgelöst, ergibt sich der Ausdruck $p = \dfrac{d \cdot \eta \cdot \omega}{3{,}84 \cdot \psi \cdot h_0}$. Führt man nun an Stelle der minimalen Schmierschichtstärke h_0 die geringste zulässige Schmierschichtstärke h_{min} $(= \delta_1 + \delta_2)$ ein, so erhält man die höchst zulässige spez. Lagerbelastung

$$p_{zul.} = \frac{d^2 \cdot \eta \cdot \omega}{3{,}84\, h_{min}\,(D - d)} . \tag{17}$$

Als Richtwert für h_{min} kann $0{,}01\ \text{mm} = 10^{-5}\ \text{m}$ angegeben werden (vgl. Punkt 48a).

Man erkennt, daß bei gleicher Ölzähigkeit, gleicher Gleitgeschwindigkeit, gleichem absolutem Spiel und gleicher Oberflächengüte (h_{min}) dicke Wellen wesentlich tragfähiger sind als dünne. Rasch laufende Wellen müssen, um höhere Belastung aufnehmen zu können, mit sehr engem Durchmesserspiel und höchster Oberflächengüte eingebaut werden.

Die Form des Lagers (Büchse oder geteiltes Lager, Halblager) spielt für die Tragfähigkeit nur eine untergeordnete Rolle (vgl. Punkt 4). Völliges Umschließen der Welle bringt bei einseitig wirkender Belastung keinen wesentlichen Gewinn [I, 1].

Hervorgehoben sei, daß das Lagerlängenverhältnis die Tragfähigkeit wesentlich beeinflußt. Dies rührt von der elastischen Durchbiegung der Welle und der dadurch verursachten Änderung der Weite des Schmierspalts her, welche um so störender wirkt, je länger das Lager ist (Kantenpressung). Bei Unterschreitung einer gewissen Lagerlänge (Annäherung an das Schneidenlager) wird die Ausbildung eines tragenden Ölfilms durch Abfließen des Öles an den Bunden erschwert. Rechnerische Verfolgung ergibt hinsichtlich Tragfähigkeit ein optimales Lagerlängenverhältnis um 0,5 [I, 7].

Daß die Festigkeitseigenschaften von Welle und Lager und die Abmessungen der Lager unter Umständen die Tragfähigkeit begrenzen können, sei hier nur erwähnt. Hieraus wird später noch eingegangen (vgl. Punkt 10). Auch auf die erhebliche Bedeutung der Güte der Gleitflächenbearbeitung wird später (Punkt 49c) ausführlicher zurückgekommen.

Für den ebenen Gleitschuh erhält man den höchstzulässigen Flächendruck durch Auflösung von Gl. (16) nach $\bar{p}$, wobei an Stelle von h_0 wieder die als Summe der Höhe der Rauhigkeiten gegebene, geringste zulässige Schmierschichtstärke h_{min} zu setzen ist.

$$\bar{p}_{zul} = \frac{\eta \cdot v \cdot \sqrt[5]{L}}{4,7 \cdot h_{min}^{1,2} \cdot \sqrt[1,25]{\varepsilon}} \cdot \tag{17a}$$

Die Abhängigkeit des höchstzulässigen Flächendrucks von den Betriebsbedingungen (η, v und h_{min}) ist grundsätzlich dieselbe, wie wir sie eben beim Querlager beschrieben haben.

7. Lagerreibungszahl.

Für den Fall hydrodynamischer Schmierung, bei welchem die Lagerreibung durch die Aufrechterhaltung eines Geschwindigkeitsgefälles in der Schmierflüssigkeit zustande kommt, gibt Gl. (3) grundsätzlich die funktionelle Abhängigkeit des Reibungskoeffizienten von den geometrischen und dynamischen Bedingungen und der Natur des Schmiermittels. Für Querlager mit unendlicher Lagerlänge ergibt sich daraus sinngemäß

$$\mu = k \sqrt{\frac{\eta \cdot \omega}{p}} \; ; \tag{18}$$

endlicher Lagerlänge kann durch Anfügen einer Funktion $f\,(l/D)$ Rechnung getragen werden:

$$\mu = k \cdot f\left(\frac{l}{D}\right) \cdot \sqrt{\frac{\eta \cdot \omega}{p}} \cdot \tag{18a}$$

Der Faktor k ist praktisch konstant, soferne nicht zu große Unterschiede im Lagerspiel gewählt werden. Er kann für Vollager mit kleinem Spiel im Mittel gleich 2,4 gesetzt werden. Fällt die relative Zapfenlagerung (χ) unter 0,5, so steigt k erheblich an; es würde für $\chi = 0$ unendlich groß werden. Aus diesem Grunde werden χ-Werte kleiner als 0,5, äußersten Falles kleiner als 0,3 vermieden. Für $f\,(l/D)$ wurde auf Grund STRI-BECKscher Versuche [I, 46] der Ausdruck $f\left(\dfrac{l}{D}\right) = \sqrt{\dfrac{4\,D + l}{l}}$ gefolgert. Mit Rücksicht auf den nur näherungsweisen Charakter der theoretischen Formel genügt es, für endliche Lagerlänge mit dem Wert $f\left(\dfrac{l}{D}\right) = \sqrt{5}$ zu rechnen, der sich für den Fall $l = D$ ergibt, so daß schließlich als brauchbare Näherung für Vollager

$$\mu = 3,8 \cdot \sqrt{\frac{\eta \cdot \omega}{p}} \tag{18b}$$

folgt [I, 7]. Für Halblager und Vollager mit großem Spiel beträgt der Zahlenfaktor etwa 2,5. Die Form des Lagers hat also auch auf die

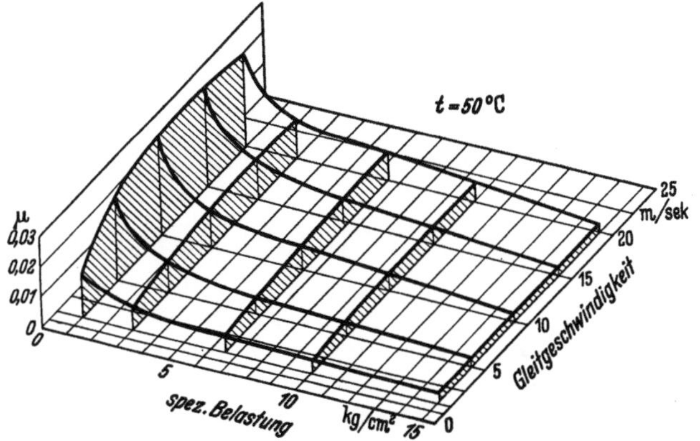

Abb. 16. Abhängigkeit der Reibungszahl μ von der spez. Belastung und der Gleitgeschwindigkeit (nach [I, 15]).

Reibungszahl ebenso wie auf die Druckverteilung und Tragfähigkeit keinen entscheidenden Einfluß.

Eine schematische Darstellung der theoretischen Abhängigkeit der Reibungszahl von Drehzahl und spez. Lagerbelastung gibt Abb. 16. Abb. 17 stellt den theoretischen Verlauf der Reibungszahl als Funktion der Drehzahl experimentellen Bestimmungen gegenüber. Hieraus ist zu ersehen, daß im Bereich großer Gleitgeschwindigkeiten die Beobachtungen den von der Theorie geforderten parabolischen Anstieg der Reibungszahl mit der Geschwindigkeit gut bestätigen. Bei kleinen Geschwindigkeiten dagegen treten charakteristische Unterschiede auf. Die Versuche führen nach Erreichen eines Minimums der Reibungszahl zu außerordentlichen Wiederanstiegen bei weiterer Senkung der Gleitgeschwindigkeit. Die Ursache für dieses Verhalten ist in veränderten Schmierzuständen zu suchen. Bei großen Drehzahlen ist die Verlagerung der Welle (Punkt 5) derart, daß laminare Schmiermittelströmung im Schmierspalt vorliegt, wie sie von der Theorie vorausgesetzt wird (Zustände zwischen II und III in Abb. 14b). Nimmt die Drehzahl und damit das Maß der Abhebung der Welle von der Lagerschale ab, so nähert sich die Dicke der engsten Schmierspaltstelle der geringsten zulässigen Schmierschichtstärke, die sie schließlich erreicht. In steigendem Maß wird die Trennung von Welle und Lager an einzelnen Stellen nur durch adsorbierte Schmierschichten molekularer Dicke (Epilamen) gegeben sein. Die hydrodynamische Schmierung wird an solchen Stellen unterbrochen und durch einen molekularmechanischen Gleitvorgang ersetzt. Die Abnahme der Reibungszahl mit sinkender Geschwindigkeit wird langsamer erfolgen als auf Grund der hydrodynamischen Theorie. Flüssigkeits- und Epilamenreibung treten nebeneinander auf: „Mischreibung". Bei weiterer Abnahme der Drehzahl wird es je nach den Eigenschaften

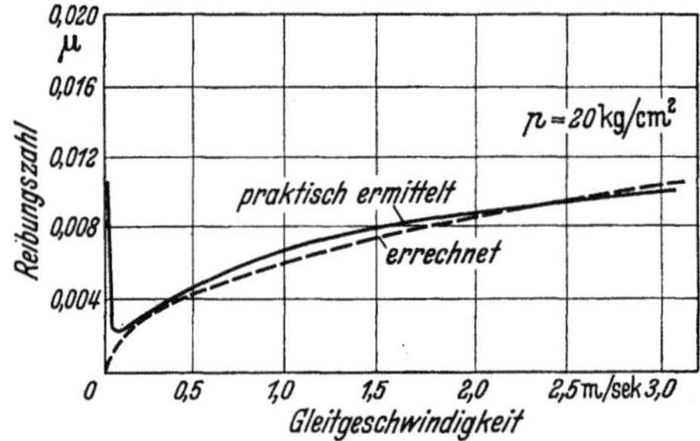

Abb. 17. Abhängigkeit der Reibungszahl von der Gleitgeschwindigkeit. Gegenüberstellung des theoretischen und des praktisch ermittelten Verlaufs der Reibungszahl (nach [*I, 46*]). Weißmetallager, 70 mm Durchmesser, $l/d = 1$; $\eta = 0{,}018$ kg · sec/m².

der Gleitwerkstoffe zu Abtragungen oder Verformungen der Rauhigkeiten kommen. Die Anzahl und Flächengröße der Berührungsstellen, die Schmierschichten nur in molekularen Dicken aufweisen, werden wachsen. Alle diese Vorgänge sind mit Energieverbrauch verbunden. Die Reibungszahl steigt nach Durchschreiten eines Minimums an.[1] Die Grenzreibung nimmt gegenüber der noch vorhandenen Flüssigkeitsreibung zu, bis sich bei kleinsten Drehzahlen nahezu reine Grenzreibung einstellt. Wie in [*I, 47*] gezeigt, wird der Reibungsanstieg bei Übergang zu kleinsten Geschwindigkeiten durch die Art des Schmiermittels beeinflußt. Auf diese Beobachtungen wird in Punkt 41 näher eingegangen[2].

---

[1] Da h_{min} $(= \delta_1 + \delta_2)$ von der Beanspruchung unabhängig und bei gleichen Wellen und Lagerwerkstoffen und gleicher Oberflächenbearbeitung in erster Näherung konstant ist, sind auch die für verschiedene Beanspruchungen gültigen μ_{min}-Werte etwa gleich groß.

[2] Mit Rücksicht auf die Anschaulichkeit wurde bei Erörterung der Vorgänge im Lager von hoher Drehzahl ausgegangen und nicht das Anfahren eines Lagers gewählt, bei dem erst später zu besprechende Einlaufvorgänge wesentlich mitbestimmend sind.

Eine Zusammenstellung der eben beschriebenen Schmierzustände ist in Tab. 5 gegeben, in die auch die völlig schmiermittelfreie, trockene Reibung mitaufgenommen ist. Die für Grenzreibung gültigen ungefähren Reibungszahlen können zur Abschätzung des Anteils dieser Reibungsart im Mischreibungsgebiet herangezogen werden [I, 9]. Es ergibt sich dabei, daß im Reibungsminimum erst sehr geringe Grenzreibungsanteile vorhanden sind und auch der Anstieg zu noch kleineren Geschwindigkeiten hin durch nur wenige Prozent betragende Grenzreibungsanteile bedingt

Tabelle 5. *Schmierzustände (nach [I, 48]).*

Reibung	Schmierung	Viskositäts-einfluß	Kennzeichnung des Vorganges	Ungefähre Reibungszahl
Trockene Reibung	keine	keiner	elastisches und plastisches Verformen, Abscheren, Verschweißen und dergleichen.	größer als 0,3
Grenz- oder Epilamenreibung	Grenz- oder Epilamenschmierung	keiner	molekularmechanisch in wenigen Molekülschichten	0,1 —0,3
Mischreibung	Misch- oder Teilschmierung	teilweiser	molekularmechanisch, mikrohydrodynamisch, hydrodynamisch; ohne Trockenreibung	0,005—0,1
Flüssige Reibung	Vollschmierung	ausschließl.	hydrodynamisch	0,001—0,005 u. größer[1]

wird (Größenordnungsmäßig führt 1% Grenzreibung zu einer Erhöhung der Reibungszahl auf das Doppelte). Zu erwähnen ist, daß die funktionelle Abhängigkeit der Reibungszahl von der Gleitgeschwindigkeit auf Grund entsprechender Lagerversuche auch durch eine lineare Beziehung dargestellt wurde [I, 4]. Ein ausführlicher Vergleich mit der theoretisch nahegelegten parabolischen Abhängigkeit wird in [I, 9] durchgeführt, mit dem Ergebnis, daß für Lagerkennzahlen groß gegen 1 die Wurzelbeziehung besser zutrifft.

In Abb. 18 sind zwei experimentell erhaltene Beispiele über die Abhängigkeit der Reibungszahl von der spez. Lagerbelastung dargestellt. Der gemäß Gl. (18) theoretisch erwartete Verlauf ist für den Laufversuch

---

[1] In Sonderfällen kann die Reibungszahl sehr hohe Werte annehmen, die jene der trockenen Reibung weit übersteigen, z. B. in Flugzeuglagern oder Textilspindeln (wenn die Belastung sehr niedrig oder die Geschwindigkeit sehr groß ist.)

mit hoher Drehzahl miteingezeichnet. Es ergibt sich in diesem Fall eine hinreichende Übereinstimmung, das Bestehen von Flüssigkeitsreibung bestätigend. Im Versuch mit kleiner Drehzahl steigt nach kurzem, hydrodynamischer Schmierung zugehörigem Abfall die Reibungszahl mit zunehmender Belastung an. Hier tritt zu Folge hoher Lagerkennzahl Mischreibung auf, die bis auf ein Mehrfaches der Ausgangsreibungszahl führt.

Für die Reibungszahl bei ebener, rechteckiger Gleitfläche der Abmessungen L und b folgt aus Gl. (3) der Ausdruck

$$\mu = 2,5 \cdot \sqrt{\frac{\eta \cdot v}{\overline{p}\, L} \cdot \left[1 + \left(\frac{L}{b}\right)^2\right]}, \qquad (18\,\mathrm{c})$$

für dessen Ableitung auf [I, 3] verwiesen sei.

8. Lagerreibungswärme
(nach [I, 7]).

Zur Berechnung der in der tragenden Ölschicht entwickelten Reibungswärme ist die pro Sekunde verzehrte Reibungsarbeit $\mu \cdot P \cdot v$ durch das mechanische Wärmeäquivalent zu dividieren. Für die sekundlich im Lager entwickelte Wärmemenge W folgt daher

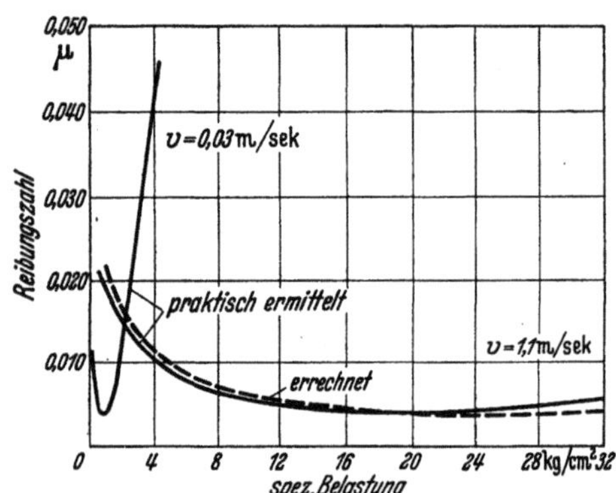

Abb. 18. Abhängigkeit der Reibungszahl von der spezifischen Belastung (nach [I, 46]). Gegenüberstellung des theoretischen und des praktisch ermittelten Verlaufs der Reibungszahl. Weißmetallager, 70 mm Durchmesser, $l/d = 3,3$; $\eta = 0,018$ kg $\cdot$ sec/m².

$$W = \frac{\mu \cdot P \cdot v}{427} \ \mathrm{Cal/sec}. \quad (19)$$

Führt man den für Vollager endlicher Länge gültigen Näherungsausdruck Gl. (18 b) für μ und die Drehzahl $n = 9,5 \cdot \omega$ ein, so ergibt sich weiter

$$W = 4,83 \cdot 10^{-5} \cdot \pi \cdot d^2 \cdot \sqrt{P \cdot \eta \cdot n^3 \cdot \left(\frac{l}{d}\right)} \ \mathrm{Cal/sec}. \qquad (19\,\mathrm{a})$$

Als spez. Wärmeentwicklung W_1 wird die pro m² Zapfenlauffläche entstandene Reibungswärme bezeichnet[1]; für sie folgt aus Gl. (19a)

$$W_1 = 4,83 \cdot 10^{-5} \cdot \sqrt{P \cdot \eta \cdot n^3 \cdot \left(\frac{d}{l}\right)} \ \frac{Cal}{sec \cdot m^2}. \qquad (19\,\mathrm{b})$$

Lagerbelastung, Drehzahl, Zähigkeit des Schmiermittels und das Lagerlängenverhältnis sind die für die mittlere spez. Wärmeentwicklung maßgeblichen Größen. Grundsätzlich gibt Gl. (19 b) auch für Halblager

---

[1] Die Größe der Zapfenlauffläche entspricht praktisch der der Lagerschaleninnenfläche $l \cdot d \cdot \pi$.

die entwickelte Wärmemenge an. Der Zahlenfaktor ist um ca. 30%
kleiner (vgl. Punkt 7).

Im Gleichgewichtszustand wird sich eine solche Temperaturverteilung
einstellen, daß die pro Sekunde erzeugte Wärmemenge gleich der in derselben Zeit an die Umgebung abgeführten ist. Diese Wärmeabgabe erfolgt teils durch Leitung, teils durch Strahlung; sie wächst mit dem
Temperaturunterschied gegenüber der Umgebung. Beim Anfahren eines
Lagers stauen sich zunächst Anteile der erzeugten Reibungswärme solange, bis die Temperatur der wärmeabgebenden Teile so hoch über die
Umgebungstemperatur angestiegen ist, daß Wärmeabgabe und Wärmeentwicklung sich das Gleichgewicht halten.

Der häufigste und technisch wichtigste Vorgang des Wärmeabflusses
ist die natürliche Wärmeabgabe an die umgebende Luft. Temperatur-
differenz zwischen Lagerkörper und Luft und deren Bewegungszustand
bestimmen das Ausmaß der Wärmeabgabe. Reicht diese natürliche
Kühlung nicht zur Einhaltung tragbarer Betriebstemperaturen aus, so
muß zusätzliche Kühlung durch Hindurchpumpen reichlicher, eventuell
gekühlter Ölmengen erfolgen oder Kühlung der Lagerschalen mittels
geeigneter Konstruktionsmaßnahmen.

Für ein unter natürlicher Kühlung stehendes Lager sei A die sekundlich an die Umgebung abgeführte Wärmemenge. Als spez. Wärmeabgabe A_1 sei entsprechend wie oben, die auf 1 m² Lagerschaleninnenfläche bezogene, abgegebene Wärmemenge bezeichnet.

$$A_1 = \frac{A}{d \cdot \pi \cdot l} \ \text{Cal/sec m}^2 .$$

Mit steigender Übertemperatur wächst die spez. Wärmeabgabe. Die
Übertemperatur wird dabei als Differenz zwischen der mittleren Schmiermitteltemperatur (Θ_1) und der Umgebungstemperatur (Θ_0) bestimmt[1].

Besonders umfangreiche Untersuchungen über die Wärmeabgabe von
Lagerkörpern in ruhender Luft wurden von O. LASCHE [I, 49] ausgeführt. Trotz erheblicher Unterschiede in den Bauformen und Abmessungen der Lager gruppieren sich, wie Abb. 19 zeigt, die erhaltenen Versuchswerte für die spez. Wärmeabgabe gut um eine glatte Kurve, für welche
FALZ die Gleichung

$$A_1 = 4,8 \cdot 10^{-3} \ (\Theta_1 - \Theta_0)^{1,3} \ \text{Cal/sec} \cdot \text{m}^2 \tag{20}$$

angibt.

Befinden sich neben dem Lager ventilierende, rotierende Maschinenteile, so treten höhere Wärmeabgaben auf, bei besonders kleinen Abmessungen der Metallteile wird weniger Wärme abgeführt als der Gl. (20)

---

[1] Im allgemeinen nimmt die Schmierschichttemperatur bis zu minimaler Spalt-
weite zu [I, 49], was naturgemäß auch Änderungen der Zähigkeit zur Folge hat.

entspricht. FALZ trägt diesen Verhältnissen durch Hinzufügung eines Ausstrahlfaktors a Rechnung, so daß schließlich allgemein folgt:

$$A_1' = 4{,}8 \cdot 10^{-3} \cdot a \, (\Theta_1 - \Theta_0)^{1{,}3} \; \text{Cal/sec} \cdot \text{m}^2. \tag{20a}$$

Im theoretisch ungünstigsten Fall wird a zu 0,17 geschätzt, für Hauptlager von Luft- und Kaltwasserpumpen werden Werte bis 6 angenommen. Eingehendere Versuchswerte fehlen leider.

Die sekundliche Wärmeabfuhr A^* durch Flüssigkeitskühlung (Öl oder Wasser) beträgt, wenn pro Sekunde Q kg durchströmenden Kühlmittels der auf 1 kg bezogenen spez. Wärme c eine Temperaturerhöhung $(\Theta_3 - \Theta_2)$ erfahren:

$$A^* = Q \cdot (\Theta_3 - \Theta_2) \cdot c \; \text{Cal/sec}. \tag{21}$$

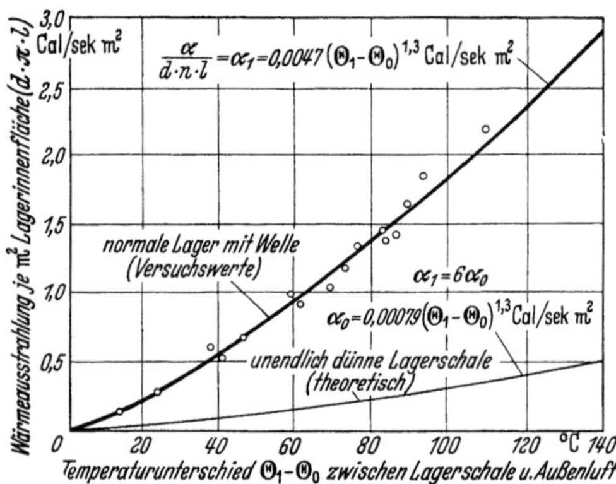

Abb. 19. Spezifische Wärmeableitfähigkeit von Ringschmier- und Preßöllagern (nach praktischen Versuchen [I, 7]).

Die wieder für ein m² Gleitfläche gültige spez. Wärmeabfuhr A_1^*, ist durch

$$A_1^* = \frac{Q \cdot c}{l \cdot d \cdot \pi} \cdot$$

$(\Theta_3 - \Theta_2)$ Cal/sec $\cdot$ m² (21 a) gegeben.

Zur rechnerischen Bestimmung der sich im Gleichgewichtsfall einstellenden Lagertemperatur sind die für sekundliche Wärmeerzeugung und -abführung gewonnenen Ausdrücke Gl. (19b) und Gl. (20a) einander gleichzusetzen. Für den Fall der natürlichen Luftkühlung ergibt sich so

$$\Theta_1 = \Theta_0 + \sqrt[2{,}6]{\frac{P \cdot \eta \cdot n^3}{a^2 \cdot 10^4} \left(\frac{d}{l}\right)}. \tag{22}$$

Aus Lagergesamtbelastung, Drehzahl, Ölzähigkeit, Lagerlängenverhältnis und Raumtemperatur kann somit die Schmierschichttemperatur berechnet werden. Wichtig hierfür ist es, die Temperaturabhängigkeit der Zähigkeit zu kennen (Punkt 3).

Aus Gl. (22) geht hervor, daß bei gleichem Lagerlängenverhältnis l/d die Lagererwärmung unabhängig vom Zapfendurchmesser ist (Zunahme der Reibungswärme durch gleiche Zunahme der Wärmeableitung kompensiert).

Führt Gl. (22) unter den vorgegebenen Betriebsbedingungen zu unzulässig hohen Temperaturen, so muß zusätzlich Flüssigkeitskühlung angewendet werden. Über die durch ein umlaufendes Kühlmittel abführbaren Wärmemengen geben die Gln. (21) bzw. (21a) Auskunft. Gleichgewicht herrscht, wenn die Reibungswärme gleich der Summe von natürlichem und künstlichem Wärmeentzug ist:

$$W_1 = A_1' + A_1^* \; .$$

Zur Berechnung der durch zusätzliche Kühlung abzuführenden Wärmemenge A_1 geht man nun folgendermaßen vor: Man geht von einer erträglichen Lagertemperatur aus und bestimmt mit Hilfe der für diese Temperatur aus dem WALTHER-Diagramm ermittelten Zähigkeit die pro m² Zapfenlauffläche sekundlich entwickelte Wärmemenge (W_1) gemäß Gl. (19b). Gl. (20a) liefert die Wärmemenge (A_1), die das Lager unter den gewählten Temperaturbedingungen pro Sekunde durch natürliche Kühlung verliert. Die Differenz aus der durch Gl. (19b) gegebenen, entwickelten Wärmemenge und der durch Gl. (20a) gegebenen, durch natürliche Abstrahlung und Ableitung abgegebenen stellt die durch zusätzliche Flüssigkeitskühlung sekundlich abzuführende Wärmemenge A_1^* dar.

Zur Bestimmung der Temperaturerhöhung bei *ebenen* Gleitflächen hat man wieder von der in der Sekunde erzeugten Wärmemenge auszugehen, die durch Gl. (19) bestimmt ist. Führt man für μ den durch Gl. (18c) gegebenen Ausdruck ein und bezieht gleich auf 1 m² tragender Keilfläche, so erhält man als spez. Wärmeentwicklung W_1':

$$W_1' = \frac{2{,}5}{427\,L} \cdot \sqrt{\frac{P \cdot \eta \cdot v^3}{b} \cdot \left[1 + \left(\frac{L}{b}\right)^2\right]}\; \text{Cal/sec} \cdot \text{m}^2\; . \qquad (19\,\text{c})$$

Die Überlegung zur Ermittlung der sich bei natürlicher Kühlung einstellenden Gleichgewichtstemperatur ist genau dieselbe, wie oben für den Fall des Lagers. Für die pro Sekunde von 1 m² Gleitfläche an die Umgebung abgeführte Wärmemenge A_1'' wird analog wie bei den Lagern ein Ausdruck

$$A_1'' = \frac{17}{3600} \cdot a'\, (\Theta_1 - \Theta_0)^{1{,}3}\; \text{Cal/sec} \cdot \text{m}^2 \qquad (20\,\text{b})$$

angenommen. a' ist der Koeffizient der Wärmeableitfähigkeit, der von den geometrischen und Betriebsverhältnissen abhängt und für den etwa dieselben Werte abzuschätzen sind wie im Falle der Lager ($0{,}17 < a' < 7$). Gleichsetzung der beiden Gln. (19c) (spez. Wärmeentwicklung) und (20b) (spez. Wärmeverlust) führt auf die Bestimmung der Übertemperatur im Gleitschuh.

$$\Theta_1 = \Theta_0 + \sqrt[1{,}3]{\frac{1{,}24}{L \cdot a'} \cdot \sqrt{\frac{P \cdot \eta \cdot v^3}{b} \cdot \left[1 + \left(\frac{L}{b}\right)^2\right]}}\; . \qquad (22\,\text{a})$$

Wie bei Lagern muß bei betriebstechnisch zu hohen Schmierschichttemperaturen zu künstlicher Kühlung geschritten werden. Die Bestimmung der durch ein Kühlmittel abzuführenden Wärmemengen erfolgt in völlig analoger Weise wie oben angegeben.

In den verschiedenen Punkten des der hydrodynamischen Theorie gewidmeten Abschnitts wurde zunächst das Zustandekommen der Reibung im geschmierten Gleitschuh und Lager erörtert. Die Schmiermittel wurden durch ihre Zähigkeit und deren Temperaturabhängigkeit gekennzeichnet. Die durch laminare Strömung des Schmiermittels im Schmierspalt sich ausbildende Druckverteilung wurde für ebene Gleitflächen und für Zapfenlager beschrieben. Die Zapfenverlagerung und die damit auf's Engste verbundene minimale Schmierschichtstärke wurden in ihrer Abhängigkeit von den physikalischen und geometrischen Einflußgrößen angegeben, desgleichen der zulässige Flächendruck. Bei diesen Berechnungen tritt eine dimensionslose Größe, die sog. Lagerkennzahl $Z = \dfrac{p \cdot \psi^2}{\eta \cdot \omega}$ besonders hervor, die ein sinnvolles Maß für die Beanspruchung eines Lagers darstellt. Auch für den ebenen Gleitschuh wurden die Ausdrücke für die minimale Schmierschichtstärke und den höchst zulässigen Flächendruck mitgeteilt. Abschließend folgte eine Erörterung der Lagerreibungszahl und ihrer Abhängigkeit von Belastung und Gleitgeschwindigkeit, wobei die verschiedenen möglichen Schmierzustände des näheren erläutert wurden, die Bestimmung der Reibungswärme, der sich ausbildenden Schmierschichttemperaturen und der Wärmeabfuhr durch natürliche und künstliche Kühlung. Mehrfach wurde das von der Theorie geforderte Verhalten an praktischen Versuchsergebnissen kontrolliert.

B. Bedeutung der Eigenschaften der Gleitwerkstoffe.

Die bisherigen Erörterungen über die Theorie der Gleitlager betrafen die hydrodynamischen Vorgänge im Schmierspalt. Maßgebend hierfür sind die geometrischen Bedingungen und die Beanspruchungsverhältnisse. Kennzeichnende Materialkonstanten der Gleitwerkstoffe spielen bei diesen, die Strömungsvorgänge des Schmiermittels analysierenden Überlegungen keine Rolle. Das Schmiermittel selbst wird dabei durch seine temperaturabhängige Zähigkeit gekennzeichnet.

Im Nachfolgenden soll, mit Rücksicht auf die verschiedenen möglichen Schmierzustände (Tab. 5) der Bedeutung der Eigenschaften der Gleitwerkstoffe nachgegangen und zum Abschluß der Behandlung der Gleitlagertheorie die Wechselwirkung Gleitwerkstoff—Schmiermittel, ein heute noch durchaus in Entwicklung stehendes Gebiet, gestreift werden.

Für den Bau von Gleitlagern kommen ganz verschiedene Werkstoffgruppen in Betracht. Die weitaus wichtigste Rolle spielen Metalle. Für spezielle Anforderungen hinsichtlich Gleiteigenschaften oder Widerstandsfähigkeit gegen chemische Angriffsmittel kommen aber auch

Kunstharzpreßstoffe, Holz (der wohl älteste Gleitlagerwerkstoff), Kohle und Graphit, Gummi, Glas und Feinkeramik und schließlich Edel- und Halbedelsteine zur Verwendung.

9. Gefügeausbildung.

Die heute vielfach angenommene Auffassung über den zweckmäßigsten Aufbau eines Lagermetalls gründet sich auf das Gefüge der hochzinnhaltigen Weißmetalle, die um die Mitte des vorigen Jahrhunderts von BABBITT der praktischen Verwendung zugeführt wurden[1]. Das Gefüge dieser Legierungen, welche als Weißmetall WM 80 der deutschen Normung entsprechend etwa 80% Sn, 10—13% Sb und 5—10% Cu (gegebenenfalls 1—3% Pb) enthalten, besteht aus einer eutektischen Grundmasse, in die primär erstarrte, Nadeln von Cu_6Sn_5 und sekundär erstarrte würfelförmige Kristalle der

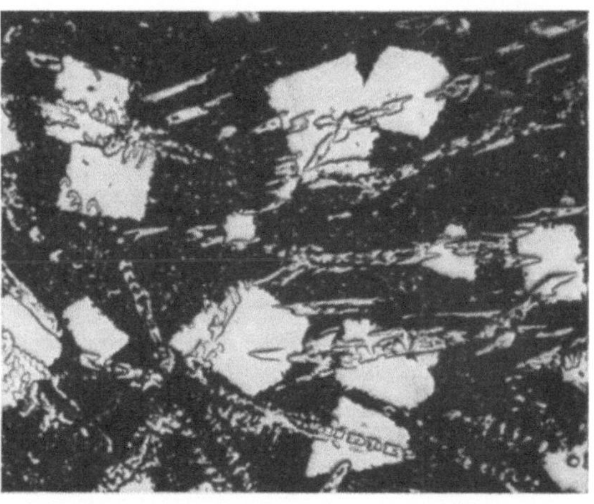

Abb. 20. Gefüge von WM80 (80% Sn, 12% Sb, 6% Cu, 2% Pb), (geätzt mit alkohol. HNO_3, 1%ig). $V = 100$.

Verbindung SnSb eingebettet sind (Abb. 20). Das bei etwa 230° schmelzende Eutektikum besteht aus SnSbCu-Mischkristallen und Cu_6Sn_5. Die drei Gefügebestandteile Cu_6Sn_5, SnSb und Eutektikum weisen erhebliche Härteunterschiede auf. Bei einer pauschalen Brinellhärte der Legierung von etwa 28 führen Ritzhärtebestimmungen in den drei Gefügebestandteilen auf Werte, die sich wie 10:4:1 verhalten [*I, 50*]. Die eingelagerten Kristalle sind also erheblich härter als die Grundmasse.

Ein solcher Aufbau wird nun allgemein als günstig für die Erzielung guter Gleiteigenschaften angesehen. Die Begründung für diese Ansicht ist etwa die folgende (vgl. hierzu auch [*I, 51*]): Unter den hohen Drucken im Schmierspalt wird die weiche Grundmasse stärker aus der Zone höchsten Drucks (Abb. 8 und 1c) weggedrückt als die harten Kristalleinlagerungen, die infolgedessen als Relief aus der Lauffläche etwas heraustreten. In gleichem Sinne wirkt eine stärkere Abtragung der

---

[1] Das grundlegende US-Patent Nr. 1252 stammt vom 17. 7. 1839. Es schützt vor allem die Auskleidung von Stützschalen mit härteren Sorten der schon sehr lange bekannten hochzinnhaltigen Gebrauchsmetalle.

weicheren Partien der Lauffläche durch den umlaufenden Zapfen. Dies führt dazu, daß im Zustand der Mischschmierung die Grenzschmierungsbereiche durch die harten Kristalleinlagerungen gegeben sind, wodurch eine Verminderung des Verschleißes eintritt[1].

Weiterhin verbessert das Auftreten der Eindruckstellen die Güte der Schmierung, da sie zusätzliche Öltaschen mikroskopischer Abmessungen darstellen. Die Vergrößerung der Oberfläche begünstigt überdies die Schmiermitteladsorption an der Gleitfläche. Wesentlich für ein gutes Gleitverhalten ist, daß die harten Kristalle unter der Beanspruchung nicht zerbrechen, nicht aus der Lauffläche herausgerissen und als Fremdkörper vom Schmiermittel mitgenommen werden. Voraussetzung zur Vermeidung dessen ist, daß der volumenmäßige Anteil an spröden Kristallen so gering und die Schichtstärke des Lagermetalls so groß ist, daß eine vollständige Einbettung in die weiche Grundmasse sichergestellt bleibt und daß die harten Einlagerungen nicht in Form leicht zerbrechlicher Nadeln oder Platten auftreten.

Dem Härteunterschied zwischen Grundmasse und Einlagerungen kommt nach obiger Vorstellung eine wesentliche Bedeutung zu. Es erscheint zweckmäßig, diesen Unterschied groß zu machen, wobei aber die pauschale Härte der Lagerlegierung ausreichen muß, um der auftretenden Beanspruchung zu genügen. Nähern sich die Härten der verschiedenen Gefügebestandteile einander, oder übersteigt die Härte der Grundmasse einen bestimmten Höchstwert, so daß diese den auftretenden Beanspruchungen nicht mehr in dem eben beschriebenen Sinne folgen kann, so ist i. allg. eine Verschlechterung des Gleitvermögens zu erwarten. Gleitungsfördernde Deckschichten, Verbesserung des Adsorptionsvermögens für das Schmiermittel (Reliefbildung durch Gleitlinien oder Ätzung) schaffen hier vielfach einen Ausgleich (vgl. hierzu Punkt 48c).

Der bisher erörterte Aufbau von Gleitwerkstoffen, Einlagerung härterer Gefügebestandteile in eine weichere Grundmasse, spielt für die technischen Lagerlegierungen eine erhebliche Rolle. Diese Auffassung, die „Tragkristalltheorie“, hat sich bei der Entwicklung neuer Lagerlegierungen wiederholt bewährt (z.B. Sn-arme bzw. -freie Bleilagermetalle, Aluminiumlagermetalle), stellt aber keineswegs die einzige Möglichkeit für den Bau hochwertiger Gleitlegierungen dar. Die technisch so bedeutsamen Bleibronzen z.B. weisen gerade umgekehrt weiche Bleieinlagerungen in einer härteren Kupfergrundmasse auf. Das günstige Gleitvermögen wird hier auf eine Wirkung von über die Lauffläche verschmierten Bleieinschlüssen zurückgeführt. Die beim Lagerlauf auftretenden Temperaturerhöhungen begünstigen eine derartige Verschmie-

---

[1] Eventuell wird hierdurch auch ein Auftragen der weichen Grundmasse in dünnsten Schichten auf die Welle verhindert, darüber hinaus eine Feinbearbeitung der Wellenlauffläche erzielt, worauf uns A. DURER hinweist.

rung des niedrig schmelzenden Bleis. Auch unter den Kadmiumlager-
legierungen gibt es eine mit ähnlich aufgebautem Gefüge (weiche CdAg-
Mischkristalle in Cd-Cu-Eutektikum). Mehrfach haben sich eutektische
Legierungen (Al-Si, Al-Zn) als gute Lagerwerkstoffe erwiesen.

Heterogenen Aufbau durch Eutektoidbildung weisen Lagerbronzen
mit Härten unter etwa 100 BE und die technischen Rotgußlegierungen
(Rg 5 bis Rg 10) auf; in den Sondermessingen und im Gußeisen (Eutektikum, Graphiteinlagerungen) liegen gleichfalls mehrere Kristallarten
vor. Dieser Heterogenität des Gefüges wird eine örtlich verschiedene
Verschleißfestigkeit entsprechen, die im Sinne der obigen Ausführungen
zu schmierungsverbessernder Grübchenbildung im Laufspiegel führen
kann. Auch wird vermutet, daß die Wechselwirkung zwischen dem Randfeld des Werkstoffs und den Restvalenzen des Schmiermittels an den
Kornbegrenzungen, besonders bei verschiedenen Gefügebestandteilen,
verstärkt ist [I, 52].

Neben den heterogen aufgebauten Lagerlegierungen haben sich unter
speziellen Beanspruchungs- und Schmierungsverhältnissen auch homogene Legierungen bewährt (Zinnbronzen). Hervorragende Festigkeitseigenschaften (insbes. bei Ermüdungs- und Verschleißbeanspruchung),
Fehlen ausgesprochener Affinität zwischen den Komponenten der Gleitwerkstoffe von Lager und Zapfen (Vermeidung von Verschweißungen
[I, 53]) führten hier zum Erfolg.

Systematische Versuche über die Bedeutung der *Korngröße* für das
Laufverhalten liegen noch kaum vor. Die allgemeinen Beobachtungen
gehen dahin, daß mit zunehmender Kornfeinung sowohl die Gleiteigenschaften als auch Verschleiß und Grenzbelastung verbessert werden
[I, 54]. Mit den beiden letzten Eigenschaften beschäftigen sich besondere
Versuche von CONELLY [I, 55]. Bei Lagermetallen auf Bleibasis tritt
eine klare Überlegenheit bei feinerem Gefügeaufbau zu Tage. In die
gleiche Richtung weisen die Feststellungen über Erhöhung der Lebensdauer von Lagern beim Übergang zum Dünnausguß [I, 56]. Für die
Überlegenheit feineren Gefüges liegen zweifellos mehrere Gründe vor.
Die Zerbrechlichkeit spröder Tragkristalle wird herabgesetzt, der Rauhigkeitsgrad der Gleitflächen wird vermindert, die Haftung von Schmiermittel wird möglicherweise verbessert.

Für bestimmte Betriebsbedingungen sind Lagerwerkstoffe zweck-
mäßig, die ein zusammenhängendes System von Poren enthalten (poröse
Sinterlager). Sie werden durch Pressen und Sintern von Pulvern aus
Metallen, gegebenenfalls unter Zugabe bestimmter Zuschläge, die zur
Gleiterleichterung, zum Teil auch durch Verbrennung zur Förderung der
Porosität führen, erhalten. Das in sich zusammenhängende Porensystem
wird mit Schmierstoff getränkt. Dieses Reservoir ist bei wartungslosen

Lagerstellen und bei Betriebsbedingungen, welche die Ausbildung hydrodynamischer Schmierung nicht sicherstellen, von Nutzen.

Eine wichtige Bemerkung ist hier anzuschließen. Im Laufspiegel des Lagers liegt das Metall keineswegs im unveränderten Ausgangszustand vor. Durch das Gleiten am Gegenwerkstoff treten in den Oberflächenschichten bemerkenswerte Veränderungen ein, mit deren Untersuchung erst in den letzten Jahren begonnen wurde. Versuche an geschliffenen und polierten Metallkristallen unter Verwendung weicher Röntgenbremsstrahlung [I, 57] ergaben, daß in einer sehr dünnen Grenzschicht $(5-30\mu)$ feinkristallines Gefüge (mit oder ohne Anzeichen von Rekristallisation) vorliegt. Die Verbindung zum ungestörten Grundkristall bildet eine etwa 10mal so dicke, verformte Zwischenschicht. Der Kristallorientierung und insbesondere den der Gitterstruktur entsprechenden Translationsmöglichkeiten kommt für die Dicke dieser Schichten wesentliche Bedeutung zu. Die weitere Prüfung der Verhältnisse mit Elektronenstrahlbeugung gestattete die Untersuchung noch kleinerer Bereiche (dünnerer Schichten) als dies mit Röntgenstrahlen möglich ist. Die an Ein- und Vielkristallen gewonnenen Ergebnisse bestätigen im wesentlichen die obigen Befunde ([I, 58], [I, 59], [I, 60], [I, 103]): Durch Kaltbearbeitung einer Metalloberfläche findet eine erhebliche Kornzerkleinerung statt, es treten starke Gitterstörungen auf, der amorphe Zustand, wie er von BEILBY angenommen wurde [I, 104], wird jedoch nicht erreicht (vgl. auch Punkt 49c). Die in den Körnern erfolgten plastischen Verformungen befähigen die Schicht zu Rekristallisation. Erfolgt die Bearbeitung der Oberflächen an Luft, so kann Reiboxydation eintreten, bzw., wie am Zinn beobachtet [I, 61], Einlagerung von Sauerstoff in das Gitter unter dessen Deformierung.

Unsere Kenntnisse der Bedeutung der Natur des Lagerwerkstoffs für seine Gleiteigenschaften dürften durch eine eingehende Fortführung dieser Arbeiten sehr erweitert werden. Eine Berücksichtigung der verschiedenen Gefügebestandteile wäre dabei wesentlich. Auch die Frage, ob Rekristallisation der Oberflächenschicht oder deren Unterdrückung zweckmäßig ist, ist noch offen. Jedenfalls werden die beim Einlauf eines Lagers in gewissem Ausmaß vor sich gehende, spanabhebende Bearbeitung (Abreißen der Rauhigkeitsspitzen) und die unterschiedliche Verfestigung der plastisch verformten Randschicht das Gleitvermögen maßgeblich beeinflussen. Für das Vorhandensein von Schmelzvorgängen in Lagern, die störungsfrei eingelaufen sind und ebenso im Betrieb gehalten werden konnten, liegen keine bündigen Beweise vor (vgl. die in Punkt 15a beschriebenen Einrichtungen und Verfahren zur Bestimmung der Oberflächentemperatur). Der Grund für die in vielen Fällen gute Bewährung von Stein- (und Glas- und Keramik-) Lagern dürfte neben der hohen Verschleißfestigkeit dieser Werkstoffe vor allem völliges Fehlen von Verschweißneigung sein. Die Härten liegen bei den benutzten Halbedelsteinen in der Nähe der Zapfenhärten, vielfach sogar erheblich drüber.

Der *Zapfen* muß vor allem den auftretenden Belastungen ein ausreichendes Widerstandsmoment entgegensetzen, muß also über entsprechende elastische und Festigkeitseigenschaften verfügen. *Achsen*, die hauptsächlich zum Tragen von Maschinen- oder Fahrzeugteilen dienen, sind dabei besonders auf Biegung beansprucht, *Wellen*, die ein Drehmoment auf größere Entfernungen zu übertragen haben, besonders auf Verdrehung. Gleiteigenschaften kommen erst in zweiter Linie in Betracht. Im Hinblick darauf, daß möglichst gute Schmiermitteladsorption zweifellos von Vorteil ist, wird vermutet, daß ein Gefügezustand mit großem Anteil von Korngrenzen (Feinkörnigkeit) günstig ist [*I,62*]. Martensitischem bzw. troostitischem Gefüge, das überdies durch eine höhere Härte und damit geringere Verschleißneigung vor ferritischem Gefüge ausgezeichnet ist, wird der Vorzug gegeben. Es sei indessen darauf hingewiesen, daß Untersuchungen des reinen Gleitvermögens auch Fälle aufgezeigt haben, in denen weiches Wellenmaterial dem einsatzgehärteten überlegen war [*I, 63*]. Die Erklärung dürfte in den vorhandenen Perlitanteilen des Gefüges zu suchen sein, die neben dem weicheren Ferrit auftreten. In Notzuständen (Mangelschmierung) tritt jedoch die Überlegenheit der höheren Härte klar zu Tage (geringere Zerstörungen in der Lauffläche, höhere Verschleißfestigkeit).

Zum Abschluß dieses Punktes sollen die Verhältnisse bei den nichtmetallischen Lagerwerkstoffen, den *Kunstharzpreßstoffen* und *Holz, Kohle* und *Graphit, Glas, feinkeramischen Massen* und *Edel-* und *Halbedelsteinen* noch kurz gestreift werden. Bei den *Kunstharzpreßstoffen* handelt es sich um aus Kunstharz (Phenol- oder Harnstoffharz), Füllstoff (Faserstoffe, wie Baumwolle, Zellwolle, Zellstoff, Asbest, Holz- und Gesteinsmehl) und geringen anderen Beimengungen (Härtungsbeschleuniger, Fließ- und Gleitmittel für den Preßvorgang, Farbstoffe) bestehende Werkstoffe. Die Füllstoffe dienen zur Verbesserung der mechanischen und thermischen Festigkeit. Insbesondere wird die Schlagempfindlichkeit der Kunstharze durch Einbringung der Füllstoffe wesentlich herabgesetzt. Für die Eignung als Lagerwerkstoff kommt der Art und Struktur der Einlagerung der Füllstoffe Bedeutung zu. Hinsichtlich des Gleitvermögens scheinen sich unter den Preßstofflagern die mit regellos verteilten Füllstoffen am besten zu erweisen ([*I, 64*]; vgl. auch [*I, 65*]). Auch hinsichtlich des Verschleißes verhalten sich Lager mit regellos verteilten Baumwolleinlagerungen am günstigsten. Liegen die Gewebebahnen senkrecht zur Lagerachse, so ist Riefenbildung auf der Wellenlauffläche, bei hohen Lasten Aufspaltung der Einlagerungen zu gewärtigen. Verlaufen die Gewebeeinlagerungen parallel zur Achse, so wird der Verschleiß erhöht. Schräg zur Achse angeordnete Schichten sollen diese Nachteile beheben. Hinsichtlich der Belastbarkeit bewähren sich gewickelte Lager mit Baumwollgewebestreifen am besten, es folgen Lager mit regelloser Füllstoffanordnung, wobei Unterschiede je nach der Art des Füllstoffes auftreten [*I, 66*].

Der Werkstoff *Holz* wird bevorzugt in Form des schweren, harten und schwer spaltbaren Pockholzes verwendet. Aber auch weniger harte, deutsche Naturhölzer werden zur Lagerfertigung herangezogen. Die Faserung wird senkrecht zur Gleitebene gelegt.

Bei *Graphit* begünstigt die leichte Verschieblichkeit parallel der Basisfläche des hexagonalen Schichtkristalls den Gleitvorgang.

Glas ist eine unterkühlte Flüssigkeit, die erst bei der zu vermeidenden „Entglasung" kristallisiert. *Steinzeug* und *Hartporzellan* weisen einen Feinbau auf, bei dem Mikrokristalle in hochtonerdehaltiger Glasbasis eingebettet sind. Die *Edel-* und *Halbedelsteine* (natürliche und synthetische) der Steinlager sind Einkristalle, mit Ausnahme des ein überaus feinkörniges Vielkristallaggregat darstellenden Achats.

10. Physikalische und mechanisch-technologische Eigenschaften.

Die Anforderungen, die an einen Lagerwerkstoff gestellt werden, sind je nach den Beanspruchungsfällen außerordentlich verschieden. Es gibt keinen universellen Werkstoff, der für sämtliche vorkommenden Lagerstellen der beste ist. Nur mit einer gewissen Vielfalt von Lagerwerkstoffen ist man in der Lage, den technischen Anforderungen zu genügen. Zu den *physikalischen Eigenschaften*, welche für die Eignung eines Werkstoffes als Lagerbaustoff wichtig sind, gehören der Schmelzpunkt, die Wärmeleitfähigkeit und spez. Wärme, der Ausdehnungskoeffizient, der Elastizitätsmodul, die Dichte und in gewissen Fällen der spez. Widerstand. Die hohe Bedeutung des *Schmelzpunktes* ist durch den Einfluß bedingt, den seine Lage auf die temperaturabhängigen Festigkeitseigenschaften hat. Hierauf wird bei Besprechung dieser Eigenschaften eingegangen. Die *Wärmeleitfähigkeit* (und zu einem gewissen Anteil auch die spez. Wärme) ist für die Abführung der Reibungswärme wichtig. Bei nichtmetallischen Lagerbaustoffen (Kunststoffen, Weichgummi, Holz, Glas und Keramik) ist häufig zusätzliche Flüssigkeitskühlung erforderlich, da wegen ihrer niedrigen Wärmeleitfähigkeit sonst ein zu hoher Wärmestau im Lager eintreten würde. Der *Ausdehnungskoeffizient* oder richtiger der Unterschied der Ausdehnungskoeffizienten von Lager- und Wellenwerkstoff beherrscht die während des Laufs durch Temperaturerhöhung eintretenden Änderungen des Lagerspiels. Weiterhin spielt die thermische Ausdehnung für das Schwindmaß und für die Erhaltung der Bindung zwischen Lagerausguß und Stützschale bei Verbundlagern eine wichtige Rolle; dies gilt einmal wegen der bei der Lagerherstellung erfolgenden Schrumpfung, weiterhin wegen der Temperaturwechsel der

Lager im Betrieb. Ist bei Dünnausgüssen ein der Temperaturerhöhung beim Lauf entsprechendes Nachgeben der Laufschicht aus geometrischen Gründen verhindert, so entstehen innere Spannungen in der Lager-metallschicht, deren Höhe maßgeblich vom Unterschied der Aus-dehnungskoeffizienten von Gleit- und Stützschalenwerkstoff bestimmt ist [*I, 67*].

Bei eingezogenen Büchsen spielt ebenfalls der Unterschied der Aus-dehnung von Lagerbüchse und Gehäuse für den Sitz im laufenden Be-trieb eine Rolle. Überschreitet die bei Erwärmung in der Büchse ent-stehende Spannung die Fließgrenze, so tritt plastische Verformung und damit Lockerung des Sitzes beim Erkalten ein [*I, 68*]. Dies gilt für den Fall, daß der Büchsenwerkstoff sich stärker ausdehnt als das Gehäuse. Liegt die thermische Ausdehnung der Büchse unter der des Gehäuses, so tritt eine Lockerung des Sitzes bei Temperaturerhöhung (während des Betriebes) ein.

Der *Elastizitätsmodul* ist neben den Plastizitätseigenschaften für die Anpassungsfähigkeit des Lagers an die Welle wesentlich. Je niedriger der Modul ist, umso geringer werden die in der Lagermetallschicht auf-tretenden Spannungen sein, welche zu den durch eine bestimmte Wellen-durchbiegung oder Gestaltsänderungen des Gehäuses (Fluchten) auf-gezwungenen Verformungen gehören. Auf die Bedeutung plastischen Fließens zur Verhinderung unzuträglicher Kantenpressung wird weiter unten eingegangen. In einzelnen Fällen, denen der stromführenden Lager, kommt weiterhin dem *spez. Widerstand* eine gewisse Bedeutung zu.

Neben den Werten für Raumtemperatur sind für die Leitfähigkeit für Wärme und Elektrizität, den Ausdehnungskoeffizienten und Elastizi-tätsmodul stets besonders die Werte für die jeweilige Lagertemperatur maßgeblich. Leider ist das heute vorliegende Beobachtungsmaterial hierüber noch sehr lückenhaft.

Im Hinblick auf niedrige Baugewichte ist schließlich das *spez. Gewicht* der Lagerbaustoffe von einem gewissen Interesse.

Von den *mechanisch-technologischen Eigenschaften* sind zunächst die Festigkeitseigenschaften von Wichtigkeit. Sie entscheiden auch darüber, ob eine Lagerstelle mit Rücksicht auf die auftretenden Beanspruchungen als Massiv- oder als Verbundlager auszubilden ist. Neben der statischen *Zug-, Druck-* und in gewissen Fällen auch *Biegefestigkeit*, der *Härte* und *Bruchdehnung* (Stauchung) sind hier die *Plastizitätsgrenzen* (Propor-tionalitätsgrenze, Streck- und Quetschgrenze) von Bedeutung.

Da die Betriebstemperaturen der Lagerstellen fast stets über Raum-temperatur liegen (im allgemeinen reichen die Temperaturen bis etwa 120° C), ist auch für alle diese Eigenschaften nicht nur der Raum-temperaturwert, sondern auch das Verhalten bei erhöhten Temperaturen wichtig. Hierfür ist die Lage des Schmelzpunktes ausschlaggebend. Die niedrig schmelzenden Weißmetalle weisen schon bei Raumtemperatur nur geringe Festigkeitswerte auf. Die weitere, starke Abnahme bei Temperaturerhöhung läßt diese wichtigen Lagerlegierungen i. allg. als ungeeignet für den Bau von Massivlagern erscheinen. Liegt der Schmelzpunkt dagegen hoch, so wird bei normalen Betriebstemperaturen nur eine relativ geringe Erweichung der an sich festeren Legierungen auftreten. Die Werkstoffe erweisen sich auch bei erhöhter Temperatur den auftretenden Beanspruchungen gewachsen.

Das plastische Fließen der Lagermetallschicht spielt bei der Anschmiegung an den Zapfen und der Glättung von Oberflächenrauhigkeiten eine hervorragende Rolle. Die Anschmiegung wird einmal durch elastische (durch niedrigen Elastizitätsmodul geförderte) Verformung, vorwiegend aber durch plastisches Fließen der Lagermetallschicht bewirkt. Die auftretende Kantenpressung (bedingt durch die unvermeidliche Zapfendurchbiegung und durch etwaige Fluchtungsfehler) wird um so geringer sein, je niedriger die Fließgrenze bei der Betriebstemperatur ist. Der Wert dieser Fließgrenze, bzw. der damit zusammenhängenden Warmhärte ist auch für die *Einbettfähigkeit* maßgebend. Je weicher die Lagerlaufschicht ist, um so leichter wird sie störenden Abrieb und in den Schmierspalt gelangte Fremdstoffe aufnehmen und ihre schädigende Wirkung beseitigen. Durch Verwendung von Mikrohärteprüfern gelingt es, die einzelnen Gefügebestandteile getrennt zu untersuchen, was im Hinblick auf die in Punkt 9 geschilderte „Tragkristalltheorie" von wesentlichem Interesse ist. Die Größe der in statischen Versuchen ermittelten Plastizität gibt in erster Annäherung ein Maß für die Widerstandsfähigkeit des Lagerwerkstoffs gegenüber Schlagbeanspruchung, da die Rißempfindlichkeit mit steigender Verformbarkeit sinkt.

Mindestens ebenso wichtig, wie die bisher erörterten, in den üblichen statischen Kurzzeitversuchen zu ermittelnden Festigkeitseigenschaften sind die Eigenschaften, welche zur Kennzeichnung des Verhaltens bei *Dauerbeanspruchung* dienen. Im praktischen Betrieb steht der Gleitwerkstoff des Lagers ja im allgemeinen unter einer dauernden Druckspannung. Diese Druckspannung ist im Falle rein statisch wirkender Belastung (z. B. in Lagern von Turbinen oder Elektromotoren) konstant, häufig schwankt sie jedoch periodisch (Fahrzeuglager, Grund- und Pleuellager in Verbrennungskraftmaschinen, Walzwerkslager), wobei der untere Grenzwert auch Null sein kann. Mit Rücksicht auf die Druckverteilung im Schmierspalt (s. Abb. 8 und 9) handelt es sich stets um einen inhomogenen Spannungszustand.

Das Verhalten des Werkstoffs gegenüber dieser Dauerbeanspruchung wird durch seine Dauerfestigkeiten bestimmt: der *Dauerstandfestigkeit* im rein statischen Fall, der aus dem Sмithschen Diagramm [*I, 69*] bei verschiedener statischer Vorlast zu entnehmenden *Wechselfestigkeit* bzw.

der *dynamischen Kriechfestigkeit* [*I, 70*]. Erfolgt die periodisch überlagerte Beanspruchung schlagartig, so kommt die *Dauerschlagdruckfestigkeit* in Frage. Die Dauerstandfestigkeit ist dabei durch die zu einer
bestimmten, gerade noch zulässigen Verformungsgeschwindigkeit führende Spannung gegeben oder (für Nichteisen-Metalle bevorzugt) durch
jene Spannung, die in einem bestimmten Zeitraum (etwa 1 Jahr) zu
einer bestimmten Verformung (etwa 0,2% oder 1%) führt. Die Wechselfestigkeiten sind aus WÖHLER-Kurven zu entnehmen als die unter ver-
änderter Mittelspannung zu einer bestimmten zu ertragenden Lastwechselzahl (etwa $10 \cdot 10^6$) gehörigen Grenzspannungen. Im Falle der
Überlagerung von statischer und zusätzlicher Wechselbeanspruchung ist
die dynamische Kriechfestigkeit mit zu berücksichtigen, welche ebenso

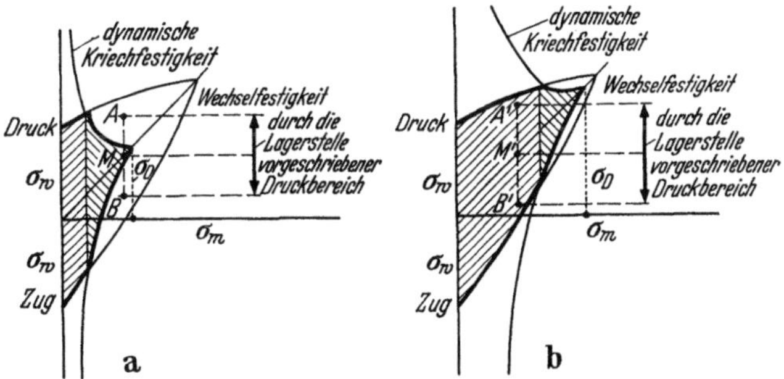

Abb. 21 a u. b.   Zum Versagen bei Dauerbeanspruchung; SMITHsche Darstellung (schematisch nach [*I, 71*]).
σ_D = Dauerstandfestigkeit.

wie die Dauerstandfestigkeit auf eine bestimmte Kriechgeschwindigkeit
begründet ist. Die Dauerschlagdruckfestigkeit wird aus entsprechenden
WÖHLER-Kurven ermittelt.

Experimentelle Ergebnisse über die *Dauerfestigkeiten* von Lagerwerkstoffen liegen heute erst sehr spärlich vor. Für die dynamische Kriechfestigkeit fehlen sie vollständig. Trotzdem sollen die Verhältnisse nachfolgend an Hand der Abb. 21 erörtert werden, da sie das Grundsätzliche
der Beurteilung eines Lagerwerkstoffs für den Dauerbetrieb darstellen.
Die Abbildung zeigt nach [*I, 71*] in SMITHscher Darstellung schematisch
zwei Beispiele mit sehr verschiedenem Verhältnis von Wechselfestigkeit
zu Dauerstandfestigkeit. Im statischen Fall entscheidet die zu einer
passend festgelegten Deformation oder Deformationsgeschwindigkeit
gehörige Dauerstandfestigkeit über die Höhe der zulässigen Beanspruchung. Im allgemeineren Fall der Überlagerung statischen und periodisch wechselnden Druckes hätte man den auftretenden Druckbereich
so in die Abbildung einzutragen, daß sein Mittelwert auf die Winkel-
halbierende der Koordinatenachsen fällt (M und M'). Bleiben hierbei

die Grenzen des Bereichs (A und B bzw. A' und B') sowohl innerhalb des zulässigen Wechselfestigkeits- als auch des zulässigen Kriechfestigkeitsbereiches, so hält der Lagerwerkstoff der Beanspruchung stand. Im anderen Falle ist mit Versagen beim Dauerbetrieb des Lagers zu rechnen. Ob das Versagen durch unzulässige Verformung oder durch Dauerbruch erfolgt, hängt davon ab, welche obere Grenzkurve überschritten wird. Überschreitet der im Lager auftretende Druckspannungsbereich beide oberen Grenzkurven, so wird zur Beurteilung des Versagens das Maß der jeweiligen Überschreitung heranzuziehen sein. Abb. 21a zeigt ein Beispiel, in dem der Lagerwerkstoff durch unzulässige Verformung versagt, Abb. 21b ein Beispiel, in welchem das Material der Gleitschicht den Beanspruchungen auch auf die Dauer (gegeben durch die verwendete Grenzlastspielzahl und zugelassene Verformungsgeschwindigkeit) gewachsen ist.

Zwei Bemerkungen sind noch anzuschließen. Zunächst wären die Wechselfestigkeit und die dynamische Kriechfestigkeit nicht bei Raumtemperatur, sondern bei der Betriebstemperatur zu bestimmen. Unterlagen hierüber liegen heute erst spärlich vor. Theoretisch ist für die Dauerstandfestigkeit (σ_D) in guter Übereinstimmung mit den experimentellen Befunden eine Temperaturabhängigkeit gemäß der Formel

$$\sigma_D = \sigma_{D,0} + \beta \cdot \sqrt{T} \tag{23}$$

zu erwarten [I,72] [I,71], worin T die abs. Temperatur, $\sigma_{D,0}$ die Dauerstandfestigkeit beim abs. Nullpunkt und β eine durch den Werkstoff und universelle Konstanten gegebene Größe ist. Für die dynamische Kriechfestigkeit, für die systematische Untersuchungen an Lagerwerkstoffen noch nicht vorliegen, wird man, dem Wesen des Vorgangs gemäß eine ähnliche Temperaturabhängigkeit erwarten. Für die Temperaturabhängigkeit der Wechselfestigkeit liegen keinerlei theoretische Ableitungen vor. Die Versuchsergebnisse zeigen eine geringere Temperaturabhängigkeit als bei σ_D. Das heißt, daß mit steigender Temperatur das Verhalten eines Werkstoffs sich von dem in Abb. 21b dargestellten in Richtung zu Abb. 21a verändern wird. Die Lage des Schmelzpunktes spielt demnach auch für die Art des Versagens bei Dauerbeanspruchung eine bestimmende Rolle. Bei den niedrig schmelzenden Weißmetallen liegt schon bei Raumtemperatur die Wechselfestigkeit über der Dauerstandfestigkeit, bei den höherschmelzenden Kupfer- und Aluminiumlegierungen dagegen übersteigt bei Raumtemperatur die Dauerstandfestigkeit die Wechselfestigkeit erheblich. Systematische Prüfungen des Verhaltens bei Dauerbelastung würden unsere Sicherheit bei der Beurteilung der Anwendungsmöglichkeiten neuer Lagerlegierungen sehr erhöhen.

Weiterhin ist zu berücksichtigen, daß bei dünnem Lagerausguß ein „Durchschimmern" der festen Stützschale eine erhebliche Verbesserung des Dauerverhaltens bewirken kann. Die an normalen Probekörpern der Legierungen bestimmten Dauerfestigkeitswerte stellen somit nur untere Grenzwerte dar.

Die von einem Lagerwerkstoff ertragene *Dauerschlagbeanspruchung* ist zur Beurteilung des Widerstandes, den es dem Ausbrechen durch Zermürbung im Dauerbetrieb (Abb. 22) entgegensetzt, wichtig [*I, 73*]. Für den Versuch, die Zermürbung durch Rißbildung zufolge thermischer Spannungen zu deuten, vgl. [*I, 74*] und [*I, 75*].

Erwähnt seien noch zwei Eigenschaften, die auf der Energieaufnahmefähigkeit des Werkstoffs beruhen, die *Zähigkeit* (ein Maß dafür ist die

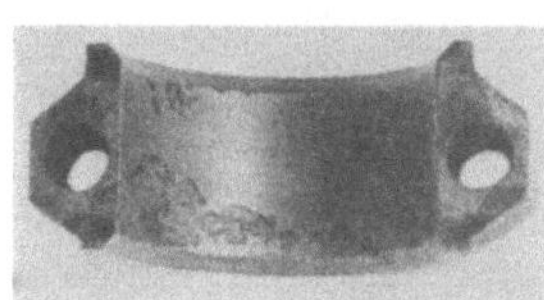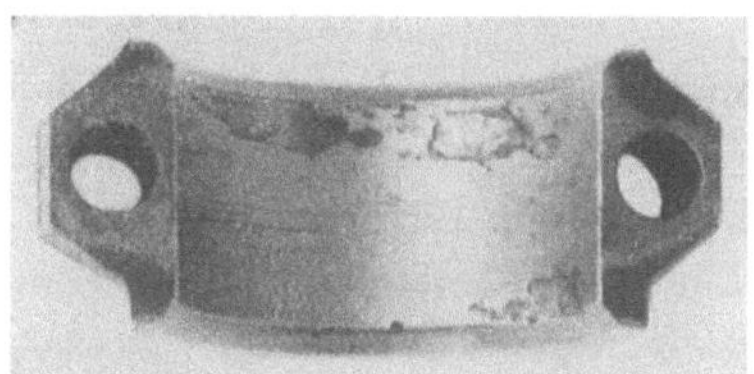

Abb. 22. Zerstörungserscheinungen in Pleuel-Lagern, hervorgerufen durch dynamische Ursprungsbeanspruchung der Lager.

Verformungsarbeit) und die *Dämpfung* (ein Maß dafür ist das Abklingen von Schwingungen). Mit dem Ansteigen jeder der beiden Eigenschaften wird die Lebensdauer dynamisch beanspruchter Lager erhöht. Darüber hinaus wird erhöhte Dämpfung eine Schonung des Triebwerkes und eine Geräuschminderung zur Folge haben.

Schließlich sei noch hervorgehoben, daß der *Verschleiß*, d. h. die Abtragung der Oberfläche des Gleitwerkstoffs im Betrieb, durch Härte und Zähigkeit mitbestimmt wird. Je höher diese beiden Eigenschaften liegen, um so geringer ist im allg. der Verschleiß. Höchsten Anforderungen an Verschleißfestigkeit, wie sie z. B. bei Spitzenlagerung in Meßgeräten als Folge der auftretenden sehr hohen Drucke vorliegen, kann vielfach nur durch Verwendung von Steinlagern (natürliche oder synthetische Edel- und Halbedelsteine) entsprochen werden.

Für den *Achsen*- bzw. *Wellenwerkstoff* sind von den *physikalischen Eigenschaften* vorwiegend die *Wärmeleitfähigkeit* und, wie eingangs schon erwähnt, der *Ausdehnungskoeffizient* von Bedeutung. Weiterhin ist eine möglichst hohe *elastische Steifheit* von Achse und Welle anzustreben, da hierdurch die Gefahr der Kantenpressung verringert und durch Erhaltung einer möglichst niedrigen geringsten Schmierschichtstärke einer nennenswerten Herabsetzung der Tragfähigkeit der Lager begegnet wird (vgl. Punkt 6).

Von den *technologischen Eigenschaften* ist das Festigkeitsverhalten bei statischer und Dauerbeanspruchung (*Plastizitätsgrenzen*, *Zug-*, *Druck-*,

Biege- und *Torsionsfestigkeit, Härte, Dauerstandverhalten*) sowie bei Wechselbeanspruchung (*Wechselbiege-* und *Wechseltorsionsfestigkeit, Dauerschlagzahlen*) von Wichtigkeit. Erhebliche Beachtung verdient die *Kerbempfindlichkeit*, von welcher die durch die Form des Werkstücks mitbestimmte Gestaltsfestigkeit (vgl. hierzu [*I*, *76*]) wesentlich abhängig ist (Kurbelwellen). Der Härte kommt vornehmlich für die Höhe des Verschleißes und das Notlaufverhalten große Bedeutung zu. Schließlich sei noch auf die *Dämpfung* hingewiesen, welche zu einer Abbremsung sich ausbildender gefährlicher Schwingungen zufolge des im Werkstoff vor sich gehenden Energieverzehrs führt.

11. Chemische Eigenschaften.

Von den für die Verwendung der Gleitwerkstoffe wichtigen chemischen Eigenschaften kommt der *Korrosionsfestigkeit gegenüber Atmosphärilien* für die Lagerhaltung Bedeutung zu. Vor allem wichtig ist das *Verhalten* der Gleitwerkstoffe *gegenüber den Schmiermitteln*, worunter sowohl ein Angriff des Öls oder dessen Beimengungen auf den Werkstoff, als auch dessen katalytischer Einfluß auf die Alterung der Öle fällt. Die Wechselwirkung Metall-Schmiermittel bestimmt weiterhin die Stärke der für die Schmierwirkung maßgeblichen Schmiermitteladsorption (vgl. hierzu Punkt 12). In Sonderfällen kommt der Beständigkeit der Gleitwerkstoffe gegenüber bestimmten Angriffsmitteln, unter Umständen bei erhöhten Temperaturen, entscheidende Wichtigkeit zu: unter Meerwasser arbeitende Lagerstellen müssen dem dabei auftretenden Korrosionsangriff widerstehen, in der chemischen Industrie liegt häufig die Notwendigkeit ausreichender Widerstandsfähigkeit gegenüber noch weit aggressiveren Angriffsmitteln vor. Hier kann es sich als notwendig erweisen, metallische Werkstoffe zu verlassen und unter Verzicht auf deren gute Gleiteigenschaften zu chemisch beständigeren, wie Holz, Glas und feinkeramische Erzeugnisse überzugehen. Im Falle des Seewassers entspricht Gummi den Anforderungen auf Beständigkeit.

In dem der Bedeutung des Aufbaus und der Eigenschaften der Gleitwerkstoffe gewidmeten Abschnitt wurde zunächst dargetan, daß es mit Rücksicht auf die in den praktisch vorkommenden Lagerstellen auftretenden Beanspruchungen nicht möglich ist, mit einer Universal-Lagerlegierung auszukommen. Bei der Besprechung des Einflusses des Gefüges wurde von der sog. ,,Tragkristall''-Theorie ausgegangen, ihr Wert, aber auch ihre keineswegs ausschließliche Gültigkeit hervorgehoben. Nachdrücklich wurde unter Schilderung der bisherigen Ergebnisse auf die Notwendigkeit systematischer Untersuchungen der Veränderungen von Gefüge und Struktur in den Laufspiegeln hingewiesen. Es folgte eine Schilderung des Einflusses des Aufbaues nichtmetallischer Lagerwerkstoffe. Die Bedeutung der Eigenschaften der Lagerwerkstoffe wurde getrennt für physikalische, mechanisch-technologische und chemische erörtert. Dabei wurde besonders auf die Notwendigkeit weiterer Untersuchungen über die Temperaturabhängigkeit des Verhaltens bei Dauerbeanspruchung hingewiesen.

C. Wechselwirkung Gleitwerkstoff-Schmiermittel[1].

Die Unabgesättigtheit der molekularen (atomaren) Kohäsionskräfte in den Oberflächen von Flüssigkeiten und festen Körpern ist die Ursache für das Auftreten einer Reihe bedeutungsvoller Eigenschaften, die ihren Sitz in der Oberfläche haben (Oberflächenspannung). Schreitet man (vgl. Abb. 23) bei einem Kristall von einem Atom im Inneren zu einem in einer Grenzfläche *a* und weiter über eines in einer Kristallkante *b*, eines in einer Ecke *c* zu vorgelagerten Atomen *d* und *e* vor, so kommt man vom Gleichgewicht ausgehend zu stets stärkeren Störungen desselben, zu einer fortschreitenden Abnahme der nach innen gerichteten atomaren Bindungskräfte. Durch Untersuchungen an natürlichen Salzkristallen konnte nachgewiesen werden, daß die Stellen erhöhter Reaktionsfreudigkeit in der Tat vornehmlich an Kristallkanten und -ecken sitzen. Verwendung radioaktiver Indikatoren ergab, daß an derartigen Kristallen

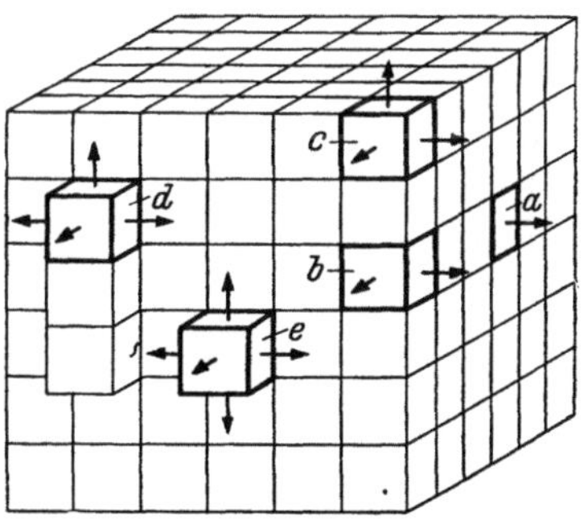

Abb. 23. Freie Oberflächenkräfte an den Begrenzungsflächen fester Körper (nach [*I, 79*]).

in Berührung mit gesättigter Lösung Adsorption fast nur an den Rändern der Kristalle eintrat. Neuere Untersuchungen an metallischen Oberflächen machen es dagegen wahrscheinlich, daß hier Kanten und Ecken keinen bevorzugten Sitz reagierenden Stellen bilden. Adsorption von Metallionen erfolgt (mit Ausnahme der Platinmetalle) an allen Atomen der Metalloberfläche gleichwertig. Nur bei bestimmter Verteilung benachbarter Störstellen tritt eine Adsorptionsverstärkung ein, die sich als Erhöhung der Verweilzeit adsorbierter Ionen äußert [*I, 80*].

Voraussetzung dafür, daß eine Flüssigkeit an einem Festkörper adsorbiert wird, ist, daß sie ihn benetzt (adsorbierte Gase und Dämpfe verdrängt). Durch die Adsorption tritt eine Abnahme der Oberflächenenergie ein, welche als freie Energie der neugebildeten Grenzschicht und weiterhin in Form kinetischer Energie als Adsorptionswärme in Erschei-

---

[1] Für ausführliche Darstellungen dieses wichtigen Gebietes vgl. [*I, 77*] und [*I, 78*]. Eine vorzügliche gedrängte Übersicht der neuen Entwicklung findet sich in [*I, 110*].

nung tritt. Diese stellt ein rohes Maß für die Affinität des Metalls zur absorbierten Flüssigkeit dar.

12. Adsorption des Schmiermittels am Gleitwerkstoff.

Für die Schmierung im Gleitlager kommt der Adsorption von Schmiermitteln an den Gleitflächen eine außerordentliche Bedeutung zu.

Es kann heute als sichergestellt gelten, daß wie LANGMUIR aus seinen grundlegenden Versuchen schloß [I, 81], langgestreckte Moleküle technischer Schmierfette und Öle an den Oberflächen von Lagerschale und Zapfen *gerichtet* angelagert sind. Besonders stark ist diese Verankerung bei polaren Molekeln, z. B. denen der Fettsäuren. Die zickzackförmigen Kettenmoleküle sind mit der aktiven Carboxylgruppe — COOH — an ein Metallatom gebunden, während der Kohlenwasserstoffrest in die Schmier-

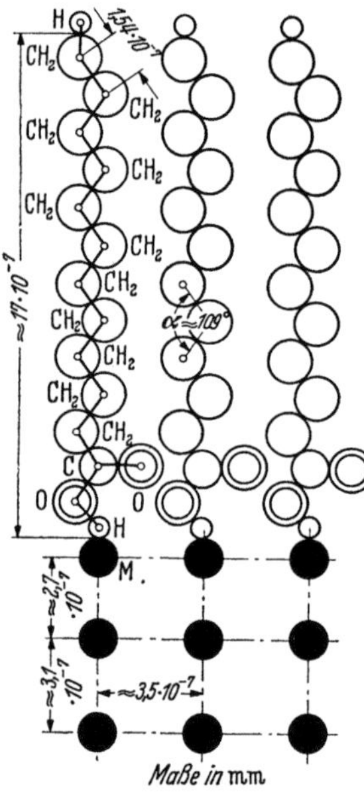

Abb. 24. Bindung von Kettenmolekülen an einem Metallgitter (nach [I, 78]). Die zweidimensionale Darstellung ist rein schematisch.

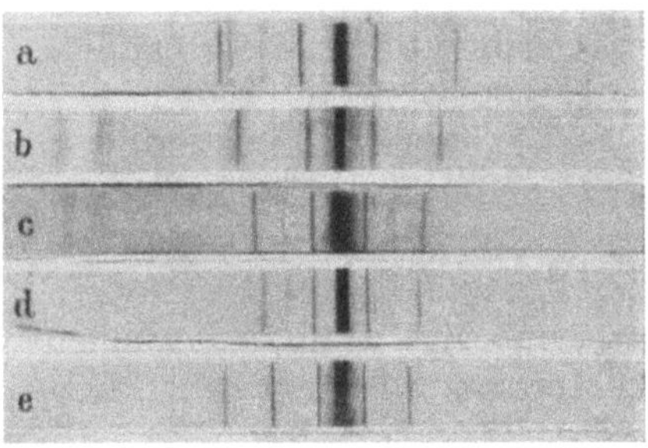

Abb. 25. Röntgeninterferenzbilder von an Glas orientierten Fettsäuren (nach MÜLLER und SHEARER [I, 82]).

a Caprinsäure (C_{10}) d Palmitinsäure (C_{16})
b Laurinsäure (C_{12}) e Stearinsäure (C_{18})
c Myristinsäure (C_{14})

flüssigkeit ragt (Abb. 24). Unmittelbar geprüft wurde diese Orientierung der Schmiermittel-Moleküle mit Hilfe von Röntgenstrahl- und Elektronenbeugung. Für den Fall des Ausgießens oder Aufpressens von Fettsäuren auf eine Glasplatte ist dies in den Abb. 25 und 26 dargestellt. Abb. 25 gibt Röntgendiagramme [I, 82], Abb. 26 aus derartigen Aufnahmen errechnete Netzebenenabstände senkrecht zur Aufwachsfläche als Funktion der Zahl der Kohlenstoff-Atome [I, 83]. Pro hinzukommendes Kohlenstoff-Atom tritt bei den Fettsäuren eine Abstandsvergrößerung von 1,1 Å E ein (1 Å $E =$ 10^{-8} cm). Die orientierte Adsorption von Stearinsäure an verschiedenen Metallen geht aus Abb. 27

hervor [I, *84*]. Die allen Spektrogrammen gemeinsamen Interferenz-
linien sind durch die Dicke der Adsorptionsschicht gegeben, die übrigen
Linien sind für das Unterlagsmetall charakteristisch.

Aus der Intensitätsverteilung in den verschiedenen Ordnungen der
Interferenzen in derartigen Aufnahmen ergibt sich, daß bei Vorliegen
polarer Moleküle die Schichten bimolekular sind (zwei einander gegen-
überstehende Molekeln). Die Haftfestigkeit der polaren Gruppe am Metall ist stets größer als die Kraftwirkung zwischen Kohlenwasserstoffrest und Kohlenwasserstoff auf der anderen Seite der adsorbierten Molekülschicht. Zweifellos sind die polaren
Enden der am Metallgitter adsorbierten
Fettsäuremolekeln auch untereinander
verkettet, wodurch die Grenzschicht
gegen tangentiale Beanspruchungen
zusätzlich verfestigt wird.

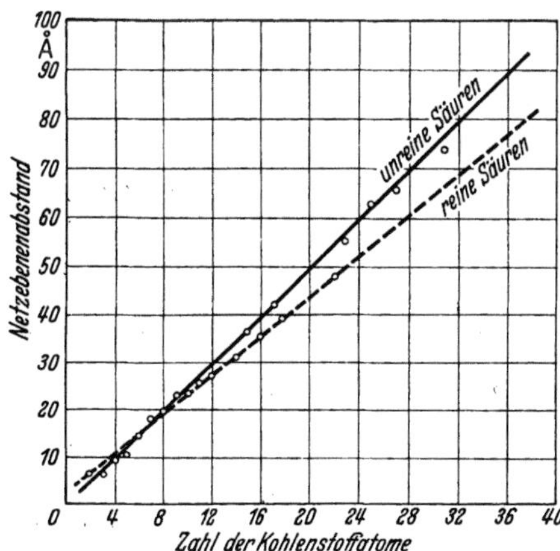

Abb. 26. Netzebenenabstände in auf Glas aufge-
brachten Fettsäureschichten. Abhängigkeit von der
Anzahl der C-Atome im Molekül (nach TRILLAT
[*I, 83*]).

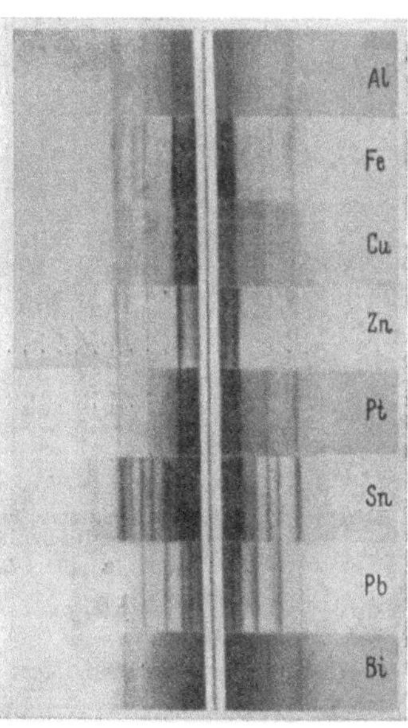

Abb. 27. Orientierte Adsorption von
Stearinsäure an verschiedenen Metallen
(nach TRILLAT [*I, 84*]).

Einen sehr sinnfälligen Beweis für eine gerichtete Adsorption von
Fettsäuremolekeln gibt folgender Versuch. Läßt man Palmitinsäure,
die von Wasser nicht benetzt wird, auf Quecksilber erstarren, so zeigt
sich, daß die auf dem Quecksilber erstarrte Oberfläche nun benetzbar
geworden ist. Auf dem Quecksilber wurden die Moleküle mit ihrer COOH-
Gruppe adsorbiert; sie behalten diese Orientierung auch bei der Erstarrung bei. An der Luftseite ist die Orientierung regellos [*I, 85*].

Auch Kohlenwasserstoff-Schmieröle der Zusammensetzung $C_n H_{2n}$
und $C_n H_{2n+2}$ zeigen grundsätzlich ähnliches Verhalten. Bei diesen unpolaren, gesättigten Verbindungen werden die Moleküle durch elektrische

Felder, wie sie an der Oberfläche der metallischen Gleitflächen auftreten, polarisiert und damit adsorptionsfähig gemacht, bei ungesättigten werden zusätzlich die Restvalenzen, die durch Dissoziation der Molekülverbände in der Nähe der Metallflächen frei werden, für adsorptive Bindung zur Verfügung stehen. Die Periodizität in der Adsorptionsschicht beträgt hier nur eine Moleküllänge. Abb. 28a u. b soll diese Tatbestände schematisch erläutern. Auf die Heranziehung von Elektronenbeugung sei nur kurz hingewiesen. Hier spielen nicht wie bei der Röntgenstrahlbeugung die Endgruppen der Kettenmoleküle die Hauptrolle, sondern die C-Atome der Ketten. Die Ergebnisse stützen die Annahme senkrecht

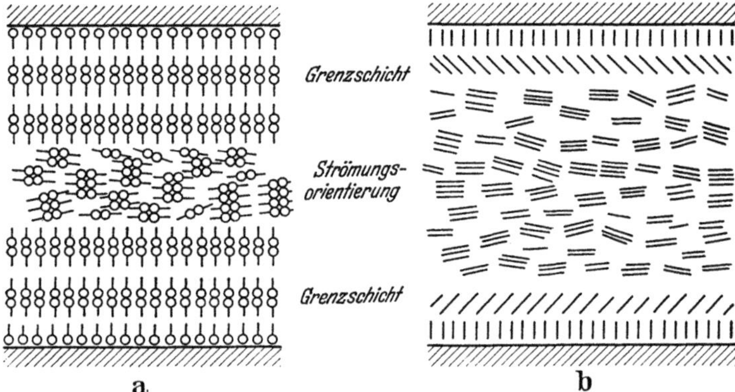

Abb. 28 a u. b. Schematische Darstellung der Adsorption polarer und unpolarer Kohlenwasserstoffe an metallischen Oberflächen (nach TRILLAT, aus [*I, 16*]).
a polare Moleküle   **b** unpolare Moleküle.

zur Unterlage orientierter, adsorbierter Moleküle von aliphatischen Kettenkohlenwasserstoffen (vgl. z. B. [*I, 86*] [*I, 87*]).

In [*I, 88*] wird versucht, als allgemeine Regel für gute Benetzbarkeit Resonanz der langsamen Wärmeschwingungen der Moleküle (Atome) von Gleitwerkstoffen und Schmiermittel aufzuzeigen. Die gute Eignung von Kunstharzpreßstoffen als Gleitflächen wird in diesem Sinne mit der Ähnlichkeit der Frequenzen mit denen hochmolekularer Kohlenwasserstoffe gedeutet. Hinzu kommt hier wohl noch ein verhältnismäßig weites Eindringen von Schmiermittel in das Innere [*I, 89*].

Die gerichtet adsorbierten Schichten gehorchen nicht mehr den hydrodynamischen Gesetzen. Auf die erste, mit der polaren Gruppe am Metall haftenden Molekülschicht folgt eine zweite mit der polaren Gruppe nach außen, die dritte liegt wieder wie die erste und abwechselnd setzt sich der Aufbau fort, bis sich der Übergang von der festkörperähnlichen Adsorptionsschicht (Epilamen) zur freibeweglichen, den hydrodynamischen Gesetzen unterworfenen Flüssigkeit ergibt. Im Falle der Grenzreibung dürften die adsorbierten Schichten aneinander abgleiten, wobei die Gleitfläche durch inaktive Enden der Kohlenwasserstoffmoleküle gebildet wird [*I, 90*]. Vom Einsetzen dieses Mechanismus ab steigt die Schubbeanspruchung mit zunehmender Gleitgeschwindigkeit nicht weiter an.

Über die Größe der Haftfestigkeit Metall-Epilamen sind wir heute noch recht wenig unterrichtet. Eine erste rohe Abschätzung kann aus den Oberflächenspannungen (σ_1 und σ_2) der beiden sich berührenden Stoffe und der Grenzflächenspannung ($\sigma_{1,2}$) gewonnen werden [*I, 91*]. Die zum Losreißen einer Flüssigkeitsschicht von 1 cm² Querschnitt erforderliche Haftarbeit (H) ist durch die Beziehung

$$H = \sigma_1 + \sigma_2 - \sigma_{1,2} \qquad (24)$$

gegeben. Aus diesen Haftarbeiten gelangt man durch Division durch den Weg auf dem sie geleistet werden zu den Haftfestigkeiten. Als erste

Tabelle 6. *Haftfestigkeit organischer Stoffe an Quecksilber (nach [I, 91]).*

Stoff		Oberflächenspannung (dyn/cm)	Grenzflächenspannung geg. Hg (dyn/cm)	Haftarbeit erg/cm²	Haftfestigkeit kg/mm²	Zerreißfestigkeit kg/mm²
Alkohole	Methanol $CH_3 \cdot OH$	22,5	384	119	121	45
	Äthanol $C_2H_5 \cdot OH$	22,4	382	120	122	45
	n-Propanol $C_3H_7 \cdot OH$	23,7	379	125	127	47
	n-Butanol $C_4H_9 \cdot OH$	24,8	377	128	130	50
	n-Hexanol $C_6H_{13} \cdot OH$	26,4	372	134	136	53
Fettsäuren	Essigsäure $CH_3 \cdot COOH$	27,4	331	176	180	55
	Propionsäure $C_2H_5 \cdot COOH$	26,5	333	174	177	53
	n-Buttersäure $C_3H_7 \cdot COOH$	26,6	335	172	175	53

Annäherung wird dieser Weg gleich 10^{-8} cm gesetzt unter der Annahme, daß diese Länge etwa der Wirkungsweite zwischenmolekularer Kräfte entspricht. Tab. 6 enthält für homologe Reihen von Alkoholen und Fettsäuren Angaben über Oberflächenspannung, Grenzflächenspannung gegenüber Quecksilber, daraus mit der Oberflächenspannung des Quecksilbers (480 dyn/cm) nach Gl. (24) berechnete Haftarbeiten und die daraus als Näherung folgenden Haftfestigkeiten. In der letzten Spalte ist schließlich die analog abgeschätzte Zerreißfestigkeit wiedergegeben, wie sie sich aus der Oberflächenspannung der verschiedenen Stoffe über Gl. (24) mit $\sigma_1 = \sigma_2$; $\sigma_{1,2} = 0$ ergibt. Wenn die Zahlen auch nur einen ersten Anhalt darstellen, so lehren sie doch, daß durchaus damit zu rechnen ist, daß im Fall von Überbeanspruchung die Trennung im Gleitwerkstoff und nicht an der Grenzschicht zum Schmiermittel erfolgt.

Unmittelbare Messungen der Haftfestigkeit wurden mit einer einfachen Apparatur durchgeführt, in der von einer sorgfältig tuschierten und polierten Stahlgußplatte Gegenplatten aus verschiedenen Werkstoffen mittels einer Hebelvorrichtung abgerissen werden [*I, 92*]. Die verschiedenen Schmiermittel waren zwischen Grund- und Gegenplatte eingeführt. Als bemerkenswertes Ergebnis derartiger Versuche sei hervorgehoben, daß ein Auseinanderreißen der Platten bei verschiedensten Zugspannungen erfolgt. Die Zeit bis zum Zerreißen (t_z) ist durch die Beziehung gegeben, daß das Produkt aus Spannung (σ_z) und Zeit eine Konstante ist:

$$\sigma_z \cdot t_z = \eta_z = \text{const.} \tag{25}$$

Diese Konstante von der Dimension einer Zähigkeit $\left(\dfrac{\text{kg} \cdot \text{sec}}{\text{m}^2}\right)$, wurde als Zerreißzähigkeit bezeichnet. Sie hängt von der Werkstoffpaarung und der Natur des Schmiermittels ab. Für Raumtemperatur ergeben sich diese Zerreißzähigkeiten für ein Ölraffinat hoher Alterungsbeständigkeit mit einer Zähigkeit von 26 E° bei 20° C und Weißmetall bzw. Rotguß gegenüber Stahlguß zu etwa 33 bzw. $62 \cdot 10^3 \dfrac{\text{kg} \cdot \text{sec}}{\text{m}^2}$. Die Temperaturabhängigkeit der Zerreißzähigkeit zeigt dieselbe Charakteristik wie die der Zähigkeit. Beide Zähigkeit-Temperaturkurven können durch Wahl geeigneter Meßstäbe zur Deckung gebracht werden. Der Faktor η_z/η ist von der Größenordnung 10^6. Ähnliche Untersuchungen, ausgedehnt auch auf Emulsionen, sind in [*I, 47*] beschrieben.

Im gleichen Gerät war auch die Durchführung von Schubversuchen möglich. Mit ihrer Hilfe gelang es einen Anhalt über die zeitliche Ausbildung der Adsorption zu gewinnen. Der Orientierungsvorgang der Ölmoleküle gibt sich durch einen plötzlichen Anstieg des Verschiebewiderstandes zu erkennen (für frühere Feststellungen über die zur Ausrichtung der adsorbierten Schichten erforderlichen endlichen, u. U. bis zu einer Stunde reichenden Zeiten vgl. [*I, 78*]). Erwähnt sei, daß auch die Bestimmung der Öldurchlässigkeit einer Lagerstelle bestimmter Abmessungen deutlich unterschiedliche Haftfestigkeiten bei verschiedenen Gleitwerkstoffen und Ölen ergab [*I, 93*]. In [*I, 29*] wird auf Grund früherer Messungen ([*I, 94*], vgl. auch [*I, 95*] und [*I, 62*]) darauf hingewiesen, daß die ein Maß für die Adsorptionskraft bildende Benetzungswärme durchaus richtige Schlüsse auf das Gleitverhalten zuläßt: je höher die Benetzungswärme, um so günstiger das Gleitverhalten.

Zweifellos gibt es Kombinationen Metall-Schmiermittel, in denen die adsorbierte Schicht außerordentlich festhaftet. Dies steht mit der Tatsache des Auftretens von Verschleiß nicht in Widerspruch. Ist nämlich (vgl. oben) die Kohäsion des Metalls geringer als die Schmiermittelhaftung, so können bei starker Belastung adsorbierte Schmiermittelmoleküle samt Metallatomen losgerissen werden. Der Verschleiß ist damit auch bei Vorhandensein von Schmiermittel mit der Festigkeit der Gleitwerkstoffe in Verbindung gebracht.

Eine schematische Darstellung der Schmiermittel-Moleküle im Schmierspalt ist in Abb. 29 gegeben. Ihr liegen folgende Annahmen zugrunde: Länge eines Schmiermittelmoleküls $17 \cdot 10^{-7}$ mm, Adsorptionsschichten (Epilamen) aus 3 Moleküllagen bestehend, Höhe der Erhebungen auf den Gleitflächen (δ_1 und δ_2) maximal 10^{-3} mm, d. h. also etwa der 200fache Wert einer Molekelkettenlänge; Molekülketten etwa senkrecht auf der Metalloberfläche, wie die Haare einer Bürste. Die Erhebungen ragen etwa kegelförmig in den Schmierspalt hinein und werden von der Ölströmung umflossen. Die in Abb. 29 wiedergegebene Momentaufnahme stellt den Zustand der Misch- oder Teilschmierung dar (Tab. 5), bei welcher gleichzeitig hydrodynamische Schmierung und Grenzschmierung vorhanden sind. In den Bereichen der hydrodynamischen

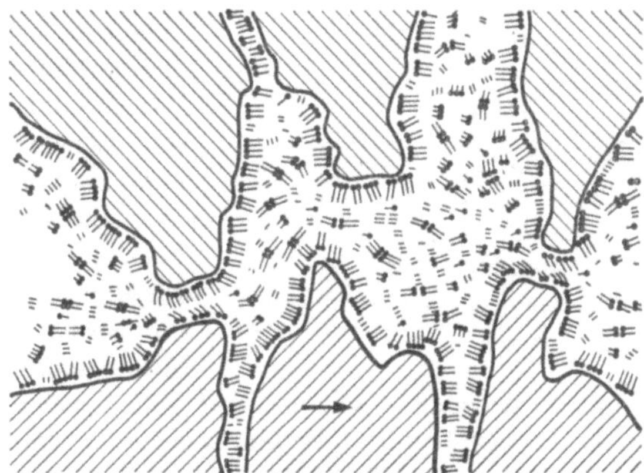

Abb. 29. Schematische Darstellung der Schmiermittelmoleküle im Schmierspalt während des Zustandes der Mischreibung.

Schmierung sind die langgestreckten Molekeln parallel zur Strömungsrichtung gezeichnet. Diese Lage wird durch das Auftreten von Strömungsdoppelbrechung bei Flüssigkeiten mit langen Molekeln wahrscheinlich gemacht ([*I, 96*] und [*I, 97*]). Es ergibt sich in Übereinstimmung mit dieser Vorstellung eine Abnahme der dynamischen Zähigkeit von Ölen mit großer Moleküllänge mit steigendem Geschwindigkeitsgefälle bis zu einem bestimmten Wert desselben [*I, 98*], nämlich jenem, der zu maximaler Strömungsorientierung führt. Die Verhältnisse in einer nur wenige Moleküllagen dicken Schicht, wie sie lokal eng begrenzt zwischen maximalen Rauhigkeitserhebungen der Gleitflächen möglicherweise auftreten, sind nach [*I, 99*] in Abb. 30 besonders dargestellt. Es handelt sich hierbei nicht mehr um hydrodynamische Schmierung, da hier adsorbierte, also örtlich fixierte Ölmolekel die Gleitflächen voneinander trennen. Da an der engsten Stelle keineswegs alle zunächst an den Flächen haftenden Schichten hindurchkommen, muß ein Teil der

Moleküle entgegen der Bewegungsrichtung zurückwandern. Dieses „Zur Umkehr-Zwingen" der Moleküle wird Querkräfte auslösen, die, wie bei hydrodynamischer Schmierung, die beiden Gleitflächen auseinandertreiben.

Bisher wurde vorwiegend die gerichtete Adsorption von Schmiermittelmolekülen an den Gleitflächen besprochen. Über die Abhängigkeit dieser Schichtbildung von der Kettenlänge der Molekeln, der Natur der Gleitwerkstoffe und ihrer Oberflächenbearbeitung, über die Bedeutung von chemisch indifferenten Zusätzen (Graphit) zum Schmiermittel wird später in dem den Schmiermitteln gewidmeten Kapitel VI berichtet. Hier soll noch kurz auf die Bedeutung von Zusätzen und Verfahren hingewiesen sein, die eine chemische Veränderung der Gleitflächen bewirken mit dem Ziel einer Verbesserung des Gleitverhaltens und einer Verringerung der Verschweißneigung von Lager- und Zapfenmaterial (für eine ausführliche Darstellung sei auf Punkt 40 verwiesen). Die Zusätze zu den Mineralölen, die sie für Misch- und Grenzreibungs-

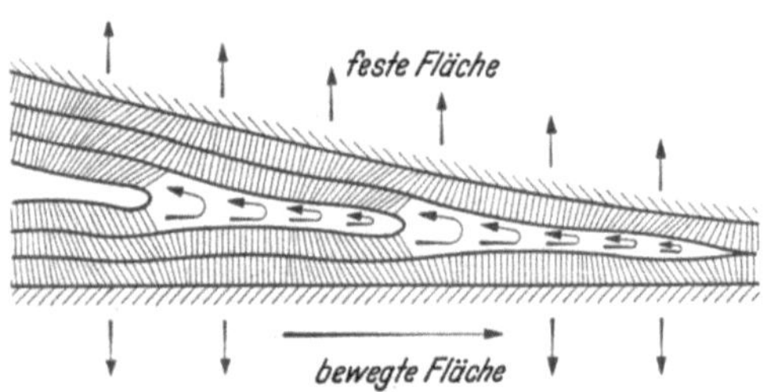

Abb. 30. Verhältnisse im Schmierspalt beim Vorhandensein einer nur wenige Moleküllagen dicken Schicht (nach [*I, 99*]).

zustände besonders geeignet machen sollen (Hochdruckschmiermittel), bestehen aus sauren Fettölen, Fettsäuren, künstlichen Estern und Fettsäurederivaten, ferner aus organischen, öllöslichen Schwefel-, Chlor- oder Phosphorverbindungen. Fast stets werden auch verseifbare Anteile (Bleinaphthenat, Bleioleat, „bleibasische Schmiermittel") zugegeben. Träger der Schmierwirkung ist ein Film, der durch chemische Umsetzung von Schmiermittel und Gleitwerkstoff entsteht ([*I, 16*), [*I, 100*]). Bei Verwendung schwefelhaltiger Öle dürfte ein aus Eisensulfid bestehender Überzug der Zapfenoberfläche von förderndem Einfluß sein. Eine chemische Abtragung der Rauhigkeitsspitzen (chemisches Polieren) kann als Erklärung der vorteilhaften Wirkung gewisser zugesetzter Phosphorverbindungen angesehen werden [*I, 101*]. Der günstige Einfluß von Phosphatierung der Zapfenlauffläche bei Verwendung normalen Mineralöles ist in [*I, 63*] beschrieben. Er ist durch Bildung einer nichtmetallischen Trennschicht, die überdies ein gegenüber Stahl vergrößertes Ölaufnahmevermögen besitzt, bedingt [*I, 102*].

Rückblickend seien die wesentlichsten Feststellungen dieses Punktes nochmals zusammengefaßt. Für gute Schmierwirkung ist möglichst hohe Affinität zwischen Gleitwerkstoff und Schmiermittel erforderlich.

Polare Kohlenwasserstoffmoleküle werden mit der aktiven Carboxylgruppe an den Metallatomen adsorbiert, wodurch sich quasikristalline, ein- oder mehrmolekulare Adsorptionsschichten ausbilden. Es ist wahrscheinlich, daß im Falle der Grenzreibung diese Schichten aneinander abgleiten. Die Haftfestigkeit der adsorbierten Schichten, als deren Maß die Adsorptionswärme anzusehen ist, ist für die Güte der Schmierwirkung wesentlich. Die mutmaßliche Anordnung im Schmierspalt eines aus polaren, langgestreckten Molekeln bestehenden Schmieröls wurde angegeben. Schließlich wurde die Bedeutung von chemisch aktiven Zusätzen zum Öl angedeutet und die günstige Wirkung der Phosphatierung des Wellenmaterials erwähnt.

II. Lagerprüfung.

Die Lagerprüfung stellt wie jede Materialprüfung ein wesentliches Hilfsmittel dar zur Schaffung neuer, zur Weiterentwicklung und laufenden Kontrolle bestehender Werkstoffe. Über diese für den Werkstoffhersteller grundsätzlichen Aufgaben hinaus kommt ihr als Verbindung zum Verbraucher eine wichtige Rolle zu.

Mit Rücksicht auf die Vielfalt der Anwendungen und Betriebsbedingungen von Gleitlagern steht die Lagerprüfung einem in der üblichen Materialprüfung nur selten auftretenden, breiten Einflußbereich der verschiedensten Faktoren gegenüber (Beanspruchungsbedingungen, Lagergestaltung, Gleitwerkstoffe und ihr Oberflächenzustand, Schmierverhältnisse, zusätzliche Beanspruchung durch Staub, Temperatur u. dgl.). Zur Erörterung dieses sehr komplexen Gebietes wird es nachfolgend in die Punkte: Allgemeine Forderungen an die Prüfung, Kenngrößen, Prüfeinrichtungen und Prüfverfahren gegliedert.

13. Allgemeine Forderungen an die Prüfung.

Eine völlig zuverlässige Beurteilung der Eignung eines Gleitlagerwerkstoffes für einen bestimmten Beanspruchungsfall wird man nur durch versuchsmäßigen Einbau in die betreffende Lagerstelle gewinnen. Wenn dieses Vorgehen auch in Einzelfällen durchführbar ist, so kann es aber doch keineswegs die Regel darstellen. Auch ist es für die Schaffung und Weiterentwicklung von Lagerwerkstoffen ungeeignet, da es ja keine allgemeine Beurteilung der Leistungsfähigkeit des Gleitwerkstoffes bringt. Hierfür müssen Prüfverfahren verwendet werden, welche in Kurzzeitversuchen eine möglichst zahlenmäßige Kennzeichnung des zu beurteilenden Lagerkörpers ermöglichen. Die wichtigste Voraussetzung für derartige Prüfungen ist die Herausschälung zahlenmäßig erfaßbarer Eigenschaften, die das Laufverhalten unter allen praktisch auftretenden Bedingungen beschreiben. Die Prüfmaschinen und -verfahren müssen diese Eigenschaften in kurzen Zeiten eindeutig, einfach, sicher und reproduzierbar ermitteln lassen.

Für die Prüfung von Gleitlagerwerkstoffen sind diese Aufgaben heute noch keineswegs gelöst. Im Gegensatz zu vielen anderen Gebieten der Materialprüfung liegen keine genormten Lagerprüfvorschriften vor. Ja selbst über die Wahl der zu verwendenden Kenngrößen herrscht noch keine einheitliche Auffassung. Die so außerordentlich variierenden Betriebs- und Beanspruchungsbedingungen, die heute noch mitten in der Entwicklung stehenden Erkenntnisse der für den Gleitvorgang im Lager entscheidenden Grenzflächenvorgänge sind für diesen Zustand verantwortlich. Nur in vereinter Arbeit von Grundlagenforschung, Werkstoffprüfung und Praxis wird ein entscheidender Schritt zu systematischer Erfassung der Verhältnisse möglich sein. Die Kennzeichnung eines Gleitlagers durch *eine* Zahl, wie dies bei den Wälzlagern geschieht (Lebensdauer bei bekannten Beanspruchungsbedingungen), wird mit Rücksicht auf die vielen, die Vorgänge im Gleitlager beeinflussenden Faktoren (vgl. Punkt 9—12) nicht möglich werden. Für die Lebensdauer eines Wälzlagers ist die Anzahl der Überrollungen des Innenringes (Ermüdung) begrenzend, für das Versagen eines Gleitlagers können dagegen je nach den vorliegenden Schmierzuständen über 20 verschiedene Einflußgrößen verantwortlich sein ([*II, 1*], [*II, 2*]).

14. Kenngrößen für Lagerwerkstoffe.

In Punkt 10 sind die physikalischen und mechanisch-technologischen Eigenschaften besprochen, denen von theoretischem Gesichtspunkt aus Bedeutung für die Eignung eines Werkstoffes zum Bau von Gleitlagern zukommt. Der auftretenden Beanspruchung gemäß handelt es sich um eine große Zahl von Eigenschaften, die hier nochmals aufgezählt seien. Wärmeleitfähigkeit und thermische Ausdehnung, Elastizitätsmodul und spez. Wärme, Dichte und spez. Widerstand einschließlich ihrer Temperaturabhängigkeit im Bereich der Betriebstemperaturen, weiterhin Stabilität des Gefüges (und damit der Abmessungen) müssen zur Beurteilung eines Lagerbaustoffs herangezogen werden. Hinzu kommen Proportionalitäts- und Fließgrenze (statisch und dynamisch), Härte. Wechselfestigkeit und Dauerschlagzahl, Dauerstandfestigkeit und dynamische Kriechfestigkeit, Festigkeit, Bruchdehnung und Dämpfung, alle Eigenschaften wieder einschließlich ihrer Temperaturabhängigkeit, und die Verschweißneigung zwischen den Werkstoffen von Lager und Zapfen.

Von den chemischen Eigenschaften sind vor allem die Korrosionsfestigkeit gegenüber Atmosphärilien und das Verhalten gegenüber Schmierölen zu nennen (Punkt 11).

Als geometrische Einflußgrößen sind das Lagerspiel, das Lagerlängenverhältnis, die Dicke des Lagerkörpers bzw. der Gleitschicht bei Verbundlagern und der Bearbeitungszustand der Oberflächen, der entscheidend für die geringste zulässige Schmierschichtstärke ist, hervorzuheben (vgl. Punkt 5).

Zur Kennzeichnung des Schmiermittels dient seine Zähigkeit (und deren Temperaturgang) und sein molekularer Aufbau, der für die Wechselwirkung mit den Gleitwerkstoffen bestimmend ist (vgl. Punkt 12).

Bei Kenntnis all dieser Größen und des Gewichtes, mit dem sie zur Beurteilung des Laufverhaltens einzusetzen sind, müßte bei Erweiterung der (hydrodynamischen) Lagertheorie für die verschiedenen Schmierzustände eine Vorausberechnung des Verhaltens eines Lagerkörpers im allgemeinen möglich sein. Praktisch ist dies heute noch keineswegs durchführbar; weder ist die Theorie ausreichend entwickelt, noch sind die eben ausgeführten Einflußgrößen und ihr Gewicht hinreichend bekannt. Die Vielzahl dieser Größen läßt es auch nicht erwarten, daß in absehbarer Zeit eine solche Vorausberechnung durchführbar sein wird[1]. Zur Erfassung des werkstoffabhängigen Laufverhaltens sind daher zusätzliche Versuche unter Gleitbeanspruchung notwendig. Durch sie werden Gleiteigenschaften im engeren Sinne erfaßt, unter denen eine Auswahl derart zu treffen wäre, daß durch möglichst wenige Kenngrößen eine ausreichende Charakterisierung des Werkstoffs gegeben ist. Nachfolgend führen wir die von den verschiedenen Bearbeitern benutzten Begriffe auf. Eine nähere Definition und der Versuch einer Auswahl daraus wird erst im Anschluß an die Beschreibung der Prüfeinrichtungen und -verfahren erfolgen (Punkt 16). Die Begriffe selbst sind: Einlaufverhalten, Fähigkeit zur Einbettung von Fremdkörpern (Einbettfähigkeit; vgl. auch Punkt 10), Schmiegsamkeit, Empfindlichkeit auf Kantenpressung, Störungsempfindlichkeit, Affinität zwischen Lager- und Wellenwerkstoff, Öladsorptionsfähigkeit, Freßneigung, Notlaufverhalten, Neigung zum Verschmieren, Gleitflächenausbildung bei Lager und Welle, Grenzbelastbarkeit, Endbelastbarkeit, Tragfähigkeit, Grenzgleitgeschwindigkeit, Verschleiß (vgl. auch Punkt 10), Produkt $p \cdot v$ aus Lagerdruck und zulässiger Gleitgeschwindigkeit, Quotient p/v_{min} aus Lagerdruck und zum Reibungsminimum gehöriger Gleitgeschwindigkeit, KEINATHfaktor ([II, 3] vgl. auch [II, 4]) für Spitzenlagerung (Steinlager).

Zum Notlaufverhalten sei die Bemerkung angefügt, daß es je nach den Anforderungen an die betreffende Lagerstelle unter zwei verschie-

---

[1] Daß im gut übersehbaren Fall hydrodynamischer Schmierung die experimentell beobachtete Abhängigkeit der Lagerreibungszahl von Gleitgeschwindigkeit und Belastung von der Theorie, in die in diesem Fall die Werkstoffeigenschaften nicht eingehen, gut wiedergegeben wird, wurde in Punkt 7 gezeigt.

denen Gesichtspunkten beurteilt wird. Im Großmaschinenbau, allgemeinen Maschinenbau, Motoren- und Fahrzeugbau versteht man darunter gemeinhin das Verhalten unter Schmierbedingungen, die wesentlich ungünstiger sind als die für die betreffende Lagerstelle normalen. Es ist erforderlich, auch unter diesen Bedingungen die gefährdete Lagerstelle ohne allzu große Zerstörungen am Zapfen solange wirksam zu erhalten, bis ihre Stillegung betrieblich möglich ist (z. B. Auslaufen einer hochtourigen Dampfturbine, Erreichen der nächsten Ausweichstelle bei Schienenfahrzeugen). Formänderungen des Lagerkörpers und Art und Ausmaß der Beschädigungen der Welle kennzeichnen das Notlaufverhalten. Auch bei Lagern in Maschinen der Feinmechanik versteht man unter Notlauf das Verhalten bei Mangelschmierung. Zum Unterschied vom Lager der Großmaschinen, bei denen der Notlauf ein nur für eine *kurze Zeitspanne* zu ertragender „Notzustand" ist, müssen Lager von Feinmaschinen und Meßinstrumenten infolge geringer Wartungsmöglichkeiten in vielen Fällen *dauernd* unter ungünstigen Schmierverhältnissen (z. T. auch ohne Schmierung) in Betrieb bleiben können. Zerstörungserscheinungen am Zapfen dürfen dabei nicht eintreten. Für die Beurteilung des Notlaufverhaltens des Lagerwerkstoffs wird hier die zum Fressen bzw. die zu einer bestimmten Abnutzung führende Belastung herangezogen.

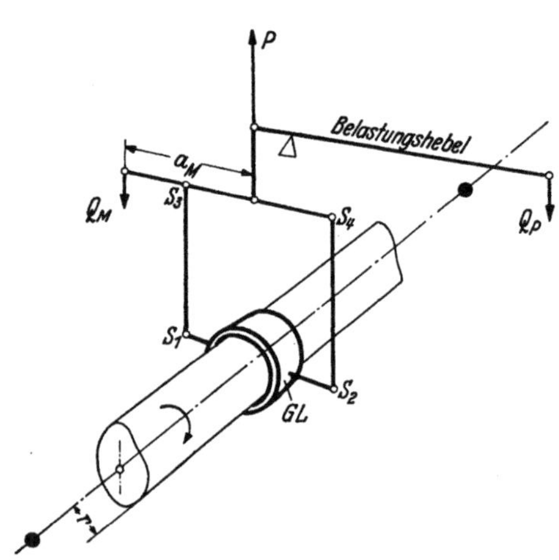

Abb. 31 Reibungsmessung mit Hilfe des Schneidenparallelogramms.

GL = Gleitlager Q_P = Belastungsgewicht
P = Lagerbelastung (durch Hebel aufgebracht)
Q_M = Gewichtsauflage der Reibungswaage

S_{1-4} Schneiden; $\mu = \dfrac{Q_M \cdot a_M}{P \cdot r}$ (vgl. auch Abb. 2).

15. Prüfeinrichtungen.

Die zur experimentellen Verfolgung des Laufverhaltens entwickelten Prüfeinrichtungen gliedern wir für ihre Kennzeichnung und Beschreibung in die folgenden Gruppen: a) statische Prüfmaschinen, einschließlich der vereinfachten Prüfeinrichtungen für kleine Probekörper (die auf den Lagerkörper übertragene Kraft bleibt nach Richtung und Größe konstant), b) dynamische Prüfmaschinen (zeitliche Änderung der Beanspruchung des Lagerkörpers nach Größe oder nach Größe und Richtung), c) Prüfstände, die weitgehend die praktische Beanspruchung einer bestimmten Lagerstelle nachahmen, d) Verschleißprüfmaschinen. Abschließend werden unter e) noch kurz Prüfeinrichtungen erwähnt, die, für Lagerwerkstoffe entwickelt, zur Kennzeichnung technologischer Eigenschaften dienen.

a) Statische Prüfmaschinen. Das Prinzip der statischen Prüfmaschinen ist in Abb. 31 dargestellt. Eine i. allg. durch zwei Kugellager abgestützte

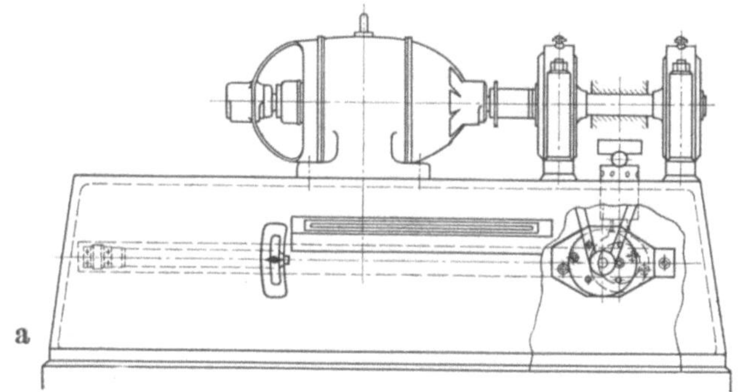

Abb. 32a u. b. Prüfmaschine, Bauart WELTER (Metallgesellschaft A. G., Frankfurt/M). Statische Belastung. Ruhende Beanspruchung des Prüflagers.
a Schnittzeichnung   b Ansicht.

Welle trägt in der Mitte das zu prüfende Gleitlager (GL). Die Lagerbelastung (P) wird entweder unmittelbar durch Gewichte oder durch Federn aufgebracht. Um bei den üblicherweise verwendeten Abmessungen die erforderlichen Drucke leichter zu erreichen, werden zumeist Hebelübersetzungen benutzt. Gemessen werden die zu definierten Laufbedingungen (Belastung und Geschwindigkeit, Schmierart und Gestaltung) gehörigen Werte von Lager- und Wellentemperatur, Drehmoment (Reibungszahl), Temperatur und Durchflußmenge des Schmiermittels.

Abb. 33. Prüfmaschine, Bauart National Physical Laboratory, Teddington [*II, 9*].

Eine Zusammenstellung kennzeichnender Daten von Abmessungen, Laufbedingungen und Art der Reibungsmessung von Lagerprüfmaschinen mit statischer Belastung des Lagerkörpers ist in der Tab. 7 gegeben.

Abb. 34. Prüfmaschine. Bauart HEIDEBROEK/NÜCKER [*II, 10*].

Die Abb. 32 bis 39 geben eine nähere Beschreibung von einigen der Prüfmaschinen durch ein Lichtbild, bzw. eine Prinzipskizze. Gemeinsam allen Maschinen ist die einsinnige statische Belastung des Prüflagers, die Unterschiede betreffen die Abmessungen des Lagers, die Art der

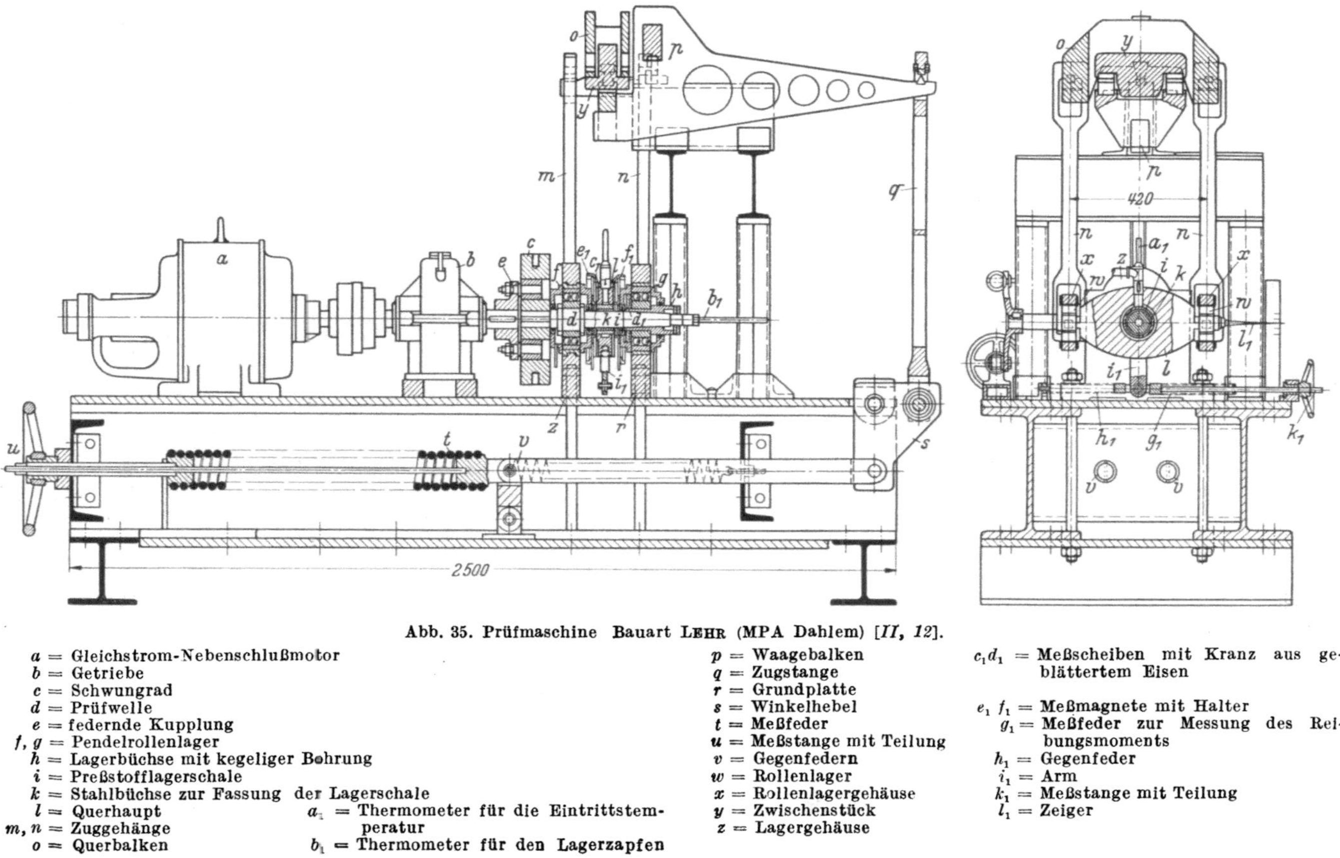

Abb. 35. Prüfmaschine Bauart LEHR (MPA Dahlem) [II, 12].

a = Gleichstrom-Nebenschlußmotor
b = Getriebe
c = Schwungrad
d = Prüfwelle
e = federnde Kupplung
f, g = Pendelrollenlager
h = Lagerbüchse mit kegeliger Bohrung
i = Preßstofflagerschale
k = Stahlbüchse zur Fassung der Lagerschale
l = Querhaupt
m, n = Zuggehänge
o = Querbalken

p = Waagebalken
q = Zugstange
r = Grundplatte
s = Winkelhebel
t = Meßfeder
u = Meßstange mit Teilung
v = Gegenfedern
w = Rollenlager
x = Rollenlagergehäuse
y = Zwischenstück
z = Lagergehäuse
a_1 = Thermometer für die Eintrittstemperatur
b_1 = Thermometer für den Lagerzapfen

$c_1 d_1$ = Meßscheiben mit Kranz aus geblättertem Eisen
$e_1 f_1$ = Meßmagnete mit Halter
g_1 = Meßfeder zur Messung des Reibungsmoments
h_1 = Gegenfeder
i_1 = Arm
k_1 = Meßstange mit Teilung
l_1 = Zeiger

Lastaufbringung und der Schmierung, die Bereiche für Lagerdruck und Gleitgeschwindigkeit und die Einrichtungen zur Messung des Reibungsmoments. Die Form des Prüflagers beeinflußt das Ergebnis von Lauf-

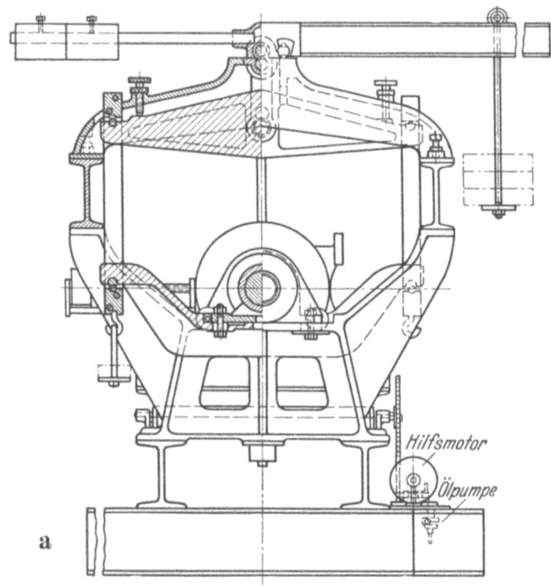

Abb. 36 a u. b. Prüfmaschine, Bauart SWIFT und HASLEGRAVE (Bradford Technical College) [*II, 13*]
a Schnitt   b Ansicht.

versuchen nicht entscheidend. Bezüglich der Tragfähigkeit spielt die Wahl der Lagerform (Büchse und geteiltes Lager, Halblager) keine ausschlaggebende Rolle (Punkt 6); die Reibungszahl und damit auch die entwickelte Reibungswärme liegen bei Verwendung von Halbschalen und ganzumschließenden Lagern mit großem Spiel etwa 20% niedriger als bei Büchsen mit engem Spiel (Punkt 7 und 8). In konstruktiver Hinsicht und beim Einbau bringen Halblager zweifellos gewisse Erleichterungen. Wenn trotzdem für den Fall einsinniger Beanspruchung vielfach umschließende Lager (Büchsen, geteilte Lager) geprüft werden, so liegt dies an dem Wunsch der Beibehaltung der geometrischen Verhältnisse während des Laufs (bei Halblagern besteht die Gefahr des Klemmens) und der weitgehenden Anpassung der Prüfung an die speziellen Bedingungen der Praxis. Die geforderten Schmierverhältnisse und die Unabhängigkeit von der Beanspruchungsrichtung bedingen dort ja vielfach die Verwendung umschließender Lager. Der Bereich für den Wellendurchmesser ist nach kleinen Werten hin durch die hier steigenden Anforderungen an die Oberflächengüte der Gleitflächen (vgl. Punkt 6),

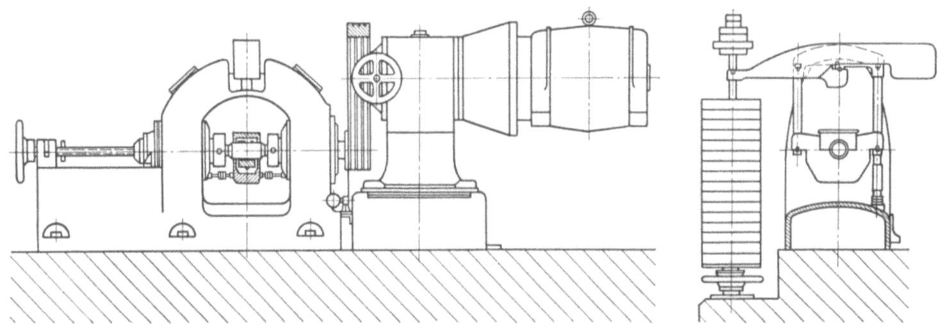

Abb. 37. Prüfmaschine, Bauart MAN [*II, 14*].

nach großen Werten hin durch die steigende Schwierigkeit der Aufbringung der erforderlichen Lasten und durch die hierbei auftretende Kostenerhöhung begrenzt. Im allgemeinen hält man sich etwa an die Abmessungen der Lager, deren Eignung durch die betreffende Maschine vorzugsweise geprüft werden soll, wobei dem Umstand, daß unter sonst gleichen Bedingungen dicke Wellen zu einer höheren Tragfähigkeit führen als dünne, Rechnung getragen wird (Punkt 6). Auch für Messungen der Zapfenverlagerung wird man dickere Wellen bevorzugen. Das Lagerlängenverhältnis (l/d) liegt im allg. zwischen 0,5 und 1,5, d. h. es wird der für die Tragfähigkeit günstigste Bereich gewählt (vgl. Punkt 6). Im Interesse möglichster Reproduzierbarkeit der Laufversuche muß für Selbsteinstellung des Prüflagers (Vermeidung von Kantenpressungen) Sorge getragen werden. Zur Art der Lastaufbringung sei erwähnt, daß zur Vermeidung von Schwingungen Federbelastung günstiger ist als Gewichtsbelastung, die bei Erschütterungen zum Auftreten stärkerer zusätzlicher Massenkräfte führt [*II, 27*]. Die Art der Schmierung ist, sofern nur eine ausreichende Schmiermittelmenge dem Prüflager zugeführt und eine etwa erforderliche Kühlwirkung besorgt wird, von untergeordneter Bedeutung. Lagerdruck und Gleitgeschwindigkeit werden dem Zweck der Prüfung entsprechend eingestellt. Eine nicht in der Tabelle verzeichnete Prüfmaschine läßt beispielsweise eine Erhöhung der Gleitgeschwindigkeit bis 40 m/s zu [*II, 28*] [*II, 29*].

Die Messung des Reibungsmoments (Abb. 2) erfolgt auf verschiedenste Arten. Grundsätzlich handelt es sich hierbei aber nur um zwei verschiedene Gruppen von Meßverfahren. Entweder wird bei feststehendem Lager das auf die Welle übertragene Reibungsmoment gemessen (unmittelbar mit Hilfe eines Torsions- oder Biegungsstabes, mittelbar mit Hilfe der zusätzlich vom Antriebsmotor aufgenommenen Leistung), oder es wird dieses Reibungsmoment bei beweglichem Lager unmittelbar bestimmt (Reibungswaage). Bei den Verfahren der ersten Gruppe wird die Reibung der Stützlager miterfaßt. Um diese Stützlagerreibung auszuschalten, wurde eine sog. „reibungsfreie Lagerung" angegeben, bei der beide Stützlager von außen

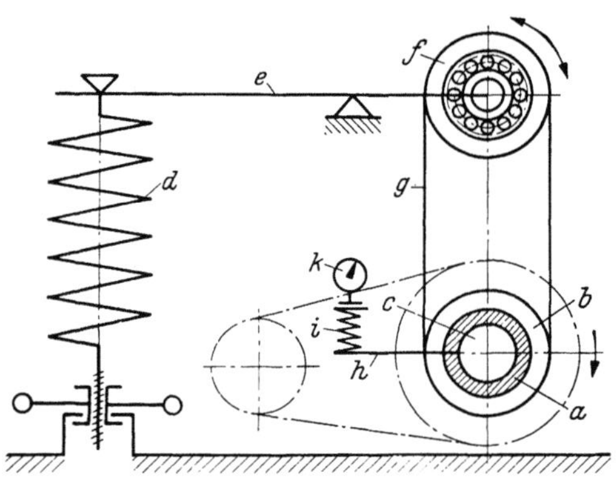

Abb. 38. Prüfmaschine, Bauart STROHAUER (MPA Darmstadt) [*II, 18*].

a = Prüflager	*f* = Pendelkugellager
b = Lagerkörper	*g* = Stahlband
c = Laufzapfen	*h* = Hebelarm
d = Zugfeder	*i* = Indikatorfeder
e = Hebel	*k* = Meßuhr

her und zwar untereinander gegenläufig angetrieben werden, wodurch auf die Welle zwei entgegengesetzte, sich aufhebende Momente übertragen werden [*II, 8*]. Die Verfahren der zweiten Gruppe bestimmen das Reibungsmoment aus der Drehung des Prüflagers (als Pendel ausgebildete Belastungsvorrichtung, Schneidenparallelogramm oder Stahlband).

Die Größe des Ausschlages der Pendelwaage sinkt mit steigender Lagerbelastung, so daß für Erhöhung der Nachweisempfindlichkeit zu sorgen ist [*II, 23*]. Für hohe, nur durch Hebel übertragbare spez. Belastungen scheidet dieses Verfahren aus. Die häufigste der zur zweiten Gruppe gehörigen Ausführungsformen ist die des Schneidenparallelogramms (Abb. 31). Zur Erzielung einwandfreier Messungen ist genaue Justierung unerläßlich. Die Verbindungsstrecke der Mittelpunkte der Schneiden S_1 und S_2 muß durch den Mittelpunkt des Lagers gehen und durch ihn halbiert werden. Zur genauen Einstellung wird die Verwendung einer besonderen Eicheinrichtung empfohlen [*II, 7*]. In den Gebieten der Misch- und Grenzreibung ist die Stabilität der Meßeinrichtung besonders zu beachten, gegebenenfalls durch eine entsprechend be-

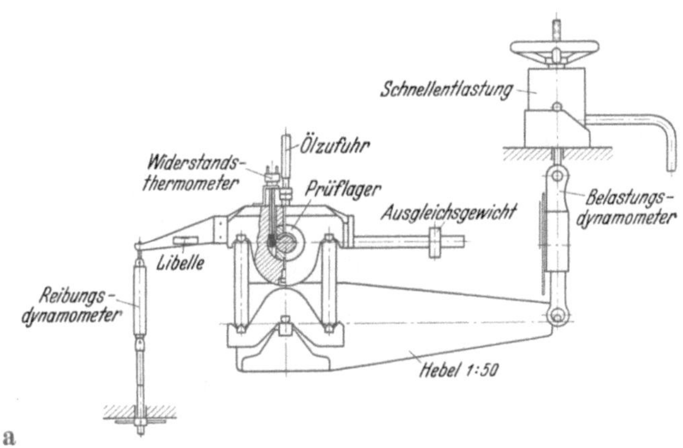

Abb. 39 a u. b. Prüfmaschine, Bauart FALZ/Dürener Metallwerke [*II, 21*].
a Schnitt   b Ansicht

messene Dämpfung herbeizuführen [*II, 30*]. Umgangen wird die Schwierigkeit der Schneidenjustierung bei Verwendung einer Anordnung gemäß Abb. 38. Die Belastung wird hier durch eine Zugfeder *d*, über den Hebel *e* und ein um den Lagerkörper *b* und ein Pendelkugellager *f* ge-

Tabelle 7. *Lagerprüfmaschinen*

Bauart, Hersteller	Form des Prüflagers	Wellen- durch- messer mm	Belastungs- einrichtung	Schmierart
Martens [II, 5]	geteilt		Gewicht	Tropföler
Kammerer/Welter vgl. [II, 5] [II, 6]	Halblager	40	Gewicht (Hebel)	Ringschmierung
Duffing [II, 7]	Halblager		Gewicht (Hebel)	
Bamag (vgl. [II, 8])	Halblager		Feder	
National Physical Laboratory, Teddington [II, 9]	Büchse	51	Gewicht (Hebel)	Druckschmierung
Heidebroek/ Nücker [II, 10] [II, 11]	geteilt	220	Gewicht (Hebel)	Druckschmierung
Lehr [II, 12]	Büchse	60	Feder (Hebel)	Umlaufschmierung
Swift u. Haslelegrave [II, 13]	Büchse	100	Gewicht (Hebel)	Ringschmierung
MAN [II, 14]	Büchse	65	Gewicht (Hebel)	Ring- oder Umlaufschmierung
Schenck [II, 15]	Halblager	45	Gewicht (Hebel)	
McKee/McKee [II, 16]	4 geteilte Lager	32	Feder	Druckschmierung (0,1 atü)
Buske [II, 17]	Büchse	50	Feder (Hebel)	Druckschmierung (4 atü)
Strohauer [II,18]	geteilt oder Büchse	40	Feder (Hebel)	Druckschmierung

mit statischer Belastung des Lagerkörpers.

Art der Messung d. Reibungs- momentes	spez. Belastung kg/cm²	Gleit- geschwindigkeit m/s	Benutztes l/d	Benutztes Lagerspiel ⁰/₀₀	An- merkung
Reibungswaage (Pendel)					
Leistungsauf- nahme d. Motors (Einzelverlust- verfahren)	350	0,1—6	0,5	1—1,25	Abb. 32
Reibungswaage (Schneiden- parallelogramm)					
Torsionsdynamo- meter					
Reibungswaage (Schneiden- parallelogramm)	70	3,5	1,13	8	Abb. 33
Reibungswaage (Schn. P.), und Torsions- dynamometer	11	0,6—22	∼1,36	∼1,65	Abb. 34
Reibungswaage	1000	0,5—14	1	4	Abb. 35
Pendelmotor	15	0,3—6,5	3	3,4	Abb. 36
Reibungswaage (Schn. P.)	250	10	∼1	H 7 3 bis 0,13⁰/₀₀ je nach Durchmesser	Abb. 37
	530		1,4		
Reibungswaage	13,3	0,002—0,4	1	0,9	
	800	10,5	1	1,2	
Reibungswaage (Stahlband)	10	10	0,5	1,25—2	Abb. 38

Tabelle 7.

Bauart, Hersteller	Form des Prüflagers	Wellendurchmesser mm	Belastungseinrichtung	Schmierart
Ritzau [*II, 19*]	Büchse	23	Gewicht	Tropföler
Lüpfert [*II, 20*]	Büchse	15	Gewicht (Hebel)	dosierte Schmiermittelmengen
Falz/Dürener Metallwerke [*II, 21*]	Büchse	30	Feder (Hebel)	Druckschmierung
Reuthe [*II, 22*]	Büchse	25	Gewicht	automatisch dosierte Schmiermittelmengen
Tränkner [*II, 23*]	Büchse	(4—10) 6	Gewicht	Vorrats- und Zusatzschmierung
Graebing [*II, 24*]	geteilt	60	Gewicht (Hebel)	Ringschmierung
Ernst [*II, 25*]	geteilt und Büchsen (12 Lagerschalen)	60—70 40—50	Gewicht (Hebel)	Staufferbüchse
Beatty u. Cornell [*II, 26*]	Büchse (mit eingelegten Gummistreifen)	254	Gewicht (Hebel)	Druckschmierung (Wasser)

legtes, endloses Stahlband g aufgebracht. Zur Ausschaltung der zunächst in der Meßuhr k mitgemessenen Reibung des Kugellagers wird dieses in wechselnder Drehrichtung gesondert angetrieben. Aus den unter Addition bzw. Subtraktion der Kugellagerreibung erhaltenen Meßwerten ergibt sich durch Mittelbildung die Reibungszahl des Prüflagers.

Weiterhin seien Verfahren zur Messung kleinster Reibungsmomente erwähnt, die für Spitzenlager (mit Reibungsmomenten bis unter 1 mg cm) anwendbar sind. Das zu bestimmende Reibungsmoment bei Drehung des Lagersteins gegenüber dem Zapfen wird entweder mechanisch durch die Winkelbeschleunigung einer mit dem frei beweglichen Lagerstein fest verbundenen Scheibe ermittelt [*II, 31*], oder es wird durch ein elektromagnetisches Drehfeld kompensiert [*II, 32*], bzw. wird

Fortsetzung.

Art der Messung d. Reibungs- momentes	Spez. Belastung kg/cm²	Gleit- geschwindigkeit m/s	Benutztes l/d	Benutztes Lagerspiel ⁰/₀₀	An- merkung
	3,3	2	0,87	4,3	
	200	2,2	1	2	
Reibungswaage (Schn. P.)	600	1,57—6,3	0,6	1,7	Abb. 39
	10	10	2,4	1,6	
Federreibungs- waage (Pendel)	8,8	0,08—13 · 10^{-3}	0,67	2,5	
	50	1,4—6,5	1,5		
Leistungsauf- nahme d. Motors abzüglich Leer- laufleistung	110	0,08—1,2	~1,5	3—6	
Reibungswaage	4	5,5	3		

ihm in einer Weiterentwicklung durch ein in einem Drehspulmeßwerk erzeugtes Moment das Gleichgewicht gehalten [*II, 33*].

Als Ergänzung sei zu den Angaben für die verschiedenen Prüfmaschinen in Tab. 7 noch folgendes hinzugefügt. Neben der Gewichtsbelastung wird in KAMMERER-WELTER-Maschinen auch Federbelastung (Hebel) benutzt. Die von DUFFING angegebene Maschine hat am Ende des Belastungshebels eine Einrichtung zur näherungsweisen Bestimmung der Ölfilmdicke in etwa 1000facher Vergrößerung. In der BAMAG-Maschine ist die oben beschriebene Ausschaltung des Reibungsmomentes der Stützlager verwirklicht. In der von HEIDEBROEK/NÜCKER gebauten Maschine wurde durch Einbringung einer isolierten Elektrode an verschiedene Stellen des Versuchslagers die Möglichkeit geschaffen, nach einer kapazitiven Methode [*II, 34*] Schmierschichtstärken und Wellenverlagerung zu bestimmen. Die Prüfmaschine der Firma SCHENCK hat eine Einrichtung zur Aufbringung zusätzlicher Schlagbeanspruchung auf das Prüflager. Bei der von LEHR beschriebenen Maschine besteht die Möglichkeit zur Erzeugung von Kantenpressung durch eine Vorrichtung, welche eine Kippung des Versuchslagers um eine senkrecht zur Wellenachse stehende Drehungsachse erlaubt. Weiterhin kann durch eine zusätzliche elektromagnetische Meßeinrichtung die Weite des Lagerspalts ermittelt werden. Zur Messung der Wellenverlagerung verwendeten SWIFT und HASLEGRAVE in ihrer Lagerprüfmaschine an beiden Enden des Lagers gegeneinander um 90° versetzte Mikrometerschrauben mit elektrischer Kontaktangabe. Durch Aufsetzen von entgegengesetzt umlaufenden Unwuchten besteht bei der Maschine von BUSKE eine Erweiterungsmöglichkeit zur Prüfung mit Wechsellast. Zur Feststellung des Eintritts metallischer Berührung von Zapfen und Lager wurde in der Maschine von STROHAUER der Lagerkörper durch einen Hartpapierstreifen von den anderen Teilen der Maschine isoliert, konnte also gegenüber den Zapfen unter Spannung gesetzt werden. Aufflackern einer Glühbirne zeigte den Beginn von Mischreibung an. Bei der TRÄNKNERschen Maschine wird die Messung der sehr kleinen Gleitgeschwindigkeiten stroboskopisch durchgeführt und der Reibungsverlauf für die einzelnen Zapfenumdrehungen mittels photographischer Registrierung festgehalten (optische Aufzeichnung der Durchbiegung einer die Auslenkung des Belastungspendels hemmenden Blattfeder). Durch besondere elektrische Schalteinrichtungen am Antrieb besteht bei der Maschine von ERNST die Möglichkeit eines intermittierenden und reversierenden Laufs.

Die letzte der in Tab. 7 verzeichneten Maschinen dient zur Prüfung von Gummilagern. Die Abmessungen des Prüflagers entsprechen denen praktischer Ausführungen. Wie bei Gummilagern größerer Abmessungen üblich, ist die Gummigleitschicht in Streifen unterteilt. Diese Streifen werden von Messingunterlagen getragen, die in Schwalbenschwanznuten des Lagergehäuses befestigt sind. Die Schmierung wird, ebenfalls der Praxis entsprechend, mit Wasser vorgenommen, das dem Lager durch eine Pumpe zugeführt wird.

Auf eine Maschine zur Prüfung von Spurlagern, welche Gleitgeschwindigkeiten bis 15 m/s und Belastungen bis 20 t zuläßt, ist in [*II, 35*] hingewiesen.

Von FALZ wurde für die Gewinnung einer einwandfreien Vergleichsmöglichkeit verschiedener Lagerwerkstoffe die Verwendung einer Einheitslagerprüfmaschine angeregt [*II, 1*], da ja z. B. Angaben über die Tragfähigkeit nur bei Vorliegen gleicher geometrischer Verhältnisse und Laufbedingungen möglich sind. Für eine solche Einheitsprüfmaschine zur Durchführung von Grenzlastversuchen werden folgende Vorschläge gemacht: Wellendurchmesser zwischen 30 und 60 mm, Stützlänge der Prüfwelle zwischen dem 3- und 4fachen Wellendurchmesser, Lagerlängenverhältnis 0,5 oder 0,6, Einhaltung bestimmter Werte für Bearbeitungs- und Formgenauigkeit, Lagerspiel 2°/$_{00}$. Als Wellenmaterial ist einsatz- bzw. ölgehärteter C-Stahl (St C 10.61) und ein ungehärteter

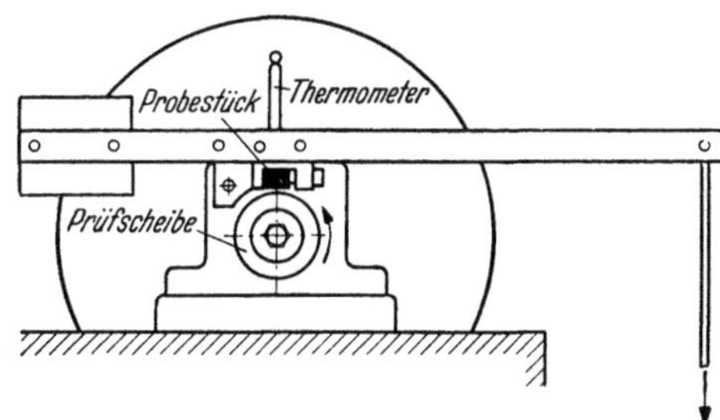

Abb. 40. Klötzchenprüfmaschine, Bauart v. HANFFSTENGEL [II, 36].

Maschinenbaustahl (St 50.11) vorgesehen. Auch für das Schmieröl und seine Reinigung sowie für die Stufen der Belastungssteigerung werden bestimmte Vorschläge gemacht.

Bei den bisher beschriebenen Prüfmaschinen wird der zu prüfende Werkstoff in Form von der Praxis mehr oder minder nachgebildeten Lagern untersucht. Dies bedeutet einen recht erheblichen Aufwand bei der Herstellung der Prüfkörper, der insbesondere dann, wenn es sich um die Entwicklung neuer Lagerlegierungen handelt, recht erschwerend ins Gewicht fällt. Es sind daher schon frühzeitig vereinfachte Prüfmethoden ausgearbeitet worden (v. HANFFSTENGEL/HANEMANN [II, 36]), die mit kleinen Probekörpern arbeiteten. Abb. 40 zeigt das Prinzip dieses „Klötzchenprüfverfahrens“. Eine quaderförmige oder auch zylindrische Probe der zu prüfenden Legierung wird unter konstanter Last gegen die Mantelfläche einer rotierenden Scheibe, die aus dem Wellenwerkstoff besteht, gedrückt. Die Schmierung wird entweder durch Aufbringung einer dosierten Schmiermittelmenge auf die Mantelfläche der Prüfscheibe, durch Anpressen eines Schmier-

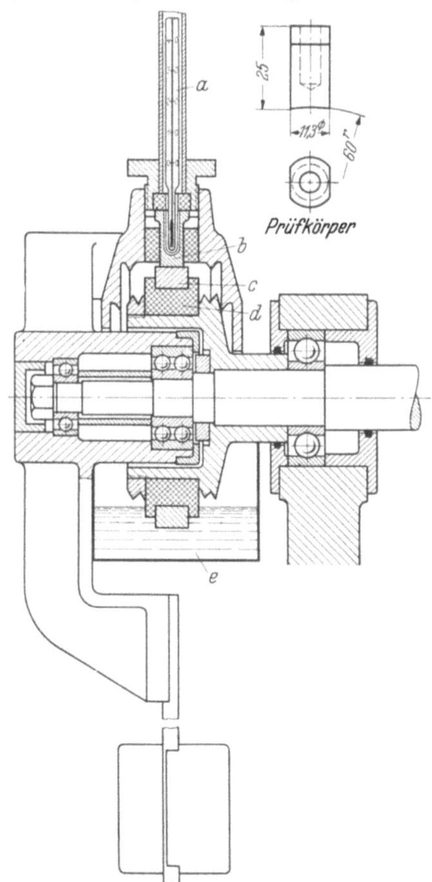

Abb. 41. Klötzchenprüfmaschine, Bauart v. SCHWARZ. (Hersteller MOHR und FEDERHAFF) [II, 37].

a = Thermometer   d = Isolierschicht
b = Prüfkörper   e = Ölbad
c = Laufring

Tabelle 8.

Bauart, Hersteller	Probenform mm	Scheibendurchmesser mm
v. Hanffstengel [II, 36]	Quader (20×20×30, an Gleitstelle abgesetzt auf 10×5)	100
v. Schwarz (Mohr u. Federhaff) [II, 37]	Stift (11,3 Durchm.)	∼120
Hummel [II, 38]	flache Quader	
Lüpfert [II, 20]	Quader (5×2×20, an Gleitstelle abgesetzt auf 3×1)	120
v. Schwarz/Reisener [II, 39]		

polsters an sie oder durch teilweises Eintauchen der Prüfscheibe in Öl bewirkt. Gemessen werden die Temperatur des Klötzchens und der Gleitwiderstand bzw. das Reibungsmoment. Das zu prüfende Klötzchen

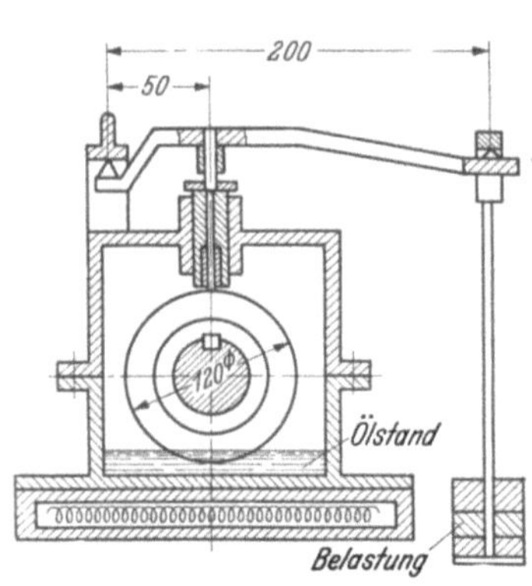

a   b

Abb. 42a u. b. Klötzchenprüfmaschine, Bauart LÜPFERT (Robert Bosch G.m.b.H. Stuttgart)[II, 20]
a Schnitt b Ansicht

liegt entweder mit einer ebenen Fläche an der Prüfscheibe an, oder es erhält durch Bearbeitung bzw. Einlaufenlassen vor dem Versuch eine der Krümmung der Scheibenoberfläche angepaßte Gleitfläche. Die zu diesem Einlauf erforderliche Zeit wird durch Querschnittsverkleinerung der Proben an der Gleitstelle, bes. in Richtung des Umlaufsinns der Prüfscheiben, sehr gekürzt. Je nach Probenform, der zur Verfügung stehenden Schmiermittelmenge und den Beanspruchungsverhältnissen (Belastung, Umlaufgeschwindigkeit), werden verschiedene Schmierzustände erfaßt, von der hydrodynamischen Schmierung bis zur Grenzschmierung.

Klötzchenprüfmaschinen.

Belastungs-einrichtung	Schmierart	Art der Messung des Reibungsmoments	Anmerkung
Gewicht (Hebel)	Tauchschmierung		Abb. 40
Gewicht	Tauchschmierung	Ausschlag des Belastungs-pendels	Abb. 41
Gewicht (Hebel)	Polsterschmierung		
Gewicht (Hebel)	Tauchschmierung		Abb. 42
Feder	Tauchschmierung	Auslenkung des Kopfes der Maschine	Abb. 43

Trotz ihrer Einfachheit können auch aus einer solchen Prüfung schon wertvolle Schlüsse auf die Gleiteigenschaften von Werkstoffen gezogen werden. In gewissem Sinn erfaßt sie ja die Beanspruchung im höchstbelasteten Gebiet eines Gleitlagers, wo vorzugsweise das Versagen eintreten wird.

In Tab. 8 ist eine Kennzeichnung verschiedener Klötzchenprüfmaschinen enthalten, die Abbildungen 41 bis 43 geben zugehörige Prinzipskizzen und Konstruktionszeichnungen. Zusätzliche Vorrichtungen zu einer unmittelbaren Messung des Reibungsmoments haben die auf v. SCHWARZ zurückgehenden Prüfmaschinen. Nicht aufgenommen in Tab. 8 sind Maschinen ähnlicher Art, die ausschließlich zu Untersuchungen des Verschleißverhaltens herangezogen wurden (vgl. hierzu Punkt 15d).

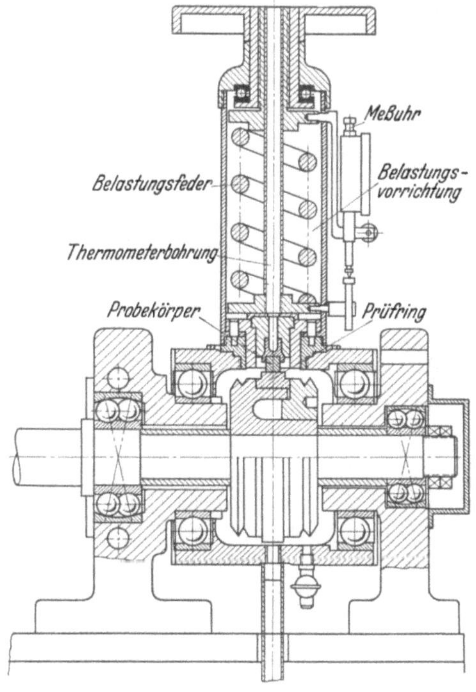

Abb. 43. Klötzchenprüfmaschine, Bauart v. SCHWARZ/REISENER [II, 39].

Noch weiter in Richtung der Untersuchung der physikalischen Grundvorgänge liegen Prüfverfahren, die nachstehend noch kurz beschrieben werden sollen. BOWDEN und RIDLER [II, 40] verwenden zur Bestimmung von Oberflächentemperatur und Reibungskraft gleitender Metalle eine

ringförmige, in der Horizontalebene rotierende Probe aus dem einen
Metall, gegen die ein ruhender, belasteter Stift des zweiten Metalls drückt.
Die Metallproben bilden die beiden Schenkel eines Thermoelements mit
der Kontaktstelle als heißer Lötstelle. Die Ablenkung eines mit dem Stift
verbundenen Pendels gibt ein Maß des Reibungskoeffizienten. Die Gleitgeschwindigkeit kann bis 50 m/s gesteigert werden, die Belastung bis
etwa 120 g/mm². Im Gerät kann sowohl trockene Reibung als auch
Grenzreibung untersucht werden. Zur Analyse der Natur des Reibungs-
vorganges wurde von BOWDEN und LEBEN [II, 41] eine Anordnung benutzt, in der eine horizontale Platte des einen Gleitwerkstoffs unter einer
durch Federdruck angepreßten Kugel des zweiten hinwegbewegt wird.
Der Reibungskoeffizient ergibt sich als Quotient aus der wirkenden
Tangentialkraft (erhalten aus optischer Registrierung der Auslenkung

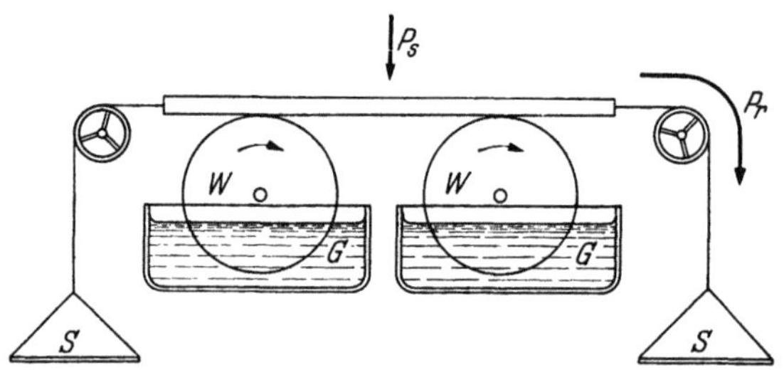

Abb. 44. Reibungswaage nach SAMESHIMA und MIYAKE [II, 45].
G = Gefäß mit Schmiermittel   S = Gegengewicht
P = Last   W = synchron rotierende Walzen

der Haltevorrichtung der Kugel) und der aus der Federspannung folgenden Normalkraft. Die Oberflächentemperatur wird wieder thermoelektrisch erfaßt. Im Punkt 9 sind auch mit diesem Gerät gewonnene Ergebnisse bereits erörtert. Erwähnt sei ferner die unmittelbare Beobachtung oder photographische Registrierung von durch Reibungsvor-
gänge erhitzten Zonen, welche dann möglich ist, wenn einer der Gleitwerkstoffe durchsichtig ist (Glas, Quarz) und die Temperatur über etwa
550° C liegt (BOWDEN, STONE und TUDOR [II, 42]).

Zur Prüfung des Einflusses von Wechselwirkung zwischen Randfeld
des Gleitwerkstoffs und Schmiermittelmolekülen auf die Grenzreibung
wurde von KLUGE, BOCHMANN und FIDDECKE [II, 43] eine Meßeinrichtung angegeben, die für Reibungs- und Verschleißprüfung geeignet ist.
Der stiftförmige Probekörper des zu untersuchenden Werkstoffs gleitet
mit einstellbarer Geschwindigkeit und Belastung auf einer ebenen, umlaufenden Scheibe. Diese ist auswechselbar und kann elektrisch aufgeheizt werden. Eine elektromechanische Einrichtung gestattet die
Stiftverkürzung und — als Pendelwaage — auch die Reibung anzu-
zeigen. Die Umformung beider Anzeigen in elektrische Größen bringt

die Möglichkeit gewünschter Verstärkung und zeitlicher Registrierung. Die Gleitgeschwindigkeit wurde sehr niedrig (0,008 bis 0,07 m/s), die Belastung bis 840 g gewählt. Ergebnisse, aus denen die Bedeutung der Korngrenzen für die Schmiermitteladsorption hervorgeht, wurden in Punkt 9 schon verwertet.

Schließlich sei noch auf eine Reibungswaage hingewiesen, die zur Untersuchung der Gebiete: Misch-, Grenz- und trockene Reibung herangezogen wurde (DUNKEN, FREDENHAGEN und WOLF [*II, 44*]; SAMESHIMA und MIYAKE [*II, 45*]). Ein Quader ($130 \times 25 \times 5$ mm) ruht auf zwei in Kugellagern laufenden, gleichsinnig angetriebenen Walzen (Abb. 44). Die Gesamtlast des Quaders beträgt bis 1,2 kg, die Geschwindigkeit 0,17 m/s. Zufolge der Reibung hat der Quader das Bestreben sich im Sinne der Walzen-Drehung zu bewegen. Diese Reibungskraft wird durch ein entsprechendes Gegengewicht kompensiert.

b) Dynamische Prüfmaschinen. In den bisher beschriebenen Lagerprüfmaschinen wird der Lagerkörper einer rein statischen Belastung unterworfen. Wenn dies auch ein sehr wichtiger Beanspruchungsfall der Praxis ist, so ist er doch keineswegs umfassend. Wie bereits in Punkt 10 hervorgehoben wurde, tritt an sehr vielen Lagerstellen dynamische (wechselnde) Beanspruchung auf. Dieser Umstand hat zur Konstruktion von Maschinen geführt, welche diese Verhältnisse nachahmen.

Grundsätzlich kann wechselnde Beanspruchung des Lagerwerkstoffs auf zweierlei Weise erzielt werden. Läuft bei statisch belasteter Welle nicht diese, sondern die Lagerbüchse um, so tritt in ihr eine Schwellbeanspruchung von der Frequenz des Umlaufs auf. Dieselbe Beanspruchung erfährt ein auf die Welle aufgebrachter Lagerwerkstoff bei statischer Belastung einer umlaufenden Welle. Zusätzliche Belastungsstöße, welche eine noch bessere Anpassung an die Verhältnisse der Praxis geben sollen, werden durch Kniehebel hervorgerufen.

Bei ruhendem Lager wird die Wechselbeanspruchung des Lagerwerkstoffs durch periodische, evtl. stoßweise Belastung der Welle, die eine statische Grundbelastung tragen kann, erzeugt. Hierzu benutzt man umlaufende Unwuchten (Schwinger), Schlagplatten oder als Hilfslösung Befestigung der Lagerschale am Meßbügel eines Pulsers.

Tab. 9 gibt einen Überblick über derartige Maschinen, die Abbildungen 45—50 dienen zu ihrer weiteren Erläuterung. Der Art der Beanspruchung entsprechend sind die Prüflager als ganz umschließende Lager ausgebildet. Die Wellendurchmesser liegen mit Rücksicht auf die vorzugsweise zu prüfenden Verhältnisse bei Lagern in Verbrennungskraftmaschinen zwischen 40 und 70 mm. Als Schmierart dient zumeist Druckschmierung. Spez. Belastung und Gleitgeschwindigkeit passen sich ebenso wie die benutzten Lagerlängenverhältnisse den praktischen Werten an.

Tabelle 9. *Lagerprüfmaschinen mit dynamischer*

Bauart, Hersteller	Form des Prüflagers	Wellendurchmesser mm	Belastungsart und Einrichtung
Steudel/Wiechell [*II, 28*] [*II, 29*]	geteiltes Lager in nachgiebigem Futter, *umlaufend*	65	durch statische Belastung des Zapfens Schwellbelastung auf Lagerkörper
Heyer [*II, 46*] [*II, 47*]	Büchse, *umlaufend*	40—60	Lager einsinnig und mit überlagerten periodischen Stößen (durch Kniehebel) belastet
Neuse [*II, 48*]	Büchse, *umlaufend*	40	Lager einsinnig belastet
Thum/Strohauer [*II, 49*]	geteilt	40	durch Schlagplatte und Feder stoßweise Belastung des Lagerkörpers
Reuthe [*II, 22*]	Büchse	40—50	durch Schlagplatte und mittels Preßluft einstellbaren Kolben, stoßweise Belastung
Thum/Strohauer [*II, 49*]	geteilt	40	Welle durch Druckfeder statisch, dynamisch durch Schwinger belastbar
Cornelius/Barten [*II, 50*] [*II, 51*]	geteilt, feststehend	70	Welle durch Biegestab statisch, durch Schwinger dynamisch, durch Kniehebel stoßartig belastbar
v. Rajakovics [*II, 21*]	Büchse	50	Prüflager am Meßbügel eines 5-t-Schenck-Zug-Druck-Pulsers befestigt
Johnson (Crysler) [*II, 52*]	geteilt	40	dynamisch durch Unwuchten

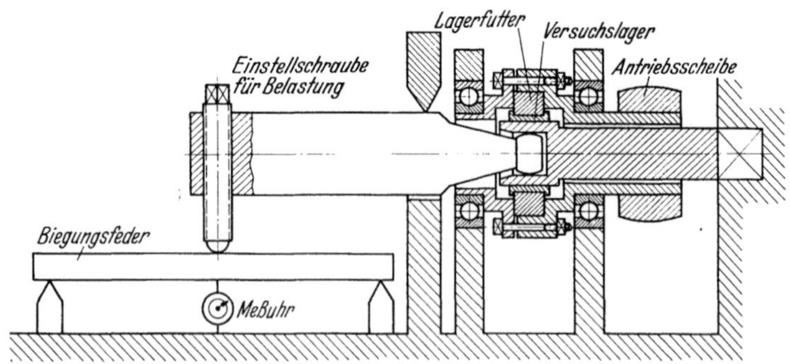

Abb. 45. Prüfmaschine, Bauart Junkers [*II, 28*] [*II, 29*].
Statische Belastung. Schwellbeanspruchung des Prüflagers.

Belastung des Lagerkörpers.

Schmierart	Spez. Belast. kg/cm²	Gleit-geschwindigkeit m/s	Benutztes l/d	Anmerkung
Druckschmierung durch hohlen Zapfen	200	13	~1	Abb. 45
Druckschmierung	270 (bis 925 max)	6	0,5—0,7	Abb. 46
Staufferbüchse	97	0,09—0,9	1,9	
reichliche Ölschmierung	300	2	0,63	Abb. 47
automatisch dosierte Schmiermittelmengen	weitgehende Variation möglich		0,8/0,64	
Drucköl	250	5	0,88	Abb. 48
Druckschmierung durch hohlen Zapfen	145 (wenn alle Kraft-erzeuger in Phase bis 1200)	bis 13	0,57	Abb. 49
Druckschmierung (0,2 atü)	250	bis 8	0,5	Abb. 50
Druckschmierung (1,4—9 atü)	140	bis 8	>0,26	

Bei einer von STANTON [*II, 117*] beschriebenen Maschine wird eine
mit dem Lagermetall ausgegossene Büchse von 50 mm Innendurch-
messer, 56 mm Außendurchmesser und 50 mm Breite zwischen drei um
120° versetzten Rollen von ebenfalls 56 mm Durchmesser gedreht
(1000 U/min). Der Ausguß ist 1 mm dick. Die Belastung (200 kg) wird
über einen Hebelarm auf die obere Büchse aufgebracht. Die Schale wird
mit Öl bzw. Bohrwasser, evtl. von erhöhter Temperatur gespült, so daß
der Versuch bei verschiedenen Temperaturen durchgeführt werden kann.
Festgestellt wird die Ermüdungsfestigkeit des Ausgußmaterials durch
Beobachtung von Rißbildung im Ausguß. Von drei weiteren in USA benutzten dynamischen Lagerprüfmaschinen kann nur das Prinzip angegeben

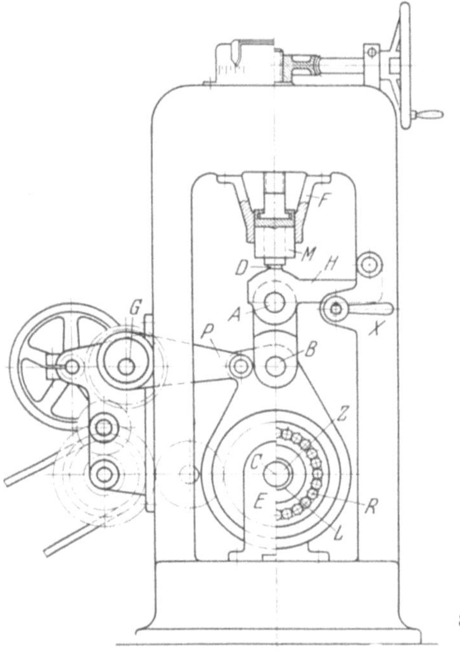

werden, da uns eingehendere Unterlagen nicht zur Verfügung stehen. Es handelt sich dabei erstens um eine Maschine, die vornehmlich zur Bestimmung der Ermüdungsfestigkeit unter dynamischer Belastung dient. Das geteilte Prüflager wird dabei durch eine Belastungsfeder gegen den umlaufenden Zapfen gedrückt, der in zwei Stützlagern abgestützt, mit seinem exzentrischen Mittelteil im Versuchslager rotiert (UNDERWOOD [II, 53]). Mit Unwuchten erzeugt die von MOUGEY in [II, 54] beschriebene Maschine die dynamische Beanspruchung des Prüflagers. Bei einer üblichen Drehzahl von 4500/Min. werden Lagerdrucke bis 100 kg/cm² aufgebracht. Der Ölzulauf erfolgt angeglichen an die Praxis unter Druck durch den Zapfen (vgl. auch [II, 55]). Ebenfalls mit Zentrifugalkraft - Belastung arbeitet die in [II, 56] beschriebene Prüfmaschine von CLARK

Abb. 46a u. b. Prüfmaschine, Bauart HEYER (DVL) [II,46] [II,47]. Statische und stoßfreie Belastung. Schwell- und Stoßbeanspruchung des Prüflagers.

a Schnitt b Ansicht
A—B = oberer Gelenkhebel
B—C = unterer Gelenkhebel
A = Rollenlager
D = Druckstück
E = vorderer Stützbock
F = Meßdosenführung
G = Exzenterwelle
H = Lenker
L = Versuchslager
M = Meßdose
P = Pleuelstange
W = Antriebswelle
X = Feststellhebel
Z = Lagerzapfen

für besonders hohe Beanspruchungen. Bei Drehzahlen von 4200/Min. werden Lagerdrucke bis 630 kg/cm² erreicht. Das Lagerlängenverhältnis

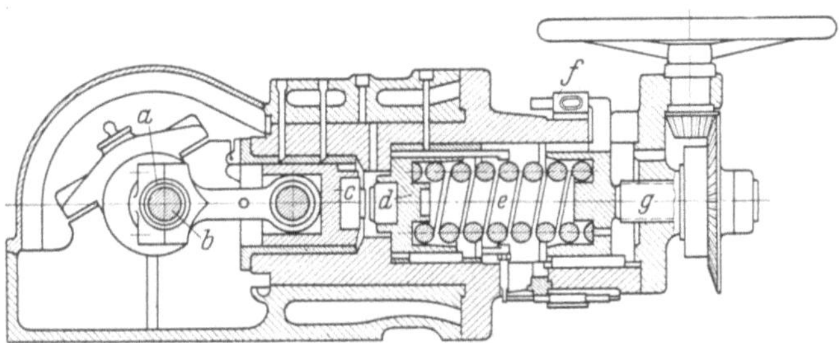

Abb. 47. Prüfmaschine für Dauerschlag-Druckversuche an Pleuellagern, Bauart THUM/STROHAUER (MPA Darmstadt) [II, 49].

a = Prüflager
b = Kurbelwelle
c = Kolben mit Schlagstück
d = Schlagplatte
e = Druckfeder
f = Schublehre zum Messen der Federspannung
g = Spindel zum Vorspannen der Feder

liegt zwischen 0,3 und 0,4; die Druckschmierung kann auf zweierlei Art erfolgen (durch den Zapfen oder von außen durch das Gehäuse).

Zu den bisher besprochenen Maschinen für dynamische Beanspruchung kommen, worauf bei Erörterung der statischen Prüfmaschinen bereits hingewiesen wurde, noch die von BUSKE [II, 17] und der Fa. SCHENCK [II, 15] angegebenen Lagerprüfmaschinen, die dem Prüflager eine der statischen Beanspruchung überlagerte dynamische aufprägen können. Schließlich sei noch auf eine dynamische Prüfung eines Lagerwerkstoffs (Kunststoff, SCHÄFERfolie) hingewiesen, die durch Einbau einer damit überzogenen Welle (Wellenwickellager) als Schwingzapfen eines Pulsers durchgeführt wurde. Bei einem Wellendurchmesser von etwa 115 mm, einem Lagerlängenverhältnis von ungefähr 0,70 wurde Druckschmierung (2 atü) angewandt (GILBERT LÜRENBAUM [II, 57]).

Zur Beurteilung des Verhaltens von Lagern bei statischer und dynamischer Belastung sei nochmals darauf hingewiesen, daß in diesen

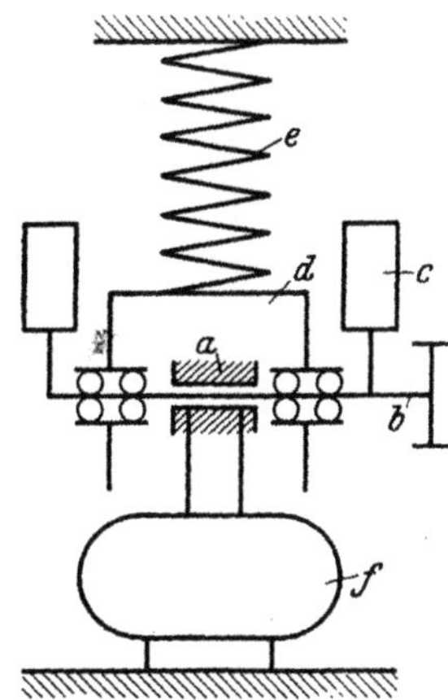

Abb. 48. Prüfmaschine für schwingende Dauerbeanspruchung von Lagern, Bauart THUM/ STROHAUER (MPA Darmstadt) [II, 49].

a = Prüflager
b = umlaufende Welle
c = Schwinger
d = Gehäuse
e = Druckfeder
f = Dynamometer

beiden Fällen verschiedene mechanisch-technologische Eigenschaften des Lagerwerkstoffs zur Auswirkung gelangen: die Kriechfestigkeit bei statischer, die dynamische Kriechfestigkeit oder Ursprungsfestigkeit bei dynamischer Belastung (vgl. Punkt 10). Da die beiden letzten Eigenschaften bei niedrig schmelzenden Legierungen über der statischen Kriechfestigkeit liegen, ist von solchen dynamisch beanspruchten Lagern im allgemeinen günstigeres Verhalten z. B. eine höhere Tragfähigkeit, zu erwarten. Hinzukommt, daß die immer wieder erfolgende Entlastung der höchst beanspruchten Stelle im dynamischen Fall eine ständige Neubildung der Schmiermitteladsorptionsschicht gestattet, im Gegensatz zu den Verhältnissen im einsinnig belasteten Lagerwerkstoff, wo die Möglichkeiten einer Ausheilung gestörter Bezirke ungünstiger sind (vgl. [II, 46]).

c) **Prüfstände.** Wenn auch in den Lagerprüfmaschinen betriebliche Gesichtspunkte weitgehend berücksichtigt sind, so werden doch in besonders wichtigen Fällen noch betriebsnähere Anordnungen zur Lagerprüfung benutzt. Es sind dies Prüfstände, in denen darüber hinaus auch alle übrigen Bedingungen (Beanspruchung, Schmierung, Kühlung) möglichst der Praxis angeglichen sind. Die Konstruktion des Standes kopiert hierzu weitgehend alle den Lagerlauf wesentlich beeinflussenden Bauelemente der interessierenden Lagerstelle.

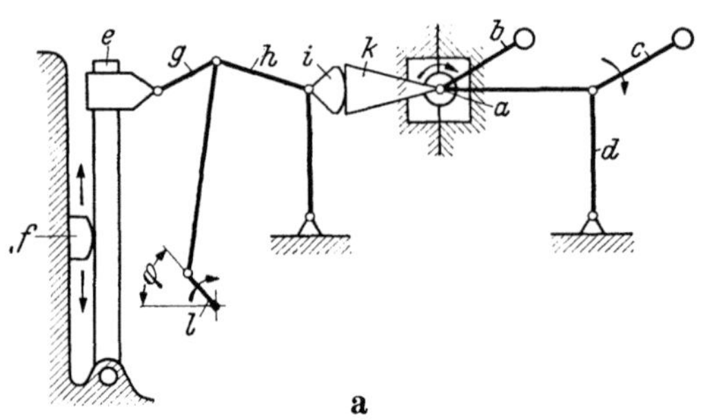

b

Abb. 49a u. b. Prüfmaschine, Bauart CORNELIUS/BARTEN (TH Berlin) [II, 50] [II, 51]. Statische, dynamische und stoßweise Belastung. Ruhende, schwellende und Stoßbeanspruchung des Prüflagers.

  a schematisch b Ansicht
  a = Prüflagerzapfen
  b = zwei Schwinger für umlaufende Belastung
  c = zwei Schwinger für sinusförmige Belastung
  d = Stützhebel
  e = Biegestab zum Erzeugen der ruhenden Belastung
  f = Widerlager zum Einstellen von e
g, h = Kniehebelanordnung
  i = Schlagplatte am Lenkerhebel
  k = Stoßplatte
  l = Kurbeltrieb zum Erzeugen der stoßartigen Belastung

Die hier zu bringenden Beispiele betreffen Prüfstände für Lager von Schienenfahrzeugen und von Verbrennungskraftmaschinen. In Abb. 51 ist das Rollwerk der Deutschen Bundesbahn dargestellt [II, 58], [II, 59], [II, 60]. Die beiden Versuchslager, eingebaut in normale Achsbüchsen, sind auf den Achsschenkeln eines Originalradsatzes aufgesetzt. Dieser ruht auf den Radscheiben eines zweiten durch Rollenlager abgestützten Radsatzes, der durch einen Motor angetrieben wird und so den Gleit-

lagerradsatz auf die der gewünschten Fahrgeschwindigkeit entsprechende Umlaufzahl bringt. Die Belastung der Gleitlager erfolgt hydraulisch, übertragen, wie unter dem Wagen, durch Blattfedern. Der Lagerdruck kann bis 15 t/Lager gesteigert werden. Eine besondere Einrichtung gestattet die Aufbringung von Bundreibung (achsial gerichteten Kräften). Auch die Kühlverhältnisse entsprechen weitgehend der Praxis, da die hauptsächlichste Wärmeabfuhr durch den Achsschenkel in die Radscheibe und erst von dort an die Luft erfolgt [II, 58]. Somit ist eine Kontrolle der Achslager (Temperatur, Gleitflächenausbildung) unter weitgehend dem Fahrbetrieb angepaßten Verhältnissen sichergestellt.

Für die Prüfung von Originalachslagern wurden auch kleinere Prüfstände herangezogen, in denen unter Verwendung von Wellen betrieblichen Durchmessers, Schmierung durch be-

Abb. 50. Zug-Druck-Pulser, Bauart SCHENK [II, 21]. Schwellende Beanspruchung des Prüflagers.

Abb. 51. Rollwerk der Deutschen Bundesbahn, Bauart Lagerversuchsamt Göttingen [II, 58] [II, 59] [II, 60].

triebliche Schmierkissen, Bestimmungen der Reibungszahl mit Hilfe einer Reibungswaage erfolgen können [II, 58—60].

Die Prüfung von Lagern für Verbrennungskraftmaschinen kann in Einzylinderprüfständen erfolgen, wie sie für Entwicklungsarbeiten an Fahrzeug- und Flugmotoren verwendet werden. Derartige Prüfstände sind mit Rücksicht auf hohe Beanspruchungen sehr kräftig gebaut; sie lassen Veränderungen von Zylindergröße, Steuerungsart und Verdichtung zu [*II, 61*].

Die betriebsnächste Prüfung ist schließlich der Einbau von entsprechend ausgewählten Versuchslagern in Originallagerstellen der betreffenden Maschinen. Bei Fahrzeug- und Motorlagern wird die Erprobung unter ständiger Kontrolle der Lager in Probefahrten auf besonderen, ein Höchstmaß an Beanspruchung bringenden Strecken durchgeführt. Im allgemeinen läßt sich dabei schon in verhältnismäßig kurzer Zeit ein Urteil über die Brauchbarkeit gewinnen.

d) Verschleißprüfmaschinen. Ebenso wie die Lagerprüfung ist heute auch die Verschleißprüfung noch nicht genormt. Zur Bestimmung des Verschleißes zweier gegeneinander bewegter Gleitflächen wird eine ganze Anzahl von Prüfgeräten verwendet, die sich nach ihrer Bauart in mehrere Gruppen zusammenfassen lassen. Die Maschinen der ersten Gruppe ähneln weitgehend der oben beschriebenen Klötzchenprüfmaschine (Abb. 40). Die zu untersuchende Probe, häufig in Form eines flachen Quaders, wird gegen den Umfang einer rotierenden Scheibe aus dem Material des Wellenwerkstoffes gepreßt wobei entweder zusätzlich ein Verschleißmittel (Sand) zwischen die Gleitflächen gebracht oder ohne Einschaltung einer Zwischenschicht der Trockenverschleiß oder schließlich durch Verwendung eines Schmiermittels der Schmiergleitverschleiß bestimmt werden. Die Tiefe des Einschnitts, das Volumen des entstandenen Ausschnitts oder die Gewichtsabnahme dienen zur Messung des Verschleißes. Bei der zweiten Gruppe der Verschleißprüfmaschinen wird die zu prüfende Probe unter bestimmtem Anpreßdruck translatorisch über eine ruhende Gegenfläche hin und her bewegt. Gegebenenfalls wird der Probe keilförmige Gestalt gegeben, sie gleitet dann in einer entsprechenden Ausnehmung der Unterlage. Der Verschleiß ist durch die nach einer bestimmten Zahl von Hin- und Herbewegungen erfolgte Gewichtsabnahme gegeben. Die dritte Gruppe bilden Prüfgeräte von der Art eines Grammophons. Die lotrecht stehende, stiftförmige Probe wird gegen eine horizontale, rotierende Scheibe gedrückt. Gewichts- oder Längenabnahme, abgetragene Kalotte bei kugelförmiger Ausbildung der Auflagestelle des Prüfstifts bestimmen den Verschleiß. Eine weitere Gruppe bilden Prüfmaschinen, bei welchen Probe und Gegenkörper die Form zylindrischer Ringe haben. Der Verschleiß tritt an den Stirnflächen der koaxial gegeneinander gepreßten Ringe auf, von denen der eine ruht, der andere rotiert. Durch entsprechende Aussparungen in der Auflagefläche des Prüflings können dabei die Drucke erheblich gesteigert und die Schmiermittelzufuhr in den Gleitflächen begünstigt werden. Auf Grund der Gewichtsabnahme wird die Größe des Verschleißes beurteilt. Schließlich werden Verschleißmessungen in besonderer Annäherung in die Beanspruchung im Gleitlager in Prüfmaschinen durchgeführt, bei

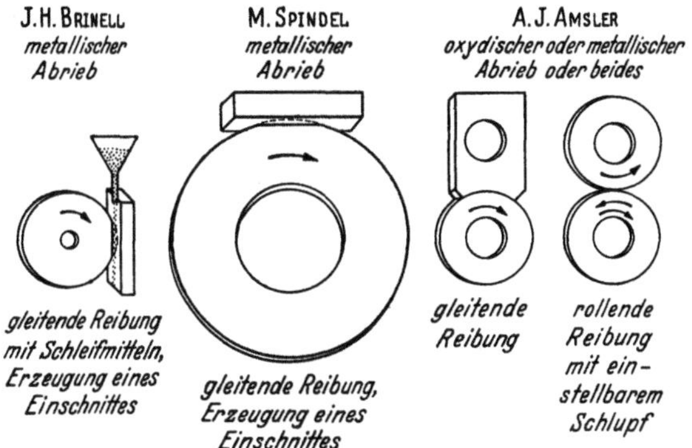

Abb. 52. Schematische Darstellung verschiedener Verschleißprüfmaschinen (aus MEYER [II, 63]).

denen die Proben in Form von Lagerbüchsen oder Halblagern unter bestimmten Beanspruchungs- und Schmierbedingungen auf Zapfen laufen. Messungen der Änderung der Wandstärke der Büchsen mit Hilfe eines Optimeters ergeben den eingetretenen Verschleiß.

Tab. 10 gibt eine Übersicht über die zu den verschiedenen Gruppen gehörigen Maschinen und eine nähere Kennzeichnung ihrer Bauart und Wirkungsweise. Die Abb. 52—55 ergänzen die Angaben der Tabelle durch schematische Darstellungen.

BRINELL hat schon sehr frühzeitig darauf hingewiesen, daß es zweckmäßig wäre, die Versuchsproben entsprechend der Rundung der Gegenscheibe auszuschleifen, da man so Gleichmäßigkeit des Druckes

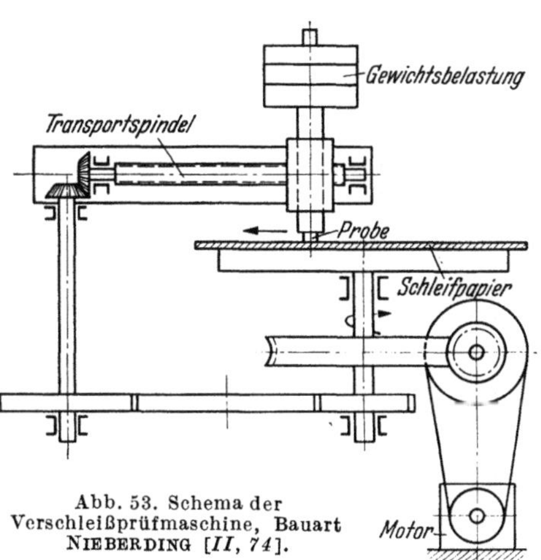

Abb. 53. Schema der Verschleißprüfmaschine, Bauart NIEBERDING [II, 74].

über die ganze Versuchsdauer erreicht. Bei der SPINDEL-Maschine (Ausführung MAN) besteht die Möglichkeit, die auftretende Reibungskraft durch eine Waage zu messen. Der Verschleiß wird durch Abtastung von Probe und rotierender Gegenscheibe laufend in vergrößertem Maßstab durch Hebelanordnungen aufgezeichnet. In der SKODA-SAWIN-Prüfmaschine drückt

Tabelle 10.

Bauart, Hersteller	Form d. Verschleißprobe mm	Form des Gegenkörpers mm
Brinell [II, 62]	flacher Quader	Scheibe (100 Durchm. 4 Dicke; rotierend)
Spindel [II, 64] (MAN [II, 65])	flacher Quader	Scheibe (300 Durchm. 1 Dicke; rotierend)
Amsler [II, 66] u. [II, 67]	Quader oder Scheibe (30—50 Durchm., 10 Dicke; ruhend oder rotierend)	Scheibe (30—50 Durchm. 10 Dicke; rotierend)
Mohr u. Federhaff [II, 68]	Scheibe (40 Durchm., 10 Dicke; ruhend oder rotierend)	Scheibe (40 Durchm., 10 Dicke; rotierend)
Dies [II, 69] u. [II, 70]	Klötzchen (mit 15×20 Auflagefläche)	Scheibe (rotierend)
Heidebroek [II, 71]	Quader $(45 \times 20 \times 7)$	Ring (100 Durchm. 10 breit; rotierend)
S.A.E. [II, 72]	Ring (50 Durchm., 12,5 Dicke; ruhend oder rotierend)	Ring (50 Durchm., 12,5 Dicke; ruhend oder rotierend)
Steudel/Wiechell (Junkers) [II, 28] u. [II, 29]	Quader (hin- u. hergehend)	Platte (ruhend)
Mailänder u. Dies [II, 70]	2 Zylinder (10 Durchm.)	Platte (ruhend)
Dies [II, 73]	keilförmig	V-förmig geschliffene Platte (gerieft, ruhend)
Nieberding [II, 74] u. [II, 75]	zylindrischer Stift (8 Durchm. mit ebener oder kugelförmiger Reibfläche)	Scheibe (rotierend)
Zaitzeff [II, 76]	3 zylindrische Stifte	Ring (rotierend)
Koch [II, 77]	zylindrischer Stift (2 Durchm.)	Scheibe (rotierend; mit Schmirgel- oder Polierrotpapier beklebt)
Neely [II, 78] Standard Oil Co. of California, „Modell B"	3 zylindrische Scheibchen (rotierend um Achse des Gegenringes und jeweilige Scheibenachse)	Ring mit 2 konzentrischen Stahlschienen (ruhend)

Verschleißprüfmaschinen.

Belastungs-einrichtung	Art der Verschleißmessung	Belastung	Gleit-geschwindigkeit m/s	Anmerkung
	mikrometr. Messung der Tiefe des Einschnitts			Abb. 52 (nach [*II,63*])
Gewicht (Hebel)	Volumen des entstandenen Ausschnitts; Tiefe des Einschnitts	5—10 kg Anpreßdruck	0,08—18	Abb. 52 (nach [*II,63*])
Druck-feder	Gewichtsabnahme, Durchm.-Änderung der Scheiben	25—200 kg Anpreßdruck	0,3—1,0	Abb. 52 (nach [*II,63*])
Gewicht (Hebel)	Gewichtsabnahme; Durchm.-Änderung	25—200 kg		
Gewicht (Hebel)	Gewichtsabnahme	bis 40 kg/cm²	1	
Gewicht (Hebel)	Volumenabnahme	200 kg	0,2—3	
Gewicht (Hebel)	Gewichtsabnahme, Durchm.-Änderung	bis 272 kg	bis 5	
Gewicht (Hebel)	Gewichtsabnahme			
Gewicht (Hebel)	Gewichtsabnahme		5000 Hin- und Herbewegungen = 1 km Laufweg	
Druck-feder	Gewichtsabnahme	11,5 kg/cm²	7,5×10⁶ Hin- u. Herbewegungen	
Gewicht	Gewichtsabnahme; abgetragene Kalotte	6 kg/cm²	i. M. 0,18	Abb. 53
Gewicht				
Gewicht	Längenänderung	65 kg/cm²	i. M. 0,18	
Gewicht	Dickenabnahme der Scheibchen	52 kg/cm²		

Tabelle 10.

Bauart, Hersteller	Form d. Verschleißprobe mm	Form des Gegenkörpers mm
Susuki [*II, 79*]	Ringe von 19,6 Außendurchmesser, 16 Innendurchm. mit Stirnflächen gegeneinander gepreßt; oberer Ring angetrieben, unterer in Drehwaage eingespannt.	
Siebel/Kehl [*II, 80*]	Ringe von 28 Außendurchm., 20 Innendurchm., mit Stirnflächen gegeneinander gepreßt; 1 Ring feststehend, der andere rotierend	
Deutsche Reichsbahn (Göttingen) [*II, 59*] u. [*II, 81*]	4 Lagerbüchsen	Stahlwelle (Maschinenbaustahl; 80 Durchm.)

gegen die quaderförmige, in einem Kugelgelenk drehbar gelagerte Probe eine durch Gewichte (Hebelübersetzung) belastete, durch eine biegsame Welle angetriebene harte Gegenscheibe (Widia) von 30 mm Durchmesser. Einschleiftiefe und Größe des Einschliffs werden als Maß des Verschleißes bestimmt [*II,82*]. Bei der AMSLER-Maschine wird durch eine

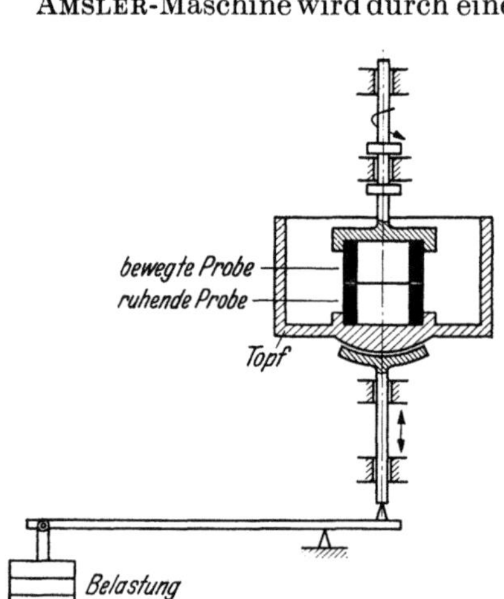

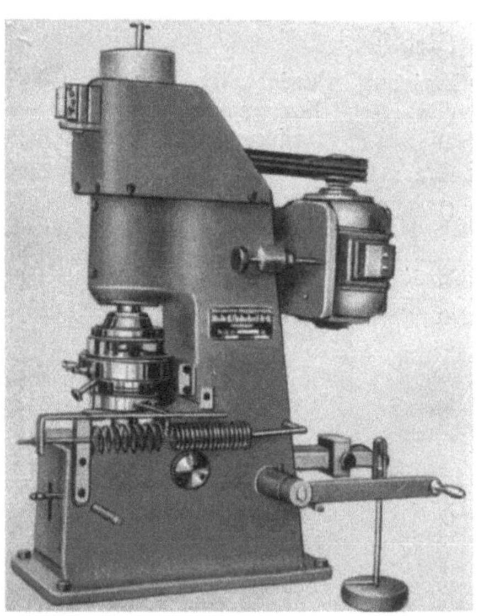

a   b

Abb. 54a u. b. Verschleißprüfmaschine, Bauart SIEBEL/KEHL [*II, 80*].
a schematisch   b Ansicht

Hin- und Herbewegung der Probe parallel zu den Achsen der Scheibe dem Eintreten von Fressen entgegengewirkt. Durch Änderung des Durchmesserverhältnisses der beiden Scheiben kann erreicht werden, daß nur rollende

(Fortsetzung).

Belastungs-einrihtung	Art der Verschleißmessüng	Belastung	Gleit-geschwindigkeit m/s	Anmerkung
Gewicht		14 kg/cm²	0,27	
Gewicht (Hebel)	Gewichtsabnahme (mg/km/cm²)	bis 40 kg/cm² (bei Ringen mit Aussparungen bis 300 kg/cm²)	0,07—6,0	Abb. 54 a u. b
Gewicht (Hebel)	Wandstärkenände-rung der Büchsen (Optimeter)	bis 62,5 kg/cm²	2,2	Abb. 55 [II, 77]

oder rollende plus gleitende Reibung auftritt. Fixierung der Prüfscheibe liefert Gleitreibung allein, Antrieb der Prüfscheibe in gleichen Drehsinn wie die Gegenscheibe führt zu einer Erhöhung der Gleitgeschwindigkeit. Wird die Prüfscheibe festgehalten, so braucht sie nicht als Kreisscheibe

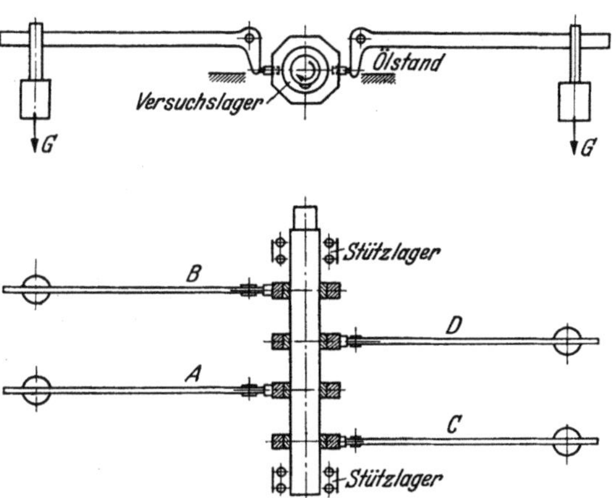

Abb. 55. Verschleißprüfmaschine der Deutschen Bundesbahn, Bauart Lagerversuchsamt Göttingen [II, 77].
A, B, C, D = Belastungshebel   *G* = Belastungsgewicht

ausgebildet zu sein. Die Probe kann zur Konstanthaltung der Belastungs-verhältnisse schon von vornherein mit einem konkaven Ausschnitt ver-sehen werden. Die Reibungskraft wird durch eine Zahndruckwaage mit Pendel gemessen, das Drehmoment selbsttätig angezeigt. Zur Unter-suchung von Schmiergleitverschleiß ist eine Ölwanne vorhanden, aus der das Schmiermittel durch eine Transportkette den Scheiben zugeführt wird. In einer etwas geänderten Form befinden sich die beiden Scheiben in einem Ölbad regelbarer Temperatur [*II, 83*]. Zur Prüfung des Verschleißes weicher Lagerlegierungen wurden diese in Verbundausführung in dünner Schicht auf Bronzescheiben aufgebracht und der Anpreßdruck der beiden Scheiben verringert [*II, 84*]. Zur Prüfung des Verschleißes in verschiedenen Gasen wurde von FINK ein die Proben umgebendes Gummigehäuse benutzt [*II, 85*]. Bei dem Klötzchenprüfgerät von DIES wird nur Trockenverschleiß geprüft. Die Temperatur der Probe wird durch ein mit seiner Lötstelle in die Verschleißfläche gelegtes Thermoelement gemessen. Es besteht die Möglichkeit einer Kühlung der Proben und des Einbaues der Versuchsanordnung in ein luftdicht abschließbares Druckgefäß zur Prüfung des Einflusses von Natur und Druck des umgebenden Gases. Auch in der HEIDEBROEKschen Anordnung wird die Temperatur der Verschleißstelle thermoelektrisch gemessen. Die Lötstelle des Thermoelements schleift hierzu unter geringem Druck kurz hinter der Verschleißstelle auf dem Verschleißring, der auf eine als Hohlkammer ausgebildete Scheibe aufgesetzt ist (Kühlung oder Heizung durch regelbaren Wasserstrom, Auswechselbarkeit des Verschleißringes). Geprüft werden Trockenverschleiß und Schmiergleitverschleiß bei dosierter und Tauchschmierung. Das Drehmoment wird aus der Leistungsaufnahme des Motors ermittelt. Bei dem von DIES benutzten Gerät mit ebener Gleitung einer keilförmigen Probe in der V-förmigen Ausnehmung der Gegenplatte sind in beide Gleitflächen Schlitze eingefräst, um die Abfuhr des Reiboxydes, um dessen Untersuchung es sich vorwiegend gehandelt hat, zu erleichtern. Zu den grammophonartigen Prüfgeräten sei nur angemerkt, daß dieses Prinzip schon Anfang der zwanziger Jahre von RENISCH benutzt wurde; vgl. [*II, 36*]. Auch HONDA und YAMADA benutzten eine ähnliche Vorrichtung [*II, 86*]. In der Maschine von ZAITZEFF drückt ein gewichtsbelasteter, horizontal liegender Ring aus verschleißfestem Stahl gegen drei lotrecht und gleichmäßig am Umfang verteilt stehende Stifte des Probematerials. Die Abnutzung der Stifte bewirkt ein Senken der Belastungsgewichte, das aufgezeichnet wird. Zur Ausführung von Schmiergleitversuchen kann Öl zugeführt werden. Von HEIMES und PIWOWARSKY wurde eine Universalverschleißprüfmaschine angegeben, welche die Prüfung von Gleitverschleiß, sowohl nach dem Verfahren von SPINDEL, als auch nach dem Grammophonprinzip und auch Verschleißprüfung bei rollender Reibung und im Verschleißtopf ermöglicht [*II,87*]. In der Prüfmaschine von SIEBEL/KEHL kann die Temperatur durch ein durch den ruhenden Ring geführtes, gegen die rotierende Probe gedrücktes Thermoelement gemessen werden. Zur Kühlung der Proben und Abführung des Verschleißstaubes dient ein geeignet geführter Luftstrom. Durch Einbringen von Preßöl in die durch die Ringe gebildete Kammer kann auch Gleitschmierungsverschleiß untersucht werden. Bei Anpreßversuchen in Öl mit der Kombination Gußeisen–Stahl wurde der ruhende Stahlring mit Aussparungen versehen, so daß nur eine Gleitfläche von insgesamt 1 cm² übrig blieb. Der Druck konnte dadurch bis zu 300 kg/cm² gesteigert werden. Weiter verkleinert wurde die Gleitfläche in Versuchen von SIEBEL und KOBITZSCH [*II, 88*], die dadurch bis zu einer Flächenpressung von 1000 kg/cm² kamen. Zur Drehmomentmessung dient in der SIEBEL/KEHL-Maschine eine Federreibungswaage. In der Verschleißmaschine *Bauart Lagerversuchsamt Göttingen* wird durch entsprechende Anordnung der vier gleichzeitig geprüften Lagerbüchsen dafür gesorgt, daß die Wellendurchbiegung möglichst gering bleibt. Schließlich besteht, worauf besonders hingewiesen sei, die Möglichkeit der Verschleißprüfung auch in den oben beschriebenen Lagerprüfmaschinen und Prüfständen. Wenn dies auch als betriebsnächste Prüfung besondere Vorteile bringt, so muß doch darauf hingewiesen werden, daß dabei nicht nur eine Erfassung bestimmter Schmierzustände, sondern auch eine quantitative Ermittlung des Verschleißes durch Wägung (große Absolutwerte) oder Vermessung der Abtragung schwierig ist.

Wichtig für einwandfreie Verschleißmessungen ist genaue Justierung von Prüf- und Gegenkörper, wenn möglich freie Einstellbarkeit der Probe.

Zur Beurteilung der Bedeutung von Konstanthaltung und ständigem Wechsel der Gleitrichtung für den Verschleiß liegen nur wenige Ergebnisse vor (Weicheisen–Chromstahl). Danach treten bei beiden Versuchsarten ähnliche Erscheinungen auf (Höchst- und Mindestwerte in Abhängigkeit von der Belastung), eine Deckung der Verschleiß-Belastungskurven tritt jedoch nicht ein. Die Unterschiede deuten auf eine schnellere Zerstörung durch hin- und hergehende Bewegung [*II, 70*]. Für die Frage nach einer Bedeutung des Bewegungszustandes des Prüfkörpers für die Höhe des Verschleißes scheint die Form von Prüf- und Gegenkörper wichtig. Bei gleichgeformten Körpern (SIEBEL/KEHL-Maschine) wird in Übereinstimmung mit der Erwartung gleicher Verschleiß bei ruhender und bewegter Probe gefunden [*II, 80*].

Ob die Größe des Verschleißes zweckmäßiger durch Messung der Gewichtsabnahme oder Bestimmung der Dimensionsänderungen der Proben ermittelt wird, hängt zum Teil von der Natur der zu prüfenden Stoffe ab (vgl. hierzu auch Punkt 16d). Poröse Werkstoffe können durch Schmiermittelaufnahme bei der Gewichtsbestimmung zu Fehlern führen. Bei der Bestimmung der Probeabmessungen werden eventuelle plastische Stauchungen, die ja miterfaßt werden, besonders bei weichen Materialien zu Ungenauigkeiten führen. Wenn möglich wird man daher sowohl das Gewicht als auch die Abmessungen verfolgen. Bei Metallegierungen sind ferner etwa auftretende Strukturänderungen oder Rekristallisationsvorgänge zufolge der durch den Verschleißversuch bedingten Erwärmung zu beachten, die mit Änderungen der geometrischen Abmessungen verbunden sein können. Durch Aushärtungsvorgänge kann auch der Verschleiß an sich störend beeinflußt werden. Neuerdings wurden auch radioaktive Indikatoren für Verschleißuntersuchungen herangezogen (vgl. hierzu Punkt 16d).

e) Einrichtungen zur Prüfung spezieller technologischer Eigenschaften von Lagerwerkstoffen. Zur Erleichterung der Herstellung einwandfreier Lagerausgüsse ist u. a. Dünnflüssigkeit der Schmelze wichtig. Zu vergleichenden Bestimmungen wird vielfach eine sog. Spiralkokille verwendet (Abb. 56). Als Maß der Dünnflüssigkeit (Formfüllungsvermögen) gilt die unter Einhaltung gleicher Gieß- bzw. Kokillentemperaturen erzielte Ausflußlänge.

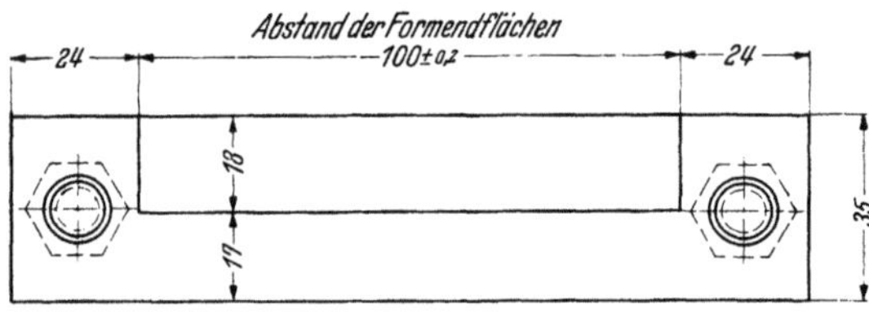

Abb. 56. Spiralkokille zur Feststellung des Formfüllungsvermögens [II, 89].

Eine zur Ermittlung des Schwindmaßes geeignete Kokille ist in Abb. 57 dargestellt.

Zur Herstellung von Proben für mechanisch-technologische Untersuchungen wird in Anlehnung an Reichsbahnerfahrungen häufig eine V-förmige Kokille verwendet (Abb. 58). Die Probestücke werden dem steigend gegossenen Schenkel entnommen [II, 81].

Abschließend sei die von Thum und Strohauer gebaute Dauerschlagprüfmaschine für Lagermetalle erwähnt [II, 49]. Der wesentliche Vorteil gegenüber den bisherigen Dauerschlagwerken ist eine außerordentliche Herabsetzung der Prüfzeit.

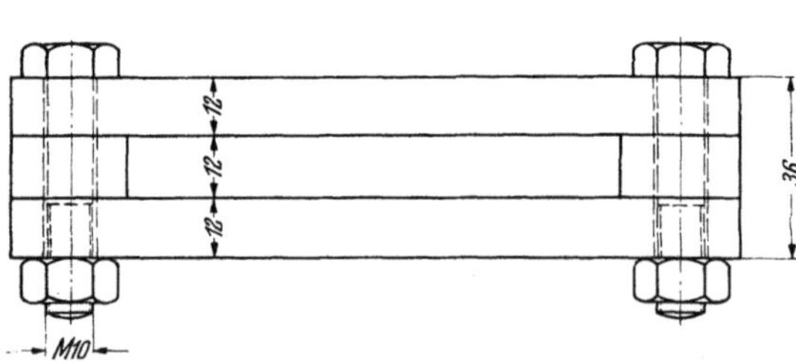

Abb. 57. Kokille zur Bestimmung des Schwindmaßes nach DIN-Prüfverfahren A. 131.

Die zylindrische Probe (15 mm Durchmesser, 68 mm Höhe) wird durch Federdruck gegen eine Schlagplatte gepreßt. Diese liegt kurz vor dem

Totpunkt einer durch eine Kurbelwelle mit 1200 Umdrehungen pro Minute angetriebenen Pleuelstange. Gemessen werden Wöhler-Kurven der Dauerschlag-Druckfestigkeit.

16. Prüfverfahren.

Bei Erörterung der Prüfverfahren beschränken wir uns auf jene, die zur Ermittlung der zulässigen Beanspruchungsbereiche und der in Punkt 14 aufgeführten Gleiteigenschaften dienen. Für die Methoden zur Prüfung der für die Beurteilung von Lagerbaustoffen grundlegend wichtigen physikalischen und mechanisch-technologischen Eigenschaften

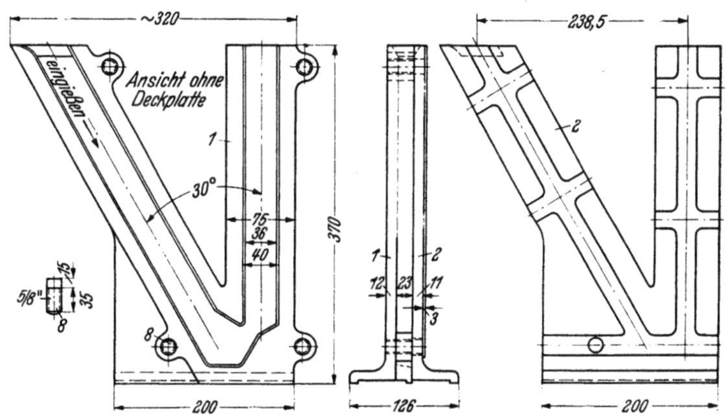

Abb. 58. Kokille für die Herstellung von Gießstäben für mechanische Untersuchungen.

sei auf Lehrbücher der praktischen Physik und Werkstoffprüfung verwiesen.

Entsprechend der Unterteilung der Prüfeinrichtungen gliedern wir auch die Erörterung der Prüfverfahren in solche, die a) bei der statischen, b) bei der dynamischen Lagerprüfung, c) bei Prüfständen und d) bei der Verschleißprüfung angewendet werden.

a) Verfahren der statischen Lagerprüfung. Die unmittelbaren experimentellen Ergebnisse eines Laufversuchs in einer statischen Prüfmaschine sind, worauf schon in Punkt 15a hingewiesen wurde, die Temperatur des Lagers oder des Klötzchens (in der Nähe der Gleitfläche), die Wellentemperatur, das Reibungsmoment, gegebenenfalls Menge und Temperatur des benutzten Schmiermittels und schließlich die Art der Laufflächenausbildung.

In Abb. 59a—c ist schematisch der Temperaturverlauf dargestellt, wie er sich bei stufenweiser Steigerung der Last ergibt. Die Gleitgeschwindigkeit ist dabei konstant gehalten; jede Laststufe wird solange gehalten, bis ein Beharrungszustand der Übertemperatur eingetreten ist[1]. Die Annäherung an die neue Übertemperatur erfolgt je nach Lagerwerkstoff und Höhe der Laststufe auf verschiedene Weise. Entweder steigt die

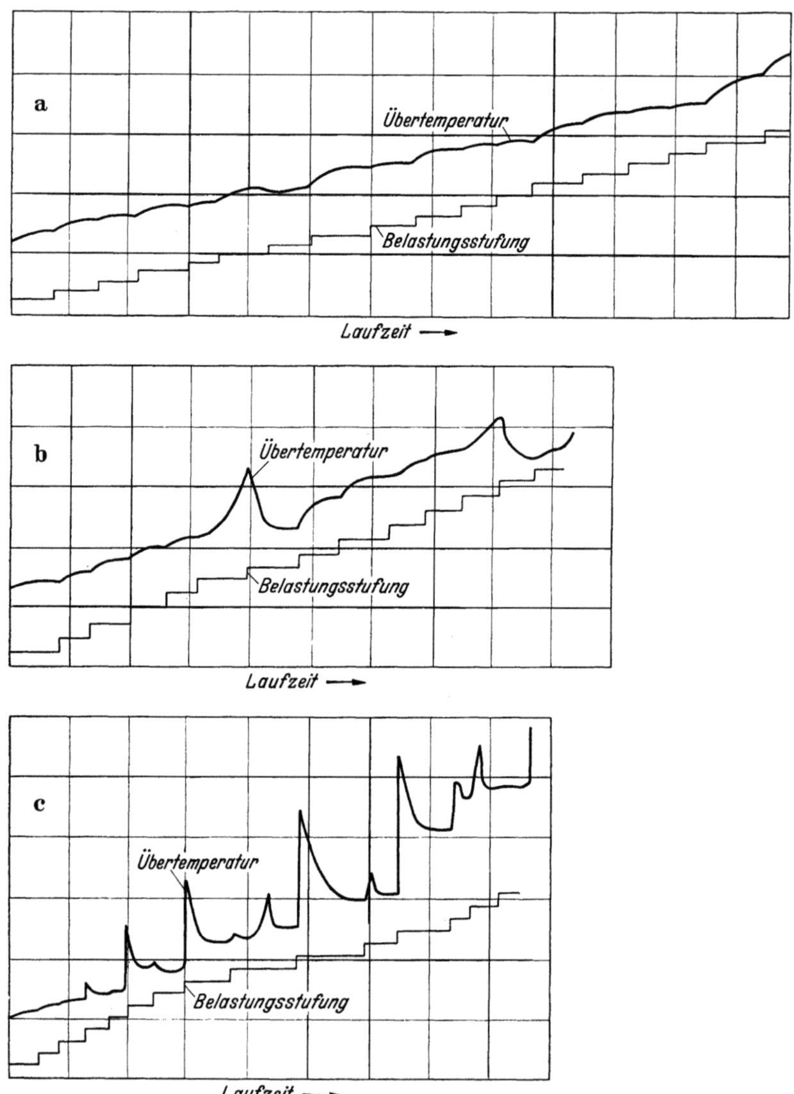

Abb. 59. Zeitlicher Verlauf der Übertemperaturkurve bei Belastungssteigerung (schematisch), a typische Kurve eines Weißmetalls, b einer Zinklagerlegierung, c eines Kunststoffes.

---

[1] Oft ist es zweckmäßig, die zu prüfenden Werkstoffe vollständig gleichartig zu behandeln, d.h. jede Laststufe ohne Rücksicht auf den Temperaturverlauf nur eine bestimmte Zeit einzuhalten.

Temperatur vom Zeitpunkt der Lasterhöhung bis zum neuen Gleichgewichtszustand an, oder es tritt zunächst ein steiler Temperaturanstieg ein, dem ein langsames Abfallen auf die neue Endtemperatur folgt. Gelegentlich wird auch während des zu einer bestimmten Laststufe gehörigen Einlaufens ein unstetiger Temperaturanstieg mit anschließendem Wiederabfall beobachtet. Endgültiges Versagen des Lagers wird durch steilen Temperaturanstieg oder Festbremsen der Prüfwelle angezeigt. Ein stetiger Anstieg der Übertemperatur bis zu ihrer neuen Höhe, der fast bis zum Versagen des Lagers beobachtet wird (Kurve a), zeigt eine gute Anpassungsfähigkeit (gutes Einlaufverhalten) des Lagerwerkstoffes an. Das Auftreten steiler Temperaturanstiege weit über die schließliche Beharrungstemperatur hinaus (Kurven b und c), weist dagegen, beson

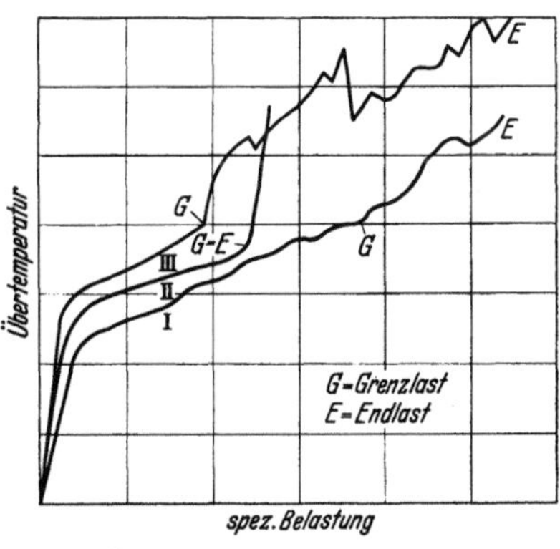

Abb. 60. Übertemperatur-Belastungskurven bei konstanter Gleitgeschwindigkeit (schematisch). I Weißmetall, II Gußbronze, III Al-Lagerlegierung.

ders wenn solche Anstiege ohne Lasterhöhung erfolgen, auf große Störungsempfindlichkeit (schlechtes Einlaufverhalten) des betreffenden Werkstoffes hin. Je früher diese Unstetigkeiten auftreten, um so empfindlicher spricht der Lagerwerkstoff auf örtliche Störungen an. Aus dem Verlauf derartiger Übertemperatur-Zeitkurven, der naturgemäß von der Höhe der gewählten Laststufen beeinflußt wird, kann daher ein Anhalt für das Einlaufverhalten gewonnen werden.

Durch Auftragung der Beharrungstemperaturen als Funktion der dazugehörigen Belastungen bei konstanter Gleitgeschwindigkeit erhält man Kurven, deren allgemeine Gestalt — ebenfalls schematisch — in Abb. 60 wiedergegeben ist. Auf ein Gebiet stetigen, oft fast linearen Temperaturanstiegs folgt i. allg. ein unregelmäßiges Schwanken der Übertemperatur, bis schließlich mehr oder weniger unvermittelt ein Steilanstieg das endgültige Versagen des Lagers anzeigt. Als *Grenzbelastung* des Lagers wird man die zum Einsetzen der Schwankungen führende, den stabilen Lagerlauf begrenzende spez. Lagerlast bezeichnen. Fehlt das Gebiet des unstetigen Temperaturverlaufs, so fällt die Grenzbelastung mit der *Endbelastung*, die durch den Steilanstieg der Lagertemperatur gekennzeichnet ist, zusammen. Mit Rücksicht auf die nicht völlig zu beherrschenden Laufbedingungen (Einbau des Lagers, Gleitflächengüte) weisen die Übertemperaturkurven meist nicht unerhebliche Schwankungen auf. Für eine Abschätzung der Grenz- und Endbelastung wird man daher stets Mittelbildung aus einer Reihe gleichartiger Kurven heranziehen.

Grundsätzlich ähnlich verhält sich die Übertemperatur als Funktion der Gleitgeschwindigkeit bei konstanter Belastung. Eine schematische, räumliche Darstellung der Abhängigkeit der Übertemperatur von spez. Lagerbelastung und Gleitgeschwindigkeit gibt Abb. 61.

Aufgrund derartiger Versuche läßt sich ein Zusammenhang zwischen Grenzbelastung und Gleitgeschwindigkeit ermitteln, der etwa durch die Kurven in Abb. 62 dargestellt ist: *Abnahme* der Grenzbelastung mit steigender Geschwindigkeit[1]. Eine allgemein gültige Beziehung zwischen Geschwindigkeit und Grenzbelastung, derart, daß etwa für jeden Lagerwerkstoff zusammengehörige Wertepaare angegeben werden könnten, besteht jedoch nicht. Es ist dies durch die ungleichmäßige Beanspruchung der Lagergleitschicht als Folge der Wellendurchbiegung (Einfluß des Lagerlängenverhältnisses), durch den

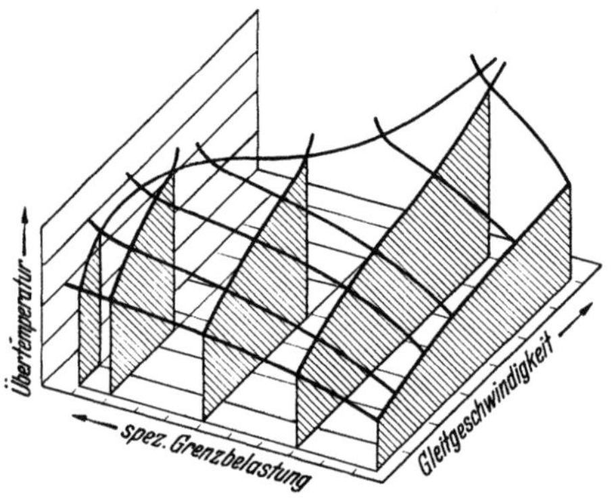

Abb. 61. Abhängigkeit der Lagerübertemperatur von der spezifischen Belastung und der Gleitgeschwindigkeit (schematisch).

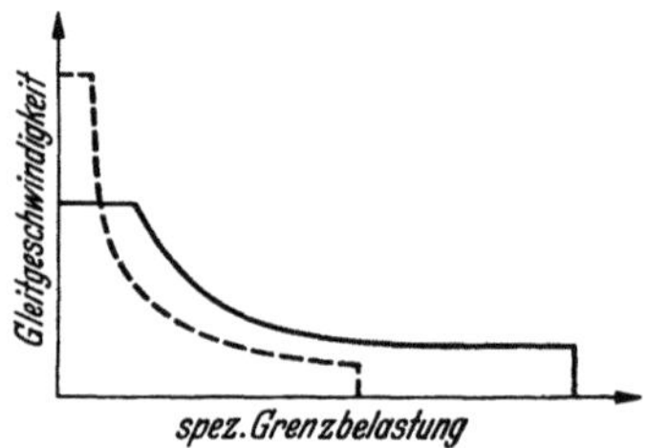

Abb. 62. Spezifische (Grenz-)Belastung als Funktion der Gleitgeschwindigkeit (pv-Diagramm, schematisch).

Einfluß des Lagerspiels, des Öleinlaufwinkels, der Gleitflächenbearbeitung, des Schmiermittels und der Schmierart bedingt.

Theoretisch wäre eine mit zunehmender Gleitgeschwindigkeit *ansteigende* Grenzbelastung zu erwarten, wenn die Erreichung der geringsten, zulässigen Schmierschichtstärke [vgl. Punkt 6, Gl. (17)] bestimmend wäre. Der Widerspruch dürfte sich durch den Umstand erklären, daß unzulässige Temperatursteigerung bzw. Blocken des Lagers noch nicht an der Grenze des Gebiets hydrodynamischer Schmierung eintritt, sondern erst, wenn sich der Schmierzustand über das Gebiet der Mischschmierung dem der Grenzschmierung nähert. Außer den eben erwähnten geometrischen Einflußgrößen treten dabei auch die spez. Gleiteigenschaften der Werkstoffe in Erscheinung.

Die Lagerreibungszahlen werden entweder unmittelbar oder mittelbar wie in Punkt 15a beschrieben bestimmt. Einige Beispiele über die Ab-

---

[1] Bei extrem kleiner Geschwindigkeit (etwa 0,01—0,001 m/s je nach Werkstoff) treten jedoch keine weiteren Erhöhungen, sondern starke Abnahmen der Grenzbelastung ein.

hängigkeit der Reibungszahl von der Gleitgeschwindigkeit und von der spez. Belastung finden sich bereits in den Abb. 17 und 18. Die den experimentellen Beobachtungen gegenübergestellten theoretischen Abhängigkeiten zeigen im Gebiet der hydrodynamischen Schmierung durchaus gute Übereinstimmung von Theorie und Versuch; bei extrem kleinen Drehzahlen (Mischreibung) tritt der in der hydrodynamischen Theorie fehlende Werkstoffeinfluß deutlich zu Tage.

Lagerwerkstoffbeurteilungen auf Grund gemessener Übertemperaturen, Reibungsmomente, außerdem Beurteilungen an Hand von Belastungsdiagrammen, Öldruck- und Öltemperaturmessungen finden sich z. B.

für $\mu = f(v)$ in $[II, 90]$ $[II, 91]$ $[II, 23]$ $[II, 92]$;
für $\mu = f(p)$ in $[II, 90]$ $[II, 93]$ $[II, 94]$ $[II, 92]$;
für $t = f$(Zeit) in $[II, 95]$;
für $t = f(v)$ in $[II, 94]$ $[II, 91]$ $[II\ 39]$;
für $t = f(p)$ in $[II, 95]$ $[II, 77]$ $[II, 96]$ $[II, 18]$ $[II, 97]$ $[II, 98]$;
für $v = f(p)$ in $[II, 99]$ $[II, 100]$ $[II, 98]$ $[II, 101]$ $[II, 22]$ $[II, 92]$;
für $t = f(p \cdot v)$ in $[II, 95]$ $[II, 5)$;
Öldruck und Öltemperatur $= f$ (Ölstrom) in $[II, 92]$;
abgeführte Wärmemenge $= f(p)$ in $[II, 93]$;
$t = f$ (Ölstrom) in $[II, 92]$.

Von den weiteren Ausgestaltungen der Prüfmethoden bei statischer Beanspruchung und speziellen Ausführungsformen seien nachfolgend die wichtigsten beschrieben. In $[II, 101]$ wird darauf hingewiesen, daß die die Übertemperatur als Funktion der Belastung darstellenden Kurven häufig aus zwei Teilen bestehen: einem für niedrige Lagerdrucke gültigen, zur Belastungsachse konvex verlaufenden Teil und einem höheren Lagerdrucken entsprechenden Teil, in dem die Übertemperatur mit dem Druck stärker ansteigt, also einen zur Belastungsachse konkaven Verlauf bedingt. Der Wendepunkt in der Übertemperaturkurve wird zur Kennzeichnung der Grenzbeanspruchbarkeit herangezogen. Als weitere Randbedingungen werden die Höhe der überhaupt zulässigen Grenztemperatur und die Druckfestigkeit des Lagerwerkstoffs hinzugenommen, und im p, v-Diagramm zulässige Bereiche abgegrenzt. In $[II, 102]$ und $[II, 103]$ wird besonderes Gewicht auf die zu dem jeweiligen Lagerdruck gehörige minimale Gleitgeschwindigkeit (v_{min}) gelegt (Vermeidung „turbulenten Verschleißes"); es wird der Quotient p/v_{min} als Maß für die Güte des Gleitwerkstoffs angesehen. v_{min} wird durch Aufnahme von $\mu(v)$-Kurven bei konstanter Belastung als die zum Minimum der Reibungszahl gehörige Geschwindigkeit ermittelt (vgl. Abb. 17). Auf diese Weise ergeben sich ebenfalls im p, v-Diagramm Grenzkurven, welche zulässige Beanspruchungsbereiche von Überbeanspruchungen trennen. Für eine umfassende Darstellung des befahrbaren Bereichs im p, v-Diagramm sind daher zu den in Abb. 62 dargestellten Grenzkurven, welche sich auf die zu den verschiedenen Lagerdrucken gehörigen Maximalgeschwindigkeiten beziehen, jene Kurven hinzuzufügen, die die Druckabhängigkeit der minimalen Gleitgeschwindigkeit angeben. Man kommt so zu einer Abgrenzung des zulässigen Beanspruchungsbereiches, wie sie schematisch Abb. 63 angibt (vgl. auch [*II, 104*]). Liegt die Gleitgeschwindigkeit niedriger als die untere Grenzgeschwindigkeit, so tritt wegen Unterschreitung der geringsten zulässigen Schmierschichtstärke (Punkt 5) Misch- und Grenzreibung ein, der Reibungskoeffizient steigt an. Überschreiten der oberen Gleitgeschwindigkeitsgrenze führt zu unzulässiger Temperaturerhöhung und damit letzten Endes wieder zu Misch- und Grenzreibungszuständen (Herabsetzung der Schmiermittelzähigkeit, Verformung des Lagerwerkstoffs, Spielerweiterung).

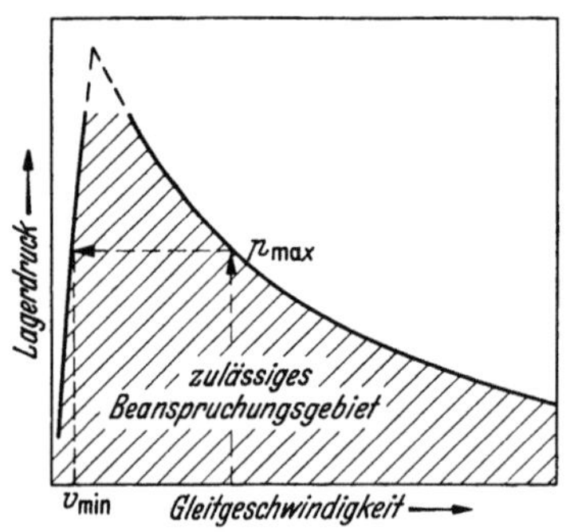

Abb. 63. Befahrbarer Bereich im p, v-Diagramm (nach [*II, 104*]).

In [*II, 98*] wird vorgeschlagen, außer der Grenzkurve im Belastungsdiagramm auch die zugehörigen Übertemperaturen einzutragen, um so das Gleitverhalten des untersuchten Werkstoffs noch vollständiger zu kennzeichnen, bzw. dem Konstrukteur möglichst ausführliche Unterlagen bereitzustellen.

Für die Erfassung des Einflusses verschiedener Faktoren (Gleitwerkstoff, Oberflächenbeschaffenheit, Schmiermittel) auf die Lagerreibung dienen Versuche mit extrem niedrigen Gleitgeschwindigkeiten unter 0,01 m/s. Dabei wird der Verlauf der Reibung mit einer Federreibungswaage (Tab. 7) während einer einzigen Umdrehung photographisch aufgezeichnet [*II, 23*].

Von der Absicht der abgekürzten Bestimmung von Einlaufverhalten und Notlaufverhalten, Eigenschaften, welche das Gleitverhalten unmittelbar kennzeichnen, ist ein Prüfverfahren geleitet, das bei nur zwei verschiedenen, weit auseinanderliegenden Gleitgeschwindigkeiten (einer kleinen von z. B. 0,1 m/s und einer großen von z. B. 6 m/s) die Probelager bis zum Versagen beansprucht [*II, 97*] [*II, 94*] [*II, 105*][1]. Es führt zwar ebenso wie die eben beschriebenen Ermittlungen von zulässigen Beanspruchungsbereichen nur zu einer relativen Bewertung verschiedener Werkstoffe, vermeidet aber die bei diesen Verfahren schwierige und oft nicht eindeutige Festlegung einer Grenzbeanspruchung und bringt vor allem eine wesentliche Abkürzung der Versuchszeit. Bei der kleinen Gleitgeschwindigkeit wird der Reibungskoeffizient mit steigender Belastung bei konstanter Schmiermitteltemperatur gemessen. Sein Verlauf

---

[1] Bei Beschränkung auf nur eine Geschwindigkeit besteht die Gefahr mit Rücksicht auf die materialverschiedene Geschwindigkeitsabhängigkeit der Gleiteigenschaften ein nur unvollständiges Bild zu gewinnen.

wird als Maß des Einlaufverhaltens im engeren Sinne (im wesentlichen der Schmiegsamkeit an die Welle, aber auch der Affinität der Werkstoffe zueinander — Größe der Freßneigung — und der Einbettfähigkeit — Herabsetzung der Gefahr von Riefenbildung infolge harter Teilchen —) angesehen. Bei den Laufversuchen mit der hohen Geschwindigkeit wird die Temperatur als Funktion der Belastung registriert. Das mehr oder minder frühzeitige Auftreten von Unstetigkeiten wird zur Bewertung der Störungsempfindlichkeit, die Weite des Unruhebereichs bis zum endgültigen Versagen, darüber hinaus als Maß für die Fähigkeit zur Überwindung von Störungen angesehen (vgl. Abb. 60). Hier kommt in erster Linie die Freßneigung zum Ausdruck, aber auch die Schmiegsamkeit und die Einbettfähigkeit wirken sich aus. All die genannten Eigenschaften bestimmen also, wenn auch geschwindigkeitsabhängig in ihrer Wirkung, das Laufverhalten eines Lagers. Nur zur besseren Unterscheidung des Verhaltens der Lagerwerkstoffe bei verschiedenen Geschwindigkeiten ist einmal der Begriff „Einlaufverhalten", zum anderen der Begriff „Störungsempfindlichkeit" gewählt worden. Da bei beiden Geschwindigkeiten bis zum Versagen geprüft wird, werden alle Schmierzustände (auch Notzustände) durchlaufen. Gleitflächenbeurteilung von Lager und Welle gibt weitere Anhalte für das Notlaufverhalten der benutzten Werkstoffkombination.

Zur Bewertung von Lagerwerkstoffen für den Feingerätebau wurden Klötzchen- und Lagerlaufversuche mit intermittierendem Lauf bei Ölschmierung, mit gleichmäßigem Lauf bei Emulsions- und Wasserschmierung ausgeführt. Als Beurteilungsgrundlage dienen die bei gleichartiger Belastungssteigerung zu einer bestimmten Abtragung des Klötzchens (1 mm) bzw. bei Lagern die zu einer Spielerweiterung von 0,1 mm oder zum Festfressen führenden Lasten [II, 20]. Für einen Vergleich von Lagerwerkstoffen für den Werkzeugmaschinenbau wurde ein Prüfverfahren benutzt, welches zur Kennzeichnung denjenigen Belastungsgrenzwert heranzieht, bei dem die durch die Reibungswärme bedingte thermische Ausdehnung zum Blocken des Lagers führt. Die zulässigen Lagerdrucke und Gleitgeschwindigkeiten werden in einem p, v-Diagramm zusammengestellt [II, 22].

Ebenfalls auf ein spezielles Anwendungsgebiet (Kranlager) bezieht sich ein Prüfverfahren mit wechselndem Drehsinn der Welle bei einer Einschaltzeit von 50 Prozent der Versuchsdauer, entsprechend den durchschnittlichen praktischen Verhältnissen [II, 25].

Schließlich sei noch auf die Heranziehung von Laufversuchen vorwiegend im Hinblick auf Gestaltungsfragen hingewiesen. Aus dem Verhalten der Übertemperatur statisch beanspruchter Lager unter Steigerung von Belastung und Gleitgeschwindigkeit und nach dem Aussehen der Gleitflächen wird die Zweckmäßigkeit von Baumaterial und Form der Lagergehäuse beurteilt [*II, 17*].

b) Verfahren der dynamischen Lagerprüfung. Lagerprüfmaschinen mit dynamischer Beanspruchung des Lagers sind nach Ausweis des Schrifttums vorwiegend zur Prüfung höchstbeanspruchter Lager von Verbrennungskraftmaschinen verwendet worden. Die Bewertung erfolgt den dort vorliegenden Verhältnissen gemäß in völlig anderer Weise als bei der statischen Prüfung.

Der Reibungszahl kommt nur untergeordnete Bedeutung zu, da sie für den mechanischen Wirkungsgrad des Triebwerks gegenüber anderen Einflüssen weitgehend zurücktritt und da man außerdem mit Rücksicht auf die Betriebssicherheit die Beanspruchung nicht auf ihr Minimum (geringste zulässige Schmierschichtstärke) einstellen kann [*II, 46*]. Auch einer Lagerübertemperatur wird i. allg. wenig Bedeutung beigemessen, da sie durch die Schmierungsverhältnisse maßgeblich bestimmt wird. Wesentliches Gewicht wird dagegen auf die Ausbildung der Gleitflächen gelegt, die durch wiederholten Ausbau der Lager überwacht wird. Weiterhin wird z. T. der Verschleiß von Lager und Welle zur Beurteilung herangezogen. Da es keinesfalls gelingt die Verhältnisse im Motor ausreichend in Prüfmaschinen zu verwirklichen, werden diese in der Hauptsache nur zur Vorprüfung von Werkstoffen für Lager in Verbrennungskraftmaschinen benutzt, die Hauptprüfung jedoch auf betriebsgetreue Prüfstände verlegt.

Mit der mit umlaufendem Lager ausgerüsteten JUNKERSschen Prüfmaschine (Abb. 45) wurde im wesentlichen ein 200 stündiger Lauf mit einer Geschwindigkeit von 7—8 m/s bei einem Lagerdruck von 200 kg/cm² und einer Ölaustrittstemperatur von 100° C der Prüfung zugrunde gelegt. Zur Prüfung unter gestörten Bedingungen wurde verunreinigtes oder überhitztes Öl, Drosselung oder Abstellung der Ölzufuhr verwendet [*II, 28*] [*II, 29*]. Ausgehend von der Beobachtung, daß die in der Einlaufperiode entstandenen Veränderungen der Lauffläche entscheidend für das spätere Verhalten sind (verfolgt bis 22.10⁶ Umdrehungen), wird in [*II, 46*] auf der in Abb. 46 dargestellten Prüfmaschine eine Erstreckung des Versuchs nur bis 10⁶ Umdrehungen festgelegt. Erschwerend wird auch mit Aufheizung des Öls geprüft [*II, 47*]. Weiterhin wurde in Laufversuchen mit 5 m/s Gleitgeschwindigkeit, 180° C Wellentemperatur und einem Öldruck von 4—5 atü die Tragfähigkeitsgrenze, gekennzeichnet durch Störungen im Lauf, ermittelt (100—200 kg/cm², Laststeigerung in 2 stündigen Intervallen). Bei derselben Drehzahl wurde bei $p = 400$ kg je cm² in einem Hundertstundenprüflauf (10·10⁶ Umdrehungen) das Laufverhalten bei Dauerbeanspruchung untersucht und schließlich in Versuchen mit denselben Beanspruchungsbedingungen durch Unterbrechung der Ölzufuhr das Notlaufverhalten geprüft. Stets wurden durch mehrmaligen Ausbau des Lagers das Laufflächenaussehen und der Verschleiß beobachtet [*II, 106*], [*II, 107*]. Mit der in Abb. 49 wiedergegebenen Prüfmaschine, bei welcher die umlaufende Welle statisch, dynamisch und stoßweise belastet werden kann, wurde durch Kontrolle ausgebauter Lager Gleichartigkeit der Zerstörungen von Versuchslagern mit der von Praxislagern nachgewiesen. Eine Einlaufzeit von 4—6 Stunden bei geringer Belastung wird empfohlen [*II, 50*], [*II, 51*].

Mit der in [*II, 54*] und [*II, 55*] beschriebenen dynamischen Prüfmaschine wurden unter Mitheranziehung von einer Beurteilung des Lagerkörpers, die Ermüdungsfestigkeit, die Schmiegsamkeit, die Einbettfähigkeit und die Neigung zum Fressen der den Lagerausguß bildenden Versuchslegierungen geprüft [*II, 55*]. Abb. 64 stellt in Kreuzform das Verhalten von Zinnweißmetall und einer Aluminiumlegierung dem der Bleibronze gegenüber, der als Vergleichslegierung der Wert 1 für die verschiedenen Eigenschaften zugeschrieben wird (eine Ausnahme bildet

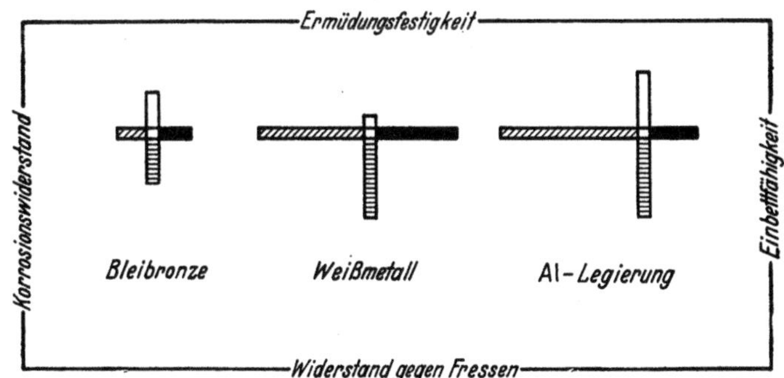

Abb. 64. Eigenschaften von Lagermetallen im Vergleich zu denen von Bleibronze
([*II, 55*], vgl. auch [*II, 54*]).

die Korrosionsfestigkeit, welcher aus Maßstabsgründen bei Bleibronze der Wert 0,75 gegeben wird).

Bei der Pleuellager-Prüfmaschine (Abb. 47) wurde der Einlauf bei reichlicher Schmierung ohne Belastung vorgenommen, das Prüföl auf Betriebstemperatur aufgeheizt und bei konstanter Gleitgeschwindigkeit die Belastung bis zum ersten Anriß oder bis zur Zerstörung des Lagers gesteigert. Im wesentlichen wurde die Maschine zur Ermittlung der zweckmäßigsten baulichen Gestaltung verwendet [*II, 49*].

Das Einlaufen der durch Verbindung mit dem Meßbügel eines Pulsers schwellend beanspruchten Lager (Abb. 50) wurde zunächst bei rein statischer Belastung vorgenommen; nachfolgend wurde bei steigenden Gleitgeschwindigkeiten (bis 8 m/s) die Belastung je Geschwindigkeitsstufe bis 250 kg/cm² erhöht. Übertemperatur und Laufflächenausbildung wurden verfolgt [*II, 21*].

Eine Art „Wöhler-Kurve" wird mit der in Abb. 48 dargestellten Maschine aufgenommen, indem die zu ersten Anrissen führende Belastung als Funktion der Lastwechselzahl bestimmt wird. Leichte Temperaturschwankungen zeigen den Beginn der Rißbildung an [*II, 49*].

Wie für die statische Prüfung von Lagerwerkstoffen für den Werkzeugmaschinenbau wird in [*II, 22*] auch eine dynamische Prüfung (gekröpfte Welle und Schlagplatte) beschrieben, die eine Bewertung ebenfalls auf Grund der zum Blocken des Lagers führenden thermischen Ausdehnung durchführt. Da im Kranbau auch umlaufende Büchsen bei feststehenden Zapfen zur Anwendung kommen, wurden diesen Bedingungen entsprechende Laufversuche durchgeführt [*II, 48*], auf die zum Abschluß noch kurz hingewiesen sei. Bei bestimmten, den praktischen Verhältnissen angepaßten Beanspruchungsbedingungen werden Übertemperatur und Laufflächenausbildung kontrolliert; bei Langlaufversuchen unter einer der Bedingungen wird weiterhin der Verschleiß mit herangezogen.

c) Vorgehen bei Prüfstandversuchen. Das Vorgehen bei Prüfstandversuchen ähnelt dem eben für dynamische Lagerprüfung beschriebenen. Da bei den Versuchen aber nicht mehr Prüfmaschinen benutzt werden, in denen dem Gleitlager nur betriebs*ähnliche* Beanspruchungen aufgezwungen werden, sondern die Lager derart eingebaut sind, daß auch die wichtigsten Nebenumstände zum Einfluß kommen (Gehäusesteifigkeit, mechanische Beeinflussung durch andere Getriebeteile, Wärmeableitungs- und Schmierungsverhältnisse), ist die Beanspruchung noch betriebsnäher. Im Rollwerk der Deutschen Bundesbahn (Abb. 51) werden die Versuchslager unter Beanspruchungen geprüft, die denen in Güterwagen- bzw. D-Zugwagen entsprechen. Die dabei sich einstellende Übertemperatur und die Laufspiegelausbildung werden als Maß der Bewährung herangezogen [*II, 60*]. In den Prüfständen für Lager von Verbrennungskraftmaschinen werden die Prüflager durch Abbremsung des Motors bei verschiedenen Belastungsgraden bis zur Vollast (gegebenenfalls Überbelastung) in Vielstundenläufen beansprucht. Die Beurteilung erfolgt zumeist durch Laufflächenprüfung und Verschleißmessung.

Bei der betriebsnächsten Prüfung, der Verwendung der Lager in Originallagerstellen, erfolgt nach begrenzter Prüfzeit die Beurteilung auf Grund des allgemeinen Verhaltens, wobei der Laufspiegelausbildung und dem Verschleiß, bei Achslagern von Schienenfahrzeugen zusätzlich der Übertemperatur, besonderes Gewicht beigelegt wird.

d) Verfahren der Verschleißprüfung. Der Verschleiß besteht in einer allmählichen Oberflächenabtragung durch Herausreißen kleiner Bereiche, auch schon vor Eintritt von Mangelschmierung. Verschweißung der beiden Gleitwerkstoffe spielt dabei meist eine wesentliche Rolle; sie ist für ihn jedoch nicht unerläßliche Voraussetzung, da durch besonders fest haftende, adsorbierte Schmiermittelschichten auch bei Grenzschmierung die Kohäsion der Gleitwerkstoffe überwunden werden kann (vgl. Punkt 12).

Die Grundlage jeder Verschleißbeurteilung ist die Bestimmung der abgetragenen Werkstoffmenge. Für den Fall des Gleitlagers handelt es sich vorwiegend um Schmiergleitverschleiß, gegebenenfalls um Trockenverschleiß[1]. In welcher Weise der Werkstoffabtrag bestimmt wird, hängt von der Form der Verschleißproben und der erstrebten Genauigkeit ab. Allgemein gilt, worauf schon in Punkt 15d hingewiesen wurde, daß Bestimmungen der Gewichtsabnahme, die mit hochempfindlichen Waagen ausgeführt werden müssen, durch etwaige Flüssigkeitsaufnahme (poröse Körper, Kunststoffe) systematische Fehlermöglichkeiten aufweisen, daß aber auch bei Verfolgung der Änderung der Probenabmessungen störende Nebeneffekte auftreten können (z. B. Stauchungen). Zur Erhöhung der Genauigkeit wird mit Vorteil an Stelle der Tiefe der Verschleißmarke, dort, wo es möglich ist, ihre Länge vermessen, ein Verfahren, das nicht nur bei quaderförmigen Proben, sondern auch bei Lagerschalen anwendbar ist. Das noch junge Verfahren der Verschleißmessung unter Anwendung radioaktiver Indikatoren wurde hauptsächlich zur Bestimmung des Materialauftrages („pick-up") auf den Gegenwerkstoff zur Vertiefung der Erkenntnisse beim Gleitvorgang herangezogen. In [*II, 113*] sind die ersten derartigen Versuche beschrieben. Gegen die mit radioaktiven Indikatoren versetzten, zu untersuchenden Metallproben lief ein nicht radioaktives Metallband. Menge und Verteilung des darauf haftenden Abriebs wurde auf Grund von Filmschwärzungen ermittelt [*II, 114*], [*II, 115*], [*II, 116*]. Das Verfahren spricht bei Prüfung unter Grenzreibungsbedingungen auf Änderungen in den Gleitbedingungen besser an, als die Messung der Reibungskoeffizienten. Auch praxisnahe Verfahren der Verschleißmessung unter Ausnutzung der Radioaktivität wurden schon angewandt [*II, 109*]. Dabei waren Lager aus Lagerwerkstoffen, in die radioaktive Isotope eingebracht worden waren, in einer Ölpumpe eingebaut. In dem gesammelten Öl wurden die in einem bestimmten Zeitraum abgeriebenen, radioaktiven Verschleißteilchen durch Schwärzung eines Röntgenfilms nachgewiesen.

Um Konstanz der Belastung während des Verschleißversuches zu verbürgen, werden bei Verwendung von Klötzchenproben diese zweckmäßig entsprechend der Rundung der Gegenscheibe ausgearbeitet. Bei den Verschleißprüfmaschinen der 2. bis 4. Gruppe der Tab. 10 ist konstante Last durch die Gestalt der Proben sichergestellt. Trägt man nun das Verschleißvolumen als Funktion des Verschleißweges S_V (Laufzeit) auf, so erhält man im allgemeinen eine Abhängigkeit, wie sie in Abb. 65

---

[1] Für eine umfassende Systematik der Verschleißarten vgl. [*II, 108*].

in zwei Beispielen dargestellt ist ([*II, 27*], vgl. auch [*II, 110*], [*II, 80*] u. [*II, 71*]). An einen anfänglichen steilen Anstieg des Verschleißvolumens, der von der Oberflächengüte der Gleitflächen mitbestimmt ist, schließt sich ein wesentlich flacherer, weitgehend geradliniger Verlauf der Kurve, die nunmehr den Dauerverschleiß (V_D) beschreibt, an. Für V_D gilt die Beziehung:

$$V_D = V_0 + b \cdot S_V, \tag{26}$$

worin V_0, der Abschnitt auf der Ordinatenachse, als Einlaufverschleiß bezeichnet wird und $b = \mathrm{tg}\,\alpha$ die Neigung der Geraden beschreibt [*II, 71*]. Werkstoff 1 der Abb. 65 ist durch hohen Einlaufverschleiß und niedrigen Dauerverschleiß, Werkstoff 2 durch niedrigen Einlaufverschleiß und höheren Dauerverschleiß gekennzeichnet. Sowobl der Einlaufverschleiß

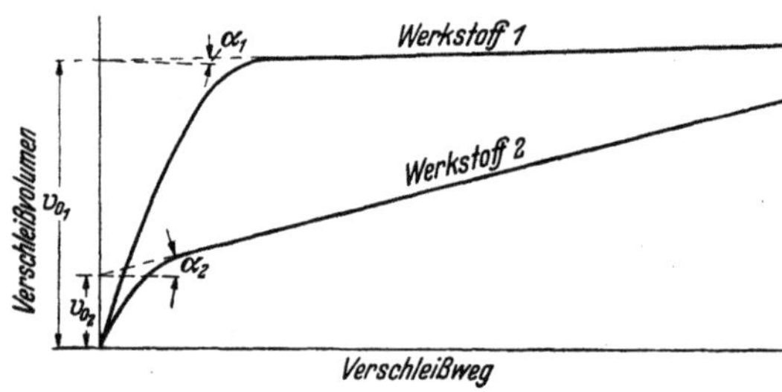

Abb. 65. Abhängigkeit des Verschleißvolumens vom Verschleißweg (nach [*II, 27*]).

als auch der Anstieg sind nicht nur von der Kombination der Gleitwerkstoffe, sondern auch vom Schmierzustand, der Temperatur, der Natur des Schmiermittels und der Oberflächengüte der Gleitflächen abhängig. Ausgedehnte systematische Versuche hierzu liegen heute noch nicht vor, so daß für eine vergleichsweise Verschleißprüfung verschiedener Werkstoffe auf möglichste Gleichheit dieser Faktoren zu achten ist. Unter günstigen Bedingungen (hydrodynamische Schmierung) wird der Verschleißanstieg unmerklich klein, der Dauerverschleiß also praktisch unabbängig vom Verschleißweg sein.

e) Vorschläge zur Untersuchung von Lagerwerkstoffen. Schon in Punkt 13 wurde darauf hingewiesen, daß für die Lagerprüfung heute noch keine Normen bestehen. Die bisherigen Ausführungen dieses Punktes 16 haben die Vielfalt der benutzten Verfahren dargestellt. Zum Abschluß sollen kurz Vorschläge zusammengestellt werden, die eine umfassende Prüfung von Gleitwerkstoffen betreffen und geeignet erscheinen, als Unterlagen für eine bevorstehende Vereinheitlichung der Prüfung zu dienen (vgl. auch [*II, 92*]).

Schon am Beginn der Lagerprüfung (um das Jahr 1920) wird von Kammerer und Mitarbeitern der fruchtbare Gedanke geäußert, die Prüfung unter Verhältnissen vorzunehmen, die zwar möglichst gleichartig den praktischen sind, aber doch durch gewisse Verschärfungen der Laufbedingungen die Eigenart der Werkstoffe deutlicher erkennen lassen [*II, 95*]. Bald danach wird von Czochralski und Welter der Vorschlag gemacht, die Laufversuche durch metallografische, technologische und Festigkeitsuntersuchungen der Gleitwerkstoffe zu ergänzen ([*II,5*]; vgl. hierzu auch STEUDEL [*II,28*]). VOM ENDE hebt zusätzlich die hohe Bedeutung des Schmierzustandes und der molekularphysikalischen Wechselwirkung von Schmiermittel und Gleitwerkstoffen hervor und empfiehlt Laufversuche im Gebiet der Grenzreibung [*II, 111*]. In ähnlicher Richtung liegen Vorschläge von HEIDEBROEK, der ebenfalls der Wechselwirkung Schmiermittel–Gleitwerkstoff entscheidendes Gewicht beilegt und die zulässigen Beanspruchungsbereiche durch Erniedrigung der Gleitgeschwindigkeit bis zum Eintreten von Mischreibung ermittelt [*II, 91*], [*II, 102*]. Auf die Wichtigkeit der Kombination günstiger Werte einer Reihe von Eigenschaften wie mechanische Festigkeit, Bindefestigkeit, Schmelzpunkt, Ermüdungsfestigkeit, Reibungszahl, Freßneigung, Schmiegsamkeit, Einbettfähigkeit und Korrosionsfestigkeit für das Zustandekommen eines guten Lagerwerkstoffs weist unter schroffer Ablehnung der „Tragkristalltheorie" MOUGEY [*II, 54*] hin. HUMMEL regt an, in einer allgemeinen Voruntersuchung zunächst das Gefüge der Werkstoffe und seine Stabilität, die Verarbeitbarkeit und die physikalischen und technologischen Eigenschaften zu bestimmen. Als Hauptuntersuchung werden Laufversuche unter verschiedenen Belastungs- und Geschwindigkeitsbedingungen vorgeschlagen, deren Ergebnisse in Form einer p, v, t-Charakteristik einen Überblick über die Bewährung in den wichtigsten Beanspruchungsfällen der Praxis geben sollen. Tab. 11 enthält die zu kombinierenden Last- und Bewegungsfälle [*II, 38*], [*II, 98*] und [*II, 112*].

Tabelle 11. *Grundlegende Last- und Bewegungsfälle für Gleitlager (nach [II, 112]).*

Lastart	Bewegungsart
1. Belastung durch Drehmoment	1. Periodische oder unperiodische Schwingbewegung mit Rückkehr in Ruhelage
2. Ruhende Last	2. Schwingbewegung ohne Rückkehr in Ruhelage mit periodischer oder unperiodischer Betätigung
3. Periodische oder unperiodische Stoßlast	3. Langsamer Umlauf ohne Richtungswechsel bis $v \sim 1{-}2\ \mathrm{m/s}$
4. Umlaufende, gleichbleibende Last	4. Langsamer Umlauf mit Richtungswechsel bis $v \sim 1{-}2\ \mathrm{m/s}$
5. Umlaufende, sinusförmig sich ändernde Last	5. Schneller Umlauf ohne häufigen Richtungswechsel mit gewisser Enddrehzahl $v > 2\ \mathrm{m/s}$
6. Umlaufende, periodisch sich ändernde Last (Periode beliebig moduliert)	6. Schneller Umlauf mit häufigem Richtungswechsel mit gewisser Enddrehzahl $v > 2\ \mathrm{m/s}$
	7. Fälle 5 und 6 mit stark wechselnder Drehzahl

Von der Erwägung ausgehend, daß eine auch nur einigermaßen erschöpfende Prüfung der praktisch wichtigsten Beanspruchungsfälle in Laufversuchen in erträglichen Versuchszeiten unmöglich ist und daß für das Verhalten im Lager die mechanisch-technologischen, physikalischen und chemischen Eigenschaften von hoher Bedeutung sind, wurde vorgeschlagen, neben diesen die Gleiteigenschaften (Einlaufverhalten und Notlaufverhalten) im abgekürzten Verfahren nur grundlegend zu ermitteln. WEBER schlägt hierzu Stichversuche mit zwei weit auseinanderliegenden Gleitgeschwindigkeiten vor. Der Verschleiß muß gesondert bestimmt werden [*II, 97*], [*II, 94*], [*II, 105*]. Ein gewisser Nachteil der Kennzeichnung des Gleitverhaltens durch Einlaufverhalten, Störungsempfindlichkeit, Notlaufverhalten und Verschleiß liegt darin, daß diese Begriffe nicht scharf gegeneinander abzugrenzen sind. Die Affinität zwischen den Gleitwerkstoffen z. B. ist, allerdings mit sehr verschiedenem Gewicht, für alle vier Eigenschaften wesentlich. Das Verhalten des Lagerkörpers unter Wechsel- und Stoßbeanspruchung kann durch Prüfung in einer dynamischen Prüfmaschine einigermaßen beurteilt werden. Wesentliche Unterlagen hierzu liefert die Verfolgung der Ausbildung der Gleitflächen und des Verschleißes. Bei einwandfreiem Verhalten weisen die Lager eine gleichmäßige Mattierung über die ganze hydrodynamisch tragende Gleitfläche auf.

In derselben Richtung: nur grundsätzlicher Vergleich der Gleiteigenschaften aufgrund einfacher Prüfverfahren, liegt das Vorgehen von UNDERWOOD, der in einer dynamischen Prüfmaschine die Ermüdungseigenschaften, die Einbettfähigkeit, die Schmiegsamkeit und die Freßneigung als besonders wichtige Eigenschaften prüft. Hinzu kommt noch die Korrosionsbeständigkeit gegenüber Schmierölen [*II, 54*].

Versucht man auf Grund aller bisherigen Erfahrungen einen Überblick über die zweckmäßigste Prüfung zur allgemeinen Beurteilung eines Lagerwerkstoffs zu gewinnen, so gelangt man etwa zu folgendem: Für die Eignung eines Werkstoffes als Baumaterial für Gleitlager sind, wie für jede andere Verwendung, seine physikalischen, technologischen und chemischen Eigenschaften maßgeblich. Für eine Reihe derartiger Eigenschaften, die wir in den Punkten 10, 11 und 12 aufgeführt haben, liegt diese Bedeutung klar zu Tage. Die wichtigsten seien hier nochmals genannt: Schmelzpunkt, Ausdehnungskoeffizient (Schwindung, Änderung des Lagerspiels und der Passung mit der Temperatur, Bindung von Lagerausguß an Stützschale), Wärmeleitfähigkeit, Elastizitätsmodul (Schmiegsamkeit, Einbettfähigkeit), Warmhärte (Einbettfähigkeit), Dauerstandfestigkeit (Änderung der Laufspiegelbreite, Tragfähigkeit), Ermüdungsfestigkeit, Dauerschlagzahl, Korrosionsfestigkeit gegen Schmiermittel, Öladsorptionsfähigkeit (Erleichterung des Gleitvorganges). Die sog. Gleiteigenschaften sind aus den grundlegenden Materialeigenschaften gebildete Kombinationen, deren Aufbau wir heute noch nicht im Einzelnen angeben können (vgl. Punkt 14). Eine zweckmäßige Auswahl solcher Gleiteigenschaften scheinen uns Schmiegsamkeit, Einbettfähigkeit und Freßneigung zu sein [*II, 55*]. Für die beiden ersten sind der Elastizitätsmodul und die Festigkeitseigenschaften bei Betriebstemperatur vor allem wesentlich. Für die Freßneigung spielt die Affinität zwischen Lager- und Wellenwerkstoff die beherrschende Rolle. Zusätzlich zu diesen Gleiteigenschaften wäre der Verschleiß bei verschiedenen Schmierzuständen (Schmiergleitverschleiß) zu ermitteln. Für seine Bestimmung und die der Freßneigung kommen bevorzugt Versuche mit vereinfachter Probenform auf einer der üblichen Verschleißmaschinen in Betracht. Schmiegsamkeit und Einbettfähigkeit wird man außer durch mechanische Prüfung durch Laufversuche mit statischer oder, um die Ermüdungsfestigkeit des Lagerkörpers mitprüfen zu können, mit dynamischer Beanspruchung beurteilen.

Eine pauschale Darstellung des Gleitverhaltens durch p,v-Diagramme, deren Kenntnis für Zwecke der Dimensionierung von Lagern außerordentlich erwünscht wäre, ist nur mit erheblichen Einschränkungen möglich (Punkt 16a). Ein gewisser Anhalt für die Teilung der p,v-Ebene in befahrbare und nicht befahrbare Gebiete kann indessen gewonnen werden [*II, 102*], [*II, 103*].

Die allgemeine Prüfung von Lagerwerkstoffen kann die für spezielle Anwendungen vorgesehenen Prüfstandversuche oder Laufversuche in Originallagerstellen in vielen Fällen nicht ersetzen. Nur bei derartigen Versuchen kommen ja alle im praktischen Betrieb vorliegenden Bedingungen zur Auswirkung, so daß nach erfolgter Voraussonderung von Lagerwerkstoffen nach allgemeinen Prüfverfahren eine letzte Kontrolle der Einsetzbarkeit im Prüfstand oder auf der Versuchsstrecke vorzunehmen ist.

III. Zusammensetzung und Aufbau der Gleitlagerwerkstoffe.

Nachdem im Kap. I die theoretischen Grundlagen der Gleitlager, die hydrodynamische Theorie der Schmierung, die Bedeutung der Eigenschaften der Gleitwerkstoffe und die Wechselwirkung zwischen Gleitwerkstoff und Schmiermittel erörtert, anschließend im Kap. II die Lagerprüfung, Gleiteigenschaften im engeren Sinn, Prüfmaschinen und Prüfmethoden beschrieben wurden, wenden wir uns nun der Zusammensetzung und dem Aufbau der einzelnen Gruppen der Gleitwerkstoffe zu. Im ersten Abschnitt dieses Kapitels sollen ihrer Wichtigkeit gemäß die metallischen Werkstoffe, im zweiten die nichtmetallischen besprochen werden.

A. Metallische Werkstoffe.

Für die folgenden Darstellungen fassen wir die Lagerlegierungen in einzelne Gruppen je nach dem Hauptmetall zusammen, da dieses weitgehend auch für die Gleiteigenschaften der Legierungen verantwortlich ist.

17. Hochzinnhaltige Weißmetalle (vgl. [III, 1] und [III, 2]).

Die Lagerlegierungen dieser Gruppe nehmen ihren Ausgang von dem klassischen „Babbittmetall", welches vor über 100 Jahren vorgeschlagen wurde und 89,5% Zinn, 8,8% Antimon und 1,7% Kupfer enthielt[1].

Tabelle 12. *Zusammensetzung hochzinnhaltiger Weißmetalle.*

Bezeichnung	Zusammensetzung in Prozent				Zulässige Beimengungen in Prozent höchstens	Genormt in
	Sn	Sb	Cu	sonstiges		
WM 80 F	79—81	10—12	8—10	—	0,5 Pb; 0,1 Fe; 0,05 Zn, 0,05 Al, Fe + Zn + Al ≦ 0,15	DIN 1703
WM 80 (LgSn 80)	79—81	11—13	5—7	1—3 Pb	0,1 Fe; 0,05 Zn; 0,05 Al, Fe + Zn + Al ≦ 0,15	DIN 1728
Alloy Grade Nr. 1	90—92	4—5	4—5	—	0,35 Pb; 0,10 As; 0,08 Bi; 0,08 Fe; 0,005 Zn; 0,005 Al	USA A.S.T.M. B 23—26 [III, 4]
,, 2	88—90	7—8	3—4	—	,,	s. a.
,, 3	83—85 (heavy pressure)	7,5—8,5	7,5—8,5	—	,,	[III, 5 [III, 6
,, 4	74—76	11—13	2,5—3,5	9,3—10,7 Pb	0,15 As; 0,08 Fe; 0,005 Zn; 0,005 Al	
,, 5	64—66	14—16	1,75—2,25	17—19 Pb	,,	
Spezifikation Nr. 10 Babbitt	mindest. 90	4—5	4—5	—	0,35 Pb; 0,10 As; 0,08 Fe; 0,08 Bi; 0 Zn; 0 Al	USA S.A.E. Standard [III, 5] [III, 6]
Nr. 11 Babbitt	86	6—7,5	5—6,5	—	,,	
Nr. 110 Babbitt	87,75	7—8,5	2,3—3,8	—	,,	
2 B 22	91—93	3,5—4,0	3,7—4,2	bis 0,6 Ni	insgesamt < 0,5	England [III, 2] [III, 6]
DTD 214	87,5—90	6,5—7,5	3,0—4,2	bis 0,6 Ni	,, < 0,5	
2 B 21	86—88	8—10	3,7—4,2	—	,, < 0,5	
	85—88	6—7	5,5—7,5	bis 0,6 Ni	,, < 0,5	
LMS ARLE Nr. Nr. 6 H 1 N	84—86	9—12	4—6	—	0,2 Pb	
6 J 1 R	80—85	8—10	4—6	bis 5 Pb		England [III, 7]
6 K 2 R	58—60	9—10	2—6	Rest Pb		
B 1	82—84	11—12	5—6			UdSSR Richtwerte [III, 8]

[1] Vorläufer derartiger Legierungen für Lagerzwecke auf Sn und Sb aufgebaut, wurden um 1800 erstmalig erwähnt. Bis dahin waren Holz, Eisen, Messing, Bronze, Leder und Zeuggewebe die zur Lagerherstellung benutzten Materialien [III, 3].

Auch heute noch stellt diese Zusammensetzung die Grundlage der als hochzinnhaltige Weißmetalle bezeichneten Lagerlegierungen dar, wenn auch natürlich gewisse Abwandlungen in den Gehalten vorgenommen wurden. Tab. 12 gibt eine Übersicht über die Zusammensetzungen und

zulässigen Beimengungen der in verschiedenen Ländern verwendeten Vertreter dieser hochzinnhaltigen Weißmetalle.

Der Ablauf der Erstarrung derartiger Legierungen kann an Hand des ternären Diagramms SnCuSb von Abb. 66 verfolgt werden, welches für den Konzentrationsbereich bis 40% Sn herab neben der durch Isothermen gekennzeichneten Liquidusfläche auch die primär erstarrenden Phasen und die entsprechenden

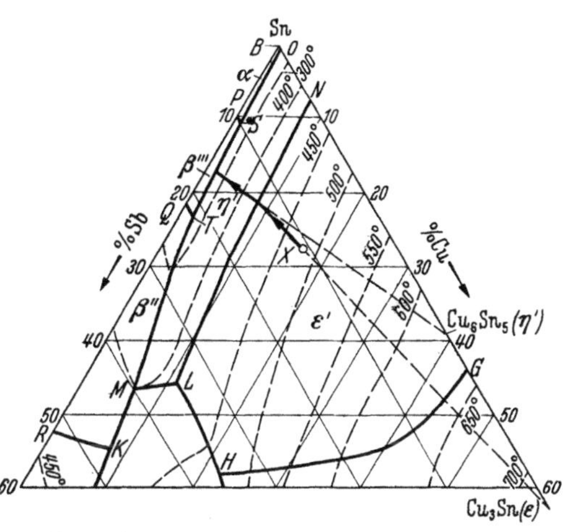

Abb. 66. Liquidusfläche in der zinnreichen Ecke des ternären Diagramms SnCuSb nach [III, 9].

Konzentrationsbereiche enthält ([III, 10] zitiert nach [III, 9]); für eine besonders eingehende Untersuchung in dem dem Sn unmittelbar benachbarten Bereich (bis 14% Sb und 3% Cu) vgl. [III, 11]. Im Bereich BOSP scheidet sich primär der ternäre Sn-reiche SnSbCu-

Mischkristall (α) aus, im Bereich NLMO ist es die Verbindung Cu_6Sn_5 (η'), im Bereich GHLN kristallisiert primär die Verbindung Cu_3Sn mit etwas gelöstem Sb (ε') und schließlich im Gebiet STMKRQP eine ternäre Lösung von Kupfer in der Phase SnSb entweder im β- oder β'-Zustand (β'' und β''').

Ein Beispiel soll zur näheren Erläuterung dienen. Eine im Konzentrationsfeld NGHL liegende Legierung X scheidet primär

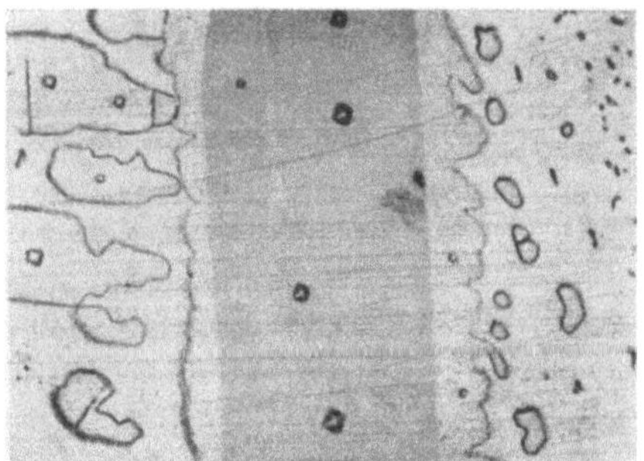

Abb. 67. Binäre Zinn-Kupferlegierung (20% Cu). Primär ausgeschiedene ε-Phase (Cu_3Sn) peritektisch umgeben von η-Phase (Cu_6Sn_5). V = 270 (nach [III, 12]).

Cu_3Sn (ε') aus. Die Zusammensetzung ändert sich demnach etwa entlang des vom Cu_3Sn aus gezogenen Pfeils. Sobald die Peritektikale NL erreicht ist, reagiert die Schmelze mit den ausgeschiedenen Cu_3Sn-Kristallen unter Bildung von Cu_6Sn_5 (η') (Abb. 67 zeigt diese peritektische Reaktion am Beispiel einer binären Sn-Cu-Legierung). Bei weiterer Abkühlung scheiden sich nun unmittelbar Cu_6Sn_5-Nadeln aus, wodurch sich die Zusammensetzung der Restschmelze nunmehr entlang eines von Cu_6Sn_5 ausgehenden Pfeils verschiebt. Der weitere Verlauf der Erstarrung ist davon abhängig, wo die Eutektikale OSTM getroffen wird. Geschieht dies zwischen S und M wie in dem gewählten Beispiel, so scheiden sich neben Cu_6Sn_5 auch SnSb-Würfel (mit etwas gelöstem Kupfer) aus (β'' bzw. β''', je nachdem ob es sich um die β- bzw. β'-Phase des binären SnSb-Systems handelt). Die Schmelze ändert bei fortschreitender Ab-

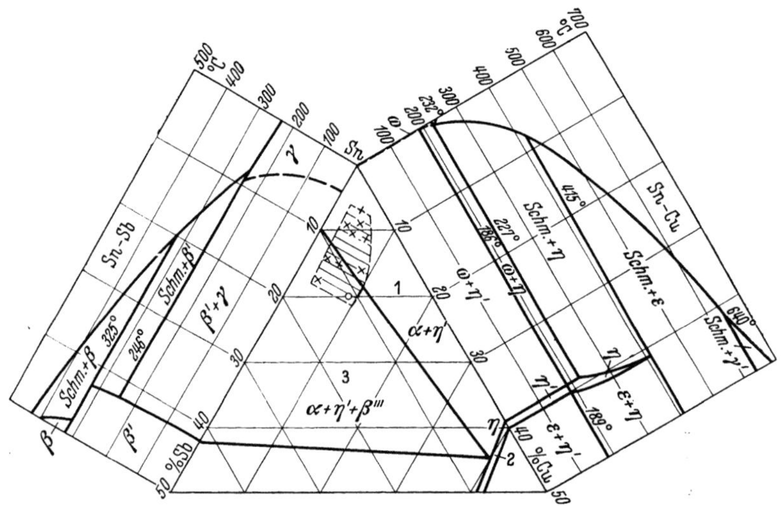

Abb. 68. Ternäres Diagramm SnCuSb (Sn-Ecke) (nach [*III, 10*]).

Binäres System SnSb:	Binäres System SnCu:
γ SnSb-Mischkristall	ω SnCu-Mischkristall (sehr Cu-arm)
β SnSb (NaCl-Gitter)	η Cu_6Sn_5 (NiAs-Struktur mit Cu-Überschuß)
β' Mischkristall auf Basis SnSb	η' Cu_6Sn_5
	ε Cu_3Sn (rhombisches Gitter)
	γ' Hochtemperaturphase (Struktur unbekannt)

küblung ihre Zusammensetzung längs TS. In S wird ein Zustand durchschritten, in dem Gleichgewicht zwischen Cu_6Sn_5, ternärer Lösung von Kupfer in SnSb, ternärem, Sn-reichem Mischkristall und Schmelze besteht. Die Erstarrung wird schließlich durch Kristallisation des binären Eutektikums zwischen ternärem Mischkristall und Cu_6Sn_5 bei etwa 230° C beendet.

Abb. 68 gibt im ternären Konzentrationsbereich nach [*III, 10*] eine Aufteilung in Gebiete je nach den in den erstarrten Legierungen auftretenden Gefügebestandteilen. Wegen der Trägheit der Gleichgewichtseinstellung im festen Zustand entspricht dieses Diagramm nicht dem wahren Gleichgewicht bei Raumtemperatur, sondern etwa den Verhältnissen, wie sie in Gußstücken vorliegen. Miteingezeichnet sind die zugehörigen Teile der binären Diagramme SnCu [*III, 13*] und SnSb [*III, 14*], [*III, 15*]. Die in den verschiedenen Zusammensetzungsbereichen vorhandenen Gefügebestandteile sind überdies in Tab. 13

Tabelle 13. *Gefügebestandteile in der Sn-Ecke des Systems SnCuSb (bei 20° C).*

Zustandsfeld Abb. 68	Gefügebestandteile		Abb.
	Ausbildungsform	Zusammensetzung	
1	Nadeln (primär)[1]	Cu_6Sn_5 mit teilweisem Ersatz von Sn durch Sb	69
	binäres Eutektikum	Sn-reicher ternärer Mischkristall (α)[1]	
		Cu_6Sn_5 (η')	
2		Cu_6Sn_5 (η')	
3	Nadeln: im Hauptteil primär, im ganzen Gebiet sekundär	Cu_6Sn_5 (η')	
	Würfel: im Hauptteil sekundär, in kleinem Bereich nahe der Sb-Achse primär	Mischkristall auf Basis SnSb mit gelöstem Cu (β'')	70
	binäres Eutektikum	Sn-reicher ternärer Mischkristall (α)[1]	
		Cu_6Sn_5 (η')	

gekennzeichnet. Für eine genauere und weitergehende Darstellung der Verhältnisse in unmittelbarer Umgebung des Zinns vgl. wieder [*III, 11*]. Hier wird auch besonders auf die Sb-Übersättigung von SnSb-Mischkristallen in Kokillenguß hingewiesen und an Hand von isothermen Schnitten die Verschiebung der Grenze zwischen dem $(\alpha+\eta')$- und $(\alpha+\beta+\eta')$-Gebiet aufgezeigt.

Die technischen Legierungen fallen in den in Abb. 68 schraffierten Bereich. Sie liegen in den Zustandsfeldern 1 und 3, weisen somit entweder primär gebildete Cu_6Sn_5-Nadeln in einer eutektischen (aus Sn-

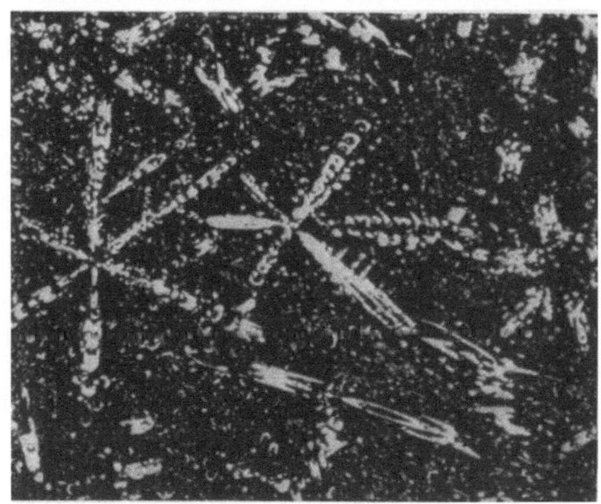

Abb. 69. Hochzinnhaltiges Weißmetall (87% Sn, 7% Sb, 6% Cu; entspricht etwa Nr. 11 in Tabelle 12). (geätzt mit alkohol. HNO_3, 1%ig). V = 150.

---

[1] Gegebenenfalls tritt (bei Cu-Konzentration über etwa 7%, Linie NL der Abb. 66, z. B. WM 80 F) eine Primärkristallisation von Cu_3Sn auf.

reichem Mischkristall und Cu_6Sn_5 bestehenden) Grundmasse (Abb. 69) oder noch zusätzlich sekundär erstarrte SnSb-Würfel (und auch sekundäre Cu_6Sn_5-Kristalle) auf (Abb. 70).

Schon in Punkt 9 wurde darauf hingewiesen, daß die Gefügebestandteile Cu_6Sn_5, SnSb und eutektische Grundmasse sich erheblich in der Härte unterscheiden. Ritzhärtebestimmungen ergaben Werte, die sich wie 10:4:1 verhalten. Die hohe Härte der CuSn-Verbindungen Cu_6Sn_5 bzw. Cu_3Sn wurde auch durch die Mikrohärtemessungen bestätigt, die auf Werte von über 400 kg/mm² führten [*III, 12*]. Da ein großer Teil

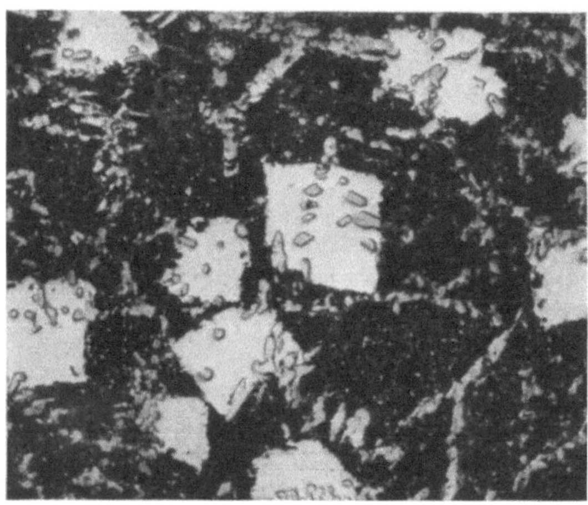

Abb. 70. Hochzinnhaltiges Weißmetall (82% Sn, 11% Sb, 9% Cu +2% Pb; entspricht WM80F, Tabelle 12). (geätzt mit alkohol. HNO_3, 1%ig). V = 100.

dieser ausgezeichneten Lagerlegierungen frei von SnSb-Würfeln ist, wird man vor allem die Einbettung der Cu_6Sn_5-Nadeln in die weiche Grundmasse für das gute Verhalten verantwortlich machen. Über die Anteile der harten Einlagerungen mögen nachfolgende Zahlen einen Anhalt geben. Die Schliffebene (Abb. 69) enthält etwa 13 Flächenprozent Cu_6Sn_5, die der Abb. 70 etwa 12% Cu_6Sn_5 und 20% SbSn. Auch noch auf einen weiteren Vorteil der Primärausscheidung von Cu_6Sn_5 sei hingewiesen; er besteht in einer Unterdrückung der Schwereseigerung von sekundär gebildeten SbSn-Würfeln, deren spez. Gewicht erheblich unter dem der Restschmelze liegt.

Hinsichtlich der zulässigen Beimengungen (Tab. 12) ist folgendes hervorzuheben. Blei bildet mit Zinn und Antimon ein ternäres, schon bei 180° C schmelzendes Eutektikum, das infolge von Kristallseigerungen schon bei Pb-Gehalten von 0,5% auftritt. Sofern mit höheren Lagertemperaturen zu rechnen ist, darf also der Pb-Gehalt diese Höhe nicht überschreiten. Lediglich WM 80 enthält 1—3% Pb, vorwiegend wohl aus dem Wunsche heraus, eine elektrolytische Raffination des Hütten- und Umschmelzzinns zu umgehen, welches i. allg. 2—5% Pb enthält. Wismut bildet mit Zinn ein sehr niedrig schmelzendes Eutektikum, Zink erhöht die Verkrätzung, Aluminium kann durch Bildung von Antimon-Aluminid Störungen verursachen. Für eine eingehendere Erörterung des Einflusses von Beimengungen vgl. [*III, 16*] und [*III, 2*]. Zur Desoxydation der Schmelze werden Aluminium, Magnesium und auch Phosphor herangezogen [*III, 2*].

18. Zinn-arme und Zinn-freie Bleilagermetalle.
(Vgl. [*III, 17*], [*III, 1*] und [*III, 18*]).

Der hohe Preis des Zinns und Schwierigkeiten bei der Beschaffung führten frühzeitig zur Entwicklung von auf Bleibasis aufgebauten Zinnarmen und Zinn-freien Bleilager-legierungen. In Tab. 14 sind die in Deutschland und USA genormten und einige weitere hierher gehörige Legierungen durch ihre Zusammensetzung gekennzeichnet. Eine besondere Bedeutung kommt dabei den als WM 10 und WM 5 bezeichneten Legierungen mit 10 und 5% Sn, 15% Sb und geringem Kupfergehalt zu. Von dem die Erstarrungsverhältnisse und den Gefügeaufbau grundsätzlich bestimmenden ternären

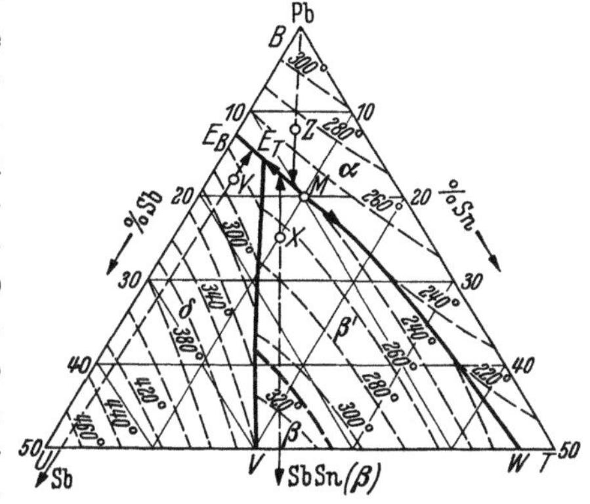

Abb. 71. Liquidusfläche in der bleireichen Ecke des ternären Diagramms PbSbSn (nach [*III, 19*]).

Tabelle 14. *Zusammensetzung Zinn-armer und Zinn-freier Bleilagermetalle.*

Be-zeichnung	Zusammensetzung in Prozent							Zulässige Beimengungen in Prozent, höchstens	Ge-normt in
	Pb	Sb	Sn	Cu	Cd	Ni	As		
WM 10 (LgPbSn10)	72,5—74,5	14,5—16,5	9,5—10,5	0,5—1,5				0,1 Fe, 0,05 Zn, 0,05 Al; Fe+Zn+ Al <0,15; 0,15 As	DIN 1728
WM 5 (LgPbSn5)	77,5—79,5	14,5—16,5	4,5—5,5	0,5—1,5				,,	DIN 1728
Cd-haltiges Weißmetall 9 (LgPbSn9Cd)	71,9—77,3	13—15	8—10	0,8—1,2	0,3—0,7 (0—0,2 Graphit)	—	0,6—1,0	nicht festgelegt	DIN 1728
Cd-haltiges Weißmetall 6 (LgPbSn6Cd)	73,2—78,6	14—16	5—7	0,8—1,2	0,6—1,0	0,4—0,6	0,6—1,0	nicht festgelegt	DIN 1728
Lagerhartblei 16 (LgPbSb 16)	80,8—83,7	15,5—16,5	—	0,3—0,7 (0—0,2 Graphit)	—	0—0,3	0,5—1,5	0,7 Sn	DIN 1728
Lagerhartblei 12 (LgPbSb 12)	84,8—87,7	11,5—12,5	—	0,3—0,7 (0—0,2 Graphit)	—	0—0,3	0,5—1,5	0,7 Sn	DIN 1728
Sb-As-Hartblei	82—90	5—13	0—1	—	—	—	3—7	nicht festgelegt	—

Fortsetzung Tabelle 14

	Pb	Sb	Sn	Cu		
Blei-Alkali-Lagermetall (LgPb)	0,4—0,75 Ca, 0—0,8 Ba, 0, 15—0,70 Na, 0—0,04 Li, 0—0,05 Mg, bis 0,05 Al, Rest Pb				nicht festgelegt	DIN 1728
ASTM-Alloy Grade						
6	62,5—64,5	14—16	19—21	1,25—1,75	0,15 As, 0,08 Fe, 0,005 Zn, 0,005 Al	
7	74—76	14—16	9,3—10,7		0,5 Cu, 0,6 As, 0,10 Fe, 0,005 Zn, 0,005 Al	
8	79—81	14—16	4,5—5,5		0,50 Cu, 0,20 As, 0,005 Zn, 0,005 Al	ASTM B 23 bis 49 [III,5] [III,4] [III,6]
10	82—84	14—16	1,75—2,25		,, 0,50 Cu, 0,25 As, 0,005 Zn, 0,005 Al	
11	84—86	14—16	—			
12	89—91	9,3—10,7	—		,,	
15	Rest	14,5—17,5	0,75—1,25	0,5—0,6 0,8—1,4 As	0,005 Zn 0,005 Al	
16	Rest	11,5—13,5	9—11	0,4—0,6	0,20 As, 0,10 Fe, 0,005 Zn, 0,005 Al,	
19	Rest	8—10	4—6		0,50 Cu, 0,20 As, 0,005 Zn, 0,005 Al	
SAE 13	86(max)	9,25—10,75	4,5—5,5		0,50 Cu, 0,60 As, 0,005 Zn, 0,005 Al	SAE Standard [III,5]
SAE 14	76(max)	9,25—10,75	14,0—16,0		,,	
SAE 15	Rest	14,50—15,50	0,90—1,25	0,8—1,1 As	0,6 Cu, 0,005 Zn, 0,005 Al	
B 2	65—67,5	15—16	15—16	2,5—3		USSR (Richtwerte) [III,8]
B 3	69—72,5	13—15	12—13	2,5—3		
B 5	80,3—82,8	16—18	—	1,1—1,7		
Alkali- und Alkaline-Earth-Metal hardened lead Alloy	ca. 1,0 Sn, 0,04 K, 0,04 Li, 0,5 Ca, 0,075 Mg, 0,05 Al, 0,25 Hg, Rest Pb				nicht festgelegt	USA
Calcium-Lagermetall	0,75—1,1Ca, 0,70—1,0 Na, Rest Pb					USSR (Richtwerte) [III,8]

System Pb-Sb-Sn ist in Abb. 71 die Blei-Ecke der Liquidusfläche veranschaulicht. Als Primärkristalle kommen in dem dargestellten Konzentrationsbereich der kubische, bleireiche, ternäre Mischkristall (α) — Gebiet BE_BE_TMWT —, der rhomboedrische Sb-reiche Mischkristall

(δ) — Gebiet E_BE_TVU — und die in einem rhombisch verzerrten NaCl-Gitter kristallisierende β- bzw. β'-Phase des Systems Sn-Sb — Gebiet E_TMWV — in Frage. Ein ternäres Eutektikum bestehend aus α, δ und β' liegt bei 12% Sb und 4% Sn mit einem Schmelzpunkt von 239° C. Entlang der Peritektikalen VE_T setzt sich der primär gebildete Antimonmischkristall (δ) mit der Schmelze unter Bildung von β bzw. β' um. Von E_B nach E_T verläuft eine eutektische Rinne, entlang welcher das binäre Eutektikum $\delta + \alpha$ kristallisiert; die zur Erstarrung des Eutektikums $\alpha + \beta'$ gehörende eutektische Rinne E_TW weist in M, dem Schnittpunkt mit dem pseudobinären Schnitt Pb-SbSn ein Maximum von 246,5° C auf.

Zur Erläuterung sind wieder einige Beispiele von Gefügeausbildung

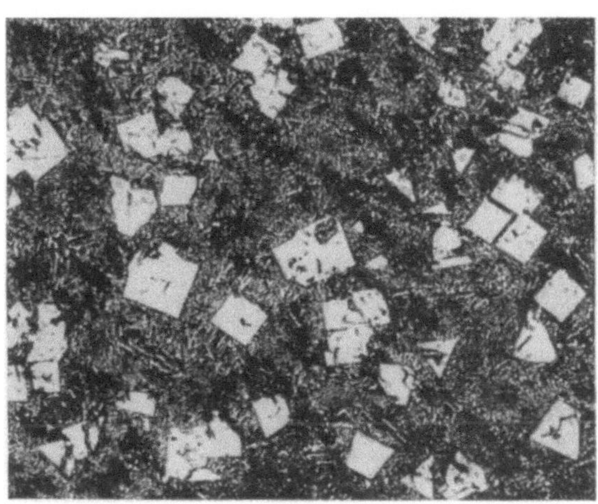

Abb. 72. Gefüge von Cu-freiem WM10 (geätzt mit alkohol. HNO₃, 1%ig). V = 150.

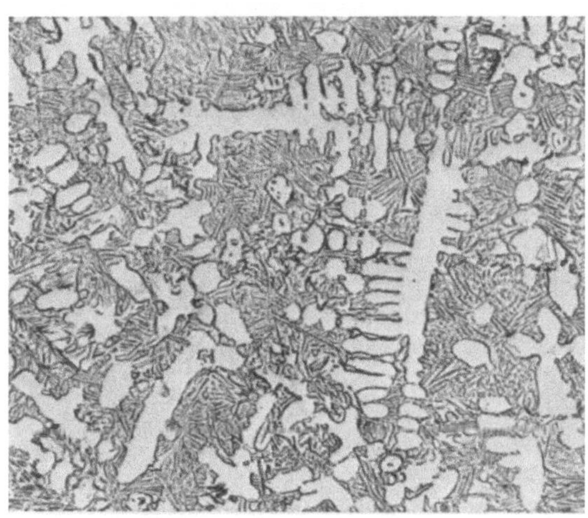

Abb. 73. Gefüge einer Blei-Antimon-Zinn-Legierung (9% Sb, 5% Sn), (geätzt mit alkohol. HNO₃, 1%ig). V = 300.

angedeutet. In einer Legierung der Zusammensetzung X (15% Antimon, 10% Zinn) treten primär β'-Kristalle auf, die Konzentration der Schmelze ändert sich entlang des Pfeiles von SbSn aus, bis die eutektische Rinne E_TM getroffen wird. Es folgt nun Kristallisation des binären Eutektikums $\alpha + \beta'$, bis schließlich in E_T die Restschmelze als ternäres Eutekti-

8*

kum $\alpha + \beta' + \delta$ erstarrt (vgl. Abb. 72). Bei einer Legierung gemäß Y (15% Sb, 2% Sn) kristallisiert primär Antimon, anschließend binäres Eutektikum $\alpha + \delta$ und schließlich wieder das ternäre. Liegt eine Zusammensetzung gemäß Z vor (7% Sb, 5% Sn), so scheidet sich primär ein bleireicher Mischkristall (α) ab; die Änderung der Konzentration der Schmelze und die anschließende Kristallisation des binären und ternären Eutektikums sind wieder durch Pfeile angegeben (vgl. Abb. 73).

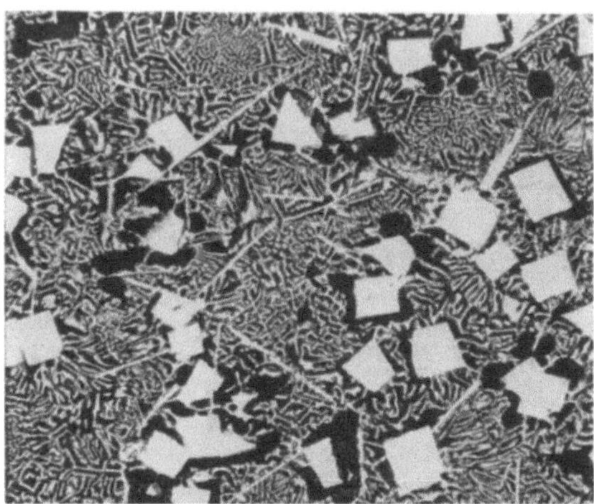

Abb. 74. Gefüge von WM10 (geätzt mit alkohol. HNO_3, 1%ig). V = 200.

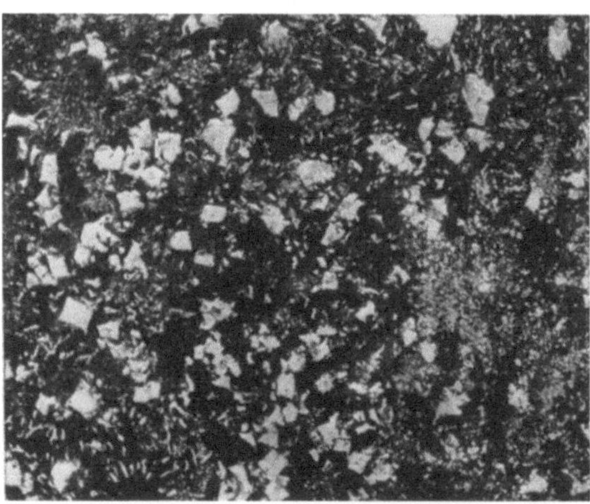

Abb. 75. Gefüge von Legierung PbSn6Cd (geätzt mit alkohol. HNO_3, 1%ig) V = 200.

Enthalten die Legierungen zusätzlich Kupfer, Nickel oder Kadmium, so wird der Erstarrungsverlauf verändert. Der obere Schmelzpunkt der Legierungen wird durch Kupfer und Nickel erhöht, als primäre Phase kristallisieren Antimonide oder Stannide der Zusatzmetalle.

Die Abb. 74 und 75 geben 2 Beispiele technischer Lagerlegierungen, WM 10 und Thermit (Lg PbSn 6 Cd). In der ersten kristallisiert β-Sn Sb, in der zweiten Sb-reicher δ-Mischkristall „primär". Die Zähigkeitserhöhung der Schmelze durch Kristallisation von Cu_2Sb wirkt (ähnlich wie im Falle der WM 80 Legierungen) seigerungshemmend für entstehende SbSnKristalle. Durch Planimetrieren von Schnittflächen ergeben sich im WM 10 Flächenanteile von ca. 3% für Cu_2Sb und ca. 12% für SbSn. Bei der Legierung Thermit ergab sich ein ungefährer Wert von 10 Flächenprozent für primäres Antimon. Arsen geht in den verwendeten Gehalten im Blei bzw. Antimon in feste Lösung.

Die metallografische Grundlage der sog. Lagerhartbleie bildet das binäre System Pb–Sb (Abb. 76 nach [III, 20]). Die Zusammensetzung der Legierungen schwankt um die des binären Eutektikums (13% Sb). Im ternären System Pb–Sb–Cu tritt bei 13% Sb und 0,06% Cu ein

ternäres, bei 248,6° C schmelzendes Eutektikum auf [III, 21]. Abb. 77 gibt als Beispiel ein Gefügebild von LgPbSb (17% Sb, 0,8% Cu). Viel verwendet wird eine Legierung mit 15% Sb, 1% Sn, 0,5% Cu, Rest Pb nach [III, 22]. Erwähnt seien weiterhin Lagerlegierungen mit 15% Sb, 2% Cu, 5% Ag, Rest Pb und 10% Sb, 3% Sn, 2% Ag, Rest Pb, deren gute Haftfestigkeit auf Stahl und hohe Warmhärte hervorgehoben werden [III, 23]. In einer ausführlichen Durchmusterung von Pb–Sb-Legierungen mit verschiedenen Zusätzen wurde gefunden, daß günstige Verhältnisse hinsichtlich Stauchfähigkeit, Härte und Druckfestigkeit bei Legierungen auftreten, die etwa 70% Pb, 20% Sb und 10% Antimonide bildende Zusätze (z. B. Cu) enthalten [III, 24].

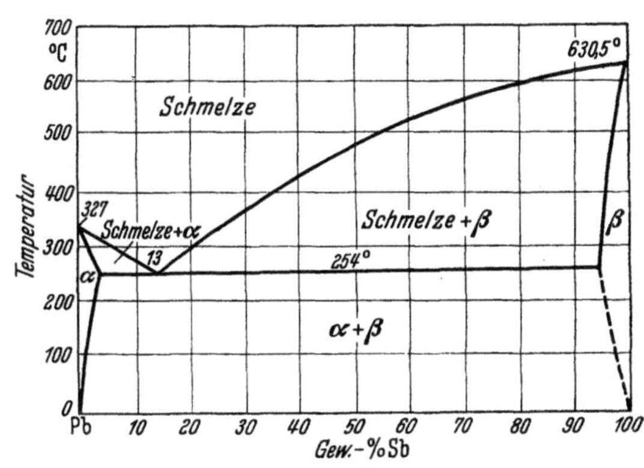

Abb. 76. Binäres Zustandsdiagramm Blei–Antimon (nach [III, 20]). (Sb-Löslichkeit bei 254° C 2,94%, bei 25° C 0,24%)

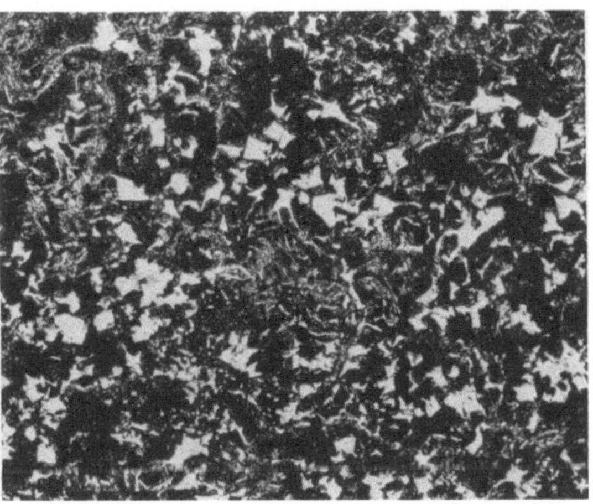

Abb. 77. Gefüge einer Blei–Antimon-Legierung (17% Sb +0,8% Cu), (geätzt mit alkohol. HNO₃, 1%ig). V = 200.

In den Pb–Sb–As-Legierungen treten nur 2 Kristallarten auf: Pb-Mischkristall und feste Lösungen aus der lückenlosen Mischkristallreihe AsSb. In einer Legierung mit 4% Sb und 4% As wurde in primär erstarrten SbAs-Mischkristallen eine Mikrohärte von 176 gemessen [III, 12]. Für weitere Kennzeichnung der Legierungen vgl. [III, 25] bis [III, 28].

Ein charakteristischer Vertreter der Blei-Alkali-Lagermetalle (LgPb), die vielfach als gehärtete Bleilagermetalle bezeichnet werden, ist das Bn-Metall mit 0,69% Ca, 0,62% Na, 0,04% Li und etwa 0,02% Al, Rest Blei[1] (vgl. [*III, 18*]). Eine metallografische Analyse des aus fünf Komponenten bestehenden Systems liegt noch nicht vor. Ein Überblick kann jedoch schon aus den Pb-Ecken der jeweiligen binären Diagramme (vgl. hier [*III, 29*]) und einer Untersuchung der Konstitution Pb-reicher Pb–Ca–Na-Legierungen [*III, 30*] gewonnen werden. Es zeigt sich so, daß die Legierung bei Raumtemperatur erheblich an Ca und Na, etwas an Li übersättigt ist. Der beim Lagern bei 20° C erfolgende Härteanstieg beruht auf einer vorzugsweise an den Korngrenzen erfolgenden Na-Entmischung. Dies bedingt eine Inhomogenisierung der Mischkristalle, die ebenfalls gleitflächenblockierend wirkt. Abb. 78 zeigt das Gefüge der ausgehärteten Legierung. Man erkennt primär kristallisierte Pb$_3$Ca-Kristalle (kubisch-flächenzentriert mit geordneter Atomverteilung [*III, 31*]) eingelagert im quaternären Pb-reichen Mischkristall. An den Korngrenzen ist vorzugsweise Ausscheidung der Pb-reichsten Phase des Pb–Na-Systems erfolgt (Mischkristall der als solcher nicht existierenden

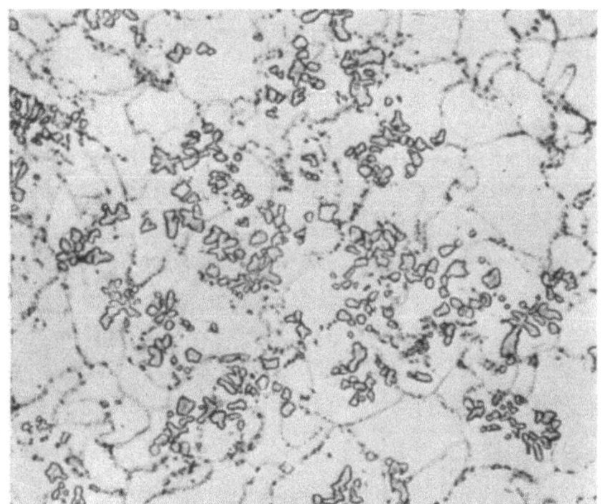

Abb. 78. Gefüge von Bn-Metall (geätzt nach VILLELA).
V = 120.

Verbindung Pb$_3$Na mit Na — kubisch flächenzentriert [*III, 32*]). Der Flächenanteil der Pb$_3$Ca-Kristalle beträgt ca. 7%, ihre Mikrohärte ist mit 93 etwa doppelt so groß wie die des quaternären Bleimischkristalls, für den 45,7 gefunden wurde [*III, 12*]. Durch langzeitige Einwirkung erhöhter Temperaturen tritt eine Enthärtung ein, die auf einem Ausgleich der Konzentrationsunterschiede in den Kristallen, Koagulation der ausgeschiedenen Kristallart und eventuell einem Wieder-in-Lösunggehen von Natrium beruht. Zur Unterdrückung dieser betrieblich unerwünschten Enthärtung wurden die Gehalte an Lithium verringert, wobei zum Ausgleich der Härteeinbuße Barium und Magnesium hinzu-

---

[1] Mit Rücksicht auf die niedrigen Atomgewichte der Zusatzmetalle entspricht deren niedrigen Gewichtskonzentrationen von 1,4% eine Atomkonzentration von etwa 10%.

gefügt wurden. Hierdurch wurde auch die Ausbrandfestigkeit, zu deren Erhöhung der geringe Al-Gehalt dient, weiter beachtlich verbessert ([*III, 29*], s. a. Punkt 35).

Auch beim Satco-Metall (vgl. [*III, 33*]) und dem Calcium-Lagermetall (vgl. [*III, 8*])[1] ist der primär kristallisierende Gefügebestandteil Pb_3Ca. Die Grundmasse bildet ein hochbleihaltiger Mischkristall mit Quecksilber und Zinn, bzw. mit Natrium und Calcium. Eine ebenfalls zu den gehärteten Bleilagermetallen gehörige Legierung ist das „Union-Lagermetall", mit 1,5% Mg, 0,2% Ca, Rest Pb [*III, 34*].

Als Entgelt für die sparsame Verwendung wertvoller Zusatzmetalle müssen bei den gehärteten Bleilagermetallen gegenüber den Sn-haltigen Weißmetallen gewisse Schwierigkeiten bei der Verarbeitung in Kauf genommen werden (hohe Liquidustemperatur von etwa 460° C)[2], höherer Krätzeanfall wegen der Reaktionsfähigkeit der Zusatzmetalle, schwierigere Lötbarkeit.

Hinsichtlich der Bedeutung der Beimengungen in Zinn-armen und Zinn-freien Bleilagermetallen (Tab. 14) sei folgendes hervorgehoben: Die Wirkung von Arsen geht sowohl nach der günstigen als auch nach der ungünstigen Seite [*III, 35*] u. [*III, 36*]. Vorteilhaft ist seine seigerungshemmende und kornverfeinernde Wirkung (Härtesteigerung); auch wird ihm eine gewisse Erhöhung des Korrosionswiderstandes gegenüber Ölen zugeschrieben [*III, 37*]. Ungünstig beeinflußt wird die Haftfestigkeit des Lagerausgusses an der Stützschale. Zink ist eine durchaus schädliche Beimengung. Durch Bildung von Zn_3Sb_2-Nadeln versprödet es die Legierungen [*III, 38*]. Auch beim Gießen führt Zink zu Schwierigkeiten, indem es die Verkrätzung erhöht. Kupfer ist mit Rücksicht auf die Erhöhung der Liquidustemperaturen in größeren Mengen unerwünscht. Aluminium ist zwar in der Lage bei Pb–Sb-Legierungen kornverfeinernd zu wirken, kann aber wegen Vergrößerung des Krätzanfalles nicht verwendet werden. Über die Bedeutung von Wismut-Beimengungen liegen keine eindeutigen Aussagen vor. Der Einfluß auf die Festigkeitseigenschaften ist nicht sehr ausgeprägt. Unter Erweiterung des Erstarrungsintervalls wird die Solidustemperatur herabgesetzt [*III, 36*]. Besonders sei noch darauf hingewiesen, daß eine Vermischung von „gehärteten Bleilagermetallen" mit anderen Bleilagerlegierungen peinlich zu vermeiden ist. Es bilden sich hochschmelzende Antimonide, die durch Ausseigern zu einem Verlust der härtenden Bestandteile führen können.

Auf die Bedeutung metallischer Schutzüberzüge, Eindiffusion des Überzugmetalls in die Grundlegierung wird in Punkt 48c eingegangen.

---

[1] Die beiden am Schluß von Tab. 14 aufgeführten Legierungen.
[2] Der Soliduspunkt liegt in der Gegend von 300° C.

19. Lagerlegierungen auf Kadmiumbasis.
(Vgl. [*III, 36*] und [*III, 39*]).

Noch erheblich stärker als bei den hochzinnhaltigen Weißmetallen (Welthüttenproduktion von Zinn i. J. 1951 166 700 t) steht bei Lagerlegierungen auf Kadmiumbasis die Versorgungslage einer ausgedehnten Verwendung im Wege. Kadmium wird ausschließlich als Nebenprodukt bei der Zinkgewinnung erhalten. Für die geringe Welthüttenproduktion von 5700 t/Jahr (Richtwert für 1951) stehen wichtige technische Verwendungen (Überzugsmetall, Legierungsmetall in Loten, Bronzen, usw., Farbenherstellung) im Vordergrund. Wenn trotzdem hier kurz auf Lagerlegierungen auf Cd-Basis eingegangen wird, so hat dies seinen Grund in der bemerkenswerten Kombination guter Gleiteigenschaften mit relativ hohen Festigkeitseigenschaften bei dieser Legierungsgruppe. In Deutschland ist eine Normung von Kadmiumlagerlegierungen bisher nicht erfolgt, wohl aber liegen in USA Standardzusammensetzungen normungsmäßig fest. Tab. 15 enthält nach [*III, 5*] die entsprechenden Angaben.

Tabelle 15. *Zusammensetzung von Kadmiumlagerlegierungen.*

Bezeichnung	Legierungsbestandteile in %	Zulässige Beimengungen in %, höchstens	Genormt in
SAE 18[1]	mindest. 98,4 Cd, 1—1,6 Ni	0,01 Ag, 0,2 Cu, 0,02 Sn, 0,05 Pb, 0,05—0,15 Zn	SAE
SAE 180	mindest. 98,25 Cd, 0,5—1,0 Ag, 0,4—0,75 Cu	0,01 Sn, 0,02 Pb, 0,02 Zn	SAE

Weiterhin sind auch Legierungen mit Cu- und Mg-Zusätzen bis insgesamt 3% vorgeschlagen worden [*III, 40*].

Die Kadmiumecke des binären Diagramms Cd–Ni wurde zuletzt in [*III, 41*] thermisch und mikroskopisch untersucht. Die Löslichkeit von Nickel in festem Kadmium ist außerordentlich gering, bei 0,25% Ni liegt ein Eutektikum bei 318° C, die dem Kadmium nächst liegende Phase entspricht etwa der Zusammensetzung Cd_7Ni. Das Gefüge von SAE 18 weist demnach Cd_7Ni-Kristalle auf, die in ein überwiegend aus Cd bestehendes Eutektikum $Cd–Cd_7Ni$ eingebettet sind (Abb. 79). In der Härte unterscheiden sich die beiden Gefügebestandteile sehr erheblich: für die Verbindungskristalle, die in einer Menge von 15—20 Flächenprozent vorhanden sind [*III, 42*], gilt eine Mikrohärtezahl von 260, für die Grundmasse eine solche von 55. Wegen der nahezu gleichen spez. Gewichte von Cd_7Ni und Schmelze besteht keine Gefahr einer Seigerung bei der Gußherstellung der Lager. Das Schmelzintervall reicht von etwa 400—318° C.

---

[1] Markenbezeichnung in USA Asarcoloy, in England Cadmium-Nickel NS. 5.

Auch die Ag- und Cu-haltige Legierung weist ein heterogenes Gefüge auf. Kupfer ist in festem Cadmium kaum löslich (bei 300° C etwa 0,07% [*III, 14*]); bei 1,2% Cu tritt ein bei 314° C schmelzendes Eutektikum Cd–Cd$_3$Cu auf. Silber ist in der im SAE 180 vorhandenen Konzentration

noch unter Mischkristall-bildung im Kadmium löslich. Im Gefüge von SAE 180 (Abb. 80) sind demnach primär gebildete Cd-Kristalle im Eutektikum CdAg-Mischkristall-Cd$_3$Cu eingebettet [*III,43*]. Das Schmelzintervall der Legierung ist schmal; es reicht von etwa 330–314° C.

Ein gewisser Nachteil der Kadmiumlagermetalle ist ihre nicht völlige Korrosionsfestigkeit gegenüber heißen. gefetteten Ölen. Es ergab sich, daß geringe Zusätze von Indium ($\sim$0,2—0,4%) diese Empfindlichkeit beseitigen (vgl. Punkt 35).

Im Hinblick auf die zulässigen Beimengungen sei vor allem die Schädlichkeit von Sn-Gehalten hervorgehoben. Anscheinend wird die Oxydation des Kadmiums hierdurch beschleunigt. Auch Abkühlung der Schmelze bis zur Erstarrung bremst die eingeleitete Reaktion nicht ab [*III, 40*].

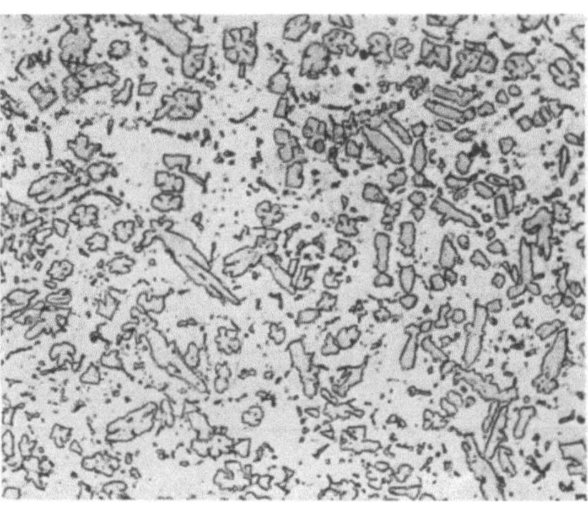

Abb. 79. Gefüge einer Kadmium–Nickel-Legierung (1,3% Ni); entspricht etwa SAE 18 (Tabelle 15); (geätzt mit alkohol. HNO$_3$, 1%ig). V = 200.

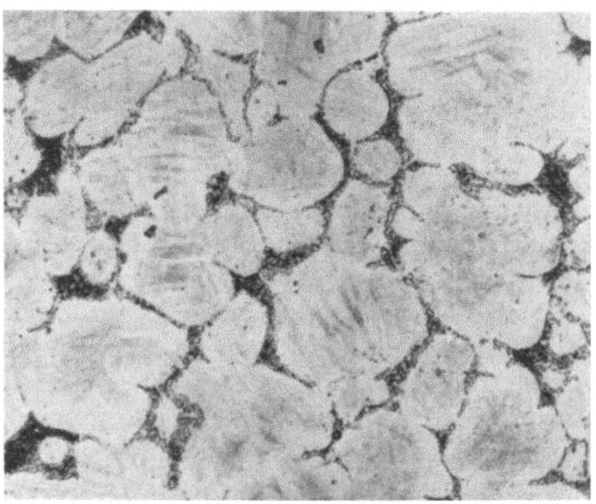

Abb. 80. Gefüge einer Kadmium–Kupfer–Silber-Legierung (0,6%i Cu, 0,75% Ag); entspricht etwa SAE 180 (Tabelle 15); (geätzt mit alkohol. HNO$_3$, 1%ig). V = 300.

20. Lagerlegierungen auf Zinkbasis.

Wenn auch schon seit der Zeit des ersten Weltkrieges Zinklegierungen als Austauschwerkstoffe für Kupfer bzw. Zinnlegierungen verwendet

werden (vgl. [*III, 44*]), so ist doch ein breiterer Einsatz erst erfolgt, als
es gelang, in den Feinzinklegierungen korrosionsfeste Werkstoffe mit
guten mechanischen und Gleiteigenschaften zu schaffen. Tab. 16 enthält

Tabelle 16. *Zusammensetzung von Zinklagerlegierungen.*

Bezeichnung	Zusammensetzung in Prozent	Zulässige Beimengungen in Prozent; höchstens	Genormt in
Guß- und Knet- werkstoffe ZnAl4Cu1[1]	3,5—4,5 Al, 0,6—1,0 Cu, 0,02—0,05 Mg, Rest Feinzink 99,99; DIN 1706	0,075 Fe, 0,001 Sn, Pb+Cd $\leq$ 0,011, Bi+Tl $\leq$ 0,010	DIN E 1724
ZnAl10Cu1	9,0—11,0 Al, 0,6—1,0 Cu, 0,02—0,05 Mg Rest Feinzink	„	—
ZnAl30Cu1[2]	ca. 30 Al, ca. 1—2 Cu, Rest Feinzink	nicht festgelegt	—
Gußwerkstoffe ZnCu5Pb2[3]	4—5 Cu, 2,0—2,5 Pb, 0,5—1,0 Sn, Rest Hütten- und Um- schmelzzink	0,2 Al, 0,5 Cd, Bi + Tl $\leq$ 0,1, 0,1 Mg, 0,5 Fe	DIN E 1724
ZnSn8Pb5[4]	6—9 Sn, ca. 5 Pb, ca. 2,5 Sb, ca. 2,5 Cu, ca. 0,5 Al, Rest Hütten- u. Umschmelzzink	nicht festgelegt	—

eine Zusammenstellung der wichtigsten Zinklagerlegierungen. Wieder-
holt wurde durch Verschneidung der beiden Feinzinklegierungen
ZnAl4Cu1 und ZnAl10Cu1 zu gleichen Teilen auch eine Legierung
ZnAl7Cu1 zur Herstellung von Lagerbüchsen verwendet.

Der wichtigste Zusatz in den Feinzinklegierungen ist das Aluminium,
das unter gleichzeitiger Härtung die Feinkörnigkeit außerordentlich erhöht, die Gießbarkeit verbessert und die Eisenaufnahme aus dem
Schmelztiegel bei den üblichen Arbeitstemperaturen wesentlich herabsetzt. In Abb. 81 ist das binäre Zustandsdiagramm Zink–Aluminium
dargestellt, welches durch einen sehr weit ausgedehnten Bereich der
Al(β)-Mischkristalle ausgezeichnet ist [*III, 45*]. Noch bei einer Kon-

---

[1] Für Al, Cu, Mg-haltige Feinzinklegierungen ist in USA der Handelsname
Zamak (Zinc, Aluminium, Magnesium and Copper) üblich, in England Mazak.
In Deutschland werden die Namen Zamak, Giesche ZL und Erka benutzt.

[2] Alzeen.

[3] Handelsname Papenburger Zinklegierung.

[4] Glyco ZD.

zentration von 83% Zink tritt bei 380° C der kubisch-flächenzentrierte AlZn-Mischkristall auf. η-Entmischung (Ausscheidung von kubischem β-AlZn-Mischkristallen aus übersättigten η-ZnAl-Mischkristallen) und β-Zerfall des 78% Zn enthaltenden Al–Zn-Mischkristalls in einen ZnAl-Mischkristall und einem Znärmeren AlZn-Mischkristall sind die beiden Veränderungen, die zinkreiche Legierungen erleiden. Das nächstwichtige Zusatzmetall, das Kupfer, wirkt wie Aluminium kornverfeinernd und härtend. Gleichzeitig erhöht es die Korrosionsfestigkeit, die weiterhin durch Magnesium-Zusätze besonders gebessert wird. Schon durch wenige hundertstel Prozent Magnesium wird die durch Blei-, Zinn- und Kadmium-Verunreinigungen bedingte Korrosionsanfälligkeit der Korngrenzen Al-haltiger Zinklegierungen behoben.

In Abb. 82 sind der Verlauf der Liquidusfläche der Zn-reichen Ecke des ternären Diagramms Zn–Al–Cu nach [III, 46], [III, 47] und [III, 48] durch Schichtlinien und die Kurven doppelt gesättigter Schmelzen veranschaulicht. Die eutektische Schmelzrinne EE_T und die peritektische Rinne UE_T sinken von höheren Temperaturen aus den binären Systemen in Richtung der Pfeile zu dem ternär eutektischen Punkt E_T ab, der durch eine Temperatur von

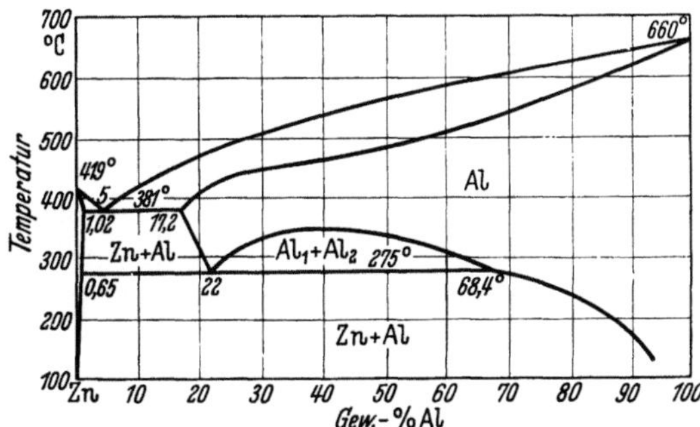

Abb. 81. Binäres Diagramm Zink–Aluminium [III, 45].

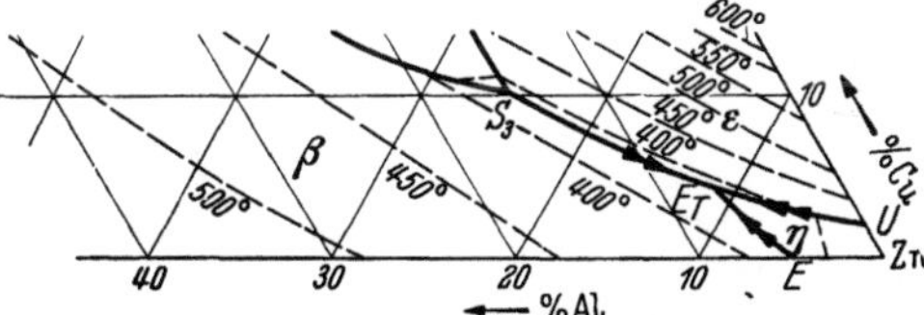

Abb. 82. Liquidusfläche in der zinkreichen Ecke des ternären Diagramms Zn-Al-Cu [III, 46] [III, 47] [III, 48].

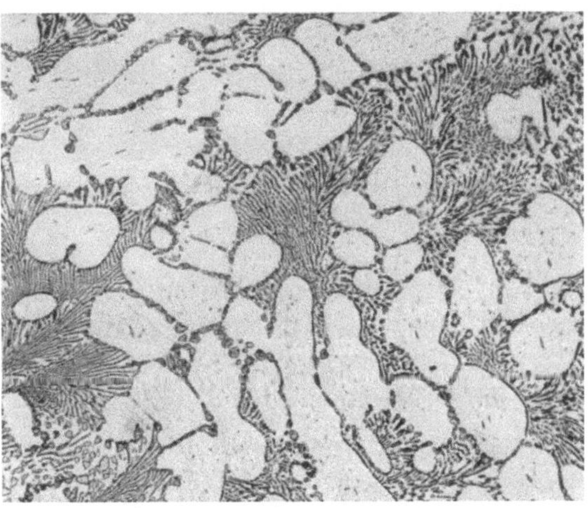

Abb. 83. Gefüge der Zinklegierung ZnAl4Cu1 (Tabelle 16), (geätzt mit alkohol. HNO_3, 1%ig). V = 100.

$377°$ und eine Zusammensetzung von 89,1% Zn, 7,05% Al und 3,85% Cu gekennzeichnet ist. Die in den einzelnen Zustandsflächen primär kristallisierenden Kristallarten sind der hexagonale ternäre η-Zinkmischkristall (Achsenverhältnis $c/a \sim 1,86$ wie bei Zn), der kubisch flächenzentrierte β-AlZn(Cu)-Mischkristall und der hexagonale ε-ZnCu-Mischkristall ($c/a \sim 1,55$, etwas kleiner als dichtester Kugelpackung entsprechend). Abb. 83 gibt das Gefüge einer gegossenen ZnAl4Cu1-Legierung. Auch in den ternären, zinkreichen ZnAlCu-Legierungen spielen η-Entmischung [III, 49] und β-Zerfall eine wichtige Rolle. Hinzu kommt eine weitere im festen Zustand ablaufende Reaktion der drei in Abb. 82 eingetragenen Phasen mit einer vierten, der sog. T-Phase, einem schwach rhombisch oder tetragonal verzerrten, (kubisch-) raumzentrierten ternären Mischkristall mit rund 56% Cu und 10—30% Zn [III, 50], [III, 48]: Die Umsetzung ist durch die Gleichgewichtsbeziehung

$$\beta + \varepsilon \rightleftarrows \eta + T$$

gegeben. Sie läuft bei sehr geringer Abkühlungsgeschwindigkeit bei $275°$C ab. Ohne auf die heute schon eingehend untersuchten Verhältnisse näher einzugehen, sei nur noch angegeben, daß die Maßänderungen, welche durch die im festen Zustand

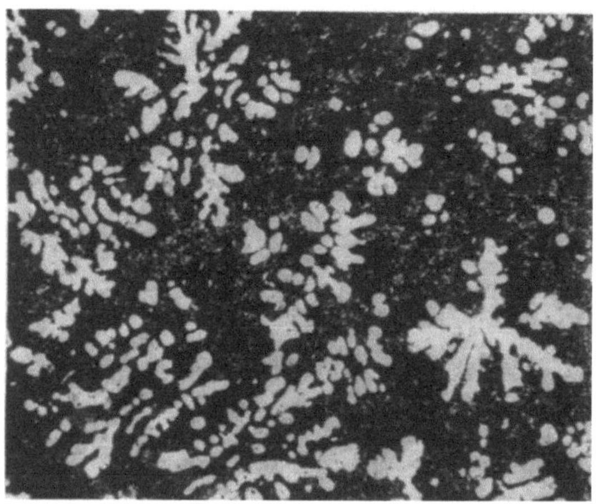

Abb. 84. Gefüge der Zinklegierung mit 4,5% Cu; 2,2% Pb; 0,8% Sn; Papenburger Bronze (Tabelle 16); (geätzt mit 1%ig. HNO_3). V = 300.

vor sich gehenden Reaktionen entstehen (die Vierphasenumsetzung führt zu einer Zunahme, β-Zerfall und η-Entmischung zu einer Abnahme des Volumens), bei den technischen Feinzinklegierungen unter 0,2% bleiben, also durchaus erträglich sind [III, 51].

Messungen der Mikrohärte der einzelnen Kristallarten finden sich in [III, 12]. An Feinzinklegierungen verschiedener Zusammensetzung werden für den ternären η-Mischkristall 103, für den β-AlZn-Mischkristall 48, für den ε-ZnCu-Mischkristall 129 und für das ternäre Eutektikum ($\eta + \beta + \varepsilon$) 116 gefunden.

Während bei den Al-haltigen Zinklegierungen die Verwendung eines besonders reinen (Cd-, Sn- und Pb-armen) Zinks (Feinzink 99,99) mit Rücksicht auf die Verhinderung interkristalliner Korrosion wichtig ist, fällt diese Bedingung bei Al-freien Legierungen weg. ZnCu5Pb2 und Glyco *ZD* (Tab. 16) sind daher auf Hüttenrohzink oder Umschmelzzink aufgebaut. In Abb. 84 ist das Gefüge von ZnCu5Pb2 dargestellt, das aus primären ε-ZnCu-Mischkristallen, überwiegenden Anteil η-ZnCu-Mischkristallen und schwachen Korngrenzensäumen von Zn–Pb-Eutektikum (mit über 90% Pb) besteht.

21. Lagerlegierungen auf Kupferbasis.

(Vgl. [*III, 52*]).

Wie schon zu Beginn dieses Kapitels erwähnt, gehören Kupferlegierungen zu den ältesten metallischen Lagerwerkstoffen. Während man zunächst Zinnbronzen und Messing verwendete, sind in der Folge zahlreiche andere Lagerlegierungen auf Kupferbasis entwickelt worden. Rotguß (Rotmetall) werden Legierungen aus Kupfer, Zinn und Zink mit und ohne zusätzlichen Bleigehalt genannt. Als Aluminium- und Berylliumbronzen werden im übertragenen Sinne hochkupferhaltige Legierungen mit Aluminium und Beryllium und

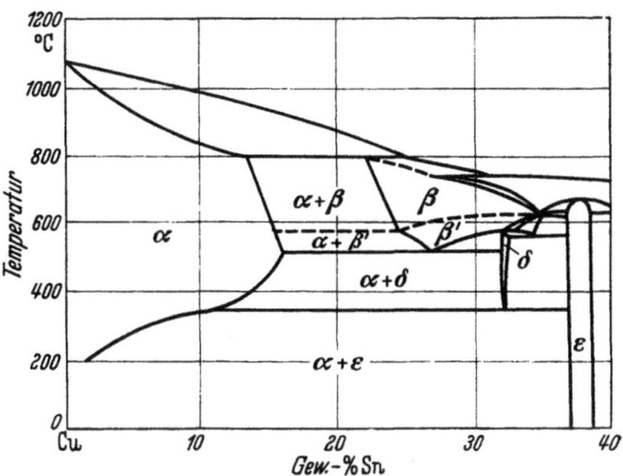

Abb. 85. Kupferseite des binären Diagramms CuSn (nach [*III, 58*]).

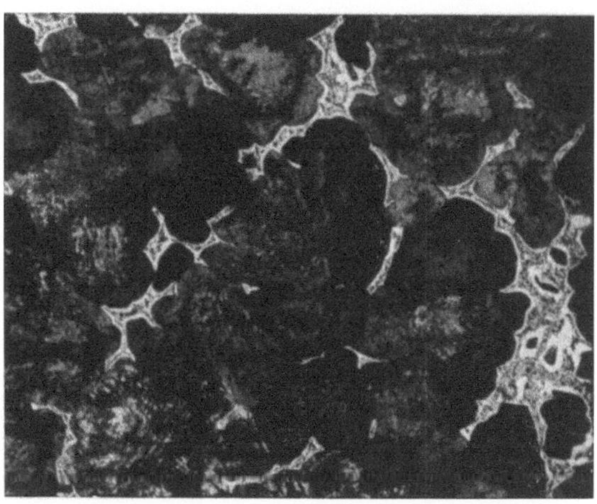

Abb. 86. Gefüge von GSnBz12 (Tabelle 17); (geätzt mit salzsäurehaltiger Eisenchloridlösung) [*III, 59*]. V = 200.

auch noch weiteren Zusätzen bezeichnet. Bleibronzen enthalten neben den Hauptbestandteilen Kupfer und Blei fallweise auch geringe Zusätze von Zinn. Im englischen Sprachgebrauch werden Zinnbronzen, die statt mit Phosphor mit Zink desoxydiert sind und die bis zu 6% Zink enthalten können, als „gun metal" (Admirality bronze oder zincbronze) bezeichnet.

Eine Zusammenstellung der heute hauptsächlich verwendeten und genormten Kupferlagerlegierungen ist in Tab. 17, die nach Guß- und Knetwerkstoffen unterteilt ist, gegeben.

Die für die Erstarrungsverhältnisse und den Gefügeaufbau wichtigsten binären Diagramme sollen im folgenden kurz besprochen werden:

Aus Bronzeschmelzen mit bis 25,5% Sn scheiden sich primär kubisch-flächenzentrierte α-Mischkristalle aus (Abb. 85). Liegt der Sn-Gehalt über 13,2%, so erfolgt bei 798° C eine peritektische Umsetzung der gebildeten Kristalle mit der Schmelze unter Bildung von kubisch-raumzentrierten β-Kristallen die ebenso wie die α-Kristalle ungeordnete Atomverteilung aufweisen. Bei der peritektischen Temperatur sind 13,2% Zinn im Kupfer löslich, mit fallender Temperatur steigt die Löslichkeit zunächst sogar noch etwas an, sie sinkt dann bei Abkühlung unter 520° C stark ab und beträgt etwa 1% bei 200° C. Wichtig für diese lange unbemerkt gebliebene Abnahme der Löslichkeit ist, daß durch starke Kaltverformung die sonst nur äußerst träg verlaufende Einstellung des Gleichgewichts wesentlich beschleunigt wird. Auf die verwickelten Verhältnisse bei Legierungen mit 20—40% Zinn im Temperaturbereich über 500° C soll hier nur andeutungsweise eingegangen werden. Der

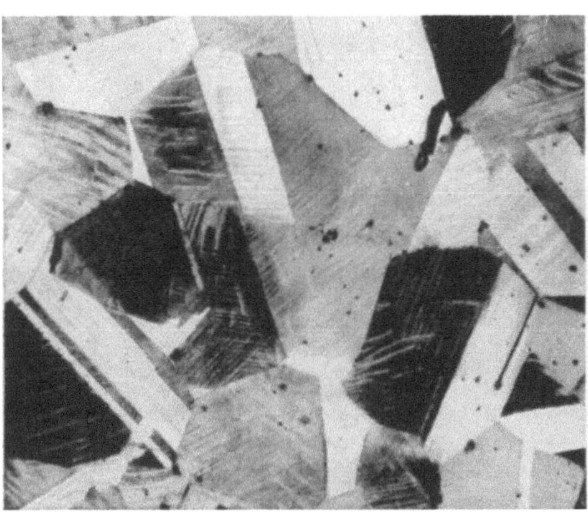

Abb. 87 Gefüge von SnBz8 (Tabelle 17), (geätzt mit 20%ig. Schwefelsäure mit Zusatz von etwas Chromsäure bis Gelb-färbung des Ätzmittels) [III, 59]. V = 200.

β-Mischkristall erfährt je nach der Zusammensetzung bei Temperaturen zwischen 580 und 620° C eine Umwandlung in einen β'-Mischkristall mit geordneter Atomverteilung. Dieser zerfällt bei 520° eutektoid in α-Mischkristall (16% Sn) und die δ-Phase ($Cu_{31}Sn_8$), die kubisch-raumzentriert mit 416 Atomen im Elementarkörper kristallisiert. Unterhalb etwa 350° zerfällt, allerdings mit sehr kleiner Geschwindigkeit, der δ-Kristall in α und ε. Diese letzte Phase entspricht der stöchiometrischen Formel Cu_3Sn; sie kristallisiert in hexagonal dichtester Kugelpackung

Die praktischen Erstarrungsverhältnisse führen wegen des schon erwähnten trägen Diffusionsausgleiches nicht bis zur wirklichen Gleichgewichtseinstellung. Gegossene Bronzen weisen daher inhomogene Zonenkristalle und bei Sn-Gehalten von über 5% Einlagerungen von

Tabelle 17. *Zusammensetzung von Lagerlegierungen auf Kupferbasis.*

a) Gußwerkstoffe.

Bezeichnung	Zusammensetzung in Prozent				Zulässige Beimengungen in Prozent, höchstens	Genormt in
	Cu	Sn	Pb	Zn		
Rotguß 5 (Rg5, Sandguß; SlRg5, Schleuderguß)	83—86	5—6	3—5	Rest, jedoch nicht höher als 6	0,3 Sb, 0,2 Fe, 0,2 Mn, 0,01 Bi, 0,01 Al, 0,01 Mg, 0,05 S, 0,15 As, 0,5 Ni, 0,2 P	DIN 1726 (März 1948)
Rotguß 9 (Rg9)	84,5—85,5	8,5—9,5	—	6	0,3 Sb, 0,2 Fe, 2,0 Pb	—
Gußbronze 12 (GSnBz 12)	Rest (Cu + Sn 99,0)	11—13	—	—	1,0 Pb, 0,2 Sb, 0,2 Fe, 0,2 Mn, 0,01 Bi, 0,01 Al, 0,01 Mg, 0,05 S, 0,15 As, 0,5 Ni, Zn Rest (Summe 1,0)	DIN 1726 (März 1948)
Aluminiumgußbronze 9 (GAlBz9)	Al 8—10 (Cu + Al 99)				nicht festgelegt	,,
AluminiumMehrstoffgußbronze 10 (G AlMBz 10)	Al 8—12, Pb 0—2, Cu + Al mindest. 85, Mn + Fe + Si Rest				1,0 Ni, 1,0 Zn	,,
Sondergußmessing 68 (SoGMs68)	Cu 66—70, P 0,2—0,4, Zn Rest				nicht festgelegt	,,

Bezeichnung	Pb	Sn	Cu	Zulässige Beimengungen in Prozent, höchstens	Genormt in
Bleibronze 25 (PbBz 25)	18—30 (Fe + Mn + Si + Sb) 0—3	—	Rest	nicht festgelegt	DIN 1726 (März 1948)
Bleibronze 13 (PbSnBz 13)	12—14	6—9	Rest	nicht festgelegt	,,
Bleibronze 22 (PbSnBz 22)	17—24	3—6	Rest	1 Sb, 1 Si, 1 Ni	,,

Bezeichnung	Cu	Sn	Pb	Zn	Zulässige Beimengungen in Prozent, höchstens	Genormt in
Tin Bronze A	79—82	18—20	—	—	0,25 Zn, 0,25 Pb, 0,25 Fe, 1,0 P	ASTM B 22—49 [III, 53]
Tin Bronze B	82—85	15—17	—	—	,,	,,
Tin Bronze 1A (Admiralitybronze, Gun metal)	86—89	9—11	—	1—3	0,3 Pb, 1 Ni, 0,15 Fe, 0,05 P	ASTM B 143—49 [III, 54]
Tin Bronze 1B (Gun metal)	86—89	7,5—9	—	3—5	,,	,,
Leaded Tin Bronze 2 A (Gun metal)	86—90	5,5—6,5	1—2	3—5	1 Ni, 0,25 Fe, 0,05 P	,,
Leaded Tin Bronze 2 B[1] (Gun metal)	85—89	7,5—9	1	2,5—5	,,	,,
High leaded Tin Bronze 3 A[2]	78—82	9—11	8—11		0,75 Zn, 0,75 Ni, 0,15 Fe, 0,55 Sb, 0,05 P	ASTM B 144—49 [III, 55]

[1] Die letzten vier Legierungen sind auch als SAE-Legierungen 62, 620, 622 und 621 genormt.

[2] In der Zusammensetzung mit Tin Bronze C (ASTM/B 22—49) identisch. ASTM B 143—49 enthält noch vier weitere, in der Zusammensetzung etwas abgewandelte Legierungen.

Fortsetzung von Tabelle 17.

Bezeichnung	Zusammensetzung in Prozent				Zulässige Beimengungen in Prozent, höchstens	Genormt in
	Cu	Sn	Pb	Zn		
SAE 793	> 83	3,5—4,5	7—9	< 4	0,35 Fe, andere 0,3	SAE
SAE 794	33,5—75,5	3—4	21—25	< 3	0,35 Fe, andere 0,4	SAE
SAE 48	67—74	—	25—32	bis 1,5 Ag	0,1 Zn, 0,025 P, 0,35 Fe, andere 0,15	SAE
SAE 480	60—70	—	30—40		0,35 Fe, 0,05 Sn, andere 0,3	SAE
Phosphorbronze „2B8"	Rest	mind. 10 (> 0,5 P)				British Standards [III, 56] PB 1—I PB 1—C
Phosphorbronze 12% Sn	87,5	12 (>0,15 P)				PB 2—I PB 2—C
Phosphorbronze 18% Sn	81	18 (bis 1% Zusätze)				—
Admirality Gun metal	80	10		2		G 1—I G 1—C
Leaded Phosphorbronze (commercial grade)	Rest	7,5 (>0,5 P)	3,5	1,0		LP B 1—I LP B 1—C
Leaded Bronzes 85/10/0/5 Bronze	85	10	5			LB 3—I LB 3—C
80/10/0/10 Bronze	80	10	10			LB 2—I LB 2—C
76/9/0/15 Bronze	76	9	15			LB 1—I **LB** 1—C
„Plastic" Bronze	73	7	20			—
„Plastic" Bronze	70	5	25			—
80/20 Copper-Lead	78	—	20		bis 2% Sn, Ni und andere	—
70/30 ,,	69		30			DTD 214
60/40 ,,	59		40		bis 1% Ag	—

b) Knetwerkstoffe.

	Cu	Sn	Zn		
Zinnbronze 6 (SnBz 6)	Rest	5—6,5	—	0,4 P	DIN 1726 (März 1948)
Zinnbronze 8 (SnBz 8)	Rest	7—8,5	—	0,4 P	,,
Berylliumbronze 2 (BeBz 2)	Rest	1,5—2,5 Be		nicht festgelegt	,,
Rotmetall 5 (Rm 5)	Rest	4—6	4—6	0,1 Pb, 0,3 P	,,

	Cu	Al	Mn	Si	Fe	Zn		
Aluminium-Mehrstoffbronze 10 (AlMBz 10)	Rest	8—11	0—5	0—1	1,5—5	—	insgesamt bis 1	DIN 1726 (März 1948)

Fortsetzung von Tabelle 17.

Bezeichnung	Zusammensetzung in Prozent						Zulässige Beimengungen in Prozent, höchstens	Genormt in
	Cu	Al	Mn	Si	Fe	Zn		
Sondermessing 68 (SoMs 68)	63—70	—	—	0,8—1,1 o. 0,2—0,4 P	—	Rest	nicht festgelegt	DIN 1726 (März 1948)
Sondermessing 58 (SoMs 58 Al 1)	56—60	0—1	0,5—2	—	—	Rest	0,5 Fe, 0,2 Si, 1,5 Pb	,,
Sondermessing 58 (SoMs 58 Al 2)	56—60	1—3	0,5—2,5	0—0,5	0—2	Rest	0,5 Sn, 0,5 Ni, 1,5 Pb	,,

Bezeichnung	Cu	Sn	P	Zulässige Beimengungen in Prozent, höchstens	Genormt in
Phosphorbronze Alloy (USA) Nr. 1	Rest	3,5—5,8	0,03—0,35	0,1 Fe, 0,05 Pb, 0,3 Zn	ASTM B 100—49 [III, 57]
Copper-Silicon Alloy Nr. 2	< 94,8	2,8—3,5 Si		1,5 Mn, 1,5 Zn, 1,6 Fe, 0,7 Sn, 0,05 Pb, 0,6 Ni	,,
Phosphor-Bronze ordinary quality (England)	94	5,5	0,1		British Standard [III, 56] 369 (hard)
Hight in Bronze for Bearings (England)	91,5	8,25	0,25		DTD 265/A (hard)

Bezeichnung	Cu	Sn	Zn	Pb	Zulässige Beimengungen in Prozent, höchstens	Genormt in
SAE 791 (USA)	Rest	3,5—4,5	1,5—4	3,5—4,5	0,1 Fe, andere 0,2	SAE
außerdem SAE 792—794	Zusammensetzung und zulässige Beimengungen entsprechend Gußwerkstoffen, jedoch mit Sb < 0,25					SAE

$(\alpha + \delta)$-Eutektoid auf [III, 58]. Abb. 86 gibt das Gefüge von GSnBz 12 wieder. Das Eutektoid ist der für Gußbronzen kennzeichnende harte Gefügebestandteil. Für die Ritzhärte der δ-Phase wird etwa der 3fache Wert der für α-Bronze gültigen gefunden [III, 60]. Abb. 87 stellt ein Gefügebild von SnBz 8 dar. Da für die α-Entmischung sehr starke Kaltverformung und lange Glühzeiten erforderlich sind, liegt homogener (übersättigter) Zustand vor.

Die Kupfer-Seite des Cu-Zn-Diagramms ist in Abb. 88 darge-

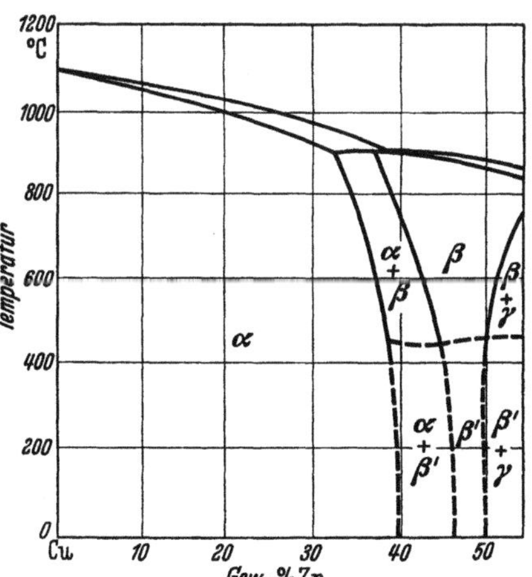

Abb. 88. Kupferseite des binären Diagramms Kupfer—Zink [III, 14].

stellt. Aus Schmelzen mit bis 38,5% Zn scheiden sich primär kubisch-flächenzentrierte α-Mischkristalle aus. Liegt der Zink-Gehalt zwischen 32,5 und 38,5% Zn, so erfolgt bei 905° C eine peritektische Bildung von kubisch-raumzentriertem β-Mischkristall. Schmelzen mit Zinkgehalten zwischen 38,5 und 61% führen zu primärer β-Kristallisation. Die Sättigungskonzentration des α-Mischkristalls nimmt mit fallender Temperatur von 32,5% bei 905° auf etwa 39% bei 100° C zu. Je nach seiner Konzentration erfährt der β-Mischkristall bei Temperaturen zwischen 453 und 470° C eine Umwandlung in einen β'-Kristall mit geordneter Atomverteilung [III, 14]. Die γ-Phase ist ein kubisch-raumzentrierter Kristall

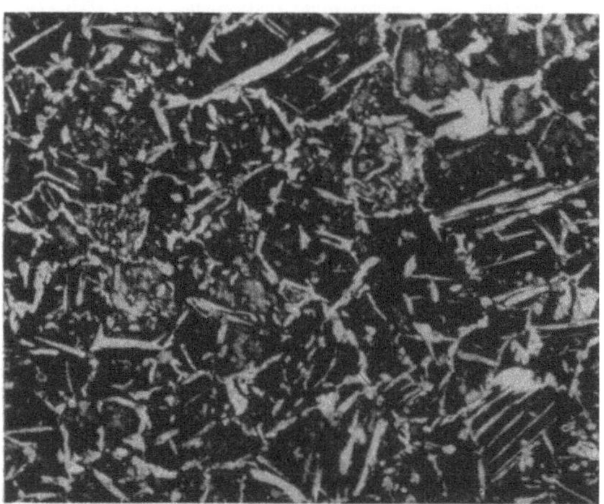

Abb. 89. Gefüge eines Sondermessings 58 (Tabelle 17), (geätzt mit salzsäurehaltiger Eisenchloridlösung) [III, 59]. V = 200.

mit 52 Atomen im Elementarkörper. Die für Lagerzwecke verwendeten Messinglegierungen gehören entweder dem homogenen α-Gebiet (SoMs68) oder dem $(\alpha + \beta')$-Bereich (SoMs58) an.

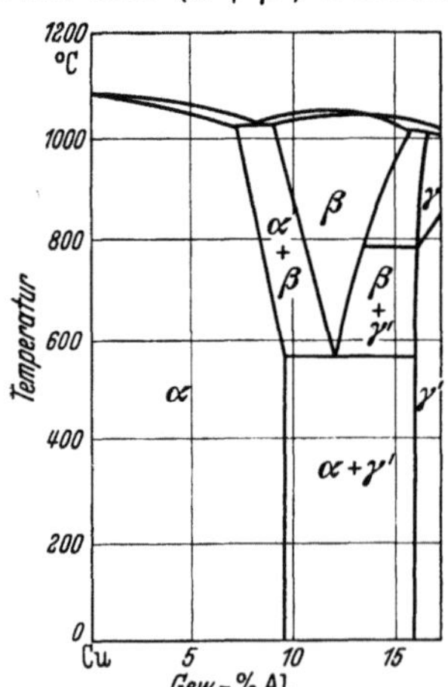

Abb. 90. Aluminium-Seite des binären Diagramms Kupfer–Aluminium [III, 14].

Um die Eignung der Messinge als Gleitwerkstoffe zu verbessern, werden vielfach Zusätze verwendet (s. Tab. 17). Ihre Wirkung besteht teils in einer Erhöhung der Festigkeitseigenschaften zufolge Mischkristallbildung, teils in der Erzeugung neuer harter Kristallarten. Abb. 89 zeigt das Gefüge eines Sondermessings 58 (für Mn-Zugaben, vgl. z. B. [III, 61]). In [III, 62] wird die Bedeutung von Zinn-Zugaben besonders unterstrichen und auf die günstigen Gleiteigenschaften von Legierungen mit 27—39% Zn, 0,4—8% Sn, Rest Kupfer hingewiesen. Im Gefüge derartiger Legierungen tritt das für Rotguß charakteristische $(\alpha + \gamma)$-Eutektoid (vgl. weiter unten) auf. Ein Sondermessing auf Cu–Zn–Mn-Grundlage mit nur 50% Cu-Gehalt und Zusätzen von Fe, Al, Si und Pb wird in [III, 63] als brauchbares Lagermetall beschrieben.

Abb. 90 bezieht sich auf hochkupferhaltige Cu–Al-Legierungen [*III, 14*]. Wieder erweitert sich das Zustandsfeld des homogenen α-Mischkristalls mit sinkender Temperatur (7,5% Al bei 1000° C, 9,4% bei 570° und tieferen Temperaturen). Die kubisch-raumzentrierte β-

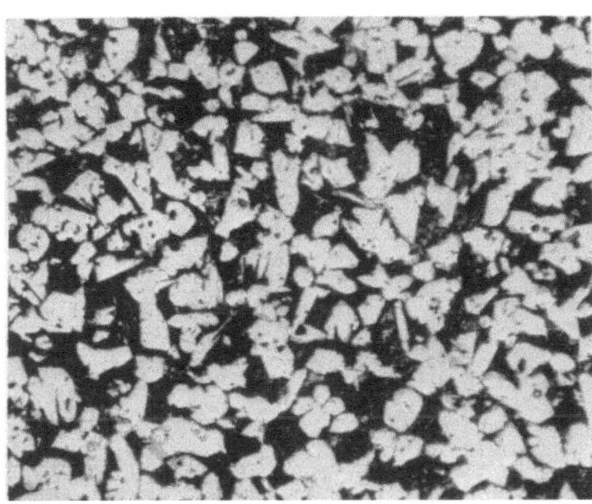

Abb. 91. Gefüge einer Aluminium-Mehrstoffbronze (Tabelle 17), (geätzt mit salzsäurehaltiger Eisenchloridlösung) [*III, 59*]. V = 200.

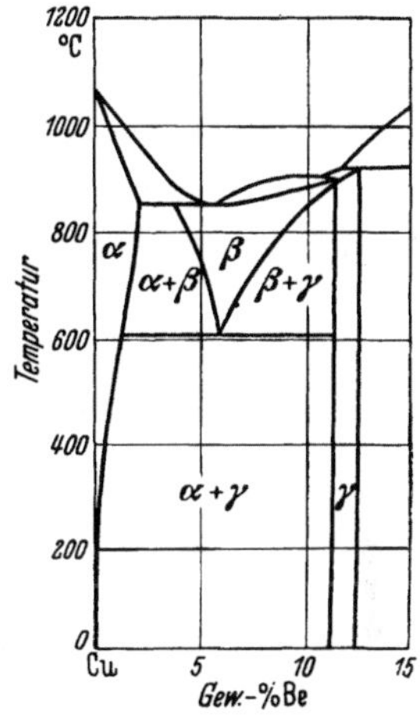

Abb. 92. Binäres Diagramm Kupfer–Beryllium [*III, 14*], [*III, 65*], [*III, 66*].

Phase zerfällt bei 570° eutektoid in $\alpha + \gamma'$, eine Reaktion, die aber nur träge und über metastabile Phasen verläuft [*III, 64*]. Der γ'-Phase ist die Formel Cu_4Al_9 zuzuordnen (sie kristallisiert kubisch im γ-Messingtyp). In den als Lagerwerkstoffe verwendeten Al-Bronzen treten neben dem α-Mischkristall die harte γ'-Phase und, in nadeliger Form, eine β'-Zwischenphase auf. Durch Einbringung

Abb. 93. Gefüge einer Kupfer–Beryllium-Legierung (2% Be), (geätzt mit ammoniakalischem Kupferammoniumchlorid). V = 110.

weiterer Zusätze (Mn, Fe, Si) erfolgt eine Verbesserung der mechanischen Eigenschaften (Mischkristallbildung bzw. härtesteigernde Einschlüsse) und der Gießbarkeit. Ein Schliffbild einer Aluminiummmehrstoffbronze ist in Abb. 91 wiedergegeben.

Das binäre Kupfer–Beryllium-Diagramm mit bis zu 15% Be stellt Abb. 92 dar. Die Sättigungskonzentration des α-Mischkristalls zeigt die gewohnte Abnahme mit fallender Temperatur (2,1% bei der Temperatur 864° C der Peritektikalen $\alpha +$ Schmelze $\rightleftarrows \beta$, 1,4% bei der Temperatur 610° C des eutektoiden β-Zerfalls, 0,16% bei 250° C). Sowohl die β- als auch die γ-Phase kristallisieren kubisch-raumzentriert, die erste mit regelloser Atomverteilung, die zweite mit geregelter. Zufolge der temperaturabbängigen Löslichkeit des Berylliums sind die Legierungen aushärtbar (Homogenisieren bei 800°, Aushärten bis $\sim$300°), wobei, wohl wegen der großen Unterschiede in den Atomradien, besonders große Effekte auftreten. Ein Gefügebild einer ausgebärteten Legierung mit 2% Be gibt Abb. 93.

In Abb. 94 ist schließlich das binäre Diagramm Kupfer–Blei dargestellt. Als wesentlich ist hervorzuheben, daß nur in der Nachbarschaft der reinen Metalle die Schmelzen homogen sind, daß im Bereich mittlerer Konzentrationen hingegen eine Mischungslücke im flüssigen Zustand vorliegt, die

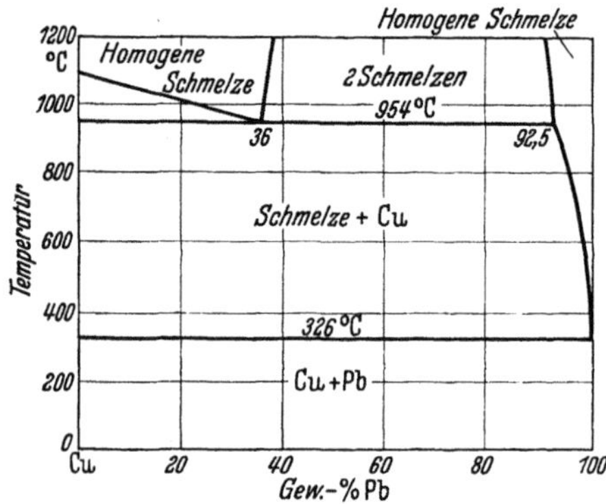

Abb. 94. Binäres Diagramm Kupfer–Blei [III, 14].

bei 954° C von 36—92,5% Pb reicht. Zwei Schmelzen mit diesen Pb-Gehalten und festes Kupfer, bilden bei dieser Temperatur ein invariantes Gleichgewicht. Die Zusammensetzung der beiden oberhalb von 954° miteinander im Gleichgewicht stehenden Schmelzen, die sich unter dem Einfluß der Schwere zu trennen trachten, ist durch die eingetragenen Grenzkurven gegeben. Die Erstarrung technischer Bleibronzen mit Bleigehalten unter 36% erfolgt unter Kupferkristallisation zunächst entlang der vom Kupfer-Schmelzpunkt ausgehenden Liquiduslinie unter Temperaturabnahme, bis bei 954° C die Monotektikale erreicht ist. Die weitere Kupfererstarrung erfolgt nun *bei* dieser Temperatur, bis der Bleigehalt der Schmelze auf 92,5% gestiegen ist. Bei weiterem Wärmeentzug kristallisieren unter starkem Temperaturabfall die noch in der Schmelze vorhandenen 7,5% Cu. Den Abschluß bildet die Erstarrung des Eutektikums Kupfer–Blei mit 0,06% Cu bei 326° C. Das Gefüge besteht somit aus einem primär erstarrten Kupferskelett, dessen Hohlräume mit Blei (bzw. dem diesem praktisch entsprechenden Eutektikum CuPb) ausgefüllt sind. Abb. 95a u. b gibt zwei Beispiele mit feinkörnig globularem und grob dendritischem Gefüge.

Mit Rücksicht auf das Laufverhalten ist eine gleichmäßig feinkörnige Bleiverteilung anzustreben. Diese Aufgabe wird heute trotz vieler Bemühungen noch nicht mit Sicherheit beherrscht. Vor allem kommt hierfür die Schaffung geeigneter Erstarrungsbedingungen in Frage, während eine Beeinflussung der Primärkristallisation des Kupfers durch

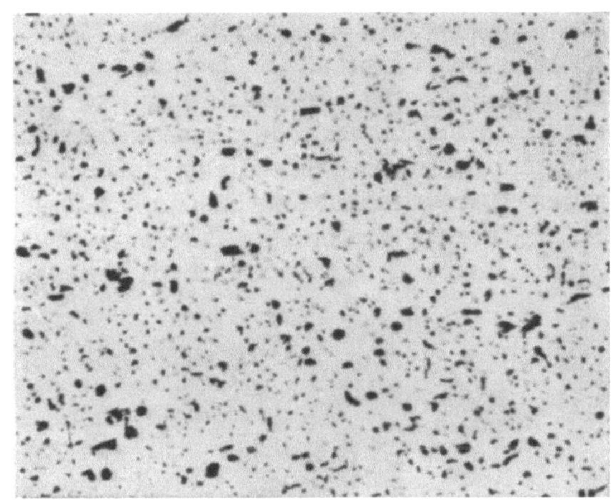

a

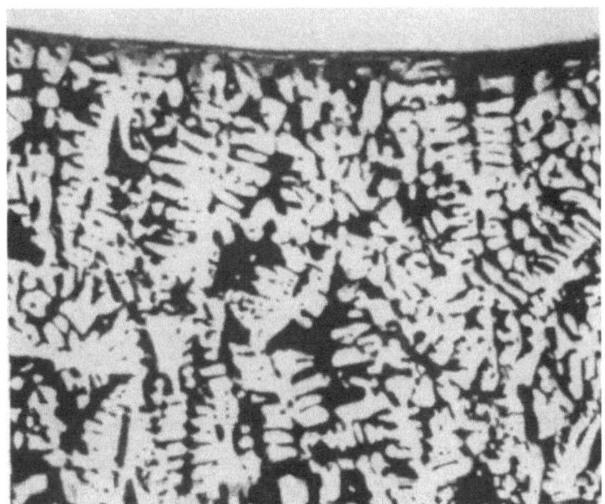

b

Abb. 95a u. b. Gefüge von Bleibronzen.
a feinkörnig globulares Gefüge } ungeätzt [III, 59]
b grob dendritisches Gefüge } V = 60.

Legierungssätze, auf die man früher große Hoffnungen gesetzt hatte, wenig Aussicht auf Erfolg zu bieten scheint. Die günstige Wirkung kleiner Beimengungen scheint bei Bleibronzen fast ausschließlich auf Desoxydationseffekte beschränkt zu sein [III, 67]. Im Gegensatz zur Gefügeausbildung können jedoch die Festigkeitseigenschaften durch Zusätze beachtlich verbessert werden. Hier ist zunächst das Zinn zu nennen, das den Bleibronzen bis zu Gehalten von 10% zugesetzt wird. Zu beachten ist dabei, daß das Ende der Mischungslücke zu kleineren Pb-Gehalten wandert und bei einem Sn-Gehalt von 10% bei 20% Pb (gegenüber 36% in der binären Cu–Pb-Legierung) liegt. Aus diesem Grunde werden bei technischen Mehrstoff-Bleibronzen die Bleigehalte entsprechend erniedrigt. Beträgt der Sn-Gehalt weniger als 5%, so treten bei normalen technischen Abkühlungsbedingungen keine neuen Phasen auf. An Stelle des Kupfers ist der α-CuSn-Mischkristall mit seinen höheren Festigkeitseigenschaften getreten. Bei höheren Sn-Gehalten tritt das oben bei den Zinn-Bronzen beschriebene harte $(\alpha+\delta)$-Eutektoid auf. Bei Gegenwart des Eutektoids setzt zunehmende Ausseigerung von Blei

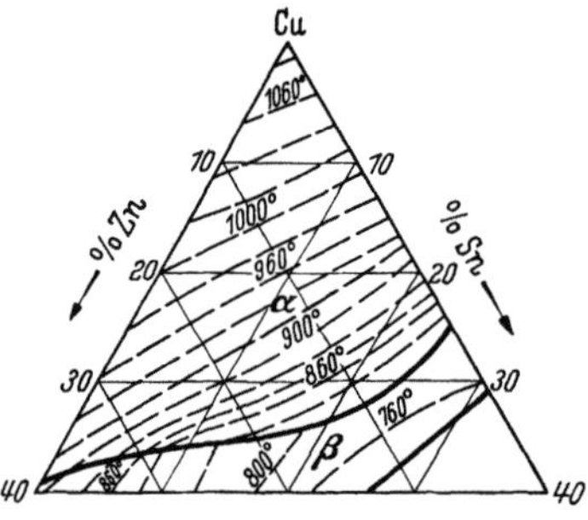

Abb. 96. Kupferreiche Ecke des ternären Diagramms Kupfer–Zinn–Zink [*III, 73*], [*III, 74*], [*III, 75*].

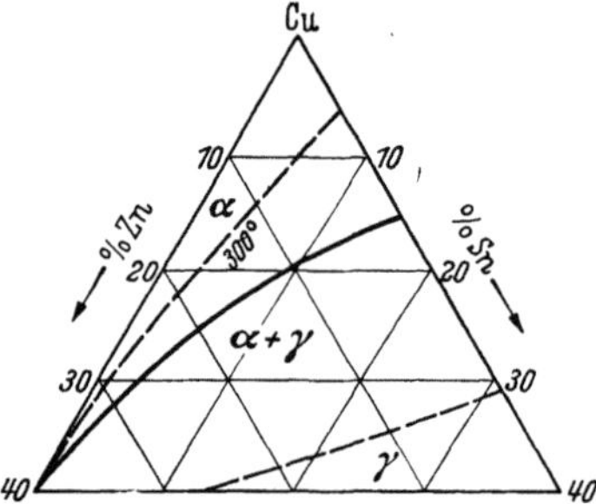

Abb. 97. Isotherme Schnitte bei 500 und 300° durch die Cu-Ecke des ternären Diagramms Cu-Sn-Zn [*III, 75*].

ein, weshalb man den Sn-Gehalt nach Möglichkeit beschränkt und etwa noch erforderliche Härtesteigerungen gegebenenfalls durch Nickelzusätze herbeiführt. Auf die Bedeutung von Silber- und Antimon-Zusätzen für zinnhaltige Bleibronzen wird in [*III, 68*] hingewiesen, wobei insbesondere eine Zusammensetzung 85% Cu, 10% Pb, 3,0% Sn und 2% Sb als vorteilhaft genannt wird. In [*III, 69*], s. a. [*III, 70*] und [*III, 71*] wird die von der Ford Motor Co. entwickelte Bleibronze mit 35—40% Blei, 4,5—6% Ag, Spur Fe, Rest Cu beschrieben und vor allem die damit erreichte Steigerung der Lebensdauer betont. Zur Desoxydation wird zweckmäßig Phosphor (in Form von Phosphorkupfer) verwendet, wobei jedoch darauf zu achten ist, Überschüsse zu vermeiden, die einmal zu interkristalliner Versprödung, weiterhin zu Bleiseigerungen führen. Zur Vermeidung der letzteren ist auch den Gasgleichgewichten in der Schmelze besondere Beachtung zu schenken [*III, 72*], (vgl. auch Punkt 46a).

Die metallografische Grundlage von Rotguß und Rotmetall bildet das ternäre Diagramm Cu–Sn–Zn. In Abb. 96 ist für die in Frage kommende Cu-reiche Ecke die Liquidusfläche mit Hilfe von Isothermen dargestellt ([*III, 73*], [*III, 74*], s. a. [*III, 75*]). Die primär erstarrende Kristallart ist in dem in Betracht kommenden Konzentrationsbereich der ternäre α–Cu-Mischkristall. Zwischen den analogen Phasen der Systeme Cu–Sn und Cu–Zn tritt im ternären System im breitem Ausmaß Mischkristallbildung auf. Abb. 97 gibt einen isothermen Schnitt durch das Diagramm bei 500° C [*III, 75*]. Die Grenzkurve des α-Mischkristallgebietes dürfte für die meisten praktischen Bedingungen die effektive Löslichkeit darstellen. Die dünn gestrichelt eingezeichnete, für 300° C gültige Grenzkurve wird nur nach langer Anlaßbehandlung weitgehend verformter Proben erhalten. Die in Abb. 97 mit γ bezeichnete Phase ist eine feste Lösung von γ-Messing und δ–CuSn. Ein Schliffbild von

Rotguß ist in Abb. 98 wiedergegeben. Die primären α-Dendriten sind in $(\alpha+\gamma)$-Eutektoid eingebettet.

Von Zusätzen zu Rotguß ist vor allem Blei zu nennen, das Bearbeitbarkeit, Einlauf- und Notlaufverhalten verbessert ohne die Festigkeitseigenschaften wesentlich zu benachteiligen. Nickel verfeinert das Gefüge und erhöht bis zu 1,5% sowohl Festigkeit als auch Dehnung.

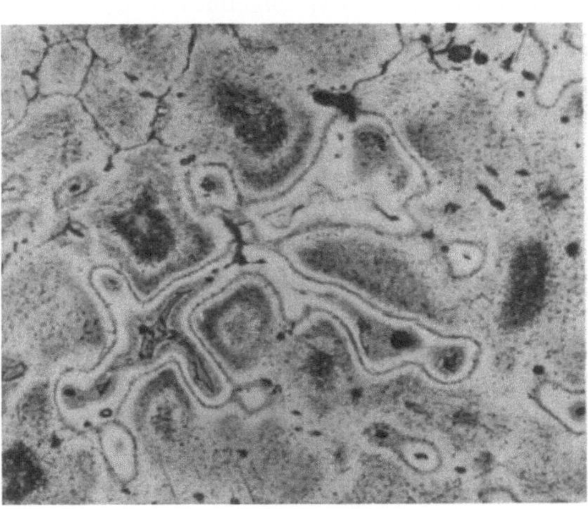

Abb. 98. Gefüge von Rotguß 5 (geätzt mit amoniakalischer Kupferammoniumchlorid-Lösung). V = 200.

Nachteilig wirken sich Antimon, Arsen und Phosphor aus (Versprödung); falls also mit Phosphor desoxydiert wird, ist, ebenso wie bei den Bleibronzen, auf genaue Dosierung zu achten. Eisen bewirkt einen geringen Härtungseffekt, bringt aber bei Gehalten über 0,2% Schwierigkeiten zufolge Verschlackung. Hingewiesen sei schließlich auf die Gefahr von Zinnsäurebildung durch Schmelzüberhitzung in oxydierender Atmosphäre. Die harten, rautenförmigen SnO_2-Kristalle (vgl. Abb. 120) stellen eine ernste Beeinträchtigung der Güte der Legierung dar. Die hohe Härte dieser Einschlüsse (die Ritzhärte gleicht der von Korund und hat etwa den 10fachen Betrag der von α–Sn-Bronze [*III, 60*]) bedingt riefenartigen Verschleiß und starke Neigung zum Fressen des Lagers.

Schließlich sei noch der Einfluß von Wärmebehandlungen auf das Gefüge von Rotguß gestreift. Sie können zu einer Homogenisierung

(Auflösung des Eutektoids) führen, was aber i. allg. mit einer Beeinträchtigung der Gleiteigenschaften verbunden ist (vgl. Punkt 9).

Nicht enthalten in Tab. 17 sind Lagerlegierungen auf Kupfer-Basis mit Zusätzen von Silizium und Eisen. Im Rahmen einer Erörterung von Gießbarkeit, Säurebeständigkeit und Kavitationsfestigkeit wird auch die Eignung derartiger Legierungen für Gleitbeanspruchung erwähnt [*III, 76*]. Überraschenderweise hat sich ferner gezeigt, daß elektrolytisch abgeschiedenes Reinkupfer gewisse Gleiteigenschaften besitzt, die offenbar durch eine auf eingelagerten Wasserstoff zurückgehende Härtung erzeugt werden [*III, 77*].

Hinsichtlich der Bedeutung von Beimengungen sei, gegründet auf Versuche an Kokillenguß von einer Reihe von Sn-Bronzen und Rotguß-legierungen [*III, 78*] folgendes festgehalten: Aluminium, Silizium und Mangan besitzen gemeinsam die Eigenschaft, störende Oxydhäute auf der Oberfläche der flüssigen Legierungen zu bilden. Selbst kleine Mengen dieser Verunreinigungen führen zu Haarrißbildung. Arsen, Antimon, Wismut und Blei verschlechtern die mechanischen Eigenschaften. Durch Arsen und Antimon, die in kleinen Mengen in Lösung gehen, wird die Sn-Löslichkeit in Kupfer herabgesetzt und so die Menge des Eutektoids erhöht. Antimon vergröbert das Gefüge. Wismut und Blei sind im festen Zustand in den Versuchslegierungen fast unlöslich, beide Metalle scheiden sich an den Korngrenzen ab. Eisen, Nickel und Phosphor weisen einen weniger schädlichen, bisweilen sogar einen verbessernden Einfluß auf. Die mechanischen Eigenschaften werden allerdings schon durch kleine Fe-Gehalte nachteilig beeinflußt.

22. Lagerlegierungen auf Silberbasis.

Bei der Suche nach einem Werkstoff für Hochleistungslager wurde in USA die Eignung von Silber als Basismetall eingehend geprüft [*III, 79*] [*III, 80*]. Gute Festigkeitseigenschaften — auch in der Wärme — für statische und Wechselbeanspruchung, hohe Wärmeleitfähigkeit, niedriger Elastizitätsmodul, der eine Anpassung an die Welle erleichtert, sowie gute Korrosionsfestigkeit legten diese Wahl nahe. Da mit Rücksicht auf die Wirtschaftlichkeit die Verwendung als Massivlager entfällt, wurde die Entwicklung von vorne herein in Richtung auf Verbundlager gelenkt. Die schlechte Haftfestigkeit an Stahl verlangt die Aufbringung einer Zwischenschicht (Verkupferung oder Vernickelung). Die Silber-schicht von 0,3—0,5 mm Stärke wird elektrolytisch aufgebracht, anschließendes Glühen führt zu einem besonders feinkörnigen Rekristallisationsgefüge; schließlich wird die Silberauflage mit einer dünnen Schicht eines Werkstoffs mit besonders guten Gleiteigenschaften überzogen [*III, 81*] [*III, 5*]. Grundsätzlich handelt es sich bei diesen „Gleitschichten" um Blei, das mit einer dünnen Indium- oder Zinnschicht versehen wird. Durch geeignete, sorgfältig überwachte Wärmebehandlung wird eine Eindiffusion des Indiums oder Zinns in das Blei herbeigeführt. Dem Reinheitsgrad des Silbers kommt bei höchster Oberflächengüte der Welle für die Neigung zum Fressen große Bedeutung zu [III, 79]. Sämtliche in einer größeren Versuchsreihe geprüften Beimengungen führten zu einer Verschlechterung. Der geringste Einfluß ergab sich bei Pb-Zusätzen, die aus einem anderen Grunde, nämlich zur Erhöhung der Öladsorptionsfähigkeit, gegebenenfalls bis zu einer Höhe von 5,2% verwendet werden (maximale Löslichkeit bei 650° C). Auch diese Ag–Pb-Legierungen, die bei geringerer Oberflächengüte der Welle zu bevorzugen sind, werden elektrolytisch niedergeschlagen [III, 82] [III, 83] [III, 84] [III, 85]. Wie aus der in Abb. 99 wiedergegebenen Ag-Ecke des binären Ag–Pb-Diagramms hervorgeht [III, 86], sinkt die Löslichkeit des Bleis von 650° sowohl mit steigender als auch mit fallender Temperatur stark ab. Bei der eutektischen Temperatur von 304° beträgt sie nur noch 1,6%, bei 100° C ist sie nicht mehr einwandfrei feststellbar. Die eutektische Zusammensetzung liegt bei 97,5% Pb. Eine Ag-Löslichkeit im Blei tritt nur in geringen Spuren auf. Eine Mischungslücke im flüssigen Zustand, wie sie bei Cu–Pb-Legierungen auftritt, wird im System Ag–Pb nicht beobachtet.

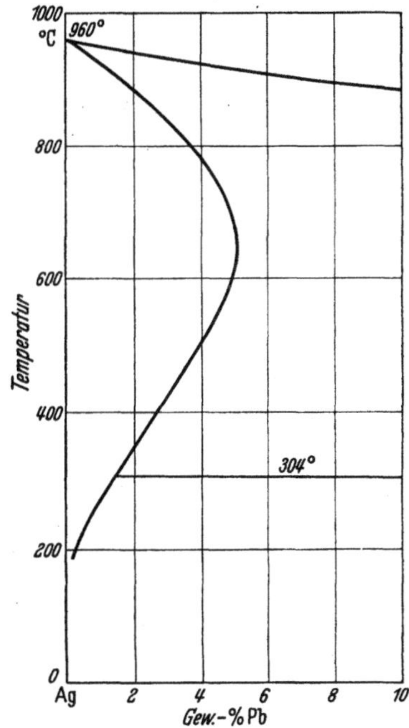

Abb. 99. Silberecke des binären Diagramms Silber–Blei [III, 86].

Das Gefüge bleihaltiger Silberlegierungen ist zweiphasig; es besteht praktisch aus Silber mit eingelagerten Bleiausscheidungen.

Silberlager mit dem oben beschriebenen schichtweisen Aufbau werden in USA in Höchstleistungsmotoren seit einigen Jahren bevorzugt verwendet. Eine andere Ausführungsform von Silberlagern mit geringer Freßneigung (mit Blei gefüllte Rillen in der Gleitfläche) ist in [III, 87] beschrieben.

Über orientierende Untersuchungen der Eigenschaften von binären Ag–Pb-, Ag–Sb- und Ag–Cd (Ag–Zn-) -Legierungen, von ternären Ag–Pb–Sb- und Ag-Pb–Cd-Legierungen wird in [III, 88] berichtet. Die Überlegenheit galvanisch aufgebrachter, unlegierter Schichten geht auch aus diesen Versuchen hervor.

23. Lagerlegierungen auf Aluminiumbasis
(vgl. [*III, 89*]).

Gute Festigkeitseigenschaften besonders auch gegenüber Wechselbeanspruchung, das niedrige spez. Gewicht, gute Korrosionsfestigkeit
gegenüber Schmierölen haben dazu geführt, die Eignung von Aluminium-
Legierungen, die seit langem als Werkstoffe für Kolben in Verbrennungskraftmaschinen Verwendung finden, auch für die Verwendung in Gleitlagern zu prüfen. Die vorwiegend in Deutschland, neuerdings aber auch
in USA und anderen Staaten durchgeführten Entwicklungen bewegen
sich in mehrfacher Richtung[1]. Einmal wurden in Anlehnung an die
„Tragkristalltheorie" (vgl. Punkt 9) in
ein möglichst weiches, mittelhartes oder
hartes Grundgefüge jeweils härtere Einlagerungen eingebaut; ferner wurden, entsprechend dem Gefügeaufbau der Bleibronzen, Al-Lagerlegierungen entwickelt,
bei denen in mittelharter Grundmasse
weiche Einlagerungen verteilt sind.
Weiterhin wurden durch Verwendung
entsprechender Zusatzmetalle Legierungen geschaffen, welche nebeneinander
Einlagerungen mit höherer und niedrige-
rer Härte als die der Grundmasse aufweisen und schließlich wurden auch
homogene Mischkristallegierungen mit
mittlerer Grundhärte erprobt.

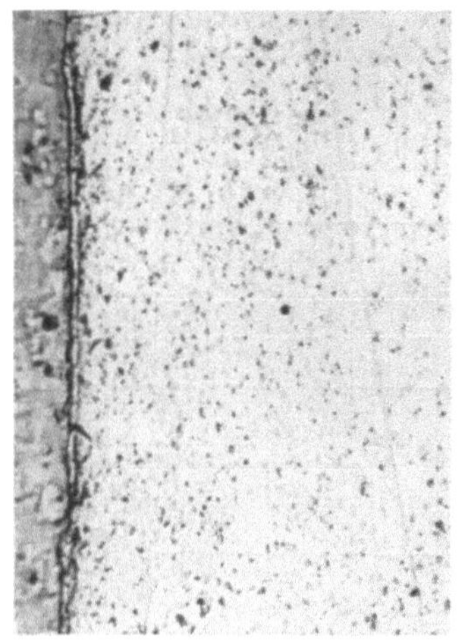

Abb. 100. Gefüge der Aluminium-
Legierung 411 (Tabelle 18), (Zusammensetzung: 1,2% Fe; 1,2% Mn; 0,5%
Ni; 0,5% Cr; 1% Sb; Rest Al) (geätzt nach KELLER), V = 300.

In Tab. 18 ist die Zusammensetzung
einer Reihe von Aluminiumlagerlegie-
rungen verzeichnet. Zu den weichsten
Legierungen, mit denen man sich den
Gleiteigenschaften von Weißmetallen weitgehend anzunähern versucht,
gehören die Legierung 411 [*III, 94*], bei der in weicher Aluminium-
Grundmasse (Brinellhärte 30—40) Aluminide von Schwermetallen der
Eisengruppe eingelagert sind[2] (Abb. 100), ferner die Legierungen
Alcoa 750 [*III, 95*], vgl. auch [*III, 5*], La 31 [*III, 96*] und Coussinal A
[*III, 97*], bei denen in nur schwach gehärteter Grundmasse weiche,
niedrig schmelzende Zinn- (und Blei-) Einlagerungen neben mehr oder
minder harten Phasen eingebettet sind (Abb. 101), schließlich eine
nicht in der Tabelle enthaltene AlCdSi-Legierung mit 4% Si und 1,2% Cd

---

[1] Für frühe Arbeiten in Deutschland vgl. [*III, 90*], [*III, 91*], [*III, 92*] und
[*III, 93*].

[2] Zur Erzielung gleichmäßig feinkörniger Verteilung der Aluminide ist es vorteilhaft, gleichzeitig mehrere Schwermetalle in kleinen Mengen zuzugeben [*III, 92*).

Tabelle 18. *Zusammensetzung von Aluminium-Lagerlegierungen.*

Bezeichnung	Zusammensetzung in Prozent	Zulässige Beimengungen in Prozent; höchstens	Genormt in
Legierung 83 (Knetwerkstoff)	Zn 5; Pb 1; Mg 0,4; Si 0,3; Rest Al		
AlCuMgPb (Knetwerkstoff)	Cu 3,0—4,5; Mg 0,4—1,5; Mn 0,3—1,5; Al Rest	Si 1,0; Fe 1,0; Zn 0,7; Ni 0,3; Pb+Sn+Cd+Bi 0,5—2,0	DIN 1725 Blatt 1 (1950)
Quarzal (Guß- und Knetwerkstoff)	Cu 2—15; vorzugsweise 4—5 (kleine weitere Schwermetallzusätze)		—
Legierung 411 (Knetwerkstoff)	Fe 1,2; Mn 1,2; Ni 0,5; Cr 0,5; Zn $<$0,2; Pb $<$0,2 Cu$<$0,05; Sb 1;		
Alva 36 (Guß- und Knetwerkstoff)	Pb 4,3; Mn 2,95; Cu 0,25; Sb 0,35; Zn 0,25 (0,35 Si; 0,5 Fe)		
AlSiCuNi I (Guß- und Knetwerkstoff)	Si 11,5—13,0; Cu 0,8—1,1; Mg 0,8—1,3; Ni 0,8—1,1; Al Rest	Fe+Ti 0,8 (davon Ti 0,2)	DIN 1725 (1945)
Alcoa 750	Sn 6,5; Cu 1,0; Ni 1,0		USA
La 31	Sn 5; Cu 0,8; Ni 1,5; Mg 0,8; Si 0,8; Pb 0,5		Schweiz
Coussinal A	Sn 3; Pb 2; Sb 3		Frankreich
Alcoa X A 750 X A 805 (Knetwerkstoff)	Sn 6,5; Cu 1,0; Ni 0,5; Si 1,5		USA
Rolls Royce Leg.	Sn 6; Cu 0,8; Ni 1,6; Mn 1,0; Fe 0,3; Si 0,2		England
KS 837 (Knetwerkstoff)	Sn 5; Cu 1; Ni 1; Mg 0,5; Si 1; Pb 1		Deutschland
Alcoa X B 750	Sn 6,5; Cu 2,0; Ni 1,2; Mg 0,8		USA
Coussinal B (alle Legierungen, wenn nicht anders vermerkt, als Guß- und Knetwerkstoff)	Sn 4; Cu 4; Mg 3; Mn 1		Frankreich

[*III, 5*], bei der die weichen Einlagerungen durch Cadmium gebildet werden. Wegen ihrer nicht ausreichenden Festigkeitseigenschaften eignen sich diese weichen Legierungen i. allg. nicht zum Bau von Massivlagern[1];

---

[1] Ausschlaggebend bei der Entscheidung über die Ausführungsform sind: die Konstruktion der Lagerstelle, die Einbauverhältnisse und für einen Teil der Werkstoffe etwaige Beeinflußbarkeit der Festigkeitseigenschaften durch Vergütungsbehandlung.

sie erfordern Armierung durch Stützschalen, eine Maßnahme, die außer der Verbürgung hinreichender Belastbarkeit auch eine teilweise Unterdrückung der hohen thermischen Ausdehnung des Aluminiums bewirkt.

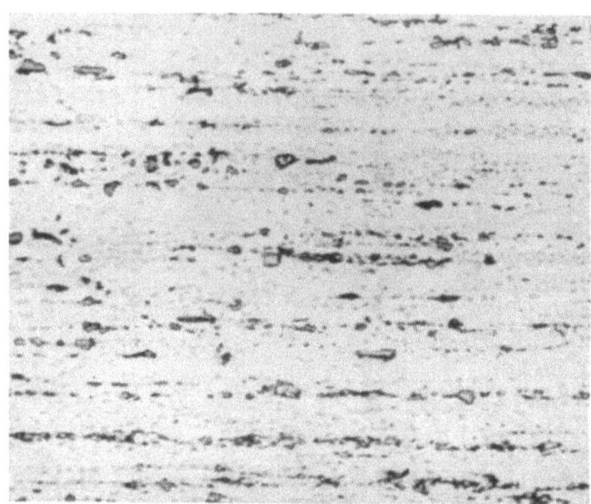

Abb. 101. Gefüge der Aluminiumlegierung (KS 837) entsprechend etwa dem Alcoa-Typ (Zusammensetzung: 5% Sn; 1,0% Pb; 1,0% Cu; 1,0% Ni; 1% Si; 0,5% Mg; Rest Al), (geätzt nach SCHULZ-WASSERMANN). V = 150.

Die härteste Aluminium-Lagerlegierung, deren Anwendungsgebiet in das der Bronzen und Sondermessinge fällt, ist die mit AlSiCuNi bezeichnete (Abb. 102). Es handelt sich hier um eine eutektische Al–Si-Legierung, die zusätzlich durch Mischkristallbildung und Einlagerung von Schwermetallaluminiden gehärtet und überdies noch einer thermischen Aushärtungsbehandlung fähig ist [III, 98]. Besondere Stützschalen sind bei diesen harten Legierungen nicht erforderlich.

Von mittlerer und für den Bau von Massivlagern ebenfalls noch ausreichender Härte sind die übrigen Werkstoffe aus Tab. 18. Legierung 83 (Abb. 103) weist ihrer Zusammensetzung nach ein homogenes Mischkristallgefüge auf [III, 94], bei Quarzal [III, 25] und [III, 99] und Al–Cu–Mg–Pb liegen in durch Mischkristallbildner gehärteter Grund-

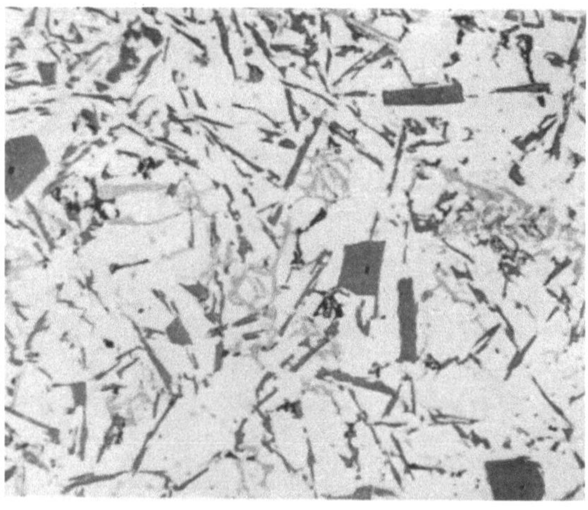

Abb. 102. Gefüge der Aluminiumlegierung AlSiCuNi (Zusammensetzung: 12,5% Si; 1% Cu; 1% Mg; 1% Ni; Rest Al), (geätzt nach SCHULZ-WASSERMANN). V = 300.

masse härtere $CuAl_2$-Kristalle eingebettet. Die Legierungen Alcoa X A 750 [III, 100], X B 750 ([III, 101]; vgl. auch [III, 5]), K S 837 [III, 94], die Rolls Royce Legierung sowie Coussinal B [III, 97] weisen zwar grundsätzlich denselben Gefügebau wie die weicheren Legierungen Alcoa 750 und

Coussinal A auf, durch Erhöhung der Gehalte an Kupfer oder an Nickel, bzw. durch Hinzunahme von Magnesium bzw. Mangan ist jedoch die Härte erheblich gesteigert. Bei Alva 36 [*III, 102*] sind in gehärteter Grundmasse sowohl härtere Aluminide als auch weichere Gefügebestandteile eingebettet.

Außer den in Tab. 18 verzeichneten Legierungen wurden, wie das bei einem durchaus in Fluß befindlichen Gebiet selbstverständlich ist, eine ganze Reihe weiterer auf ihr Gleitverhalten untersucht. Wir kommen hierauf später bei Erörterung der Ergebnisse von Lagerlaufversuchen zurück (Punkt 36).

24. Lagerlegierungen auf Magnesiumbasis.

In niedrig belasteten Lagerstellen haben sich auch Magnesiumlegierungen verwendbar gezeigt [*III, 89*]. Die Entwicklung hochwertiger Lagerlegierungen auf Grundlage des leichtesten technischen Leichtmetalls ist jedoch bisher nicht gelungen. We-

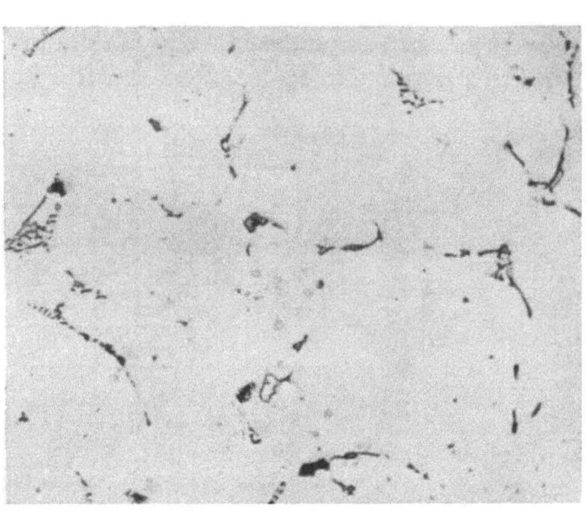

Abb. 103. Gefüge der Aluminiumlegierung 83. (Zusammensetzung: 5% Zn; 1% Pb; 0,4% Mg; 0,3% Si; Rest Al), (geätzt nach SCHULZ-WASSERMANN). V = 300.

der stark heterogen aufgebaute Legierungen, noch fast homogene, führten in systematischen Laufversuchen zu befriedigenden Ergebnissen [*III, 103*]; (in [*III, 104*] wird über eine ablehnende Beurteilung der Motor Industries Research Association berichtet). Durch geringen Wellenangriff hob sich eine binäre Mg–Pb-Legierung mit 19% Pb hervor, deren Gefüge aus Pb-reichen Mischkristallen (Magnesium nimmt bei 468°, der Temperatur des Eutektikums Mg–Mg_2Pb, ca. 46% Pb in fester Lösung auf, bei 100° C noch etwa 4%) mit eingelagerten Mg_2Pb-Kristallen besteht.

Die hohe Wärmedehnung des Magnesiums und seine große Reaktionsfähigkeit lassen selbst bei Schaffung von Legierungen mit ausreichenden Gleiteigenschaften seine breite Anwendung als Lagerwerkstoff nicht sehr aussichtsreich erscheinen.

25. Gußeisen als Lagerwerkstoff
(vgl. [*III, 105*] [*III, 106*]).

Neben seiner Verwendung für Stützschalen kommt dem Gußeisen auch als Werkstoff für Gleitbahnen und -lager Bedeutung zu. Vor allem ist es seine gute Verschleißfestigkeit, die hierbei nutzbar verwendet wird.

Die Deutung der Erstarrungsvorgänge kann im Gußeisen wegen der hohen Gehalte an Nebenbestandteilen (Si, ferner Mn, S und P) nicht mehr ausreichend durch das Eisen–Kohlenstoff-Diagramm gegeben werden. Auf Grund der Kenntnis einzelner ternärer Systeme ist die Kristallisation jedoch auch bei Vorhandensein aller der eben genannten Beimengungen einigermaßen übersehbar. Wichtig ist zur Erzielung guter Gleiteigenschaften vor allem das Auftreten des Graphits im Gefüge. Seine Menge hängt von der Höhe des Kohlenstoffgehalts, den Abkühlungsbedingungen (langsame Abkühlung begünstigt die dem stabilen Fe–C-System entsprechende Graphitbildung) und von der Gegenwart dritter Bestandteile ab (Silizium-Gehalte bestimmter Höhe fördern die

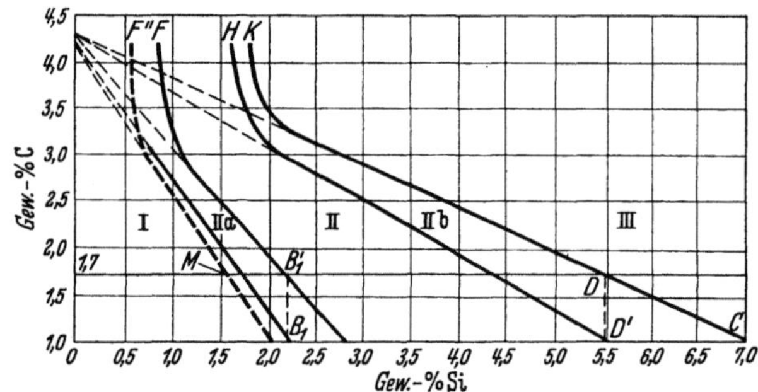

Abb. 104. Gußeisen-Diagramm von MAURER.

Graphitbildung, Mangan und Schwefel wirken ihr entgegen). Abb. 104 zeigt das für bestimmte Abkühlungsbedingungen gültige MAURERsche Gußeisendiagramm[1]; es beschreibt das Gefüge der Grundmasse in Abhängigkeit vom C- und Si-Gehalt [*III, 107*]. Die in den einzelnen Konzentrationsfeldern auftretenden Gefügebestandteile sind folgende:

I. Ledeburit (unterhalb etwa 720° C: Perlit
   [Eutektoid aus Ferrit und Zementit (Fe_3C)]
   + Zementit)   weißes Gußeisen
II. Graphit, Perlit   perlitisches Gußeisen
                                                  (Abb. 105)
IIa. Graphit, Ledeburit, Perlit   meliertes Gußeisen
IIb. Graphit, Perlit, Ferrit   ferritisches Gußeisen
III. Graphit, Perlit und überwiegend Ferrit   ferritisches Gußeisen

In allen Konzentrationsbereichen erfolgt die Erstarrung zunächst im wesentlichen nach dem metastabilen System Fe–Fe_3C zu weißem Roh-

---

[1] Für dieses Diagramm gelten: Gußstückabmessungen 30 mm Durchmesser, 720 mm Länge. Die Gießform (Kernsand) enthält drei gegeneinander um 120° versetzte Hohlräume für die Gußstäbe. Eine eingebaute, mit Kieselgur gegen den Formkasten isolierte Heizwicklung gestattet die Erwärmung der Form. Gießtemperatur im Mittel 1250° C; Probeentnahme frühestens 14 Stunden nach dem Gießen.

eisen, die Graphitbildung gemäß dem stabilen System Fe–C erfolgt in der Hauptsache erst im festen Zustand. Beim technischen grauen Gußeisen liegt also stets gemischte Kristallisation nach beiden Systemen vor. Durch Verlangsamung der Abkühlgeschwindigkeit (Vorwärmung der Kokillen) gelingt es, auch bei niedrigeren C- und Si-Gehalten, die an sich zu weißer Erstarrung führen müßten, Perlitguß zu erhalten [*III, 108*]. So verlagert beispielsweise Vorwärmung der Form auf 450° C die untere Grenzkurve des perlitischen Bereichs von FB_1' nach $F''M$ (Abb. 104). Eine neue Überprüfung des Gußeisen-Diagramms im Betrieb scheint eine gewisse Korrektur nahezulegen [*III, 109*].

Hinsichtlich der Gleiteigenschaften wird unter den Gußeisensorten Perlitguß am günstigsten beurteilt ([*III, 110*] [*III, 111*]; vgl. auch [*III, 112*] [*III, 113*]): Ferritisches Material neigt beim Heißlauf zum Fressen auf der Welle, an Primärzementit reiches führt wegen der hohen Härte der Zementitkristalle zu Riefenbildung [*III, 114*].

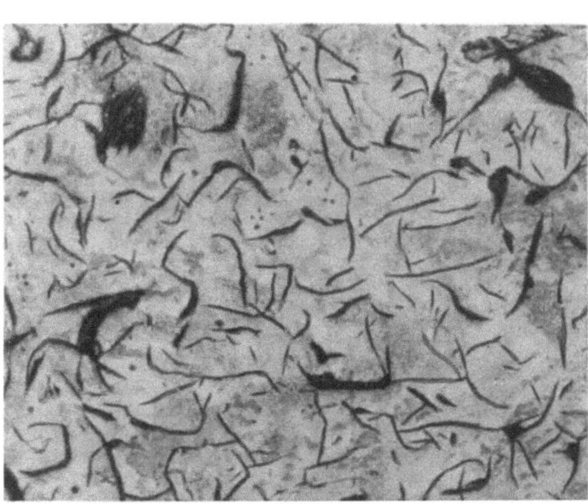

Abb. 105. Gefüge von perlitischem Gußeisen (3,6% C; 2,2% Si; 0,6% Mn; 0,08% P; 0,03% S), (geätzt mit alkohol. HNO₃). V = 100.

Über die Bedeutung der Beimengungen sei folgendes hervorgehoben [*III, 115*]: Mangan ist im Gußeisen zumeist im Bereich von 0,3—1,2% enthalten. In Gehalten über 0,5% bildet es Carbide und wirkt dadurch dem Silizium entgegen. An Eigengefügen (gesondert auftretenden Phasen) treten ferner stets rundliche Körner von Mangansulfid auf, die jedoch die mechanischen Eigenschaften nicht nachteilig beeinflussen. Phosphor, der bis zu Gehalten von 0,6% oder auch darüber im Gußeisen vorliegt, begünstigt die Dünnflüssigkeit der Schmelze; auch wird ihm Verbesserung der Verschleißfestigkeit nachgerühmt, wobei dem Verteilungsgrad des Phosphideutektikums Bedeutung zukommt. Schwefel ist bis zu etwa 0,12% unschädlich, da er als Mangansulfid abgebunden ist. Nickel spielt neuerdings in gewissen Gußeisensorten eine Rolle. Es wirkt, wenn auch erheblich schwächer als Silizium, graphitbildend; bei hohen Gehalten führt es zu einem austenitischen Grauguß, der mit guter Verschleißfestigkeit erhöhte Korrosionsfestigkeit verbindet (Niresist mit ca. 14% Ni und gegebenenfalls weiteren Zusätzen an Cu und Cr [*III, 116*]. Chrom bildet Karbide. In Höhe von etwa 0,3% wirkt es stabilisierend auf den Perlit.

Als eine charakteristische Zusammensetzung eines Lagergußeisens sei angegeben: 3,3% Gesamtkohlenstoff, 1,2% Si, 0,8% Mn, 0,15% S, 0,4% P, 1% Ni und 0,3% Cr [*III, 36*]. In [*III, 117*] wird bei sonst ähnlicher Zusammensetzung ein Si-Gehalt von 2,4—2,6% genannt. Im übrigen sind alle Sorten Grauguß [*III, 118*] für den Bau von Gleitlagern herangezogen worden.

Auf hochwertiges Gußeisen mit Nadelstruktur (Acicular Cast Iron) nach [*III, 119*] wird in [*III, 120*] hingewiesen. Das Gefüge kann durch eine Warmbehandlung perlitischen Gußeisens hervorgerufen werden, zweckmäßiger wird es jedoch durch geeignete Dosierung von Zusatzelementen (Mo, Ni, Cu, Cr) erzeugt, die so gewählt werden muß, daß die Bildung martensitischen oder gar austenitischen Gefüges vermieden ist.

Neuerdings wird Gußeisen mit Kugelgraphit großes Interesse entgegengebracht, vor allem mit Rücksicht auf die verbesserten mechanischen Eigenschaften [*III, 121*] [*III, 122*] [*III, 123*] [*III, 124*] [*III, 179*]. In den Gleiteigenschaften ist es dem normalen Gußeisen nicht unterlegen [*III, 125*]. Wesentlich für die

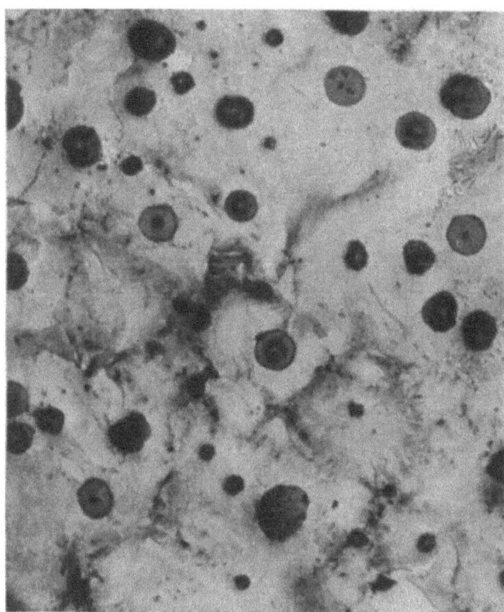

Abb. 106. Gefüge von Gußeisen mit Kugelgraphit (3,8% C; 2,6% Si; 0,35% Mn; 0,06% P; 0,016 S; 0,055% Mg), (geätzt mit alkohol. HNO₃). V = 100.

Erzielung dieser Gefügeausbildung (vgl. Abb. 106) sind bestimmte Legierungszusätze, z. B. Magnesium oder Cer und weitgehende Schwefelfreiheit der Schmelze [*III, 126*].

26. Sinterwerkstoffe
(Vgl. [*III, 127*], [*III, 128*], [*III, 129*], [*III, 130*] und [*III, 131*]).

Für die bisherige Beschreibung der Lagermetalle wurde eine Einteilung nach dem Grundmetall befolgt. In diesem letzten, metallische Werkstoffe behandelnden Punkt beschreiben wir Gleitlagerwerkstoffe, hergestellt durch Sinterung von aus verschiedensten Metallpulvern gepreßten Körpern. Erste Vorschläge hierzu reichen etwa 40 Jahre zurück (vgl. [*III, 132*]). Der leitende Gedanke bei der Herstellung von Sinterlagern war zunächst der, durch Schaffung von Hohlräumen eine Ölaufnahme herbeizuführen. Hierdurch sollte einmal den Folgen von Mangelschmierung wirksam begegnet, weiterhin aber auch ein erforderlicher Ölvorrat für wartungslose Lager geschaffen werden. Durch Wahl geeigneter Korngrößen, Kornformen und Preßdrücke bei der Herstellung der Preßrohlinge, Hinzufügung entsprechender Mengen von bei erhöhter Temperatur flüchtigen Zusatzstoffen und Verwendung geeigneter Bedingungen bei der Sinterung gelingt es, das Porenvolumen der Sinterkörper weitgehend den Erfordernissen anzupassen. Auch der Art der Aufbringung des Preßdruckes kommt hier Bedeutung zu. Ein weiterer durch diese Herstellung gegebener Vorteil ist es, Zusammensetzungen zu verwirklichen, die über den Schmelzfluß wegen Mischungslücken im flüssigen Zustand oder wegen zu ausgeprägter Schwereseigerung nicht oder nur mit Schwierigkeiten herstellbar sind. Hinzu kommt ferner die Möglichkeit, auf pulvermetallurgischem Wege eine dosierte Zumischung

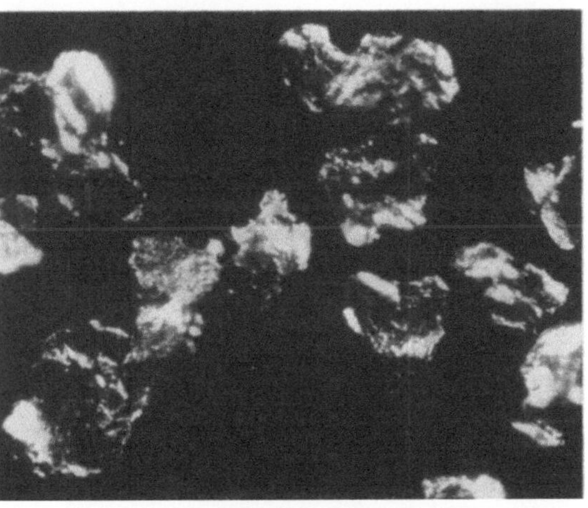

Abb. 107. Nach dem HAMETAG-Verfahren gewonnenes Eisenpulver. V = 25.

von bestimmten metallischen oder auch nicht metallischen Phasen (Graphit, Oxyde, Karbide usw.) zu bewerkstelligen.

Eine gedrängte Zusammenstellung der Herstellungsverfahren von für Sinterlager verwendeten Metallpulvern ist unter Kennzeichnung der Gestalt und Größe der erhaltenen Pulverkörner in Tab. 19 gegeben. Besonders hingewiesen sei auf nachstehende Verfahren:

1. Mechanische Zerkleinerung in Wirbelschlagmühlen *(Hametagverfahren)*, bei welcher von Drahtstücken oder Spänen, bei spröden Metallen von Bruchstücken oder Granulaten ausgegangen wird [*III, 105*]. Die erhaltenen Körner stellen tellerförmige Plättchen dar (Abb. 107).

2. Zerstäuben bzw. Zerschleudern von Metallschmelzen mit Luft oder Wasser (oder beiden gemeinsam) bei gleichzeitiger mechanischer Einwirkung (Verfahren der *Deutschen Pulvermetallurgischen Gesellschaft* [*III, 133*]). Für die Gestalt der so erhaltenen teils kugeligen, teils spratzigen Pulverkörner gibt Abb. 108 ein Beispiel. Im „*Druckverdüsungsverfahren*" erfolgt die Zerstäubung des Schmelzstrahles nicht

durch mechanische Schlagwirkung, sondern durch Aufblasen eines hochgespannten Dampf- oder Gasstrahles. Speziell der Eisenpulvererzeugung dient dieses Verfahren in abgewandelter Form als „*Mannesmann-RZ-Verfahren*". Das so erhaltene Pulver ist porös [*III, 134*].

3. Zerfall gasförmiger Carbonyle in Metall und Kohlenoxyd, der sich für Eisenpentacarbonyl bei 240° C nach dem Schema $Fe(CO)_5 = Fe + 5 CO$ abspielt. Die Gestalt der Pulverteilchen ist weitgehend kugelig; Anschliffe zeigen, daß schichtweiser Aufbau vorliegt.

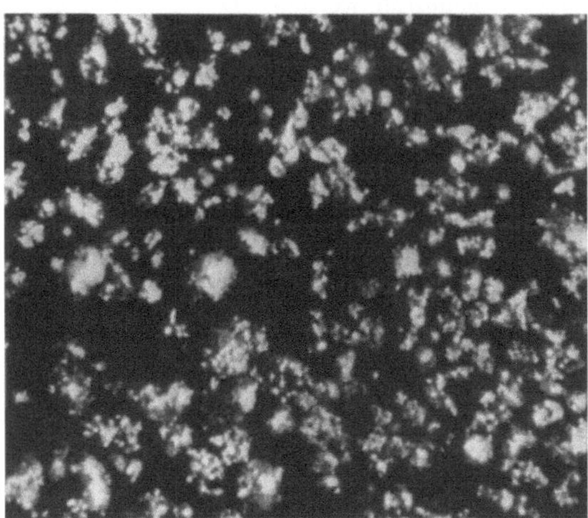

Abb. 108. Nach dem DPG-Schleuderverfahren gewonnenes Eisenpulver [*III, 129*]. V = 25.

4. Reduktion von Eisenoxyden nach Verfahren, wie sie vor allem in Schweden zur Herstellung von Schwammeisen entwikkelt wurden; Verfahren, welche auch den in großen Mengen anfallenden Walzzunder zu Eisenpulver zu reduzieren gestatten. Die vielgestaltige, zackige Kornform von Schwammeisen geht aus Abb. 109 hervor.

5. Bei der elektrolytischen Herstellung von Metallpulvern kann durch geeignete Wahl der Abscheidungsbedingungen erreicht werden, daß das betreffende Metall unmittelbar in Pulverform anfällt. Darüber hinaus kann, wie am Beispiel

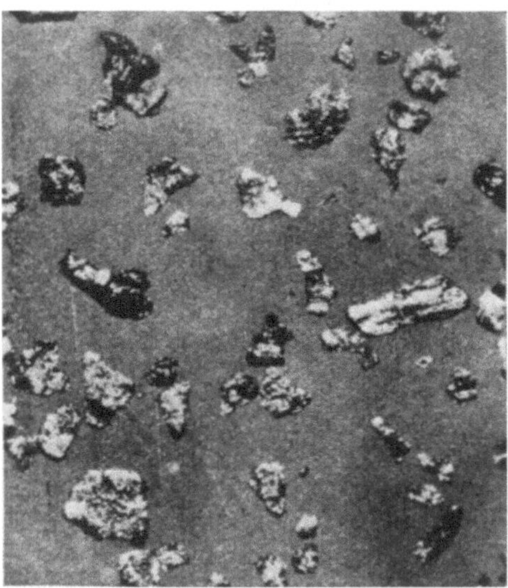

Abb. 109. Schwammeisenpulver, aus Walzzunder hergestellt [*III, 130*]. V = 25.

von Kupferpulver (Abb. 110a und b) gezeigt wird, durch verschiedene Wahl des Elektrolyten der Aufbau der Pulverkörner wesentlich beeinflußt werden [*III, 135*]. (Aus Sulfatlösung entstandene Kupferpulverkörner bestehen aus zahlreichen, radial gerichteten Mikrokristallen, aus Chloridlösung entstandene sind einkristallin oder aus nur wenigen Körnern aufgebaut.) Vielfach wird auch der Weg beschritten, zunächst

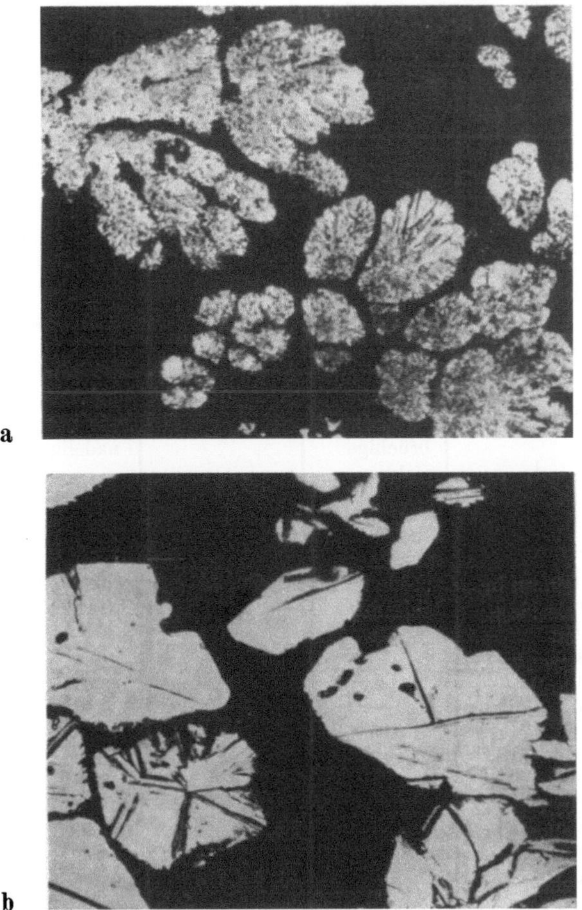

Abb. 110 a u. b. Elektrolytisch hergestelltes Kupferpulver [*III, 135*]. V = 200.
a aus Sulfatlösung abgeschieden   b aus Chloridlösung abgeschieden
(geätzt mit ammoniakalischem Wasserstoffsuperoxyd).

mehr oder minder kompakt abgeschiedenes Metall nachträglich zu zerkleinern.

Über die Korngrößen der Pulverkörner gibt die letzte Spalte von Tab. 19 Auskunft. Danach sind die auf physikalisch-chemische Weise gewonnenen Pulver erheblich feiner-körnig als die durch mechanische Zerteilung erhaltenen. Über die Verteilung der Korngrößen einer Pulversorte gibt die Siebanalyse Auskunft. Abb. 111 zeigt zwei Beispiele der

Häufigkeitsverteilung (Hametag- und Elektrolyteisenpulver). Ob es gelingt, diese Verteilungskurven entsprechend einem für gemahlene keramische Massen empirisch gefundenen Verteilungsgesetz ([*III, 136*], [*III, 137*]) durch zwei Kenngrößen, Feinheitsgrad und Verteilungsbreite, zu beschreiben [*III, 138*], bleibt abzuwarten.

Tabelle 19.

Herstellungsverfahren und Korngestalt der für Sinterlager verwendeten Metallpulver (nach III, 129).

Verfahren	Ausgangsstoffe	Metall	Korngestalt	Korngröße in μ
I. Mechanische Verfahren a) Grob- und Feinzerkleinerung α) Vermahlen in Kugelmühlen	absichtlich versprödet, Eisenschwamm aus Erzen, brüchige elektrolytische Niederschläge	Fe	schwammartige Kristallagglomerate, zackig, nadelig	10—100
β) Zerkleinern in Wirbelschlagmühlen (Hametagverf.) und ähnlichen Schlagaggregaten	spröde und bildsame Metalle	Fe, Cu, Al	tellerartige Plättchen	20—400
b) Granulieren und Zerstäuben α) Granulieren in Wasser		Pb, Fe, Cu	kugelig	100—500
β) Granulieren durch Umrühren von Schmelzen		Al, Sn, Zn	körnig, vielgestaltig	<250
γ) Zerstäuben mit Luft oder Wasserdampf	bildsame Metalle und Legierungen in flüssigem Zustand	Al, Cu, Fe		
δ) Zerschleudern mit Luft in Wasser usw. und gleichzeitig mechan. Einwirkung (DPG-Verf.)		Fe, Cu, Ni, Al, Bronze, Messing Komplexpulver PbCu, PbAg	spratzig mit kugeligen Anteilen	20—400

Fortsetzung von Tabelle 19.

Verfahren	Ausgangsstoffe	Metall	Korngestalt	Korngröße in μ

II. Physikalisch-Chemische Verfahren
a) Gewinnung aus der Gasphase
  α) Kondensation
  β) Solutierverfahren
	Metallschmelzen	Zn
		Pb
			kugelig	0,1—10
				
				0,1— 5

γ) Carbonylverfahren	Carbonyle	Ni, Fe		
b) Reduktion von Metallverbindungen bei höheren Temperaturen	Metalloxyde (Walzzunder), Erze	Fe, Ni, Cu	zackig, nadelig, vielgestaltige Kristallagglomerate	0,1—10
c) Reduktion von Salzlösungen		Ag, Sn	zackig, nadelig, vielgestaltig	0,1—10
d) Elektrolyse von wässerigen Lösungen	Metallsalze	Fe, Cu, Sn, Pb	nadelig, dendritisch	0,1—30

Für die Verpreßbarkeit der Pulver spielt das von Korngrößenverteilung und Korngestalt abhängige *Füllvolumen* eine wesentliche Rolle. Es ist dies das Volumen einer lose geschütteten Pulvermenge von bekanntem Gewicht. Der Reziprokwert wird als *Fülldichte* bezeichnet[1]. Im allgemeinen nimmt das Fülvolumen mit abnehmender Korngröße ab. Mischungen verschiedener Korngrößen ergeben ein kleineres Füllvolumen als einzelne Siebfraktionen (enger Korngrößenbereich), da die kleineren Körner die Zwischenräume zwischen den größeren teilweise ausfüllen (vgl. hierzu auch [*III*,

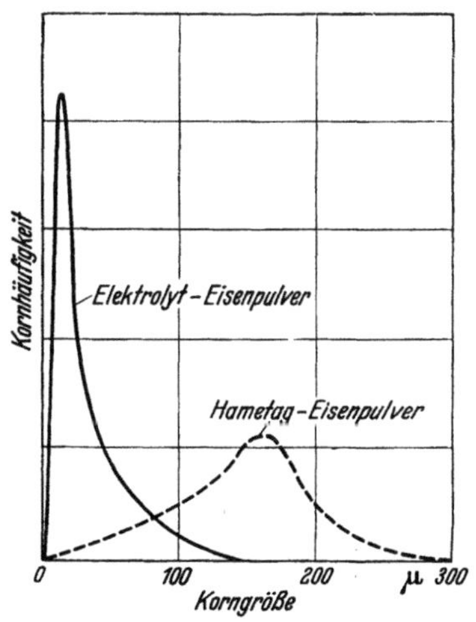

Abb. 111. Korngrößenhäufigkeitskurven von Eisenpulvern, nach [*III, 130*].

---

[1] Vielfach wird an Stelle des Füllvolumens ein sich nach einem mehrere Minuten langem Klopfen einstellendes Klopfvolumen verwendet, welches das Füllvolumen um etwa 20% unterschreitet.

139]). Weiterhin spielt auch die Art des Einfließens des Pulvers in den Meßzylinder eine Rolle für das Füllvolumen: Je feiner der Füllstrahl und je langsamer die Einrieselung um so größer das Füllvolumen [*III, 140*].

Durch den Preßvorgang nimmt die Größe der Berührungsflächen der Körner erheblich zu. Brücken, die sich durch gegenseitige Abstützung von Pulverkörnern gebildet haben, werden zerstört, kleine Körner werden in Hohlräume eingepreßt, mikroskopische oder submikroskopische Zacken und dgl. werden geglättet, plastische Verformung deformiert die einzelnen Körner. Mit der hiermit einhergehenden Dichtesteigerung steigt auch dieFestigkeit an (Zerstörung trennender Oxydhäutchen, Ausbildung von Verschweißungen und Verzahnungen). Für den Anstieg der Preßdichte und Vikkershärte mit dem Druck gibt Abb. 112 Beispiele für zwei verschiedene Eisenpulver. Als *Raumerfüllung* wird die in Prozenten der Dichte des kompakten Materials durch einen bestimmten Druck erreichte Dichte des Preßkörpers bezeich-

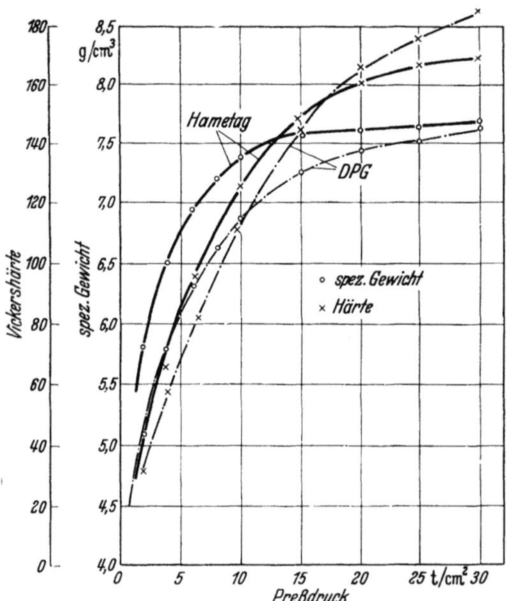

Abb. 112. Anstieg von spezifischem Gewicht und Härte mit steigendem Preßdruck, nach [*III, 130*]. Material: zwei verschiedene Eisenpulversorten.

net. Raumerfüllung und prozentisches *Porenvolumen* ergänzen sich zu 100%. Im allgemeinen ist mit weichen, verformbaren Pulvern eine bessere Raumerfüllung zu erzielen, eine reduzierende Vorglühung der Pulver wirkt sich günstig aus. Eine theoretische Studie über den Zusammenhang des Preßdrucks mit Porenvolumen und Zugfestigkeit findet sich in [*III, 141*].

Eine weitere für die Verpreßbarkeit wichtige Pulvereigenschaft ist die *Kantenfestigkeit*. Hierunter wird die Fähigkeit verstanden, einen mehr oder minder formbeständigen Preßling bei Anwendung eines bestimmten Druckes zu bilden. Maßgebend ist hier vornehmlich die Korngestalt (Verzahnungsmöglichkeiten). Kugelige Pulver führen zu geringer Kantenfestigkeit, nadelige, zackige und schwammartige zu hoher.

Eine ausführliche Darstellung der Vorgänge während der Sinterung der Preßkörper würde den Rahmen dieses Buches weit überschreiten. Nur einige Bemerkungen seien hier angefügt. Sie betreffen zunächst grundsätzliche Fragen auf Grund von Beobachtungen an einphasigen Systemen; im Anschluß daran wird das Verhalten von Mehrstoffsystemen gestreift.

Glühbehandlung ungepreßter Pulver ergibt, daß eine Volumenschwindung und Verfestigung schon eintritt, bevor ein Kornwachstum durch Sammelkristallisation einsetzt. Die mit der Temperaturerhöhung einhergehende Vergrößerung der Amplitude der Atomschwingungen führt offenbar lokal zu einer Annäherung bis zur Reichweite der atomaren Kraftfelder [*III, 142*], [*III, 143*]. Es tritt Verwachsung der Nachbarteilchen ein, die auch bei Wiederabkühlung bestehen bleibt. Bei Steigerung der Sintertemperatur tritt schließlich Sammelkristallisation ein, Größe und Anzahl der Poren sinken, die Dichte steigt erheblich an. Eingehende Untersuchungen an Kupferpulver unter Heranziehung physikalisch-chemischer Eigenschaften ([*III, 144*], [*III, 145*], [*III, 146*] und [*III, 147*]) führen auf verschiedene (auf die abs. Schmelztemperatur bezogene) Temperaturbereiche, in denen sich zunächst Vorgänge an der Oberfläche der Pulverteilchen, bei höheren Temperaturen auch solche im Kristallinnern in charakteristischer Weise äußern.

Bei der Glühbehandlung von Preßkörpern überlagern sich die Auswirkungen der durch die verwendeten Preßdrücke bewirkten Veränderungen der Pulverkörner. Bleibt der Druck so klein, daß eine plastische Verformung der einzelnen Teilchen überhaupt nicht oder nur in hoch belasteten Oberflächenrauhigkeiten erfolgt, so gleicht das Sinterverhalten dem ungepreßter Pulver, wobei allerdings im zweiten Fall eine Verstärkung der Adhäsion benachbarter Pulverteilchen in Erscheinung tritt. Die Temperatur des Kornwachstums durch Sammelkristallisation wird jedoch gegenüber der für ungepreßte Pulver gültigen kaum verändert. Wird der Preßdruck bis zur Verformung der Pulverteilchen als Ganzes gesteigert, so treten bei der Sinterung der Preßkörper die bekannten Erscheinungen der Bearbeitungsrekristallisation auf. Bei mit extrem hohen Drucken gepreßten Körpern wurde bei der Sinterung kein Schwund des Volumens, sondern eine Zunahme beobachtet, die auf die Wirkung von Gasen zurückgeführt wird [*III, 148*].

Handelt es sich bei der Sinterung von Preßkörpern um solche aus Mehrstoffsystemen, so wird das Verhalten wesentlich davon abhängen, ob und wie Mischkristall- und Verbindungsbildung in dem betreffenden System vorliegen. Bei Unmischbarkeit der Komponenten und Vermeidung einer flüssigen Phase liegen die Verhältnisse wie bei einphasigen Systemen. Tritt hingegen Legierungsbildung ein, so gelten die Gesetzmäßigkeiten der Diffusion wie bei über die Schmelze hergestellten Proben. Steigende Kornfeinheit begünstigt diese Diffusion, Trennung der Pulverkörner durch Oxyd- oder Gashäute erschwert sie. Die auf Grund des Zustandsdiagramms der Sintertemperatur gemäß zu erwartenden Kristallarten bilden sich zunächst als Säume, bis schließlich durch Diffusion, gegebenenfalls unterstützt durch eingeschaltete Verformungsvorgänge, der Gleichgewichtszustand mehr oder weniger erreicht ist. Tritt im Verlauf der Sinterung eine flüssige Phase auf, so wird die Einstellung des Gleichgewichts wesentlich beschleunigt. Abb. 113 zeigt schematisch die Gefügeänderung bei der Sinterherstellung eines graphithaltigen Sinterbronzelagers [*III, 149*].

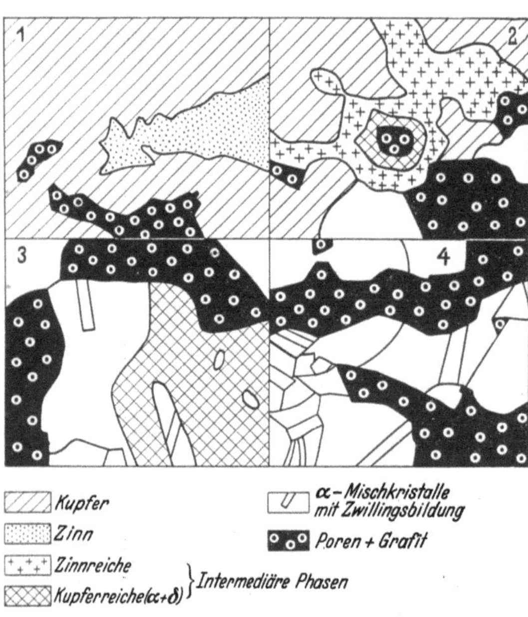

Abb. 113. Gefügeänderungen in graphithaltigen Sinterbronze-Körpern (schematisch), nach [*III, 149*]. Mit fortschreitender Zeit durchlaufene Zwischenzustände.

Die bisherigen Erörterungen haben sich auf Sinterlager bezogen, die beabsichtigt ein zur Aufnahme von Schmiermittel dienendes Porenvolumen von etwa 15 bis 45% aufweisen. Für gewisse Lagerbeanspruchungen ist es jedoch zweckmäßig, sog. kompakte Sinterlager zu verwenden, bei denen durch die Art der Herstellung das Porenvolumen praktisch auf Null gebracht wird. Dies kann auf zweierlei Weise erfolgen.

Entweder wird ein auf Sintertemperatur gebrachter Kaltpreßling, ein aus Pulvergemisch durch Vorsintern hergestellter Sinterkuchen oder loses Pulvergemisch unter hohen Drucken heiß gepreßt, oder es werden in porösen Sinterlagern die Poren mit Metallschmelzen ausgefüllt (Tränklegierungen).

Das Gefüge eines durch Heißpressen hergestellten kompakten Sinterlagers aus Kupfer mit 4% Graphit zeigt Abb. 114. Der Graphit begünstigt die Erreichung einer hohen Raumerfüllung, er begünstigt weiterhin den Lagerlauf auch bei tiefen Temperaturen, bei denen die Dünnflüssigkeit der Öle nicht mehr ausreicht.

Als Beispiel einer Tränklegierung sei eine für hochbelastete Lager von Verbrennungskraftmaschinen verwendete Laufschicht erwähnt. Als eigentliche Lagerlegierung wird ein dem WM5 ähnliches Metall benutzt, das im Vakuum in die Poren einer auf einem Stahlband aufgesinterten Schicht aus Kupfer- und Nickelpulver (40% Ni) eingebracht wird ([*III, 150*], [*III, 151*]; siehe auch [*III, 152*]) (Abb. 115).

Zu den ersten technisch hergestellten Sinterlagern gehören solche aus Bronze, die außer einem Zinngehalt von etwa 10% zur Verbesserung der Gleiteigenschaften Graphitzuschläge bis 2% erhielten. Als flüchtige Zuschläge werden Lösungen von Stearin-

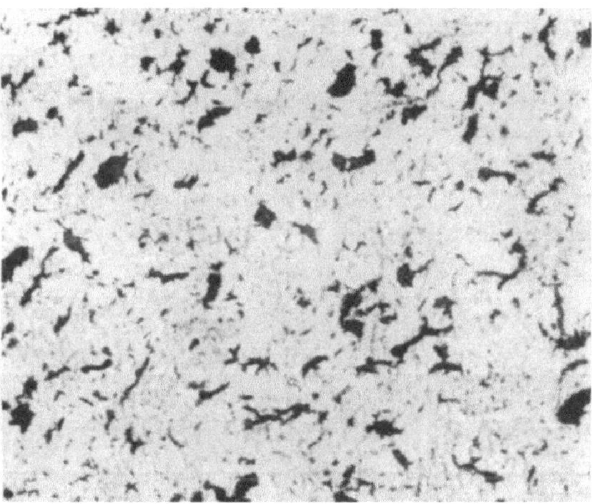

Abb. 114. Durch Heißpressen hergestellter kompakter Sinterkörper aus Kupfer mit 4% Graphit (ungeätzt). V = 120.

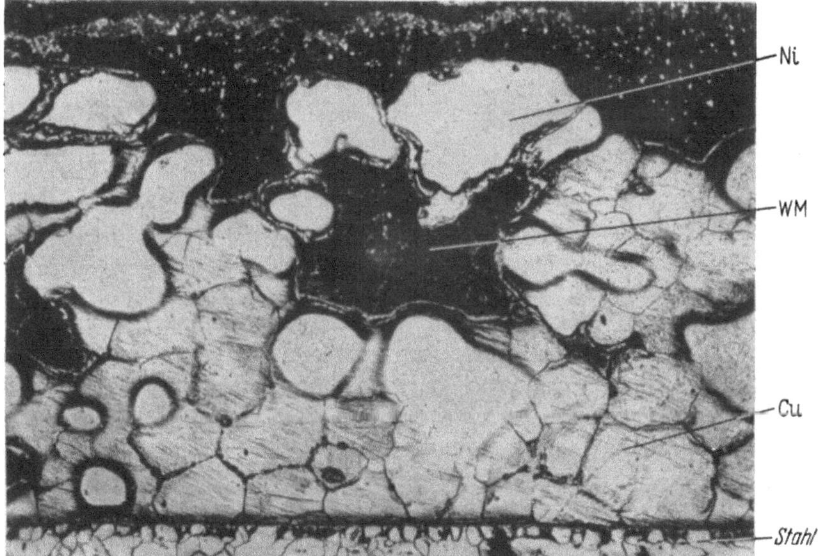

Abb. 115. Porenfreie Sinterlagerschicht, gebildet durch Tränklegierung. (Kupfer–Nickel-Sinterkörper, getränkt mit einem Weißmetall.) (Geätzt mit ammoniakalischem Kupfer-Ammonchlorid.) V = 150.

Säure in Äther oder ähnlichen Lösungsmitteln oder auch Salicyl-Säure und Ammoniumchlorid beigegeben. Das Porenvolumen liegt unter Variation der eingangs aufgezählten Einflußgrößen zwischen 20 und 50% [*III, 153*].

Die Verknappung an Buntmetallen führte in Deutschland ab 1940 zu eingehender Beschäftigung mit Eisensinterlagern. Zum Ausgleich des Abfalls der Gleiteigenschaften gegenüber Bronzelagern wurden Zusätze von Blei und Graphit verwendet. Das Blei, dessen gleitverbessernde Wirkung in der benutzten Zusatzmenge übrigens nicht einheitlich anerkannt wird, kann als metallisches Pulver oder auch als Oxyd eingeführt werden, dessen Reduktion durch Graphit oder reduzierendes Schutzgas bei der Sinterung erfolgt.

Die Entwicklung in USA hat zu Sinterlagern ähnlicher Zusammensetzung geführt [*III, 154*]. Eine Gruppe umfaßt Sinterlager auf Bronze-

Tabelle 20. *Zusammensetzung amerikanischer Sinterlager.*

Bezeichnung	Zusammensetzung in Prozent	Zulässige Beimengungen in Prozent; höchstens	Genormt in
Bronze-Basis			
Klasse A	87,5—90,5 Cu, 9,5—10,5 Sn, bis 1,5 C (Graphit)	0,5	ASTM B 202
Klasse B	82,6—88,5 Cu, 9,5—10,5 Sn, 2,0—4,0 Pb, bis 1,5 C (Graphit)	0,75 Zn; 0,35 Ni; 0,25 Sb; 0,5 andere	bis 45 T
Fe-Basis			
Klasse A	>95,0 Fe; 0,5—2,0 C; 5,0—30,0 Cu;	3,0	
Klasse B	Rest Fe	3,0	

Basis, eine andere solche auf Eisenbasis. In jeder der Gruppen sind zwei Klassen zu unterscheiden: Cu–Sn bzw. Cu–Pb–Sn einerseits und Fe–C bzw. die in Deutschland nicht vertretene Klasse Fe–Cu. Tab. 20 gibt nach den ASTM-Normen die Zusammensetzung dieser vier Sinterlagerklassen.

Mit Rücksicht auf die Schwierigkeiten der Herstellung gegossener Bleibronzelager gewinnt die Sinterherstellung von Bleibronzelagern ständig an Bedeutung. Man geht dabei entweder von Pulvern der beiden Metalle, von legierten Pulvern der gewünschten Zusammensetzung oder — zur Verhinderung des Ausschwitzens von Blei bei der Sinterung — von Gemischen aus Kupferpulver und verkupfertem Bleipulver [*III, 155*] aus. Kompakte Bleibronzelager werden weiterhin durch Tränkung von Kupfersinterkörpern mit Blei hergestellt [*III, 150*] und schließlich durch Ansintern von Cu–Pb-Pulvergemischen auf Stahlbänder und Verdichten des porigen Belages durch Walzen und Schlußsintern [*III, 153*].

Erwähnt sei ferner die versuchsweise Herstellung von Sinterlagern auf Aluminium- und Zinkbasis [*III, 156*]. Bei den Aluminiumlagern sollte durch diese Art der Herstellung die sichere und genau dosierte Einführung von Kristallarten gewünschter Härte in gleichmäßiger und feiner

Verteilung verbürgt sein. Bei Zinklagern wurde unter Erhaltung guter Gleiteigenschaften eine Verbesserung des Verhaltens bei Mangelschmierung erstrebt.

Abschließend sei auf die Möglichkeit der Herstellung poröser Lager nach dem *Metallspritzverfahren* hingewiesen [*III, 157*]. Zusammensetzungen, die über die Schmelze nicht erzielbar sind, können durch Verspritzen von Pulvergemischen, von Drähten besonderer Ausführung oder auch durch gleichzeitige Verwendung mehrerer Spritzpistolen verwirklicht werden. Ihrer Herstellung entsprechend enthalten die gespritzten Lager stets mehr oder minder große Oxydanteile. Ein begründetes Urteil über die Bedeutung derart hergestellter Gleitschichten (versuchsweise wurden Weißmetalle, Kadmiumlegierungen, Messinge, Zinn- und Bleibronzen geprüft [*III, 158*]) kann heute noch keineswegs gegeben werden. Verbesserungen sind hauptsächlich hinsichtlich der Haftfestigkeit der Spritzschicht an der Stützschale und hinsichtlich ihrer Homogenität erwünscht.

B. Nichtmetallische Werkstoffe.

Nichtmetallische Werkstoffe genügen den so verschiedenartigen, für den Bau einwandfreier Gleitlager bestehenden Forderungen nur in sehr viel unvollkommenerer Weise als Metalle. Aus diesem Grunde treten sie diesen gegenüber als Lagerwerkstoffe sehr in den Hintergrund. Dies schließt jedoch nicht aus, daß in Fällen mit ganz speziellen Anforderungen (z. B. hinsichtlich Korrosions- oder Verschleißfestigkeit, Schmierung, besonders kleine Gleitgeschwindigkeit) Nichtmetallager die technisch beste Lösung darstellen. Zur nachfolgenden Beschreibung der nichtmetallischen Lagerwerkstoffe werden sie in die Gruppen Kunstharzpreßstoffe, Gummi, Holz, Kohle und Graphit, Glas und feinkeramische Werkstoffe und schließlich Steine zusammengefaßt.

27. Kunstharzpreßstoffe
(vgl. [*III, 159*]).

Kunstharzpreßstoffe entstehen durch formgebende Nachbehandlung von Kunstharzen. Diese sind das Produkt von Polymerisationsreaktionen, d. h. von Aufbaureaktionen großer organischer Moleküle aus kleineren, wobei entweder kettenförmige oder auch zwei- und dreidimensionale Gebilde auftreten. Man unterscheidet *Polymerisation* im engeren Sinn, bei welcher gleiche Moleküle sich zu den schwereren Molekülen addieren (die prozentuale Zusammensetzung ändert sich hierbei nicht) und *Kondensation*, bei der zwei oder mehrere niedermolekulare Ausgangsstoffe sich unter gleichzeitiger Abspaltung einer kleinen Molekel, i. allg. von Wasser, vereinigen.

Die zur Herstellung von Gleitlagern verwendeten Kunstharze werden durch Kondensation gewonnen. Das wichtigste Ausgangsmaterial stellen die Phenole dar, die aus Steinkohlenteer durch Destillation gewonnen werden. Die Kondensationsreaktion erfolgt mit Formaldehyd, der bei unvollkommener Verbrennung von Methanol entsteht, welches seinerseits entweder durch trockene Destillation von Holz oder synthetisch aus Kohle und Wasser gewonnen wird. Das nachstehende Schema (Abb. 116) soll die Gewinnung von Phenol-Kunstharz übersichtlich darstellen, wobei eine Formaldehydgewinnung aus Kohle zugrunde liegt.

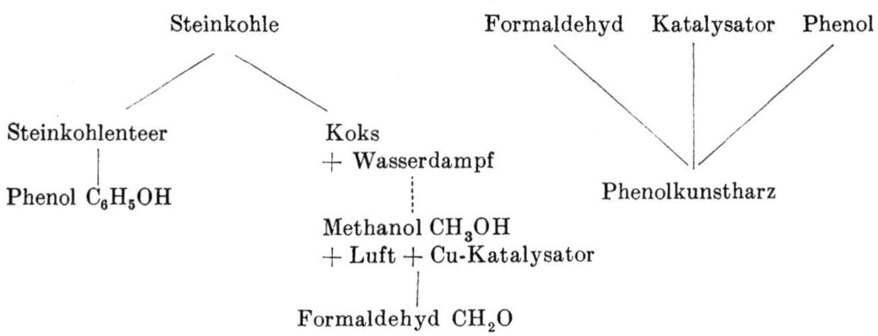

Abb. 116. Schema zur Gewinnung von Phenolkunstharz.

Für die zur Bildung von Phenolkunstharz führende Kondensationsreaktion werden außer Phenol auch Phenolderivate (Resorcinol, Kresol) verwendet. Formaldehyd wird üblicher Weise in Form einer 40%igen wässerigen Lösung mit 10—18% Methanol und nur sehr geringem Ameisensäuregehalt verwendet. Auch fester Paraformaldehyd kann benutzt werden. Als Katalysatoren dienen je nach dem gewünschten Reaktionsverlauf Basen (NaOH, $Ca(OH)_2$, NH_4OH) oder Säuren.

Die Kondensation wird technisch in großen Kesseln durchgeführt. Eine anfängliche Wärmezufuhr kann wegen der freiwerdenden Reaktionswärme bald beendet werden. Die entstehende wässerig-emulsionsartige Flüssigkeit wird in ein Destillationsgefäß geleitet, wo im Vakuum die flüchtigen Bestandteile abdestilliert werden. Ist die Reaktion in gewünschtem Ausmaß erfolgt, so wird das geschmolzene Harz in gekühlte, stählerne Pfannen abgelassen, wo es rasch erstarrt. Die Zeit der Erhitzung und Entwässerung und die Temperatur müssen, da das Kunstharz noch nicht voll ausgehärtet werden darf (es soll noch löslich in organischen Lösungsmitteln und thermoplastisch sein) genau kontrolliert werden. Die völlige Aushärtung wird in zwei weiteren Schritten bewirkt. Die zu Pulver vermahlene Masse wird mit den gewünschten Füllstoffen zunächst kalt, dann mittels geheizter Mischwalzen innig vermischt, wobei die Aushärtung weiter getrieben wird, bis nahezu zur Unlöslichkeit in organischen Lösungsmitteln unter Erhaltung von Schmelzbarkeit unter gleichzeitiger Druck- und Temperatureinwirkung. Das Material wird sodann erneut zerkleinert. Die endgültige Aushärtung erfolgt schließlich rasch bei der abschließenden Formgebung bei mäßigen Temperaturen und Drucken. Das entstehende Kondensat (unlöslich in organischen Lösungsmitteln, unschmelzbar) besitzt eine dreidimensionale, durch zahlreiche Querketten versteifte Struktur, die für eine Verwendung des Preßkörpers als Gleitwerkstoff vorteilhaft ist. Zahl und Lage der Querverbindungen sind noch unbekannt [*III, 160*]. Der völlig ausgehärtete Kunstharzpreßstoff ist mit Rücksicht auf seine Eigenschaften keiner Altstoffaufarbeitung fähig.

Handelt es sich um geschichtete Werkstoffe, so erfährt die Herstellung eine gewisse Veränderung: Endlose Bahnen des Füllstoffes (Harzträgers) werden auf Streichmaschinen durch in Wasser dispergiertes oder in Alkohol gelöstes Kunstharz gezogen, bei 100° C getrocknet und so getränkt zu Platten, Stäben und Rohren gepreßt bzw. gewickelt. Die endgültige Härtung erfolgt entweder unter Druck und Hitze in der Form oder frei im Ofen bei langsamer Temperatursteigerung.

Der Sinn der Füllstoffe ist bereits in Punkt 9 erörtert worden. Durch sie erfahren die mechanischen Eigenschaften, vor allem bei schlagartigen Beanspruchungen, erhebliche Verbesserungen. Der Nachweis guter Gleitfähigkeit Füllstoff-freier Sondergießharze wird in [*III, 178*] gebracht. In Tab. 21 sind gemäß DIN 7703 die für die Verarbeitung als Lagerkörper genormten Kunstharzpreßstoffe mit Kennzeichnung der jeweiligen Füllstoffe zusammengestellt.

Tabelle 21. *Kunstharzpreßstoffe für Lager (gemäß DIN 7703 — Okt. 43).*

Preßstoffbezeichnung	Art und Form des Füllstoffes	Herstellungsangaben
Typ 74 (DIN 7705)	geschnitzeltes Textilgewebe	A. in Preßwerkzeugen einbaufertig gepreßt oder leicht nachgearbeitet B. durch spanabhebende Bearbeitung hergestellt aus Rohren C. durch spanabhebende Bearbeitung aus Blöcken oder Platten hergestellt
Typ 77 (DIN 7706)	Textilgewebebahnen	A.
Hartgewebe *G* (DIN 7706)	Baumwoll-Grobgewebe	B. und C.
Hartgewebe *F* (DIN 7706)	Baumwoll-Feingewebe	B. und C.
Hartgewebe *GZ* (DIN 7706)	Zellstoff-Grobgewebe	B. und C.
Hartgewebe *FZ* (DIN 7706)	Zellstoff-Feingewebe	B. und C.

Außer den zur Verbesserung der Festigkeitseigenschaften verwendeten Füllstoffen werden dem Rohharz auch noch andere Zugaben in gewissem Ausmaß beigegeben: Härtungsbeschleuniger, ferner Gleitmittel zur Erleichterung des Fließvorganges beim Pressen und gegebenenfalls Farbstoffe.

Vorteilhaft für die Verwendung im Gleitlager wirkt sich die Fähigkeit der Kunstharzpreßstoffe zur Ausbildung guter Laufspiegel durch den Gleitvorgang aus.

Konstruktiv sind die Kunstharzpreßstofflager zumeist massiv ausgebildet, da sie den Beanspruchungen in den in Frage kommenden Lagerstellen gewachsen sind. Sie werden entweder in das Lagergehäuse eingepreßt oder in diesem mechanisch befestigt. Neuerdings werden Konstruktionen beschrieben, bei denen durch Verwendung dünner Preßstoffschichten (0,2—0,4 mm Stärke), aufgekittet auf Stützschalen, versucht wird, das schlechte Wärmeleitvermögen der Preßstoffe auszugleichen und gleichzeitig das Quellen nach Möglichkeit herabzusetzen [*III, 161*]. Derselbe Gedanke, Verwirklichung bester Wärmeableitung, lag der schon früher verwendeten Bauweise des Aufklebens dünner Preßstoffschichten auf den Zapfen zugrunde [*III, 162*], (vgl. auch Punkt 15b).

Eine Kombination der günstigen Gleiteigenschaften von Kunststoffen mit den mechanischen und thermischen Eigenschaften von Metallen wird neuerdings auch durch Imprägnierung von Sintermetall (z. B. Kupferlegierungen) mit Polyäthylenen versucht [*III, 163*].

Als historische Bemerkung sei angeführt, daß Phenol-Formaldehydharze schon seit 1872 bekannt sind, ihre erfolgreiche Verwendung in der Technik aber erst 1907 einsetzte (BACKELAND-Patent).

Als neueste Entwicklung auf dem Gebiet der Kunststoffe für Gleitlager sei auf die *Polyamide*, z. B. auf das *Nylon* hingewiesen, das einer außerordentlich breiten technischen Anwendung fähig ist. Eine hohe Verschleißfestigkeit, gute Einbettfähigkeit für Fremdkörper und die Fähigkeit bei niedriger Beanspruchung ohne Schmiermittel befriedigenden Lagerlauf zu ermöglichen (interessant für Textilmaschinen) werden hervorgehoben [*III, 164*], [*III, 165*].

28. Weichgummi
(vgl. [*III, 166*] und [*III, 160*]).

Gewisse tropische Bäume und Sträucher mit der wichtigsten Gattung hevea brasiliensis erzeugen einen Latex genannten Milchsaft, dessen Bedeutung für die Pflanze noch nicht völlig geklärt ist und der als Rohstoff für die Herstellung von Gummi[1] eine außerordentliche Bedeutung

---

[1] Im täglichen Sprachgebrauch wird vulkanisierter Kautschuk als Gummi (masculinum) bezeichnet, während wissenschaftlich unter Gummi (neutrum) wässerige Pflanzenausscheidungen verstanden werden, unter denen das als Trockenprodukt in den Handel kommende Gummi arabicum das bekannteste ist.

hat. Der beim Anzapfen der Bäume ausfließende Saft ist eine wässerige Emulsion (ca. 60% Wasser) von 0,09—1,8 μ großen Kautschuk-Kügelchen (ca. 35%), die außerdem noch geringe Mengen von Eiweiß, Harz und Asche enthält. Naturkautschuk selbst ist ein Kohlenwasserstoff der Bruttoformel $(C_5H_8)_n$, wobei der Polymerisationsgrad n von der Größenordnung 2000 ist. Durch Koagulation (zumeist mit Essigsäure, auch Ameisensäure) wird der Kautschuk aus dem Latex entfernt. Das Koagulat wird auf Riffelwalzen mehr oder minder gründlich gewaschen und danach zu Fellen ausgezogen und einem Trockenprozeß unterworfen. Das weitgehend gewaschene halbfertige Material kommt als Crêpe in den Handel. Der noch einen Teil Nichtkautschuk-Bestandteile des Latex enthaltende, mehr oder minder dunkel gefärbte Smoked Sheet wird beim Trocknen gleichzeitig geräuchert.

Reiner Kautschuk hat ein spez. Gewicht von etwa 0,92 und besteht zu etwa 92% aus dem Kohlenwasserstoff $(C_5H_8)_n$. Die mechanischen Eigenschaften des Rohkautschuks hängen weitgehend von der Temperatur ab (hart in der Kälte, weich und klebrig in der Wärme, über 200° C Schmelzung unter beginnender Zersetzung). Zahlreiche organische Lösungsmittel führen zu starker Quellung und schließlich zur Auflösung, von der bei der Herstellung von Kleblösungen Gebrauch gemacht wird.

Der Rohkautschuk hat wegen seiner Temperaturempfindlichkeit und plastischen Verformbarkeit nur geringe praktische Bedeutung. Seine technisch wertvollen Eigenschaften (hohe Elastizität, Reißfestigkeit, erhöhte Temperaturbeständigkeit) nimmt er bei der von GOODYEAR entdeckten Vulkanisation, d.h. bei der Erhitzung in Anwesenheit von Schwefel an, bei der durch Einlagerung von Schwefel Brückenbildung und Vernetzung zwischen den Kautschukmolekülen eintritt.

Zur Erzeugung von Formartikeln wird der Rohkautschuk auf schweren Walzwerken oder Knetern plastiziert und unter Zusatz von Schwefel und Vulkanisationsagenzien und meist auch unter Beimischung von inerten (wie z.B. Kaolin oder Kreide) oder aktiven Füllstoffen (wie z.B. Ruß, der Kerbzähigkeit und Verschleißfestigkeit wesentlich verbessert) in eine Mischung übergeführt, die in unter Druck geheizten Vulkanisationsformen zu dem gewünschten Formkörper gestaltet wird. Je nach der Höhe des Schwefelzusatzes entsteht Weichgummi (im allgemeinen etwa 2—4% S) oder Hartgummi (Ebonit mit mehr als 30% S).

Gummi ist im allgemeinen zwischen —40 und $+50$° C verwendbar; bei höherer Temperatur erfolgt schnelle Alterung und schließlich Zersetzung. Sehr empfindlich ist Gummi gegen Öl und Benzin. Für die Verwendung von Weichgummi als Gleitlagerwerkstoff spielt die im nassen Zustand sehr niedrige Reibungszahl (0,01) eine bedeutsame Rolle; weiterhin wirkt sich die Stoßdämpfung und die große elastische Verformbarkeit vorteilhaft aus [*III, 167*]. Die hohe Widerstandsfähigkeit gegen

Wasser, auch Seewasser, Verschleißfestigkeit bei Wasserschmierung und die Fähigkeit harte Verunreinigungen, z. B. Sandkörnchen ohne ernste Wellenschädigung durch das Lager hindurchzuarbeiten führen zur Anwendung von Gummi in Unterwasserlagerungen verschiedener Art. Die Wärmeleitfähigkeit von Gummi ist niedrig. Radiales Ausweichen der Gummibüchse wird durch entsprechenden Einbau in eine Metall- oder Kunstharzpreßstoffhülse oder durch haftfestes Aufvulkanisieren auf eine Stützschale vermieden [*III, 168*].

Ergänzend sei bemerkt, daß auch synthetischer Kautschuk, dessen verschiedene Typen im molekularen Aufbau und in der chemischen Zusammensetzung zum Teil weit vom Naturkautschuk abweichen und der für viele Gebiete hohe Bedeutung erlangt hat, für die Herstellung von Gleitlagern verwendet werden kann [*III, 169*], [*III, 170*]. Dem aus Rohkautschuk hergestellten Weichgummi sind die Typen des synthetischen Kautschuks teils durch höhere Abrieb- und Hitzebeständigkeit, teils durch erheblich verbesserte Öl- und Benzinbeständigkeit überlegen. Eine Beschreibung der verschiedenen Herstellungsverfahren synthetischen Kautschuks würde zu weit führen.

29. Holz (vgl. [*III, 171*]).

Holz, das im Mittelalter vorzugsweise für den Bau von Gleitlagern benutzt wurde, kann heute hierfür bei den gegenüber damals so gesteigerten Beanspruchungen nur noch in bescheidenem Maße verwendet werden. Von den natürlichen Hölzern besitzt Holz des tropischen Guajakbaums (Pockholz) recht bemerkenswerte Eigenschaften. Bei einem spez. Gewicht von 1,3 enthält es rund 30% öliges Harz, das bei etwa 65° C flüssig wird und bewirkt, daß Pockholzlager selbst ohne zusätzliche Schmierung verwendet werden können. Auch mit Wasserschmierung liefern Pockholzlager befriedigende Ergebnisse. Auf Stahl kommt ihm eine Reibungszahl von 0,16 zu. Außerdem ist seine gute Einbettfähigkeit für Fremdbestandteile hervorzuheben; diese werden in das Holz eingepreßt und völlig von Harz bedeckt. Die natürlichen Hölzern allgemein anhaftenden Mängel, Ungleichartigkeit der Festigkeit in verschiedenen Richtungen, Schwankungen im spez. Gewicht und Harzgehalt, ungleichmäßige Schrumpfung und Quellung treffen selbstverständlich auch für Pockholz zu, so daß ganz allgemein Lager aus Holz nur mit großem Spiel und bei kleinen Gleitgeschwindigkeiten verwendbar sind [*III, 172*].

Von deutschen Naturhölzern kommen für untergeordnete Zwecke bei mäßigen Beanspruchungsbedingungen Ahorn, Rotbuche, Esche, Eiche usw. in Betracht. Die für trockene Reibung auf Stahl gültigen hohen Reibungszahlen (vgl. Tab. 2) werden durch Schmierung (auch mit Wasser) sehr verringert [*III, 173*]. Durch Pressen astfreien Hartholzes auf geheizten Pressen (Schließen der Zellhohlräume) gelingt es, die Festigkeitseigenschaften erheblich zu steigern (Preßholz-Lignostone). Tränkung trockenen Holzes mit niedrig schmelzendem Metall (im Fall der Lager mit Blei–Zinn-Legierungen) wirkt ebenfalls verfestigend, erhöht die Wärmeleitfähigkeit und zudem die Gleitfähigkeit (Metallholz). Schließlich wird auch durch geschichtete Werkstoffe, Holzfurnier-Preß-stoff (Lignofol) versucht, die Festigkeitseigenschaften der ausländischen Harthölzer zu erreichen und die Anisotropie natürlich gewachsenen Holzes weitgehend auszuschalten [*III, 168*].

30. Kohle und Graphit (vgl. [*III, 174*] und [*III, 175*]).

Graphit wird schon seit langem allein oder in Verbindung mit anderen Stoffen als Schmiermittel verwendet. Neuerdings ist man dazu übergegangen, Gleitlager aus Graphit und auch aus amorpher Kohle herzustellen. Zumeist wird bei der Herstellung von Formkörpern aus Kohlenstoff so vorgegangen, daß das zerkleinerte Ausgangsmaterial (Petrolkoks oder Anthrazit) durch ein Bindemittel plastiziert und durch Pressen auf die gewünschte Form gebracht wird. Bei Erhitzung unter Luftabschluß oder in neutraler Atmosphäre gewinnt der Preßling unter Verkokung des Bindemittels seine Festigkeit. Anschließende Wärme-behandlung bei Temperaturen über 2000° C führt den amorphen Kohlen-stoff in hexagonalen Elektrographit mit seiner wesentlich höheren Leit-fähigkeit für Elektrizität und Wärme über (ACHESON-Verfahren). Um die Porosität der so entstandenen Produkte zu beseitigen, erfahren sie nach Tränkung mit einem Imprägniermittel eine Weiterbehandlung unter Druck.

Die aus Kohle oder Graphit gefertigten Lager zeichnen sich durch hohe Korrosionsfestigkeit und Hitzebeständigkeit aus. Als besonderer Vorteil ist die gute Gleitfähigkeit des Graphits hervorzuheben. Sie wird bedingt durch den Bau des Gitters, in dem die Kohlenstoffatome ein hexagonales Schichtgitter, das eine leichte Verschieblichkeit parallel der Basisfläche gestattet, bilden.

Anwendung finden derartige Lager dort, wo eine Verschmutzung durch Ölschmierung vermieden werden muß (Nahrungsmittel- und Textilindustrie), wo extreme Temperaturen (— 180 bis + 550° C, je nach Werkstoffzusammensetzung) oder chemischer Angriff die Verwen-dung üblicher Schmiermittel nicht zulassen.

31. Glas und feinkeramische Werkstoffe.

Glas (unterkühlte Schmelzflüsse, deren Hauptbestandteile Kalzium- und Alkalisilikate sind) und Tonwaren mit dichtem Scherben, wie Stein-zeug und das aus Kaolin, Feldspat und Quarz hergestellte edelste keramische Erzeugnis Hartporzellan (glasiert und bei hoher Temperatur

gar gebrannt) kommen nur in ganz speziellen Fällen als Lagerwerkstoffe
in Frage, nämlich dann, wenn, wie in Säurepumpen oder Rührwerken
in der chemischen Industrie, die chemische Beanspruchung die Verwendung üblicher Lagerwerkstoffe ausschließt. Ausgesprochene Gleiteigenschaften fehlen den feinkeramischen Werkstoffen und dem Glas, so daß
der Bemessung der Lager nur geringe Beanspruchungen zugrunde gelegt
werden können. Die Laufflächenbearbeitung muß einen hohen Gütegrad
aufweisen [*III, 168*].

32. Steine.

An die Lagerungen im Feingerätebau (Uhren, elektrische Meßgeräte)
werden i. allg. völlig andere Anforderungen gestellt als sonst an Lagerstellen im Maschinen- und Apparatebau: möglichste Herabdrückung
der Lagerreibung und wartungsloses Funktionieren stehen beherrschend
im Vordergrund. Trotz der nur geringen Gewichte der beweglichen
Systeme sind wegen der mit Rücksicht auf niedrige Reibung kleinen
Abmessungen die entstehenden Lagerdrucke sehr hoch, so daß an die
Verschleißfestigkeit der Gleitwerkstoffe höchste Anforderungen gestellt
werden [*III, 176*]. Das Fehlen von Wartung verschärft die Bedingungen
weiter. Für die Werkstoffauswahl für derartige Lagerstellen spielt auch
die Frage, ob es sich um Legierungen in ruhenden oder um solche in
Geräten, die Stößen und Erschütterungen ausgesetzt sind, handelt, eine
Rolle.

Als Werkstoff für die Achsführungen und -Pfannen kommen im Falle
der ruhenden Geräte nur sehr harte, durch weitgehendes Fehlen von
Affinität zum Stahl der Wellen ausgezeichnete Materialien in Frage,
in erster Linie also Edelsteine und in gewissen Grenzen auch Halbedelsteine. Die Frage nach dem besten Lagerstein ist schwierig zu beantworten. Wichtig ist, daß die Härten von Zapfen und Stein aufeinander
abgestimmt sind, wobei die Steinhärte stets die höhere sein soll. Als
Steine werden sowohl natürliche, als auch — in neuerer Zeit bevorzugt —
synthetische, die mit den natürlichen in den wesentlichen Eigenschaften
übereinstimmen, ohne jedoch deren Wachstumsfehler aufzuweisen, benutzt. Tab. 22 gibt eine kleine Übersicht, über die für Lagerungen verwendeten Edel- und Halbedelsteine.

Tabelle 22. *Edel- und Halbedelsteine für Lager im Feingerätebau.*

Stein	Chem. Formel	Kristallsystem
Achat	SiO_2 (feinkristallin)	hexagonal
Granat	$Al_2Ca_3(SiO_4)_3$ allgemeiner: $R_2^{III} R_3^{II} (SiO_4)_3$	kubisch
Rubin Saphir	} (Al_2O_3)	} hexagonal
Diamant	C	kubisch

In Geräten, die Schüttelbeanspruchungen ausgesetzt sind (in Fahrzeugen, Flugzeugen) bewähren sich Lagerkörper aus Kupfer-Beryllium-Legierungen am besten. Ihre Härte ist geringer als die der Stahlspitzen, was hier den Vorteil mit sich bringt, daß bei Stoßbeanspruchung nicht die Spitze, sondern das Lager deformiert wird, ein Umstand, der sich für die Reibungserhöhung weniger ungünstig auswirkt [*III, 177*].

IV. Eigenschaften der Gleitlagerwerkstoffe.

Nach der Kennzeichnung der Gleitlagerwerkstoffe durch Zusammensetzung und Aufbau im vorangehenden Kapitel werden in diesem die für die Verwendung im Gleitlager wichtigsten Eigenschaften dieser Werkstoffe beschrieben. Die Unterteilung erfolgt nach physikalischen und mechanisch-technologischen Eigenschaften, chemischen und schließlich Gleiteigenschaften.

33. Physikalische und mechanisch-technologische Eigenschaften metallischer Werkstoffe.

In den Tab. 23 und 24 sind für die metallischen Lagerwerkstoffe die physikalischen und mechanisch techno'ogischen Eigenschaften gesammelt[1]. Die Tabellen sind gemäß den in Kapitel III A beschriebenen Werkstoffgruppen unterteilt. Nicht aufgenommen sind im Vorhergehenden erwähnte Werkstoffe, für welche noch kaum quantitative Unterlagen über die einzelnen Eigenschaften vorliegen. Weiterhin ist von einander in der Zusammensetzung und demgemäß i. allg. wohl auch in den Eigenschaften weitgehend ähnlichen Legierungen jeweils nur ein typischer Vertreter berücksichtigt. Ausländische Werkstoffe sind der besseren Vergleichsmöglichkeit wegen unmittelbar hinter den entsprechenden in Deutschland benutzten Werkstoffen aufgeführt. Auch hier gilt, daß den unsrigen weitgehend entsprechende fremde Werkstoffe, die zwar in Kapitel III A genannt sind, keine Aufnahme in die Tab. 23 und 24 fanden[2].

Zwei Werkstoffgruppen, die Silber- und Magnesium-Lagerlegierungen fehlen völlig in den Tabellen Die Silberlegierungen werden allgemein nur als galvanisch aufgebrachte, dünne Schichten verwendet und überdies noch mit Gleitschichten überzogen, so daß ihren an relativ großen Probekörpern ermittelten Eigenschaften nicht die Bedeutung für das Verhalten im Gleitlager zuerkannt wurde, wie bei den in dicken Schichten

---

[1] Eingeklammerte Werte beziehen sich auf Werkstoffe, die den angegebenen Legierungen zwar weitgehend ähneln, jedoch nicht völlig entsprechen.

[2] Zweifellos ist die Aufzählung und Kennzeichnung ausländischer Lagerlegierungen sehr unvollständig. Man halte uns hierzu die immer noch bestehende Schwierigkeit der Beschaffung entsprechender Unterlagen zugute.

Tabelle 23. *Physikalische Eigen-*

Gruppe: Hochzinnhaltige Weißmetalle

Werkstoff-Bezeichnung	Sn	Sb	Cu	Pb	Schmelz-intervall °C	Spez. g/cm³
WM 80 F	79—81	10—12	8—10	— ⎫	~230—430	7,5
WM 80 (LgSn 80)	79—81	11—13	5—7	1—3 ⎬		
ASTM Alloy Grade (USA)						
1	90—92	4—5	4—5	—	~223—371	7,3 ⎫
4	74—76	11—13	2,5—3,5	9,2—10,8	~184—306	7,5 ⎬
5	64—66	14—16	1,75—2,25	17—19	~181—296	7,8 ⎭
ARLE Nr. (England)						
1 N	84—86	9—12	4—6	—	~239—368	
2 R	58—60	9—10	2—6	Rest	~186—361	

Gruppe: Zinnarme und zinnfreie Bleilagerlegierungen

Werkstoff-Bezeichnung	Pb	Sb	Sn	Cu	Schmelz-intervall °C	Spez. g/cm³
WM 10 (LgPbSn 10)	72,5—74,5	14,5—16,5	9,5—10,5	0,5—1,5	~240—270	9,7 ⎫
WM 5 (LgPbSn 5)	77,5—79,5	14,5—16,5	4,5—5,5	0,5—1,5	~240—260	10,1 ⎭
ASTM Alloy Grade (USA)						
6	62,5—64,5	14—16	19—21	1,25—1,75	181—277	9,3 ⎫
10	82—84	14—16	1,25—2,25		242—264	10,0 ⎬
19	Rest	8—10	4—6		239—257	10,5 ⎭

Werkstoff-Bezeichnung	Pb	Sb	Sn	Cu	Cd	As	Schmelz-intervall °C	Spez. g/cm³
Cd-haltig. Weißmetall 9 (LgPbSn9 Cd)	71—77,3	13—15	8—10 bis 0,2 Graphit	0,8—1,2	0,3—0,7	0,6—1,0	~240—440	9,2—9,7
Cd-haltig. Weißmetall 6 (LgPbSn6 Cd)	73,2—78,6	14—16	5—7 0,4—0,6 Ni	0,8—1,2	0,6—1,0	0,6—1,0	~240—440	9,4—9,8

Werkstoff-Bezeichnung	Pb	Sb	Cu	Ni	As	Graphit	Schmelz-intervall °C	Spez. g/cm³
Lagerhartblei 16 (LgPbSb 16)	80,8—83,7	15,5—16,5	0,3—0,7	0—0,3	0,5—1,5	0—0,2	~240—380	9,8—10,4
Lagerhartblei 12 (LgPbSb 12)	84,8—87,7	11,5—12,5	0,3—0,7	0—0,3	0,5—1,5	Graphit 0—0,2	240—280	9,8—10,4

Werkstoff-Bezeichnung	Zusammensetzung Gew.-%	Schmelz-intervall °C	Spez. g/cm³
Sb—As-Hartblei	82—90 Pb, 5—13 Sb, 3—7 As, 0—1 Sn	290—320	9,7—10,4
Blei-Alkali-Lagermetall (LgPb)	0,4—0,75 Ca, 0—0,8 Ba, 0,15—0,70 Na, 0—0,04 Li, 0—0,05 Mg, 0,05 Al, Rest Pb	290—460	~10,6
Alkali- and alkaline Earth Metal hardened Lead Alloy (USA)	1—2,4 Sn, 0,1—0,5 Ca, 0—0,05 Na, 0—0,06 K, 0—0,06 Li, 0,01—0,08 Mg, 0—0,25 Hg, 0—0,05 Al, Rest Pb	295—420	~10,5
Calcium-Lagermetall (Natri-Calci UdSSR)	0,75—1,1 Ca, 0,7—1,0 Na, Rest Pb	~310—520	~10,5

Gruppe: Legierungen auf Cd-Basis

Werkstoff-Bezeichnung	Zusammensetzung Gew.-%	Schmelz-intervall °C	Spez. g/cm³
SAE 18	> 98,4 Cd, 1—1,6 Ni	318—390	~8,6
SAE 180 (USA)	> 98,25 Cd, 0,5—1,0 Ag, 0,4—0,75 Cu	314—330	~8,6

schaften von Lagerwerkstoffen.

Gewicht Lit.	Ausd.-Koeff. · 10^6 20—100° C	Lit.	Wärmeleitfähigkeit cal/cm sec ° C	Lit.	Elastizitätsmodul kg/mm² 20° C	100° C	Lit.	Schwindmaß %	Lit.
[IV,1]	20,4 ⎫ 20,7 ⎭	[IV,2]	0,082 0,082	[IV,3]	6300 5600 (~5300)	4000 (~3700)	[IV,4] [IV,4] [IV,5] [IV,6]	⎫ 0,42—0,55	[IV,7]
[IV,8] [IV,9]	(22,1) (22,1) (22,1)	[IV,2]	(0,092)	[IV,10]	~5400	~3940	[IV,6]		
	(22,8)	[IV,2]	(0,062)	[IV,10]	5400 3400	4100 1900	[IV,11] [IV,6] [IV,11]		
[IV,1]	23—25 ⎫ 23—25 ⎭	[IV,12]	0,058 0,055	[IV,3] [IV,13]	(~3100) 3060	2500	[IV,4] [IV,6]	0,4—0,6	[IV,14]
[IV,8] [IV,9]									
[IV,12]	~25	[IV,12]			3100		[IV,4]		
[IV,12]	~30	[IV,12]			3100		[IV,3]	0,5—0,6	[IV,14]
[IV,14]	~25	[IV,12]							
[IV,14]	25	[IV,12]						0,4—0,6	[IV,14]
[IV,15]									
[IV,14] [IV,16] [IV,17] [IV,18]	~30	[IV,12]	0,050	[IV,3]	2200 2600 ~2600	~1600 ~2000	[IV,4] [IV,5] [IV,6]	0,7—0,8	[IV,14]
[IV,19] [IV,20]	28—30	[IV,21]	(0,2)	[IV,4]	(~6500)		[IV,4]	max. 0,9	[IV,22]

Tabelle 23 (1.

Werkstoff-Gruppe	Bezeichnung	Zusammensetzung Gew.-%						Schmelz-intervall ° C	spez. g/cm³
Legierungen auf Zinkbasis		Al	Cu	Mg	Pb	Sn			
	ZnAl 4 Cul	3,5—4,5	0,6—1,0	0,02 —0,05	—	—		380—386	6,7 ⎫
	ZnAl 10 Cul	9—11	0,6—1,0	0,02 —0,05	—	—		377—410	6,2 ⎬
	ZnAl 30 Cul	~30	1—2					~430—500	4,8
	ZnAl 32 Cu 3	32	3	0,05				~430—510	4,7
	ZnCu 5 Pb 2	—	4—5	—	2—2,5	0,5—1		~318—425	7,2
Lagerlegierungen auf Kupferbasis		Cu	Sn	Pb	Zn				
	a) Gußlegierungen.								
	Rotguß 5 (Rg 5-Sandguß SlRg 5-Schleuderg.)	83—86	5—6	3—5	Rest, jedoch ≦6			~700—1000	8,6
	Rotguß 9 (Rg 9)	84,5—85,5	8,5—9,5	—	6			~700—1000	~8,6
	Tin-Bronze 1 A (Admirality gunmetal) (USA)	86—89	9—11	—	1—3			—1020	
	Gußbronze 12 (GBz 12)	Rest	11—13		(Cu+Sn ≧ 99,0)			~820—980	8,8
	Tin-Bronze A (USA)	79—82	18—20	—	—			~800—900	8,8
	Aluminium-Guß-bronze 9 (GAlBz 9)	8—10 Al (Cu + Al ≧ 99)						~1030—1040	7,6
	Aluminium-Mehr-stoff-Gußbronze 10 (GAlMBz 10)	8—12 Al, 0—2 Pb, (Cu+Al≧85; Rest. Mn + Fe + Si)							7,6
		Cu	Pb	Sn					
	Bleibronze 25 (PbBz 25)	Rest	18—30	—				327—1000	9—9,5
		(Fe + Mn + Si + Sb ≦ 3)							
	Bleibronze 13 (PbSnBz 13)	Rest	12—14	6—9					~9,4
	Bleibronze 22 (PbSnBz 22)	Rest	17—24	3—6					~9
	High leaded tin-Bronze 3A (USA)	78—82	8—11	9—11					
	b) Knetlegierungen								
	Zinnbronze 6 (SnBz 6)	5—6,5 Sn, Rest Cu						~910—1050	8,8
	Zinnbronze 8 (SnBz 8)	7—8,5 Sn, Rest Cu						~870—1030	8,8
	Be-Bronze 2 (BeBz 2)	1,5—2,5 Be, Rest Cu						~864—1030	8,2
	Aluminium-Mehr-stoff-Bronze 10 (AlMBz 10)	8—11 Al, 0—5 Mn, 0—1 Si, 1,5—5 Fe, Rest Cu						~1030-1045	7,6
	Sondermessing 68 (SoMs 68)	66—70 Cu, 0,8—1,1 Si oder 0,2—0,4 P Rest Zn						~910—950	
	Sondermessing 58 (SoMs 58 Al 2)	56—60 Cu, 1—3 Al, 0,5—2,5 Mn, 0—0,5 Si, 0,2 Fe, Rest Zn						~900—910	8,1
	Copper-Silicon-Alloy Nr. 2 (USA)	> 94,8 Cu, 2,8—3,5 Si						~970—1030	

Fortsetzung).

Gewicht Lit.	Ausdehn.-Koeff.·10^6 (20—100° C)	Lit.	Wärmeleitfähigkeit cal/cm sec °C	Lit.	Elastizitätmodul kg/mm² 20° C 100° C	Lit.	Schwindmaß %	Lit.
z. B. [IV, 23]	27 27—28	[IV, 23] [IV, 23]	0,25 0,23—0,26	[IV, 23] [IV, 23]	~10100 10000 —11000	[IV, 24] [IV, 24]	1,1 1,15 }	[IV, 23]
[IV, 25] [IV, 26]	22—26	[IV, 26]			5200 —8200	[IV, 26]		
[IV, 27]	25	[IV, 28]	0,23—0,24	[IV, 27]				
[IV, 29]	17	[IV, 2]						
[IV, 30]							1,4—1,5 0,8—1,5	[IV, 31] [IV, 32]
[IV, 33]	18	[IV, 33]					0,8—1,5	[IV, 32]
[IV, 33]								
[IV, 34]	17,4	[IV, 35]	~0,16	[IV, 35]	12000	[IV, 36]	~1,4—2,2	[IV, 31]
[IV, 29]	17	[IV, 37]	0,18	[IV, 37]	~13000	[IV, 37]		
	18,6	[IV, 2]	0,27 (30% Pb)	[IV, 13]	~ 7500	[IV, 3]	} ~ 1,4	[IV, 38]
[IV, 39]	18	[IV, 2]						
[IV, 40]	17,3	[IV, 40]	0,14	[IV, 35]	~11000	[IV, 40]		
[IV, 40]	17,5	[IV, 33]	0,14	[IV, 35]	~11000	[IV, 40]	1,3—1,4	[IV, 41]
[IV, 42]	17,2	[IV, 42]	0,20	[IV, 42]	12000	[IV, 42]		
[IV, 29]	17	[IV, 37]	0,18	[IV, 37]	12500 —13500	[IV, 37]		
					10000	[IV, 37]	1,5—1,8 0,85—1,5	[IV, 31] [IV, 32]
[IV, 43]	19	[IV, 37]	0,15—0,17	[IV, 43]	10000 —11000	[IV, 37]	1,6—2,0	[IV, 31]
	~18	[IV, 35]	0,15	[IV, 35]	~11000	[IV, 35]		

Tabelle 23 (2.

Werkstoff-Gruppe	Werkstoff-Bezeichnung	Zusammensetzung Gew.-%	Schmelz-intervall ° C	spez. g/cm³
Lagerlegierungen auf Aluminiumbasis	Leg. 83 (Knetwerkstoff)	5 Zn, 1 Pb, 0,4 Mg, 0,3 Si Rest Al	$\sim$550—650	$\sim$ 2,8
	AlCuMgPb (Knetwerkstoff)	3,0—4,5 Cu, 0,4—1,5 Mg, 0,3—1,5 Mn, Rest Al	$\sim$550—650	2,8
	Leg. 411 (Knetwerkstoff)	1,2 Fe, 1,2 Mn, 0,5 Ni, 0,5 Cr, $<$0,2 Zn $<$0,2 Pb, $<$0,05 Cu, (1 Sb), Rest Al	$\sim$550—650	$\sim$2,75
	Alva 36 (Guß- u. Knetw.)	3—5 Pb, 3—5 Sb, Zusätze von Cu, Mn, Fe, Rest Al		
	AlSiCuNi I (Guß- u. Knetw.)	11,5—13,0 Si, 0,8—1,1 Cu, $\sim$0,8—1,3 Mg, 0,8—1,1 Ni, Rest Al	577	2,7
	Alcoa 750	6,5 Sn, 1,0 Cu, 1,5 Ni, Rest Al		$\sim$2,9
	Alcoa XA 750 (Knetwerkstoff)	6,5 Sn, 1,0 Cu, 0,5 Ni, 2,5 Si, Rest Al	229—650	$\sim$2,8
	Alcoa XB 750 (USA) (Guß)	6,5 Sn, 2,0 Cu, 1,2 Ni, 0,8 Mg, Rest Al		$\sim$2,9
	KS837 (Knetwerkst.)	5 Sn, 1 Pb, 1 Cu, 1 Ni, 1 Si, 0,5 Mg, Rest Al		$\sim$2,85
	La 31 (Schweiz) (Guß)	5 Sn, 1,5 Ni, 0,8 Cu, 0,8 Si, 0,8 Mg, 0,5 Pb, Rest Al		2,85
Gußeisen	Ge 12.91— Ge 30.91 (Grauguß)	alle Sorten Grauguß [*IV, 48*]; insbesondere solche ohne freien Ferrit und groben Graphit	1152—1380	7,1—7,3
	Gußeisen m. Kugelgraphit		1152—1380	$\sim$ 7,3
Sinterwerkstoffe	Bronze	$\sim$10 Sn, bis 2 Graphit, Rest Cu		6—6,5
	Bronze-Base Class A: CuSn	87,5—90,5 Cu, 9,5—10,5 Sn, $>$1,5 Graphit		6,4 —6,8
	Class B: CuPbSn (USA)	82,6—88,5 Cu, 9,5—10,5 Sn, 2,0—4,0 Pb, $>$1,5 Graphit		6,5 —6,9
	Eisen Iron Base	bis 2 Graphit, evtl. bis 5 Pb oder PbO		5—6
	Class A: FeC	$>$95,0 Fe, 0,5—2,0 Graphit		5,7 —6,1
	Class B: FeCu (USA)	5,0—30,0 Cu, Rest Fe		5,8 —6,2

¹ Gußzustand   ² geglüht

verwendeten Legierungen. Wir kommen weiter unten nochmals kurz auf sie zurück. Bei den Magnesium-Legierungen unterbleibt wegen der geringen Bedeutung, die ihnen als Baustoff für Gleitlager zukommt, eine Aufnahme.

Zu den in den Tabellen beschriebenen Eigenschaften sei folgendes bemerkt: Hinsichtlich der *Höhe des Schmelzpunktes* liegen die hochzinnhaltigen Weißmetalle und die zinnarmen und zinnfreien Bleilagerlegierungen an der unteren Grenze ($\sim$180° C). Die obere mit über 1380° C ist durch das Gußeisen gegeben. Nur wenig höher als die Lagerlegierungen auf Sn- und Pb-Basis liegen hinsichtlich des Schmelzpunkts die auf Kadmium oder Zink aufgebauten Legierungen. Die Aluminiumlegierungen bilden den Übergang zu der wichtigen Gruppe der Kupfer-Lagerlegierungen. Die *Breite des Schmelzintervalls* ändert sich von sehr kleinen Werten (z. B. bei ZnAl4Cu1, AlSiCuNiI, GA1Bz9) bis zu dem

Fortsetzung).

Gewicht Lit.	Ausdehn.-Koeff. $\cdot 10^6$ (20—100° C)	Lit.	Wärmeleitfähigkeit cal/cm sec °C	Lit.	Elastizitätsmodul kg/mm² 20 C 100° C	Lit.	Schwindmaß %	Lit.
[IV, 44]	22,4	[IV, 44]	~ 0,35	[IV, 44]	6900	[IV, 44]		
[IV, 43]	23	[IV, 2]	0,30—0,40	[IV, 45]	7100	[IV, 45]	1,25—1,4	[IV, 45]
[IV, 44]	22	[IV, 44]	0,30—0,35	[IV, 44]	7100	[IV, 44]	0,5—1,5	[IV, 45]
	22	[IV, 46]					0,9—1,75	[IV, 32]
[IV, 43]	20,5	[IV, 45]	0,32—034	[IV, 45]	7500	[IV, 45]		
[IV, 9]	~24 (20—200°)	[IV, 9]	~0,40	[IV, 9]				
[IV, 44] [IV, 47]	~23 24	[IV, 44] [IV, 47]	0,35—0,38	[IV, 44]	6900	[IV, 44]		
[IV, 49]	9—11	[IV, 32]	0,14—0,16	[IV, 50]	6500— 13000 (Spannungen zwischen 1 und 4 kg/mm²)	[IV, 49]	1—1,5 0,5—1,2	[IV, 32]
	~10¹ ~11²				15000— 18000	[IV, 73]	1—1,7	
[IV, 51]								
[IV, 52]								
[IV, 51]	~12	[IV, 53]	~0,10	[IV, 53]				
[IV, 52]								

fast 700° betragenden Wert für Bleibronze. Für die Gußherstellung von Formaten und Lagerausgüssen ist ein bei niedrigen Temperaturen liegender Schmelzbereich zweifellos ein Vorteil. Er vermindert die Gefahr des Ausbrands leicht oxydierender Bestandteile, die Bildung störender Oxydhäute in den Schmelzen, er schont das Kokillenmaterial. Für die Warmfestigkeitseigenschaften ist ein niedrig liegender Schmelzbereich naturgemäß ungünstig. Die Breite des Schmelzbereichs beeinflußt unabhängig von seiner absoluten Höhe die Gleichmäßigkeit des Gusses (Seigerungen); sie bringt wegen des breiigen Zustandes der Schmelzen in diesem Temperaturgebiet außerdem die Gefahr von Rissen und Feinlunkern.

Im *spez. Gewicht* liegen die hochbleihaltigen Legierungen, die Bleibronzen und die Silberlagerlegierungen (spez. Gewicht ca. 10,5) am höchsten. Es folgen die Lagerwerkstoffe auf Kupfer- und Kadmium-Basis, die hochzinnhaltigen Weißmetalle, das Gußeisen und die Zinklagerlegierungen, die sofern sie hohe Aluminiumgehalte aufweisen, den

Übergang zu den Leichtmetallegierungen (Aluminium- u. Magnesium-basis) bilden. Die Sinterwerkstoffe ordnen sich entsprechend der Zusammensetzung und dem vorhandenen Porenvolumen ein.

Der für das Schwindmaß, die Haftfestigkeit in Stützschalen, die Konstanz des Lagerspiels und die Ausbildung von Passungsspannungen in Verbundkörpern bedeutsame *Ausdehnungskoeffizient* liegt bei den hochbleihaltigen Legierungen, bei den Kadmium- und den Zink-Lagerlegierungen am höchsten. Etwas günstigere Werte treten bei den zinnarmen Bleilagermetallen, bei den Aluminium-Lagerlegierungen und bei den hochzinnhaltigen Weißmetallen auf. Die Legierungen auf Silberbasis bilden mit einem Ausdehnungskoeffizienten von etwa $20 \cdot 10^{-6}$ den Übergang zu den Legierungen auf Kupfer-Basis; in weitem Abstand schließen Gußeisen und Sintereisen diese Reihe mit der niedrigsten thermischen Ausdehnung.

Neben seiner Hauptaufgabe, der Ausbildung einer tragenden Flüssigkeitsschicht im Lagerspalt, besorgt das Schmiermittel auch noch wesentlich die Kühlung der Lagerstelle. Für die Abfuhr der Reibungswärme ist weiterhin die Wärmeleitung durch den Zapfen von besonderer Bedeutung. Trotzdem kommt auch der *Wärmeleitfähigkeit* des Lagerwerkstoffs Bedeutung zu. Am ungünstigsten verhalten sich hier die hochbleihaltigen Legierungen und die zinnarmen Weißmetalle. Die hochzinnhaltigen Legierungen, das Gußeisen und das Sintereisen führen zu den Kupferlegierungen (mit Ausnahme der Bleibronzen) und zu den Kadmiumlegierungen. An diese schließen sich die Zinklegierungen, dann die Bleibronze und — mit relativ breitem Bereich — die Aluminiumlegierungen an. Höchste Wärmeleitfähigkeit kommt den Silberlegierungen zu.

Die für die Wärmeleitfähigkeit der Lagerlegierungen geltende Reihenfolge kann wegen der Tatsache, daß auch für den Wärmetransport die Leitungselektronen verantwortlich sind, ebenso für die Beurteilung der *elektrischen Leitfähigkeit* herangezogen werden (WIEDEMANN-FRANZ-LORENZsches Gesetz)[1]. Von einer Aufnahme dieser für den Fall stromführender Lager zu berücksichtigenden Größe in Tab. 23 wurde daher abgesehen.

Für die Anschmiegung der Lagerschale an den die Last tragenden Zapfen ist ein niedriger *Elastizitätsmodul* von Vorteil. Er verhindert das Auftreten zu großer elastischer Spannungen in der Lagermetallschicht. Höchste Moduln weisen die Kupferlegierungen (mit Ausnahme der Bleibronzen) auf. Es folgen die hochzinkhaltigen Lagerlegierungen, die Silberlegierungen, Bleibronzen und hochaluminiumhaltigen Zinklegierungen. In nur geringem Abstand schließen sich die Kadmium-

---

[1] $\dfrac{\sigma_w}{\sigma_e} = 3\left(\dfrac{R}{F}\right)^2 \cdot T$; σ_w u. σ_e = Leitfähigkeit für Wärme und Elektrizität, R = Gaskonstante; F = FARADAYsche Zahl; T abs. Temp.

und Aluminiumwerkstoffe, die hochzinnhaltigen Weißmetalle an. Kleinste Werte des Moduls besitzen die zinnarmen Weißmetalle und schließlich die alkaligehärteten Bleilagermetalle. Für Gußeisen gilt je nach Güteklasse ein breiter Bereich, der von den Modulwerten der Kadmiumlegierungen bis zu denen der Aluminium-Mehrstoffbronzen reicht. Nur spärlich sind leider die Angaben über die Temperaturabhängigkeit des Elastizitätsmoduls. Sie wären mit Rücksicht auf das Verhalten der Lagerwerkstoffe bei Betriebstemperatur von Bedeutung. Die wenigen Messungen lassen erkennen, daß die Abnahme des Moduls bei Temperaturerhöhung auf 100°C um so größer ist, je niedriger der Soliduspunkt der Legierung liegt. Eine Verbreiterung des Versuchsmaterials über die Temperaturabhängigkeit des Elastizitätsmoduls von Lagerlegierungen wäre sehr erwünscht.

Das *Schwindmaß* hat für Lagerwerkstoffe hauptsächlich bei Verbundherstellung Bedeutung, da es für die Neigung der Legierung zu Warmrissigkeit bestimmend ist. Neben dem Ausdehnungskoeffizienten und den Temperaturverhältnissen beim Gießen beeinflußt die Gestalt des Gußstückes (Behinderung des Schwindens) das Schwindmaß. Die bei einigen Legierungen bestehenden Unterschiede in den Angaben der Tabellen sind im wesentlichen auf verschiedene Probenform zurückzuführen. Die kleinen Werte beziehen sich auf Gußstücke mit Schwindungsbehinderung. Das kleinste Schwindmaß haben die Weißmetalle, es folgen die Kadmiumlegierungen, Zinklegierungen, Gußeisen, Kupferlegierungen und schließlich die Aluminiumlegierungen.

Bei der Erörterung der in *Tab. 24* vereinten technologischen Eigenschaften ist zu beachten, daß es sich dabei um sogenannte „strukturempfindliche" Eigenschaften handelt, die außer von der Legierungszusammensetzung und der Kristallorientierung (Textur) auch weitgehend vom Zustand des Prüfkörpers abhängig sind. Geringen Beimengungen kann ausschlaggebende Bedeutung zukommen, die bei den „strukturunempfindlichen" Eigenschaften (Tab. 23) weitgehend fehlt. Gleiches gilt für die Herstellungsbedingungen (Schmelzen und Gießen, elektrolytischer Niederschlag, Sinterung). Kaltreckgrad und Glühbehandlung verformten Materials spielen eine wichtige Rolle, ebenso die thermische Vorgeschichte bei aushärtbaren Legierungen, für welche das Vorliegen einer temperaturabhängigen Löslichkeit und die Möglichkeit der Unterkühlung des übersättigten Mischkristallzustands Voraussetzung sind. Aus diesem Grunde sind in vielen Fällen breite Bereiche für die verschiedenen Eigenschaftswerte angegeben. Als Beispiel sei (Abb. 117) auf die Härteänderungen hingewiesen, die durch Glühbehandlung in elektrolytisch niedergeschlagenen Bleibronzeschichten auftreten [*IV, 79*]. Die galvanischen Schichten liegen in der Ausgangshärte mit etwa 180 weit über der gegossenen Materials (25—50 [*IV, 38*]), bei niedrigen Anlaß-

Werkstoff-Gruppe	Bezeichnung	Quetsch-Grenze kg/mm² (0,125%)	Lit.	Druck-festig-keit kg/mm²	Stau-chung %	Lit.	Prop.-Grenze	Streck-Grenze (0,2%) kg/mm²	Lit.
Hochzinnhaltige Weiß-metalle	WM 80 F	(4,6)	[IV, 9]	~12[1]	25	[IV, 9]		6,9	[IV, 4]
				~18	~25	[IV, 54]			
	WM 80 (LgSn 80)			~17	~35	[IV, 12]	0,75	6,7	[IV, 4] [IV, 6]
	ASTM Alloy Grade (USA)								
	1	3,1		~9[1]		[IV, 8]	1,0	~3,0	[IV, 6] [IV, 55]
	4	3,9	[IV, 9]	~11[1]	} 25	[IV, 9]		~4,0	[IV, 55]
	5	3,6		~10,5[1]				~3,6	[IV, 55]
	ARLE Nr. (England)								
	1 N						1,0		
	2 R								[IV, 6]
Zinnarme und zinnfreie Bleilagerlegierungen	WM 10 (LgPbSn 10)	2,5	[IV, 58]	~12,5	~22	[IV, 12]			
	WM 5 (LgPbSn 5)	2,4	[IV, 58]	~12	~25	[IV, 12]	0,8		[IV, 6]
	ASTM Alloy Grade (USA)							~2.7	[IV, 55]
	6	2,7	[IV, 9] [IV, 8]	~10[1]	} 25	} [IV, 8]			
	10	2,4	[IV, 8]	~11[1]		} [IV, 9]		~2,4	[IV, 55]
	19			~11[1]					
	Cd-halt. Weißmet. 9 (LgPbSn 9 Cd)			~15	30—35	[IV, 12]		~5,3	[IV, 4]
	Cd-halt. Weißmet. 6 (LgPbSn 6 Cd)	(8,7)[2]	[IV, 61]	17—18	35—40	[IV, 12]			
	Lagerhartblei 16 (LgPbSb 16)			~14	35—40	[IV, 12]			
	Lagerhartblei 12 (LgPbSb 12)			11—14	22—42	[IV, 12]			
	SbAs-Hartblei								
	Blei-Alkali-Lager-metall (LgPb)	6—8	[IV, 3]	17—20	20—50	[IV, 12]	0,57		[IV, 6]
	Alkali and Alkaline Earth-Metal hardened lead Alloy (USA)	—		11—15		[IV, 64] [IV, 63]			
	Calcium-Lagermetall (Natri Calci UdSSR)	~8	[IV, 18]	~17		[IV, 18]			
Legie-rungen auf Cd-Basis	SAE 18	~8	[IV, 66]	19	50	[IV, 66]		~8	[IV, 66]
	SAE 180 (USA)	(~8)	[IV, 4],	(~28)		[IV, 4]		(~9)	[IV, 4]
Legierungen auf Zn-Basis	ZnAl 4 Cu 1								
	ZnAl 10 Cu 1								
	ZnAl 30 Cu 1								
	ZnAl 32 Cu 3								
	ZnCu 5 Pb 2								
Lager-legierungen auf Kupfer-basis	a) Gußlegierungen								
	Rotguß 5 (Rg 5-Sandguß)			110					
	(SlRg 5-Schleuderguß)								

[1] Als Druckfestigkeit ist die zu 25% Stauchung gehörige Druckspannung angegeben.
[2] Gilt für eine Stauchung von 2%. — [3] Sand- und Kokillenguß. — [4] Stangen (gepreßt und gezogen).

Eigenschaften von Lagerwerkstoffen.

Zug-festig-keit kg/mm²	Bruch-dehnung %	Lit.	Härte BE	Lit.	Warmhärte BE				Lit.	Wechs.-festig-keit kg/mm²	Lit.
					50°	100°	150°	200°			
~ 7,5	~0,6	[IV, 4]	~27	[IV, 54]				2,5—3	[IV, 4]	2,3—3,1	[IV, 54]
~ 8,0	~0,6	[IV, 4]	~29	[IV, 54]	21	10	5	2,6	[IV, 12] [IV, 4]		[IV, 4]
~ 9,0		[IV, 9]	17	[IV, 8]	(14)	8 (10)	(6)	(4)	[IV, 8] [IV, 9]	(2,3)	[IV, 54]
~11,2			25	[IV, 9]		12				(2,4)	[IV, 56]
~11,0			23			10			[IV, 54]		
			28 24—30	[IV, 11]	(16)	(11)	(8)		[IV, 57]		
6—8	1—1,5	[IV, 59] [IV, 16]	23—25	[IV, 12]	16—18	8,5—10	4,5—5,5	~3	[IV, 12] [IV, 59]	2—3	[IV, 59]
~ 7	3—5	[IV, 9] [IV, 60]	21—22	[IV, 12]	13—15	5,5—10	4—5,5	2—3	[IV, 12] [IV, 59]	1,8	[IV, 59]
~ 8,5	~1	[IV, 55]	21	[IV, 8] [IV, 9]		10,5	~6	2,5	[IV, 59] [IV, 8] [IV, 9]	~1,6	[IV, 59]
~11,0			18			9					
~10,0			18			8					
~7	~0,5	[IV, 4]	~24	[IV, 12]	~20	~12			[IV, 12]		
			26—28	[IV, 12]	20—22	14—16			[IV, 12]		
			~17	[IV, 12]	~15	~10			[IV, 12]		
			21—25	[IV, 12]	12—20	7—13			[IV, 12]		
			18—26	[IV, 15]	15—23	11—19	4—6		[IV, 15]		
8,5—12,5	1—9	[IV, 62]	20—36	[IV, 12]	16—30	10—20	~9	~3	[IV, 62]	2,9—3,2	[IV, 62]
7—8	6—15	[IV, 64] [IV, 17]	19—22	[IV, 17]	18—20	14—17	~11	~7	[IV, 65] [IV, 64] [IV, 17]	~2,1	[IV, 17]
			33—36	[IV, 18]	27—30	17—20	9—11		[IV, 18]		
10—12	10—19	[IV, 66]	~30	[IV, 66] [IV, 21]	~25	~18	~11	~6	[IV, 21] [IV, 66] [IV, 4]	~2,6	[IV, 67] [IV, 21]
~11	~11	[IV, 21]	(~32)	[IV, 21] [IV, 4]	(~28)	(~19)	(~15)	(~7)	[IV, 21] [IV, 4]	~3	[IV, 21]
18—24[3]	0,5—1,5	[IV, 23]	~80	[IV, 3]	~60	~45	~30	~18	[IV, 3]	7—10	[IV, 23]
37—44[4]	8—12		~80		~57	~35	~16	~ 9		11—13	
28—32[3]	0,5—1	[IV, 23]	~80	[IV, 3]	~67	~47	~29	~14	[IV, 3]	9—12	[IV, 23]
40—46[4]	8—12		~95		~64	~28	~10	~ 3		11—13	
~33[3]	~1,8	[IV, 25]	87—93	[IV, 25]							
47—49[4]	10—15	[IV, 26]	125—130	[IV, 26]							
12—16	1—3	[IV, 68]	70—90	[IV, 68]							
~29	~0,9	[IV, 28]	~85	[IV, 28]							
20—26	22—27	[IV, 38] vergl. auch [IV, 69]	60—70 75—85	[IV, 38] vergl. auch [IV, 69]	70	68	64	60	[IV, 70]		
24—28	12—15										

Tabelle 24. (1.

Werkstoff-Gruppe	Bezeichnung	Quetsch-grenze kg/mm² (0,125%)	Lit.	Druck-festig-keit kg/mm²	Stau-chung %	Lit.	Prop.-Grenze / Streck-Grenze (0,2%) kg/mm²	Lit.
Lagerlegierungen auf Kupferbasis	Rotguß 9 (Rg 9-Sandguß Schleuderguß) Tin-Bronze 1 A (Admirality Gun-metal) (USA) Gußbronze 12 (GSnBz 12) Sandguß Schleuderguß Tinbronze A (USA) Leaded Phosphorbronze Commerc. grade (England)						18	[IV, 16]
	Aluminium-Gußbronze 9 (GAl Bz 9) Aluminium-Mehrstoff-Gußbronze 10 (GAl MBz 10)							
	Bleibronze 25 (PbBz 25)	(2,3)	[IV, 4]	(25)		[IV, 4]	~4,5	[IV, 39]
	Bleibronze 13 (PbSnBz 13)						12—13[1]	[IV, 39]
							13—16[2]	[IV, 39]
	Bleibronze 22 (PbSnBz 22)						8—11[1]	
	High leaded tin Bronze 3 A (USA)							
	b) Knetlegierungen Zinnbronze 6 (SnBz 6)							
	Zinnbronze 8 (SnBz 8)						15—85	[IV, 38]
	Beryllium-Bronze 2 (BeBz 2)						28—112	[IV, 42]
	Aluminium-Mehrstoff-bronze 10 (AlMBz 10)							
	Sondermessing 68 (SoMs 68)						12—31	[IV, 72]
	Sondermessing 58 (SoMs 58 A 12) Copper-Silicon-Alloy Nr. 2 (USA)						28—32	[IV, 37]
Lagerlegierungen auf Aluminium-Basis	Legierung 83 (Knetwerkstoff)			7—8 / 10—11	0,2 / 1 }	[IV, 44]	14—18	[IV, 44]
	Legierung 411			7 / 13	0,2 / 1 }	[IV, 44]	19—22	[IV, 44]
	Alva 36 Guß / Knet			~68		[IV, 46]		
	AlSiCuNi I Guß / Knet							
	Alcoa 750 Alcoa XA 750 Alcoa XB 750 (USA) (Guß)						~7 / ~7 / ~14 }	[IV, 9]
	KS 837			11 / 19	0,2 / 1 }	[IV, 44]	10—14	[IV, 44]
	La 31 (Guß) (Schweiz)						7—10	[IV, 47]

[1] Sandguß   [2] Kokillenguß

Fortsetzung.)

Zugfestigkeit kg/mm²	Bruchdehnung %	Lit.	Härte BE	Lit.	Warmhärte BE 50°	100°	150°	200°	Lit.	Wechsfestigkeit kg/mm²	Lit.
25—30	25—32	[IV, 38]	60—75	[IV, 38]							
25—30	7—11	[IV, 69]	85—95	[IV, 69]							
≥28	≥20	[IV, 71]	70—100	[IV, 13]							
25—30	10—15	[IV, 38]	80—95	[IV, 38]							
28—35	6—12	[IV, 69]	90—110	[IV, 69]							
16—19	1—3	[IV, 13]	≥180	[IV, 30]							
19—28[1]	3—15	[IV, 13]	80—100	[IV, 13]							
22—28[2]	2—10		90—130								
≥35	≥12	[IV, 34]	≥80	[IV, 34]							
≥55	≥10	[IV, 72]	≥130	[IV, 72]							
5—7	4—8	[IV, 9] [IV, 39]	19—22[1] 27—29[2]	[IV, 39]	27,5[1]	26[1]	24[1]	22	[IV, 38]	(3,0)[1]	[IV, 4]
			23—55[2]	[IV, 72]	23[2]	22,5[2]	21,5[2]	19[2]	[IV, 3]		
21—28[1]	15—30[1]	[IV, 39]	48—54[1]} 61—65[2]}	[IV, 39]	65[1]	63	61	60	[IV, 38]		
25—30[2]	10—15[2]										
≥15[2]	≥8[2]	[IV, 72]	>60[2]	[IV, 72]							
13—16[1]	12—20[1]	[IV, 39]	60[1]	[IV, 38]	58[1]	56[1]	54[1]	52[1]	[IV, 38]		
>15[2]	>5[1]	[IV, 72]	>50[1]	[IV, 72]							
>17,5	>8	[IV, 73]									
38—70	10—60	[IV, 40]	70—190	[IV, 40] [IV, 35]	~99	~98	~97	~96	[IV, 3]	14—19	[IV, 35]
35—90	3—75	[IV, 38]	80—200	[IV, 38]	~100	~99 ~177	~99	~98 ~175	[IV, 3] [IV, 74]	15—16	[IV, 35]
50—135	4—60	[IV, 42]	100-380	[IV, 42]	anlaßbeständig bis 150—200° C					bis 40	[IV, 42]
≥60	≥10	[IV, 72]	≥130	[IV, 72]							
36—45	6—18	[IV, 72]	80—130	[IV, 72]							
50—60	8—12	[IV, 37]	140-180	[IV, 37]							
≥42, 43—77	≥10 5—27	[IV, 75] [IV, 35]	130	[IV, 75]							
20—24	10—15	[IV, 44]	40—60	[IV, 44]						~10	[IV, 44]
22—25	4—5	[IV, 44]	45—65	[IV, 44]							
~10-15 ~25-40	~5—10 ~2—30	[IV, 46]	~30-80	[IV, 46]	~44	~42	~38	~34	[IV, 46]		
23 36	0,5 3	[IV, 45]	95-125} 100-125}	[IV, 45]				~85 ~90	[IV, 45]	8,5} 11}	[IV, 45]
~16 ~16 ~21	~12 ~10 ~5	[IV, 9]	~45 ~45 ~70	[IV, 9]						~6 ~7	[IV, 9]
16—20	9—12	[IV, 44]	40—50	[IV, 44]	45				[IV, 44]	~8	[IV, 44]
14—19	3—8	[IV, 47]	46—55	[IV, 47]	~45	~43	~41	~36	[IV, 47]	~7	[IV, 47]

Tabelle 24. (2.

Gruppe	Bezeichnung	Quetsch-grenze kg/mm² (0,125%)	Lit.	Druck-festig-keit kg/mm²	Stau-chung %	Lit.	Prop.-Grenze	Streck-Grenze (0,2%) kg/mm²	Lit.
Guß-eisen	Gußeisen Ge 12.91—Ge 30.91 (Grauguß)			90—140		[IV,173]		keine	[IV,173]
	Gußeisen mit Kugelgraphit			85—125		[IV,173]	>35 >25²	>42¹ >31²	[IV,174]
Sinter-werkstoffe	Bronze Eisen	~9	[IV, 53]						

¹ Gußzustand ² geglüht

temperaturen steigt die Härte mit der Temperatur noch erheblich an und durchschreitet nach Anlaßbehandlung bei 70—90° C ein Maximum. Trotz des durch Anlassen bei höheren Temperaturen erfolgenden Härte-abfalls liegt auch nach 4stündiger Glühung bei 300° C die Härte noch immer weit über der von Gußmaterial. Als Ursache für dieses auffällige Verhalten elektrolytischer Niederschläge sind strukturelle Unterschiede

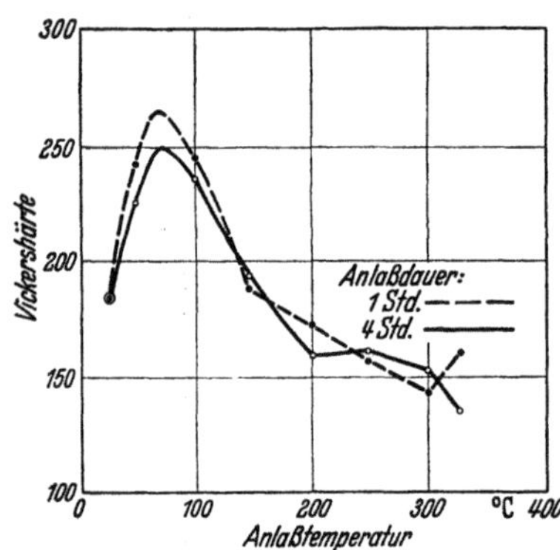

Abb. 117. Härteänderungen einer elektroly-tisch niedergeschlagenen Bleibronze durch Glühen.

gegenüber Gußmaterial anzusehen, die im einzelnen noch nicht geklärt sind (Feinkörnigkeit, Spannun-gen, Konzentrationsschwankungen, Elektrolyteinschlüsse, Ausschei-dungsvorgänge im galvanischen Nie-derschlag [IV, 79], vgl. auch [IV, 80]). Analoge Beobachtungen an Silber–Blei finden sich in [IV, 81]. Die Härte elektrolytisch abgeschie-dener Legierungen liegt hier ebenfalls weit über der von Gußmaterial (140—170 gegenüber etwa 30—40). Der Unterschied wird vor allem auf hochdisperse Einlagerungen von Elektrolyt zurückgeführt, mit denen auch der Härteabfall bei Anlaß-glühungen über 150° C in Zusammenhang gebracht wird.

Als weiteres Beispiel sei die Aushärtung von Berylliumbronzen kurz erwähnt. Durch entsprechende Glühbehandlung (4 Sdt. 300° C) steigt bei einer 2% Beryllium enthaltenden, in weichem Ausgangszustand vor-liegenden Legierung die Streckgrenze von 28 kg/mm² auf etwa 100, die Festigkeit von 50 kg/mm² auf etwa 120 und die Härte von 100—120 BE auf etwa 340 an, unter gleichzeitigem Abfall der Dehnung von 60 auf etwa 4% [IV, 42]. Verursacht werden diese so ausgeprägten Änderungen

Fortsetzung.)

Zug-festig-keit kg/mm²	Bruch-deh-nung %	Lit.	Härte BE	Lit.	Warmhärte BE				Lit.	Wechs.-festig-keit kg/mm²	Lit.
					50°	100°	150°	200°			
>12 insb. 26 bis üb.30 >55 >42²	<0,6 > 1¹ >10²	[IV, 76] [IV, 50] [IV,174]	130; insb. 200-250 >240¹ >160²	[IV, 50] [IV, 77] [IV, 78] [IV,175]	nur geringfügige Änderungen bis 300° C ,,					6—11 25—30¹ 15—20²	[IV, 49] [IV, 77] [IV,173]
2—3 5—15	~2	[IV, 51] [IV, 51]	20—40 25—60	[IV, 51] [IV, 51] [IV, 53]							

durch Vorgänge im übersättigten CuBe-Mischkristall (Sammlung über-
schüssig gelösten Berylliums entlang bestimmter kristallographischer
Netzebenen, die nur mit speziellen röntgenographischen Untersuchungs-
verfahren feststellbar ist [IV, 82]). Schließlich sei die Bedeutung von im
Kristallgitter sich abspielenden Vorgängen noch am Beispiel der Härte-
änderung von niedrig schmel-
zenden Lagerlegierungen durch
langandauernde Vorglühung
an Hand der Abb. 118 dar-
getan. Dargestellt ist die
Härte von zwei Bleilagermetallen der Gattung LgPb als
Funktion einer sich bis zu
10 Wochen erstreckenden Vorerhitzung bei 100° C. Ein-
gezeichnet ist sowohl der
Härteverlauf, wie er sich bei
Raumtemperatur unmittelbar
nach Abschreckung der Proben ergibt, als auch die bei
100° C gemessene Warmhärte.
Das unterschiedliche, auch für

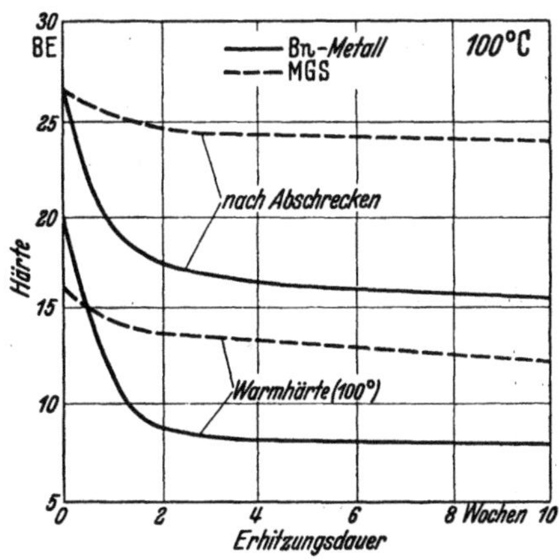

Abb. 118. Bedeutung von Entmischungsvorgängen
für die Härte von zwei gehärteten Bleilagermetallen.

die praktische Verwendung wesentliche Verhalten der Härte ist in der
Hauptsache auf die Unterdrückung der Pb₃Na-Ausscheidung im MGS-
Metall zurückzuführen. Erreicht wird dies durch kleine Änderungen der
Zusammensetzung [IV, 83].

Das *Verformungsverhalten* der Legierungen ist in Tab. 24 durch Angabe der für den Zugversuch kennzeichnenden Eigenschaften beschrieben. Für die weicheren Legierungen sind auch Angaben über den Stauchversuch enthalten, die mit Rücksicht auf ein Versagen derartiger Lager
durch unzulässige Druckverformungen von wesentlicher praktischer Be-

deutung sind. Nach steigender Druckfestigkeit ordnen sich die weichen Legierungen in nachstehender Reihenfolge: WM5 und WM10, Lager-hartblei, Cd-haltige Weißmetalle, WM80 und Blei–Alkali-Lagermetalle, Kadmiumlagerlegierungen, Bleibronze. Ihrer niedrigen Formfestigkeit wegen werden diese Werkstoffe i. allg. mit Stützschale eingebaut. Über die Ergebnisse von Druckversuchen bei erhöhter Temperatur liegen nur wenige Angaben vor. Tab. 25 gibt für eine Reihe in USA genormter Legierungen (für die Zusammensetzung und zulässigen Beimengungen vgl. auch die Tab. 12 und 14) die durch eine Stauchung von 0,125% ge-gebene Quetschgrenze, sowie die zu einer Stauchung von 25% gehörige Druckfestigkeit für eine Versuchtemperatur von 95° C. Die eben er-wähnte niedrigere Formfestigkeit der Sn-armen Legierungen gegenüber der hochzinnhaltigen kommt auch bei erhöhter Temperatur zum Ausdruck.

Tabelle 25. *Druckversuche mit Weißmetallen bei 95° C [IV, 58].*

Legierungs-bezeichnung	Quetsch-grenze kg/mm²	Druck-festigkeit kg/mm²	Legierungs-bezeichnung	Quetsch-grenze kg/mm²	Druck-festigkeit kg/mm²
ASTM-Alloy			ASTM-Alloy		
Grade Nr. 1	1,86	4,88	Grade Nr. 6	1,44	5,65
(92—64% Sn)			(21—0% Sn)		
2	2,11	6,10	7	1,15	4,32
3	2,21	6,95	8	1,23	4,32
4	1,51	4,85	10	1,30	4,05
5	1,51	4,75	11	0,98	3,58
			12	0,88	3,58

Schon in Punkt 10 ist auf das nahezu völlige Fehlen von Angaben über das *Kriechverhalten* von Lagerlegierungen hingewiesen worden, eine Lücke, die besonders für die weichen Lagerlegierungen sehr fühlbar ist. Einen gewissen Rückschluß erlauben die Ergebnisse von Versuchen zur Ermittlung der Eindringgeschwindigkeit einer Kugel unter lang dauern-der Belastung. Tab. 26 enthält als Beispiel die bei Raumtemperatur und

Tabelle 26. *Kriechverhalten einiger Lagerlegierungen bei 20 und 100° C [IV, 3].*

Legierung	Eindringtiefe einer 5 mm-Kugel in 10^{-2} mm bei 1-stündiger Belastung mit 62,5 kg		
	20° C	100° C	100° C, 10 Wochen Vorerwärmung
WM 80 F	4,6	21	21
LgPbSn9Cd	3,3	17,5	17,5
LgPb: Bn-Metall[1]	3,6	23	41
: MG S[2]	1,2	8	11
PbBz 25	0,6	2	2

[1] 0,69% Ca, 0,62% Na, 0,04% Li, 0,02% Al
[2] 0,7% Ca, 0,4% Ba, 0,3% Na, 0,05% Mg, 0,02% Al

die bei 100° C ohne und mit 10wöchiger Vorerwärmung erhaltenen Ergebnisse (5 mm-Kugel, Belastung 62,5 kg). Der Umstand, daß bei etwa gleicher Raumtemperatur-Härte recht erhebliche Unterschiede in der Eindringtiefe bei 1stündiger Belastung bei 20° auftreten, weist auf deutliche Unterschiede in der Kriechfestigkeit hin. Die MGS-Legierung und besonders die Bleibronze sind den 3 übrigen Legierungen überlegen. Die Bleibronze erweist sich auch bei 100° C Prüftemperatur ohne und mit Vorerhitzung als die kriechfesteste der Legierungen; MGS bleibt an 2. Stelle, Bn-Metall ist vor allem nach 10wöchiger Vorerwärmung am wenigsten fließfest.

Von den Kenngrößen des Zugversuchs liegen für die Proportionalitätsgrenze nur vereinzelte Werte vor. Für *Streckgrenze, Zugfestigkeit* und *Bruchdehnung* sind zumeist Bereiche angegeben, die bei Gußwerkstoffen gelegentlich verschiedene Gießarten (Sandguß, Kokillenguß), bei Knetwerkstoffen Material verschiedener Kaltreckgrade, bei aushärtbaren Legierungen auch verschiedenen Aushärtungszustand umfassen. So erklärt sich die bisweilen außerordentliche Breite der angegebenen Bereiche.

Die Tatsache, daß bei der Gesamtheit der technischen Gleitlagerlegierungen die Streckgrenze, Festigkeit und Bruchdehnung jeweils ein außerordentlich breites Gebiet umfassen (5 bis etwa 100 kg/mm² für

Tabelle 27. *Zugversuche mit Zinn- und Blei-Lagerlegierungen.*

Bezeichnung	Streckgrenze kg/mm²			Zugfestigkeit kg/mm²			Bruchdehnung %			Lit.
	20	100	150°C	20	100	150°C	20	100	150°C	
etwa entsprechend: ASTM-Alloy Grade 1 (90—92% Sn)	5,4	3,1	1,8	6,7	3,7	2,7	20	25	32	*IV,84*
Grade 2 (88—90% Sn)				6,4	3,5	2,2 (140°)				*IV,57*
Grade 3 (83—85% Sn) (s. Tab. 12)	7,3	4,3	2,7	9,3	5,7	3,4	13	23	33	*IV,84*
Alkali and Alkaline Earth-Metal hardened lead Alloy (s. Tab. 14)				7,8	5,2	3,4	6	7	13	*IV,85*

die Streckgrenze, 6—100 kg/mm² für die Zugfestigkeit und 0,5—75% für die Bruchdehnung) zeigt, daß ein unmittelbarer und einfacher Zusammenhang zwischen den im Zugversuch ermittelbaren statischen

Festigkeitseigenschaften und dem Gleitverhalten nicht besteht; immerhin wird niedrige Formfestigkeit (ausgedrückt durch niedrige Werte der Streckgrenze) grundsätzlich die Schmiegsamkeit und Einbettfähigkeit begünstigen. Ebenso wie beim Stauchversuch interessiert auch beim Zugversuch das Verhalten bei Temperaturen, wie sie im praktischen Betrieb der Gleitlager auftreten. Einige diesbezügliche für Zinn- und Bleilagerlegierungen gültige Zahlen sind in Tab. 27 enthalten.

Für die *Raumtemperaturhärte* gilt das Gleiche wie für die Zugfestigkeit: breite Bereiche, die durch verschiedene Gußarten, verschiedenen Kaltreckgrad und Aushärtungszustand, bei niedrig schmelzenden Legierungen auch durch Temperaturschwankungen (vgl. [*IV, 86*]) bedingt sind. Das von den Härten aller Legierungen umfaßte Gebiet reicht von 17 bis über 200. Für die *Warmhärten* gibt Abb. 119, nach Legierungsgruppen zusammengefaßt, den Verlauf bis zu 200° C. Gußeisen, Kupfer- und Aluminiumlegierungen zeigen im Temperaturgebiet von 20—200°C einen nur geringen Härteabfall. Bei den Zink-, Blei- und Zinnlegierungen erfolgt der Härteabfall jeweils prozentual ähnlich: bei 200° C beträgt die Härte etwa $^1/_6$—$^1/_7$ des Raumtemperaturwerts[1]. Der Härteabfall der Kadmiumlegierungen ist etwas flacher als der der Weißmetallgruppe. Bei der bekannten Parallelität von Zugfestigkeit und Härte kann Abb. 119 als erster Anhalt für das Verhalten der Warmfestigkeit der Legierungen angesehen werden.

Über den Anstieg von Härte und Zugfestigkeit von Pb–Sn–Sb-Legierungen bei Temperaturerniedrigung bis —195° C ist in [*IV, 87*] berichtet.

Die zur Vervollständigung der mechanischen Kennzeichnung fallweise ermittelten *Biegefestigkeiten* sind in Tab. 24 nicht eingetragen; das Beobachtungsmaterial ist nicht nur spärlich, sondern auch uneinheitlich. Von *dynamischen Festigkeitseigenschaften* sind Angaben über die Wechselbiegefestigkeit aufgenommen. Die hochzinnhaltigen Weißmetalle, die zinnarmen und -freien Bleilagerlegierungen, die Kadmiumlegierungen und die Bleibronzen bilden eine Gruppe mit niedrigen Wechselfestigkeiten von etwa 1,6—3,2 kg/mm² auf der Basis $20 \cdot 10^6$ Lastwechseln. Die Zink- und Aluminiumlegierungen sowie Gußeisen können zu einer Gruppe mittlerer Wechselfestigkeit (6—13 kg/mm²) zusammengefaßt werden. Günstigste Ermüdungsfestigkeiten weisen die Kupferknetlegierungen auf, bei denen Werte von 14—20 kg/mm², gegebenenfalls sogar noch weit höhere (mit Be-Bronzen bis 40 kg/mm²) erreicht werden. Für

---

[1] Die Härtebestimmung erfolgt bei Blei- und Zinn-Legierungen mit einer Belastungsdauer von 3 Minuten. Für Zink ist eine Belastungsdauer von 30 Sekunden üblich [*IV, 23*]. Mit Rücksicht auf das ausgeprägte Härtekriechen auch dieser Legierungen wurden die hier mitgeteilten Härtewerte ebenfalls mit 3 Minuten langer Lasteinwirkung ermittelt.

Ausgüsse aus Silber wurden durch Versuche mit Verbundlagern in dynamischen Lagerprüfmaschinen Lebensdauern gefunden, die das Neunfache der von Bleibronzeausgüssen betrugen [*IV, 88*].

Nicht aufgenommen in Tab. 24 ist — wegen der Lückenhaftigkeit der bisher bekannt gewordenen Ergebnisse — eine Kennzeichnung des Ver-

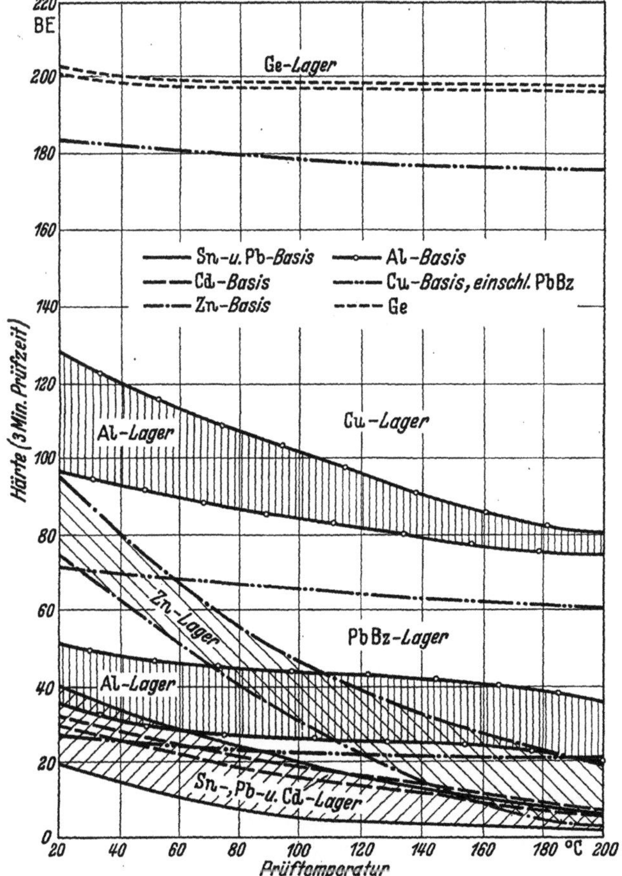

Abb. 119. Temperaturabhängigkeit der Härte von Lagerlegierungen (nicht aufgenommen sind die bis 200° anlaßbeständigen Cu—Be-Legierungen).

haltens der Lagerlegierungen gegenüber der Dauerschlagbeanspruchung. Dieses Verhalten gibt gute Hinweise für die praktische Bewährung eines Lagerwerkstoffs in stoßbeanspruchten Lagerstellen. In [*IV, 59*] wird der Bedeutung des Zinngehalts von Weißmetallen im Schlagstauchversuchen nachgegangen. Die bei Raumtemperatur mit einer Schlagarbeit von 0,15 mkg pro Schlag durchgeführten Versuche zeigen in Übereinstimmung mit älteren Ergebnissen [*IV, 89*], daß bei hoch Sn-haltigen

Legierungen ($>$70% Sn) die zum Bruch führende Schlagzahl mit dem Zinngehalt erheblich zunimmt. Steigerung des Sn-Gehaltes von 20 bis etwa 50% bringt dagegen keine Änderung der dynamischen Verformbarkeit[1].

Einige Ergebnisse über die Dauerschlagprüfung von Zinn- und Bleilagerlegierungen in der Wärme bringt Tab. 28. In [*IV, 90*] wurde außer

Tabelle 28. *Dauerschlagprüfung von Zinn- und Bleilagerlegierungen bei 150° C.*

| Nach [*IV, 65*] | | | | | Nach [*IV, 90*] | | | | |
| Zusammensetzung % | | | | Höhenabnahme[1] % | Zusammensetzung % | | | | Höhenabnahme[2] % |
Sn	Pb	Sb	Cu		Sn	Pb	Sb	Cu	
90,9	—	4,6	4,5	12,8	92,3	0,3	3,8	3,6	20,8
83,8	—	8,1	8,1	7,0	dieselbe Legierung mit zusätzlich 1% Cd				2,8
20,8	62,3	15,5	1,4	3,4	88,8	0,3	7,1	3,7	3,2
5,0	79,7	15,3	—	5,0	85,5	0,3	9,9	4,2	1,2
1,2	87,0	11,8	—	18,0	dieselbe Legierung mit zusätzlich 1% Cd				0,0
					81,7	4,1	10,1	4,0	2,0
					39,8	48,6	10,5	1,0	4,0
					5,1	79,9	14,9	0,1	4,7
					LgPb: 0,7 Ca, 0,6 Na 0,04 Li, Rest Pb				10,0

[1] Nach 10^5 Schlägen mit einer Energie von 0,456 mkg pro Schlag.
[2] Nach 10^6 Schlägen mit einer Energie von 0,062 mkg pro Schlag.

der Bedeutung der Zusammensetzung der Legierungen auch der der Gießbedingungen nachgegangen. Die in der Tabelle verzeichneten Werte der Höhenabnahme beziehen sich auf die günstigste Abstimmung von Gieß- und Kokillentemperatur. Aus beiden Untersuchungsreihen geht hervor, daß die Legierungen mit höchsten Sn-Gehalten hohe Verformungen liefern. Auch die jeweils am Schluß angeführten Legierungen höchsten Pb-Gehalts übertreffen im Verformungsausmaß weit die mittlerer Zusammensetzung. Die Bedeutung kleiner Cd-Zusätze für die Verfestigung geht aus den Zahlen der rechten Tabellenhälfte deutlich hervor. Man wird wohl kaum fehl gehen in der Annahme, daß damit eine Steigerung der Neigung zu Rißbildung einhergeht. Bei der Auswahl von Lagerwerkstoffen für bestimmte Fälle ist bei der Abwägung von Verformbarkeit und Neigung zu Rißbildung je nach den vorliegenden Beanspruchungsbedingungen zu entscheiden.

[1] Analoge Feststellungen wurden auch hinsichtlich anderer technologischer Festigkeitseigenschaften wiederholt gemacht (vgl. z. B. [*IV, 89*], [*IV, 59*]), so daß Zinnlegierungen mittleren Sn-Gehalts in der deutschen Normung für Lagermetalle ab 1936 verschwunden sind (s. auch [*IV, 5*]).

34. Physikalische und mechanisch-technologische Eigenschaften nichtmetallischer Werkstoffe.

a) Kunstharzpreßstoffe. In Punkt 9 und besonders in Punkt 27 sind bereits einige Hinweise für die Herstellung von Lagern aus Kunstharzpreßstoffen gegeben worden, wobei die Bedeutung des Zusetzens von Füllstoffen aus Textilfasern besonders betont wurde. Entweder werden die Lager in Preßwerkzeugen einbaufertig gepreßt, oder sie werden durch

Tabelle 29. *Physikalische und technologische Eigenschaften von Kunstharzpreßstoffen (Phenolkunstharze) und Nylon.*

Werkstoffbezeichnung	Typ 74	Hartgewebe G	Hartgewebe F	Lit.	Nylon [IV, 91]
Art und Form des Füllstoffs	geschnitz. Textilgewebe	Baumwollgrobgewebe	Baumwollfeingewebe		
Spez. Gewicht g/cm³ . .	~1,4	~1,4	~1,4	[IV,92]	~1,1
Ausdehnungskoeffizient · 10⁶ (zwischen 20 u. 50° C) .	15—30	10—25	10—25	[IV,93]	~60
Elastizitätsmodul (Richtwerte) kg/mm²	700—1000	600—800	700—900	[IV,94]	~230
Wärmeleitfähigkeit · 10⁴, cal/cm sec °C	4—8	7—8	7—8	[IV,95]	niedrig
Biegefestigkeit kg/mm² .	$\geqq$ 6	$\geqq$ 8	$\geqq$10	[IV,92]	
Schlagzähigkeit cmkg/mm²	$\geqq$ 0,12	$\geqq$ 0,25	$\geqq$ 0,30	[IV,93]	
Druckfestigkeit kg/mm² .	$\geqq$14	$\geqq$20	$\geqq$20	[IV,94]	~7,5
Zugfestigkeit kg/mm² . .	$\geqq$ 2,5	$\geqq$ 5	$\geqq$ 8		
Härte	$\geqq$13	$\geqq$13	$\geqq$13	[IV,94] [IV,96]	
Zulässige Höchsttemp. bei dauernder Wärmebeanspruchung °C	100	100	100	[IV,95] [IV,92]	

spanabhebende Bearbeitung gewonnen, wobei von Rohren oder Blöcken (Platten) ausgegangen wird. Die Rohre werden dabei durch Aufwickeln von mit Kunstharz getränkten Gewebebahnen auf eiserne Dorne entsprechenden Durchmessers, Anpressen dieser Bahnen durch Druck und anschließendes Aushärten bei erhöhter Temperatur erzeugt. Zur Erhöhung der Festigkeit erfolgt noch ein Nachpressen der gewickelten Rohre in entsprechende Formen. Tab. 29 enthält einige physikalische und technologische Eigenschaften von Kunstharzpreßstoffen und zwar von formgepreßten Werkstücken mit regellosen Einlagen von geschnitzeltem Textilgewebe (Typ 74) und von Werkstücken mit eingelagerten

Gewebebahnen. Da den Herstellungsbedingungen (Gestalt der Preßkörper, Werkzeugkonstruktion, Preßverfahren) wesentlicher Einfluß auf
die Eigenschaften des Preßstoffs zukommt, sind die angegebenen Zahlen,
die sich auf Platten beziehen, nur als Richtwerte zu betrachten. Bei
geschichteten Werkstücken unterscheiden sich ferner die Eigenschaften
in verschiedenen Richtungen voneinander. Die in der Tabelle enthaltenen Werte für Biegefestigkeit, Schlagzähigkeit, Druckfestigkeit und
Härte gelten für eine äußere Beanspruchung senkrecht zur Schichtrich-
tung, während der Ermittlung des Elastizitätsmoduls und der Zugfestigkeit eine Beanspruchung in der Ebene der Schichten zugrunde liegt.
Die thermische Ausdehnung und Wärmeleitfähigkeit werden ebenfalls
in Richtung der eingelagerten Textilbahnen ermittelt.

Die Härte wird bei Kunststoffen wegen des nicht mehr wie bei Metallen vernachlässigbaren Anteils der elastischen Verformung aus der
Eindrucktiefe unter Last ermittelt (5 mm Kugel, 50 kg Belastung,
60 sec). Ihre Werte sind daher nicht unmittelbar mit den Brinellhärten
der Metalle vergleichbar.

Mitangegeben in Tab. 29 ist schließlich die zulässige Höchst-
temperatur für Dauererwärmung. Es ist dies jene Temperatur, welche
der Stoff dauernd erträgt ohne nach Abkühlung auf Raumtemperatur
in den mechanischen Eigenschaften um mehr als 10% geschädigt zu sein.

Mit einem spez. Gewicht von etwa 1,4 g/cm³ liegen die Kunstharzpreßstoffe erheblich günstiger als selbst die spezifisch leichtesten Lagerlegierungen, in ihrer Wärmeleitfähigkeit dagegen bleiben sie um etwa
zwei Größenordnungen hinter diesen zurück, ein für die Ableitung der
Reibungswärme erheblicher Nachteil. Die thermische Ausdehnung der
Kunstharzpreßstoffe erfolgt etwa im gleichen Ausmaß wie die der Metalle. Vorteilhaft für die Anpassungsfähigkeit an den Zapfen ist der
gegenüber den Metallen um eine halbe bis eine Größenordnung niedrigere
Elastizitätsmodul.

In den technologischen Festigkeitseigenschaften übertreffen die
Kunstharzpreßstoffe mit geschichteten Einlagerungen erheblich die mit
regellos verteilten Textilfüllstoffen. Ihre Eigenschaften reichen an die
untere Grenze des von metallischen Lagerwerkstoffen bedeckten Be-
reiches heran.

Die niedrige Dauerverwendungstemperatur von etwa 100° C weist,
im Verein mit der schlechten Wärmeleitfähigkeit, nachdrücklich auf die
Notwendigkeit, für ausreichende Kühlung von Kunstharzpreßstofflagern
zu sorgen, hin.

Einige in die Tab. 29 aufgenommenen Zahlen über *Nylon* können nur
zur ersten Orientierung dienen.

b) Weichgummi. Angaben über physikalische und mechanisch-
technologische Eigenschaften von Weichgummi finden sich in Tab. 30.

Tabelle 30. *Physikalische und mechanisch-technologische Eigenschaften von natürlichem Weichgummi.*

	Weichgummi aus Naturkautschuk	Lit.
Spez. Gewicht g/cm³	$\sim$1,0($-$1,6)	
Ausdehnungskoeffizient · 10⁶	$\sim$220 (?)	[*IV, 97*]
Elastizitätsmodul kg/mm²	$\sim$200 (?)	
Wärmeleitfähigkeit · 10⁴, cal/cm sec °C . . .	$\sim$3,4	[*IV, 97*]
Zugfestigkeit kg/mm²	1,5—3,0	[*IV, 98*]

Bei der Bewertung dieser Zahlen ist zu berücksichtigen, daß die Eigenschaften von Weichgummi durch Art und Menge der Füllstoffe weitgehend beeinflußbar sind.

Als vorteilhaft für die Verwendung als Lagerbaustoff sind das niedrige spez. Gewicht und der niedrige Elastizitätsmodul (vgl. Punkt 28) anzusehen, nachteilig wirkt die schlechte Wärmeleitfähigkeit, die weniger als ein Prozent derjenigen der Lagermetalle beträgt und der gegenüber diesen Werkstoffen um etwa eine Größenordnung höhere Ausdehnungskoeffizient.

Die für die technologischen Festigkeitseigenschaften angegebenen Werte beziehen sich auf die Weichgummisorten, die für die Verwendung im Gleitlager in Frage kommen. Die im allgemeinen an Ringproben über zwei sich voneinander entfernenden Rollen ermittelten Zugfestigkeiten liegen ebenso wie die der Kunststoffe knapp an der unteren Grenze des für Metalle gültigen Bereichs. Die Dehnung erreicht außerordentlich hohe Werte (300—1000%). Sie ist im wesentlichen elastischer Natur.

Ebenso wie die Kunstharzpreßstoffe ist auch Weichgummi empfindlich gegenüber höheren Temperaturen. Seine Grenztemperatur liegt bei etwa 120° C; bis dahin ist er verhältnismäßig beständig. Für ausreichende Wärmeabfuhr zur Verhinderung einer zu starken Temperatursteigerung ist also auch hier zu sorgen.

c) Holz. Da es sich bei Holz, der Hauptmasse der von Bast und Rinde befreiten Stämme, Wurzeln und Äste von Bäumen und Sträuchern, um einen natürlich gewachsenen Stoff handelt, der keineswegs isotrop und gleichmäßig ist, hängen die Eigenschaften nicht nur von der Richtung in bezug auf den Faserverlauf ab, sondern umfassen im allgemeinen auch einen recht breiten Streubereich. Von erheblichem Einfluß ist weiterhin der Gehalt des Holzes an Wasser, das sich zwischen die das Gerüst der Holzfaser bildenden, stäbchenförmigen Cellulosemicellen einlagert. Die Grünfeuchtigkeit der Laubhölzer, die für Lagerherstellung in Frage kommen, reicht bis 130%. Bezogen wird der Feuchtigkeitsgehalt auf das Darrgewicht, das sich durch Trocknen bei etwa 100° C bis zur Gewichtskonstanz ergibt. Dem strukturellen Aufbau des Holzes und der Art der Wassereinlagerung gemäß erfolgt die durch Änderung des Wassergehalts bedingte Quellung und Schwindung anisotrop, radial zu den Jahresringen etwa 10 mal so stark wie parallel zur Faserrichtung. Die Größe der Schwindung vom grünen bis zum gedarrten Zustand ist radial zu den Jahresringen etwa 3—7%, tangential dazu 6—12%. Diese auf Änderungen des Wassergehalts beruhenden Gestaltänderungen überwiegen bei Temperaturen über 0° C weit die thermische Ausdehnung, welche bei Hölzern in der Faserrichtung von der Größenordnung 10^{-6}, senkrecht zur Faser bis etwa 20mal so groß ist.

Tabelle 31. *Physikalische und mechanisch-technologische Eigenschaften von Harthölzern[1]. [IV, 99] [IV, 100].*

		Ahorn	Eiche	Esche	Rot-buche	Pock-holz
Spez. Gewicht g/cm³		0,66	0,69	0,69	0,72	1,23
Elastizitätsmodul kg/mm²	∥	940—1130	1170—1300	1340	1600	1230
	⊥	110	100	110	150	
Wärmeleitfähigkeit · 10^4 cal/cm sec °C	∥	10,3	5,8—9,5			
	⊥	3,8—4,3	3,1—4,7	4,2		
Ausdehnungskoeffizient · 10^6	∥	6,38	4,92	9,51		
	⊥	48,4	54,4			
Biegefestigkeit kg/mm²		11,2—13,7	8,8—11	12	12,3	14,4
Druckfestigkeit kg/mm²	∥	5,8—6,2	6,1—6,5	5,2	6,2	12,6
	⊥	1,0	1,1	1,1	0,95	0,9
Zugfestigkeit kg/mm²	∥	8,2—10	9	16,5	13,5	
	⊥	0,35	0,4	0,7	0,7	
Härte — Brinell	∥	6,2	6,6	6,5	7,2	16,1
	⊥	2,7	3,4		3,4	8,8
Härte — Janka	∥	670—750	650—690	760	780	1970
	⊥	520	450		675	

[1] Angegeben sind Mittelwerte der Eigenschaften für lufttrockenes Holz mit etwa 15% Feuchtigkeitsgehalt von den jeweils in Europa vorkommenden Baumarten und von Pockholz.
∥ parallel zur Faser.   ⊥ quer zur Faser.

In Tab. 31 sind für eine Reihe von Hölzern einige physikalische und mechanisch-technologische Eigenschaften zusammengestellt. Die Werte gelten für lufttrocknes Holz mit etwa 15% Feuchtigkeitsgehalt.

Die Wärmeleitfähigkeit (gemessen senkrecht zur Faserachse) der Hölzer gleicht etwa der des Weichgummis; sie liegt also im Hinblick auf die im Gleitlager erforderliche Abfuhr der Reibungswärme sehr ungünstig. Anstieg der Feuchtigkeit erhöht im Bereich von 0—35% die Wärmeleitzahl um etwa 1,2% je Prozent aufgenommenes Wasser. Sehr ausgeprägt ist die elastische Anisotropie der Hölzer; senkrecht zur Faserrichtung beträgt der Elastizitätsmodul weniger als 10% des Wertes parallel zur Faserachse. Steigender Wassergehalt um 1% bedingt im eben angegebenen Bereich eine Abnahme des Moduls um etwa 1,5%. Die für Druck-, Zug- und Biegefestigkeit angegebenen Zahlen stellen Mittelwerte aus breiten Bereichen dar. Parallel zur Faserrichtung sind alle Hölzer erheblich fester gegenüber Druck- und Zugbeanspruchung als senkrecht dazu. Diese Anisotropie ist für die Zugfestigkeit sehr viel ausgeprägter. Während die Zugfestigkeit parallel zur Faser stets höher als die entsprechende Druckfestigkeit ist, liegt senkrecht zur Faserrichtung die Druckfestigkeit höher. Der Einfluß wechselnden Feuchtigkeitsgehaltes ist erheblich: Die Druckfestigkeit sinkt um 4—6%, die Zugfestigkeit um etwa 3% bei Erhöhung des Wassergehaltes um 1%.

Die Härte von Holz wird nach zwei Verfahren (BRINELL[1] und JANKA[2]) gemessen. Die höheren Festigkeitseigenschaften parallel zur Faserachse treten auch bei Härtemessungen zu Tage. Die mit Druck parallel zur Faserachse bestimmte Hirnholzhärte sinkt im hygroskopischen Bereich um etwa 3% je Prozent Feuchtigkeitszunahme.

Für Preßvollholz (Lignostone) beträgt die statische Druckfestigkeit 13,2 kg/mm², die Wechselfestigkeit bei Zug-Druck 4,2 kg/mm², die Biegefestigkeit 4,5—7 kg/mm². Für Metallholz wird parallel zur Faserrichtung eine statische Druckfestigkeit von 8 kg/mm², senkrecht zur Faserrichtung eine solche von 3 kg/mm² angegeben [IV, 100].

d) Kohle und Graphit. Entsprechend ihrer Herstellung (Punkt 30) umfassen die Eigenschaften der Kohle- und Graphitlager relativ breite Bereiche. Durch Wahl von Ausgangsmaterial, Zuschlägen, Preßdrücken, Glühbedingungen ist eine willkürliche Beeinflussung möglich. Als Anhalt für die bei Verwendung als Gleitlager wichtigsten Eigenschaftswerte mögen die Zahlen der Tab. 32 dienen. Sie beziehen sich auf einige der handelsüblichen Lagermaterialien [IV, 101].

Tabelle 32. *Physikalische und mechanisch-technologische Eigenschaften von Kohle und Graphit [IV, 101] [IV, 176].*

	Kohle	Graphit
Spez. Gewicht g/cm³	1,6	1,6—1,7
Ausdehnungskoeffizient 10⁶	3,8	2—3,8
Elastizitätsmodul kg/mm²	1800	500—800
Wärmeleitfähigkeit cal/cm sec °C	~ 0,03	0,15—0,30
Druckfestigkeit kg/mm²	3—27	3—14
Biegefestigkeit kg/mm²	3,5—8	1,5—5,6
Härte (10/100—30) BE	18—23	5—29

[1] Bestimmung der Härte nach BRINELL-MÖRATH unter folgenden Bedingungen: 10 mm Kugel, 50 kg Belastung, 30 s Eindruckdauer. Für harte Hölzer wird eine Belastung von 100 kg angewandt [IV, 100].

[2] Ein Druckstempel mit halbkugelförmig ausgebildeter Stirnseite (11,284 mm ≡ 0,444″) wird bis zum Äquator in das Holz gedrückt. Die Kraft, die hierzu notwendig ist, gilt als Härteziffer [IV, 100].

Der niedrige Ausdehnungskoeffizient bedingt eine hohe Beständigkeit gegenüber schroffen Temperaturwechseln. Wegen des hohen Schmelzpunktes zeigen die Festigkeitseigenschaften im Bereich mittlerer Temperaturen nur eine geringfügige Temperaturabhängigkeit. Grundsätzlich

Tabelle 33. *Physikalische und mechanisch-technologische Eigenschaften von Glas und Feinkeramik (nach [IV, 102]).*

	Glas	Steinzeug	Hartporzellan
Spez. Gewicht g/cm³	~2,5	2,4—2,6	2,3—2,5
Ausdehnungskoeffizient · 10⁶ 20—300° C	8,4—10	4—6	~3
Elastizitätsmodul kg/mm²	6000—8000		8000
Wärmeleitfähigkeit · 10⁴ cal/cm sec °C	16—25	28—40	4
Biegefestigkeit kg/mm²	0,15—0,70		4—9
Druckfestigkeit kg/mm²	40—120	33—58	45—55
Zugfestigkeit kg/mm²	3—9	4,0—6,0	2,4—5,2

unterscheiden sich Kohle und Graphit hinsichtlich der Leitfähigkeit für Wärme (und Elektrizität). Graphit leitet um eine Größenordnung besser. Besonders hervorgehoben sei die zahlenmäßige Höhe seiner Wärmeleitfähigkeit, welche die der gut leitenden Lagerlegierungen erreicht.

Tabelle 34. *Härten der für Steinlager verwendeten Edel- und Halbedelsteine.*

	Kristallsystem	Spez. Gewicht g/cm³	MOHS-Härte	Schleifhärte n. ROSIWAL[1]
Achat	hex.		6¹/₂	(120)
Granat	kub.		7¹/₄	240
Rubin	hex.	4	9	
Saphir	hex.	4	9	1600
Diamant	kub.	3,5	10	140 000
Werkzeugstahl			6—7	

[1] Schleifhärte gegeben durch den Reziprokwert des durch einen definierten Abschliff (Schleifmittel gleich nach Art und Menge, Schleifdauer gleich — 8 Min. —, Schleiffläche gleich — stets auf 4 mm² bezogen —) bewirkten Volumenverlustes; entweder Schleifhärte des Korunds = 1000, oder des Quarz' = 100 gesetzt.

Die Korrosionsfestigkeit erstreckt sich auf fast alle Angriffsmittel mit Ausnahme starker Oxydationsmittel.

Durch Zugabe gewisser metallischer Beimengungen, wie Bleibronze, können insbesondere die Festigkeitseigenschaften erhebliche Verbesserungen erfahren, allerdings steigt auch der Koeffizient der thermischen Ausdehnung hierbei an.

e) Glas und feinkeramische Werkstoffe. Über einige physikalische und mechanisch-technologische Eigenschaften dieser nur in Spezialfällen zur Anwendung gelangenden Baustoffe für Lager unterrichtet Tab. 33. Weitgehendes Fehlen plastischer Verformbarkeit (alle diese Werkstoffe sind bei 20° C und mäßig erhöhten Temperaturen spröde) und geringe Wärmeleitfähigkeit erschweren den Einsatz als Gleitlagerwerkstoff. Auch der bei Kunststoffen vorhandene Vorteil eines niedrigen Elastizitätsmoduls fehlt.

f) Steine. Ein Überblick über die Härten der für Lagerstellen im Feingerätebau verwendeten Edel- und Halbedelsteine ist in Tab. 34 gegeben. Sie enthält außer der Mohsschen Härte auch die Schleifhärte von Rosiwal, die für quantitative Vergleiche geeigneter ist als die Mohs-Härte. Einem Anstieg der Mohs-Härte von 9 auf 10 entspricht ein Anstieg der Schleifhärte von 1000 auf 140000, der den großen Härtesprung vom Korund zum Diamant anschaulich zum Ausdruck bringt[1].

Wie in [*IV, 103*] gezeigt wurde, wird bei Lagerungen im Feingerätebau der Verschleiß sowohl des Steines als auch des Stahlzapfens von der Orientierung beeinflußt, in der die Lagerpfanne herausgearbeitet ist (Anisotropie der Härte auch bei kubischen Kristallen). Die besten Ergebnisse werden bei Saphiren z. B. dann erzielt, wenn die optische (hexagonale) Achse senkrecht zur Rotationsachse der kugeligen Ausnehmung steht. In [*IV, 104*] wird eine Meßmethode beschrieben, die zur raschen Ermittlung der Lage der optischen Achse führt.

35. Chemische Eigenschaften.

Von den chemischen Eigenschaften der Lagerwerkstoffe kommt der *Korrosionsfestigkeit gegenüber Atmosphärilien* für die Lagerhaltung Bedeutung zu. Im allgemeinen bestehen hier keine Schwierigkeiten. Die meisten Lagerlegierungen sind gegen Luft und Feuchtigkeit beständig. Eine gewisse Vorsicht ist bei mit Alkali- und Erdalkalimetallen gehärteten Bleilagerlegierungen geboten, die sich je nach Zusammensetzung bei langzeitiger Lagerung in feuchten Räumen mit einer Korrosionsrinde überziehen. Erwähnt sei weiterhin die Rostgefahr bei Gußeisen und Sintereisenlagern. Auch die Verkrätzung der geschmolzenen Legierungen sowie der Ausbrand wertvoller Legierungsbestandteile sind hier anzuführen. Verbranntes Zinnweißmetall und verbrannter Rotguß enthalten durch Oxydation entstandene harte Zinnsäure-Einschlüsse (Abb. 120a u. b), welche die Gleiteigenschaften erheblich herabmindern. Auf den Ausbrand härtender Legierungszusätze beim Abstehen von Schmelzen bezieht sich Abb. 121, die das Beispiel gehärteter Bleilager-

---

[1] Die Schleifhärten der der Mohsschen Skala zugrunde liegenden Mineralien werden von Rosiwal wie folgt angegeben:

Mohshärte:	1	2	3	4	5	6	7	8	9	10
Relative Schleifhärte:	0,03	1,25	4,5	5	6,5	37	120	175	1000	140 000

metalle betrifft [*IV, 83*]. Sie zeigt die spektrochemisch verfolgte Abnahme der Gehalte an Lithium, Natrium und Kalzium in zwei verschiedenen Legierungen [*IV, 171*] und läßt die große Bedeutung der Zusammensetzung für die Ausbrandfestigkeit deutlich zu Tage treten. Mit der Erhöhung der Ausbrandfestigkeit der Schmelzen beim Abstehen geht naturgemäß eine Verbesserung der Umschmelzbarkeit Hand in Hand. Auf die Bedeutung von Zinnbeimengungen für die Oxydation von Kadmiumschmelzen ist bereits in Punkt 19 hingewiesen worden (für die Beseitigung der Neigung zu Oxydbildung vgl. Punkt 46 a).

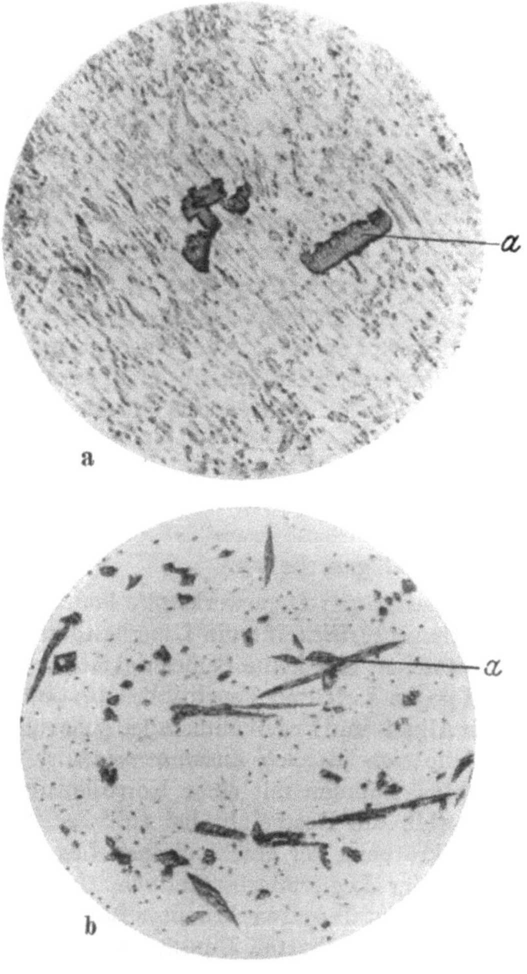

Kunstharzpreßstoffe mit organischen Füllstoffen nehmen bei dauernder Einwirkung hoher Luftfeuchtigkeit gewisse Wassermengen auf, die zu Gestalts- und Festigkeitsänderungen zufolge von Quellung führen können. Auch Holz ändert seine Abmessungen mit dem Feuchtigkeitsgehalt und zwar verschieden je nach der Richtung in bezug auf den Faserverlauf (Punkt 34). Weichgummi altert durch Oxydation, die durch starke Sonnenbestrahlung beschleunigt wird. Genügendes Ausvulkanisieren oder Zugabe von Antioxydationsmitteln erhöhen die Alterungsbeständigkeit soweit, daß sie gegen die mechanische Ermüdung zufolge wechselnder Beanspruchung zurücktritt [*IV, 105*].

Abb. 120. ,,Verbrannte'' Lagerwerkstoffe mit harten Zinnsäureeinschlüssen *a* (aus [*IV, 70*]).
a Zinnweißmetall } ungeätzt V = 250
b Rotguß } ungeätzt V = 150

Glas, Feinkeramik und Kristalle (Edel- und Halbedelsteine) sind den Atmosphärilien gegenüber stabil.

Von besonderer Wichtigkeit ist die *Beständigkeit der Kombination Lagerwerkstoff–Schmiermittel*. Zu berücksichtigen ist dabei nicht nur ein Angriff des Schmiermittels von Betriebstemperatur auf den Gleitwerkstoff, sondern auch dessen Bedeutung als Katalysator für die Ölalterung (vgl. hierzu Punkt 39). Zur Prüfung der Korrosion unter Einwirkung von Öl werden verschiedene Anordnungen benutzt, von denen wir zwei im Nachfolgenden kurz beschreiben. Bei der einen wird der Lagerwerkstoff in Form einer Lagerschale von dem Schmieröl bespritzt, dessen Temperatur auf 163° C gehalten wird [*IV, 88*]. Mit Cd–Ag-Legierungen durchgeführte Versuche zeigen, im Verein mit Praxisbeobachtungen, daß bei Ausbleiben eines Ölangriffs in 5stündiger Versuchsdauer auch im praktischen Betrieb keine Korrosion zu erwarten ist, sofern dort nicht allzu schwere Bedingungen vorliegen. Eine ähnliche Anordnung (BEAKER Corrosion-test), bei welcher Teile eines Lagers im Öl von Versuchstemperatur rotieren, ist z. B. in [*IV, 106*] beschrieben.

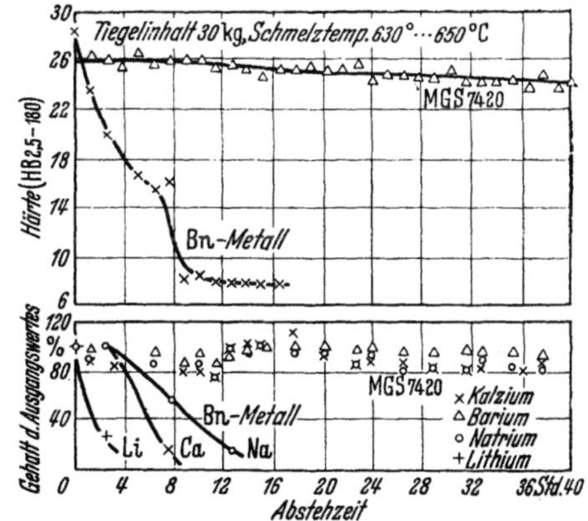

Abb. 121. Ausbrand härtender Legierungskomponenten in LgPb-Legierungen, nach [*IV, 83*] [*IV, 104*].

Die zweite Anordnung prüft die Lagerlegierung in Form von drei um 120° gegeneinander versetzten, keilförmigen Platten, denen gegenüber eine gehärtete Stahlplatte rotiert, derart, daß sich zwischen ihr und den Legierungsproben Nachbildungen des Schmierspalts ergeben, wie er im praktischen Betrieb vorhanden ist [*IV, 107*]. Sowohl Versuchsplatten als auch die Stahlgegenplatte erhalten definierte Bearbeitungen der Oberfläche. Mit Rücksicht auf die kleinen Abmessungen genügen 35 cm³ Öl, das auf einer Temperatur von 107° C gehalten wird. Die Scheibe rotiert mit einer Drehzahl von 2400 pro Minute, der Versuch wird auf 20 Stunden erstreckt, die Gewichtsverluste der Versuchsplatten werden in mg/cm² angegeben. Wichtig ist es, den Wasserdampfgehalt der Luft konstant zu halten (ständiges Durchblasen von Luft definierter Feuchtigkeit). Mit ein und derselben Ölsorte durchgeführte Versuche führten im Mittel auf folgende Gewichtsverluste: Bleibronze 27,9; Kadmium–Nickel 33,4; Kadmium–Silber 35,6; Weißmetall (Sn-Basis) 0,24, Weißmetall (Pb-Basis) 0,13 mg/cm². Hierzu völlig analoge Ergebnisse sind in [*IV, 108*] und, nur Weißmetalle auf Zinn- und Bleibasis betreffend, in [*IV, 109*] beschrieben. In [*IV, 110*] wird folgende Klassifizierung der Lagerlegierungen hinsichtlich ihres Verhaltens gegenüber Schmierölen gegeben:

korrosionsfest:	Aluminiumlegierungen
	Weißmetalle auf Zinnbasis
	Weißmetalle auf Bleibasis
	Kadmium–Indium-Legierungen
	Bronzen (mit niedrigem Pb-Gehalt)
	Silber
mäßig beständig:	Bronzen (mit hohem Pb-Gehalt)
	Bleibronzen
	gehärtete Bleilagermetalle
korrosionsanfällig:	Kadmiumlegierungen.

Ausdrücklich wird darauf hingewiesen, daß diese Angaben nur allgemeine Richtlinien darstellen und je nach den Bedingungen Änderungen in der Reihenfolge eintreten können.

Für eine Übertragung auf die Praxis sind die Angaben wichtig, daß Öle, die im 20-Stundenversuch zu einer Gewichtsabnahme von über 5 mg/cm² führen, als ausgesprochen korrosiv zu bezeichnen sind; liegt der Gewichtsverlust unter 0,3 mg/cm², so ist er als vernachlässigbar zu betrachten. Dennoch ist auch in solchen Fällen noch nicht auf völlige Korrosionsfreiheit bei schweren, in der Praxis möglichen Beanspruchungen zu schließen.

In guter Übereinstimmung mit den eben genannten Gewichtsabnahmen verschiedener Lagerlegierungen stehen neue Praxisbeobachtungen [*IV, 111*], wonach Kadmium-Lagerlegierungen und Bleibronze korrosionsanfällig sind, nicht dagegen Zinnweißmetalle. Weißmetalle auf Bleibasis mit mehr als 5% Sn oder ½% Ag sind nahezu korrosionsfest.

Für eine Beschleunigung der Korrosionsversuche wurde Erhöhung der Öltemperatur und Belüftung in Gegenwart von Katalysatoren angewendet [*IV, 112*]. Bei Bleibronzen wurde ein Einfluß der Gefügeausbildung beobachtet, derart, daß feinkristallines Gefüge beständiger ist als grobkörniges [*IV, 113*]. Auch der Korngestalt der Bleieinlagerungen kommt nach [*IV, 114*] auf dem Wege über die Ölalterung Bedeutung für die Korrosionsfestigkeit zu: globulare Struktur der Bleieinlagerungen ist anzustreben.

Von weiteren Versuchsergebnissen über die Beständigkeit von Lagermetallen gegenüber Schmiermitteln seien folgende genannt: In neutralem Mineralölraffinat von 80° C zeigte nach einer Einwirkungsdauer von 28 Wochen WM80 noch keinerlei Veränderungen, WM10 und WM5 ließen schwache Anätzungen erkennen [*IV, 115*]. Ein Arsengehalt in Lagerlegierungen auf Bleibasis erhöht ihre Ölkorrosionsfestigkeit [*IV,*

116]. Aluminiumlagerlegierungen weisen eine völlig ausreichende Korrosionsbeständigkeit gegenüber normalen Motorölen ohne Zusätze auf.

In Punkt 12 ist auf die Bedeutung von Zusätzen von Fettsäuren und Fettsäurederivaten zur Erhöhung der Schmierwirkung von Ölen hingewiesen worden. Dabei wurde betont, daß die Ursachen hierfür chemische Veränderungen der Gleitflächen sind. Im Hinblick auf die Maßhaltigkeit muß ein derartiger Angriff natürlich in engen Grenzen bleiben. Systematische, hierher gehörige Versuche über den Gewichtsverlust von Bleibronze und Kadmium–Silber-Lagerlegierung sind in [*IV, 117*] beschrieben. Zu der Ölfüllung des Kurbelgehäuses einer Versuchsmaschine wurden organische Säuren jeweils bis zur Neutralisationszahl 1,0 zugegeben und die Maschine 5 Stunden bei Vollast gefahren. Abb. 122 gibt die erhaltenen Gewichtsverluste der Lager in mg/cm² für die beiden Legierungen und Öltemperaturen von 82° und 138° C. Mit zunehmender Höhe der C-Atomanzahl der Säuremolekel steigt im allgemeinen der Korrosionsangriff stark an. Eine Ausnahme bildet nur das Verhalten der Kadmium–Silber-Legierung bei 82° C; hier tritt für die ganze homologe Reihe der geprüften Säuren keine Erhöhung des Angriffs auf. Anstieg der Öltemperatur auf 138° C bringt erhebliche

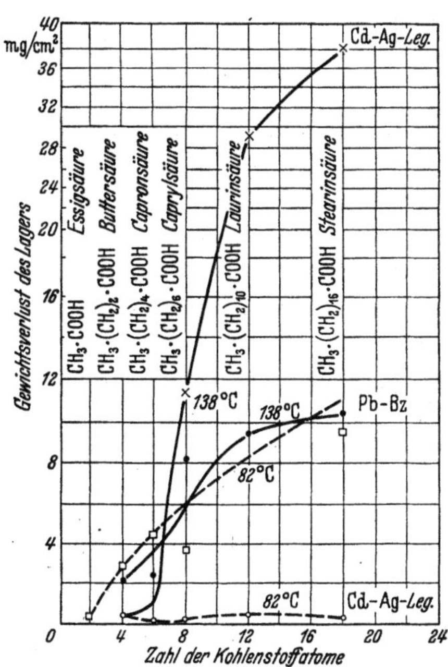

Abb. 122. Bedeutung des Zusatzes eine Reihe homologer Fettsäuren zum Öl für das Öl-Korrosionsverhalten zweier Legierungen, nach [*IV, 117*].

Gewichtsabnahmen, die bei höheren Fettsäuren die bei Bleibronzelagern ermittelten noch weit übersteigen. Der durch die höheren Fettsäuren, die an sich weniger aktiv sind, bewirkte stärkere Angriff wird durch die Betriebsverhältnisse erklärt. Während die niedrigeren Säuren zufolge der Belüftung nur kurze Zeit wirksam bleiben, verharren die höheren, weniger flüchtigen Säuren im Öl und wirken während der ganzen Versuchsdauer auf das Lagermetall ein. Der Wirkung von Fettsäuren wird weiterhin die Tatsache zugeschrieben, daß gehärtete Bleilagermetalle nicht für Lagerstellen mit Preßölschmierung verwendet werden können [*IV, 118*]. In Lagerstellen mit nicht zu hohen Öltemperaturen und mit häufigem Ölwechsel werden jedoch auch diese Legierungen nicht unzulässig angegriffen, noch verändern sie das Öl (vgl. z. B. [IV, 119]).

Wenn auch im allgemeinen die Korrosionsfestigkeit der Lagerlegierungen gegenüber Schmierölen ausreichend ist, so fehlt es doch nicht an Versuchen, noch Verbesserungen zu erzielen. Zwei grundsätzlich verschiedene Wege werden dabei beschritten: einmal Einbringung von Legierungszusätzen, welche die chemische Widerstandsfähigkeit des Lagermetalls erhöhen, weiterhin Zusätze von Inhibitoren zum verwendeten Schmieröl. Während wir über den ersten Weg nachstehend berichten, wird auf die Verwendung von Ölzusätzen erst in Punkt 40 eingegangen.

Als wirksamer Legierungszusatz zu Bleibronzen und Bleigleitschichten und insbesondere zu Kadmium-Lagerlegierungen hat sich Indium erwiesen. Mit Rücksicht darauf, daß ein Indiumgehalt der Lagerlegierung die Festigkeit der Bindung von Lagerausguß und Stützschale schwächt, wird das Indium galvanisch auf der Gleitschicht niedergeschlagen und durch Glühbehandlung zur Eindiffusion gebracht. Für Kadmiumlegierungen erweist sich ein Indiumgehalt von 0,2% bereits als verbessernd, bei 0,4—0,5% Indium widersteht die Legierung auch schärfsten Korrosionsbedingungen durch Schmieröl. Die Stärke des

Tabelle 35. *Verbesserung der Ölkorrosionsfestigkeit von Kadmium-Lagerlegierungen durch Indium-Zusätze (nach [IV, 120]).*

	% In, berechnet aus Schichtdicke	Diffusionsbehandlung	Gewichtsverlust in mg	Säurezahl des Öles (ASTM)
Cd—Ag—Cu	0	—	0,87	8,73
	0,08	1^h 171° C	0,31	13,6
	0,17	171° C	0,08	13,6
	0,26	171° C	0,00	7,7
	0,33	20^h 171° C	0,02	11,8
	0,53	18^h 171° C	0,03	17.6
Cd—Ni	0	—	1,19	9,7
	0,55	20^h 171° C	0,00	8,6

Niederschlags wird demgemäß bemessen [IV, 120]. In Tab. 35 finden sich einige diesbezügliche Zahlen, die in Versuchen mit der oben erwähnten, in [IV, 88] ausführlich beschriebenen Anordnung erhalten worden sind. Bleischichten, die zur Einlaufförderung in Hochleistungslagern von Fahr- und Flugzeugmotoren verwendet werden, erhalten durch einen Zusatz von etwa 3—4% Indium überraschend hohe chemische Widerstandsfähigkeit [IV, 121], [IV, 79]. Die Legierungsbildung erfolgt auch hier durch Diffusion mit Hilfe geeigneter Wärmebehandlung [IV, 122]. Die Temperatur wird dabei bei etwa 175° C, d. h. wenig über den Schmelzpunkt des Indiums (153° C) gehalten. Auch Bleibronzen werden durch Indium in ihrer Ölbeständigkeit wesentlich verbessert [*IV, 120*], [*IV, 113*] (vgl. dagegen [*IV, 108*]).

Angaben über Zusammensetzung und Handhabung von Indiumelektrolytlösungen finden sich in [*IV, 123*] und [*IV, 124*] (zitiert nach [*IV, 125*]) und in [*IV, 122*]. Erwähnt sei schließlich, daß eine schützende Indiumschicht auch während des Betriebes dadurch aufgebracht werden kann, daß man eine indium-organische Verbindung im Schmieröl löst, die sich bei der Betriebstemperatur unter Ablagerung des Indiums zersetzt [*IV, 125*].

Die katalytische Bedeutung der Lagerlegierungen für die Ölalterung (Fettsäurebildung) wird — trotz der dadurch bewirkten Steigerung der Ölaggressivität — erst später in Punkt 39 erörtert werden.

Nach der Beschreibung der Beständigkeit der Lagerlegierungen gegenüber Atmosphärilien und Schmierölen ist auf ihr Verhalten gegenüber schärferen Angriffsmitteln hinzuweisen. Seewasser gegenüber versagen die üblichen Legierungen; auch im chemischen Apparatebau treten wiederholt Beanspruchungen auf, denen die chemische Beständigkeit der Lagermetalle nicht gewachsen ist. Als verhältnismäßig widerstandsfähig unter den Kupferlegierungen haben sich Aluminiumbronzen erwiesen.

Zum Abschluß der Besprechung der chemischen Eigenschaften der Lagermetalle sei noch auf die Bedeutung der Legierungszusammensetzung für die Ausbildung bindungsfördernder Diffusionszonen zwischen Lagermetallausguß und Stützschale aufmerksam gemacht. Als Beispiel seien Bleibronzen gewählt. Durch Schichtanalysen in der Bindungszone von 200 Stunden lang im Vakuum geglühten Verbundkörpern aus einem Eisenpulverkern und einem Phosphorkupfermantel wurde nachgewiesen, daß Phosphor die Diffusion des Kupfers in Eisen fördert. Kupfer dringt bei 900° in Eisen durch Diffusion bis in solche Tiefen ein, in denen der Gehalt des lebhaft eindiffundierenden Phosphors 0,004% beträgt. Dies ist etwa der Phosphorgehalt der nach mikroskopischen Untersuchungen an Verbundgüssen aus Bleibronze-Stahl für die Bildung von Diffusionsschichten mindestens vorhanden sein muß [*IV, 120*].

Kunstharzpreßstofflager werden wie die metallischen Gleitlager mit Ölen und Fetten geschmiert; es kann jedoch bei mäßiger Beanspruchung auch Schmieren mit Wasser bzw. Emulsion erfolgen. In solchen Fällen ist es zweckmäßig, beim Stillsetzen des Lagers Fett einzubringen. Dieses wird hierdurch gleichmäßig verteilt und verhindert ein Anrosten des Zapfens. Gegenüber den erstgenannten Schmiermitteln sind die Kunstharzpreßstoffe beständig; durch Wasseraufnahme tritt, wie eingangs dieses Punktes erwähnt, bei Verwendung organischer Einlagerungen eine gewisse Quellung auf, die bei der Dimensionierung zu berücksichtigen ist.

Gegenüber starken Säuren und Laugen besteht keine Beständigkeit, das Verhalten gegenüber schwachen Säuren und Laugen wird als zweifelhaft bezeichnet. Gegenüber Spiritus, Azeton, Äther, Benzin und Terpentinöl, Benzol und Homologe und Chlorkohlenwasserstoffe sind Kunstharzpreßstoffe beständig oder widerstandsfähig [*IV, 92*].

Bei Gleitlagern aus *Holz* hat sich Wasserschmierung einer Schmierung mit Öl überlegen gezeigt. Die dadurch eintretende Quellung ist bei der Bemessung des Lagers jeweils zu berücksichtigen. Gegenüber chemischen Angriffen ist Holz überraschend beständig; es ist ein viel verwendeter Baustoff im chemischen Apparatebau. Schwache Alkalien mit $p_H \leq 11$ schädigen es nicht nennenswert; gegen Säuren bis herab zu $p_H \geq 2$ ist es beständig. Rascher Wechsel von Nässe und Trockenheit zerstört das Holz durch Bildung von Rissen, in die Pilzsporen eindringen [*IV, 99*].

Auch für Gleitlager aus *Weichgummi* ist Wasser ein völlig ausreichendes Schmiermittel. Sowohl gegen Süß- als auch gegen Seewasser besteht völlige Beständigkeit. Auch gegenüber fast allen nicht oxydierenden Säuren und Laugen ist Weichgummi weitgehend beständig. Eine Aufzählung von Angriffsmitteln, denen gegenüber er bis zu den angegebenen höchstzulässigen Temperaturen fast unempfindlich ist, ist in Tab. 36

Tabelle 36. *Chemische Beständigkeit von Weichgummi (nach [IV, 105]).*

Angriffsmittel	Zulässige Höchsttemp. °C	Angriffsmittel	Zulässige Höchsttemp. °C
Salzsäure, konz.	65	Bleichlauge	65
Schwefelsäure bis 50%	25	Chlorcalcium	65
Phosphorsäure, konz.		Eisenchlorid	65
oder verdünnt	50	Natriumchlorid	65
Bromwasserstoffsäure		Formalin bis 40%ig	50
konz.	25	Ätzkali	65
Flußsäure, konz.	65	Ätznatron	65
		Cyannatrium	65
Gesättigte Lösungen von:		Salmiak	65
Azeton	50	Aluminiumsulfat	65
Äthylalkohol	50	Natriumsulfat	65
Methylalkohol	65	Zinksulfat	65
Schwefels. Ammoniak	65	Chlorzink	65

gegeben. Sehr empfindlich ist Gummi, mit Ausnahme spezieller Sorten, gegenüber Öl und Benzin; er quillt und verliert Elastizität und Festigkeit [*IV, 105*].

Kohle und *Graphit* sind unbeständig gegen konz. Säuren und je nach Sorte gegen Oxydationsmittel und Laugen [*IV, 176*).

Glas und Feinkeramik sind durch erhebliche Widerstandsfähigkeit gegen chemische Angriffe ausgezeichnet. Die Wasserfestigkeit des Glases wird quantitativ durch die hydrolytischen Klassen (1 bis 5) ausgedrückt. (Für entsprechende Prüfvorschriften siehe z. B. [*IV, 127*]). Ähnlich beständig wie gegenüber Wasser ist Glas auch gegenüber Säuren mit Ausnahme der Flußsäure, die Glas stark angreift. Laugen greifen im allgemeinen stärker an als Säuren.

Die hohe Säurebeständigkeit feinkeramischer Erzeugnisse, Hartporzellan und Steinzeug, auch bei Siedetemperatur, ermöglicht ihre Verwendung in Lagerungen von Säurepumpen und an anderen, hoher chemischer Beanspruchung ausgesetzten Stellen. Insbesondere sei die hohe Beständigkeit gegenüber kochenden Alkalilösungen, welche die aller Gläser übertrifft, hervorgehoben. Schmelzende Alkalien greifen Porzellan an.

Schmieröle sind bei Glas und feinkeramischen Lagern, bedingt durch die besonderen Verhältnisse, nur in Ausnahmefällen anwendbar.

Bei *Steinlagern* im Feingerätebau werden möglichst alterungsbeständige Öle zur Schmierung verwendet. Ein chemischer Angriff auf den Lagerstein erfolgt hierdurch nicht. Der Zapfen stellt den chemisch weniger widerstandsfähigen und bei der Auswahl des Schmiermittels daher vornehmlich zu berücksichtigenden Teil der Lagerung dar. Die Möglichkeit einer Schädigung durch chemische Angriffsmittel ist bei den Steinlagern der Feingeräte sehr gering.

36. Gleiteigenschaften und Verschleiß (Prüfungsergebnisse).

Wiederholt, besonders in Punkt 16, ist darauf hingewiesen worden, daß eine Normung der Prüfung der Gleiteigenschaften nicht besteht, ja daß noch nicht einmal Einhelligkeit hinsichtlich der zweckmäßigerweise heranzuziehenden Meßgrößen vorhanden ist. Wir werden daher im Nachfolgenden die Ergebnisse von Prüfversuchen verschiedenster Art bringen, wobei wir uns aber auf solche Untersuchungen beschränken müssen, die sich unter möglichst identischen Bedingungen auf mehrere Legierungs- bzw. Werkstoffgruppen beziehen.

In Tab. 37 sind zunächst von KLUGE in Modellversuchen gewonnene Werkstoffabtragungen von Legierungen bei verschiedenen Reibungszuständen enthalten. Die Ver-

Tabelle 37. *Stiftverkürzung von Lagerlegierungen bei verschiedenen Reibungszuständen* [*IV, 128*]; vgl. *auch* [*IV, 129*].

Legierung	Abtragung in mm · 10³	
	reiner Kohlenwasserstoff	ohne Schmierung
WM 80	93	125
WM 10	146	458
LgPb	200	> 600
ZnAl 4 Cu 1	70	69
Al-Leg. 411	124	53
AlSiCuNi I Gußmat.	33	53
AlSiCuNi I Knetmat.	71	83

suchsanordnung (belasteter Stift gleitet auf gehärteter Stahlscheibe) entsprach der in Punkt 15a beschriebenen [*IV, 130*]. Versuchsbedingungen: Stiftdurchmesser 1 mm; Rauhigkeit der Stahlscheibe $3\,\mu$; Gleitgeschwindigkeit 4,5 cm/s; Belastung 0,585 kg; Gleitweg 25 m; 20° C.

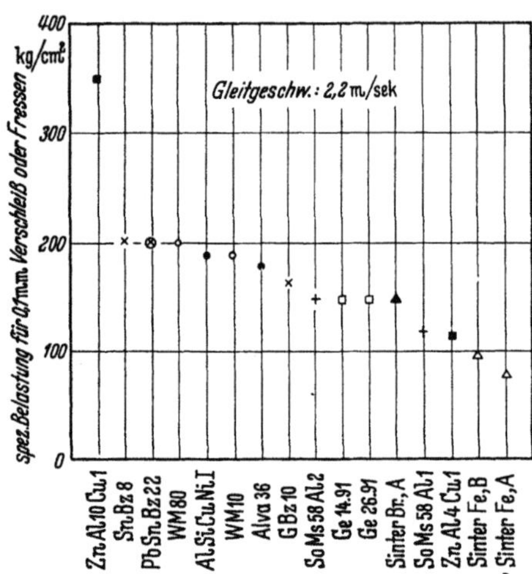

Abb. 123. Grenzschmierlaufeigenschaften (nach [*IV, 131*]). (Ölschmierung; intermittierender Lauf; ungehärtete Welle.)

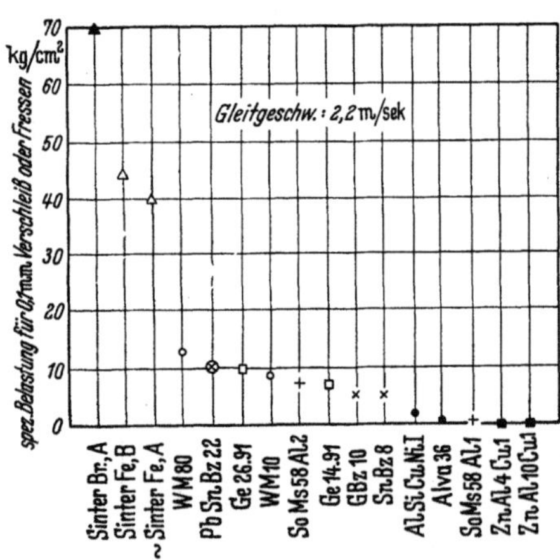

Abb. 124. Notlaufeigenschaften (nach [*IV, 131*]); (Wasserschmierung; gehärtete Welle.)

Der Verfasser vermutet, daß die Größe der Abtragung bei geschmierter Probe Rückschlüsse auf das Einlaufverhalten, bei trockener Probe auf das Notlaufverhalten zuläßt. Je größer die Abtragung, um so günstiger ist i. allg. der Werkstoff zu beurteilen. Da in beiden Fällen die Leichtigkeit der Oberflächenglättung des Lagerwerkstoffs von maßgeblichem Einfluß ist, besteht diese Auffassung zweifellos zu Recht. Es darf jedoch nicht außer acht gelassen werden, daß sowohl für den Einlaufvorgang als auch für den Notlauf noch andere Faktoren maßgeblich von Einfluß sind (Schmiegsamkeit, Einbettfähigkeit, Temperaturabhängigkeit der Festigkeitseigenschaften, Affinität der beiden Gleitwerkstoffe).

Auf Versuche in einer statischen Lagerprüfmaschine (LÜPFERT, Tab. 7 in Punkt 15a) beziehen sich die beiden Abb. 123 und 124. Hier sollte die Eignung der Lagerlegierungen für den Feinmaschinenbau durch ihr Grenzschmierlaufverhalten und ihre Notlaufeigenschaften gekennzeichnet werden. Für die erste Aufgabe wurde das Versuchslager mit 20 cm³ Öl pro Stunde geschmiert und die Welle alle 20 Sekunden kurz stillgesetzt. Die Belastung wurde stufenweise gesteigert bis entweder ein Verschleiß von 0,1 mm oder Fressen eintrat. Für die Prüfung

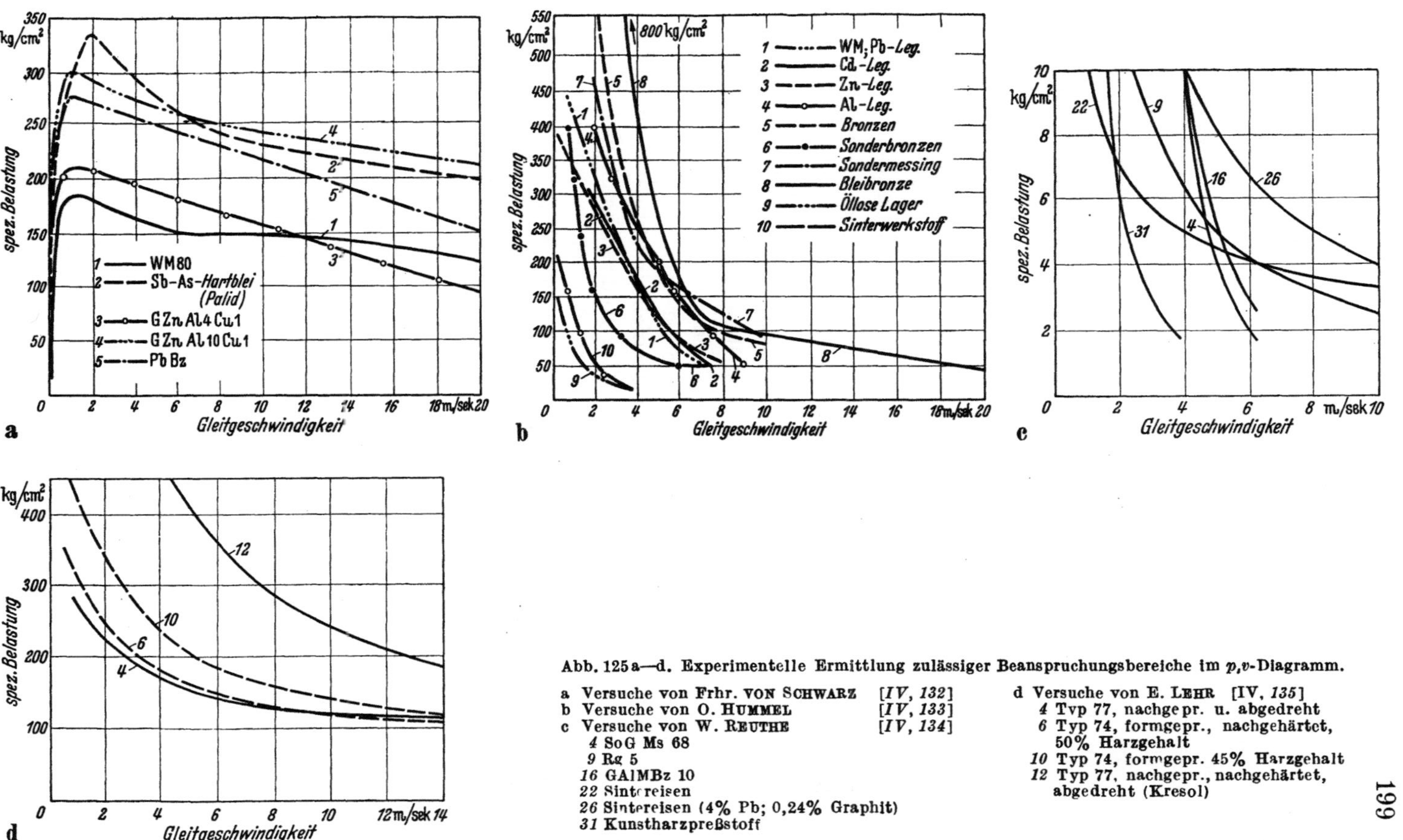

Abb. 125 a—d. Experimentelle Ermittlung zulässiger Beanspruchungsbereiche im p,v-Diagramm.

a Versuche von Frhr. VON SCHWARZ [IV, 132]
b Versuche von O. HUMMEL [IV, 133]
c Versuche von W. REUTHE [IV, 134]
   4 SoG Ms 68
   9 Rg 5
  16 GAlMBz 10
  22 Sintereisen
  26 Sintereisen (4% Pb; 0,24% Graphit)
  31 Kunstharzpreßstoff

d Versuche von E. LEHR [IV, 135]
   4 Typ 77, nachgepr. u. abgedreht
   6 Typ 74, formgepr., nachgehärtet, 50% Harzgehalt
  10 Typ 74, formgepr. 45% Harzgehalt
  12 Typ 77, nachgepr., nachgehärtet, abgedreht (Kresol)

des Notlaufs wurde keine Ölschmierung verwendet; die Kühlung erfolgte durch Einpumpen von 50 cm³ dest. Wassers pro Stunde in den Lagerspalt. Ein periodisches Stillsetzen der Welle unterblieb bei diesen Versuchen.

Die Sinterlager liegen zufolge des in den Poren gespeicherten Öles hinsichtlich des Notlaufverhaltens an der Spitze, zeigen aber nur geringe (werkstoffbedingte) Grenzschmierlaufeigenschaften, die etwas tiefer liegen als bei kompaktem Material etwa gleicher Zusammensetzung. Die Weißmetalle, Zinn- und Bleibronze verhalten sich in beiden Eigenschaften gut und einander ähnlich. Zinklegierungen liegen gemäß der benutzten Bewertungsgrundlage hinsichtlich des Notlaufs am niedrigsten. Es darf nicht übersehen werden, daß die aus Abb. 124 hervorgehende Stufung der Lagermetalle nach ihrem Notlaufverhalten für die niedrigen, im Feinmaschinenbau zur Anwendung kommenden Lagerdrucke gilt, bei denen das aus den Poren der Sinterlegierungen austretende Öl zu deutlicher Wirkung kommt.

Die Ergebnisse experimenteller Bestimmung zulässiger Beanspruchungsbereiche im p,v-Diagramm sind in Abb. 125a—d wiedergegeben. Abb. 125a nach v. SCHWARZ [*IV, 132*] betrifft Modellversuche mit der in Tab. 8 beschriebenen Klötzchenprüfmaschine, in Abb. 125b nach HUMMEL [*IV, 133*] sind außer Gleitlagerversuchen auch Betriebsbeobachtungen mitverwertet. Abb. 125c stellt einige der von REUTHE [*IV, 134*] erhaltenen Prüfergebnisse statischer Laufversuche mit seiner in Tab. 7 aufgeführten Lagerprüfmaschine dar und Abb. 125d eine Auswahl der von LEHR [*IV, 135*] mit der ebenfalls in Tab. 7 beschriebenen Prüfmaschine gewonnenen Ergebnisse. Zur Kennzeichnung der Grenzbeanspruchung werden von den einzelnen Autoren verschiedene Kriterien benutzt: bei v. SCHWARZ ist es die höchste zu jeweils verschiedenen Gleitgeschwindigkeiten gehörige Grenzbelastung, die noch zu einem Beharrungszustand führt, REUTHE verwendet diejenige Belastung, bei der zufolge thermischer Ausdehnung ein in allen Fällen ursprünglich gleiches Lagerspiel aufgehoben wird, also Blocken der Welle eintritt, LEHR zieht das Auftreten von Heißlaufen bzw. die Blockierung durch starkes Quellen des Prüflagers zur Festlegung der Grenzbeanspruchung heran.

Die Kurven der Abb. 125 zeigen auf das Deutlichste, daß, worauf schon wiederholt hingewiesen wurde (Punkte 5 und 16a), für die verschiedenen Werkstoffe kein eindeutiger Zusammenhang zwischen Gleitgeschwindigkeit und zulässiger Grenzbelastung besteht. Nicht einmal die Stufung der verschiedenen geprüften Werkstoffgruppen wird in den hier beschriebenen Untersuchungen einheitlich gefunden. Die Gründe dafür sind schon früher genannt worden; sie seien hier nochmals wiederholt. In der die Lagerbelastung beschreibenden Lagerkennzahl [Gl. (11)] ist außer Belastung und Geschwindigkeit auch das Lagerspiel und die

Zähigkeit des Schmiermittels enthalten. Weiter sind das Lagerlängenverhältnis, der Bearbeitungszustand und die Verschweißneigung der Gleitflächen, die Schmierart und der Öleinlaufwinkel, die Temperatur-

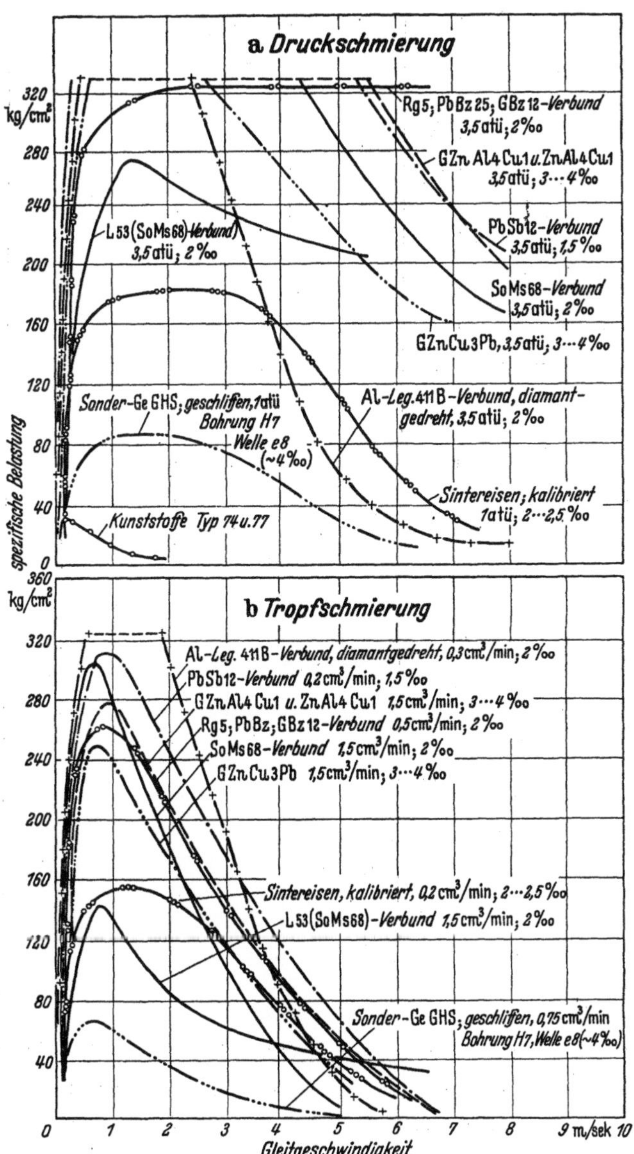

Abb. 126 a u. b. Grenzkurven des zulässigen Beanspruchungsbereiches für Lagerwerkstoffe, nach [*IV, 139*].
Wellenmaterial: St 60.11, gehärtet und geschliffen. Öl: 4 bis 5 E° bei 50° C.

abhängigkeit der Festigkeitseigenschaften und schließlich auch die jeweiligen Betriebsverhältnisse von Einfluß. Art der Versuchsdurch-

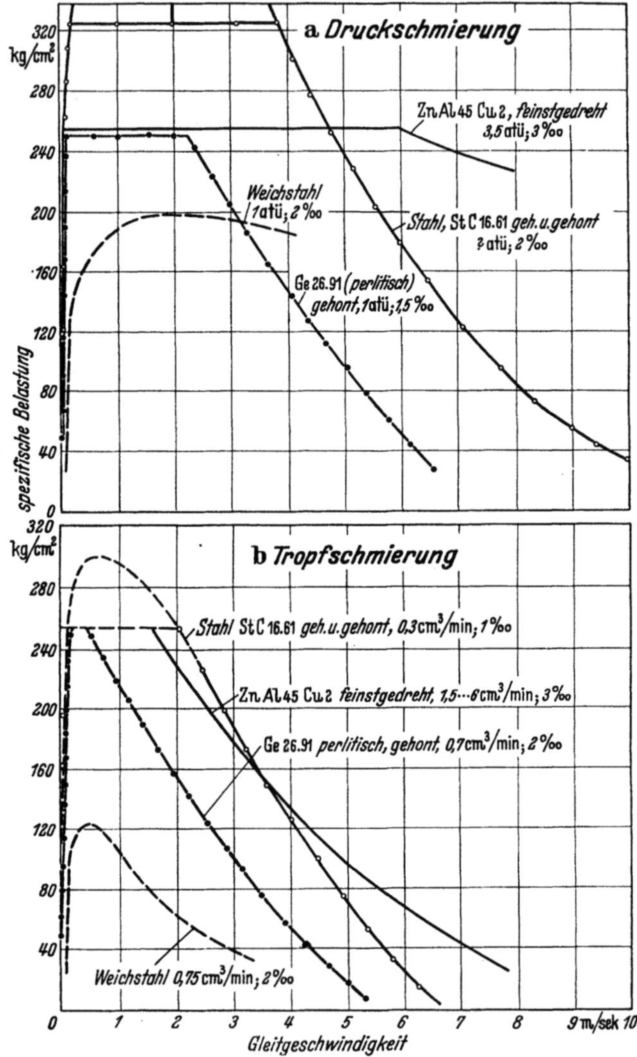

Abb. 127 a u. b. Grenzkurven des zulässigen Beanspruchungsbereiches für Lagerwerkstoffe, nach [*IV, 139*].
Wellenmaterial: St C 16.61, gehärtet und geläppt. Öl: 4 bis 5 E° bei 50° C.

führung und der jeweils gewählten Belastungsgrenzen spielen außerdem eine Rolle.

Zur Ermittlung der unteren Grenzkurve des zulässigen Beanspruchungsbereiches (vgl. Abb. 63) liegen nur Versuche von HEIDEBROEK vor

[*IV, 137*] und [*IV, 138*]. Bei der Prüfung wird derart vorgegangen, daß zunächst zu einer bestimmten Gleitgeschwindigkeit die zugehörige Grenzbelastung (hier durch Erreichung einer Öltemperatur von 80° C gegeben) ermittelt wird und sodann durch Herabsetzung der Drehzahl die zu diesem p_{max} gehörige minimale Gleitgeschwindigkeit v_{min} (gestrichelte Pfeile in Abb. 63). Schrittweise Änderung der Ausgangsgleitgeschwindigkeit führt zur Abgrenzung des befahrbaren Bereichs.

Die an einer großen Zahl von Lagerwerkstoffen erhaltenen Ergebnisse sind in den Abb. 126 und 127 wiedergegeben [*IV, 139*]. Die Versuchsanlage hat die Belastbarkeit nach oben begrenzt. Im allgemeinen entspricht diese Belastungsgrenze auch der für den praktischen Betrieb. Eine Ausnahme bildet die Aluminiumlegierung, bei welcher gewisse Überschreitungen zulässig sein dürften. Die Abb. 128 gibt Sicherheitszahlen an, die bei der Übertragung auf die Praxis zu berücksichtigen sind.

Für niedrige Belastungen wurden von TRÄNKNER [*IV, 140*]

Tabelle 38. *Minimale Gleitgeschwindigkeiten verschiedener Lagerwerkstoffe für eine niedrige Belastung* [*IV, 140*]

Lagerwerkstoff	v_{min} m/s (für $p = 4$ kg/cm²)
WM 80	$0{,}02_1$
etwa WM 10	$0{,}02_1$
LgPbSn 6 Cd	$0{,}02_0$
LgPb	$0{,}02_1$
SnBz 8	$0{,}03_0$
etwa PbBz 25	$0{,}05_0$
SoMs 58 A 12	$0{,}17$
Alva 36	$0{,}02_0$
Gußeisen	$0{,}06_0$
Sondergußeisen GSH	$0{,}06_0$
Sintereisen (Presskö)	$0{,}06_1$
Kunstharzpreßstoff Hartgewebe F	$0{,}05_0$
Hartgewebe FZ	$0{,}18$

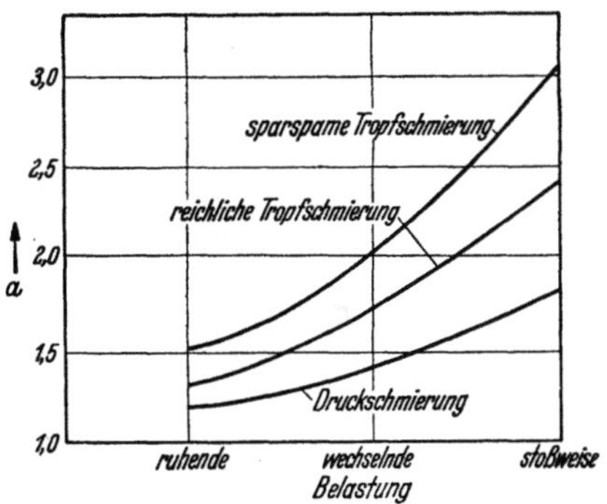

Abb. 128. Sicherheitszahlen „a" für verschiedene Belastungsarten für die Übertragung von Versuchsergebnissen auf die Verhältnisse der Praxis, nach [*IV, 139*].

unter Verwendung einer empfindlichen Reibungswaage (s. Tab. 7) minimale Gleitgeschwindigkeiten an verschiedenen Werkstoffgruppen ermittelt. Tab. 38 gibt einige der mit einer Belastung von 4 kg/cm² erhaltenen Werte.

STROHAUER vergleicht durch Versuche mit der in Tab. 7 beschriebenen statischen Prüfmaschine die untersuchten Metall- und Kunststoffpreßlager auf Grund der gemessenen Übertemperaturen [*IV, 141*]. Abb. 129 gibt die erhaltenen Befunde für WM 80, Bleibronze und Kunstharzpreßstoffe wieder. Die daraus hervorgehende erhebliche Unterlegenheit der Preßstofflager in der Belastbarkeit dürfte durch die Wärmeableitverhältnisse bedingt sein. Bei ausreichender Kühlung werden — wie beispielsweise Abb. 125 d zeigt — wesentlich höhere Grenzbelastungen gefunden.

Eine allgemeine absolute Beurteilung der praktischen Bewährung von Lagerwerkstoffen kann aus Versuchen zur Abgrenzung der Beanspruchungsbereiche nicht gewonnen werden. Günstigstenfalls läßt sich, wenn die wichtigsten Prüfbedingungen den in der Praxis vorliegenden Verhältnissen angepaßt sind, für den gegebenen Fall die Eignung verschiedener Werkstoffe relativ abschätzen. Für Lagerstellen im Kranbau findet sich z.B. eine derartige Beurteilung bei NEUSE [*IV, 142*], der mit der in Tab. 9 beschriebenen Prüfeinrichtung eine Reihe von Lagerwerkstoffen (Rotguß, Zink- und Aluminiumlegierungen, Sintereisen und Kunstharzpreßstoffe) in intermittierendem und reversierendem Lauf untersucht hat. Die Schmierung der Lager erfolgte in definierter Weise mit Staufferfett; das Lagerspiel wurde bei den Kunstharzpreßstoffen etwa doppelt so groß gewählt wie bei den Metallen. Unter Benutzung der sich einstellenden Übertemperatur, des Aussehens der Laufflüche und der Größe des Verschleißes ergaben die Versuche, daß Sintereisen und Kunstharzpreßstoffe Typ 74 unter den vorliegenden Bedingungen dem Rotguß nahekommen und geeignet sind in einfachen fettgeschmierten Kranlagern höherer Belastung Verwendung zu finden.

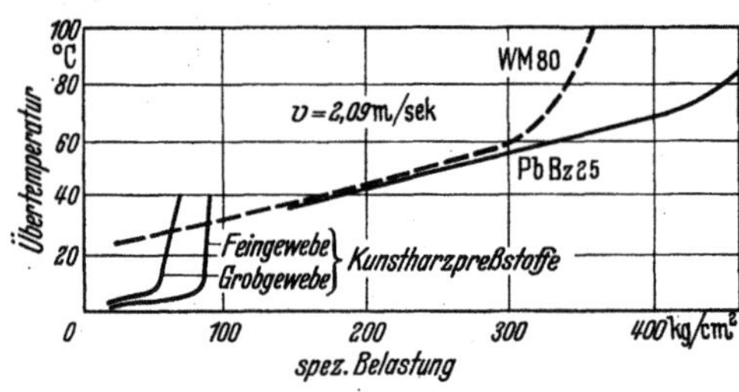

Abb. 129. Vergleich von Metall- und von Kunstharzpreßstofflagern [*IV, 141*]. d = 40 mm; 1/d = 0,5

Werkstoff	Lagerspiel ⁰/₀₀	Ölmenge
WM 80	1,25	
PbBz 25	2,0	0,43 l/h
Kunstharzpreßstoffe	4,5	13,5 l/h

Das von WEBER [*IV, 143*], [*IV, 144*] benutzte abgekürzte Prüfverfahren zieht Laufversuche in statischen Maschinen bei zwei verschiedenen Geschwindigkeiten zur allgemeinen Beurteilung von Lagerwerkstoffen heran (vgl. Punkt 16a). Zur Beurteilung des Einlaufverhaltens dient der Verlauf des Reibungskoeffizienten bei steigender Belastung bis zum Versagen des Lagers (bzw. Endlast der Prüfmaschine). Der Ausdruck

$$\frac{p_{max}}{\sqrt{\mu_{min}\cdot\mu_{max}}}\cdot 10^{-2}$$

also der Quotient aus Endlast geteilt durch das geometrische Mittel aus größter und kleinster Reibungszahl wird als Maßzahl benutzt. Zur Kennzeichnung der Störungs*un*empfindlichkeit werden der Verlauf der Übertemperatur (Streuung um die Mittelkurve), die Lagertemperatur bei der Endlast, die Last bei Beginn des unruhigen Laufs

Tabelle 39. *Beurteilung von Lagerwerkstoffen nach* WEBER. *Ungehärtetes Wellenmaterial (St 50.11 und St 60.11).*

Legierung (Tab. 12, 14, 16, 17, 18 und 20)	Einlauf-verhalten		Störungs- „un"empfind-lichkeit		Ausd. Koeff.·10^6 (20—100° C)	Warmhärte bei 100° C
WM 80 F	620		536		20,4	~10
WM 10	482		341		23—25	8,5—10
LgPbSn 9 Cd	763		312		~25	12
LgPbSn 6 Cd	323		279		~30	14—16
LgPbSb 16	297		301		~25	~10
LgPb	821		508		~30	10—20
GZnAl 4 Cu 1	21	66[1]	334	130[1]	27	45
GZnAl 10 Cu 1	100	121[1]	174	81[1]	27—28	47
GZnAl 30 Cu 1	140		119			
ZnCu 5 Pb 2	28		96		25	
ZnSn 8 Pb 5	31		117			
Rg 5	3		15		17	68
GBz 14	17		65		18	
SnBz 8	32	68[1]	86	281[1]	17	100—150
SoMs 58	29	53[1]	29	243[1]	19	
PbBz 25	210	185[1]	122	273[1]	19	26
Leg. 83	874	355[1]	190	317[1]		
Leg. 411	905		190			
GAlSiCuNi I	265	93[1]	134	53[1]	20,5	85[2]
AlSiCuNi I	245	169[1]	168	112[1]	20,5	90[2]
SoGe (GSH)	32		39		11	~200
Sinterwerkstoffe: Iron Base Class A:FeC	24		41		~12	
Fe+10% Pb	5		107			
Fe+10% Pb + 2% C	29		56			
Al+8% Al_3Fe	55		70		~22	

[1] Gehärtetes Wellenmaterial.
[2] bei 200° C

und die erreichte Endlast verwendet. In Abänderung des ursprünglichen Vorgehens benutzen wir hier den Ausdruck $\dfrac{p_{min} \cdot p_{max}}{\triangle F \cdot t\ddot{u}/p_{max}} \cdot 10^{-2}$ (vgl. Abb. 130) zur Beschreibung dieser Eigenschaft. Tab. 39 gibt für eine größere Reihe von Lagerwerkstoffen die erhaltenen Ergebnisse wieder. Miteingetragen ist der Wärmeausdehnungskoeffizient und Richtwerte für die Warmhärte bei 100° C (zweifellos wären Angaben über Dauerfestigkeitseigenschaften bei erhöhter Temperatur vorzuziehen; sie liegen heute noch nicht in ausreichendem Maße vor).

In den Tab. 40 und 41 sind die Beurteilungen enthalten, welche von amerikanischen Autoren für verschiedene Lagerwerkstoffgruppen gegeben werden. Tab. 40 enthält die Bewertung nach UNDERWOOD und

Tabelle 40. *Bewertung von Lagermetallen nach* UNDERWOOD *und* ETCHELLS [*IV, 145*] *u.* [*IV, 110*].

	Einlauf-fähigkeit	Widerstand gegen Fressen	Ermü-dungs-festig-keit	Korro-sions-wider-stand	Angenäherte Tragfähigkeit kg/cm²
Kupfer-Blei	1	1	1	0,75	100—180
Silber	0,5	2	3	3	350
Silber mit gitterartigen Blei-einlagerungen[1]	2	2	2—3	3	—
Kupfer mit gitterartigen Blei-einlagerungen	2	1,5	2—3	3	—
Kadmium-Silber	1,5—2	0,75—2	0,75	2	85—100
Lagermetall auf Bleibasis	2,5	2	0,5	3	} 60—100
Lagermetall auf Zinnbasis	2,0	2	0.25	3	
Aluminiumlegierung	1	2	1,5	3	—
Dünne Schichten auf Zinn-basis	1	2	1,3	2	140—280
Niedrig bleihaltige Zinnbronze	0,3	0,3	2	2	700

[1] Gitterförmig angeordnete Auszackungen der Oberflächenschicht, die mit Blei gefüllt sind s. Abb. 131).

ETCHELLS [*IV, 145*] und [*IV, 110*], welcher als Vergleichslegierung Bleibronze zugrunde gelegt ist. Für dieses Lagermetall wird der Schmiegsamkeit und Einbettfähigkeit (Einlauffähigkeit), dem Widerstand gegen Fressen und der Ermüdungsfestigkeit jeweils die Kennziffer 1 zugeordnet, der Korrosionsfestigkeit aus Maßstabgründen der Wert 0,75 (Punkt 16e). Je höher eine

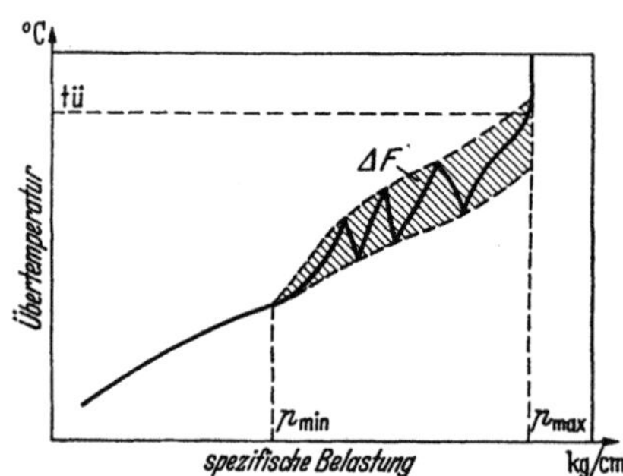

Abb. 130. Zur Auswertung von Laufkurven auf Störungsunempfindlichkeit.

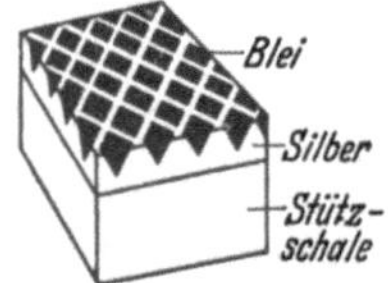

Abb. 131. Gleitschicht mit gitterförmig angeordneten Einlagerungen von Blei [*IV, 145*].

Kennziffer, um so günstiger verhält sich der Werkstoff. In der letzten Spalte der Tabelle sind ungefähre Angaben über die Belastbarkeit verzeichnet. Diese Beschreibung der Eignung von Lagerwerkstoffen gibt einen guten allgemeinen Überblick. Sie befreit jedoch nicht von der Notwendigkeit, gegebenenfalls Versuche unter den speziellen Bean-

Tabelle 41. *Bewertung von Lagermetallen nach* CLAUSER [*IV, 146*].

Legierung (Tab. 12, 14, 15, 17 u. 18)	Einlauffähigkeit	Widerstand gegen Fressen	Ermüdungsfestigkeit	Tragfähigkeit kg/cm^2	Mindesthärte d. Zapfens (Brinell)	Höchste Betriebstemp. ° C
ASTM Alloy Grade 1 WM 80	1	1	3	56—105	150	150
ASTM Alloy Grade 7 Grade 12	1	1	3	56—84	150	150
Alkali- and Alkaline Earth Metal hardened Lead Alloy	1	1	3	84—105	200—250	260
Kadmium SAE 18 SAE 180	1	1	3	105—140	200—250	260
ASTM Tin Bronze A Tin Bronze 1A	3	3	1	>280	350—400	260
High leaded Tin Bronze 3A	3	3	1	210—320	300	230
Bleibronze SAE 48	2	2	2	105—175	300	175
Phosphorbronze	3	3	1	>280	400	260
Aluminium Alcoa 750 Alcoa XA 750 4% Si, 4% Cd, Rest Al	3	2	2	>280	300	110—150
Sinterwerkstoffe (Mehrschichtlager) poröse Cu-Ni (60/40)-Grundschicht + aufgegossene Bleilagermetallschicht (3% Sb, 4% Sn)	2	1	2	140	150	175
Mehrschichtlager: Zwischenschicht Silber Laufschicht Blei-Indium	3	2	1	280	300	260
Zwischenschicht: Bleibronze oder bleihaltige Sn-Bronze Laufschicht Weißmetall	2	1	2	>280	230	110—150

spruchungsbedingungen auszuführen. Für die von UNDERWOOD bevorzugte Darstellung in Balkenform ist in Abb.64 ein Beispiel gegeben.

Auch CLAUSER benutzt die Größen Einlauffähigkeit, Widerstand gegen Fressen und Ermüdungsfestigkeit zur Beurteilung der Laufeigenschaften [*IV, 146*]. Im Gegensatz zu UNDERWOOD wird jedoch kein Standardwerkstoff als Vergleichsgrundlage herangezogen. Die einzelnen Werkstoffe erhalten hinsichtlich der verschiedenen Eigenschaften Noten, wobei 1 dem Optimum entspricht. Höhere Kennzahlen bedeuten hier also ungünstigeres Verhalten. Tab. 41 gibt die Bewertung wieder. Hinweise auf Tragfähigkeit, Mindesthärte des Zapfens und höchste Betriebstemperatur dienen zur Ergänzung der Beurteilungsunterlagen.

Mit Rücksicht auf die heute noch sehr uneinheitliche Bewertung der Aluminiumlagerlegierungen sei zum Abschluß dieses Punktes noch auf Untersuchungen hingewiesen, in denen unter gleichen Bedingungen lediglich Bleibronze und verschiedene Aluminiumlagerlegierungen geprüft wurden. FISCHER hat auf der in Tab. 9 beschriebenen HEYERschen Prüfmaschine mit dynamischer Belastung des Lagerkörpers die Tragfähigkeit, das Verhalten im Dauerversuch und das Notlaufverhalten ermittelt [IV, 147], [IV, 148]. Herangezogen wurden unter anderen eine binäre Aluminium-Antimon-Legierung mit 6,5% Sb (Brinellhärte 47), eine Gußlegierung mit 5% Kupfer ähnlich der Legierung AlCuMgPb der Tab. 18 (HB 72) und eine eutektische Aluminium—Silizium-Gußlegierung mit etwa 5% Kupfer (HB 115). Die Untersuchung der Bleibronzen erstreckte sich auf Legierungen der Gattung PbBz 25 (HB 29—39) und SAE 480 (HB 23 bis 36) (Tab. 17). In der Tragfähigkeit erwiesen sich die Al-Legierungen mit 600, 700 und 925 kg/cm² entsprechend den eben genannten steigenden Härtewerten den Bleibronzen mit Werten bis 500 bzw. 550 kg/cm² überlegen. Zudem wurde festgestellt, daß die Bleibronzen belastungsempfindlicher sind, sodaß die Laststeigerungen nur nach längerer Einlaufzeit und in niedrigeren Stufen erfolgen darf als bei den Aluminiumlegierungen. Im Dauerversuch (100 Std. bei 400 kg/cm² spez. Lagerdruck) verhielten sich die Al-Legierungen einwandfrei. Die Abnutzung des Zapfens (vergütetes bzw. gehärtetes Material mit HB etwa 330 bzw. 540—680) ist in allen Fällen unbedeutend. Rißbildung in der Lagergleitfläche trat nur bei ungleichmäßiger Verteilung der „Tragkristalle" auf. Die durch den hohen Ausdehnungskoeffizienten des Aluminiums bedingten, zu Störungen Anlaß gebenden Verformungen werden ausdrücklich erwähnt unter Hinweis auf die Möglichkeiten vorwiegend konstruktiver Art zu ihrer Unterdrückung. Die Bleibronzelager wurden im Dauerversuch bei 250 kg/cm² Lagerdruck geprüft. Nur bei günstiger Bleiverteilung und geringem Verunreinigungsgrad wurde einwandfreies Verhalten ohne starke Riefen- und Rißbildung beobachtet. Das Notlaufverhalten wurde durch den Anstieg der Temperatur nach Einstellung der Ölzufuhr und durch Feststellung der Zeit bis zur Auslösung der Prüfmaschine (Überlastung des Antriebsmotors um 50%) verfolgt. Ausgegangen wurde dabei von den für den Dauerversuch verwendeten Bedingungen. Die Auslaufzeiten betrugen bei beiden Legierungsgruppen wenige Sekunden bis einige Minuten, die Temperaturanstiege im Trockenlauf lagen in gleicher Größenordnung. Für die Aluminiumlegierungen wird besonders darauf hingewiesen, daß trotz bisweilen erheblicher Lagerbeschädigungen nur schwache, durch Nachpolieren leicht entfernbare Freßspuren auf dem Zapfen auftraten.

Nicht unerwähnt bleibe der Nachweis, daß bei Diamant, Graphit und Kohle adsorbierte Oberflächenfilme die Reibungszahl stark beeinflussen [IV, 172]. Kleine Mengen Sauerstoff, Wasserdampf oder andere Verunreinigungen setzen die Reibung gegenüber der bei sorgfältig gereinigten Oberflächen erhaltenen wesentlich herab. In der gleichen Arbeit wird gezeigt, daß bei Graphit und Kohle nach Reinigung der Reibungskoeffizient mit steigender Temperatur fällt. Die Verfasser führen das Ergebnis bei Graphit darauf zurück, daß der Zusammenhalt der einzelnen Lamellen bei erhöhter Temperatur gelockert wird.

Vor der Gegenüberstellung des *Verschleißes der Gleitwerkstoffe* sei kurz auf den Einfluß der schon in Punkt 16d) angegebenen Faktoren auf den Gleitverschleiß eingegangen. Er wurde an den verschiedenen Forschungsstellen, hauptsächlich für den Fall der trockenen Gleitreibung untersucht und kann hier nur in seinen Grundzügen aufgezeigt werden. Die Möglichkeit der Änderung der so angegebenen grundsätzlichen Wirkung durch Überschneidung verschiedener Einflüsse ist gegeben.

Auf das Zusammenwirken mechanischer und chemischer Vorgänge beim Verschleiß und z. T. auf den Einfluß des umgebenden Mediums wird z. B. in [IV, 149], [IV, 150], [IV, 151], [IV, 152], [IV, 153] u. [IV, 154] näher eingegangen. Der Verschleiß nimmt mit zunehmender Bearbeitungsgüte ab (vgl. z. B. [IV, 155], [IV, 156], [IV, 157], [IV, 153] u. [IV, 158]). Erhöhung der Belastung führt zu einer Erhöhung des Verschleißes, während steigende Gleitgeschwindigkeiten zunächst eine Herabsetzung, weiter erhöhte Gleitgeschwindigkeiten aber einen Anstieg des Verschleißes bewirken können [IV, 156], [IV, 159], [IV, 153], [IV, 158] u. [IV, 160]. Im Bereich sehr niedriger und sehr hoher Umgebungstemperaturen liegt der Verschleiß hoch, er nimmt einen Kleinstwert bei mittleren Temperaturen an [IV, 153]. Die i. allg. günstige Auswirkung hoher Härte des Gleitlagerwerkstoffs auf die Herabsetzung des Verschleißes geht z. B. aus [IV, 156], [IV, 161], [IV, 154] u. [IV, 160] hervor. In [IV, 162] wird gezeigt, daß Niedrigstwerte des Verschleißes an der Stirnseite bevorzugter Metallkristallflächen auftreten und daß vielkristalline Werkstoffe mit entsprechend ausgebildeter Gußtextur geringere Verschleißwerte haben als normal vergossene.

Wie bei der Darstellung der Ergebnisse über das Gleitverhalten der Lagerwerkstoffe, so können wir auch bei der Beschreibung ihres Verschleißverhaltens nur auf wenig Versuche zurückgreifen, bei denen eine größere Zahl von Lagerwerkstoffen aus verschiedenen Werkstoffgruppen unter einheitlichen Bedingungen geprüft wurde. Wir bringen daher zunächst den Vergleich innerhalb einiger Werkstoffgruppen und einzelner Werkstoffgruppen untereinander. Es folgt eine ausführliche Gegenüberstellung des Verschleißes von Werkstoffen auf verschiedener Basis und als Abschluß dieses Punktes eine Kennzeichnung der Lagerwerkstoffe hinsichtlich ihrer grundsätzlichen Eigenschaften auf Grund vorliegender Ergebnisse.

Tab. 42 bringt eine Gegenüberstellung des Verschleißes von Kadmiumlegierungen und Zinn- und Bleilagermetallen aus [IV, 17] und [IV, 21].

Tabelle 42. *Verschleiß von Zinn- und Bleilagermetallen und von Kadmiumlegierungen (aus [IV, 17] und [IV, 21]).*

Prüfmethode	Verschleiß gemessen in	Zinnlager-metalle mit 80—94% Sn	Blei-Anti-mon-Lager-metalle mit 0—20% Sn	Geh. Blei-lager-metalle	Kadmi-um-lager-metalle	Bronze
Lagerprüfmaschine mit Ölschmierung (Tab. 10, Deutsche Reichs-bahn) [IV, 163] . .	10^{-3} mm	20—35	—	50—55	7—12	2—5
Trockenverschleiß auf Polierrotpapier (Tab. 10, KOCH) [IV, 164]	mm	1,6—2,2	3,3	3,3—4,2	—	0,75
Spindelmaschine mit Ölschmierung (Tab. 10) [IV, 165] .	10^{-3} mm	6	5	15	—	—
Amslermaschine unter Öl (Tab. 10) [IV, 65]	g	0,4	1,3—2,1	1,45	—	—
Betriebsmessungen an D-Zugwagen [IV, 166]	mm	0,51	0,61	0,57	—	—

Aus den Angaben der Tabelle geht hervor, daß die hochzinnhaltigen Lagermetalle unter den Weißmetallen den geringsten Verschleiß haben. Sie werden aber von den Kadmiumlegierungen und den Bronzen über-troffen. Bei in [IV, 22] beschriebenen Verschleißversuchen an Lagern ergab sich bei Zugabe von 10 g/l Polierrot zum Schmieröl für ein Zinn-weißmetall nach einigen Tagen Lauf ebenfalls ein gegenüber verschie-denen Kadmiumlegierungen um 4—60% höherer Verschleiß.

Über den Einfluß des Gefügeaufbaues des Gußeisens auf den Gleit-verschleiß liegen, z. T. auch unter Angabe von Versuchsbedingungen und von quantitativen Ergebnissen einige Beurteilungen vor. Meist wurden zu dessen Feststellung Trockenlaufversuche durchgeführt. Die Bedingungen dabei waren in dem einen Fall: Maschine mit hin- und her-gehender Bewegung (Tab. 10, MAILÄNDER und DIES), bis 40 kg/cm² spez. Belastung, Gesamtgleitweg der Proben 1 km, Kennzeichnung des Ver-schleißes durch Gewichtsabnahme [IV, 152]; in dem anderen Fall:

SAWIN-Maschine (ähnlich SPINDEL-Maschine, Tab. 10, vgl. auch Punkt 15d), $v = 1$ m/s, $p = 15$ kg, 1 l/min Wasser zu Kühlzwecken, Messung des Verschleißes durch Feststellung des abgeschliffenen Volumens nach 3000 Umdrehungen der Scheibe [IV, 167]. Die Ergebnisse sind: martensitisches Gefüge ist sehr verschleißfest [IV, 152], [IV, 154]. Perlitisches Gußeisen, das sich hinsichtlich des Gleitvermögens als das beste unter den Gußeisensorten herausgestellt hat (vgl. Punkt 25), hat einen kleineren Verschleiß als ferritisches (z. B. [IV, 154]). Bei perlitischem Gefüge nimmt der Verschleiß in der Reihenfolge körnig, groblamellar, feinlamellar ab [IV, 152], [IV, 154]. Auch mit zunehmender Höhe des gebundenen Kohlenstoffs [IV, 154], [IV, 167] und mit steigendem Sättigungsgrad[1] [IV, 167] wird der Verschleiß herabgesetzt. Der Gesamtkohlenstoffgehalt, geprüft in den Grenzen zwischen 2,8—3,7% und der Graphitgehalt, geprüft in den Grenzen zwischen 2,2 und 3,1%, beeinflussen das Verschleißverhalten nicht unterschiedlich, während Silizium (untersucht zwischen 1,3 und 2,4%) bei etwa 2% und Phosphor (untersucht zwischen 0,3 und 0,6%) bei etwa 0,5% ein Optimum bilden [IV, 167]. Gußeisen mit Kugelgraphit ist dem normalen Gußeisen im Verschleißverhalten mindestens ebenbürtig [IV, 169], [IV, 170].

Im Hinblick darauf, daß für das Verhalten von unter Schmierung gleitenden Teilen der Verschleißversuch im Öl-Schmirgelgemisch einen brauchbaren Anhalt liefert, wurden auf der SIEBEL-KEHL-Maschine (Tab. 10) Versuche mit Lagerwerkstoffen aus verschiedenen Legierungsgruppen durchgeführt [IV, 156]. Die Versuchsbedingungen waren: $v = 1,6$ m/s; $p = 5$ kg/cm²; Ölbad (Essolub SAE 20) mit 0,1% Schmirgelzusatz (Temperatur 70° C); Gegenwerkstoff St 60.11. Der Verschleiß wurde durch Wägung ermittelt. Um bei den Werkstoffen verschiedenen spez. Gewichtes einen zulässigen Vergleich zu ermöglichen, wurde er jedoch als Abnahme des Volumens angegeben. In Tab. 43 sind die an WM 80, Gußbronze, Bleibronze, Gußeisen und Preßstoffen erhaltenen Verschleißwerte und der Verschleiß des Gegenwerkstoffs eingetragen. Aus der Gegenüberstellung geht hervor, daß WM 80 den kleinsten Verschleiß aufweist. Niedrige Verschleißwerte haben noch die Bleibronze und die Kunstharzpreßstoffe. Der höchste Verschleiß tritt bei GBz 14

---

[1] Für die Bestimmung des Sättigungsgrades werden verschiedene Beziehungen angegeben, z. B. die folgende:

$$\text{Sättigungsgrad} = \frac{\% \text{ Kohlenstoff}}{4,23 - \dfrac{\% \text{ Silizium}}{3,2}}$$

Es bedeuten: Sättigungsgrad = 1 eutektische, Werte unter 1 untereutektische, Werte über 1 übereutektische Zusammensetzung.
Andere Gleichungen berücksichtigen noch weitere Legierungsbestandteile, z. B. Phosphor (vgl. hierzu z. B. [IV, 168]).

Tabelle 43. *Verschleiß verschiedener Werkstoffe nach* (SIEBEL/KEHL) [*IV, 156*]
$v = 1,6$ m/s, $p = 5$ kg/cm²; Öl-Schmirgel-Gemisch; Gegenwerkstoff St 60.11.

Lagerwerk-stoffe	Gefügeaufbau	Verschleiß des Versuchs-werkstoffs mm³/km	Verschleiß des Gegenwerk-stoffs mg/km
WM 80	vgl. Punkt 17	0,43	1,07
Bleibronze (92/8)	vgl. Punkt 21	0,98	23,80
GBz 14	vgl. Punkt 21	2,0	6,40
Ge I	perlitische Grundmasse, Ferrit, Phosphideutektikum, grobe Graphitadern (HB 160)	1,44	12,20
Ge II	perlitische Grundmasse, Phosphideutektikum (HB 195)	1,42	13,30
Ge III	perlitische Grundmasse, Phosphideutektikum, lange, dünne Graphitplättchen (HB 205)	1,17	9,20
Ge IV	perlitische Grundmasse, wenig Phosphideutektikum, wenig Graphit in dünnen Adern (HB 240)	1,02	3,60
Kunstharz-preßstoff A	Füllstoff: Textilfaser	0,74	1,62
Kunstharz-preßstoff B	Füllstoff: Zellstoff	1,02	2,88

auf. Die Gußeisensorten stufen sich im Verschleiß nach ihrer Härte. Der Verschleiß des Gegenwerkstoffs St 60.11 ist beim Gleiten gegen die Bleibronze besonders groß. Auch die Gußbronze und die weichen Gußeisensorten bewirken einen hohen Verschleiß des Gegenwerkstoffs. Es liegt die Vermutung nahe, daß diese Werkstoffe infolge ihrer Zähigkeit die Schmirgelkörner festhalten, ohne diese jedoch tief genug einbetten zu können. Die harten Körner kommen auf diese Weise in weit größerem Maße zur Auswirkung.

Mit dem Ziel, das Verhalten von Lagerwerkstoffen im Gebiet der Grenzschmierung kennen zu lernen, sind in [*IV, 131*] Versuche mit Gleitlagerwerkstoffen auf verschiedener Basis, die unter verschiedenen Schmierzuständen und bei Verwendung von gehärtetem und ungehärtetem Gegenwerkstoff durchgeführt wurden, beschrieben. Dadurch, daß die auf einer Klötzchenprüfmaschine durchgeführten Versuche bis zu einem Verschleißmaß der Probe von 1 mm ausgedehnt wurden, ist es möglich, die erhaltenen Ergebnisse auch zur Beurteilung des Verschleißverhaltens heranzuziehen. Die Versuchsbedingungen waren: Klötzchenprüfmaschine nach LÜPFERT [*IV, 131*] (vgl. Tab. 8). Ungehärteter Stahl mit 0,5% C und 0,8% Mn, Brinellhärte 200; gehärteter Stahl mit 1,05% C, 1,1% Mn und 0,55% Cr, Rockwellhärte R_c 63, Gleitgeschwindigkeit 4,7 m/s. Bei Tauchschmierung liefen die Prüfscheiben in einem Ölbad von 500 cm³; Öltemperatur bei Beginn 100° C. Bei einmaliger Benetzung wurden die Mantelflächen der Proben jeweils mit 8 mg Öl benetzt. Beim schmierölfreien Lauf wurden die Scheiben- und Probenoberflächen mit Benzin gereinigt. In allen Fällen wurde die Belastung alle 30 Minuten in bestimmten Stufen gesteigert. Der Versuch wurde bis zu derjenigen Grenzlaststufe ausgedehnt, bei der die Probe durch Verschleiß eine Verkürzung um 1 mm erfahren hatte. Die so erhaltenen Grenzlaststufen geben mithin innerhalb einer Versuchsgruppe auch ein Maß für das Verschleißverhalten der untersuchten Werkstoffe.

Die in Tab. 44 eingetragenen Werte sind Mittelwerte von spezifischen Grenzbelastungen aus 3 bis 6 Messungen je Lagerwerkstoff. Sie zeigen, daß die Stufung der Werkstoffgruppen im Verschleißverhalten je nach Schmierzustand verschieden ist. Auch bei Verwendung verschiedenen Zapfenmaterials treten, hauptsächlich bei den beiden Schmierzuständen, die vorherrschend Grenzreibungsbedingungen bewirken, Verschiebungen in der Güte der einzelnen Werkstoffe auf. Im Durchschnitt die geringste Verschleißfestigkeit haben die Weißmetalle. Das beste Verschleißverhalten zeigen die Kupferlegierungen und die Aluminiumlegierungen. Es folgen die Zinklegierungen und das Gußeisen. Beim schmierölfreien Lauf treten die ölgetränkten Sinterwerkstoffe weit in den Vordergrund.

Ein roher Vergleich dieser Ergebnisse mit den unter Verwendung von Öl-Schmirgelgemisch erhaltenen (Tab. 43) zeigt einen grundsätzlichen Unterschied. Das Güteverhältnis zwischen den Weißmetallen und den Kupferlegierungen ist vertauscht, während in beiden Fällen die Bleibronze an der Spitze steht und das Gußeisen an vorletzter Stelle einzuordnen ist. Auch hier kommt wie beim reinen Gleitvermögen der Einfluß der Laufbedingungen und besonders der Schmierzustände deutlich zum Ausdruck.

Diesen Umständen Rechnung tragend bringen wir zum Abschluß in Abb. 132 eine Gegenüberstellung, aus der das Verhalten einzelner Lagerwerkstoffgruppen (die Bleibronze ist neben den übrigen Kupferlegierungen getrennt aufgeführt) in ihren das Laufverhalten kennzeichnenden Eigenschaften für verschiedene Schmierzustände bei Verwendung gehärteten und ungehärteten Wellenmaterials hervorgeht. Die Werte für das Einlaufverhalten und für die Störungsunempfindlichkeit sind durch Mittelwertbildung aus den der Tab. 39 zugrundeliegenden Versuchsergebnissen gewonnen. Die Verschleißwiderstandswerte der ersten drei Gruppen sind Mittelwerte aus den in Tab. 44 zusammengestellten Ergebnissen, während die entsprechenden Angaben für die Versuche mit dem Öl-Schmirgelgemisch als Reziprokwerte aus Tab. 43 stammen. Zur Kennzeichnung des Wärmeausdehnungsverhaltens sind Reziprokwerte des in Tab. 39 angegebenen thermischen Ausdehnungskoeffizienten und

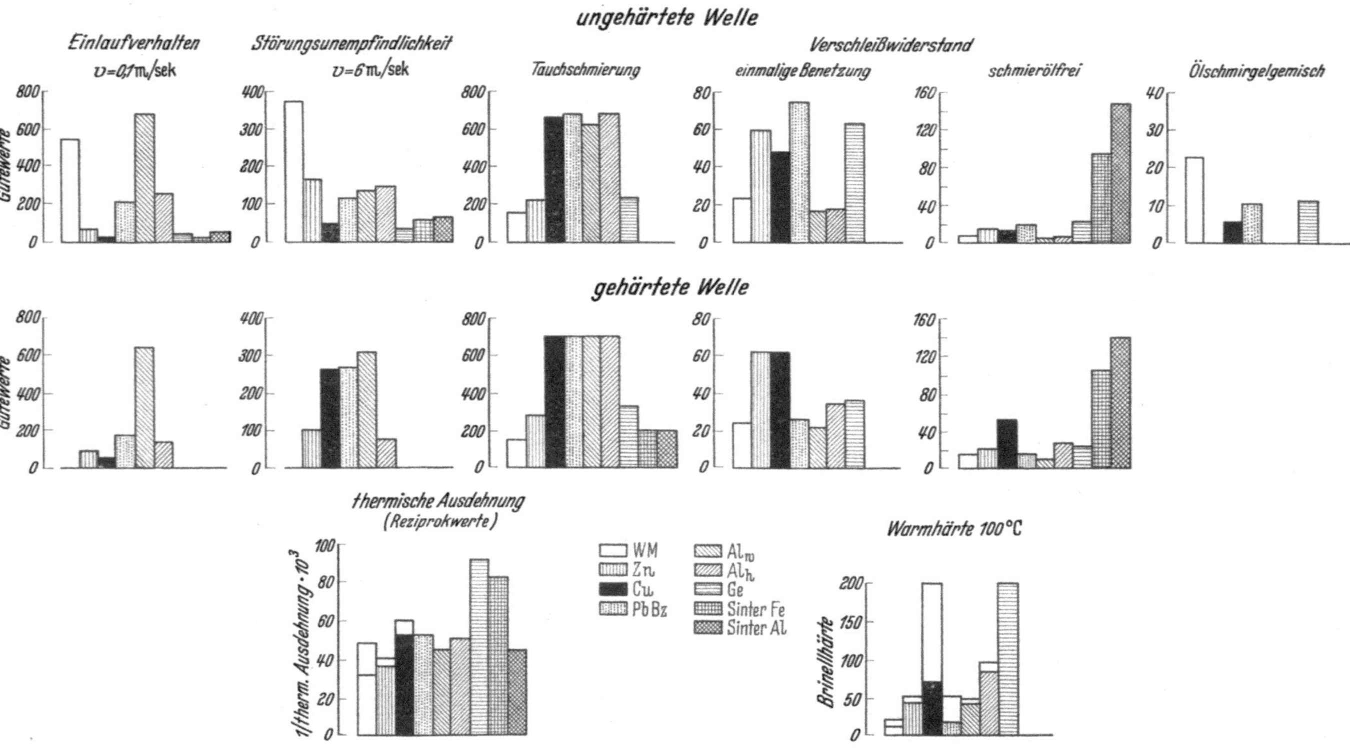

Abb. 132. Bewertung von Lagerwerkstoffen nach WEBER.
(Verschleißwerte für verschiedene Schmierzustände ausgewertet nach LÜPFERT [IV, 131].) Ungehärtetes und gehärtetes Wellenmaterial.

Tabelle 44.
Verschleiß von Lagerwerkstoffen bei verschiedenen Schmierzuständen.
(Auswertung mehrerer Versuchsreihen von LÜPFERT [*IV, 131*]). Klötzchenprobe
($3 \times 0{,}5$ mm Lauffläche). $v = 4{,}5$ m/s Autosommeröl (14—17 E° bei 50° C).
Eingetragen sind Mittelwerte von Flächenpressungen (kg/cm²), die bei stufenweiser
Erhöhung zu einem Verschleiß von 1 mm der Proben gehören.

Lagerwerkstoff	Tauchschmierung		Einmalige Benetzung		Schmierölfrei	
	Zapfenmaterial		Zapfenmaterial		Zapfenmaterial	
	ungeh.	geh.	ungeh.	geh.	ungeh.	geh.
WM 80	110	110	28,7	18,2	12,6	15,8
WM 10	215	170	20,4	29,1	9,5	14,1
ZnAl4Cu1	225	316	39,3	54,3	15,1	18,4
ZnAl10Cu1	247	227	80,8	69,0	19,9	20,7
PbSnBz22	>700	>700	75,8	25,4	21,9	15,4
SnBz8	>700	>700	29,8	56,9	15,1	35,6
GBz10	>700	>700	33,8	33,7	12,4	29,5
SoMs58Al2	>624	>700	63,2	93,4	13,8	11,8
SoMs58Al1	>620	>700	63,6	57,9	10,4	27,5
Al-Legierung Alva 36 . .	>623	>700	17,1	21,4	4,3	8,1
AlSiCuNi1	>700	>700	18,3	33,7	6,2	26,9
Ge 14.91	226	291	63,8	32,7	25,3	24,3
Ge 26.91	254	375	66,0	37,5	23,7	24,1
Sinterbronze (ölhaltig) A .	—	200	—	—	149,0	141,0
Sinter Fe B (ölhaltig) . .	—	200	—	—	102,0	102,0
Sinter Fe A (ölhaltig) . .	—	200	—	—	92,6	106,0

für die Beurteilung der Warmfestigkeit die dort verzeichneten Warmhärten verwendet worden. — Wie schon in Punkt 10 hervorgehoben,
wäre noch die Heranziehung einer weiteren Eigenschaft, die einen Überblick über das Verhalten bei Dauerbeanspruchung bei erhöhter Temperatur gibt, von grundlegender Wichtigkeit.

Wir entnehmen der Abbildung, in der die Vielfalt der Variations-
möglichkeiten in den Beanspruchungsbedingungen zum Ausdruck
kommt, z. B.: Die Weißmetalle haben bei ausgezeichneten Gleiteigenschaften ihre Hauptnachteile in der geringen Warmfestigkeit, in ihrer
großen Wärmedehnung und in ihrem geringen Verschleißwiderstand,
sofern es sich nicht um Metall-Mineral-Gleitverschleiß handelt. Die
porösen Sinterwerkstoffe und Gußeisen zeichnen sich im Durchschnitt
beim Lauf unter Grenzreibungsbedingungen durch gute Verschleißfestigkeit aus, Gußeisen außerdem durch hohe Warmfestigkeit. Ihre reinen
Gleiteigenschaften lassen jedoch zu wünschen übrig. Die Kupferlegierungen mit ihrer hohen Warmfestigkeit, ihrer relativ geringen Wärme-

dehnung und ihrem guten Verschleißverhalten, rücken hinsichtlich der Gleiteigenschaften erst bei Verwendung gehärteten Wellenmaterials an die Spitze. Die Bleibronzen sind in ihren reinen Gleiteigenschaften mittelmäßig. Ihre Verschleißfestigkeit ist im Durchschnitt gesehen sehr gut. Die Aluminiumlegierungen sind in den Gleiteigenschaften den Kupferlegierungen und der Bleibronze etwa gleichzusetzen, treten aber in der Verschleißfestigkeit unter Grenzreibungsbedingungen hinter die Kupferlegierungen zurück. Wie bei diesen ist mit Rücksicht auf den Gleitvorgang und besonders auf das Notlaufverhalten gehärtetes Wellenmaterial vorzuziehen. Ihre Warmfestigkeit entspricht etwa der der Bleibronze. Die Zinklegierungen zeichnen sich gegenüber den Weißmetallen durch höhere Verschleißfestigkeit aus, erreichen jedoch nicht deren Gleiteigenschaften. Zu beachten ist ihre hohe Wärmedehnung.

So scheint es uns auf Grund der gebrachten Darstellung möglich, für bestimmte Anforderungen entsprechende Lagerwerkstoffe auszuwählen, wobei wahrscheinlich häufig Kompromißlösungen durch gegenseitiges Abwägen verschiedener Eigenschaften gefunden werden müssen.

V. Wellenwerkstoffe.

Wenn auch für den Werkstoff für Achsen und Wellen gewisse Gleiteigenschaften unerläßlich sind, so rechtfertigt doch die diesen Maschinenelementen obliegende Aufgabe (Tragen von Maschinen- oder Fahrzeugteilen, Übertragung von Drehmomenten) und ihre konstruktive Ausbildung eine Behandlung getrennt von der der Gleitlagerwerkstoffe. In diesem Kapitel beschreiben wir zunächst in großen Zügen die Zusammensetzung; es folgen einige Angaben über die physikalischen und die mechanisch-technologischen Eigenschaften. Mit Rücksicht auf vorkommende chemische Beanspruchung der Werkstoffe wird sodann ein kurzer Überblick über die Widerstandsfähigkeit gegen verschiedene Angriffsmittel angefügt. In einem weiteren Punkt werden schließlich einige Beobachtungen über das Gleitverhalten der Wellenwerkstoffe zusammengestellt. Auf die Oberflächenbearbeitung der Wellen wird erst später, bei Besprechung der Bearbeitung der Lager, eingegangen (Punkt 48).

37. Zusammensetzung der Wellenwerkstoffe. Physikalische und technologische Eigenschaften.

Für gering belastete Lagerstellen mit guter Schmierung ist normaler Kohlenstoffstahl ein ausreichender Wellenwerkstoff. Bei gesteigerter Beanspruchung und besonders bei Verwendung „harter" Lagerwerkstoffe sind höherwertige Stähle, die zumeist zusätzlich Oberflächenhärtung erfahren (Zementation, Vergütung, Nitrierung) erforderlich. Tritt chemischer Angriff mit in den Vordergrund, so muß zu nicht rostenden bzw. säurebeständigen Stählen übergegangen werden. In

Sonderfällen wird mit Rücksicht auf Vorteile in der Formgebung (gekröpfte Kurbelwellen), gute Dämpfung und günstige Gleiteigenschaften, Gußeisen als Wellenwerkstoff benutzt.

Nicht unerwähnt bleibe, daß man in neuester Zeit das Metallspritzverfahren zur Wiederinstandsetzung oberflächengeschädigter Wellen heranzieht. Außer der Wirtschaftlichkeit dieser Maßnahme soll hierdurch auch eine längere Lebensdauer der Welle erreicht werden, da die Poren der Spritzschicht als Schmiermittelreservoir dienen, [V, 1], [V, 2]. In [V, 2] wird weiterhin darauf hingewiesen, daß die Spritzschicht durch ihre Porosität eine gewisse Einbettfähigkeit erlangt, die sich verschleißmindernd auswirkt. In USA und Großbritannien geht man dazu über, zur Verbesserung des Notlaufverhaltens auch neue Kurbelwellen mit einer Spritzschicht zu versehen [V, 3].

In Tab. 45 ist eine Zusammenstellung der wichtigsten *Wellenstähle* und Gußwerkstoffe für Wellen hinsichtlich Bezeichnung, Zusammensetzung und Anwendung gegeben. Wir stützen uns dabei im wesentlichen auf Angaben der DIN-Blätter bzw. der entsprechenden Werkstoffblätter. Für Vergütungsstähle ist ein neues Normblatt (DIN 17200) in Vorbereitung [V, 4], das die in den letzten Jahren häufig verwendeten Legierungen enthält. Die neuen Bezeichnungen sind in Tab. 45 in Klammern eingetragen. An Stelle der in der Tabelle genannten Chrom–Nickelstähle sind die Chromnickel–Molybdän-Stähle 36 CrNiMo4 und 34 CrNiMo6 getreten mit 0,9/1,2% Cr, 0,9/1,2% Ni, 0,15/0,25% Mo und mit 1,4/1,7% Cr, 1,4/1,7% Ni, 0,15/0,25% Mo. Im Ausland verwendete Wellenstähle sind in der Tabelle nicht verzeichnet. Die Entwicklung der Vergütungsstähle verlief dort ähnlich wie bei uns [V, 4], nämlich Übergang zu niedrig legierten, bzw. unlegierten Stählen. In USA sind es einfach legierte Stähle mit Mangan (1,7%), mit Nickel (3,5%), mit Molybdän (0,25%) und mit Chrom (0,8%), dazu kommen Cr–Ni-Stähle (0,7/1,3%), Cr–Mo-Stähle (1,0/0,2%), Mo–Ni-Stähle (0,25/1,8%), Cr–V-Stähle (1,0/0,18%) und Cr–Ni–Mo-Stähle (0,8/1,8/0,25%). Die britischen Normen enthalten vorwiegend Mn-legierte Stähle (bis 1,8% Mn), Chrom- und Nickelstähle mit Chromgehalten bis 1,5% und Nickelgehalten bis 3,75%, höher legierte Stähle mit 0,5—3,5% Cr, 0,2—0,7% Mo, 1,3—4,5% Ni, bzw. die Sparstähle mit bis 1,2% Mn, 0,3—1,4% Cr, 0,1—0,25% Mo, 0,5—1,6% Ni. Die in Frankreich üblichen Vergütungsstähle sind: Mn-Stähle (1,0—1,5%), Cr-Stähle (0,7—1,7%), Cr–V-Stähle (0,8/1,2% Cr, 0,1/0,2% V), Cr–Mo-Stähle (0,8/1,2% Cr, 0,15/0,35% Mo), Cr–Ni-Stähle (0,8/1,2% Cr, 1,2/1,6% Ni) und Cr–Ni–Mo-Stähle (0,4/2,2% Cr, 0,3/1,3% Ni, 0,1/0,35% Mo). Erwähnt sei [V, 8], daß zur Einsatzhärtung (oberflächliche Aufkohlung von C-armen, unlegierten oder legierten Stählen durch Glühen in Kohlenstoff-abgebenden Medien; anschließende Härtung durch Wärmebehandlung) in USA vorwiegend niedrig

Tabelle 45. *Zusammensetzung*

	Bezeichnung	C	Ni	Cr	Zusammen % Mo
Maschinenbaustähle DIN 1611	St 34.11	~0,12			
	St 42.11	~0,25			
	St 50.11	~0,35			
	St 60.11	~0,45			
Werkzeug-stahl	Klaviersaitendraht (Härte 4, zähhart)	~0,9			
Einsatzstähle DIN 1662, 1663, 1664; Werkstoffhandbuch Stahl-Eisen: Blatt H 11, H 31, N 11.	St C 16.61	0,11—0,18			
	EC 60	0,12—0,18		0,6—0,9	
	Manganstahl	~0,15			
	Nickelstähle	0,1—0,2	1—5		
	ECN 35	0,10—0,17	3,25—3,75	0,55—0,95	
	Cr-Ni-Stahl	0,12—0,20	1,5—2,2	1,8—2,5	
	ECMo 80	0,13—0,17		1,0—1,3	0,2—0,3
	ECMo 100	0,18—0,23		1,1—1,4	0,2—0,3
Vergütungs-Stähle DIN 1661, 1662, 1663, 1665; Werkstatthandbuch Stahl-Eisen: Blatt H 13, N 21. In Klammern: Bezeichnungen nach DIN 17200 [V, 4]	St C 25.61—St C 60.61. . . (C 22—60)	0,20—0,65			
	VC 135	0,30—0,37		0,9—1,2	
	(34 Cr4) . . . . Nickelstähle	~0,3—0,5	1—5		
	VCN 15 w	0,25—0,32	⎫ 1,25—1,75	⎫ 0,3—0,70	
	VCN 15 h	0,32—0,40	⎭	⎭	
	VCN 25 w	0,25—0,32	⎫ 2,25—2,75	⎫ 0,55—0,95	
	VCN 25 h	0,32—0,40	⎭	⎭	
	VCN 35 w	0,20—0,27	⎫ 3,25—3,75	⎫ 0,55—0,95	
	VCN 35 h	0,27—0,35	⎭	⎭	
	VCMo 125 (25CrMo24) . .	0,22—0,29			
	VCMo 135 (34CrMo4) . . .	0,30—0,37		0,9—1,2	0,15—0,25
	VCMo 140 (42CrMo4) . . .	0,38—0,45			

		C	Al	Cr	Mo
Nitrier-stähle: Stahl- und Eisen-Werkstoffblatt 850—47	27 Cr Al 6	0,24—0,30	1,0—1,2	1,3—1,5	—
	34 Cr Al 6	0,30—0,38	1,0—1,2	1,3—1,5	—
	31 Cr MoV 9	0,26—0,34	—	2,2—2,5	0,15—0,20

		C	Ni	Cr	Mo
Korrosions-beständ. Stähle: Stahl-Eisen-Werkstoffblatt 400—49 [V, 5] S. 482/83	× 20 Cr 13	0,17—0,22	—	12,5—13,5	—
	× 20 Cr Ni 17	0,20	0—2,0	17	—
	× 35 Cr Mo 17	0,3—0,4	—	16—17	1,0—1,3

von Wellenwerkstoffen.

[Zusammen]setzung		Zulässige Beimengungen in %, höchstens		Anwendung
Mn	Si	S	P	
		0,06 (S + P) $\leq$ 0,1	0,06	für einzusetzende Zapfen, Bolzen usw. Kurbeln, Wellen und Achsen mit geringer Durchfederung und geringer Verschleißbeanspruchung stärker belastete, glatte und gekröpfte Wellen, Turbinenwellen u. a. schnelllaufende Antriebswellen (Spindeln) wie St 50.11, jedoch für höhere Beanspruchung. Gegebenenfalls Vergütung. Achsschenkel für Schienenfahrzeuge
< 0,3	< 0,2			Zapfenlager im Instrumentenbau
< 0,4	< 0,35	0,04 (S + P) < 0,07	0,04	Exzenter- und Nockenwellen, Kolbenbolzen, Gleitbahnen
0,4—0,6	< 0,4	0,035 (S + P) < 0,06	0,035	Kolbenbolzen
1,0—1,5	~0,25			Kurbelzapfen (mit größeren Abmessungen als bei Kohlenstoffstählen)
0,50	0,30			Spindeln, Nockenwellen, Zapfen, Kolbenbolzen, Bolzen, Tragachsen
< 0,50	< 0,35	0,035 (S + P) < 0,06	0,035	Zapfen, Bolzen, Wellen
< 0,50	< 0,35			Kurbelwellen höchster Beanspruchung
0,8—1,1	< 0,35	0,035 (S + P) < 0,06	0,035	Nocken- und Getriebewellen
0,9—1,2	< 0,35	,,		Kurbelwellen
0,5—0,8	< 0,35	0,04 (S + P) < 0,07	0,04	Kurbelwellen kleiner Abmessungen
0,5—0,8	< 0,4	0,035 (S + P) < 0,06	0,035	Achsen, Wellen, Kurbelwellen
0,6 (0,15/0,35)	0,3			Achsen, Wellen, Kurbelwellen, Achsschenkel, Dynamo- und Turbinenwellen, Lokomotivkurbelwellen
0,40—0,80	0,35	0,035 (S + P) < 0,06	0,035	} Achsschenkel, Wellen } Achsen, Wellen
0,5—0,8	< 0,35	0,035 0,035 (S + P) < 0,06		Kurbelwellen, Propellerwellen Achsschenkel Kurbelwellen, Achsschenkel, Hinterachswellen, Dynamowellen, Straßenbahnachsen Achsschenkel, Bohrspindeln
Mn	Si	S	P	
0,5—0,7	0,15—0,35	0,035 0,025 V 0,10—0,15	0,035 0,025	Spindeln, Kurbelwellen
Mn	Si	S	P	
0,5	0,3—0,5			Wellen, Bolzen
0,5	0,5			Wellen (bei Seewasserangriff)
—	0,3—0,5			Wellen, Spindeln (bei Angriff durch Salpetersäure u. organische Säuren)

Tabelle 45. *Zusammensetzung von*

Bezeichnung	Zusammen %			
	C	Si	Mn	Cr
Legierter Stahlguß (England)	0,32	0,23	0,88	0,49
Temperguß (Ford)	1,35—1,6	0,85—1,1	0,6—0,8	0,4—0,8
(n. [V, 6] u. [V, 7])	1,25—1,40	1,9—2,1		0,35—0,40
Hochlegiertes Gußeisen	2,25—2,50	1,0—1,5		0—1,0
(n. [V, 6] u. [V, 7])	2,8	1,5		0,5
	3,30—3,65	0,45—0,54	0,15—0,51	0—0,25
Sondergußeisen	2,4—3,2	1,6—2,75	0,4—1,2	0 bis wenig
(n. [V, 6] u. [V, 7])	3,1—3,4	2,1—2,4	0,5—0,75	0,75—1,0

legierte Stähle verwendet werden: reine Mo-Stähle (0,25% Mo), Ni–Mo-Stähle (1,8 % Ni, 0,25% Mo) und Cr–Ni–Mo-Stähle (0,5% Cr, 0,6% Ni, 0,2 oder 0,25% Mo). Von höher legierten Einsatzstählen seien Ni-Stähle mit 3,5 und 5% Ni und Cr–Ni-Stähle mit 1,5% Cr und 3,5% Ni genannt. In England sind Cr-Stähle ähnlich EC 60 und ein Stahl mit 2% Cr, 2% Ni, 0,2% Mo genormt, weiterhin verschiedene höher legierte Ni-, CrNi- und Cr–Ni–Mo-Stähle mit Gehalten bis 5% Ni, 1% Cr und 0,25% Mo. In Frankreich stehen Cr–Mo-Stähle und Cr-Ni-Mo-Stähle verschiedener Zusammensetzung im Vordergrund. Für Nitrierhärtung [V, 9] (bewirkt durch Aufnahme von Stickstoff beim Erwärmen in Stickstoff-abgebenden Medien; feindisperse Verteilung von Nitriden, besonders bei Gegenwart von Aluminium) werden im Ausland Stähle ähnlicher Zusammensetzung wie in Deutschland benutzt [V, 8].

Die Einsatztiefen der Kohlenstoffstähle werden von den Anforderungen an das Werkstück bestimmt. Soll, wie bei Laufspindeln, nur die Verschleißfestigkeit erhöht werden, so genügen wenige $^1/_{10}$ mm. Treten dagegen gleichzeitig höhere Drücke auf, Beispiel Lokomotivgleitbahnen, so wird die Einsatztiefe erheblich — bis zu 4 mm und darüber — erhöht. Bei der Einsatzhärtung, insbesondere bei höher legierten Stählen (Cr-Ni-Stahl), ist darauf zu achten, daß nicht durch zu scharf kohlende Zementationsmittel und ungeeignete Aufkohlungstemperaturen in der äußersten Randschicht neben Martensit große Mengen von (weichem) Austenit entstehen, die den beabsichtigten Zweck, die Oberflächenhärtung, vereiteln [V, 5].

Durch Vergüten — Ablöschen aus dem Gebiet homogener fester Lösungen (Austenit) in Öl, Wasser oder Luft, um Martensitbildung hervorzurufen, und anschließendes Anlassen bei Temperaturen unterhalb A_1 (721° C) — erzielt man eine erhebliche Kornverfeinerung (und gleichmäßig feine Karbidausscheidung) mit ihren die Festigkeitseigenschaften fördernden Wirkungen. Diese Behandlung führt ebenso wie das Patentieren von Klaviersaitendraht (Ablöschen in einem Bleibad von

Wellenwerkstoffen (Fortsetzung).

setzung % Ni	Cu	Mo	Zulässige Beimengungen in %, höchstens		Anwendung
			S	P	
2,42 —	0,13 1,5—2,0 2,5—2,75	0,38 —	0,04 0,06	0,03 0,1	} Kurbelwellen
3,0—5,0 0,6	2,0 2,0—3,0	0 bis wenig	0,04	0,03	} Kurbelwellen Nockenwellen
1,0—1,6	0 bis 0,3	0 bis 1,2	$<0,1$	$<0,2$	Kurbelwellen
0,2—0,4		0,4—0,6	0,10	0,29	Nockenwellen

500° C, in dem der Draht bis zur Vollendung der Umwandlung gehalten wird) zu einer Durchhärtung des gesamten Querschnittes. Bei den noch in Entwicklung stehenden Verfahren der Oberflächenhärtung (Flammenhärtung, Induktionshärtung durch Wirbelströme) wird nur eine örtliche Erhitzung der Randzonen bewirkt. Dadurch kann — ähnlich wie bei der Einsatzhärtung — auch nur eine örtliche Härtung dieser Zonen ermöglicht werden [*V, 10*], [*V, 11*], vgl. auch [*V, 12*].

Die korrosionsbeständigen Stähle sind durch Cr-Gehalte über 13% gekennzeichnet; es ist dies die Konzentration, von der ab die Legierungen die starke Passivität des Chroms zeigen (das an sich unedler als Eisen ist). Zur Erzielung genügender Beständigkeit gegen Seewasser sind allerdings höhere Cr-Gehalte (18—20%) erforderlich. Zulegieren von Nickel verbessert die Korrosionsfestigkeit.

Hinzuweisen ist hier auch auf *Bronze-* und *Monel-Metall-Zapfen*, die in Verbindung mit Gummilagern gegenüber den meisten Wässern einschließlich Seewasser, befriedigende Beständigkeit zeigen [*V, 13*].

Die *Gußwerkstoffe* sind in der Tab. 45 in drei Gruppen gegliedert: niedrig legierter Stahlguß und Temperguß (Ford), hochlegiertes Gußeisen und Sondergußeisen. Die aus der Ford-Legierung hergestellten Rohgüsse der Kurbelwellen werden einer mehrstufigen Glühbehandlung unterworfen, um den Werkstoff bearbeitbar zu machen (Zementitzerfall). Als Zusätze bei den hochlegierten Gußeisensorten werden Chrom und Nickel verwendet. Letzteres kann teilweise oder ganz durch Kupfer ersetzt werden. Gegebenenfalls sind die Gußstücke auch Wärmebehandlungen zu unterwerfen. Die für Kurbelwellenherstellung angegebenen Sondergußeisen umfassen eine größere Zahl verschiedener in Deutschland, USA und England gebräuchlicher Legierungen. Das hierher gehörige, bei der Maschinenfabrik Eßlingen erschmolzene Gußeisen wird im „Duplexverfahren" hergestellt (vorgeschmolzen im Kupolofen, fertiggemacht im Elektroofen). Die perlitisches Grundgefüge aufweisenden Werkstücke benötigen keine nachträgliche Härtung oder sonstige Wärmebehandlung [*V, 6.*].

Von Nockenwellen wird verlangt, daß die Nockenspitzen hart, die Mittellager weich sind. Dies kann auf mehrere Arten erzielt werden: entweder werden die Nockenspitzen durch Schreckplatten abgeschreckt (Ledeburithärtung) oder es wird das weiche Gußstück an der Nockenwellenspitze durch Oberflächenaufheizung (Schneidbrenner) und Ölablöschung gehärtet (Martensithärtung), oder es wird schließlich, und das ist die eleganteste Lösung, die Legierung so eingestellt, daß beim Guß im nassen Sand an den Nockenspitzen hohe, ansonsten geringere Härte

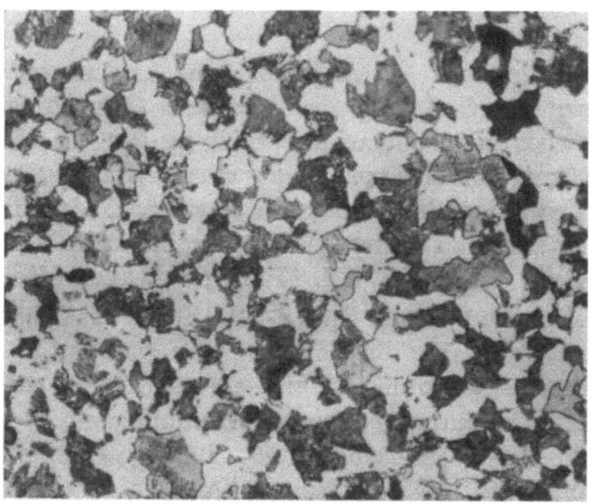

Abb. 133. Gefüge des Stahls St 50.11 (geätzt mit alkohol. HNO₃). V = 200.

entsteht [*V, 14*]. Für weitere Angaben über die Herstellung gußeiserner Nockenwellen sei auf [*V, 7*] (s. S. 961/62) verwiesen.

Bei allen in Tab. 45 enthaltenen Stählen liegt als Grundgitter das kubisch-raumzentrierte α-Eisengitter vor, das auf die verschiedenste Weise gehärtet sein kann (Martensitbildung, Mischkristallbildung mit Zusatzelementen, Einlagerung fremder Kristallarten im Korninneren oder an den Korngrenzen, innere Spannungen und plastische Deformation). Einige Beispiele für die Gefügeausbildung sind in den Abb. 133 bis 136 gegeben.

Hingewiesen sei hier schließlich nochmals auf die aus jüngster Zeit stammenden Versuche der willkürlichen Beeinflussung des Gefüges von Gußeisen (Punkt 25). Das „nadelige" Gußeisen, das infolge unvollständigen Austenitzerfalls den Ferrit in charakteristischer Nadelform enthält, zeichnet sich durch hohe Festigkeit aus. Zusätze von Ni, Cr und Mo, deren Höhe noch von den Abkühlungsverhältnissen abhängt (Wandstärke), sind für Erzeugung dieses Gefüges wesentlich [*V, 15*], [*V, 16*].

Eine noch weitere bedeutende Steigerung der Festigkeitseigenschaften, die für die Herstellung gegossener Kurbelwellen besonders interessant erscheint, konnte durch die Herstellung von Gußeisen mit Kugelgraphit erzielt werden (Abb. 106). Steigerung der Unterkühlbarkeit

Abb. 134. Gefüge des Stahls ECMo100 (geätzt mit alkohol. HNO₃). V = 100.

durch Keimzerstörung, Zugaben von Cer oder Magnesium, sind die zur Erzeugung von sphärolithischem Graphit beschrittenen Wege [V, 17], [V, 18], [V, 19], [V, 20].

In Tab. 46 sind für drei Gruppen von Wellenstählen Angaben über spez. Gewicht, spez. Widerstand, Wärmeausdehnungskoeffizient und Wärmeleitfähigkeit enthalten. Die durch Mischkristallbildung bedingte Abnahme der Leitfähigkeit für Elektrizität und Wärme tritt besonders bei den Nickelstählen deutlich zu Tage. Hinsichtlich des in die Tabelle nicht mitaufgenommenen Elastizitätsmoduls ist zu sagen, daß er bei allen ferritischen (raumzentrierten) Stählen nur wenig von der Zusammensetzung abhängt und bei regel-

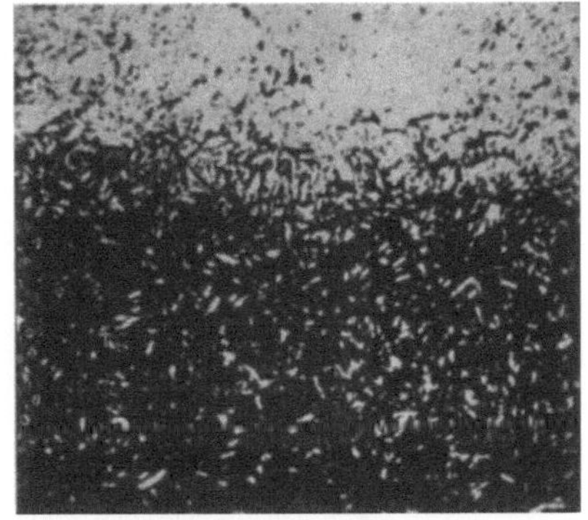

Abb. 135. Gefüge eines Nitrierstahls an der Übergangsschicht von gehärteter zu ungehärteter Zone, aus [V, 9]. (geätzt mit Pikrinsäure) V = 250.

loser Orientierung etwa 21—22000 kg je mm² beträgt. Zusätze von Nickel setzen ihn etwas herab; bei 5% Ni-Gehalt hat er auf etwa 20000 kg/mm² abgenommen. Bei der Spezialgußlegierung für Kurbelwellen mit 1,59% C wird er ebenfalls mit 20000 kg/mm² angegeben,

Tabelle 46. *Physikalische Eigenschaften von Wellenwerkstoffen.*

Werkstoff	Spez. Gew. g/cm³	Lit.	Spez. Widerstand Ohm mm²/m	Lit.	Ausd. Koeff. 20—100 °C · 10⁶	Lit.	Wärmeleitfähigk. cal/cm sec °C	Lit.
Maschinenbaustähle	7,85	[V,21]	0,106—0,121	(nach [V,5], Abb. 195)	12	[V,5]	0,13	[V,21]
Einsatzstähle 0,5—1,5% Mn			0,12—0,18	(nach [V,5], Abb. 250)	~12,4	(nach [V,5], Abb. 249)	0,10—0,09	(nach [V,5])
1—5% Ni			~0,12-0,22	[V, 22]	12,4—12,5	[V, 22]	0,13—0,08	[V, 22]
Korrosionsbest. Stähle								
X 20 Cr 13	7,7	[V,23]	0,55	[V,23]	10,5	[V,23]	0,07	[V,23]
X 35 CrMo 17	7,7		0,65		10,5		0,07	

bei einem Sondergußeisen mit 2,66% C, 2,72% Si, 0,83% Mn, 0,95% Ni, 1,04% Mo und 0,05% Cr ist der Modul auf 14000 kg/mm² abgesunken (nach [V,7]). Bei sphärolithischer Graphitausbildung wird bei Kohlen-

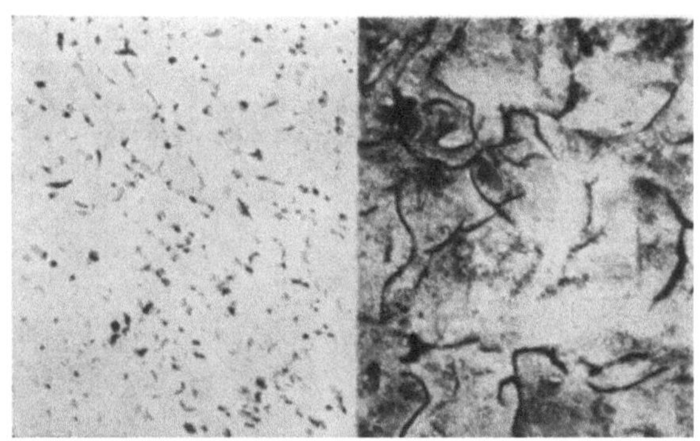

Abb. 136. Gefüge eines Eßlinger Kurbelwellengußeisens, aus [V, 6].
Ungeätzt V = 100; geätzt V = 400.

stoffgehalten von 2,5—3,6% ein Bereich von 18600—17300 kg/mm² für den Elastizitätsmodul angegeben. Dieser Bereich liegt erheblich über dem für normales Gußeisen mit Blättchengraphit gültigen. Außerdem zeigt beim Gußeisen mit Kugelgraphit der Modul nicht die beim Grauguß mit lamellarem Graphit auftretende Abnahme mit steigender Belastung [V,24].

Für die mechanisch-technologischen Eigenschaften der Wellenbaustoffe gibt Tab. 47 eine Übersicht. Nicht mit aufgenommen ist der in Sonderfällen verwendete Klaviersaitendraht, der zufolge seiner rein eutektoiden Struktur unter den Werkzeugstählen durch größte Gleichmäßigkeit der an sich hohen Härte und durch erhöhte Zähigkeit ausgezeichnet ist [V, 5]. Bei den Einsatzstählen werden bei Kohlenstoff-, Chrom- und Chrom-Molybdänstählen die höchsten Oberflächenhärten von 65—67 Rockwell C (690—720 HB) erreicht, etwas niedriger (62 bis 65 Rc — entsprechend 650—690 HB) liegen die der Nickel- und Chrom-Nickelstähle.

Die höchsten Oberflächenhärten, die auch hier von der Zusammensetzung der Stähle abhängen [V, 34], werden durch Nitrieren erzielt. Nur wenig über der Härte der normalen Maschinenbaustähle liegt die der korrosionsbeständigen Stähle. Mit aufgenommen in Tab. 47 ist ein Beispiel von Nockenwellen aus hochlegiertem Gußeisen: während an dem grauen Wellenschaft, der ausreichende Zähigkeit aufweisen muß, eine Härte von nur 287 Brinelleinheiten auftritt, wird in den weißerstarrten Nocken, bei denen es vorwiegend auf hohe Verschleißfestigkeit ankommt, der hohe Härtewert von 520 gemessen.

Erwähnt seien an dieser Stelle Richtlinien, die bei der Gestaltung gegossener Kurbelwellen mit Rücksicht auf die Eigenschaften des Gußeisens beachtet werden müssen. Der Kraftfluß muß an gefährdeten Zapfenübergängen sanft durch sogenannte Entlastungsmulden umgeleitet werden. Die Zapfenbohrungen sollen tonnenförmig ausgeführt sein, um in der Nähe von Querschnittsübergängen Verstärkungen zu ermöglichen [V, 35], [V, 36].

Hervorgehoben seien schließlich noch die erheblichen Verbesserungen, welche neben dem Elastizitätsmodul auch die statischen Festigkeitseigenschaften von Gußeisen durch Herbeiführung sphärolithischer Graphitausbildung erfahren. Zugfestigkeit und Härte werden unter gleichzeitiger wesentlicher Erhöhung der Duktilität erheblich verbessert; das Verhältnis von Härte zu Zugfestigkeit nähert sich weitgehend dem für Stahl gültigen (Abb. 137 nach [V, 37]).

In Tab. 48 ist schließlich ein Überblick über die Widerstandsfähigkeit korrosionsbeständiger Wellenstähle gegenüber verschiedenen Angriffsmitteln gegeben. Wenn auch die Widerstandsfähigkeit austenitischer Chromnickelstähle der Gattung 18/8 nicht erreicht wird, so sind doch auch die als Wellenbaustoffe verwendeten Cr-Stähle bei geeigneter Vorbehandlung rostbeständig und zumindest bei Raumtemperatur auch gegen oxydierend wirkende Angriffsmittel beständig. Zur Kennzeichnung der Werkstoffe sind in Tab. 48 die üblichen Bezeichnungen:

vollkommen beständig bei einer Gewichtsabnahme/Std. von weniger als 0,1 g/m²
genügend beständig   „   „   „   von 0,1— 1,0 g/m²

Tabelle 47. *Mechanisch-technologische Eigenschaften von Wellenwerkstoffen.*

Werkstoff	Streck-grenze kg/mm²	Zugfestig-keit kg/mm²	Bruch-dehnung δ_{10} %	Lit.	Härte HB	Lit.
Maschinenbau-stähle	19—30	34—70	25—14	[V,25]	95—200	[V,21]
Einsatzstähle						
St C 16.61						
normalgegl.	23	42	23	[V,26]		
EC 60	49—63	70—90	~12	[V,27]		
Nickelstähle						
(1—5% Ni)	22—100	38—120	29—10	[V,22]	650—720	
ECN 35	>67	90—120	12—6	[V,28]		
CrNi-Stahl	>90	120—155				
ECMo 80	60—77	85—110	12—8	[V,29]		
ECMo 100	83—100	110—145	9—5	[V,30]		
Vergütungsstähle						
St C 25.61–60.61	24—45	42—90	22—12	[V,26]		
VC 135	>50	75—90	>12	[V,31]		
Nickelstähle						
(1—5% Ni)	40—74	60—90	23—10	[V,22]		
VCN 15 w bis						
VCN 35 h	42—79	65—105	16—8	[V,28]		
VC Mo 125 bis						
VC Mo 140	42—83	65—110	16—6	[V,30]·	230—320	[V,30]
Nitrierstähle						
27 CrAl 6						
und 34 CrAl 6	45—60	65—100	16—12 (δ_5)	[V,32]	900 HV[1] ·(700 HB)	
31 CrMoV	80	100—115	11 (δ_5)	[V,32]	750 HV[1] (620 HB)	
Korrosionsbest. Stähle						
X 20 Cr 13	45—55	65—90	18—14 (δ_5)	[V,23]	180—250	vergl. auch [V,33]
X 21 CrNi 17	60—75	80—95	15 (δ_5)	[V,5] vgl. a. [V,33]	260—450	
X 35 CrMo 17	60—70	80—95	14 (δ_5)	[V,23]	225—265	
Legierter Stahlguß		82	10		260	
Temperguß (1,56—1,59% C)	bis 71	50—84	0,2—3 (δ_5)	nach [V,7]	260—274	nach [V,7]
Hochlegiert. Guß-eisen (3,65% C)		30			287 520	
Sondergußeisen (2,4—3,2% C)		35—56			230—320	
Grauguß					~100	

[1] In der nitrierten Oberfläche.

Tabelle 48.

Verhalten von korrosionsbeständigen Chromstählen gegenüber verschiedenen Angriffsmitteln (nach [V, 5], Zahlentafel 94).

Angriffsmittel	Versuchstemp.	Legierungen mit		
		0,10% C 13% Cr	0,10% C 17% Cr	0,10% C 17% Cr 2% Mo
Anorganische Säuren:				
Salzsäure 3,6%ig,	20° C	zieml. best.	zieml. best.	genüg. best.
spez. Gew. 1,017	kochend	unbest.	unbest.	unbest.
Salpetersäure 7%ig,	20° C	genüg. best.	best.	best.
spez. Gew. 1,04	kochend	unbest.	zieml. best.	genüg. best.
konz., rauch.,	20° C	best.	best.	best.
spez. Gew. 1,52	kochend	wenig best.	zieml. best.	zieml. best.
Schwefelsäure 10%ig,	20° C	unbest.	unbest.	unbest.
spez. Gew. 1,07				
schwefelige Säure, gesätt., wäßr. Lösung	20° C	unbest.	zieml. best.	best.
Phosphorsäure;				
rein 10%ig,	20° C	best.	best.	best.
spez. Gew. 1,05	kochend	genüg. best.	genüg. best.	best.
80%ig,	20° C	genüg. best.	genüg. best.	best.
spez. Gew. 1,64	kochend	unbest.	unbest.	unbest.
Organische Säuren:				
Ameisensäure				
10%ig,	20° C	best.	best.	best.
spez. Gew. 1,02	kochend	unbest.	unbest.	wenig best.
50%ig,	20° C	genüg. best.	best.	best.
spez. Gew. 1,12	kochend	unbest.	unbest.	unbest.
Essigsäure				
10%ig,	20° C	best.	best.	best.
spez. Gew. 1,01	kochend	genüg. best.	genüg. best.	best.
50%ig,	20° C	best.	best.	best.
spez. Gew. 1,06	kochend	unbest.	unbest.	best.
Olëinsäure $C_{18}H_{34}O_2$ techn.	150° C	best.	best.	best.
Milchsäure 1,5%ig	20° C	genüg. best.	best.	best.
	kochend	genüg. best.	genüg. best.	best.
Oxalsäure 10%ig, wäßr. Lösung	20° C	genüg. best.	genüg. best.	best.
Weinsäure 10%ig, wäßr. Lösung	20° C	genüg. best.	best.	best.
Zitronensäure 10%ig, wäßr. Lösung	20° C	genüg. best.	best.	best.
Alkalische wirkende Stoffe und Salzlösungen:				
Ammoniak, wäßr. Lsg. spez. Gew. 0,91	20° C	best.	best.	best.
Natriumhydroxyd 20%ig, spez. Gew. 1,23	20° C	best.	best.	best.

Tabelle 48 (Fortsetzung).

Argriffsmittel	Versuchs-temp.	Legierungen mit		
		0,10% C 13% Cr	0,10% C 17% Cr	0,10% C 17% Cr 2% Mo
Natriumkarbonat kaltgesättigt	kochend	best.	best.	best.
Kaliumnitrat 50%ig. wäßr. Lösung	kochend	best.	best.	best.
Natriumthiosulfat 25%ig, wäßr. Lösung	kochend	best.	best.	best.

ziemlich beständig   bei einer Gewichtsabnahme/Std. von 1,0— 3,0 g/m²

wenig beständig   „   „   „   „ 3,0—10,0 „

und unbeständig   „   „   „   von über 10,0 „

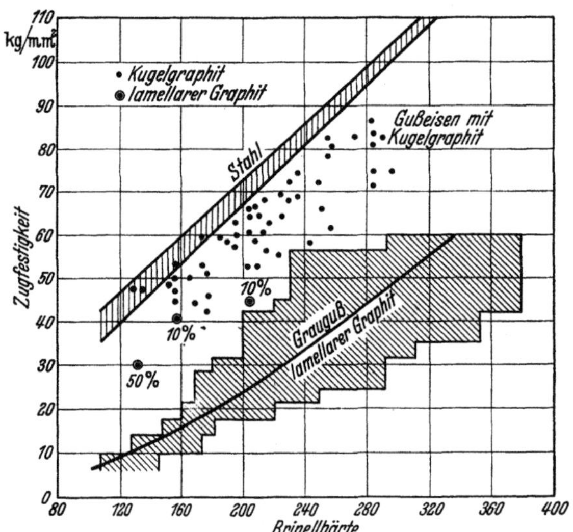

Abb. 137. Beziehung zwischen Zugfestigkeit und Brinellhärte von Grauguß, Gußeisen mit Kugelgraphit und Stahl [V, 16].

benutzt. Die wiedergegebenen Befunde sind in Laboratoriumsversuchen mit reinen Agenzien erhalten worden, was bei ihrer Übertragung auf die Praxis zu beachten ist.

38. Gleiteigenschaften der Wellenwerkstoffe.

Von den Gleiteigenschaften stehen bei den Wellenwerkstoffen geringe Freßneigung, hohe Adsorptionsfähigkeit für Schmiermittel und gute Verschleißfestigkeit im Vordergrund. Schmiegsamkeit und Einbett-fähigkeit sind mit der Eignung der Achsen und Wellen für ihre Haupt-aufgabe (Aufnahme von Lasten und Übertragung von Drehmomenten), welche gute technologische Festigkeitseigenschaften verlangt, nicht verträglich. Diese Gleiteigenschaften müssen bevorzugt den Lagermetallen eigen sein, die daher im allgemeinen einen erheblichen „Härtesprung" gegenüber den Wellenwerkstoffen aufweisen. Erwähnt sei, daß auch ein Sprung im Elastizitätsmodul für Erzielung ausreichender Schmiegsamkeit nützlich ist, besonders dann, wenn zufolge steigender Härte des Lagermetalls ein Ausgleich der Abnahme der plastischen Schmiegsamkeit des Lagers erforderlich wird: die Kantenpressung wird durch niedrigen Elastizitätsmodul des Lagerwerkstoffs gemildert.

Für die Freßneigung ist die Affinität zwischen Wellen- und Lagerwerkstoff entscheidend. Zu berücksichtigen ist dabei, daß wegen lokaler hoher Temperaturen Legierungsbildung zwischen einzelnen Komponenten der beiden Gleitwerkstoffe möglich ist. Weiterhin sind Reaktionen mit dem Schmiermittel und Oxydationsvorgänge und nicht zuletzt die strukturellen Änderungen in den Randschichten der Gleitwerkstoffe in Betracht zu ziehen. Auch der Bearbeitungszustand der Oberflächen wird sich wegen seiner Bedeutung für lokale Druckspitzen auswirken. Eine klare Übersicht über diese Verhältnisse ist bei der Vielzahl der in Frage kommenden Faktoren noch keineswegs möglich. Immerhin hat die „mikrothermische" Theorie der Lagerwerkstoffe (THOMA [$V, 38$]) in einer Reihe von Beispielen plausible Erklärungen für das beobachtete Verhalten ergeben (Stahlzapfen auf Weißmetallen, Bronzen, Bleibronzen, Aluminium-Legierungen, Gußeisen, Kunstharzpreßstoffen; Gußeisen in gußeiserner Schale). Der auf der Neigung zu örtlicher Verschweißung beruhenden mikrothermischen Theorie wird der Boden entzogen, wenn nicht nur an den Oberflächenrauhigkeiten hohe Reibungstemperaturen auftreten, sondern eine allgemeine unzulässige Temperaturerhöhung im Gleitlagerwerkstoff erfolgt. In diesem Falle tritt die Temperaturabhängigkeit der mechanischen Eigenschaften (Erweichung) beherrschend in den Vordergrund.

Als Maß für die Adsorptionsfähigkeit für Schmiermittel kann (vgl. auch Punkt 12) die Adsorptionswärme herangezogen werden. Wie in [$V, 39$] gezeigt wird, gehen die bei einem Klötzchenversuch mit Carbonyleisen erhaltenen Werte von Anlaufreibung, Kleinstreibung und Notlaufverhalten (Gleitweg vom Aussetzen bis zum Zusammenbruch der Schmierung) parallel den an feinverteiltem Pulver desselben Materials gemessenen Adsorptionswärmen der fünf verschiedenen, für die Versuche benutzten Schmiermittel (drei Mineralöle, Erdnußöl und Teeröl). Auf eine höhere Adsorption an Korngrenzen (Gitterstörungen) wird in [$V, 40$] geschlossen auf Grund von Reibungsbestimmungen an Gußeisen mit gleichem Kohlenstoffgehalt aber verschiedener Graphitausbildung. Die Steigerung der Schmiermitteladsorption wird besonders für solche Korngrenzen angenommen, an denen verschiedene Gefügebestandteile zusammenstoßen. Der Unterschied in der Adsorptionswirkung hängt im übrigen auch vom Schmiermittel ab: er ist groß bei Verwendung eines niedrig molekularen Äthylesters, tritt dagegen bei Schmierung mit einem höher molekularen Ester kaum mehr in Erscheinung.

Bei der Erörterung des Verschleißes ist zu unterscheiden, ob es sich um Schmiergleitverschleiß handelt, oder ob sich zwischen den gleitenden Flächen zusätzlich ein mineralisches Verschleißmittel befindet. Im ersten Falle sind der Schmierzustand, die gegenseitige Affinität der Gleitwerkstoffe, die Härten und Plastizitätseigenschaften der einzelnen Gefügebestandteile der Ausgangslegierungen und eventuell neu gebildeter Phasen und die Haftfestigkeit der Schmierschichten maßgebend, so daß eine absolute Klassifizierung der Wellenwerkstoffe hinsichtlich Verschleißfestigkeit gar nicht möglich ist. Allgemein sei bemerkt, daß bei Verwendung weicher Lagerwerkstoffe niedrigen Schmelzpunkts der Wellenverschleiß weitgehend in den Hintergrund tritt; bei harten Lagerwerkstoffen und solchen höherer Schmelzpunkte spricht die Erfahrung über den auftretenden Wellenverschleiß für die Verwendung gehärteten Wellenmaterials. Handelt es sich bei dem Verschleiß vorwiegend um den Angriff mineralischer, im Schmiermittel enthaltener Körner, so wird der Wellenverschleiß außer von der Einbettfähigkeit des Lagerwerkstoffs (mehr oder minder vollständige Unschädlichmachung der Mineralkörner) wesentlich von der Härte der Welle bedingt sein.

Im Großen und Ganzen erfolgt — sofern nicht konstruktive Gründe (z. B. Forderung nach minimalen Abmessungen, Material der Stützschale) eine Wahl im voraus festlegen — die Zuordnung der Werkstoffe für Wellen zu denen der jeweiligen Lager unter Wahrung wirtschaftlicher Gesichtspunkte den Härten entsprechend. Für Lagermetalle mit Härten bis etwa 30 Brinelleinheiten werden ungehärtete Wellen verwendet, liegen die Härten über 70—80 Brinelleinheiten, so wird auf vergütetes oder oberflächengehärtetes Material übergegangen. Im Zwischengebiet, in welches Bleibronzen, Zinklegierungen und die weichen Aluminiumlegierungen fallen, wird sowohl ungehärtetes als auch gehärtetes Wellenmaterial eingesetzt. Die Frage, welche Wellenhärten hier zu bevorzugen sind, ist auf Grund von Laboratoriumsversuchen noch nicht mit Sicherheit zu beantworten. Die hierüber in systematischen Laufversuchen erhaltenen Befunde sind uneinheitlich. Als Beispiele hierfür werden in den Abb. 138 und 132 Ergebnisse von Laufversuchen mit verschiedenen Lager- und Wellenwerkstoffen gebracht. Abb. 138 bezieht sich auf Versuche mit einer Aluminium-Lagerlegierung (2% Fe, 2% Si, Rest Al), die in der in Tab. 7 beschriebenen Prüfmaschine von FALZ unter Verwendung dreier verschiedener Wellenwerkstoffe durchgeführt wurden [*V, 41*]. Bei allen verwendeten drei Gleitgeschwindigkeiten zeigt sich, beurteilt aus dem Verlauf der Übertemperatur des Lagers, der einsatzgehärtete

St C 16.61 (HV 807) dem Baustahl St 50.11 (HV 167) überlegen. Die Graugußwelle (HV 191) konnte ohne Bruchgefahr nur bis zu spez. Lagerbelastungen von 200 kg/cm² beansprucht werden. Sie entsprach zunächst bis etwa 150 kg/cm² der einsatzgehärteten Stahlwelle, zeigte jedoch bei weiterer Laststeigerung ungünstigeres Verhalten. Abb. 132 gibt für eine ganze Reihe von Lagerwerkstoffen die Belastungen an, die in Klötzchenprüfversuchen zu einem Verschleiß von 1 mm führen [V, 42]. Der Vergleich zwischen den bei gehärteter und bei ungehärteter Welle erhaltenen Ergebnissen zeigt, daß nur bei schmierölfreiem Lauf das Verschleißverhalten bei Verwendung der gehärteten Prüfscheibe etwas günstiger ist. Beim Einlaufverhalten und der Störungsunempfindlichkeit tritt die Bedeutung, die dem Wellenmaterial zukommt, besonders klar an den Beispielen der Lagerlegierungen auf Kupfer- und Aluminiumbasis zutage.

Schließlich sei noch auf dynamische Lagerlaufversuche (Prüfmaschine HEYER, Tab. 9) hingewiesen, in denen Aluminium- und Bleibronzelager mit vergüteten

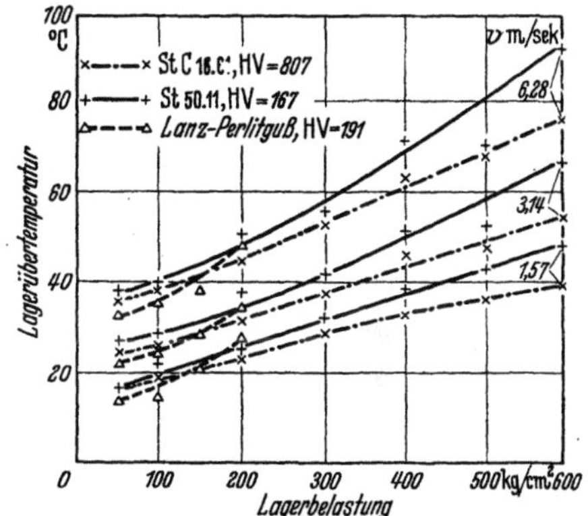

Abb. 138. Einfluß des Wellenmaterials auf die Temperatur von Lagern aus der Aluminium-Knetlegierung Rotinal (2% Fe, 2% Si, Rest Al); aus [V, 41]. d = 30 mm; l/d = 1,3; Spiel 1,6°/₀₀; Motoreneinheitsöl; Öldruck 0,3 atü; Ölzulauftemperatur 35° C.

und auf verschiedene Weise oberflächengehärteten Wellen (HV 268—800) im Hinblick auf die Verwendung im Flugmotor geprüft wurden. Eine klare Entscheidung über die Bedeutung der Härte ließ sich hierbei weder aus dem gemessenen Zapfenverschleiß noch aus dem Notlaufverhalten bei eingestellter Ölzufuhr gewinnen [V, 43] [V, 44]. Trotz dieses etwa gleichwertigen Verhaltens ungehärteter und gehärteter Wellen wird in der Praxis der Einbau gehärteten Materials bevorzugt, da bei langzeitigem Betrieb hierbei geringerer Wellenverschleiß auftritt und vor allem auch hierdurch mehr Sicherheit gegen Zerstörungserscheinungen zu Folge ungünstiger Laufzustände gegeben ist.

VI. Schmiermittel.

Von dem sehr umfangreichen und komplexen Gebiet der Schmierstoffe können in diesem Buch nur Haupttatsachen gebracht werden. Für eine ausführliche Darstellung sei z. B. auf [VI, 1] verwiesen.

Die zur Schmierung hauptsächlich verwendeten mineralischen Öle, welche bei der Aufarbeitung des Roherdöls gewonnen werden, bestehen

in der Hauptsache aus Kohlenwasserstoffen. Die verschiedenen Grund-
typen dieser Verbindungen, gesättigte und ungesättigte Kettenkohlen-
wasserstoffe mit unverzweigten und verzweigten Ketten (aliphatische
Verbindungen), Ringkohlenwasserstoffe verschiedener Art (aromatische
Verbindungen, Naphthene), treten in den mineralischen Schmierölen in
außerordentlicher Mannigfaltigkeit auf. Hinzu kommen besondere
Trägersubstanzen der Schmierfähigkeit und gegebenenfalls künstliche
Zusätze.

Im Rohöl sind außer den Schmierölen auch andere, leichter als diese
siedende Anteile vorhanden, die beim zur Trennung angewendeten De-
stillationsverfahren (Top-Destillation) der Reihe nach abgetrieben werden (Leichtbenzin, Schwerbenzin, Petroleum, Gasöl). Das nach Entfernung dieser flüchtigeren Bestandteile zurückbleibende Öl wird durch
weitere Destillation in verschiedene Fraktionen zerlegt (Verdampfung
im sog. Trumbleofen, Kondensation in hintereinander geschalteten
Dephlegmatoren, in denen verschiedene Temperaturen und Unterdrucke
aufrechterhalten werden), wobei je nach dem Siedeverhalten bzw. der
eng damit zusammenhängenden Zähigkeit Spindelöl, Maschinenöl und
Zylinderöl gewonnen werden. Gleichfalls in der Großtechnik verwendet
werden Ein- und Zweistufendestillation des Rohöls, bei denen alle Fraktionen aus einem bzw. zwei hintereinander geschalteten Fraktionier-
türmen getrennt abgeschieden werden.

Die so erhaltenen Destillate, die von mehr oder weniger dunkler
Farbe und meist nur im Tropfen durchscheinend sind (Dunkelöle), sind
für manche Schmierzwecke völlig ausreichend[1]. Für die meisten Zwecke
werden die Destillate jedoch weiter gereinigt. Wird von paraffinreichen
Rohölen ausgegangen, so wird zunächst eine Entparaffinierung der
Schmierdestillate vorgenommen. Bei diesem Raffinationsverfahren wird
das Paraffin durch Abkühlen des Destillats mittels Kältemaschinen
kristallisiert, abgeschieden und in Filtern vom Öl getrennt. Ganz allgemein werden bei der Raffination die noch vorhandenen bituminösen
Anteile und die durch Neutralisationszahl und Verseifungszahl erfaßten
Beimengungen chemisch im wesentlichen durch Zugabe von Schwefelsäure, gegebenenfalls in mehreren Stufen, entfernt; nach Neutralisation
der Schwefelsäurereste und Behandlung mit Bleicherde zur Absorption
der Umwandlungsprodukte entstehen die farblosen, noch im Reagenz-
glas durchsichtigen bis durchscheinenden Raffinate mit ihrer höheren
Oxydationsbeständigkeit und Lebensdauer. Für hochwertige Schmieröle (Motoren- und Turbinenöle) reicht die Schwefelsäureraffination
nicht aus. Sie werden einer Behandlung mit „selektiven" Lösungsmitteln

---

[1] Auch ohne völlige Zerlegung durch Destillation werden aus bestimmten
Rohölen brauchbare Maschinen- und Zylinderöle als sog. Rückstandsöle gewonnen.

unterworfen, welche die unbeständigen und ungünstigen Ölanteile lösen, die erwünschten Anteile jedoch möglichst ungelöst lassen. Die derart veredelten Schmieröldestillate werden als Solvate bezeichnet. Die raffinierende Wirkung moderner Lösungsmittel ist häufig so groß, daß eine Behandlung mit Schwefelsäure nicht notwendig ist.

Neben dem Erdöl wurden aus Versorgungsgründen auch Schiefer- und Braunkohlenteer als Ausgangsprodukte für Schmierölgewinnung, die ebenfalls durch Destillation erfolgt, herangezogen.

Aus dem interessanten, noch mitten in der Entwicklung stehenden Gebiet der Synthese-Öle sei auf die aus dem FISCHER-TROPSCH-Verfahren entwickelten künstlichen Schmieröle besonders hingewiesen. Die durch Weiterverarbeitung aus dem anfallenden Gemisch leichter Kohlenwasserstoffe, dem „Kogasin" entstehenden Kogasin-Schmieröle, sind durch Eigenschaften ausgezeichnet, die denen mineralischer Schmieröle gleichwertig sind. In gewissem Sinne werden als synthetische Öle auch Mineralschmieröle bezeichnet, die eine Veredlung durch Wasserstoffanlagerung (Hochdruckhydrierung) erfahren haben.

In Zukunft dürften auch die erst seit wenigen Jahren bekannten Silicone [VI, 2] Bedeutung als Schmierstoffe gewinnen. Es handelt sich bei ihnen um Hochpolymere, bei denen das Gerüst der Kettenmoleküle nicht durch C-Atome allein, sondern durch C-, Si- und O-Atome in beliebigem Wechsel gebildet wird. Sie zeichnen sich durch hohe chemische und thermische Stabilität, sowie durch eine weitgehend temperatur-unabhängige Viscosität aus. Über erfolgversprechende Versuche ihrer Anwendung als Schmiermittel in Gleitlagern wird in [VI, 3] berichtet. Auf die Anwendung von Silicon–Lithium–Stearat-Fetten wird in Punkt 39 hingewiesen. Öle pflanzlicher und tierischer Herkunft werden nur in Ausnahmefällen allein zur Schmierung benutzt, z. B. Tsubaki-Öl und Klauenöl für Uhren. Ihre Hauptverwendung auf dem Schmierstoffgebiet liegt in ihrer Zugabe zu Destillaten und Raffinaten, aus denen dadurch die gefetteten Öle entstehen [VI, 4].

Neuerdings sind Schmierölzusätze besonders im Ausland sehr modern geworden. Sie werden zur weiteren Verringerung der Reaktionsfähigkeit der Öle (mit Luftsauerstoff und Metallen), zur Dispergierung von Verunreinigungen, zur Verbesserung der Adsorption an den Gleitflächen, zur Verflachung der Viscosität — Temperaturkurve und schließlich zur Verhütung feinblasiger Ölschäume, welche die Alterung beschleunigen, zugegeben.

Zur übersichtlichen Darstellung gliedern wir dieses Kapitel in die Punkte: Einteilung, Bezeichnung und allgemeine Eigenschaften der Schmieröle und -fette, Schmierölzusätze und Schmierverhalten (Prüfung und Ergebnisse).

39. Einteilung, Bezeichnung und allgemeine Eigenschaften der Schmieröle und -fette.

Eine Einteilung der Schmieröle kann nach verschiedenen Gesichtspunkten erfolgen [*VI,5*]: Herkunftsgegend der Rohöle, chem. Zusammensetzung und Molekülstruktur, Herstellungsart, Eigenschaftswerte und Verwendungszweck. Die geographische Unterscheidung wurde in USA früher vorwiegend verwendet: man unterschied Öle aus Pennsylvanien (sie galten wegen ihrer hohen Alterungs- und Temperaturbeständigkeit und flachen Zähigkeit-Temperaturkurve als die besten), Midcontinentöle und Coastal (Golfküste)-Öle (diese letzteren hielt man wegen ihrer steilen Zähigkeit-Temperaturkurve für die schlechtesten).

Der Einteilung nach der chemischen Zusammensetzung und Molekülstruktur erwachsen sehr erhebliche Schwierigkeiten aus der Tatsache, daß die Schmieröle Gemische aus vielen und verschiedenen Grundtypen von Kohlenwasserstoffen sind. Je nach der vorherrschenden Zusammensetzung des Rohöls unterscheidet man Schmieröle auf aromatischer und naphthenischer oder Asphalt-Basis (cyklische Moleküle) und auf Paraffin-Basis (aliphatische Kettenmoleküle). Als Beispiele hierfür seien angegeben, daß für das Erdöl in Norddeutschland aromatische und naphthenische, für russisches Erdöl naphthenische, für pennsylvanisches paraffinische und für mexikanisches Asphaltbasis gelten.

In charakteristischer Weise äußern sich die Strukturunterschiede der Schmieröle in der Höhe des sogenannten „Anilinpunktes". Es ist dies jene Temperatur, bei der ein heißes Gemisch gleicher Teile von Öl und Anilin aus klarer Lösung heraus trübe zu werden beginnt (Maß für die Anilinlöslichkeit im Öl). Der Trübungspunkt liegt um so höher, je paraffinischer das Öl ist. Für Schmieröle gleicher Viskosität (10 E° bei 50° C), verschiedener Herkunft gelten je nach der Erdölbasis folgende Bereiche [*VI,5*]: aromatisch 60—85° C, naphthenisch 80—100° C, paraffinisch 100—130° C, synthetisch (paraffinisch) > 130° C.

Als Beispiel für die Bedeutung der Kettenlänge der Moleküle bei reinen Substanzen sind in Tab. 49 die dynamischen Viskositäten der Paraffinreihe und einiger Alkohole zusammengestellt ([*VI,6*] mit ausführlichen weiteren Literaturhinweisen).

Der einsinnige Anstieg mit zunehmender Kettenlänge tritt klar zutage. Für die Paraffine ist er formal durch eine lineare Abhängigkeit des log der Viskosität von der Quadratwurzel aus dem Molekulargewicht gegeben. Am Siedepunkt scheint die Viskosität der n-Paraffine nahezu konstant zu sein.

Eine wirklich befriedigende, über die oben erwähnte summarische Klassifizierung hinausgehende Einteilung auf Grund der chemischen Struktur ist heute mangels ausreichender Kenntnisse über den Aufbau der Schmiermittel noch nicht möglich. So bescheidet man sich zunächst

Tabelle 49. *Dynamische Viskosität von n-Paraffinen und Alkoholen* [VI,6].

		Siedepunkt °C	Dynam. Viskosität c P	
			bei 20° C	beim Siedepunkt
Kohlenwasserstoffe	Pentan C_5H_{12}	36,2	0,232	0,204
	Hexan C_6H_{14}	69,0	0,320	0,207
	Heptan C_7H_{16}	98,4	0,410	0,205
	Oktan C_8H_{18}	125,8	0,536	0,206
	Nonan C_9H_{20}	150,6	0,709	0,214
	Dekan $C_{10}H_{22}$	173	0,907	0,226
	Undekan $C_{11}H_{24}$	194,5	1,170	0,214
	Dodekan $C_{12}H_{26}$	214,5	1,47	0,211
Alkohole	Methanol CH_3OH		0,584	
	Äthanol C_2H_5OH		1,19	
	n-Propanol C_3H_7OH		2,20	
	n-Butanol C_4H_9OH		2,95	

mit einer Unterteilung auf Grund von Eigenschaftswerten und Verwendungszweck. In [VI,7] werden auf Grund von Viskosität und Flammpunkt[1] folgende Klassen unterschieden:

1. Spindelöl	Viskosität (bei 50°) etwa 2,5 E°			
2. Lagerschmieröl, leicht	,,	,,	,, 4	E°
3. Lagerschmieröl, mittel	,,	,,	,, 6,5	E°
4. Lagerschmieröl, schwer	,,	,,	,, 9	E°
5. Sattdampfzylinderöl,	Flammpunkt etwa 250° C			
6. Heißdampfzylinderöl,	,,	,, 285° C		
7. Heißdampfzylinderöl,	,,	,, 315° C.		

Die Einteilung auf Grund des Herstellungsverfahrens führt dem obigen entsprechend auf Destillate, Raffinate, Solvate, gefettete Öle, zu denen sich noch das Dunkelöl (Achsenöl) gesellt. Durch Vervollkommnung der Destillationstechnik haben die früher nur an untergeordneter Stelle verwendeten Destillate ihren Anwendungsbereich erheblich verbreitert, was wegen des Wegfalls des Raffinationsverlustes von wirtschaftlicher Bedeutung ist.

Über die Bezeichnung der Schmieröle und -fette und ihre in den deutschen Normblättern angegebenen Richtwerte für die verschiedenen Eigenschaften unterrichten die Tabellen 50 und 52 [VI,9]. Als Stockpunkt wird jene Temperatur bezeichnet, bei welcher das Öl so steif wird, daß es unter Einwirkung der Schwerkraft nicht mehr fließt (für die Ausführung der Prüfung vgl. [VI,10]). Unter Neutralisationszahl versteht man die Anzahl mg Kaliumhydroxyd, welche die freien

---

[1] Der Flammpunkt ist die Temperatur, bei der sich aus dem Öl unter festgelegten Bedingungen Dämpfe in solcher Menge entwickeln, daß das Gemisch aus Öldämpfen und Luft durch Annähern der Zündflamme erstmalig entflammt werden kann [VI,8].

Tabelle 50. *Schmieröle. Bezeich-*

Bezeichnung	Herstellungs-zustand	Zähigkeit E°	Flammpunkt °C
Spindelöl DIN 1641	Raffinat Destillat	1,8—12 (20° C)	$\geq$125
Öl für Fein-mechanik DIN 6542	Raffinat	$\geq$1,8 (20° C)	$\geq$125
Lagerschmieröl DIN 6543 A	Raffinat Destillat	1,8—4 (50° C)	$\geq$140
B	Raffinat Destillat	4—7,5 (50° C)	$\geq$160
C	Raffinat Destillat	$\geq$7,5 (50° C)	$\geq$170
Achsenöl DIN 6544 A	Destillat	8—10[1] 4,5—8[2] (50° C)	$\geq$160[1] $\geq$140[2]
Zylinderöl (n. DIN 6552) B	Destillat	$\geq$4 (50° C)	$\geq$140
Schmieröle für orts-feste oder Fahr-zeugmotoren DIN 6547	Raffinat	—[1] 20—65[2] (20° C) >8 4—6 (50° C) >1,6 >1,3 (100° C)	>200[1] >185[2]
Gas-maschinenöl DIN 6550 A	Raffinat Destillat	$\geq$3 (50° C)	$\geq$160
B	Raffinat Destillat	$\geq$4 (50° C)	$\geq$175
Kälte-maschinenöl DIN 6553	Raffinat	4—10 (20° C) $\leq$60 (0° C) 10—25 (20° C) $\leq$170 (0° C)	$\geq$145

[1] Sommeröl. — [2] Winteröl.

nung und Eigenschaften.

Stockpunkt °C	Neutralisationszahl	Verseifungszahl	Aschegehalt	Verwendungsbeispiele
$\leq +5$	$\leq 0,3$ $\leq 1,5$		$\leq 0,05$ $\leq 0,2$	schnellaufende, leicht belastete Maschinenteile, z. B. der Druckereimaschinen, Fahrräder, Luftdruckwerkzeuge, Papiermaschinen, Rotationsmaschinen, Schleudern, Spinnmaschinen, Ventilatoren
≤ -15	$\leq 0,1$	$\leq 0,25$	$\leq 0,05$	Büromaschinen, Indikatoren, Magnetzünder, Meßgeräte, Nähmaschinen, Uhrwerke
$\leq +5$				rasch laufende Zapfen
$\leq +5$	$\leq 0,3$ $\leq 1,5$		$\leq 0,05$ $\leq 0,3$	normal belastete Zapfen (elektr. Maschinen, Werkzeugmaschinen, Transmissionen), Dreschmaschinen, Brikettpressen
$\leq +5$				schwer belastete, langsam laufende Maschinenteile, Lager mit hoher Arbeitstemperatur
	$\leq 1,5$		$\leq 0,3$	Eisenbahnwagen
$\leq +5$[1] ≤ -10[2]	$\leq 2,2$		$\leq 0,3$	für Achsen von Kleinbahn-, Straßenbahn- und Förderwagen
≤ 0[1] ≤ -10[2]	$\leq 0,2$	$\leq 0,5$	$\leq 0,02$	ortsfeste Dieselmotoren mit $n > 600$; Personen- und Lastkraftwagen, Zugmaschinen, Boote, Kraftfahrräder (Otto- und Dieselmotoren)
$\leq +5$	$\leq 0,3$ $\leq 1,5$		$\leq 0,05$ $\leq 0,2$	Kleingasmaschinen
$\leq +5$	$\leq 0,3$ $\leq 1,5$		$\leq 0,05$ $\leq 0,2$	Großgasmaschinen
CO_2: ≤ -15 NH_3: ≤ -20 SO_2: ≤ -25	$\leq 0,3$		$\leq 0,05$	Lager von Eismaschinen

Tabelle 50. *Schmieröle. Bezeichnung*

Bezeichnung	Herstellungs-zustand	Zähigkeit E°	Flammpunkt ° C
Dampfturbinenöl DIN 6554	Raffinat	2,5—7 (50° C)	$\geq$165
Wasserturbinenöl DIN 6555	Raffinat	2,5—5 (50° C) 5—7 (50° C) $\leq$500 (0° C) 7—12 (50° C) $\leq$900 (0° C)	$\geq$160

Säuren in 1 g des Öles neutralisiert [VI, 11], während die Verseifungszahl diejenige Anzahl mg KOH angibt, die erforderlich ist, um sowohl die in 1 g Öl enthaltenen freien Säuren zu neutralisieren als auch die vorhandenen Ester und Laktone zu verseifen [VI, 12]. Der Aschegehalt ist der mineralische Rückstand in vorher gefilterten Ölen oder in Schmierfetten [VI, 13]. Über das spez. Gewicht der Schmieröle sind in Tab. 50 keine Angaben enthalten. Die Werte hängen vom Wasserstoffgehalt, dem Verhältnis Kohlenstoff: Wasserstoff und offenbar auch dem Verhältnis der in Ketten- und in Ringmolekülen gebundenen C-Atome ab. Bei paraffinbasischen Ölen liegt das spez. Gewicht bei 20° C zwischen 0,860 und 0,885, bei gemischtbasischen zwischen 0,885 und 0,920 und bei asphaltbasischen zwischen 0,920 und 0,960 g/cm³. Nicht in Tab. 50 aufgenommen ist ferner der Wassergehalt, der das bisweilen im Öl als Fremdstoff vorhandene Wasser angibt [VI, 14]. Er ist für sämtliche Raffinate mit 0,1%, für die Destillate mit 0,2% begrenzt. Weiterhin fehlen in der Tabelle Angaben über den Hartasphalt, womit solche Oxydations- und Polymerisationsprodukte bezeichnet werden, die beim Lösen der Öle in Normalbenzin ausfallen und in Alkohol unlöslich sind [VI, 15]. Während in den Richtlinien für die Destillate Gehalte bis 0,3% angegeben sind (eine Ausnahme bilden nur die Achsenöle *A* mit 0,2% und *B* mit 2,0%), werden die Raffinate als frei von Hartasphalt bezeichnet. Fettölzusatz ist in allen Fällen zugelassen, mit Ausnahme der Kältemaschinen- und Dampfturbinenöle und des für Umlaufschmierung benutzten Wasserturbinenöls. Das Achsenöl *B*, wegen seiner Färbung zumeist als „Dunkelöl" bezeichnet, ist außer durch seinen hohen Hartasphaltgehalt auch noch durch seinen hohen Gehalt an freien Säuren gekennzeichnet. Trotz dieses hohen Verunreinigungsgehalts zeigte es doch eine bessere Schmierfähigkeit als zunächst erwartet wurde, so daß seine Verwendung auch bei höherer Beanspruchung der Lagerstelle möglich ist. Mit Wasser geben die Schmieröle im allgemeinen keine Emulsion. Schüttelt man eine Ölprobe auch länger kräftig mit Wasser, so trennen sich doch die beiden Stoffe beim Abstehen wieder *und Eigenschaften* (Fortsetzung).

Stockpunkt °C	Neutralisationszahl	Verseifungszahl	Aschegehalt	Verwendungsbeispiele
$\leq +5$	$\leq 0{,}05$	$\leq 0{,}15$	$\leq 0{,}01$	Lager (keine Emulgierbarkeit)
	$\leq 0{,}3$		$\leq 0{,}05$	Spur- und Halslager, Leitapparate, Hebel und Zapfen des Reglers (bei Umlaufschmierung Fettölzusatz unzulässig)

voneinander. Dieses Fehlen einer Emulgierbarkeit ist erwünscht, einerseits um ein Dickflüssigwerden der Öle zu vermeiden (Beispiel Dampfturbinen), andererseits um ein Auswaschen zu verhindern (Beispiel Wasserturbinen). Während des Betriebs in das Öl gelangende Fremdstoffe wie Staub, Textilfasern u. dgl. erleichtern eine Wasseraufnahme, so daß für ihre regelmäßige Entfernung Sorge zu tragen ist. Wenn dagegen, wie bei Schiffsmaschinen- oder Dampfzylinderölen eine Emulgierbarkeit erwünscht ist, so führt man sie durch bestimmte Zusätze von Fetten oder Seifen herbei.

Die Eigenschaften der aus Braunkohle und Schiefer gewonnenen Schmieröle müssen denen der aus Erdöl erzeugten entsprechen, die hochwertigen synthetischen Schmieröle müssen in ihren charakteristischen Kennzahlen den Erdölraffinaten [*VI, 4*] zum mindesten gleichen. Für eine Reihe wichtiger Eigenschaften ist ein Vergleich z. B. in [*VI, 16*] durchgeführt.

Von ausländischen Normungen auf dem Schmiermittelgebiet sei die in USA übliche SAE-Nomenklatur für Kraftfahrzeug-Schmieröle erwähnt. Zur Gütebewertung wird der Viskositätsindex (Punkt 3) herangezogen. Den einzelnen Typen SAE 5 W, SAE 10 W, SAE 20 W (Winteröle), SAE 20—SAE 50 entsprechen die in Tab. 51 angegebenen Zähigkeitsbereiche.

Schon früher (Punkt 35) ist kurz auf die *Alterung* der Schmieröle hingewiesen worden. Man versteht darunter Veränderungen der Öle, die durch ihre Reaktion mit dem Luftsauerstoff (Oxydation) und den metallischen Werkstoffen von Lager und Welle unter der reaktionsfördernden Einwirkung von Wärme, Druck und Licht erfolgen. Auch der Wassereinfluß auf die Ölalterung ist bedeutend (vgl. z. B. [*VI, 18*]). Wie aus dem Anstieg von Neutralisations- und Verseifungszahl hervorgeht, bestehen die sich bildenden Alterungsstoffe vorwiegend aus freien und gebundenen Säuren. Weiterhin entstehen harz- und asphaltartige Verbindungen, die mit zunehmender Anreicherung in Form von Schlamm oder Hartasphalt ausfallen. Verantwortlich für das

Altern sind ungesättigte Kohlenwasserstoffe sowie schwefel-, stickstoff-
und sauerstoffhaltige Verbindungen, die, schon im Rohöl vorhanden,
bei der Destillation in die Ölfraktionen übergehen. Durch die Raffination
trachtet man diese Verunreinigungen des Öls zu entfernen. Unter besonderen Vorkehrungen gelingt dies·auch praktisch restlos, allerdings

Tabelle 51. *SAE-Klassifikation von Motorenölen* [*VI,17*].

| | Zähigkeitsbereich E° | | | |
| | bei —17,8° C | | bei 100° C | |
	Min.	Max.	Min.	Max.
5 W		~115		
10 W	~165[1]	~310		
20 W	~310[2]	~1300		
20			1,49	1,84
30			1,84	2,12
40			2,12	2,5
50			2,5	3,18

[1] Auf diesen Grenzwert kann verzichtet werden, wenn die
Viskosität bei 100° C nicht über 40 beträgt.
[2] Auf diesen Grenzwert kann verzichtet werden, wenn die
Viskosität bei 100° C nicht über 45 beträgt.

erkauft durch weitgehenden Verlust der sogenannten *Schmierfähigkeit*
(Fettigkeit) oder des *Schmierwertes* (oiliness, onctuosité), womit die speziellen schwer definierbaren Schmiereigenschaften zusammengefaßt
werden. Die Aufgabe des Herstellers ist es somit, die Raffination nur
soweit zu treiben, daß ausreichende Schmierfähigkeit mit möglichst
geringer Alterungsneigung kombiniert ist [*VI, 19*].

Eine exakte Definition der oiliness liegt nicht vor. HERSCHEL, der
diesen Begriff eingeführt hat, versteht darunter die Gesamtheit der
Eigenschaften, die unter gleichen Betriebsbedingungen des Lagers bei
gleicher Betriebsviskosität unter atmosphärischem Druck verschiedene
Reibungszahlen verursacht [*VI, 20*]. Eine theoretische Fundierung
dieser komplexen Eigenschaft ist heute noch nicht möglich. Entsprechende Versuche werden von verschiedenen Seiten gemacht. In
[*VI, 21*] wird darauf hingewiesen, daß die Schmieröle im Sinne W. OST-
WALDS [*VI, 22*] *strukturviskos* sind, d. h. daß ihre Zähigkeit mit steigen-
dem Geschwindigkeitsgefälle abnimmt, eine Eigenschaft, die bisher als
auf Kolloide beschränkt angesehen wurde. Der Schmierwert wird als
Ausdruck dieser Strukturviskosität angesehen (vgl. auch [*VI, 23*],
[*VI, 24*] und [*VI, 25*]). Ihr zufolge wird die Druckverteilung im Schmier-
spalt im Sinne eines Abbaues des Druckmaximums verändert, was höhere
Lagerdrucke ermöglicht, als bei Verwendung rein viskoser Öle. Auf rein
hydrodynamischer Betrachtungsweise beruht die Auffassung, daß der
Schmierwert durch den Quotienten Steilheit der Zähigkeit-Tempera-

turkurve durch spezifisches Gewicht mal spezifische Wärme des Öls gegeben ist [*VI, 26*]. In [*VI, 27*] wird auf die Bedeutung von Grenzflächen-Einwirkungen auf den Schmierwert hingewiesen. Es kann kein Zweifel bestehen, daß die oiliness vor allem von den Eigenschaften des an den Grenzflächen adsorbierten Oelfilms bedingt wird (vgl. [*VI, 28*]).

Durch Polymerisieren im Vakuum mit Hilfe elektrischer Glimmentladungen gelingt es, Schmieröle wesentlich zu verbessern (VOLTOL). DerAnwesenheit der entstandenen Großmoleküle von Molekulargewichten bis 6000 wird die Erhöhung der Schmierfähigkeit und Verflachung der Zähigkeit-Temperaturkurve zugeschrieben. Auf zeitliche Änderungen der Zähigkeit, offenbar bedingt durch Thixotropie ist bereits in Punkt 3 hingewiesen worden (vgl. auch [*VI, 29*]).

Hinsichtlich der Bedeutung des Lagermetalls für die Oxydationsgeschwindigkeit von Schmierölen sei besonders auf [*VI, 30*] verwiesen. In dieser Arbeit werden in einem geeigneten Gleitlagerprüfstand verschiedene Schmieröle (zwei synthetische, eines davon hydriert und drei mineralische) in Berührung mit mehreren reinen Metallen und einfachen Legierungen geprüft. Als Ergebnis ist festzuhalten, daß die Metalle einen wesentlichen, temperaturabhängigen Einfluß auf die Oxydationsgeschwindigkeit der Öle ausüben. Für 90° C gilt für fallende Wirksamkeit folgende Stufung: Blei, Kupfer, Zinn, Messing, Eisen; für 110° C: Blei, Zinn, Kupfer, Eisen, Zink, Messing, Bronze. Bei höherem Oxydationsgrad des Öles kann sich die Reihenfolge ändern. Das hydrierte synthetische Schmieröl erwies sich als wesentlich oxydationsfester, als das nicht hydrierte. Die mineralischen Öle entsprechen etwa dem hydrierten synthetischen Öl. Auch für die weiteren zur Schmierölalterung beitragenden Vorgänge (Polymerisation — Zusammenballung von gleichartigen Molekülen zu größeren Komplexen, Kondensation — unter Einfluß von Wärme und Sauerstoff eintretende Bildung größerer Molekülgruppen unter Austritt von Wasser, Krackung — thermische Spaltung von Molekülen und damit Auftreten leichterer Fraktionen) sind die Einwirkung von Wärme, das Vorhandensein katalytisch wirkender Metalle und gegebenenfalls die Anwesenheit von Sauerstoff Vorbedingungen [*VI, 31*].

Bei Ölen, die zur Schmierung von Vergaser- und Dieselmotoren dienen, wirkt auch noch die Aufnahme von unverbrauchten Treibstoffen alterungsbeschleunigend. Regelmäßiger Ölwechsel — bei Kraftwagenmotoren jeweils nach bestimmten Fahrstrecken — ist daher erforderlich.

Für die Verwendung in Uhren, in Meßgeräten, Näh- und Textilmaschinen usw. ist weitgehender Raffinationsgrad der Schmieröle wichtig, da sowohl Verschmutzungen der Lager durch Alterungsprodukte als auch Angriff der Metalle durch gebildete Säuren vermieden werden müssen. Um den Verlust an Schmierfähigkeit auszugleichen, werden diesen Ölen neutrale und alterungsbeständige Zusätze, meist fette Öle, beigegeben. Besondere Aufgaben liegen auch bei den Schmierölen für Textilmaschinen vor, da hier jegliche Verschmutzung der empfindlichen Ware durch abgespritztes Öl vermieden werden muß (Verwendung hochraffinierter Schmieröle, Zugabe von die Tropfenbildung hindernden, wasserlöslichen oder verseifbaren Anteilen [VI, 19] u. [VI, 32]). Für die Schmierung von Kunstharzpreßstofflagern haben sich mit Rücksicht auf das Quellen des Werkstoffes geschwefelte Öle als besonders geeignet erwiesen [VI, 3]. Für Pockholzlager scheint Wasserschmierung deutlich besser als Ölschmierung [VI, 33]. In Punkt 27 wurde darauf hingewiesen, daß bei Verwendung von Nylonlagern auf Schmiermittel überhaupt verzichtet werden kann.

Erwähnt sei schließlich, daß gealterte Öle durch geeignete Regenerierung, die allerdings nur in gewerblichen Aufbereitungsanstalten, nicht aber im Kleinbetrieb wirtschaftlich ist, wieder zu vollwertigen Schmierstoffen aufgearbeitet werden können. Das Öl wird dabei zunächst von leicht siedenden Anteilen befreit und anschließend wie bei der normalen Raffination mit Schwefelsäure und Bleicherde behandelt.

Tab. 52 enthält die Bezeichnung und Angaben über die Zusammensetzung und die Eigenschaften der Schmierfette. Der Tropfpunkt ist die Temperatur, bei welcher der erste Tropfen des schmelzenden Stoffes von dem Aufnahmegläschen abfällt [VI, 34]. Für Heißwalzenfett gilt überdies noch, daß der Erweichungspunkt nach KRÄMER-SARNOW (jene Temperatur, bei der eine Quecksilbersäule von bestimmter Höhe durch eine Heißwalzenfettsäule von bestimmter Höhe hindurchtritt [VI, 35]) nicht unter 60° liegen soll.

Wesentlich für die Schmierwirkung der Schmierfette ist das enthaltene mineralische Schmieröl [VI, 36], aber auch die Metallseifen wirken sich gleiterleichternd aus. Als Füllmittel in Kalkseifenfetten wird vielfach Zinkweiß verwendet.

Im chemischen Sinne sind Schmierfette zu Gelen erstarrte Kolloide. Je nachdem, ob durch den Emulgator die Oberflächenspannung des Öls oder die des Wassers stärker erniedrigt wird, entstehen Emulsionen Öl in Wasser (Natronseifenschmierfette) oder Wasser in Öl-Emulsionen (Kalkseifenschmierfette). In den handelsüblichen Natronseifenschmierfetten fehlt die äußere Phase des Wassers fast völlig. Kalkseifenfette zerfallen beim Erhitzen, während Natronseifenfette, auch bei Erwärmung über den Tropfpunkt, sehr viel beständiger sind. Diese werden daher in Lagerstellen hoher mechanischer und Temperatur-Beanspruchung verwendet. Neuerdings wird auf Lithiumseifenschmiermittel hingewiesen, die durch besondere Temperaturbeständigkeit ausgezeichnet sind, und überdies für die Schmierung oszillierender Teile Vorteile bringen [VI, 37].

Tabelle 52. *Schmierfette. Bezeichnungen und Eigenschaften.*

Bezeichnung	Zusammensetzung nach [VI, 1]	Tropf- punkt °C	Wasser- gehalt %	Asche- gehalt %	Verwendungsbeispiele
Heißlager- fett DIN 6563	3—4% NaOH 10—12% feste Fett- säuren 15—20% feste Fette 65—70% Autoöle	$\geq$120	$\leq$1	$\leq$5	Lager von Drehöfen, Rollgängen, Gießereiwagen
Maschinen- fett (Stauffer- fett) DIN 6565	2% $Ca(OH)_2$ 2% H_2O 2% Füllmittel 9—12% flüssige Fettsäuren 83% Spindelöl	$\geq$75	$\leq$4	$\leq$4	normalbelastete Lager, bei denen Ölschmie- rung unzweckmäßig ist (z. B. wegen Öl- verlusten)
Wagenfett DIN 6566	4% $Ca(OH)_2$ 3—5% H_2O 3—6% Füllmittel 25% Wollfett und Harz 60—70% Spindelöl	$\geq$60	$\leq$6	$\leq$12	Lager in Fuhrwerken aller Art, in Förder- wagen mit offenen Lagern, in landwirt- schaftlichen Geräten
Kaltwalzen- fett DIN 6571	2% NaOH 2—5% Füllmittel 10% Wollfett und Harz 10—15% Peche 75% Destillate	$\geq$50	$\leq$6	$\leq$6	Zusatzschmierung bei Kaltwalzen, Roll- gängen, Kippen u.dgl.
Walzenfett- brikett DIN 6572	4% NAOH 2—4% Füllmittel 8—10% feste Fett- säuren 4—5% feste Fette 5—7% Wollfett und Harz 3—5% Montan- wachs 3—4% Peche 60—70% Zylinder- öle	$\geq$80	$\leq$6	$\leq$6	Walzenlager und Zapfen von Kaltwalzen, Roll- gänge, Walzwerks- kippen
Heißwalzen- fett DIN 6573	2—3% NaOH 2—3% Füllmittel 5—10% feste Fett- säuren 3—5% neutrale Fettöle 5—7% Wollfett und Harz 3—4% Peche 60—80% Zylinder- öle	$\geq$78	$\leq$0,1	$\leq$3	Walzenlager und Zapfen der Feinblechwalzen

16*

Bei den Schmierfetten wird der Begriff Alterung nicht in dem bei Ölen üblichen Sinn gebraucht, da ihre Verwendungsdauer meist viel kürzer als die der Öle ist und eine Alterung des Ölanteils noch nicht in Erscheinung tritt. Die durch den Gebrauch eintretenden Veränderungen bestehen hier in dem Abbau des Verbandes von Seife und Öl, wobei gallertig-wachsartige, zum Teil auch körnig-harte Stoffe entstehen, die keine schmierenden Eigenschaften mehr aufweisen [*VI, 31*].

Als Ergänzung seien nun noch feste Schmiermittel erwähnt, die besonders unter Temperaturbedingungen in Frage kommen, unter denen die üblichen Schmieröle und -fette versagen. Zu nennen sind hier synthetische Schmierfette, die Di-ester und niedrig viskose Glycolabkömmlinge enthalten und einen Anwendungsbereich von —55 bis +150° C haben [*VI, 38*]. Weiterhin wird für Silicon-Lithiumstearatfette ein Anwendungsbereich von —50 bis +165° C, für Silicon-Di-ester-Mischungen ein solcher von —90 bis +120° C angegeben [*VI, 39*]. Schließlich sei noch Molybdän-Disulfid genannt, das einen günstigen, trockenen Schmierfilm gibt in Fällen, in denen andere Schmierstoffe nicht mehr verwendbar sind (Glasöfen, Emaillieröfen, Pumpen für flüssiges Blei) [*VI, 40*]. Äußerlich ähnelt es dem Graphit. Das Kristallgitter enthält Ebenen, die abwechselnd nur mit Molybdän bzw. nur mit Schwefel besetzt sind. Die gute Haftfestigkeit an den Gleitflächen wird durch die Affinität Metall-Schwefel erklärt. Auch als Zusatz zu Ölen und Fetten ist es sehr wirksam [*VI, 41*].

Bei Kunstharzpreßstofflagern ist es wegen der schlechten Wärmeleitfähigkeit des Lagerwerkstoffes häufig notwendig, zusätzlich für ausreichende Abfuhr der Reibungswärme zu sorgen. Dies geschieht im allgemeinen durch Wasserkühlung des Zapfens. Das Wasser wirkt dabei nicht nur als Kühl- sondern auch als Schmiermittel. Bei kleinen und mittleren Belastungen und nicht zu kleinen Gleitgeschwindigkeiten genügt bei Walzwerkslagern sogar Wasser mit seiner kleinen Zähigkeit von 1 E° bei 20°C allein als Schmiermittel. Empfehlenswert ist es jedoch auch in diesen Fällen, die Lager zu schmieren, schon um das Anrosten des Zapfens bei längerem Stillstand auszuschließen. In den Unterwasserlagern dient bei Verwendung von Weichgummi durchweg Wasser als Schmiermittel. Rechnerisch und an Hand von Modellversuchen (Konuslager) wird die Verwendung von Wasser als Schmiermittel (Druckschmierung) neuerdings in [*VI, 42*] erörtert. Dort werden auch Luftlager entsprechend behandelt (Zähigkeit der Luft bei 20° C ca. 1,8% der von Wasser). Bemerkenswerterweise ergibt sich, daß in beiden Fällen trotz niedriger Drehzahl (Winkelgeschwindigkeit ca. 10^{-3}/s) und beträchtlicher Belastung erstaunlich geringe Reibungsmomente auftreten. In Übereinstimmung damit liefert die Praxis Beispiele, in denen bei Verwendung nitrierter Wellen im Trockenlauf befriedigende Ergebnisse erhalten werden [*VI, 43*].

40. Schmierölzusätze.

Die stets zunehmende Beanspruchung der Maschinen bedingt auch eine zunehmende Beanspruchung der Schmierstoffe. Schon seit langem versucht man daher, sie durch geeignete Zusätze zu verbessern. Besonders lebhaft sind diese Bemühungen in den letzten 25 Jahren geworden; sie bilden heute einen Hauptpunkt der Schmiermittelforschung, der insbesondere auch für die Herstellung synthetischer Öle von hoher Bedeutung ist. Im Grunde handelt es sich bei der Verbesserung um zwei Gruppen von Eigenschaften: einmal um die Lebensdauer der Schmiermittel (und der mit diesen in Berührung stehenden Werkstoffe) und zum zweiten um den Schmierwert. Da es — außer der Schaffung hochgezüchteter Öle — gelingt, minderwertige Öle unter Vermeidung einer kostspieligen Raffination wesentlich zu verbessern, tritt die wirtschaftliche Bedeutung der Schmiermittelzusätze besonders klar zutage. Im Einzelnen sind die zu verbessernden Eigenschaften einleitend zu diesem Kapitel schon angedeutet worden.

Zu den die Lebensdauer verbessernden Zusätzen gehören die *Inhibitoren* oder *Anti-Oxydationsmittel*, welche die Öl-Alterung verlangsamen, die *Schaumverhütungsmittel* zur Verhinderung der Bildung alterungsfördernder feinblasiger Ölschäume, die *Schlammverhütungsmittel* (,,Detergents``), Zusätze, welche dem Öl die Fähigkeit verleihen, Verschmutzungen in feiner Verteilung in Schwebe zu halten (Schutzkolloide) und schließlich die *Antikorrosionsmittel* als Schutz der mit dem Öl in Berührung stehenden Maschinenteile. Zu den die Schmierwirkung verbessernden Zusätzen gehören die *Viskositäts-Index-Verbesserer*, die *Stockpunktserniedriger* und die *Hochdruckzusätze*.

Zusätze, die in größerer Menge zugegeben werden und gleichzeitig mehrere Eigenschaften verändern können, werden ganz allgemein als *Additives* bezeichnet. Inhibitoren, die gleichzeitig den Fließpunkt und die Viskosität verbessern, werden auch *Hochleistungszusätze* (heavy-duty) genannt. Unter *Dope* versteht man einen Zusatz in kleinen Mengen (unter 1%), der bestimmte Eigenschaften eines Öles selektiv ändert, ohne die anderen Eigenschaften zu beeinflussen [*VI, 89*].

Träger der Oxydation von Ölen sind vor allem ungesättigte Kohlenwasserstoffmoleküle, die in ungenügend raffinierten Ölen in großer Zahl vorhanden sind. Unter harten Betriebsbedingungen werden aber auch stabile Moleküle in weniger stabile, oxydationsfähige zerfallen. Die Wirkung der Oxydation ist zweifach: durch das allmähliche Entstehen und Weiterwachsen großer Moleküle bilden sich störende Ausscheidungen (zäher Schlamm und lackartige Ablagerungen), weiterhin entstehen saure Bestandteile, die bei Gegenwart von Feuchtigkeit und durch Hydrolyse die metallischen Gleitflächen angreifen können. Aufgabe der Antioxydantien ist es, die Kettenreaktion der Oxydation zu unterbrechen. Sie haben außerdem die Eigenschaft, die eine Ölalterung katalysierende Wirkung der Metalloberflächen (vor allem eines Metallabriebs) einzudämmen. Bei diesen Antioxydantien handelt es sich u. a. um phenylierte Amine oder um komplexe Verbindungen von sauerstoffhaltigen Benzolabkömmlingen mit hochwertigen Alkoholen. Als Nachteil der Verwendung von Inhibitoren ergab sich, daß die Metallkorrosion (Rostbildung) verstärkt wurde, da die Bildung von die Metallflächen überziehenden und in gewisser Weise schützenden Öloxydationsprodukten unterdrückt wird. Zusätzlich mußten also Antikorrosionsmittel entwickelt werden, welche die Metalloberflächen vor unmittelbarer Berührung mit im Öl mitgeführter Feuchtigkeit schützen. Geeignete Anti-Oxydations- und Anti-Korrosionsmittel müssen folgenden Forderungen genügen: Verträglichkeit mit dem Öl unter allen bei Lagerung und Betrieb vorkommenden Bedingungen, keine Neigung zu Reaktionen, die zu Rückständen oder Metallseifenbildung führen, kein korrosiver Angriff auf die mit dem Öl in Berührung stehenden Werkstoffe [*VI, 44*]. Die Zahl der insbesondere in der Patentliteratur aufgeführten Inhibitoren und Antikorrosionsmittel ist erheblich. Auf Grund ihres chemischen Aufbaues sind sie etwa folgendermaßen zu ordnen:

Phenol- und Naphthol-Derivate,
Anilin, Naphthylamin und deren Derivate,
gewisse Metallseifen,
organische Schwefel- und Metallverbindungen,
Chlor-, Phosphor-, Arsen-, Antimon-, Selen- und Tellurverbindungen.

Zur Beurteilung derartiger Zusätze sind vor allem Prüfstandläufe heranzuziehen. Kurzversuche mit verschärften Bedingungen sind nur mit großer Vorsicht zu bewerten [*VI, 45*]. Neuerdings werden mit Erfolg exakte Farbbestimmungen (Extinktion im sichtbaren Spektralgebiet) zum Studium der Wirkungsweise von Antioxydantien herangezogen [*VI, 46*]. Über mehrjährige Entwicklungsarbeiten schwefelhaltiger Inhibitoren und deren motorische Prüfung wird in [*VI, 47*] berichtet. In [*VI, 48*] wird die korrosionshemmende bis korrosionsverhindernde Wirkung von adsorbierten Schichten von Kolloidgraphit beschrieben.

Manche Schmierölzusätze bringen als Nachteil eine Begünstigung der alterungsfördernden Schaumbildung. Hier sind Schaumverhütungsmittel von Nutzen, deren es bei zusatzfreien Ölen nicht bedarf. In USA werden geringe Zugaben von Silikonen zur Lockerung bzw. Zerstörung der beständigen Grenzschichten in Schäumen empfohlen [*VI, 45*].

Die Schlammverhütungsmittel haben die Aufgabe, sich an eventuell gebildete Harzprodukte anzulagern und unter Begünstigung kolloider Verteilung die Bildung fester Ablagerungen zu verhindern. Zu großem Teil sind sie oxydationsbeschleunigende organische Metallverbindungen (vorwiegend des Bariums und Kalziums). Die weitere Zugabe von oxydations- und korrosionshemmenden Zusätzen ist also erforderlich. Die Entwicklung auf diesem Gebiet geht dahin, Reinigungsmittel zu schaffen, die alle diese Zusätze in ausgewogener Menge enthalten [*VI, 49*].

Von den die Viskosität fördernden Zusätzen besprechen wir zunächst die Viskositäts-Index-Verbesserer und die Stockpunktserniedriger [*VI, 45*], [*VI, 50*]. Die zur Verflachung der Zähigkeit-Temperaturkurve gelegentlich benutzten Zusätze sind Polymere, die in verhältnismäßig hoher Konzentration ($\sim$5%) zugegeben werden, Kunststoffe oder synthetischer Kautschuk in niedrigen Polymerisationsgraden (Poly-Isobutylen, Polymethacrylsäure-Ester). Der bekannteste Stockpunktsverbesserer ist ein $AlCl_3$-Kondensat von chloriertem Paraffin (90%) und Naphthalin (10%), welches die Kristallisationsneigung paraffinischer Ölanteile intensiv und nachhaltig herabsetzt. Wirksam sind ferner geringe Mengen von öllöslichen Metallseifen (Al-Stearat), sowie Ölbarze und Asphaltstoffe in gealterten Ölen. Als weitere Beispiele von Stockpunktserniedrigern seien aus der Patentliteratur Diphenylenoxyd, Diphenyläther und Napholäthyläther genannt [*VI, 1*].

Die Hochdruckzusätze haben die Aufgabe mit den metallischen Gleitflächen chemisch zu reagieren, ein- oder mehrmolekulare Schichten zu bilden, die zwar einem ständigen Abrieb unterliegen, aber gleichzeitig immer wieder neugebildet werden. Die Zusätze verhindern auf diese Weise durch ihre Grenzflächenwirksamkeit ein Verschweißen von Lager- und Zapfenwerkstoff bei örtlicher Überbeanspruchung. Als in diesem Sinne wirksame Zusätze, die natürlich öllöslich sein müssen, werden verwendet [*VI, 1*]:

saure Fettöle, Fettsäuren, oxydierte saure Fettöle, künstliche Ester und Fettsäurederivate,
Schwefel in aktiver und halbaktiver Form, in künstlicher und natürlicher organischer Bindung oder als elementarer Schwefel,
organische Chlorverbindungen,
organische Phosphor-, Arsen- und Selenverbindungen.

Die gerichtete Adsorption und hohe Haftfestigkeit der Fettsäuremolekel ist bereits in Punkt 12 erläutert worden. Zugaben von Schwefelblüte zu Schmierölen sind schon vor Jahrzehnten zur Vermeidung von Fressen empfohlen und verwendet worden (Sulfidieren der Gleitflächen durch lokal überhitzten geschmolzenen Schwefel). Die modernen Schwefel-Compound-Öle enthalten den Schwefel zumeist in Form organischer Verbindungen (zahlreiche Patente). In der großen Reihe der patentierten „Ölcompounds" finden sich vor allem chlorierte Fettsäuren oder Ester, chlorierte oder schwefelchlorierte Fettsäureamine usw. Die Wirkungsweise besteht in der Bildung von verschweißungshindernden Metallsalzschichten an der Oberfläche des Zapfens. Besonders wirksam erwiesen sich Verbindungen, welche die $SeCl_2$-Gruppe enthalten [*VI, 51*]. Auch organische Phosphor- und Arsenverbindungen haben sich als grenzflächenwirksam erwiesen (z. B. Trikresylphosphat, Ester der Thiophosphorsäure). Ähnlich verhalten sich auch Zusätze von Bleiseifen (Oleat, Naphthenat), die Wirksamkeit der Halogenschwefelzugaben wird jedoch nicht erreicht.

Mit den Hochdruckzusätzen beabsichtigt man die Schmiermittel auch bei ungünstigen Schmierzuständen (hohe Druck- und Temperaturbeanspruchung) wirksam zu erhalten. Neuere Untersuchungen haben gezeigt, daß auch der Einlaufvorgang durch ähnliche Ölzugaben (z. B. Phosphenylchlorid, Diphenylphosphat) erleichtert werden kann [*VI, 52*]. Als Wirkungsmechanismus wird eine chemische Abtragung der Oberflächenspitzen angenommen, die beim Weiterlaufen in sorgfältig filtriertem Öl über längere Zeit hin bestehen bleibt.

Hingewiesen sei schließlich noch auf die schon oben erwähnte Schmierölzugabe von kolloidem Graphit. Außer dem Korrosionsschutz dient er wirksam auch der Verringerung der Freßneigung. Dem gleichen Zweck dient ein Phosphatieren der Gleitwerkstoffe, insbesondere des Zapfenmaterials. Durch geeignete Behandlung wurden deutliche Verbesserungen der Gleiteigenschaften bewirkt [*VI, 53*], [*VI, 54*].

Zusammenfassend ist zu den Schmierölzusätzen, unter denen die Anti-Oxydationsmittel an erster Stelle stehen, zu sagen, daß sie ein sehr interessantes, heute aber noch keineswegs abgeschlossenes, ja in seiner Bedeutung noch gar nicht voll übersehbares Gebiet darstellen. Art und Menge der Zusätze sind weitgehend vom Grundöl und den Ansprüchen, die gestellt werden, abhängig. Zusätze, die in der einen Richtung vorteilhaft wirken, können in anderer Nachteile bringen, die für sich wieder zu kompensieren sind. Einbringung chemisch neuer Stoffe, die im allgemeinen reaktionsfreudiger sind als die Kohlenwasserstoffe der Schmieröle, können Änderungen im Aussehen des Öles und der geschmierten Gleitflächen herbeiführen, die keineswegs abträglich zu sein brauchen. Der Übergang von reinem zu compoundiertem Öl kann es erforderlich machen, zunächst häufigeren Ölwechsel vorzunehmen, um Störungen durch Ablösungen früherer Ablagerungen im Ölumlaufsystem vorzubeugen.

41. Schmierverhalten, Prüfung und Ergebnisse.

In diesem, dem Schmierverhalten der Öle gewidmeten Punkt soll zunächst die Bedeutung der Konstitution des Schmiermittels für seine Adsorption an den Gleitflächen erörtert werden. Von ihr hängt ja weitgehend die Schmierwirkung im Bereich der Epilamenreibung ab.

Die für die Höhe der Reibung im Falle hydrodynamischer Schmierung wesentliche Zähigkeit, über die in Punkt 3 ausführlich berichtet ist, verliert im Falle der Trennung der beiden Gleitflächen durch nur wenige Molekülschichten des Schmiermittels ihre Bedeutung. Anschließend folgt eine Beschreibung der zur Prüfung der Schmiereignung unter verschärften Bedingungen entwickelten Ölprüfmaschinen und damit erhaltener Ergebnisse. Insbesondere wird dabei eine versuchsmäßige Kennzeichnung der Hochdruckschmiermittel gegeben. Abschließend wird kurz auf die Alterungsprüfung eingegangen.

Aus der großen Zahl der Untersuchungen über die Bedeutung von Molekülbau (Kettenlänge, Polarität) von Schmiermitteln für die Reibungszahl seien nur einige besonders wichtige kurz beschrieben. W.B. HARDY hat mit einer Reihe von Mitarbeitern die Ruhreibung ermittelt durch Bestimmung der Tangentialkraft, die zur Einleitung der Bewegung einer auf einer horizontalen Grundplatte verschieblichen Gleitplatte erforderlich ist (Literaturzusammenstellung in [*VI, 55*, S. 227]; vgl. auch [*VI, 56*]). Zwischen den beiden Gleitflächen befand sich das zu prüfende Schmiermittel in Epilamenstärke. Besonders eingehend wurde die homologe Reihe der aliphatischen Kohlenwasserstoffe untersucht. Als Ergebnis gelangt HARDY zu einer formelmäßigen Darstellung des Reibungskoeffizienten (μ) in der Form

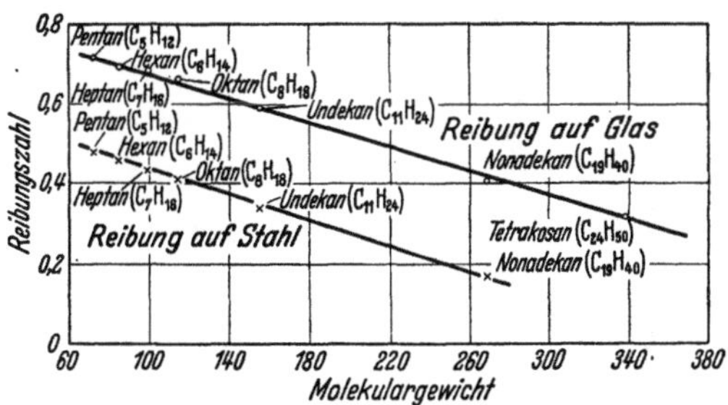

Abb. 139. Abhängigkeit der Reibungszahl von der Kettenlänge der Paraffinkohlenwasserstoffe (nach HARDY).

$$\mu = \mu_0 - d - c\,(n - 1) \tag{25},$$

worin

μ_0 die Ruhreibung bei ungeschmierten Flächen,
d die Herabsetzung der Reibung zu Folge der Endgruppe und
c die Abnahme durch jede der n CH_2-Gruppen in der geraden Kette bedeutet.

Die Genauigkeit, mit der diese Beziehung erfüllt gefunden wurde, geht aus Abb. 139 hervor, die für die Reihe der Paraffine für Stahl und Glas als Gleitkörper gilt. Tab. 53 gibt die Konstanten der Gl. (25) außer für Paraffine auch noch für Alkohole und Fettsäuren. Man erkennt, daß der Gleitwerkstoff nur die die Wirkung der Endgruppe beschreibende Konstante d beeinflußt, die auf die einzelnen CH_2-Gruppen bezügliche Konstante c ist ausschließlich vom Schmiermittel abhängig. Da die Endgruppe den „Saugnapf" für die Schmiermitteladsorption darstellt, ist dieses Verhalten verständlich.

Tabelle 53. *Schmiermittel und Haftreibung (nach* HARDY*).*
(Paarung gleicher Werkstoffe).

Gleitflächen	μ_0	Schmiermittel					
		Kettenkohlen-wasserstoffe		Alkohole		Fettsäuren	
		c	d	c	d	c	d
Phosphorbronze . .	0,94	0,022	0,22	0,023	0,34	0,060	0,24
Weichstahl	0,79	0,021	0,23	0,023	0,33	0,060	(0,18)
Glas	0,94	0,021	0,15	0,023	0,26	0,059	0,19

K. L. WOLF und Mitarbeiter untersuchten die Bedeutung des Molekülbaus des Schmiermittels und der Natur der Gleitflächen für die Reibungszahl mit der in Punkt 15a, Abb. 44, beschriebenen Reibungswaage [*VI, 57*], [*VI, 58*], [*VI, 59*]. Als Gleitwerkstoffe werden Messing und Glas benutzt. Zur Auswertung werden nur Versuche herangezogen, bei denen Unabhängigkeit der Reibung von der Belastung herrscht, d. h. also Epilamenreibung vorliegt. Wegen der Bedeutung von Fremdstoffen werden die benutzten Substanzen sorgfältig gereinigt. Tab. 54 gibt eine Übersicht über einige der erhaltenen Ergebnisse. Die Reibungszahl ist gemäß dem COULOMBschen Reibungsgesetz durch $\mu = \dfrac{R}{P}$ gegeben, worin P die Gesamtlast und R die Reibungskraft, die eine Verschiebung der belasteten Platte verhindert, sind.

Tabelle 54. *Reibungszahlen chemisch reiner Stoffe bei Epilamenschmierung* [*VI, 59*].

	Stoff		Reibungszahl μ	
			$\dfrac{\text{Messing}}{\text{Messing}}$	$\dfrac{\text{Glas}}{\text{Glas}}$
Paraffine	Pentan	C_5H_{12}	0,125	0,77
	Hexan.	C_6H_{14}	0,120	0,77
	Heptan	C_7H_{16}	0,125	0,85
	Hexadekan	$C_{16}H_{34}$	0,105	0,42
Alkohole	Methanol	$CH_3 \cdot OH$	0,27	0,25
	Äthanol	$C_2H_5 \cdot OH$	0,205	0,19
	n-Propanol	$C_3H_7 \cdot OH$	0,165	0,145
	n-Butanol	$C_4H_9 \cdot OH$	0,160	0,12
	n-Hexanol	$C_6H_{13} \cdot OH$	0,095	0,04
	n-Oktanol	$C_8H_{17} \cdot OH$	0,085	0,065
Fett-säuren	Essigsäure	$CH_3 \cdot COOH$	0,275	0,50
	Propionsäure	$C_2H_5 \cdot COOH$	0,39	
	Buttersäure	$C_3H_7 \cdot COOH$	0,415	0,33
	Valeriansäure . . .	$C_4H_9 \cdot COOH$	0,41	0,045

Auch aus diesen Zahlen geht ein Zusammenhang zwischen Epilamenreibung und chemischer Natur des Schmiermittels deutlich hervor (Abfall von μ mit der Kettenlänge in der homologen Reihe der Alkohole).

Die Natur der Gleitwerkstoffe äußert sich durch die erheblichen Unterschiede in den Reibungszahlen der Paraffine bei Verwendung von Metall- oder Glas-Gleitflächen.

Für den Fall von Estern geht die Abnahme der Reibung mit zunehmender Kettenlänge (bedingt durch die Länge der Alkoholkette) aus den Zahlen der Tab. 55 hervor [VI, 60]. Zur Bestimmung der Reibungszahl diente ein Gerät, bei dem eine Kette aus Tombak auf halbem Umfang um eine sich drehende Stahlscheibe, die in das Schmiermittel tauchte, geschlungen war. Diese Kette wurde belastet und je nach der

Tabelle 55. *Reibungszahlen von Estern* [VI, 60].

Zusammensetzung des Esters	Zähigkeit bei 50° C E°	Reibungszahl bei 50° C (Tombak/Stahl)
n-Butanol + Adipinsäure	1,23	0,31
n-Octanol + Adipinsäure	1,51	0,18
n-Dodekanol + Adipinsäure	2,06	0,15

vorhandenen Reibung mehr oder weniger stark mitgenommen [VI, 61].

Für das Verhalten gesättigter Fettsäuren ist ein weiteres Beispiel in Abb. 140 gegeben, welche für vier verschiedene Säuren die Reibungszahlen als Funktion der Gleitgeschwindigkeit darstellt [VI, 62]. Die schon von HARDY gefundene Abnahme der Reibung mit wachsender Kettenlänge wird dabei bestätigt. Ermittelt wurden die Reibungszahlen mit der in Punkt 15a beschriebenen Anordnung von KLUGE, BOCHMANN und FIDDECKE [VI, 63]. Gegenläufig zum Einfluß zunehmender Kettenlänge auf die Reibungszahl geht der Einfluß auf die Werkstoffabtragung (Abb. 141). Größere Haftfestigkeit des Schmiermittels sichert höhere Beständigkeit des Epilamens, bedingt aber gleich-

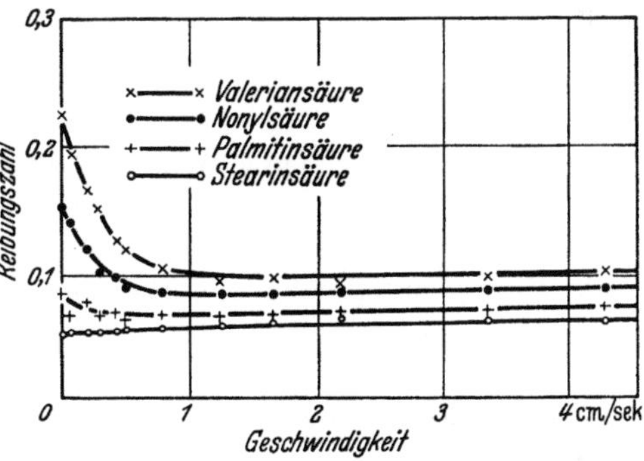

Abb. 140. Reibungszahl von Stahl auf Stahl bei Grenzschmierung mit gesättigten Fettsäuren, nach [VI, 62]. Temperatur 100° C.

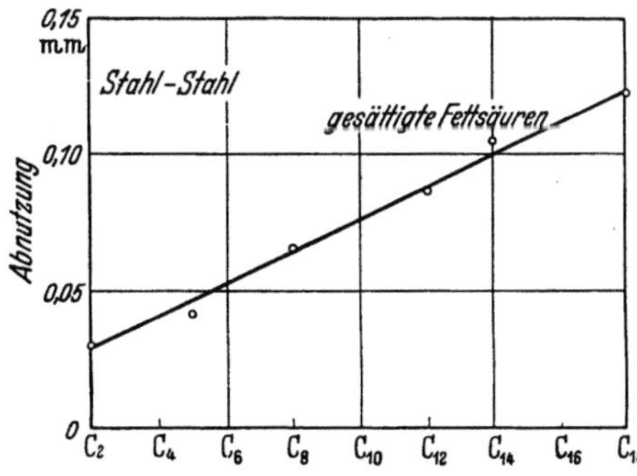

Abb. 141. Werkstoffabtragung von Stahl auf Stahl bei Grenzschmierung mit homologen Fettsäuren, nach [VI, 62]. Temperatur 100° C.

zeitig bei Überbeanspruchung häufigeres Losreißen von Teilen aus der Oberfläche der Gleitwerkstoffe.

Weiterhin sei noch auf Beobachtungen hingewiesen, die in völlig anderer Weise die stärkere Haftfestigkeit langkettiger, polarer Schmiermittel zu erweisen scheinen. Mit der in Punkt 15a beschriebenen Anordnung von BOWDEN und LEBEN zur quantitativen Verfolgung von Reibungsvorgängen [*VI, 64*] wurde gezeigt, daß die Gleitung im allgemeinen kein kontinuierlicher Vorgang ist, die Bewegung vielmehr sprungweise vor sich geht („stick slip"). Als Ursache hierfür wird ein lokales Verschweißen und Wiederzerreißen der Schweißstellen vermutet. Als Rechtfertigung dieser Auffassung werden die im Rhythmus der ruckartigen Gleitung erfolgenden Temperaturschwankungen der Gleitflächen angesehen. Wenn an Stelle von Mineralölen langkettige, polare Fettsäuren zur Schmierung benutzt werden, so verschwindet die Diskontinuität der Gleitbewegung wegen der gegenseitigen Isolierung der Gleitflächen durch die fest haftende Adsorptionsschicht. Beobachtung und Deutung sind nicht unwidersprochen geblieben (([*VI, 65*], weitere Literaturhinweise in [*VI, 66*, S. 458]). Zweifellos können durch Labilitäten in der Meßvorrichtung beim Fehlen ausreichender Dämpfung ruckartige Bewegungen entstehen, die mit der Gleitung an sich nichts zu tun haben. Gegen die Verschweißungshypothese wurde eingewendet, daß von anderer Seite die für erforderlich gehaltenen hohen Temperaturen nicht festgestellt werden konnten. Das Coldweld-Verfahren (Verschweißung entsprechend vorbereiteter Metalloberflächen durch innige Berührung bei Raumtemperatur) beweist, daß hohe Temperaturen für Entstehung von Schweißverbindungen entbehrlich sind [*VI, 67*]. In jüngster Zeit durchgeführte Messungen der Haftfestigkeit der beiden Gleitflächen (Stahl-Indium) zeigten, daß gleichzeitig mit der Reibung auch die Adhäsion ansteigt, was als Beweis für eine örtliche Verschweißung angesehen wird [*VI, 68*]. Auch neuere auf der von BOWDEN und LEBEN benutzten Anordnung (Punkt 15a) unter Verwendung von radioaktiven Metallen ausgeführte Messungen [*VI, 88*] (vgl. auch Punkt 16d) deuten auf eine örtliche Verschweißung hin. Schon beim statischen Anpressen (4 kg Belastung, Radius der Probenkuppe 3,18 mm) wurde sowohl bei harten, als auch bei weichen Metallen und auch bei verschiedenen Metallkombinationen ein Auftrag von radioaktivem Probenmaterial in etwa gleicher Größenordnung auf der Gegenprobe festgestellt. Beim Gleiten (2 kg Belastung, $v = 10^{-4}$ m/s) zeigt sich, daß der Materialauftrag mehr von der Schmiermittelsorte, als von der Art des Metalls abhängt. Weiterhin ergibt sich, daß bei gleichzeitiger Verfolgung des Materialauftrages und der Reibungszahl, mit dem vermehrten Auftreten von Material auf der Gegenprobe „stick-slip" beobachtet wird. Eine völlige Klarstellung dieser so interessanten Frage steht noch aus.

Schließlich seien noch Bestimmungen der Reibungszahl von Gleitlagern im Auslaufversuch erwähnt, die zeigen, daß in der bekannten STRIBECKschen Kurve bei kleinsten Gleitgeschwindigkeiten und Verwendung langkettiger fetter Öle ein Knick im wiederansteigenden Kurvenast auftritt, der bei Verwendung von Raffinaten fehlt [*VI, 69*].

Eine klare und befriedigende Deutung all dieser Verhältnisse kann heute noch nicht gegeben werden. Zweifellos wird die Biegsamkeit der langen Kettenmoleküle eine Rolle bei der Reibungserniedrigung spielen (cyklische Moleküle erniedrigen die Reibung im allgemeinen weniger als offenkettige gleichen Molekulargewichts). Die Bildung von Assoziationen (Molekülverbänden) in den Schmierflüssigkeiten, die verschiedenen Adsorptionseigenschaften bei Flüssigkeitsgemischen werden die Schmierwirkung maßgeblich beeinflussen. Erst wenn über die Struktur der Kräfte, welche die Grenzschicht beherrschen, ausreichend Klarheit erzielt sein wird, kann eine befriedigende Lösung der Probleme erwartet werden. Diese Kräfte sind von verschiedener Art [*VI, 59*]:

polare Kräfte zwischen freien Ladungen (Polen) in der Grenzfläche und Flüssigkeitsmolekülen mit permanenten Dipolen,

Induktionskräfte zwischen freien Ladungen in der Grenzfläche und den durch diese in den Flüssigkeitsmolekeln induzierten Dipolen oder zwischen permanenten Dipolen der Flüssigkeitsmoleküle und von diesen in der Gleitfläche induzierten Polen, zu beschreiben als Dipolbildkräfte (DEBYE), und

Dispersionskräfte, als durch inneratomare Elektronenbewegung induzierte Kraftwirkungen zwischen neutralen Atomen in der Grenzfläche und neutralen Molekülen in der Flüssigkeit, zu beschreiben als Dispersionsbildkräfte (LENNARD-JONES).

Unter Berücksichtigung des weitgehenden Fehlens freier Ladungen in Metalloberflächen und des Auftretens starker Dispersionskräfte wären keine wesentlichen Unterschiede von polaren und unpolaren Flüssigkeiten gegenüber Metallen zu erwarten. Unterschiede liegen nur hinsichtlich der an sich schwachen Induktionskräfte vor. In Übereinstimmung damit tritt in beiden Gruppen von Flüssigkeiten orientierte Adsorption und dadurch bedingte starke Reibungsabnahme ein. Im Dielektrikum (Kunstharzpreßstoffe, Glas, Keramik, Steine) fehlt die bewegliche Elektronenhülle und damit treten die Dispersionskräfte in den Hintergrund. Bestimmend sind die freien Ladungen, die auf polare Flüssigkeitsmoleküle starke Richtkräfte ausüben. Auf unpolare Flüssigkeitsmoleküle wirken nur die schwächeren Induktionskräfte, wodurch sich qualitativ die hohen Reibungszahlen von mit Kettenkohlenwasserstoffen geschmierten Gleitflächen erklären (ungerichtete Adsorption).

Bisher haben wir uns mit der physikalischen Deutung der Schmiervorgänge bei Epilamenschmierung beschäftigt. Es kann keinem Zweifel unterliegen, daß den zugrundeliegenden Adsorptionsvorgängen größte Bedeutung zukommt (vgl. Punkt 36), gleichzeitig aber auch, daß sie keineswegs in allen Fällen allein entscheidende sind. Vielfach bilden Fettsäuren ebenso wie die typischen Hochdruckzusätze durch chemische Reaktion mit den Metallen ein- oder mehrmolekulare isolierende Schichten zwischen den Gleitflächen wie schon in Punkt 40 dargelegt. Die Heranziehung von Elektronenbeugung zum Nachweis solcher Zwischenschichten wird in [VI, 70] beschrieben. Sinnfällig wird die Bedeutung derartiger Schichten in solchen Fällen klar, in denen bei Verwendung von gefetteten Ölen die gebildete Metallseife einen höheren Schmelzpunkt hat, als die Temperatur, bei der die seitlichen Bindungen zwischen den Kohlenwasserstoffketten, deren Bedeutung hinter der Adsorption an den Gleitflächen kaum zurückstehen dürfte, sich lockert [VI, 71]. Die Schmierwirkung bleibt bis zum Schmelzpunkt der Metallseife bestehen.

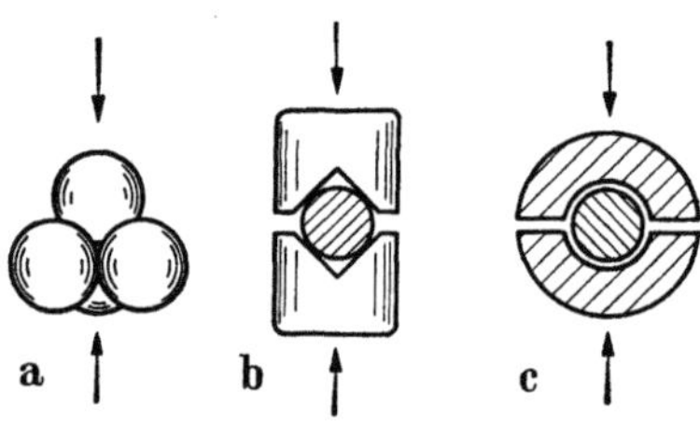

Abb. 142a bis c. Ölprüfmaschinen, schematisch [VI, 61].
a Vierkugel-Apparat   b Falex-Ölprüfer
c Almen-Wieland-Maschine.

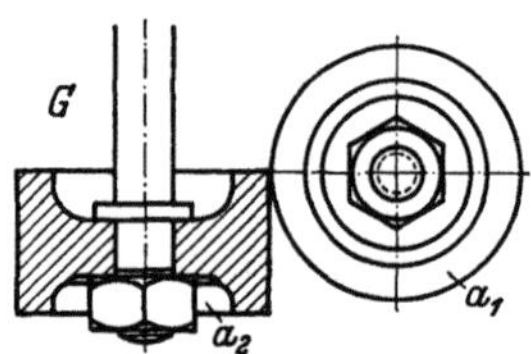

Abb. 143. Ölprüfmaschine von THOMA, nach [VI, 1].

Bevor wir weiter die Bedeutung von Schmiermittelzusätzen an Hand praktischer Beispiele erläutern, seien die wichtigsten technischen Geräte zur Prüfung der Schmiereignung von Ölen kurz beschrieben.

Bei dem *Vierkugelapparat* von BOERLAGE (vgl. [VI, 1]) werden vier tetraedrisch angeordnete (gehärtete) Stahlkugeln (6,35 oder 12,7 mm Durchmesser) parallel einer der Tetraederhöhen zusammengepreßt (Abb. 142a). Der Druck wird durch eine Antriebswelle übertragen, welche die gegen ihre drei Nachbarn gepreßte Kugel in Rotation versetzt. Das zu prüfende Öl umgibt die Kugeln. Gemessen wird der Verschleiß als Funktion der Last oder die Last, bei der Fressen (Stillstand der Maschine) einsetzt. Bei 500 kg Belastung bildet sich bei einem Kugeldurchmesser von 12,7 mm eine HERTZsche Spannung von 55000 kg/cm² aus. In [VI, 72] wird von SCHNURMANN ein Prüfgerät beschrieben, bei dem eine belastete Stahlkugel eine horizontale, ebene Stahlplatte berührt und um die senkrechte Achse rotiert. Die am Kontakt Kugel-Platte auftretende Thermospannung wird als Maß der Reibungswärme zur Beurteilung von Hochdruckzusätzen zu mineralischen Schmierölen herangezogen. In der Ölprüfmaschine von THOMA (vgl. [VI, 1]) wirken zwei gekreuzt laufende Stahlrollen, a_1 und a_2, die mit verschiedenen Geschwindigkeiten rotieren, gegeneinander (Abb. 143). Die Rollen werden mit steigendem Druck gegeneinander gepreßt und die dabei auftretenden Reibungsverluste mit einer Torsionsreibungswaage gemessen. Das Rollenpaar ist von einem Gehäuse umschlossen, das die zu prüfenden Öle aufnimmt. Die Lauftemperatur wird so gewählt, daß die Zähigkeiten der zu vergleichenden Öle gleich sind. Beim FALEX-Ölprüfer (Abb. 142b) läuft ein Zapfen (Durchmesser 5,92 mm) gegen zwei an ihn angepreßte Prismen. Die Belastung dieser Prüfelemente wird in 12 Minuten bis auf 340 kg, einer HERTZschen Pressung von 12500 kg/cm² entsprechend, gesteigert (500 kg entsprächen einer spez. HERTZschen Belastung von 15000 kg/cm²). Die Messung beginnt von der 18. Minute an; sie erstreckt sich auf das Reibungsdrehmoment, die Öltemperatur und den Verschleiß [*VI, 73*], [*VI, 74*]. Gegebenenfalls wird auch durch Steigerung der Belastung bis zum Fressen geprüft. Bei der ALMEN-Prüfmaschine, die von WIELAND verbessert wurde (vgl. [*VI, 1*]) werden zwei zylindrische Backen (Bohrungsdurchmesser 6,5 mm) gegen einen langsam laufenden Zapfen (Durchmesser 6,35 mm) gepreßt (Abb. 142c). Ein Pendelmotor treibt den Zapfen, der in dem zu prüfenden Öl läuft, an. Die Belastung der Prüfbacken wird stufenweise bis zum Fressen gesteigert. Bei 500 kg Last bildet sich eine HERTZsche Pressung von 2500 kg/cm² aus. Reibungsmoment und Reibungskoeffizienten werden ermittelt. In [*VI, 75*] wird eine Versuchseinrichtung nach BBC, Baden, beschrieben, in der sich zwei gegeneinander gepreßte Stahlrollen bestimmter Oberflächengüte gleichgerichtet drehen, so daß keine hydrodynamischen Schmiermittelströmungen entstehen. Diese Rollen befinden sich in dem Prüföl konstanter Temperatur und werden mit steigender Belastung gegeneinander gepreßt. Für die örtliche Flächenpressung (p) gilt nach HERTZ der Ausdruck

$$p^2 = 0{,}35 \cdot \frac{P \cdot E_1 \cdot E_2}{b\,(E_1 + E_2)} \cdot \left(\frac{1}{R_1} + \frac{1}{R_2} \right) \text{kg/cm}^2 \tag{26},$$

worin P die Belastung,
E_1 uns E_2 die Elastizitätsmoduln,
b die Breite der Rollen und
R_1 und R_2 ihre Halbmesser bedeuten.

Zur Beurteilung des Schmiermittels wird der Grenzwert der Flächenpressung verwendet, von dem ab ein Verschleiß der Stahlrollen zu beobachten ist.

Weitere Prüfmaschinen, auf die wir nicht mehr eingehen, sind in [*VI, 1*] und [*VI, 76*] beschrieben. Grundsätzlich sind natürlich auch die üblichen Lager- und Klötzchen-Prüfmaschinen (die TIMKEN-Prüfmaschine — eine der ersten Maschinen zur Prüfung von Hochdruckschmiermitteln — ist nach dem Prinzip der Klötzchenprüfmaschine gebaut), sowie die Verschleißmaschinen für Ölprüfungen geeignet (Punkt 15a—d). Für eine Beurteilung der Grenze der Leistungsfähigkeit der Hochdruckschmiermittel sind die damit realisierbaren Beanspruchungsbedingungen im allgemeinen jedoch zu mild.

Ebenso wie bei der Gleitlagerprüfung trachtet man auch bei der Schmierölprüfung praxisnahe Prüfstandversuche auszuführen. Bei der Vielzahl der Einflüsse bei einer derartigen Prüfung ist jedoch die Erfassung des vom Schmiermittel herrührenden Anteils an den Ergebnissen zumeist schwierig. Hingewiesen sei hier beispielsweise auf Dauer-prüfstände (Prüfdauer 100—1000 Std.) mit passend ausgewählten Prüfmotoren. Die Betriebsbedingungen (wie Drehzahl, Belastung, Temperatur) sind gegenüber den Verhältnissen in der Praxis sicherer einzuhalten, was die Reproduzierbarkeit der Ergebnisse erhöht, gleichzeitig aber den Prüfstandversuch von den Praxisverhältnissen entfernt. Dies gilt um so mehr, wenn zur Herabsetzung der Versuchszeit die Betriebsbedingungen gegenüber der Praxis wesentlich verschärft werden. Der in USA zur Prüfung von Hochdruckschmiermitteln gemeinhin verwendete CATERPILLAR-Dieselprüfstand ist in [VI, 77] beschrieben. Den Anforderungen der Praxis entspricht eine Versuchsdauer von 1000 Std. Zur Einsparung von Zeit und Brennstoff sind abgekürzte Versuche von 480 Std. Dauer mit anschließender Messung des Kolbenringsteckens, des Verschleißes und der Ölabscheidung (CRC[1]—L—1—545) und von 3 Std. Dauer mit Messung von Freßspuren auf Kolbenringen und Zylinderwand unter den Bedingungen des beschleunigten Einlaufs unter Vollast (CRC—L—2—545) festgelegt [VI, 78].

Die beste Auskunft über die Eignung eines Schmiermittels gibt naturgemäß eine Prüfung über längere Zeiten in verschiedenen Lagerstellen von Verbrennungskraftmaschinen. Gefährdung des Betriebs durch Nichteignung, hoher Aufwand an Material, Zeit und Geld läßt diesen Weg allgemein nicht beschreiten. Man wird die Praxisversuche zumeist auf wenige, geeignet ausgewählte Maschinen beschränken [VI,77].

Von den auf Prüfmaschinen durchgeführten Versuchen seien zunächst vergleichende Ölprüfungen auf einer Almen-Wieland-Maschine, einem Falex-Ölprüfer und einem Vierkugelapparat kurz beschrieben [VI, 74]. Folgende Öle wurden u. a. untersucht:

Mineralöl ohne Hochdruckzusatz, ... Zähigkeit bei 38° C   245,3 cSt
Rüböl . . . .   „   „   38° C   56,9 „
Mineralöl mit 10% Hochdruckzusatz (Chlorverbindung) . . . .   „   „   38° C   96,0 „

Die Beurteilung auf der Almen-Wieland-Maschine auf Grund der Reibungskraft, auf dem Falexprüfer auf Grund der zum Fressen füh-

---

[1] Cooperativ Research Council, Designation.

renden Belastung und im Vierkugelapparat auf Grund des Verschleißkalotten-Durchmessers nach 1-Minuten-Läufen unter konstanter Last
ergab das in Tab. 56 wiedergegebene Bild. Die drei Öle sind jeweils nach
fallender Güte geordnet. Man erkennt, daß die Ergebnisse durchaus
nicht eindeutig sind. Berücksichtigt man aber die Beanspruchungen,
unter denen die Öle jeweils standen, so werden die Stufungen doch plau-
sibel. Bei der Almen-Wieland-Maschine reichen die Drucke nicht entfernt an die in den beiden anderen Prüfgeräten auftretenden heran. Die
zum Einsetzen der Reaktion zwischen Hochdruckzusatz und Gleitwerk-

Tabelle 56.
Vergleichsversuche mit drei Schmierstoff-Prüfgeräten [VI, 74]
(Öle jeweils nach fallender Güte geordnet).

Almen-Wieland-Maschine	Falex-Ölprüfer	Vierkugelapparat
Rüböl	Hochdrucköl	Hochdrucköl und
Mineralöl	Rüböl	Rüböl etwa gleichwertig
Hochdrucköl	Mineralöl	Mineralöl

stoff erforderlichen Druck- und Temperaturbedingungen sind vermutlich
noch nicht erreicht. Das gute physikalische Haftvermögen polarer Moleküle (Rüböl) erweist sich bei der noch milden Beanspruchung überlegen.
Bei den hohen Beanspruchungen im Falex-Ölprüfer und Vierkugelapparat steht das Hochdruckschmiermittel an erster Stelle; daß es bei

Tabelle 57.
Grenzbelastung geschlossener Lager bei Verwendung von Hochdruck-
schmiermitteln (nach [VI, 75]).

Schmierstoff	Grenzbelastung kg/cm^2
Mineralöl	270
0,3—0,4% Phenylphosphorige Säure	950
1% Diphenylphosphorsäure	600—1000
1% p-Dichlorphenylphosphorsäure	750—1000
1,2% Triphenylphosphorige Säure	950
0,4—0,5% Diphenylchlorphosphin	750
1% p-Diphenylthiophosphat	1100
1% p-Trichlordiphenylthiophosphorsäure . .	1500
1% p-Trichlordiphenylphosphorsäure	1500

den höchsten Flächenpressungen (Vierkugelapparat) nicht deutlich dem
Rüböl überlegen ist, zeigt, daß der verwendete Zusatz gegenüber gehärtetem Stahl nicht sehr reaktionsfreudig ist.

Eine Beschreibung verschiedener Hochdruckschmiermittel auf Grund
der Grenzbelastungen in Lagerlaufversuchen gibt Tab. 57 nach [VI, 75].

Vor allem handelt es sich dabei um Zusätze von chlorhaltigen Phosphorverbindungen. Erhöhungen der Grenzbelastungen bis fast auf das Sechsfache der für das reine Mineralöl gültigen wurden beobachtet.

Tab. 58 zeigt, daß die verbessernde Wirkung der Hochdruckzusätze nicht nur von diesen allein abhängt, sondern sehr wesentlich auch von der Natur der Gleitwerkstoffe. Da die Wirkung der Hochdruckzusätze auf einer Reaktion der beiden sich berührenden Stoffe unter Bedingungen beruht, die für das Eintreten dieser Reaktion erforderlich sind, ist dieser Tatbestand verständlich. Für die Versuche wurde eine statische Lagerprüfmaschine mit nitrierter Stahlwelle von 45 mm Durchmesser, bei Ölumlaufschmierung, einer Gleitgeschwindigkeit von 7 m/s, einem Lagerlängenverhältnis $l/d = 0,45$ und einem Lagerspiel von $2\,^0/_{00}$ verwendet. Während bei der Aluminiumlagerlegierung nur geringe Effekte erzielt wurden, reichen die Erhöhungen der Tragfähigkeit bei den übrigen verwendeten Lagerwerkstoffen bis zu 200% und darüber [VI, 52].

Tabelle 58.

Erhöhung der Tragfähigkeit von Stahlwellen in Lagern aus verschiedenen Werkstoffen durch Hochdruckzusätze zum mineralischen Schmieröl (n. [VI,52]).

Hochdruckzusatz	Erhöhung der Tragfähigkeit in %			
	Bleibronze	Silber	Sondermessing	AlSiCuNi I
0,05% Phosphenylchlorid . . .	—	—	50	—
0,3% Phosphenylige Säure . .	65	90	20	20
1% Diphenylphosphat . . .	100	—	—	—
1,2% Phenylphosphinsäure-diphenylester	180	20	230	30
0,6% IG 891	50—75	210	50	30

In Tab. 59 sind weiterhin einige Versuchsergebnisse mit der Versuchseinrichtung nach BROWN-BOVERI zusammengestellt [VI, 75]. Die Bedeutung der Zusätze geht aus der Steigerung der zum Einsetzen von beobachtbarem Verschleiß führenden HERTZschen Flächenpressung deutlich hervor. Zum Vergleich ist als fettes Öl Rüböl mit aufgenommen.

Tabelle 59.

Erhöhung der tragbaren Flächenpressung durch Hochdruckzusätze zum Schmiermittel [VI,75].

Schmierstoff	Tragbare Flächenpressung in kg/cm²
Mineralöl	1070
Rüböl	3250
S-haltiges Hochdruckschmiermittel	>6430
Cl-haltiges Hochdruckschmiermittel 10%	2245
30%	>6430

Ergebnisse von Bestimmungen des Reibungskoeffizienten bei Verwendung schwefel- und chlorhaltiger Verbindungen sind in den Abb. 144a und b dargestellt. Die in weiten Temperaturbereichen sehr ausgeprägte Wirkung geringer Zusätze organischer Schwefelverbindungen gehen aus Abb. 144a deutlich hervor. Stabile, mit der Metalloberfläche nicht reagierende Schwefelverbindungen ergeben sich in Übereinstimmung mit der oben beschriebenen Auffassung des „chemischen Polierens" der Gleitflächen als unwirksam [VI, 79].

In Abb. 144b wird die Bedeutung verschiedener Prozentgehalte von Dichlor-Diacetyl-Selendichlorid in Paraffinöl für den Reibungskoeffizienten von Stahl dargestellt. Eine mit der Kon-

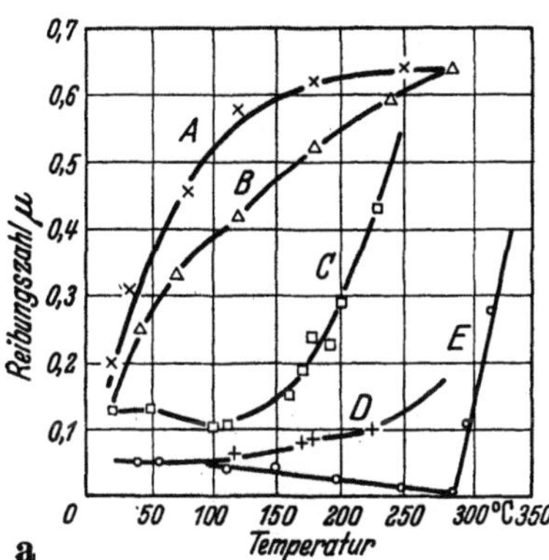
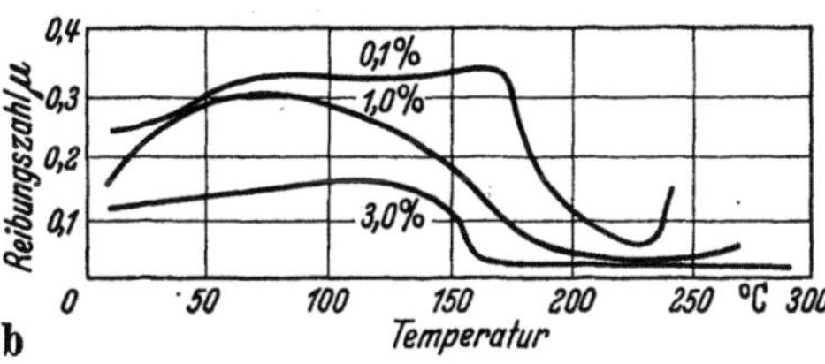

Abb. 144a u. b. Optimale Temperaturen der Wirksamkeit von Hochdruckschmiermitteln

a Änderung der Reibungszahl von Kupfergleitflächen mit der Temperatur (nach [VI, 79]). Schmiermittel:

A reines Paraffinöl
B   ,,   ,,   + 1% Cetylsulfid
C   ,,   ,,   + 1% Cetyl-Methylsulfid
D   ,,   ,,   + 1% Cetylmercaptan
E   ,,   ,,   + 1% α-Merkapto-Palmitinsäure

b Änderung der Reibungszahl von Stahlgleitflächen mit der Temperatur (nach [VI, 51]). Schmiermittel: Lösung von ββ'-Dichlor-Dicetyl-Selendichlorid in Paraffinöl.

zentration des Zusatzes ansteigende Wirkung, die sich vor allem bei der Temperatur seiner Zersetzung sprunghaft erhöbt, tritt zutage [VI, 51].

In [VI, 80] werden schließlich Kurzversuche mit dem Vierkugelapparat beschrieben, bei denen systematisch die Bedeutung von analogen organischen Chlor-Schwefel- und Brom-Schwefelverbindungen als Zugabe zu Turbinenöl erprobt wird. Tab. 60 gibt einige der erhaltenen Befunde durch Angabe des Quotienten Laststeigerung durch Zunahme des mittleren Verschleißkalotten-Durchmessers. Bei den geprüften Substanzen handelt es sich weniger um praktisch zu verwendende Zusätze, als um Modellstoffe für weitere Entwicklungsarbeiten. Auf ähnliche, sehr eingehende Untersuchungen mit Phosphorverbindungen [VI, 81] sei nur hingewiesen, ebenso wie auf eine vorzügliche Übersicht über die Wirkungsweise der Hochdruckzusätze, die auch ausführliche weitere Literaturangaben enthält [VI, 82].

Die hier beschriebenen Ergebnisse zeigen, daß die zur Schmierölprüfung herangezogenen Verfahren die Wirkung von Hochdruckzusätzen erkennen lassen; verschiedene Verfahren sprechen — je nach den dabei vorherrschenden Bedingungen — allerdings verschieden an. Für ein begründetes Urteil wird man daher zweckmäßig mehrere Verfahren heranziehen und vor allem sicherstellen, im Grenzreibungsgebiet zu arbeiten. Um auf breiterer Grundlage zu einer Bewertung der verschiedenen Prüfverfahren zu gelangen, sind Gemeinschaftsversuche an mehreren synthetischen Ölen (reines Kohlenwasserstofföl in zwei Polymerisationsgraden, davon das niedriger molekulare mit zwei verschiedenen Schwefelzusätzen) in verschiedenen Laboratorien unter sehr verschiedenen Bedingungen ausgeführt worden[1]. Eine allgemeine Auswertung steht noch aus; über einige der erhaltenen Ergebnisse wird in [*VI, 83*] und [*VI, 84*] berichtet.

Tabelle 60.

Vergleich organischer Halogen-Schwefelzusätze im Vierkugelapparat [*VI, 80*].

Hochdruckzusatz, jeweils 1 Gew.-%	Laststeigerung (kg) geteilt durch Zunahme des Verschleißkalottendurchmessers (mm)
Chloral und Benzylmercaptan $Cl_3 \cdot C \cdot CH(S \cdot CH_2 \cdot C_6H_5)_2$	185
Bromal und Benzylmercaptan $Br_3 \cdot C \cdot CH(S \cdot CH_2 \cdot C_6H_5)_2$	65
Chloral und Äthylmercaptan $Cl_3 \cdot C \cdot CH(S \cdot C_2H_5)_2$	185
Bromal und Äthylmercaptan $Br_3 \cdot C \cdot CH(S \cdot C_2H_5)_2$	100
Chloral und n-Butylmercaptan $Cl_3 \cdot C \cdot CH(S \cdot CH_2 \cdot CH_2 \cdot CH_2 \cdot CH_3)_2$	185
Bromal und n-Butylmercaptan $Br_3 \cdot C \cdot CH(S \cdot CH_2 \cdot CH_2 \cdot CH_2 \cdot CH_3)_2$	80

Eine kurze Erörterung ist hier noch der Gleiterleichterung durch Graphit zu widmen, worauf schon früher (Punkt 40) hingewiesen wurde. Auf Gleitflächen aufgebrachte Graphitschichten werden sich dank der leichten Verschieblichkeit parallel der hexagonalen Basisfläche der Graphitkristalle (vgl. Punkt 30, in dem Graphit als Lagerwerkstoff behandelt ist) bevorzugt zwischen die Erhebungen einlagern und so zur Einebnung von Rauhigkeiten führen. Weiterhin haftet der Graphit außerordentlich fest an metallischen Oberflächen [*VI, 48*]. Durch Elektronenbeugungsaufnahmen konnte nachgewiesen werden, daß die als ,,Graphoid-Film'' bezeichnete adsorbierte Schicht eine Dicke unter 100 ÅE (1 ÅE $= 10^{-8}$ cm) hat (vgl. z. B. [*VI, 85*]).

---

[1] Veranlaßt durch den Fachausschuß für Maschinenelemente des Vereins Deutscher Ingenieure, Arbeitsgruppe Schmiertechnik (Obmann A. v. PHILIPPOWICH).

Die gegenseitige Isolation der Gleitflächen durch Graphit und dessen plastisches Verhalten bewirken, daß durch ihn auch ohne Verwendung eines Schmieröls bereits deutliche Reibungsverminderungen herbeigeführt werden. In [VI, 86] werden beispielsweise folgende Werte für den Koeffizienten der Haftreibung angegeben:

Stahl/Weißmetall	μ	$= 0{,}515$
Stahl/Weißmetall, graphitiert	μ	$= 0{,}140$
Stahl/Stahl	μ	$= 0{,}365$
Stahl/Stahl graphitiert	μ	$= 0{,}157$

Ein weiterer Vorzug des Graphits als Schmiermittel besteht in seiner den Metallen gegenüber höheren Adsorptionsfähigkeit für Öl, die sich durch eine höhere Benetzungswärme zu erkennen gibt ([VI, 33]; S. 35).

Für die Verwendung als Schmiermittel kommt nur reiner, gangartfreier Graphit in Frage. In Schmierfetten wird grobblättriger Flockengraphit als Zugabe verwendet, als Zusatz zu Ölen kommt nur „kolloider Graphit" von höchster Kornfeinheit in Betracht. Die älteste zu dessen Gewinnung dienende Methode ist das schon in Punkt 30 erwähnte ACHESON-Verfahren (Umwandlung von Petrolkoks im elektrischen Ofen; mit Schutzkolloid in Öl oder anderen Flüssigkeiten verteilt). Technische Produkte, wie das deutsche „Kollag" oder das englische „Oildag" sind Öle mit etwa 10% kolloidem Graphit.

Der eben geschilderten Wirkungsweise des Graphits entsprechend, werden graphitierte Öle vorzugsweise zur Erleichterung des *Einlaufs* von Gleitlagern verwendet. Für eine ausführliche Literaturzusammenstellung über Gleiterleichterung durch Kolloid-Graphit und praktische Kolloidgraphitschmierung vgl. [VI, 1], S. 217.

Zum Abschluß dieses Punktes streifen wir nur noch ganz kurz die Methoden zur Prüfung der Ölalterung und die Wirkung einiger wichtiger Antioxydantien. Eine Beschreibung der vielen zur Zeit bestehenden laboratoriumsmäßigen Alterungsprüfungen würde viel zu weit führen. Wir verweisen auch hinsichtlich dieser Fragen auf [VI, 1], S. 149ff. Die zur Kennzeichnung der Öloxydation verwendeten Größen wurden zum Teil schon in Punkt 39 erwähnt. Es sind dies: Neutralisationszahl, Verseifungszahl, Schlammgehalt, Änderung der Viskosität, Verkokungszahl, Anteil unlöslicher Alterungsstoffe nach bestimmter Oxydationsdauer, Zeit bis zum Kolbenstecken in einem Prüfmotor, Asphaltgehalt im Restöl und Anteil verflüchtigter Bestandteile. Die verschiedenen Prüfverfahren führen noch nicht zu übereinstimmender Beurteilung der Öle. Ein Grund hierfür dürfte die bei den einzelnen Methoden verschiedene Stärke der Oxydation sein. *Ölmischungen* zeigen zumeist eine höhere Alterungsneigung als die auf Grund des Verhaltens der beiden Komponenten zu erwartende. Neuerdings wurde ein Alterungsverfahren beschrieben, das ein in einem gas- und flüssigkeitsdichten Lagerkasten eingeschlossenes Gleitlager verwendet und sich auf die Sauerstoffaufnahme des Schmieröls gründet [VI, 30]. Die Kurven, welche diese Sauerstoffaufnahme eines synthetischen Öles[1] als Funktion der Zeit für konstante Öltemperatur darstellen, verlaufen nach einer bestimmten Anlaufzeit linear (Abb. 145). Von den in den Lagerversuchen oxydierten Ölproben werden Neutralisationszahl (NZ), Verseifungszahl (VZ), Anilinpunkt (AP), Dichte, Viskosität, Jodzahl und Brechungsindex ermittelt. Abb. 146 zeigt, daß bis zu einer

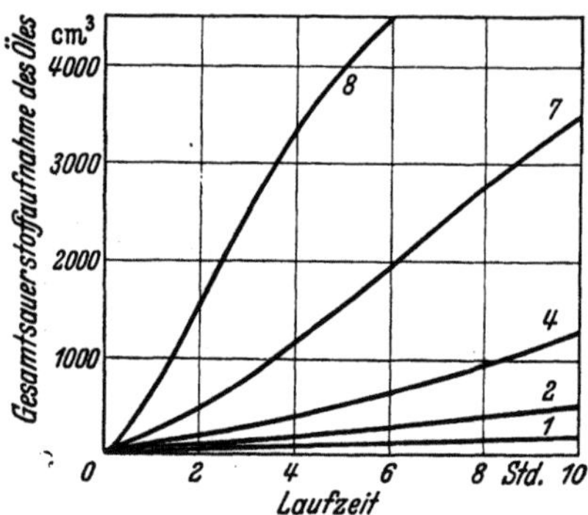

Abb. 145. Zeitlicher Verlauf der Sauerstoffaufnahme eines synthetischen Öles [VI, 30].

Nr.	1	2	4	7	8
Öltemperatur ° C	70	80	90	100	110

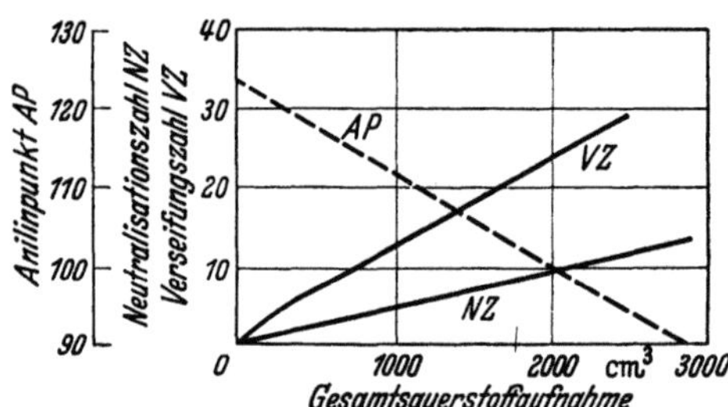

Abb. 146. Abhängigkeit von Neutralisationszahl, Verseifungszahl und Anilinpunkt von der Sauerstoffaufnahme des Öles [VI, 30].

Sauerstoffaufnahme von 2500 cm³ die dargestellten Kennzahlen des oxydierten Öles im wesentlichen proportional der absorbierten Sauerstoffmenge verlaufen. Gleiches gilt auch für die übrigen eben erwähnten Eigenschaften. Auf die Bedeutung der Lagermetalle für das Ergebnis einer derartigen Alterungsprüfung ist bereits in Punkt 39 hingewiesen

Tabelle 61.

Relative Oxydationsgeschwindigkeit bei Verwendung verschiedener Zusatzstoffe (jeweils 1%) zu einem synthetischen Schmieröl [VI, 30]).

	Cu-Nonylat	Sn-oleat	Senföl	β-Naphthyl-amin
Relative Oxydationsgeschwindigkeit (bei 110—113° C). Lagerwerkstoff Elektrolytkupfer	1,42	1,39	0,92	0,41
	Thymol	Dimethyl-anilin	Diphenyl-amin	
Relative Oxydationsgeschwindigkeit (bei 87—88° C). Lagerwerkstoff Zinn	0,86	0,65	0,5	

[1] Im vorliegenden Fall durch Polymerisation definierter Spaltdestillate aus einer bei der FISCHER-TROPSCH-Synthese anfallenden Fraktion in Gegenwart von wasserfreien Aluminiumchlorid hergestellt.

worden. Die Kennzeichnung von Zusatzstoffen erfolgt durch Angabe der Änderung der Oxydationsgeschwindigkeit. Tab. 61 zeigt für eine Reihe von Zusatzstoffen die erhaltenen Ergebnisse. Kupfer-nonylat und Zinn-oleat fördern die Oxydation, die übrigen geprüften Stoffe hemmen sie.

Auf die Möglichkeit der Heranziehung von Abreißfestigkeiten der Versuchsöle von metallischen Haftflächen zur Beurteilung der Öl-alterung wurde in [VI, 29] hingewiesen. Über die praktische Bewährung von Inhibitoren bei Dampfturbinenölen auf Grund einjähriger Anwendung wird in [VI, 44] berichtet, in [VI, 18] werden zusätzlich konstruktive Hinweise für zweckmäßigen Bau der Ölbehälter gegeben. Die Erhöhung der Laufzeit von Einzylindermotoren durch metallhaltige Inhibitoren ist in [VI, 47] beschrieben. Mit den vom CRC standardisierten Oxydationsprüfverfahren und neuen Prüfstandversuchen zur Ölalterung in USA und England beschäftigt sich [VI, 78]. Auf Grund eingehender Untersuchungen wird in [VI, 87] der Schluß gezogen, daß eine unmittelbare Übertragung von Versuchsergebnissen aus Ölprüfmaschinen auf die Praxis besser gelingt, wenn durch Erhöhung der Temperatur und gegebenenfalls der Gleitgeschwindigkeit die Beanspruchung verstärkt wird.

Mit Rücksicht auf die so verschiedenartigen Bedingungen in der Praxis läßt sich eine allgemein gültige Rangordnung der Prüfstände nicht aufstellen.

VII. Lagergestaltung.

Nachdem wir bisher die Grundzüge der hydrodynamischen Gleitlagertheorie, die im Gleitlager verwendeten Werkstoffe mit ihren wichtigsten Eigenschaften und die Schmiermittel behandelt haben, stellen wir in diesem Kapitel die wesentlichen Gesichtspunkte für die Gestaltung von Gleitlagern zusammen. Zunächst werden die Folgerungen aus theoretischen Grundlagen gezogen, sodann Beschreibungen praktischer Ausführungsformen von Gleitlagern und der verschiedenen Schmierarten.

42. Richtlinien auf Grund der hydrodynamischen Gleitlagertheorie.

In den Punkten 4—8 ist eine gedrängte Darstellung der hydrodynamischen Gleitlagertheorie gegeben. Die entwickelten Abhängigkeiten gelten für den Fall, daß die beiden Gleitflächen durch einen flüssigen, hydrodynamische Drucke aufnehmenden Schmierfilm getrennt sind. Zapfen und Lagerschalen werden als starr (elastisch nicht verformbar) mit glatten, genau zylindrischen Oberflächen vorausgesetzt. Eigenschaften der Gleitwerkstoffe treten in den Formeln daher nicht auf, das Schmiermittel ist durch seine die Strömung durch dünne Querschnitte beherrschende, temperaturabhängige Zähigkeit gekennzeichnet.

Aus den Ergebnissen der hydrodynamischen Betrachtungsweise folgen die nachstehenden, grundsätzlichen Richtlinien für die Gestaltung der Gleitlager. Die exzentrische Lage der Welle, die für die Ausbildung eines keilförmigen Schmierspaltes unerläßlich ist, und die Bildung einer tragenden Flüssigkeitsschicht überhaupt erst ermöglicht, hängt allgemein von der SOMMERFELDschen Lagerkennzahl $[Z = \dfrac{p \cdot \psi^2}{\eta \cdot \omega}$ Gl. (11), Punkt 5] ab, die außer von der spezifischen Lagerbelastung, der Drehzahl und der Zähigkeit des Schmiermittels maßgeblich auch vom relativen Lagerspiel bestimmt ist. Genügende Gewähr für ruhigen Gang raschlaufender Maschinen verbürgt die Einhaltung von Exzentrizitäten größer als 0,5. Für die Sicherheit hydrodynamischer Schmierung ist ein großer Abstand der beiden Gleitflächen an der engsten Stelle wichtig. Diese geringste Schmierschichtstärke ist gemäß Gl. (12a), Punkt 5, der Drehzahl und der Schmiermittelzähigkeit direkt, der spezifischen Lagerbelastung und dem relativen Lagerspiel umgekehrt proportional. Bei hohem Flächendruck und kleiner Drehzahl müssen daher sehr zähe Schmieröle verwendet werden. Als untere Grenze der geringsten Schmierschichtstärke ergibt sich praktisch die Summe der Höhen der Unebenheiten von Zapfen und Lagerschale. Je höher die spezifische Lagerbelastung, um so höherwertig muß die Gleitflächenbearbeitung sein. Die zulässige spezifische Lagerbelastung für das Halblager, angenähert aber auch für das ganzumschließende Lager ist gemäß Gl. (17), Punkt 6, der Drehzahl, der Schmiermittelzähigkeit und dem Quadrat des Zapfendurchmessers direkt, dem absoluten Lagerspiel und der geringsten zulässigen Schmierschichtstärke indirekt proportional. Unter sonst gleichen Verhältnissen sind daher dicke Wellen wesentlich tragfähiger als dünne; raschlaufende Wellen sind ceteris paribus höher belastbar als langsam laufende; um die Belastbarkeit dünner, langsamlaufender Wellen zu erhöhen, müssen kleine Spiele und höchste Oberflächengüte verwendet werden. Wegen der Wellenkrümmung kommt dem Lagerlängenverhältnis Bedeutung für die Belastbarkeit zu. Günstigste Tragfähigkeit ergibt ein l/d zwischen 0,3 und 0,8. l/d-Werte über 1,5 sind zu vermeiden. Die Lagerreibungszahl ist nach Gl. (18b), Punkt 7, der Wurzel aus Zähigkeit und Drehzahl direkt, der Wurzel aus spezifischer Lagerbelastung umgekehrt proportional. Bei konstanter Ölzähigkeit fällt die Reibung mit sinkender Drehzahl bis schließlich die geringste Schmierschichtstärke die geringste *zulässige* Stärke, nämlich die Summe der Höhen der Unebenheiten der Gleitflächen erreicht hat. Weitere Herabsetzung der Drehzahl führt zu immer größeren, die Reibungszahl erhöhenden Anteilen von Mischreibung. Soll bei einer nach Belastung und Drehzahl vorgegebenen Lagerbeanspruchung ein Reibungsmindestwert erreicht werden, so muß die Schmiermittelzähigkeit einen bestimmten, aus Gl. (18b) folgenden Wert aufweisen. Für die Lagerreibungswärme sind in Punkt 8 Näherungsformeln angegeben. Reicht die natürliche Kühlung zur Aufrechterhaltung brauchbarer Betriebstemperaturen nicht aus, so muß zusätzlich Wärme abgeführt werden.

In [VII, 100] und [VII, 101] wird gezeigt, daß bei Lagerwerkstoffen geringer Schmiegsamkeit durch konstruktive Maßnahmen eine gegenseitige Anpassung von Lager und Welle, welche die Voraussetzung für gleiche Dicke des Schmierspaltes entlang der ganzen Lagerlänge ist, erreicht werden kann. Auf den in [VII, 100] beschriebenen Einfluß der Wärmedehnung und des Elastizitätsmoduls der verwendeten Werkstoffe auf den Sitz von Lagerbüchsen im Gehäuse wurde schon im Punkt 10 hingewiesen.

Mit zunehmender Lagertemperatur geht im Allgemeinen eine Verminderung des Lagerspiels einher. Durch geeignete Abstimmung der Wandstärkenverhältnisse muß vermieden werden, daß das Warmlagerspiel unter den zum Klemmen führenden Mindestwert absinkt. Die Differenz Kaltlagerspiel weniger Warmlagerspiel ist durch die Differenz der Durchmesseränderungen von Welle und Lager gegeben. In [VII, 100] wird gezeigt wie diese Durchmesseränderungen von den geometrischen Bedingungen, den Elastizitätsmoduln, Ausdehnungskoeffizienten und Temperaturdifferenzen abhängen. Für die Änderung des Lagerdurchmessers D ergibt sich, wenn f_1 und f_2 die Querschnitte von Lagermetallring und Gehäusering, E_1 und E_2 die entsprechenden Elastizitätsmoduln, β_1 und β_2 die Ausdehnungskoeffizienten und Δt_1 und Δt_2 die Temperaturerhöhungen bedeuten, der Ausdruck

$$\Delta D = D \frac{f_1\,E_1\,\beta_1\,\Delta t_1 + f_2\,E_2\,\beta_2\,\Delta t_2}{f_1\,E_1 + f_2\,E_2}.$$

Durch geeignete Werkstoff- und Wandstärkenwahl gelingt es bis zu gewissem Grade, das Lagerspiel auch bei Temperaturänderungen zu beherrschen. Am sichersten wird annähernd konstantes Lagerspiel durch starkwandige Lagerbuchsen von hohem Ausdehnungskoeffizienten in Verbindung mit dünnen Gehäusewandungen erzielt. Bei starken und starren Gehäusen ergeben möglichst dünne Büchsen geringe Spielveränderungen. Bei kühlen, dickwandigen und starren Gehäusen sind daher starkwandige Büchsen und Lagermetalle mit hohem Ausdehnungskoeffizienten zu vermeiden.

Der Einfluß der Wärmedehnung auf den Sitz einer Lagerbüchse im Gehäuse wurde schon im Punkt 10 erwähnt. In [VII, 101] und [VII, 102] finden sich Beispiele für zweckmäßige Gestaltung vorwiegend von Leichtmetall-Lagern. Die gegenseitige Anpassung von Lagern und Welle wird als Voraussetzung dafür hervorgehoben, daß entlang der ganzen Lagerbreite der Schmierspalt in der Belastungszone konstante Dicke behält.

Erste Hinweise für die Normung von Gleitlagerabmessungen finden sich in [*VII, 67*].

Für den ebenen Gleitschuh stellt Gl. (16), Punkt 5, eine Näherung für die geringste, am hinteren Ende der Keilfläche auftretende Schmierschichtstärke dar. Die Abhängigkeiten von Gleitgeschwindigkeit, Schmiermittelzähigkeit und mittlerem Flächendruck sind dieselben wie oben für das Querlager angegeben, an die Stelle des Lagerspiels tritt der Keilwinkel. Für die Auswahl der Schmieröle gelten daher die gleichen Gesichtspunkte. Auflösung der Gleichung nach dem mittleren Flächendruck und Einführen der geringsten zulässigen Schmierschichtstärke (Summe der Höhen der Rauhigkeiten) liefert Gl. (17a), Punkt 6, für den höchtszulässigen Flächendruck. Je höher dieser liegen soll, um so besser muß die Oberflächengüte der Gleitflächen sein. Die Reibungszahl ist durch Gl. (18c), Punkt 7, gegeben, die ihre Abhängigkeit von Schmiermittelzähigkeit, Gleitgeschwindigkeit, Flächendruck und Gleitschuhabmessungen wiedergibt. Das weitgehend analoge Verhalten zum Querlager tritt auch hierbei wieder zutage.

43. Praktische Ausführungsformen von Gleitlagern.

Im vorangegangenen Punkt wurden die aus der hydrodynamischen Gleitlagertheorie folgenden Richtlinien erörtert, die bei der Konstruktion von Lagern grundsätzlich zu beachten sind. Die Gleitlagerwerkstoffe werden dabei als starre Körper idealisiert. Von ihren Eigenschaften geht lediglich die die geringste zulässige Schmierstärke bestimmende Oberflächenrauhigkeit mit in die Formeln ein.

Der praktische Lagerbau muß nun mit den realen Werkstoffen rechnen. Diese sind elastisch verformbar, ihre begrenzten Festigkeitseigenschaften führen zu plastischen Deformationen, gegebenenfalls zu Brüchen bei Gleich- oder Wechsellast. Der theoretisch vorausgesetzte Flüssigkeitsfilm zwischen den Gleitflächen ist keineswegs stets ausreichend vorhanden (Kantenpressung, sehr niedrige Gleitgeschwindigkeiten, Anfahren und Stillsetzen der Lager). Dadurch gewinnen die Öladsorptionsfähigkeit und die Freßneigung der Gleitwerkstoffe erhebliche Bedeutung Die unterschiedliche thermische Ausdehnung von Zapfen- und Lagerwerkstoff ist für die Temperaturabhängigkeit des Lagerspiels wesentlich. Für die Abfuhr der Reibungswärme spielt das Wärmeleitvermögen eine bestimmende Rolle. Die Einbettfähigkeit der Gleitwerkstoffe ist für die Überwindung von Störungen durch in den Schmierspalt gelangende Festkörperteilchen entscheidend. Schließlich sei noch das Korrosionsverhalten der Gleitwerkstoffe und ihr Einfluß auf die Ölalterung erwähnt. Über all dieses ist aber in den Kapiteln I B, III, IV und V ausführlich gesprochen, so daß hier diese Erinnerung genügen mag.

Je nach dem Zweck des Lagers in der Maschine und dem Gerät erfolgt seine Gestaltung. In Abb. 147a—d ist das Grundsätzliche einer Reihe wichtiger Ausführungsformen wiedergegeben. Abb. 147a gibt einen Längsschnitt durch ein *normales Querlager* (Radial-, Traglager). Der Lastangriff erfolgt an der Welle oder am Lager, das im Gehäuse eingesetzt ist; die Angriffsrichtung ist senkrecht zur Drehachse. In Abb. 147b ist ein *Spurlager* (Längs-, Achsial-, Stützlager) dargestellt. Der Lastangriff erfolgt an der Welle in Richtung der Drehungsachse. Der in die Welle *1* eingesetzte Stahlzapfen *2* rotiert auf einer selbst-

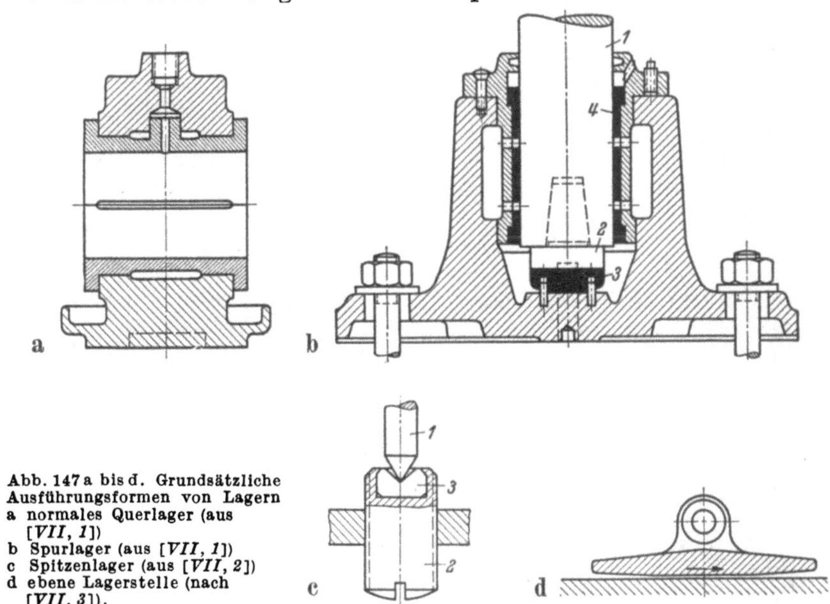

Abb. 147a bis d. Grundsätzliche Ausführungsformen von Lagern
a normales Querlager (aus [*VII, 1*])
b Spurlager (aus [*VII, 1*])
c Spitzenlager (aus [*VII, 2*])
d ebene Lagerstelle (nach [*VII, 3*]).

einstellbaren Spurplatte *3* aus geeignetem Lagerwerkstoff. Seitlich geführt ist die Welle durch Halslager *4*. Ein *Spitzenlager* zeigt Abb. 147c. Die angespitzte Stahlachse *1* stützt sich in einem „Steinlager" *3* ab, das in der Steinschraube *2*, die zur Feineinstellung dient, gefaßt ist. In Abb. 147d ist schließlich eine *ebene Lagerstelle* (Gleitschuh) wiedergegeben. Der Deutlichkeit wegen ist der Keilwinkel stark übertrieben gezeichnet; die normale Steigung von 5$^0/_{00}$ (einem Winkel von etwa 17 Winkelminuten entsprechend) wäre nicht wahrnehmbar. Die wirkende Kraft hat im allgemeinen Komponenten parallel und senkrecht zur Gleitfläche.

Nach dieser kurzen Übersicht über die Hauptarten der Gleitlager bringen wir nun Beispiele für besonders wichtige Ausführungsformen. Vollständigkeit ist dabei wegen der außerordentlich großen Zahl der ausgeführten und vorgeschlagenen Konstruktionen im Rahmen dieser Darstellung auch nicht annähernd möglich.

a) Querlager. Bei den Querlagern sind grundsätzlich voll umschließende und den Zapfen nur teilweise umfassende zu unterscheiden. Abb. 147a gab ein Beispiel eines vollumschließenden Lagers (Lagerbuchse), Abb. 148 zeigt im Vergleich dazu ein besonders wichtiges Halblager, das DWV Achslager der Deutschen Bundesbahn. Da die Halb-

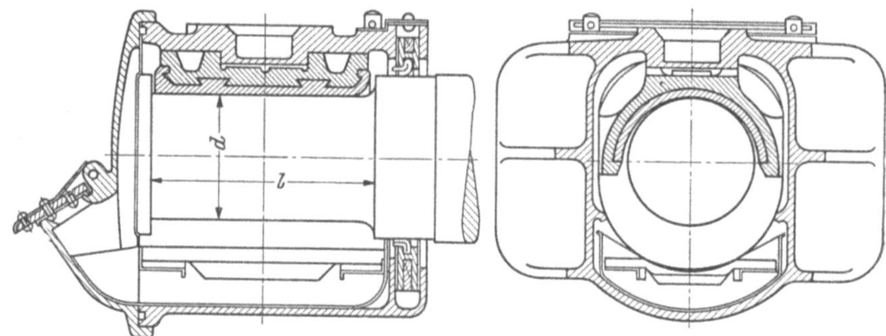

Abb. 148. Achslager der Bundesbahn (aus [*VII, 4*]).

schale ihrer Aufgabe entsprechend auf dem Zapfen aufsitzt, werden derartige Lager auch als Sattellager bezeichnet. Vielfach ist der Umschließungswinkel erheblich kleiner als 180° (beispielsweise in Achsschenkellagern mit kleinen Beanspruchungen), in anderen Fällen (Treibachslagern von Lokomotiven) dagegen auch erheblich größer (vgl. [*VII, 4*]). Das Lager wird hier aus Gründen des Einbaues als geteiltes Lager hergestellt, bestehend aus einem halb umschließenden Sattellager

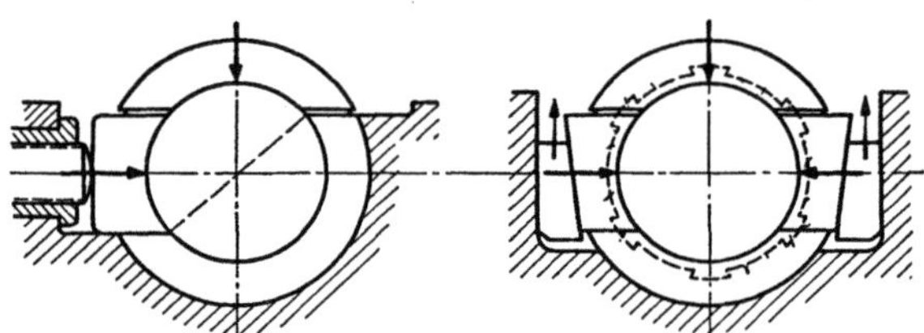

Abb. 149. Mehrteiliges Lager (aus [*VII, 5*]).

und zwei Flankenteilen. Die Teilfugen liegen in der horizontalen Mittelebene des Zapfens. Die Verwendung mehrteiliger Lager ist auch in anderen Fällen aus Einbaugründen (Ein- und Ausbau auch quer zur Achse möglich) und Gründen der Nachstellbarkeit in bestimmten Richtungen notwendig. Die Lager werden durch Schrauben oder Keile zusammengehalten (vgl. Abb. 149). In besonders einfacher, allerdings unstetiger Weise, wird die Einstellung durch Verwendung verschieden dicker Beilagen in den Teilfugen bewirkt.

In Abb. 150 wird die Stützung der Walzen in einem Dreiwalzenständer erläutert. Nur die mittlere Walze erfährt den hohen Walzdruck von oben und unten, die untere Walze wird nur von oben, die obere wesentlich nur von unten belastet. Demgemäß kann an der unteren Walze die Oberschale wegfallen, an der oberen Walze braucht die Unterschale die das halbe Gewicht der Walze zu tragen hat, nur leicht ausgeführt zu sein [VII, 5].

Um ein Klemmen des Zapfens in der Teilfugenebene zweiteiliger Lager zu vermeiden, sind viele Vorschläge gemacht worden. Am einfachsten ist es, die Lagerhälften an der Teilfuge abzuschrägen oder Schmiernuten an dieser Stelle anzubringen. Weiterhin werden federnde Zwischenlager verwendet, die elastisch die Unterschiede der Wärmeausdehnung von Zapfen und Lager aufnehmen [VII, 6]. Schließlich sei auf Verwendung des Zitronenspiels hingewiesen

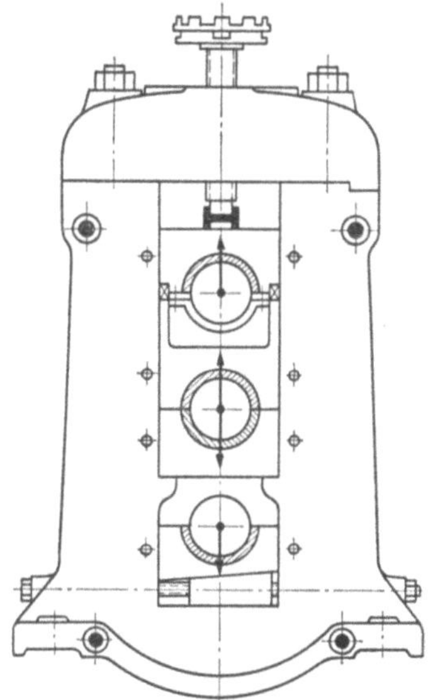

Abb. 150. Dreiwalzenständer
(aus [VII, 5]).

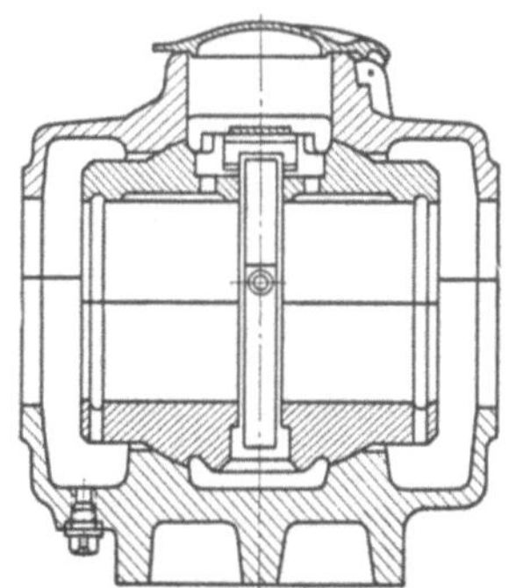

Abb. 151. Selbsteinstellendes
Lager (aus [VII, 4]).

(Punkt 5), das sich ebenfalls zur Vermeidung des Klemmens günstig auswirkt und seit langem im Turbinenbau benutzt wird [VII, 7].

Eine möglichst gute Anpassung des Traglagers an die Welle erreicht man durch die sogenannte Selbsteinstellung der Lager (SELLERSlager). Sie soll Montageungenauigkeiten und vor allem Wellendurchbiegungen und Schiefstellungen ausgleichen und so Kantenpressungen so weit wie möglich vermeiden. Als Beispiel bringt Abb. 151 ein Traglager mit kugeliger Einstellbarkeit, die eine weitgehende Ausschaltung von Fluchtungsfehlern und lokalen Überbeanspruchungen zufolge von Wellendurchbiegungen verbürgt und eine volle Ausnutzung der tragenden Gleitfläche ermöglicht. Die Selbsteinstellbarkeit ist eine der Hauptforderungen des modernen Lagerbaues; bei starren Lagern ermittelte

Grenzbelastungen können bei einstellbaren Lagern um ein Vielfaches überschritten werden [*VII, 3*]. Ein weiteres Mittel zur Herabsetzung der Kantenpressungen zufolge Wellendurchbiegung ist die Verwendung kurzer Lager.

Außer der möglichst weitgehenden geometrischen Anpassung der Gleitflächen von Lager und Welle ist auch eine möglichst satte Rückenauflage des Lagers anzustreben. Diese Forderung besteht besonders bei Hochleistungslagern, wo für gute Wärmeabfuhr gesorgt sein muß und im Falle stoßweiser Beanspruchung, um Schwingungsbrüche des Lagerkörpers nach Möglichkeit zu vermeiden [*VII, 8*]. Auch bei aus dünnem Blech geformten Lagerschalen ist satte Rückenauflage wichtig um Verwerfungen auszuschließen [*VII, 9*].

Auf das wichtige Gebiet der Schmierung der Querlager gehen wir erst im nächsten Punkt, der allgemein der Lagerschmierung gewidmet ist, ein. Hier folgt zunächst noch eine Kennzeichnung der Traglager je nach der Art ihrer Befestigung. Bei den *Flanschlagern* ist der Lagerkörper zur Befestigung an Stehblechen oder Gehäuseteilen flanschartig ausgebildet, die *Augenlager* werden mit ihrer parallel zur Bohrungsachse liegenden Grundplatte an entsprechenden Auflageflächen befestigt. Eine Normung der Abmessungen ist für die Flanschlager in [*VII, 10*] und [*VII, 11*], für die Augenlager in [*VII, 12*] durchgeführt. In [*VII, 13*] und [*VII, 14*] sind geteilte *Deckellager* genormt, wie sie z. B. im Hebemaschinenbau Verwendung finden. Je nachdem, ob die Befestigung des Traglagers stehend am Fundament oder hängend an der Wand oder an der Decke erfolgt, unterscheidet man *Steh-* oder *Hänge*lager. Die wichtigsten Abmessungen der Stehlager sind in [*VII, 15*] genormt, die Lagerhöhen und die Befestigungsteile (Sohlplatte, Lagerstuhl, Lagerbock) sind vereinheitlicht, um Austauschbarkeit so weit wie möglich zu erleichtern. Auch die Befestigungsteile an Wand oder Decke (Mauerkästen, Wandkonsolen, Hängeböcke) sind einheitlich genormt.

Im folgenden beschreiben wir noch einige Weiterentwicklungen von Querlagern für spezielle Zwecke [*VII, 16*]. Sie betreffen Lager mit mehreren Schmierspalten, die unabhängig voneinander tragfähige Schmierfilme ausbilden. Dies ist bisher auf drei Wegen verwirklicht worden. Einmal durch Verwendung von vorbelasteten bzw. drehbaren Gleitklötzen, weiterhin durch Anbringung einer Reihe von axialen Ölnuten in einem ganz umschließenden Lager und schließlich durch Verwendung von zwischen Außenring und Welle mit dieser umlaufenden Gleitklötzen bestimmter Gestalt, eine Konstruktion, die einen Übergang zu den schwimmenden Lagern bildet.

Abb. 152 möge die Verhältnisse für vorbelastete Gleitklötze erläutern. Zwischen Welle und Lagergehäuse sind fünf Gleitklötze angeordnet, von denen drei durch Schrauben mit erheblichem Druck gegen die Welle gepreßt werden können. Diese Vorlast bewirkt, daß die Welle genau zentriert und ohne Flattern läuft, eine Bedingung, die z. B. bei Schleifmaschinen, deren Spindeln bei hoher Gleitgeschwindigkeit nur gering belastet sind (Bedingungen, die im normalen Querlager zu starker Exzentrizität der Welle und damit unruhigem Lauf führen), zur Vermeidung von Rattermarken auf dem Werkstück erfüllt sein muß. Im NOMY-Mehrfilmlager sind die Gleitklötze nicht mehr fixiert; sie laufen mit der Welle um, zwei

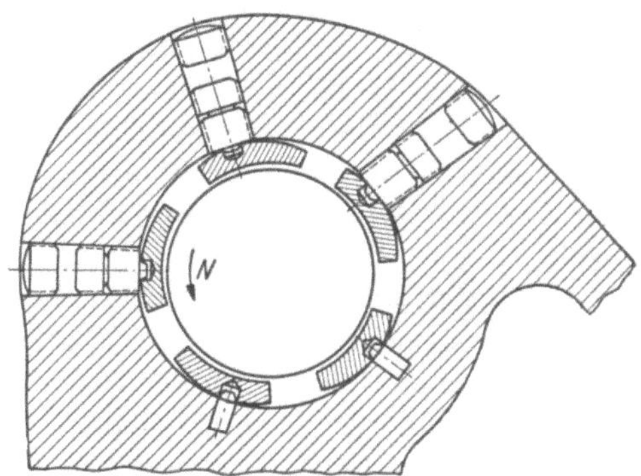

Abb. 152. Gleitklotzlager (aus [*VII, 16*]).

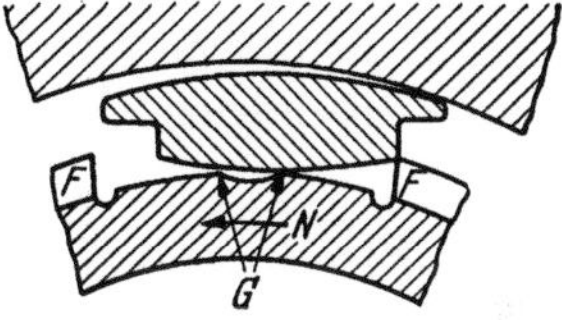

Abb. 153. NOMY-Mehrfilmgleitlager (aus [*VII, 16*]).

Drehpunkte G und zwei Haltestege F ermöglichen eine Rotation der Welle in beiden Drehrichtungen. Abb. 153 zeigt dies schematisch für einen Gleitklotz.

Die Verwendung mehrerer axialer Ölnuten in einem ganz umschließenden Lager würde von WARING [*VII, 17*], FAST [*VII, 18*] und FRÖS-

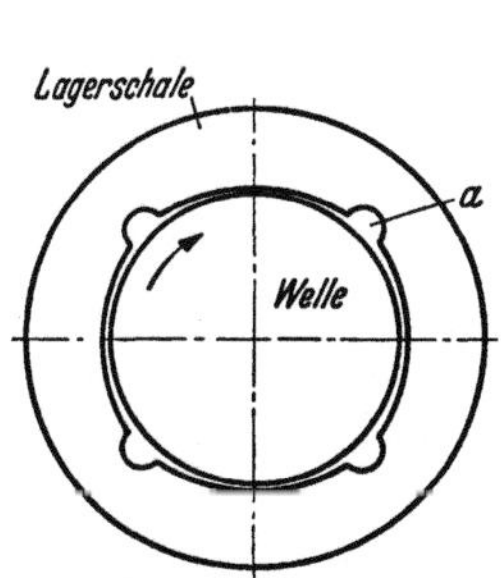

Abb. 154. Mehrgleitflächenlager (aus [*VII, 20*]).

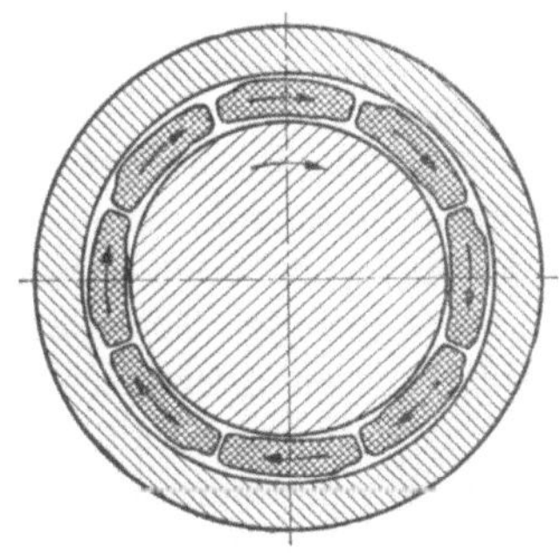

Abb. 155. MICHELL-SEGGEL-Lager mit umlaufenden Gleitklötzen (aus [*VII, 16*]).

SEL [*VII, 19*], [*VII, 20*], [*VII, 21*] beschrieben. Abb. 154 gibt ein Schema dieses Mehrgleitflächenlagers nach FRÖSSEL. Zwischen den einzelnen Schmiernuten bilden sich durch Unrundheit der Bohrung, die eine Erweiterung des Spaltes nach den Nuten hin bewirkt, hydrodynamische Schmierfilme aus, die unabhängig voneinander arbeiten. Als Vorteile derartiger Lager werden hohe Stoßunempfindlichkeit, Verschleißlosigkeit, kleinstes Lagerspiel (genaue Wellenführung) angegeben. Von GERARD rührt eine ähnliche Konstruktion her, bei welcher das Lager eine Reihe von Kammern und Kanälen aufweist, die von unter Druck stehendem Schmiermittel (das kein Öl zu sein braucht) gefüllt sind. Die Anordnung führt zu einer stabilen Gleichgewichtslage des Zapfens in der Lagerachse [VII, 95]. Das MICHELL-SEGGEL-Lager mit umlaufenden Gleitklötzen ist in Abb. 155 dargestellt [VII, 22]. Hydrodynamische Schmierfilme bilden sich sowohl zwischen Welle und Gleitklötzen als auch zwischen diesen und dem Außenring. Die stählernen Gleitklötze sind auf beiden Seiten mit einer dünnen Lagermetallschicht überzogen. Sie laufen mit sehr engem Spiel, was eine sorgfältige Überwachung der Lagertemperatur notwendig macht.

Für zahlreiche Zwecke, bei denen Lager unter Last anlaufen müssen, wurde Hochdruck-Ölschmierung vorgeschlagen. Diese bringt, wie Versuche ergeben haben, in der Tat eine besonders niedrige Anfahrreibung. Für Achslager von Schienenfahrzeugen z. B. finden sich entsprechende Angaben in [VII, 23], weitere Hinweise in [VII, 16]. Weiterhin erwähnen wir noch die *schwimmenden Lager* (full-floating bearing) deren Hauptzweck es ist, ohne unzulässige Spielerweiterung den kühlenden Ölstrom zu vergrößern. Schematisch ist der Aufbau derartiger Lager in Abb. 156 dargestellt: eine an Außen- und Innenfläche aus gleichen oder verschiedenen Gleitwerk-

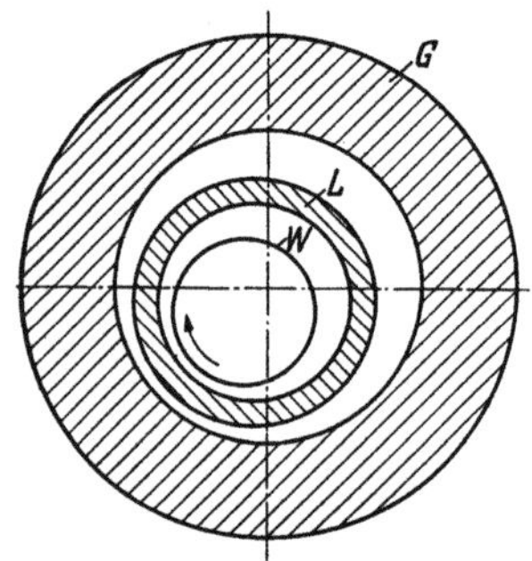

Abb. 156. Schwimmendes Lager.
G = Gehäuse L = Lager W = Welle.

stoffen bestehende Büchse ist im Raum zwischen Gehäuse und Zapfen frei beweglich. Tragende Schmierspalte bilden sich sowohl zwischen Gehäuse und Büchse als auch zwischen dieser und dem Zapfen. Es leuchtet ein, daß trotz gleichen Spiels zwischen den jeweiligen Gleitflächen das Gesamtspiel zwischen Gehäuse und Zapfen einen intensiveren Ölstrom und damit bessere Lagerkühlung gestattet als bei Querlagern üblicher Bauart. Als Anwendungsbeispiele seien genannt: Pleuellager von Automobilmotoren und Sternmotoren [VII, 96], Treibstangenlager von Lokomotiven [VII, 97]. In [VII, 98] wird die Möglichkeit erwähnt, die hohe Wärmeausdehnung von Aluminium durch Ausbildung des Leichtmetalllagers als schwimmendes Lager unschädlich zu machen. Für die rechnerische Behandlung der schwimmenden Lager sei auf [VII, 16] verwiesen.

In [VII, 104] ist der Gedanke niedergelegt, zur Vermeidung eines Wellenverschleißes und der damit verbundenen Schwierigkeiten Nachhärtung des Zapfens und Vergrößerung der Ausgußdicke in der Lagerschale, das Lagermetall um die Welle herumzugießen oder zu spritzen.

Zum Abschluß der Erörterungen über Querlager sollen die Auswirkungen der Eigenschaften der Gleitlagerwerkstoffe für die Gestaltung kurz dargestellt werden. Die Festigkeitseigenschaften sind es, die neben wirtschaftlichen Erwägungen, für die Wahl Massivlager oder Verbundlager entscheidend sind. Von metallischen Lagerwerkstoffen verfügen die Bronzen, Rotgüsse, Gußeisen, die zinnhaltigen Bleibronzen, die harten Aluminiumlegierungen und Zinklegierungen über ausreichende statische und dynamische Festigkeitseigenschaften (auch bei den üblichen Betriebstemperaturen), um ohne besondere Stützschalen verwendet werden zu können. In vielen Fällen liegen Normungen der Wandstärken vor (z. B. [VII, 24], [VII, 25]); für Aluminiumlager soll die Wandstärke der Büchsen etwa 8—10% des Zapfendurchmessers betragen, soll jedoch 2,5 mm nicht unterschreiten [VII, 26]. Die hochzinnhaltigen Weißmetalle, die zinnarmen und zinnfreien Bleilagermetalle, die Kadmiumlegierungen, Silberlegierungen, die binären Bleibronzen und die weichen Aluminiumlegierungen werden fast ausschließlich in Verbundbauweise verwendet. Als Stützschalenmaterial kommen vor allem Stahl und Stahlguß, Rotguß und Bronze und Gußeisen in Betracht. Die Abmessungen der Stützschalen (und der Gehäuse) müssen derart sein, daß bei den in Frage kommenden Lagerdrucken keine die Gleichmäßigkeit der Belastung störenden Verformungen des Lagers auftreten.

Die Stärke des Ausgusses soll aus technischen Gründen (Vermeidung des Verquetschens des Ausgusses [VIII, 103]) und aus Gründen der Wirtschaftlichkeit so gering gewählt werden, wie es die einwandfreie Herstellung, das gewünschte Verschleißmaß, die gelegentlich geforderte Dämpfung und die Aufnahme der Wellendurchbiegung gestatten. Weiterhin bringt dies den Vorteil, daß die Wärmeableitung über die Stützschale an das Gehäuse verbessert wird. Als Beispiel für die Ausgußstärken (nach Fertigbearbeitung) von Weißmetall-Lagern bringt Tab. 62 einige Zahlen für steigenden Zapfendurchmesser.

Tabelle 62. *Stärke von Weißmetallausgüssen in Stahlstützschalen (nach [VII, 27]).*

Zapfen-durchmesser mm	Ausgußstärke mm
20—50	2
50—100	2,5
100—250	3
250—300	3,5
300—350	4
350—400	4,5
400—550	5

Von anderer Seite werden auf Grund neuerer Erfahrungen für Weißmetall und Bleibronze folgende Richtlinien für die Wahl der Schichtstärke angegeben: Lagerdurchmesser (d) bis 250 mm, Schichtstärke für Weißmetall 0,01 d + 0,5 mm, für Bleibronze 0,005 d + 0,5 mm [VII, 28].

Zahlreiche weitere Hinweise finden sich in [VII, 4] für Lagerausgüsse bei Kolbendampfmaschinen, für den Großmaschinenbau, Kraftwagen- und Flugmotorenbau, Elektro- und Wasserkraftmaschinenbau, Dampfturbinen- und Turbomaschinenbau, Werkzeugmaschinenbau, Lokomotivbau, Walzwerksbau, Transmissionen- und Triebwerksbau, Hartzerkleinerungsmaschinenbau, Braunkohlen- und Brikettpressenbau und Wagenbau. Die Hauptabmessungen von Lagerbüchsen mit Weißmetallausguß sind in [VII, 29] genormt.

Die Befestigung der Lagermetallausgüsse in den Stützkörpern wird entweder durch Einlöten (Pb–Sn-Lote oder Lote analog den Lagerlegierungen) oder, wenn dies zu keiner sicheren Bindung führt, mechanisch durch Schwalbenschwanzverklammerung (vgl. Abb. 148) bewirkt (hinterschnittene und verdrückte Gewinde zur Verankerung der Lagermetallschicht sind in [VII, 30] und [VII, 31] erwähnt).

Vermerkt sei, daß in bestimmten Fällen zwischen Gleitschicht und Stützschale noch eine Notlaufzwischenschicht angeordnet wird (Dreistofflager). Dies ist beispielsweise bei den Treib- und Kuppelstangenlagern im Lokomotivbau der Fall, bei denen zwischen der Weißmetall-Laufschicht und den Stahlstützkörper eine Rg 5-Schicht eingebaut ist. Auf solche Mehrschichtlager wurde in Punkt 22 bei Besprechung der Silberlagerlegierungen bereits hingewiesen. Eine Kupfer- oder Nickelzwischenschicht (von etwa $1\,\mu$ Stärke) bewirkt zunächst ausreichende Haftfestigkeit der elektrolytisch aufgebrachten Silberschicht (von 0,3 bis 0,5 mm Stärke) an der Stahlstützschale. Die Silberschicht selbst wird mit einer Laufschicht von Blei (mit Indium oder Zinn) von 0,02 bis 0,04 mm Dicke versehen. Auch auf der Grundlage von Bleibronze werden derartige Mehrschichtlager hergestellt. Sie bilden mit den eben erwähnten Silberlagern die zur Zeit leistungsfähigsten Gleitlager für höchste Beanspruchungen. Eine angegossene Bleibronzeschicht von 0,3 bis 0,5 mm Stärke ist mit einer Einlaufschicht von 1 bis $3\,\mu$ Stärke aus Blei (eventuell mit einigen Prozent Zinn) oder aus Kadmium überzogen (vgl. [VII, 32]). Hinweise auf die Vorzüge dünner Lagerausgüsse finden sich weiterhin in [VII, 33], [VII, 34] und [VII, 35], (außerordentliche Erhöhung der Lebensdauer durch Übergang auf dünne Schichten) und in [VII, 36] (Erhöhung der Tragfähigkeit). Die Vorzüge der dünnen Ausgüsse sind so groß, daß der naturgemäß damit verbundene Nachteil schlechterer Einbettfähigkeit von Fremdkörpern in Kauf genommen wird. Nach Angaben in [VII, 34] ist man in USA mit den Ausgußstärken von Pleuel- und Hauptlagern in Personenkraftwagen von den früher verwendeten Stärken von ca. 0,38 bis 0,64 mm in etwa 70% der beobachteten Fälle in den Modellen von 1941 auf ca. 0,05 bis 0,13 mm heruntergegangen. Die Dicke der Stahlstützschalen wurde etwas verstärkt, so daß die Gesamtdicke des Verbundlagers etwa gleich blieb.

Für Sinterlager ist mit Rücksicht auf die schlechte Druckfortleitung beim Pressen die erzielbare Lagerlänge begrenzt. Größere Längen sind durch Zusammensintern von Preßlingen, die unter Verwendung eines geeigneten Bindemittels aneinandergepreßt werden [*VII, 37*], oder durch Nebeneinanderlegen mehrerer Büchsen, die durch Hartlöten oder Schweißen miteinander verbunden werden können, zu erhalten. Da Bunde nicht angepreßt werden können, werden sie — wenn erforderlich — durch lose Anlaufscheiben ersetzt. Bei großen Durchmessern wird der Lagerkörper aus Segmenten aufgebaut [*VII, 38*].

Bei Kunstharzpreßstoffen ist auf die niedrigen Festigkeitseigenschaften und das schlechte Wärmeleitvermögen weitgehend Rücksicht zu nehmen. Satte Auflage des Lagerrückens im Stützkörper ist wichtig. Die Wanddicke der Büchsen soll etwa 10% des Wellendurchmessers betragen. Der Bau von Segmentlagern ist durchaus möglich. Die Lagersegmente müssen mit einer durch Keile bewirkten Verspannung eingebaut werden [*VII, 39*]. Zur Erzielung besserer Wärmeableitungsverhältnisse werden mit der Welle umlaufende Kunstharzpreßstoffbüchsen empfohlen, worauf schon in Punkt 27 hingewiesen wurde (vgl. auch Punkt 15b).

Abb. 157. Weichgummilager. Segmentförmige Verbundkörper aus Stahl und Weichgummi werden in den Stützkörper eingezogen (aus [*VII, 41*]).

Nylonlager werden wegen der guten Fließfähigkeit dieses Materials durch Spritzen hergestellt mit Wandstärken von 0,1 bis 0,2 mm [*VII, 40*].

Bei Weichgummilagern ist, wie schon in Punkt 28 erwähnt, im allg. durch Einbau der Gummibüchse in eine Hülse aus Metall oder Kunstharzpreßstoff für Unterdrückung des radialen Ausweichens zu sorgen. Segmentbauweise wird besonders bei großen Wellendurchmessern verwendet. Weichgummiauflagen werden auf Streifen von Metall befestigt und aus derartigen Verbundkörpern das Gleitlager aufgebaut [*VII, 41*] (Abb. 157). Für besondere Fälle in der chemischen Industrie muß auf metallische Hülsen verzichtet werden. Hier werden massive Gummibüchsen verwendet. Ein Lagerlängenverhältnis größer als 1 ist bei Gummilagern wegen ihrer weitgehenden elastischen Verformbarkeit nicht schädlich, solange für guten Durchgang des Schmiermittels gesorgt wird.

Bei der Gestaltung von Gleitlagern aus Holz ist außer den mechanischen Eigenschaften vor allem die Quellung und ihre Richtungsabhängigkeit zu berücksichtigen. Für Pockholz entsprechen die Lagerabmessungen etwa denen von Weißmetallagern [*VII, 42*], (vgl. auch Punkt 44).

Kohle- und Graphitlager werden teils als glatte zylindrische Büchsen in das Gehäuse eingezogen, teils werden sie in Verbindung mit Stahl-

büchsen in das Gehäuse eingepreßt [*VII, 43*]. (Wandstärke 0,13 d
+ 2,8 mm, [*VII, 108*]). Glas- und Feinkeramiklager, die nur in ganz
speziellen Fällen zum Einsatz kommen, werden ohne Stützschalen
verwendet.

Die Befestigung der Querlager im Gehäuse oder Maschinengestell
erfolgte bei Büchsen durch Fest- oder Haftsitz [*VII, 44*], [*VII, 45*], je
nachdem, ob ein dauernder Verbleib möglich ist oder die Büchse auswechselbar sein muß. Beim Einbau fertigbearbeiteter Lager ist darauf
zu achten, daß durch die gewählte Passung nicht Verformungen der
Lagerbohrungen verursacht werden. Stifte (in Ausnehmungen des Lagerrückens oder -bundes passend), kleine federnde Nasen an den Teilfugen

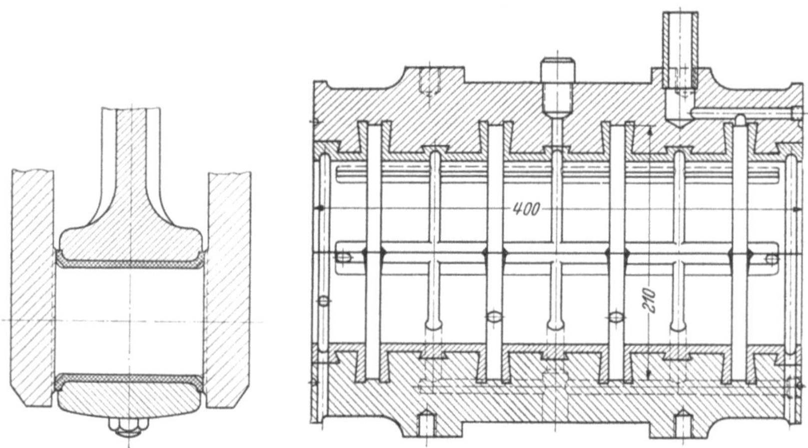

Abb. 158. Pleuellager.　　　　Abb. 159. Kammlager (aus [*VII, 46*]).

(vgl. z. B. Abb. 193) usw. sichern gegen Verdrehen im Falle einer Lockerung des Sitzes durch verschiedene Wärmedehnung von Gehäuse und
Lagerkörper. Liegt die Kriechfestigkeit der Werkstoffe von Massivlagern niedrig, so erfolgt die Befestigung mittels Schrauben. Geteilte
Lager werden im allg. durch Verschraubung von Lagerdeckel und -ge-
häuse befestigt; auch hier sichern Stifte, Schrauben oder Federn gegen
Verdrehungen.

b) Längslager. Die Beschreibung wichtiger Arten von *Längslagern*
beginnen wir mit einem Pleuellager, das — eigentlich ein Querlager —
doch auch zur Aufnahme von Schüben parallel der Zapfenachse geeignet
sein muß (Abb. 158). Hierzu ist es mit Bunden aus Lagerwerkstoff aus-
gestattet, die es an den Wangen der Kurbelwelle führen. Damit das
Lager seitlichen Schub mit der ganzen Bundfläche aufnimmt, ist der
Übergang vom zylindrischen Querlager zum Bund abgesetzt oder entsprechend verrundet, ein Umstand, der auch eine unbehinderte Schmier-
mittelzuführung vom Ölspalt des Querlagers zum Bund gewährleistet.

Ähnliche Beanspruchungsbedingungen treten an vielen anderen Lagerstellen des Maschinenbaus auf; sie werden dort ebenfalls durch Bunde an den Querlagern aufgefangen (z. B. Achslagern, Kurbelwellenlagern, Turbinenlagern, Walzwerkslagern u. a.).

Während bei den Pleuellagern die Schubbeanspruchung parallel zur Zapfenachse nur im Maß der erforderlichen Führung des Pleuels erfolgt und die Möglichkeit, diese Schübe an Lagerbunden aufzunehmen besteht, treten in anderen Fällen (z. B. Lager in Schneckengetrieben) so erhebliche Längsbeanspruchungen auf, daß besondere Maßnahmen zu ihrer Aufnahme getroffen werden müssen. Abb. 159 zeigt eine Konstruktion, bei der der Axialdruck durch eine größere Anzahl von auf der Welle sitzenden Druckringen (Kämmen) auf das mit entsprechenden

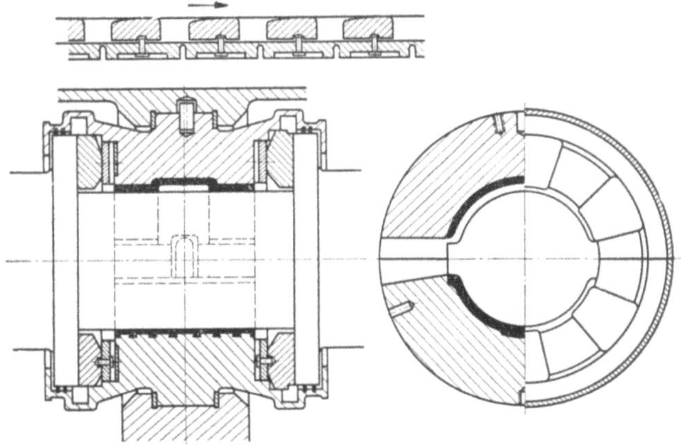

Abb. 160. MICHELL-Lager (aus [*VII, 99*]).

Ausnehmungen versehene Gehäuse übertragen wird (Kammlager). Die Belastbarkeit derartiger Lager ist jedoch nur gering, ein hoher Verschleiß begrenzt zudem die Lebensdauer.

Einen außerordentlichen Fortschritt erbrachte die Verwirklichung der aus der hydrodynamischen Theorie folgenden Erkenntnis durch MICHELL (1905) und KINGSBURY, daß ein drehender Zapfen sich auf keilförmiger Ölschicht schwimmend halten kann [*VII, 47*]. Das Wesentliche des MICHELL-Lagers ist die Unterteilung der ruhenden, ringförmigen Tragfläche in mehrere Segmente, die durch radiale Zwischenräume voneinander getrennt sind (Abb. 160). Leichte Neigung der Segmentflächen schafft zwischen ihnen und dem rotierenden Zapfen bzw. Druckring keilförmige Schmierschichten, die zur Aufnahme hoher Drucke geeignet sind. Wichtig ist, daß sich alle Segmentteile gleichmäßig am Tragen beteiligen. Dies stellt mit Rücksicht auf die nur sehr dünnen Ölschichten hohe Anforderungen an die Genauigkeit von Herstellung und Montage. Vielfach werden die Tragsegmente daher selbsteinstellbar ausgeführt. Über die Formänderungen der Segmente der MICHELL-Lager durch die mechanische Belastung und Temperaturunterschiede innerhalb eines Segments wird in [*VII, 48*] berichtet unter Angabe der günstigsten Abmessungen der Segmente bzw. ihrer günstigsten Federunterstützung. Konstruktionshinweise, Angaben über spezifische Flächendrucke und Berechnung von Längslagern finden sich weiterhin in [*VII, 49*].

Außer der eben beschriebenen Ausführungsform mit rotierendem Druckring (Kamm) und feststehender Segmenttragfläche wird auch eine andere mit feststehendem Kamm und rotierender Segmentfläche verwendet. Die vorher üblichen Spurlager mit lotrechter Welle mußten, um hoher Belastbarkeit zu genügen, mit Druckölschmierung ausgerüstet sein. Die Betriebssicherheit war dadurch mit der der Druckölpumpen gekoppelt. Der Übergang auf das Segmentlager beseitigte

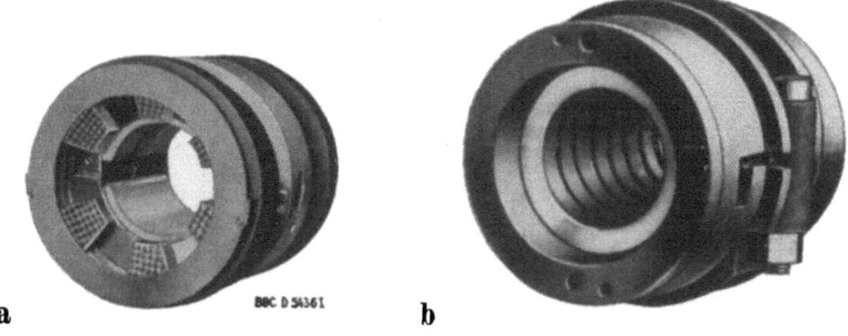

a   b

Abb. 161 a u. b. Vergleich eines MICHELL-Lagers für 20 t Belastung (a) mit einem Kammlager für 3 t Belastung (b) (aus [*VII, 99*]).

die Schwierigkeiten, da in den Schmierkeilen bei ausreichender Öldarbietung (Spritzring, Tauchschmierung) die zum Tragen der Wellenbelastung benötigten Drucke selbst erzeugt werden. Der große Fortschritt durch Übergang auf das Zweischeiben-Drucklager[1] wird durch Abb. 161 veranschaulicht, welche in gleichem Maßstab ein MICHELL-Lager für 20 t Belastung einem Kammlager für nur 3 t Belastung gegenüberstellt. Das Anwendungsgebiet der MICHELL-Lager ist praktisch nahezu unbegrenzt. Normal wird die Belastung zu 25 bis 35 kg/cm² gewählt, versuchsweise wurde bis 500 kg/cm² und mehr gegangen.

Ein Längslager mit lotrechter Welle, deren Stirnfläche gegen eine selbsteinstellbare Spurplatte läuft, ist oben in Abb. 147b dargestellt, ein Spurlager nach KINGSBURY in Abb. 162. Interessant ist in diesem

---

[1] Bei einem Zweischeibendrucklager werden die axialen Kräfte durch kippende Klötze aufgenommen, die gegen je eine Scheibe an den Enden des Lagers laufen, während bei einem Einscheibendrucklager die Klötze beiderseits einer einzigen Scheibe angeordnet sind.

Beispiel, daß die Führung der Welle nicht durch ein entsprechendes Halslager, sondern durch kugelige Ausbildung der Wellenstirnfläche gesichert wird.

Ein besonders wichtiges Anwendungsgebiet für MICHELL-Lager ist der Wasserturbinenbau [*VII,3*], [*VII,48*], [*VII, 50*]. In Abb. 163 ist ein stehendes Gleitdrucklager dargestellt, wie es zur Aufhängung der Achse einer Wasserturbine verwendet wird. Es handelt sich um die Kombination eines Segmentdrucklagers mit einem Halslager zur Führung

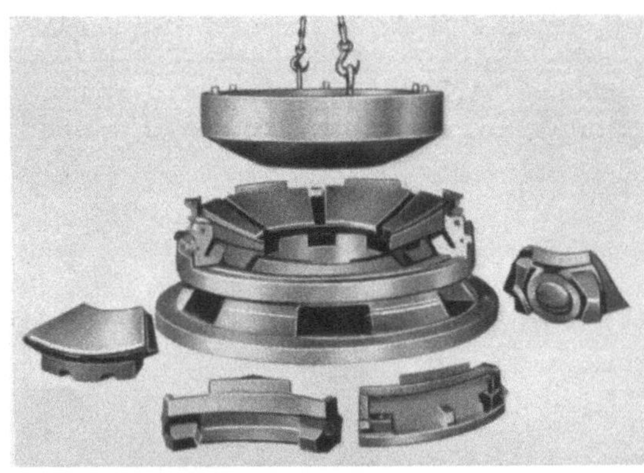

Abb. 162. Spurlager mit kugeliger Ausbildung der Wellenstirnfläche (KINGSBURY) (aus [*VII, 16*]).

der Welle. Ölzu- und -abfluß geht aus den eingezeichneten Pfeilen hervor. Unter Wasser befindet sich, wie aus der Randskizze ersichtlich ist, bei

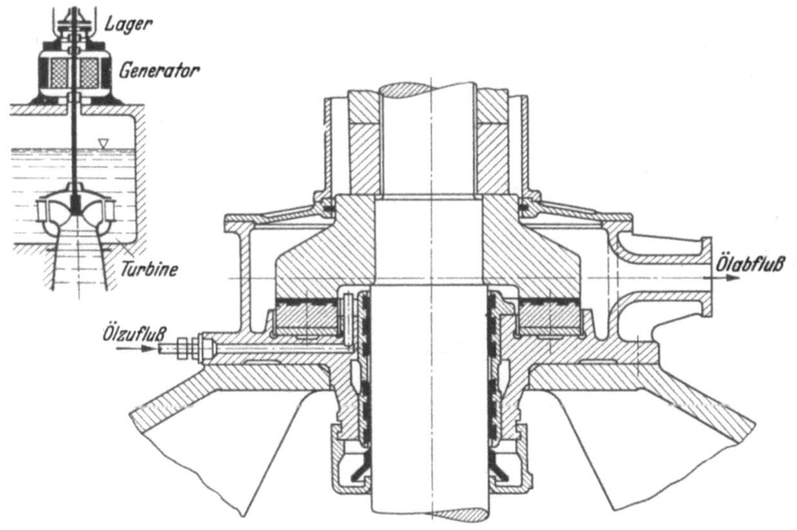

Abb. 163. MICHELL-Spurlager (stehendes Gleitdrucklager) nach HEIDEBROEK.
(Zeichnungsvorlage. Der linke Schnitt ist gegenüber dem rechten um 90° versetzt.)

dieser Anordnung nur ein Führungslager für die Turbinenwelle. Bei einer ähnlichen Ausführungsform [*VII, 51*] ist das Spurlager einer KAPLAN-turbine ebenfalls auf dem Turbinendeckel abgestützt. Die mit einem

Weißmetallausguß versehenen Tragplatten aus Stahl sind elastisch auf Bunascheiben gelagert. Der zweiteilige Spurring aus Stahl ist am Spurlagertragkopf angeschraubt. Das untere Führungslager (Halslager) sitzt in einem am Turbinendeckel befestigten Lagerkörper. Die Lagerschalen des oberen Führungslagers sind in der Lagerbrücke elastisch aufgehängt. Abb. 164 gibt ein VOITH-Spurlager für 500 t Belastung während der Werkstattmontage wieder und läßt die außerordentlichen Ab-

Abb. 164. Spurlager bei der Montage (aus [*VII, 3*]).

messungen, bis zu denen derartige Lagerkörper ausgeführt werden, erkennen.

Erwähnt seien schließlich noch zwei Bauformen, bei denen der Tragring nicht in getrennte Segmente aufgeteilt ist. Bei der einen gleitet ein Laufring, der mit radialen Schmiernuten versehen sein kann, über einen biegsamen, mehrfach radial geschlitzten Tragring. Dieser wird entlang seines Umfanges durch Federn abgestützt, die derart eingestellt sind, daß bei Belastung und Drehung des Laufringes hydrodynamisch tragende Schmierkeile zwischen ihm und dem Tragring entstehen (Bauart General Electric Co.; [*VII, 16*]). Bei der zweiten Bauform wird der gegen den aus starren Keilflächen gebildeten Tragring gepreßte Druckring durch einen für gleichmäßiges Anliegen sorgenden Hilfsring gestützt [*VII, 3*].

Abschließend seien die großen Vorteile der Segmentlager nochmals genannt. Ihre Tragfähigkeit übersteigt die normaler Längslager um etwa das 5—7fache, während die Reibungsverluste nur 5—10% der für normale Längslager gültigen betragen. Druckölschmierung ist auch bei hoher Beanspruchung im allgemeinen nicht erforderlich. Dies führt auf Verwendbarkeit der Segmentlager auch bei höchsten Beanspruchungen, und auf wesentliche Platzersparnis gegenüber der älteren Konstruktion. Vor allem die selbsteinstellbaren Segmentlager haben sich breite Anwendungsgebiete erobert. Genannt seien Drucklager für Schiffswellen, für Wasser- und Dampfturbinenwellen.

c) Spitzenlager. Bei der im Meßinstrumentenbau verwendeten *Spitzenlagerung* handelt es sich im Grunde auch um Spurlager besonders kleiner Abmessungen, die konstruktive Ausführung ist jedoch den Anforderungen entsprechend (vgl. Punkt 32) völlig verschieden von der des Maschinen- und Apparatebaues [*VII, 52*], [*VII, 2*]. Die Welle ist i. allg. ein zylindrischer Stahldraht von einigen Zehntel Millimeter Stärke, der mit einer hochglanzpolierten Spitze versehen ist. Zur Gewichtsersparnis oder auch zur möglichsten Vermeidung von Magnetismus werden auch Alu-

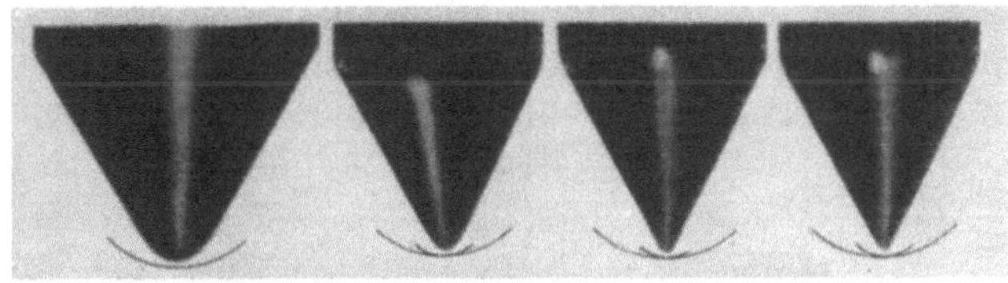

Abb. 165. Mikrophotographien von Achsspitzen mit verschiedenen Radien in einem Lagerstein mit 0,30 mm Radius und 0,02 mm Achsenluft (aus [*VII, 52*]).

miniumrohre mit eingesetzten Stahlspitzen verwendet. Der die Spitze bildende Kegel hat zumeist einen von 60° nur wenig verschiedenen Öffnungswinkel, er ist kugelig verrundet, wobei der Krümmungshalbmesser von 5 bis 10 μ, bei sehr empfindlichen Instrumenten mit leichtem Systemgewicht, bis zu 200 μ, bei Schalttafelinstrumenten mit Systemgewichten über 6 g, ansteigt. Abb. 165 zeigt verschieden stark verrundete Spitzen. Die Lagerpfanne (Spurplatte) aus Stein (Punkt 32) oder Metall ist entsprechend zu einem Hohlkegel ausgeschliffen, dessen Öffnungswinkel 90 bis 120° beträgt. An der Spitze ist auch der Hohlkegel kugelig verrundet, mit Radien von 50 μ bis 300 μ. Die Berührung von Welle und Pfanne erfolgt, abgesehen von Ausnahmefällen, stets im Bereich der kugeligen Abrundungen. Zur Erzielung niedriger Reibungszahlen muß wegen der außerordentlich hohen spez. Belastungen, die 50 000 kg/cm² übersteigen können, die Oberflächengüte ausgezeichnet sein. Um der Ausdehnung bei Temperaturerhöhung nachkommen zu können, muß die Achse mit geringer Luft (von zumeist nur wenigen Hundertstel Millimeter) in der Achsenrichtung eingesetzt werden. Schematisch ist ein Steinlager in Abb. 147c dargestellt.

Als geeignetes Maß für die mechanische Beurteilung eines Spitzenlagers ist der schon in Punkt 14 erwähnte KEINATH-Faktor Γ_{Kth} anzusehen, welcher durch den Ausdruck

$$\Gamma_{Kth} = \frac{10 \cdot D_{90}}{G^{1.5}}$$

gegeben ist, worin D_{90} das Drehmoment in g·cm für 90 Winkelgrad Ausschlag und G das Systemgewicht in g ist [VII, 53]. Dieser Faktor stellt eine Gesamtbeurteilung von Lagerreibung und Lagerfestigkeit dar.

Der Vorteil der Spitzenlagerung ist, besonders bei lotrechter Achse, eine sehr geringe Reibung. Treten Erschütterungen auf oder liegen die Systemgewichte hoch, so besteht die Gefahr der Abnutzung der Spitzen, was zu erheblichem Reibungsanstieg führt. In solchen Fällen bewährt sich *Zapfenlagerung* der Welle besser [VII, 52]. Diese wird im Uhrenbau und im Bau von Elektrizitätszählern angewendet, aber auch in zahlreichen Lagerungen von Instrumenten, die in Fahrzeugen eingebaut sind. Im Prinzip handelt es sich bei ihr um ein Spurlager, welches zur Stabilisierung der Welle nicht einander entsprechende Verrundungen auf Welle und Spurplatte benutzt, sondern — mit Rücksicht auf die Stoßsicherheit — zusätzlich einen Lochstein, der einem Halslager entspricht. Abb. 166 zeigt ein derartiges Zapfenlager. Der Durchmesser der Zapfen von Unruhlagern von Uhren beträgt etwa 0,07 mm; bei Meßgeräten, insbesondere solchen mit schweren Systemen, werden Zapfendurchmesser bis 0,3 mm gewählt. D;e Bohrung im Lochstein ist nur wenige Hundertstel Millimeter weiter als der Zapfendurchmesser. Die am Ende gut verrundete Welle ruht auf einem ebenen, gut polierten „Deckstein" von einigen Zehntel Millimeter Dicke, der auch aus harten, hochglanzpolierten Legierungen bestehen kann.

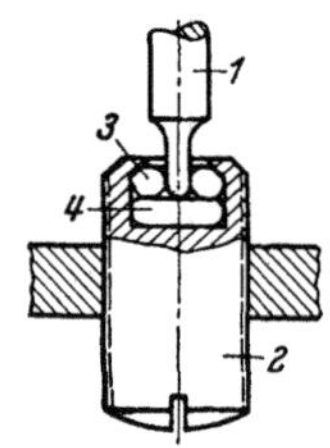

Abb. 166. Zapfenlager (aus [VII, 2]).

1 = Achszapfen
2 = Steinschraube
3 = Lochstein
4 = Deckstein

d) Ebene Lagerstellen. Eine ebene Lagerstelle war oben in Abb. 147d schematisch am Modellbeispiel des Gleitschuhs gezeigt worden. Die angegebene Keilstellung von $5^0/_{00}$ gilt für große Gleitgeschwindigkeiten und kleine Drucke. Sie wird noch kleiner gewählt (etwa $2^0/_{00}$), wenn es sich um kleine Geschwindigkeiten bei großen Drucken handelt. Die Länge der Abschrägung in der Bewegungsrichtung beträgt bei kurzen Gleitstücken etwa $^1/_8$ bis $^1/_5$ der Gleitschuhlänge. An praktischen Verwendungsbeispielen seien genannt die Ablaufschlitten von Schiffen, die in gleittechnisch günstigster Ausführung aus aufeinanderfolgenden, der ebenen Ablaufbahn parallelen und zu ihr schwach geneigten Flächen bestehen. Im Ruhezustand sind es die ebenen Flächen, die das Schiffsgewicht auf die Gleitbahn übertragen, im Falle der Bewegung des Schiffes wirken die keilförmigen Schmierschichten unterhalb der schwach geneigten Flächen als Übertrager [VII, 94]. Die zahlreichen Supportführungen von Werkzeugmaschinen, die vielen und so verschiedenartigen Führungen im Apparate- und Instrumentenbau sind ihrer Wirkungsweise entsprechend ebene Lagerstellen, auch wenn mit Rücksicht auf nur geringe Beanspruchung oder aus Gründen der Wirtschaftlichkeit auf die Anbringung von keilförmigen Abschrägungen verzichtet wird.

Je nachdem, ob die auf die Gleitflächen wirkenden Kräfte stets dieselbe Richtung haben oder ihre Richtung wechseln, werden offene, doppelte oder geschlossene Führungen verwendet. Die Abb. 167 und 168 bringen eine Reitstockführung einer Drehbank als Beispiel einer offenen, eine Schlittenführung einer Werkzeugmaschine als Beispiel einer doppelten Führung.

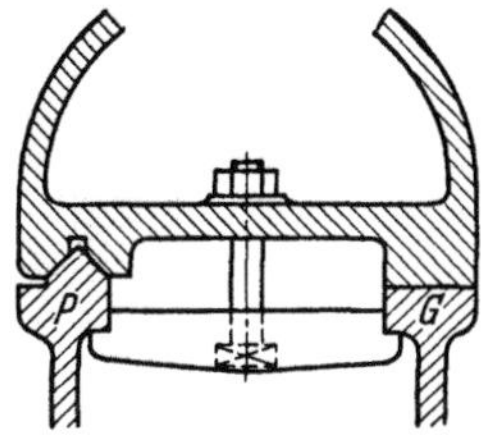

Abb. 167. Reitstockführung
einer Drehbank (aus [*VII*, *5*]).

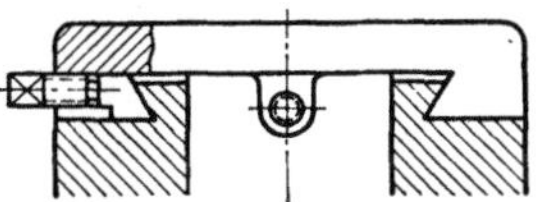

Abb. 168. Schlittenführung einer
Werkzeugmaschine (aus [*VII,5*]).

Ein weiteres besonders wichtiges Beispiel ebener Gleitstellen bilden die *Kolben*. Sie nehmen bei Kraftmaschinen die vom Betriebsmittel ausgeübten Drucke auf, um sie an das Triebwerk weiterzugeben oder — wie bei Pressen — auf das zu bearbeitende Werkstück wirken zu lassen, sie vermitteln bei Arbeitsmaschinen umgekehrt die Einwirkung von Kräften auf die in den Zylindern eingeschlossenen Stoffe. Die Gleitflächen sind hier Zylinderflächen (Kolben, Kolbenringe) mit der Achse als Gleitrichtung. Die Bewegung der Kolben erfolgt in der Regel geradlinig hin- und hergehend. Man unterscheidet *Plunger* oder *Rohrkolben*, deren glatte zylindrische Laufflächen zumeist durch Packungen in den Zylindern abgedichtet sind (Abb. 169a), *Scheibenkolben*, die einwandig oder doppelwandig als Hohlkolben ausgebildet sind (Abb. 169b und c) und ihre Abdichtung durch Kolbenringe, Leder oder Gummistulpen und Weichpackungen selbst tragen und *Tauchkolben*, die, aus zylindrischem Mantel mit ebenem oder schwach gewölbtem Boden bestehend, mit Kolbenringen zur Dichtung versehen sind und im allgemeinen den Schubstangenbolzen aufnehmen und so den Kreuzkopf ersetzen (Abb. 169d bis f). Das Material der Kolbenringe ist Gußeisen. Die Ringe werden in entsprechenden Nuten der Kolben federnd eingesetzt; sie schmiegen sich an die Zylinderwandung an und besorgen eine Abdichtung nicht nur für Gase und Dämpfe, sondern auch für Flüssigkeiten. Die äußeren Kanten der Kolbenringe sind verschieden ausgebildet, je nachdem ob ein Abstreifen des Schmiermittels von der Zylinderwand erfolgen soll oder nicht. Breite Ringe erhalten zur Verbesserung der Gleitung Schmiernuten. Bei

der Formgebung der Tauchkolben von Verbrennungskraftmaschinen
wird auf die im Betriebe sich einstellende Temperaturverteilung Rücksicht genommen. Möglichst enges Anliegen des Kolbens an die Zylinder-

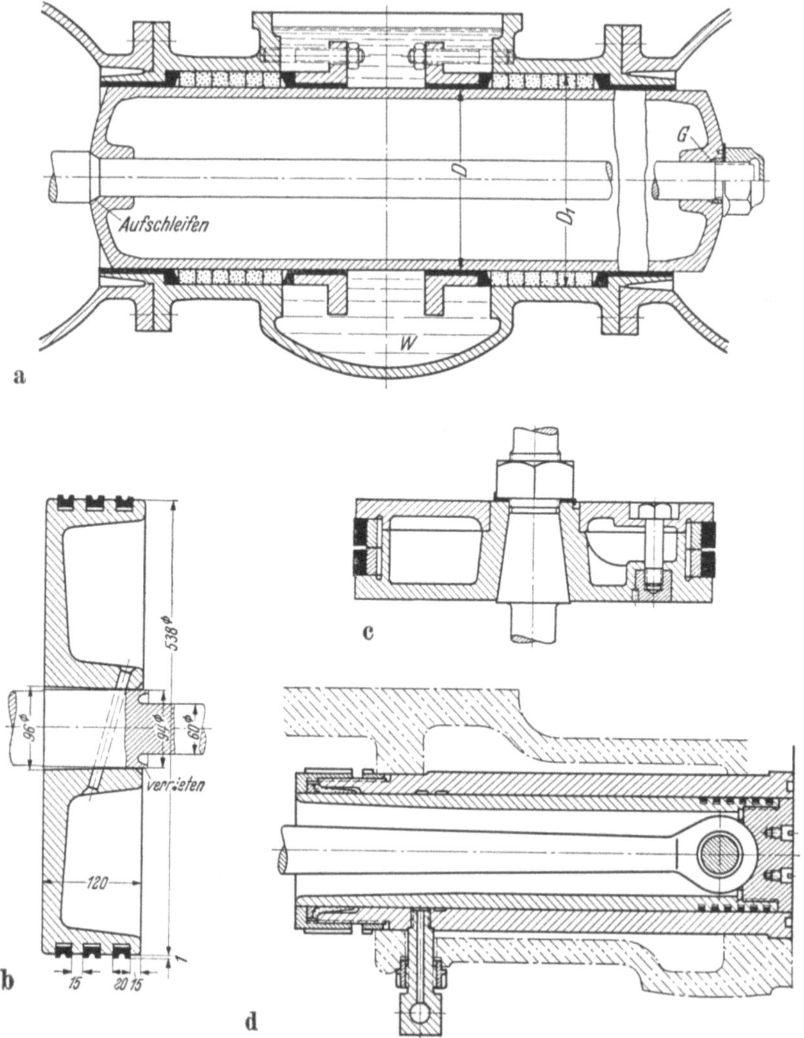

Abb. 169a bis d. Kolbenausführungen.

wandung bei Betriebstemperatur wird durch leicht kegeliges Anschleifen
am Bodenende und abnehmendes Spiel gegen das offene Ende zu erreicht
[VII, 5], [VII, 55] (vgl. auch [VII, 56]). Zu berücksichtigen ist ferner
eine zufolge der Temperaturverteilung am Bolzenauge vorhandene Neigung des Kolbens sich in Richtung des Bolzens stärker auszudehnen als

senkrecht dazu. Dem wird durch Ovalschleifen mit einem Durchmesserunterschied von einigen hundertstel Millimeter begegnet. Dieses Ovalschleifen erweist sich vorwiegend bei Leichtmetallkolben wegen des hohen Ausdehnungskoeffizienten der Aluminiumlegierungen (Punkt 33) als nützlich. Diese Legierungen bringen aber durch ihr niedriges spez. Gewicht und ihr gutes Wärmeleitvermögen so erhebliche Vorteile, daß durch eine ganze Reihe von

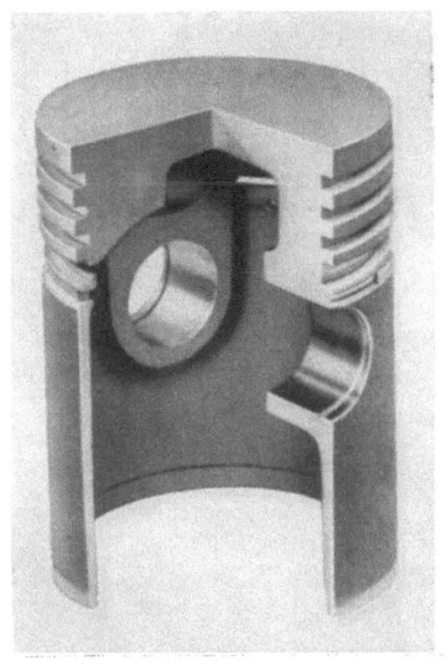

e

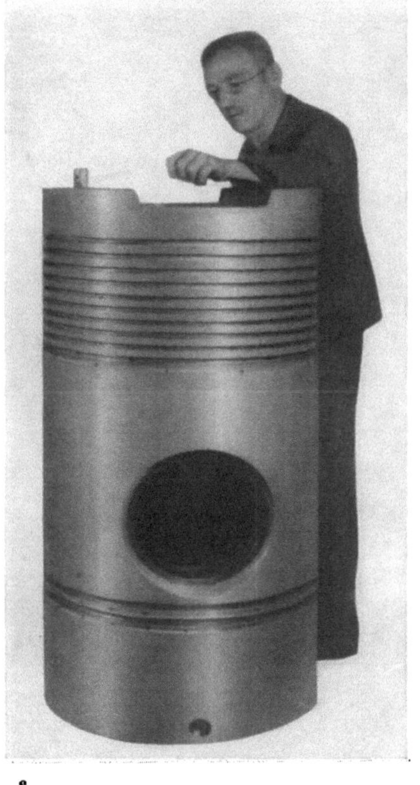

f

Abb. 169a bis f. Kolbenausführungen:

a Pumpenplunger, abgedichtet durch zwei getrennte Stopfbüchsen, die zur
   Verhinderung des Ansaugens von Luft in einem Wassertrog W liegen;
   G = Gummischnur (aus [VII, 5])
b einwandiger Scheibenkolben (aus [VII, 5])
c doppelwandiger Scheibenkolben (aus [VII, 1])
d Tauchkolben für einen Hochdruckkompressor (aus [VII, 5])
e Kolben für eine Verbrennungskraftmaschine, aufgeschnitten [VII, 50]
f Kolben für Verbrennungskraftmaschinen (man beachte den Größenunterschied der dargestellten Kolben [VII, 50]).

Sonderkonstruktionen versucht wird, die Nachteile der hohen Wärmedehnung zu überwinden. Hierzu sei nur der NELSON-BOHNALITE-Kolben erwähnt, ein Leichtmetallkolben mit Einlagen aus Invar, einer Nickel–Eisen-Legierung mit sehr kleinem Ausdehnungskoeffizienten. Abb. 170 zeigt das Prinzip des Zusammenbaues; es führt zu einem resultierenden Ausdehnungskoeffizienten, der mit dem des Zylinderwerkstoffes gut harmoniert. Neuerdings werden die Invarstreifen durch entsprechend angeordnete Streifen aus unlegiertem Stahl ersetzt [*VII, 58*], [*VII, 59*]. Für weitere Maßnahmen zur Verbesserung von Leichtmetallkolben sei auf [*VII 57*], [*VII, 55*] und [*VII, 56*] verwiesen.

Grundsätzlich sind auch die oben beschriebenen Segmentlager (MICHELL-Lager) eine Kombination zahlreicher Gleitschuhe.

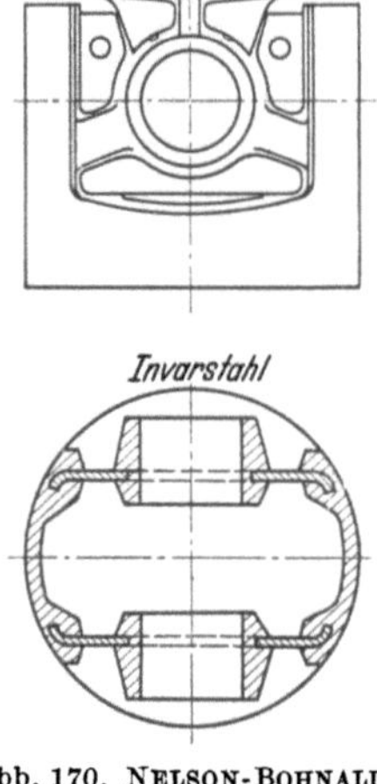

Abb. 170. NELSON-BOHNALITE-Kolben (aus [*VII, 57*]).

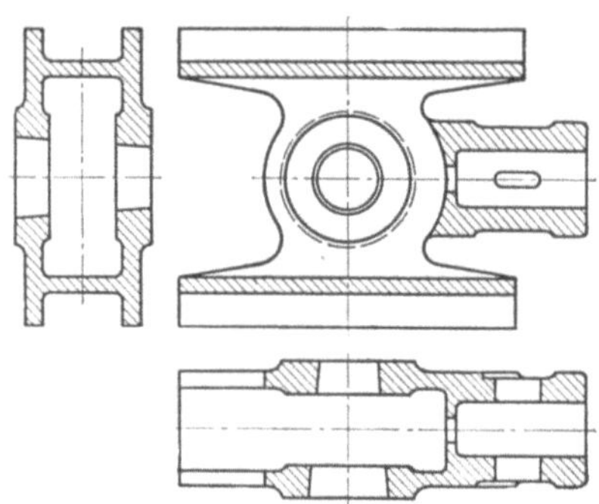

Abb. 171. Doppelseitiger Kreuzkopf mit ebenen Gleitflächen (aus [*VII, 1*]).

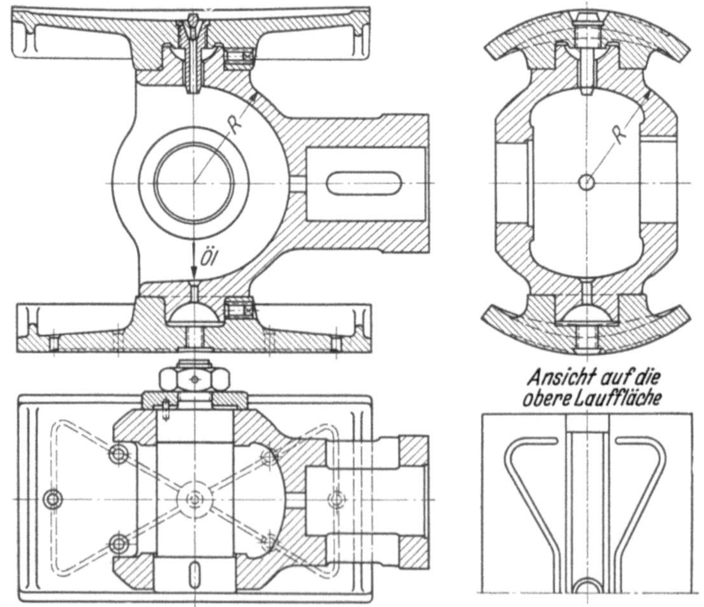

Abb. 172. Doppelseitiger Kreuzkopf mit zylindrischen Gleitflächen [*VII, 60*].

Weiterhin stellt der in Kulissensteuerungen (Umsteuerungen zur Änderung des Drehsinns von Umkehrmaschinen wie Lokomotiven, Schiffsmaschinen, Fördermaschinen usw.) gleitende *Kulissenstein* eine ebene Lagerstelle dar. Eine besonders wichtige Anwendung finden ebene Gleitstellen schließlich in den *Kreuzköpfen*. Diese koppeln als Gelenk zwischen Kolben und Pleuelstange eine gradlinige Bewegung mit einer Drehbewegung. Die Gleitflächen werden, wenn eine einfache Herstellung durch Hobeln möglich ist, eben ausgeführt, im allgemeinen jedoch gedreht, so daß sie Teile von Zylindermänteln darstellen. Bei ebenen Gleitflächen werden diese etwa doppelt so lang wie breit gewählt, bei Rundführungen wird eine Breite von etwa 0,5 bis 0,6 des Bohrungsdurchmessers verwendet. Abb. 171 bringt ein Beispiel eines Kreuzkopfes mit ebenen Gleitflächen; einen Kreuzkopf für eine liegende Dampfmaschine, bei welchem die Gleitflächen gedreht sind, zeigt Abb. 172. In beiden Fällen handelt es sich um doppelseitige Kreuzköpfe mit wechselnder Drehrichtung. Läßt man den Gleitschuh die Gleitbahn umfassen oder liegt nur einsinnige Drehrichtung der Kurbel vor, so können auch einseitige Kreuzköpfe verwendet werden. Die spez. Belastung der Gleitschuhe ist im allgemeinen niedrig, 2 bis 3 kg/cm²; an Kreuzköpfen von Lokomotiven steigt sie bis etwa 10 kg/cm², was eine häufige Nachstellung erfordert [*VII, 1*].

44. Lagerspiel.

Die Bedeutung des Lagerspiels für die Ausbildung des hydrodynamisch tragenden Schmierfilms ist in Kapitel I A erläutert und in Punkt 42 nochmals zusammengefaßt dargestellt worden. Hier stellen wir nun die numerischen Werte des Lagerspiels für die einzelnen Gleitwerkstoffe zusammen, wie sie sich vorwiegend aus der Praxis ergeben haben. Wir ergänzen diese Darstellung durch einige gleichfalls der Praxis entnommene Hinweise. Mit Vergrößerung des Spiels nimmt die Menge des das Lager durchsetzenden, kühlenden Schmiermittels bei steigendem Ölverbrauch (und unter Druckverlust im Falle von Druckölschmierung) zu; die Laufruhe des Zapfens, der sich immer weniger aus seiner Ruhelage entfernt, steigt. Gleichzeitig erhöht sich aber die Gefahr des Durchbruchs des Schmierfilms unter gleichzeitiger Abnahme der Tragfähigkeit, so daß sich eine obere Begrenzung für die Größe des Spiels ergibt. Die untere Begrenzung des Spiels ist dadurch gegeben, daß sich bei zu kleinen Werten die zur hydrodynamischen Drucksteigerung führenden Schmierkeile nicht ausbilden. Für die Wahl des zu bester hydrodynamischer Schmierung und verschleißlosem Betrieb führenden Lagerspiels ist daher folgendes zu beachten: Zunächst ist zu berücksichtigen, daß zufolge der thermischen Ausdehnung von Zapfen und Lager das Spiel von der Temperatur im Lager abhängt. Die Angaben über Lagerspiele beziehen sich stets auf Raumtemperatur (Kaltspiel). Die verschiedene thermische Ausdehnung der Lagerwerkstoffe bedingt, daß das zweckmäßig zu verwendende Spiel werkstoffabhängig ist. Aus demselben Grunde spielen auch der Aufbau des Lagers (Massiv- oder Verbundlager), die Ausgußstärke und der Gehäusewerkstoff eine Rolle. Bei entsprechender Werkstoffkombination kann Temperaturerhöhung eine Verringerung des Bohrungsdurchmessers verursachen und demgemäß ein größeres Kaltspiel erfordern; dies ist um so größer zu wählen, je höher die zu erwartende Betriebstemperatur liegt. Auf eine Durchrechnung unter vereinfachten Annahmen war bereits in Punkt 43 hingewiesen worden (*VII, 100*). Dort wurde auch eine Formel für die Berechnung des Warmlagerspiels angegeben, in welche außer den geometrischen Abmessungen der E-Modul, der Ausdehnungskoeffizient, und die Temperaturerhöhung von Lagerbüchse und Stützschale eingehen. Da gute Anpassung des Lagers an die Welle den Temperaturanstieg verringert und die Gefahr des Durchbruchs des Schmierfilms herabsetzt, kommt auch der Schmiegsamkeit (dem Einlaufverhalten) des Lagerwerkstoffs Bedeutung für die Wahl des Lagerspieles zu. Um die für den ruhigen Lagerlauf erforderlichen Exzentrizitäten einzuhalten, muß das Lagerspiel auf die herrschenden Drehzahlen abgestimmt sein. Schließlich spielen auch die Oberflächengüten von Lagerschale und Zapfen, die ja für die Größe der geringsten zulässigen Schmierschichtstärke bestimmend sind, eine wichtige Rolle für die Wahl des Lagerspiels. Bei Kunstharzpreßstoffen und Holz müssen Quellungen der Werkstoffe ertragen werden können; das Lagerspiel muß daher erheblich größer (bei Kunststoffen um 50 bis 100%) gewählt werden als bei Metallen, um Blockierungen zu vermeiden.

Diese Aufzählung läßt erkennen, von wie vielen Faktoren das Lagerspiel beeinflußt wird. Als allgemeine Richtlinie gilt, daß in dem in Frage kommenden Bereich eher ein etwas zu weites als ein zu enges Spiel zu wählen ist, um die Betriebssicherheit zu erhöhen.

Tab. 63 gibt eine Übersicht über bewährte Lagerspiele vorwiegend für metallische Lagerwerkstoffe, ergänzend aber auch für Kunstharzpreßstoffe und Weichgummi.

Hochzinnhaltige Weißmetalle sind durch niedrigstes Spiel ausgezeichnet. Aus einer größeren Zusammenstellung über Lagerspiele in Haupt- und Pleuellagern von Otto-Motoren in amerikanischen Personenkraftwagen [*VII 65*] geht hervor, daß für beide Lagerarten grundsätzlich dasselbe Spiel verwendet wird. Bei den Achslagern aus gehärteten Bleilagermetallen liegt der Bereich des Spiels weit über dem sonst üblichen, um im Genauguß hergestellte, nicht nachbearbeitete Lagerschalen für Zapfen verschiedenen Durchmessers (Nachbearbeitung schadhaft gewordener Laufflächen) verwendbar zu haben (vgl. z. B. [*VII, 69*]). Bei den Zinklegierungen ist vorwiegend die hohe thermische Ausdehnung, aber auch die mangelnde Schmiegsamkeit für das relativ hohe Lager-

Tabelle 63. Relatives Lagerspiel.

Werkstoff	Lagerspiel in ⁰/₀₀ d. Durchmessers	Wellen- durch- messer mm	Gleit- geschwin- digkeit m/s	Literatur
a) Legierungen				
Hochzinnhaltige	0,4—1	} 45—70		[VII,61], [VII,62],
Weißmetalle	0,4—0,8			[VII,63], [VII,64],
				[VII,65]
Sn-arme und	0,5—0,9	50	} 4—8	} [VII,66]
Sn-freie Blei-	0,5—0,7	140		
lagermetalle	0,9—1,5		3—8	[VII,67]
	0,8 (Hauptlager)			} [VII,68]
	0,6—0,7 (Pleuel-			
	lager)			
	0,5—0,8			[VII,64]
	40—110 (Achslager)	108—115	~3—5	[VII,69]
Kadmium-	wie Weißmetalle			[VII,63]
legierungen				
Zinklegierungen	1,0—1,5			[VII,62]
	3,2—4,5		3—8	[VII,67]
Zinnbronzen	~0,5			[VII,70].
Sondermessing	} 1,5—2,5		} 3—8	} [VII,67]
Rotguß 5				
Bleibronzen	0,5—0,9			[VII,65]
	0,7—1,0			[VII,71]
	0,9—1,9	50	} 4—8	} [VII,66]
	1,0—1,2	140		
	0,9	45	10	[VII,72]
	1,5			[VII,73]
	0,8—1,0			[VII,64]
	1,5			[VII,61]
	1,5—2,5		3—8	[VII,67]
Silber—Blei-	1,0—1,2		10	[VII,72]
Legierungen				
Aluminium-	1,0+0,02 mm!			[VII,74]
legierungen	0,7—0,9			[VII,64]
	~1			[VII,75], [VII,76]
	1,6			[VII,77]
	2—3			[VII,78]
Gußeisen	2—3		3—8	[VII,67]
Sintereisen	2—2,5		3—8	[VII,67]
Sinterwerkstoffe	0,5—1,5			[VII,107]
b) Kunstharzpreß-	5—10	40		} [VII,79]
stoffe	2—3	280		
	2,5—4			[VII,80]
	1,4 (Wickellager)			[VII,81]
c) Weichgummi	2—8[1] 3—10[2]	20		} [VII,41]
	1,7—3,8 2,7—4,7	100		
	1,1—2,5 3,1—4,5	200		
	0,7—1,6 2,9—3,8	400		
d) Graphit	2—3			[VII,108]

[1] Maschinenbau. — [2] Schiffbau.

spiel verantwortlich, bei den Bleibronzen, Aluminiumlegierungen und Gußeisen wohl in der Hauptsache die letztere Eigenschaft. Die Angabe eines Lagerspiels von $1^0/_{00}$ + 0,02 mm für Aluminiumlegierungen, gültig für Lager von OTTO-Motoren soll einen Schmierölfilm von 0,01 bis 0,03 mm Stärke im betriebswarmen Zustand verbürgen [VII, 74]. Im Übrigen spielt auch die Eigenart des Motors bei der Spielbemessung eine Rolle.

Bei den Kunstharzpreßstoffen erkennt man die Bedeutung der Wickellager für die Herabsetzung des Spiels (bessere Wärmeabfuhr). Für Nylonlager wird ein absolutes Lagerspiel von ca. 0,76 mm empfohlen [VII, 40]. Bei Holzlagern ist mit erheblichen Schrumpfungen zu rechnen, die z. B. bei Pockholz in der Größenordnung von $^1/_2$ bis 12% je nach Durchmesser, Wandstärke und Faserrichtung [VII, 42] liegen. Sowohl bei den Kunstharzpreßstoffen als auch den Weichgummilagern tritt mit steigendem Wellendurchmesser eine Spielverringerung klar hervor.

Bisher wurde ausschließlich vom Durchmesserspiel gesprochen. Das seitliche Lagerspiel an den Bunden ist von erheblich geringerer Bedeutung. Allerdings ist darauf zu achten, daß es nicht zu niedrig ist, um Heißläufer zu vermeiden [VII, 28]. Bei Haupt- und Pleuellagern von Automobilmotoren liegt es nach [VII, 65] bei Lagerlängen von 22 mm bei etwa $6^0/_{00}$, es sinkt etwa linear auf $2^0/_{00}$ ab bei Lagerlängen von 62 mm.

Bei Schwinglagern ist im allg. nicht mit der Ausbildung hydrodynamischer Schmierung zu rechnen. Ihr Schmierzustand liegt im Gebiet von Misch- und Grenzschmierung. Das Lagerspiel verliert hier seine Bedeutung für die Anordnung des keilförmigen Schmierspaltes. Zur möglichsten Einschränkung der Ölverluste ist es daher so klein wie möglich zu halten (Auftuschieren der Schalen auf den Zapfen).

Zum Abschluß dieses Punktes sei noch ein kurzer Hinweis auf das „Lagerspiel" bei ebenen Lagerstellen gebracht. Dieses wird durch den Keilwinkel (Abb. 1a und b) dargestellt und wegen der Kleinheit dieses Winkels durch seine Tangente $\frac{h_1}{L}$, die Keilsteigung, angegeben. Bei normalen Flächendrucken kommt man wie bereits in Punkt 43d ausgeführt, im allg. mit einer Keilsteigung normal von $5^0/_{00}$ ($\varepsilon = 0{,}05$) aus, sie muß bei hohen Flächendrucken bis auf etwa $2^0/_{00}$ verringert werden, was — worauf später noch eingegangen wird — Erschwerungen bei der Herstellung mit sich bringt.

Über das Spiel der *Kolben* in Verbrennungskraftmaschinen lassen sich genaue Angaben nicht machen. Hier spielen der Kolbenwerkstoff und die Motorenbauart so entscheidend mit, daß nur eingehende Laufversuche eine Festlegung ermöglichen. Jedenfalls trachtet man, das Spiel derart zu halten (ca. 0,01 bis 0,1 mm), daß weder Schlagen des Kolbens (Begrenzung nach oben) noch Behinderung der Schmierung (Begrenzung nach unten) eintreten. Bei Maschinen mit niedrigeren Drucken als die in Verbrennungskraftmaschinen ist das verwendete Spiel von Scheiben- und Tauchkolben erheblich größer (1—3 mm).

45. Zuführung und Verteilung des Schmiermittels.

Die grundsätzliche Aufgabe des Schmiermittels im Gleitlager, Ausbildung eines hydrodynamisch-tragenden Schmierfilmes zwischen den Gleitflächen, ist in Kap. I A ausführlich erörtert worden. Zusätzlich dient das Schmiermittel wesentlich auch zur Abfuhr der Reibungswärme, eine Aufgabe, die es bei schlecht wärmeleitenden Lagerwerkstoffen, z. B. Weichgummi und Kunstharzpreßstoffen, weitgehend übernehmen muß.

Nachfolgend beschreiben wir im Rahmen der Erörterung der Lagergestaltung die konstruktiven Gesichtspunkte, welche für die Zuführung und Verteilung des Schmiermittels in den verschiedenen Lagerarten zu beachten sind. Mehrfach werden dabei auch Besonderheiten der Gleitlagerwerkstoffe zu berücksichtigen sein.

a) Querlager. Der Zuführung des Schmiermittels zum Lager dienen geeignete Schmiervorrichtungen. Die Verteilung des Schmiermittels über die Gleitflächen wird im Lager selbst durch die sich ausbildenden Strömungsvorgänge, unterstützt durch geeignete Gestaltung (Schmiernuten, Öltaschen usw.) bewerkstelligt. Tab. 64 enthält eine Zusammenstellung der verschiedenen Schmierarten unter Angabe der jeweils besonderen Merkmale, sowohl für Öl- als auch für Fettschmierung.

Handschmierung (Schmiernippel, Haubenöler, die mit der Schmierkanne bedient werden), eine früher häufig verwendete Schmierart, wird heute außer in der Feinmechanik, nur noch in Ausnahmefällen verwendet. Es sind dies wenig beanspruchte Lagerstellen, bei denen die Anbringung eines Schmiergefäßes schwierig ist oder solche, die nur fallweise in Betrieb kommen oder absichtlich unter dauernder und bevorzugter Wartung stehen sollen. Auch *Dochtöler*, bei denen ein gutsaugendes, locker geflochtenes Wollgarn das Öl ansaugt und der Schmierstelle zutropfen läßt, werden ebenso wie *Nadelöler*, bei denen ein Nadelventil durch Erschütterungen in Vibration kommt und Ölaustritt aus dem Vorratsgefäß ermöglicht, nur an besonderen Lagerstellen eingesetzt. Der *Tropföler* ist diesen beiden selbsttätig wirkenden Ölern hinsichtlich Betriebssicherheit deutlich überlegen. Das durch die Öffnung E (Abb. 173) in das durch einen Staubdeckel verschlossene Glasgefäß G gefüllte Öl fließt durch einen ringsförmigen Spalt, dessen Weite durch die mit der Schraube S bewirkte Einstellung der Nadel N bestimmt wird, der Lagerstelle zu. Ein Schauglas R ermöglicht die Tropfenzahl zu kontrollieren. Bei Schienenfahrzeugen spielt die *Polsterschmierung* eine wichtige Rolle (Abb. 174). Die Saugdochte sind aus mit Wolle umsponnener Baumwolle gefertigt, wobei der Baumwolle in der Hauptsache das Ansaugen des Öles, der Wollumspinnung die Erhöhung der Verschleißfestigkeit zukommt.

Einen weiten Anwendungsbereich für die Schmierung von Einzeltraglagern hat die *Ringschmierung* mittels loser oder fester Ringe. Bei der

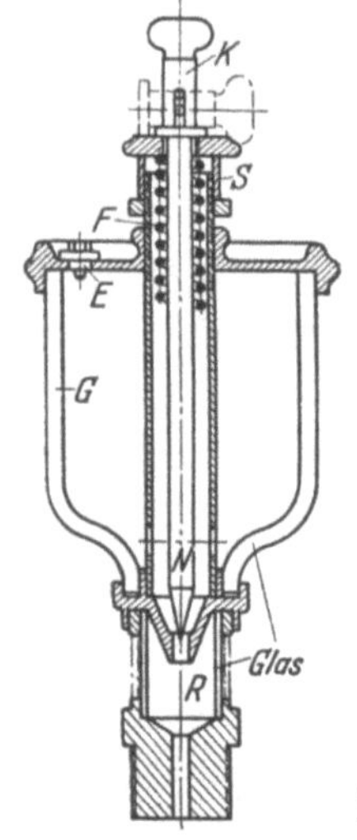

Abb. 174. Schmierpolster für Achslager der deutschen Bundesbahn (aus [*VII, 69*]).

Abb. 173. Tropföler (aus [*VII, 5*]). *E* = Einfüllöffnung; *G* = Glasgefäß; *K* = Knopf (durch Umlegen des Knopfes wird das Ölgefäß durch die Nadel geschlossen); *N* = Nadel; *R* = Schauglas; *S* = Schraube.

Tabelle 64. *Schmierarten.*

Ölschmierung	Fettschmierung	Merkmale der Schmierung
Handschmierung mittels Schmierkanne	Zuführung mit Spachtel, Handschmierpresse oder Staufferbüchse (Abb. 178)	Unsichere Schmierung, die nur eine gewisse Zeit vorhält. Schmiermittelvergeudung.
Dochtöler Nadelöler, Tropföler (Abb. 173) Polsterschmierung (Abb. 174)	Fettkammer Dauerschmierung (Abb. 179)	gleichmäßiger als bei Schmierung von Hand aus.
Ringschmierung (Abb. 175)		für Einzellager einfachste und sparsamste Schmierung; große Sicherheit
Umlaufschmierung, Ölförderung durchPumpe in Hochbehälter oder unmittelbar zu den Lagerstellen (Abb. 176)		Schmierung mehrerer Gleitstellen; sparsam; gute Kühlwirkung; Ölreinigung.
Druckschmierung (Abb. 177)	Druckfetter	Zuführung dosierter Schmiermittelmengen unter bestimmten Drukken; große Sicherheit.

Schmierung mit frei spielendem Ring R (Abb. 175) hebt dieser, von der Welle durch Reibung mitgenommen, das Öl aus dem Ölsumpf bis zum Wellenscheitel empor. Durch Spritzringe S und Ölabfangkragen K wird Ölaustritt, durch Filzringe F Staubeintritt verhindert. Einteilige Ringe sind wegen des ruhigen Laufs vorzuziehen. Ist ein Aufschieben über den Zapfen aber nicht möglich, so werden geteilte, an den Stoßverbindungen überlappte Ringe benutzt.

Die Abmessungen einteiliger Ringe sind in DIN 322 genormt. Die geförderte Ölmenge steigt zunächst bis zu einer bestimmten Geschwin-digkeit mit ihr an; nach Durchschrei-ten eines Höchstwertes sinkt sie bei weiterer Erhöhung der Geschwin-digkeit wegen des Abschleuderns von Öl wieder ab. Jedenfalls stellt die Ringschmierung mit losen Ringen bei mittleren Geschwindigkeiten eine sichere und zuverlässige Schmierart dar, die überdies durch große Spar-samkeit ausgezeichnet ist. Gelegent-lich werden an Stelle von Ringen Ketten benutzt. Ungeeignet sind lose Schmierringe bei sehr niedrigen und sehr hohen Geschwindigkeiten, bei nicht horizontaler Wellenlage und bei so hohen Betriebstemperaturen, bei denen durch Rückstandsbildung im

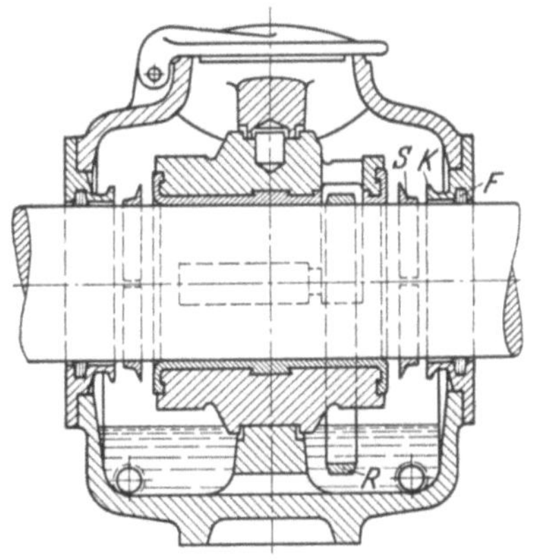

Abb. 175. FALZ-Einheitslager mit losem Ölring (aus [*VII, 3*]).
F = Filzringe; K = Ölabfangkragen; R = Schmierring; S = Spritzring.

Öl Verkleben der Ringe eintritt. Gewisse Grenzen sind der Anwendung auch durch den Raumbedarf gezogen. Für feste Schmierringe sind die eben genannten Einschränkungen nicht gültig. Ein mit dem Zapfen fest verbundener Ring holt das Öl aus dem Sumpf nach oben, wo es abgestreift und durch Kanäle den Gleitflächen zugeführt wird. Durch die sichere Mitnahme des Rings ist, im Gegensatz zu den Ver-hältnissen bei losem Schmierring, auch bei kleiner Geschwindigkeit eine ausreichende Ölzufuhr verbürgt. Als Nachteil bringt die Verwendung fester Schmierringe mit sich, daß ein Teil der Lauffläche verloren geht, die Lagerlänge demnach größer gewählt werden muß als bei losem Schmierring. Eine Abwandlung der Schmierung mit festem Schmierring ist die des *Isothermos*-Lagers, welches für Schienenfahrzeuge benutzt wird. Ein mit der Stirnseite des Zapfens fest verbundenes Leitblech fördert das Öl nach oben auf den Lagerrücken, von wo es durch Nuten dem Lagerspalt zugeführt wird [*VII, 84*].

Reicht bei den vorhandenen Reibungsverhältnissen Ringschmierung nicht aus, so wird *Umlaufschmierung* verwendet. Sie bringt durch reichliche Ölüberflutung eine erhebliche Kühlwirkung, sie ermöglicht weiterhin die gleichzeitige Versorgung mehrerer Lagerstellen. Bei der „drucklosen" Schmierung fließt das Schmieröl aus einem Hochbehälter den einzelnen Lagerstellen unter natürlichem Gefälle zu. Nach Durchfluß durch die Lagerspalte gelangt es in einen Sammelbehälter, aus dem es, gegebenenfalls nach Reinigung und Kühlung, in den Hochbehälter zurückgepumpt wird. Vielfach wird statt dieser drucklosen Umlaufschmierung eine Druckumlaufschmierung verwendet, bei welcher das Öl aus dem Sammelgefäß nicht einem Hochbehälter, sondern von der Pumpe aus unter einem

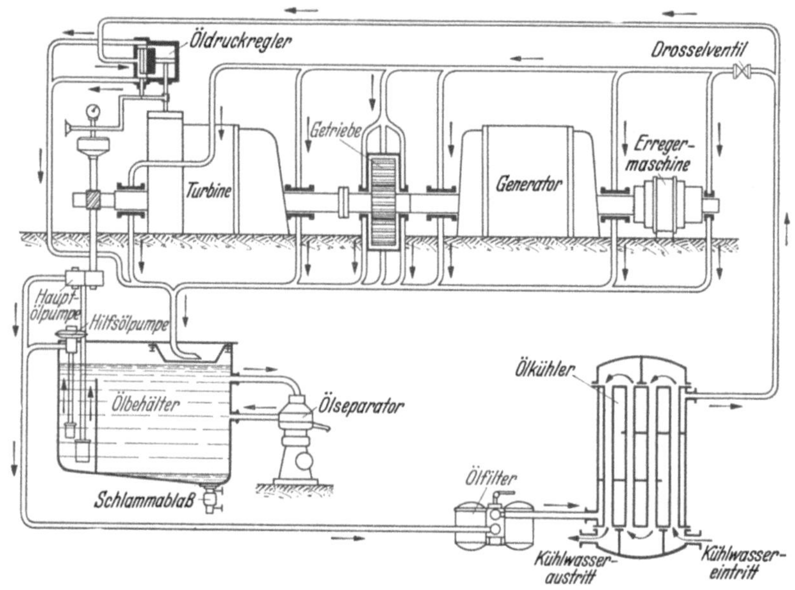

Abb. 176. Ölumlaufschmierung bei Turbinen (aus [*VII, 82*]).

Überdruck von einigen Atmosphären direkt den Lagerstellen zugeführt wird. Die Druckregulierung erfolgt durch einen in die Leitung eingebauten Regler und ein Drosselventil. In Abb. 176 ist schematisch eine derartige Druckölschmierung am Beispiel des Ölkreislaufs bei einem Turbogenerator dargestellt [*VII, 82*]. Leitbleche zur Beruhigung des rückfließenden Öles, Abschrägung des Behälterbodens erleichtern die Reinigung des im Kreislauf verwendeten Öls (vgl. auch [*VII, 85*]). Die Ölleitungen sind strömungstechnischen Gesichtspunkten entsprechend auszubilden. Weitgehende Anwendung findet die Umlaufschmierung bei Kompressoren, Pumpen, Dampfmaschinen und schnell laufenden Verbrennungskraftmaschinen (bei den letzteren sind die Kurbelwellen-, Pleuel- und Steuerwellenlager und die Nocken der Nockenwelle gemeinsam dem Ölumlauf angeschlossen). Ein großer Vorteil der Umlaufschmierung ist, wie schon oben erwähnt, die durch die reichlichen Ölmengen bewirkte Lagerküblung. Gegebenenfalls (z. B. bei Dampfturbinenlagern) wird, um eine Verstärkung des kühlenden Ölstromes zu erzielen, die Mittelzone der nicht belasteten Lagerschale auf einer Strecke von 0,5 bis 0,7 der Lagerlänge einige Millimeter tief ausgespart. Eine Erschwerung entsteht für die Umlaufschmierung, wenn die zu versorgenden Schmierstellen auseinanderliegen (Vermeidung von Undichtigkeiten in den Leitungen). Die Wartung der Anlage muß mit

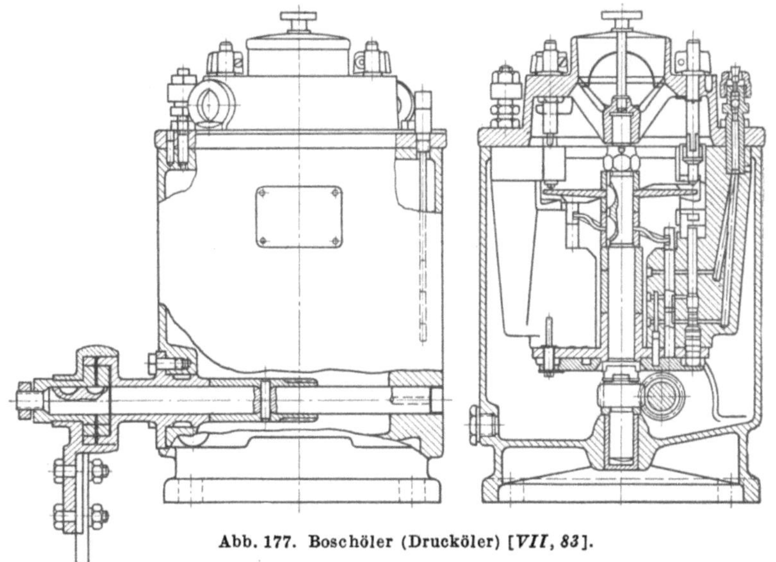

Abb. 177. Boschöler (Druckköler) [*VII, 83*].

großer Sorgfalt erfolgen (Prüfung des Öls auf Alterung, Verharzung und mechanische Beimengungen).

Bei der *Druckschmierung*, bei welcher durch entsprechende Drucköler, z. B. Boschöler (Abb. 177), den Schmierstellen Frischöl zugeführt wird, fallen diese Erschwerungen weg. Allerdings ist mit Rücksicht auf die sehr viel kleineren Ölmengen die Kühlwirkung gegenüber der Umlaufschmierung stark herabgesetzt, sodaß Druckschmierung nur für kleinere Gleitgeschwindigkeiten, für die Lagerung von Zapfen mit schwingender Bewegung und vor allem bei langen und engen Ölleitungen und beim Arbeiten gegen Überdrucke in Frage kommt [*VII, 86*]. Bis zu 10 atü spricht man von Niederdruckölern, die für einfache Lager- und Gleitbahnschmierung verwendet werden (Zentralschmierung in Personenkraftwagen). Mitteldrucköler für etwa 50 atü kommen in langsam laufenden Dieselmotoren, in Lokomotiven zur Schmierung im Heißdampfteil, in Dampfzylindern ortsfester Maschinen, in hoch belasteten Gleitlagern zur Verwendung, Hochdrucköler für über

250 atü in Hoch- und Höchstdruckkompressoren. Erwähnt sei, daß bei
Gleitstellen im Motorenbau (Zylinderwände bei größeren Motoren) und
in Groß-Werkzeugmaschinen gleichzeitig Umlaufschmierung und Frisch-
öl-Druckschmierung Anwendung finden.

Für weitere Angaben über die Ölschmiervorrichtungen von Querlagern sei auf [*VII, 5*], [*VII, 3*], [*VII, 4*] und [*VII, 87*] verwiesen,
Schrifttumsstellen, die auch für diese Darstellung herangezogen wurden.

Fett wird zur Schmierung von Querlagern verwendet, wenn hohe
mechanische und Temperatur-Beanspruchung vorliegt — Walzenlager,
Rollgangslager (vgl. Punkt 35) —, wenn ein besonderer Schutz der Lagerstelle vor Staub und Feuchtigkeit erforderlich ist — Lager in Zerkleine-

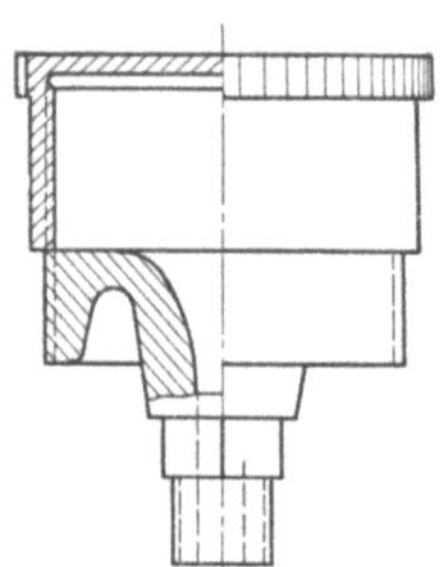

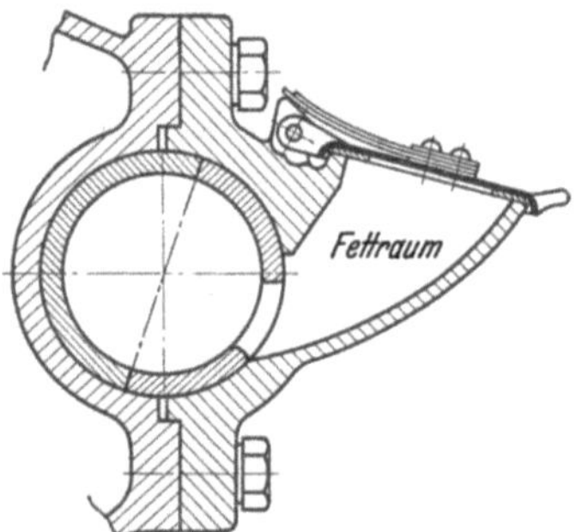

Abb. 178. Staufferbüchse.
Abb. 179. Schmierung eines Tatzenlagers
durch eine Fettkammer (aus [*VII, 4*]).

rungs- und Aufbereitungsmaschinen (schützender Fettkragen an den
Bunden) —, wenn nur geringer Schmiermittelbedarf vorliegt oder für
Lagerstellen, die nur zeitweise in Betrieb sind — Fuhrwerkslager, land-
wirtschaftliche Maschinen — und wenn Tropföl unbedingt zu vermeiden
ist — Maschinen der Nahrungsmittel- und Textilindustrie. Für die Zuführung des Fettes zur Lagerstelle kommt (Tab. 64) außer der Aufbringung von Hand zunächst die Staufferbüchse (Abb. 178), deren Deckel
von Zeit zu Zeit niedergeschraubt wird, in Betracht. Verbesserungen
sind die TOVOTEbüchse, bei der das Fett unter dem Druck eines mit
Schrot oder Bleiplatten beschwerten Zylinders steht, und Büchsen, bei
denen Federdruck oder Druck komprimierter Luft für das Auspressen
des Fettes sorgt. Für ein Durchpressen durch längere Leitungen reichen
diese Drucke jedoch keineswegs aus. In den *Fettkammern* (Abb. 179)
wird das Eigengewicht des Fettes zur Nachlieferung benutzt. In *Zen-
tral-Hochdruckfettern*, wie sie heute in Aufbereitungs- und Förderanlagen,
Brikettpressen u. dgl. verwendet werden, dient entweder eine Zahnrad-
pumpe als Förderorgan und eine rotierende Verteilerscheibe [*VII, 87*]
zur Verteilung des Fettes oder die Durchführung geschieht ähnlich wie
bei den Druckölern durch Kolben.

Nach Beschreibung der Vorrichtungen zur Zufuhr von Schmiermitteln zu den Querlagern wenden wir uns nun den konstruktiven Maßnahmen zu, welche der *Verteilung des Schmiermittels auf die Gleitflächen* dienen. Vorweg sei betont, daß die Schmiermittelzufuhr stets im unbelasteten (geringst belasteten) Teil des Lagers zu erfolgen hat, was auch für Druckschmierung gilt. Die Ausbildung des kontinuierlichen Schmierfilms und des Druckberges im Schmierspalt ist ausschließlich Sache der hydrodynamischen Strömung des Schmiermittels, die nicht gestört werden darf. Zuführung und Verteilung des Schmiermittels sollen nur ausreichende Mengen desselben für die Bildung der tragenden Flüssigkeitsschicht sicherstellen und, wenn zusätzlich Kühlung erforderlich ist, die Zulieferung der den Abtransport der Reibungswärme notwendigen Ölmengen besorgen.

Wenn bei einsinnigem Lauf und ausreichender Gleitgeschwindigkeit die Ausbildung eines hydrodynamisch tragenden Schmierfilms gewährleistet ist, wird man nach Möglichkeit die Lauffläche nicht unterbrechen und der Ölverteilung dienende Schmiernuten vermeiden. Abb. 180 zeigt die Störung, welche eine axial durchgehende Schmiernut für die Ausbildung des Druckberges mit sich bringt. Die Tragfähigkeit des Lagers kann bei Vorhandensein von Längsnuten im belasteten Teil um 50% und mehr abnehmen [*VII, 3*]. Die

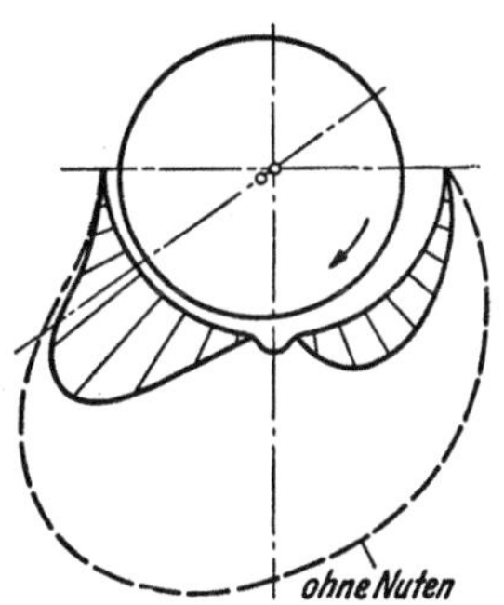

Abb. 180. Störung der Ausbildung eines tragfähigen Schmierfilms durch Längsnuten (aus [*VII, 4*].)

geeignetste Ölverteilung in einem Querlager mit von oben belasteter Welle geschieht in der Weise, daß das dem Scheitel durch Nuten im Lagerrücken oder im Gehäuse zugeführte Öl durch eine Bohrung in eine breite Längsnut, gegebenenfalls auch durch eine Quernut der Innenfläche des Lagers geführt wird, von wo aus es sich über die Zapfenoberfläche verteilt (vgl. auch [*VII, 88*]). Bei Lagern ohne unbelastete Zone wird, wenn eine Verbesserung der Ölverteilung durch Schmiernuten notwendig ist, eine Ringschmiernut in der Lagermitte angebracht [*VII, 6*]. Bei geteiltem Lager ist dafür zu sorgen, daß nicht an der Teilfuge durch Vorstehen der Fugenkante, gegen die der Zapfen läuft, ein Abstreifen des Öls erfolgt. Die beiden Schalenhälften sind sorgfältig gegeneinander zu sichern. Gegebenenfalls sind die Kanten am Innenrand der Teilfugen zu brechen, allerdings nicht bis an die Enden, um ein Ausfließen des Schmieröls zu vermeiden (Abb. 181). Muß, wie beispielsweise bei Kunstharzpreßstoff-Lagern, für reichliche Kühlung durch einen Schmiermittelstrom gesorgt werden, so bringt man zweckmäßig seitliche Öltaschen an, für die in Abb. 182 ein Beispiel gebracht wird. Das dargestellte Lager weist nur eine an der Einlaufseite gelegene, durch entsprechende Ausarbeitung der Unterschale gebildete Tasche, die schlank auslaufen muß, auf. Kommen wechselnde Dreh- und Belastungsrichtungen in Frage, so müssen die Öltaschen beidseitig vorhanden und nach beiden Drehrichtungen auslaufend sein.

Bei Verwendung fester Schmierringe, welche das Schmiermittel ebenfalls dem Lagerrücken zuführen, erfolgt die Verteilung ähnlich wie es eben beschrieben wurde. Werden lose Schmierringe benutzt, das Schmiermittel also nur bis zum Wellenscheitel gefördert, so werden im allgemeinen beidseitig Schmiertaschen vorgesehen, die das vom Ring geförderte, von der Welle mitgenommene Öl sammeln (vgl. Abb. 175).

In einer Reihe von Fällen ist es nicht zu umgehen, das Schmiermittel den Lagerstellen durch den Zapfen zuzuführen. Es kann sich dabei um feststehende, drehende oder schwingende Zapfen handeln. Wichtige Beispiele finden sich in Zerkleinerungsmaschinen und in Verbrennungskraftmaschinen. Bei den letzteren erfolgt die Zuleitung des Öls meist durch Einzelanschluß der Hauptlager an eine Verteilung im Gehäuse; die Weiterleitung an die Pleuel wird durch Bohrungen in der Kurbelwelle besorgt. In den Haupt-

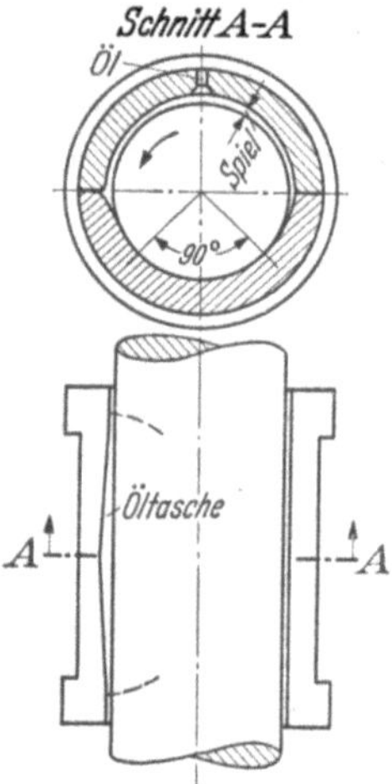

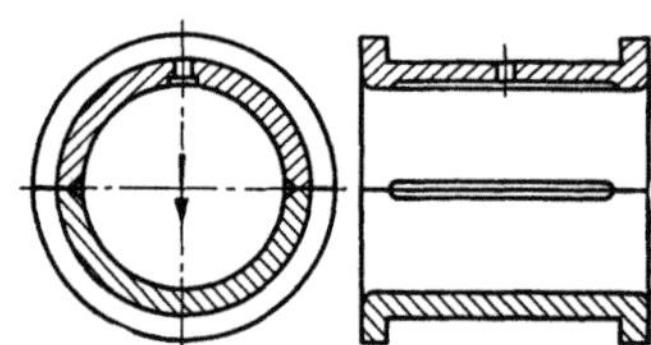

Abb. 181. Zuführung des Öles zu einem Lager mit von oben belasteter Welle durch eine Bohrung am Lagerscheitel (aus [*VII, 5*]).

Abb. 182. Anbringung großer Öltaschen zur Erzielung eines reichlichen, zur Kühlung dienenden Schmiermittelstromes (aus [*VII, 89*]).

lagern sind hierzu Ringsammelnuten angebracht, die das Öl dem Ölloch der Welle zuführen, von wo es durch Bohrungen in der Kurbelwelle bis zu einer Austrittsstelle im Pleuelzapfen gelangt.

Wird durch die Laufbedingungen des Querlagers die Ausbildung eines tragenden Schmierfilms nicht gewährleistet, so ist durch Anbringung von Verteilungsnuten eine ausreichende Versorgung des Lagers mit Schmiermittel sicher zu stellen. Derartige Fälle treten bei niedrigen oder stark wechselnden Gleitgeschwindigkeiten ein.

Wichtige Gesichtspunkte für das Einziehen und die Anordnung der Nuten sind die folgenden: Die Herstellung geschieht entweder von Hand mit Meißel und Feile oder maschinell mit Fräser oder Drehstahl, je nach Nutenform. Wechselt die Drehrichtung des Zapfens, so werden die Nuten kreuzweise (Abb. 183a), bei Schwinglagern längsliegend (Abb. 183b) angeordnet. Der Abstand der Nuten soll in diesem letzten Fall zur Sicherstellung vollständiger Benetzung der Wellenoberfläche nicht größer sein, als der gesamte Schwingweg. Bei einsinniger Zapfendrehung wird eine V-förmige Anordnung gewählt, derart, daß das Öl zur Lagerschalenmitte, dem höchst belasteten Teil der Schale geleitet wird. Stets ist darauf zu achten, die Nuten nicht zu nahe an den Schalenrand hinzuführen, um ein Abfließen des Öls zu vermeiden. Gelegentlich werden die Schmiernuten auch längs in den Zapfen eingefräst, wobei auf sorgfältige Abrundung der Kanten besonders zu achten ist. Derartige Nuten müssen naturgemäß kürzer sein als die Lagerlänge; sie sind nur in Fällen möglich, in denen die Lage des Zapfens in der Längsrichtung unverändert bleibt. Grundsätzlich sind derartige Nuten wegen ihres periodischen Durchganges durch die Zone höchsten Schmierschichtdruckes unzweck-

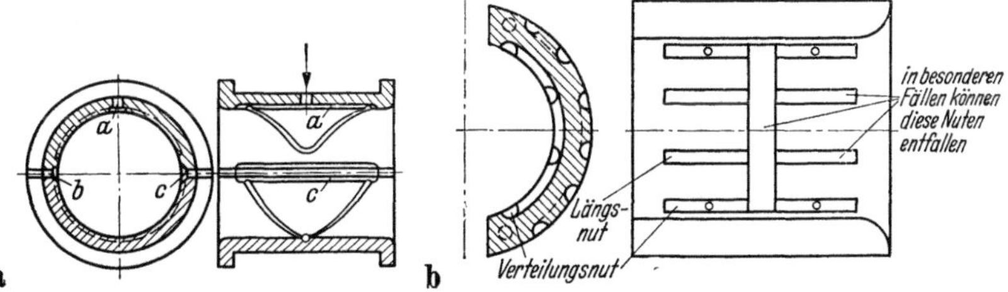

Abb. 183a u. b. Ausreichende Versorgung mit Schmiermittel durch Verteilungsnuten bei Lagern, die unter die Ausbildung eines tragenden Schmierfilmes nicht gewährleistenden Bedingungen laufen.
a Kreuzweise Anordnung der Nuten bei wechselnder Drehrichtung der Welle (aus [*VII, 5*])
b längsliegende Anordnung der Nuten bei Schwinglagern (aus [*VII, 4*]).

mäßig. Sie führen zu einer ständigen Änderung der Exzentrizität der Welle (Tanzen der Welle), was durch Dämpfung durch das Öl zwar gemildert, aber keineswegs völlig unschädlich für Reibungszahl und Lagertemperatur gemacht wird.

Bei unter Wasser laufenden Gummilagern, die mit Wasserschmierung arbeiten, entfällt das Problem der Schmiermittelzufuhr. Nuten dienen in derartigen Lagern außer der Zirkulation des kühlenden Schmiermittels vor allem zur Erleichterung des Hinausarbeitens von Sand und anderen Verunreinigungen aus dem Lager. Sie verlaufen spiralförmig von einem Lagerbund zum anderen [*VII, 41*].

Poröse Sinterlager, in deren Poren ein gewisser Schmiermittelvorrat gespeichert ist (etwa durch Eintauchen des Lagers in heißes Öl vor Inbetriebnahme), sichern bei kleinen Belastungen und Gleitgeschwindigkeiten durch längere Zeit hindurch ausreichende Schmiermittelzufuhr. Hier stellen sie wirklich „selbstschmierende Lager" dar. Bei großen Gleitgeschwindigkeiten und höheren Belastungen muß jedoch für zusätzliche Schmierung gesorgt werden. Hierfür kommt die Verwendung eines Ölsumpfes, in den der Sinterkörper teilweise eintaucht in Frage

(Abb. 184a nach [*VII, 90*]), ferner die Anbringung von als Ölreservoir dienenden Hohlräumen im Sinterkörper (Abb. 184b und c nach [*VII, 91*]), radiale Bohrungen zur Ölzuführung in der nicht belasteten Seite (Abb. 184d nach [*VII, 92*]) und Tropf- oder Dochtschmierung (Abb. 184e nach [*VII, 67*]). Bei besonders hohen Beanspruchungen wird auch bei

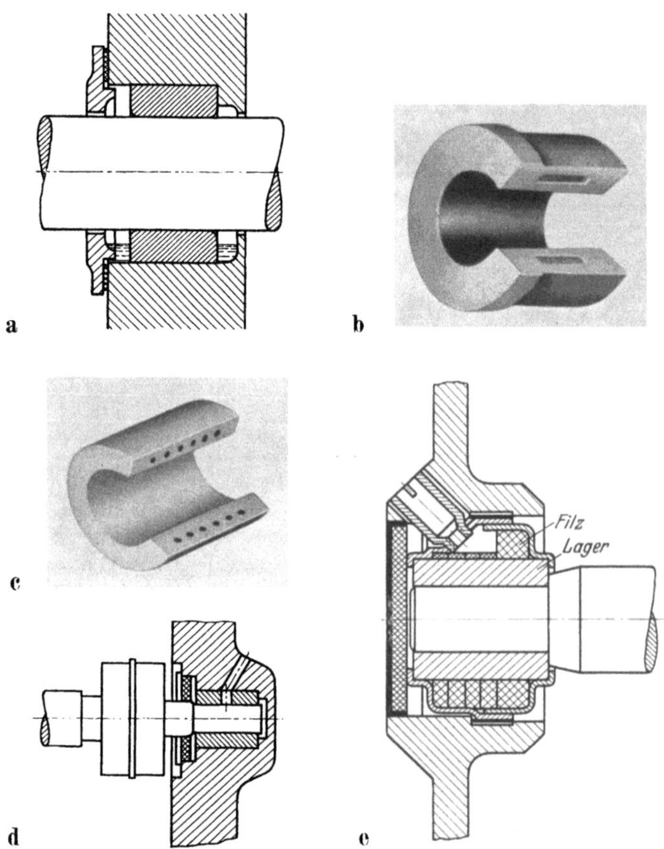

Abb. 184a bis e. Zusatzschmierung bei porösen Sinterlagern für erhöhte Beanspruchungen.
a teilweises Eintauchen des Sinterlagers in einen Ölsumpf (aus [*VII, 90*]).
b und c Anbringung von Hohlräumen im Sinterkörper (aus [*VII, 91*]).
d Anbringung radialer Bohrungen an der nicht belasteten Seite zur Ölzuführung (aus [*VII, 92*]).
e Tropf- und Dochtschmierung (aus [*VII, 67*]).

Sinterlagern Druckschmierung benutzt. Neben der Ölschmierung ist in Fällen niedriger Beanspruchung auch Fettschmierung möglich.

Erwähnt seien schließlich noch schmierungsverbessernde Graphiteinlagen, die besonders bei Gußeisenlagern (z. B. für Rollgänge) mit Erfolg verwendet werden. Die spiralig angeordneten Einlagen von 3 bis 5 mm Tiefe bedecken etwa die Hälfte der Lauffläche [*VII, 38*].

b) Längslager. Ebenso wie in Punkt 43b benutzen wir auch hier Querlager mit Bundreibung zum Übergang zur Beschreibung der Schmierung von Längslagern. Schon an der genannten Stelle wurde darauf hingewiesen, daß die Bundschmierung durch einen Absatz oder entsprechende Verrundung am Übergang vom zylindrischen Querlager zum Bund ermöglicht wird. Ergänzend sei auf die gelegentliche Anbringung kleiner Öltaschen in den Gleitflächen des Bundes hingewiesen, die von aus dem Querlager abströmendem Öl gespeist werden (Abb. 185). Schließlich wird durch geeignete Profilierung des Lagerbundes bei Sattellagern (Achslagern von Schienenfahrzeugen) die Ausbildung eines hydrodynamischen wirksamen Schmierkeils erzwungen.

Für die Schmierung von Kammlagern kann eine Umlaufschmierung derart benutzt werden, daß durch einen am Zapfenende sitzenden Flügel, der ein Ölbad durchläuft, Schmiermittel gegen ein geeignet angeordnetes Leitblech ge-spritzt und von dort den Käm-

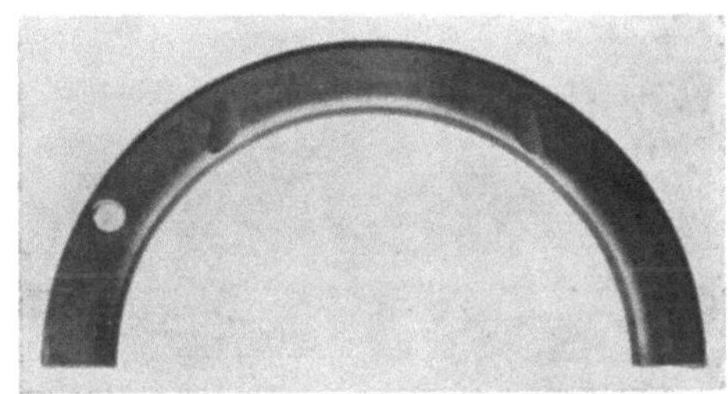

Abb. 185. Öltaschen zur Versorgung der Gleitflächen des Lagerbundes mit Schmiermittel.

men, gegebenenfalls durch eine zentrale Bohrung der Welle durch entsprechende Löcher zugeführt wird. Zwischen diesen fließt es, den Kreislauf vollendend, in das Ölbad zurück [*VII, 87*]. Bei anderer Ausführung sind zwischen den Kämmen Schmierringe angeordnet, die das Öl den Laufflächen zuführen [*VII, 5*]. Steht die Achse des Kammlagers vertikal, so kann das Öl durch ein Schneckengewinde hochgefördert werden.

Bei *Michell-Drucklagern* (horizontale Achse) wird sowohl drucklose Umlaufschmierung als auch Druckumlaufschschmierung angewendet. Im ersten Fall hebt der auf der Welle festsitzende Druckring analog einem festen Schmierring das Öl aus einer Wanne hoch, Abstreifringe am Scheitel des Lagers und entsprechende Führungskanäle führen es unter die Traglager und von dort längs der Welle den Druckstücken zu, wo es den hydrodynamischen Schmierfilm aufbaut (Abb. 186 nach [*VII, 5*]). Das Ölbad kann durch eingebaute, wasserdurchflossene Kühlschlangen gekühlt werden. Bei Druckumlaufschmierung wird der Schmierölkreislauf durch Pumpendruck (etwa 1 atü) aufrecht erhalten. Im ebenfalls angewendeten Fall feststehenden Druckrings wird dabei das Öl beispielsweise von einem Ringkanal des Drucklagers durch radiale Bohrungen in der Mittelebene des Druckringes seiner Innenseite zugeleitet, von wo aus es sich auf die Druckklötze [*VII, 87*] verteilt. Gegebenenfalls werden auch mehrere Druckringe bei MICHELL-Drucklagern mit horizontaler Welle verwendet.

Bei Längslagern mit vertikaler Achse, den *Spurlagern* (vgl. Abb. 147b) wird das Öl von unten in der Zapfenmitte zugeführt und durch meist radial angeordnete Schmiernuten, die nicht bis an den Rand gehen dürfen, über die Spurplatte verteilt. Der Querschnitt der Schmiernuten ist in Abb. 187a und b für Spurlager mit ein- und beidseitiger Drehrichtung (durch Pfeile dargestellt) veranschaulicht. Bei geringen Drucken

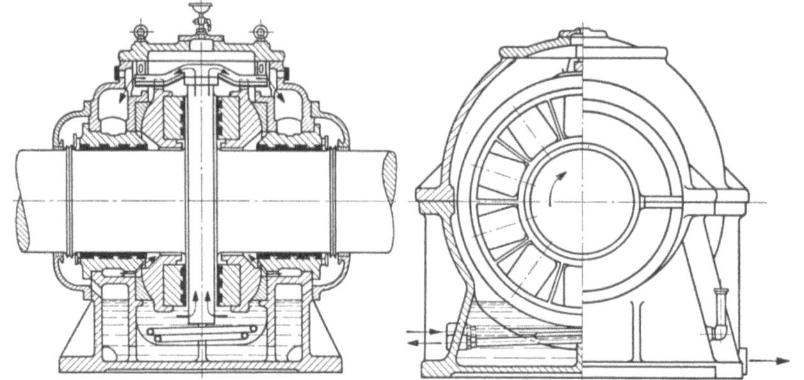

Abb. 186. Drucklose Umlaufschmierung bei einem MICHELL-Drucklager (aus [*VII*, *5*]).

genügt Ölbadschmierung, bei welcher die Spurplatte unter Öl steht, bei hohen muß das Öl unter einem, dem Lagerdruck etwa entsprechenden Überdruck eingepreßt werden.

Zur Schmierung von *Halslagern* mit vertikaler Achse benutzt man bei großer Umlaufgeschwindigkeit die Energie radial abgeschleuderten

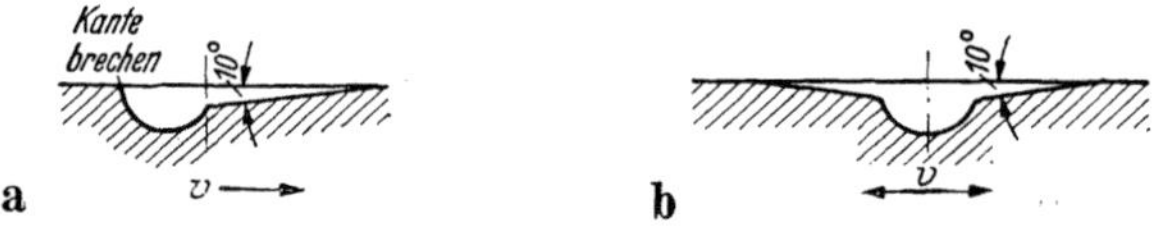

Abb. 187 a u. b. Ausbildung der Nut bei Spurlagern (aus [*VII*, *4*]).
a für einseitige Drehrichtung　　　b für beidseitige Drehrichtung.

Öls, zu dessen Verteilung auf die Gleitfläche man spiralige Nuten verwendet mit solchem Drehungssinn, daß eine Förderung des Öls nach oben eintritt.

Um Wassereinbrüche in das Ölsystem, wie sie bei ölgeschmierten Halslagern möglich sind, zu vermeiden, werden bei neueren Anlagen auch Ausführungsformen genannt, bei denen das Lager ständig unter Wasser läuft [*VII*, *51*]. Durch eine elektrisch angetriebene Fettpumpe wird Fett im Wasser emulgiert (der Aufwand für die jährlich verbrauchten Fettmengen beläuft sich auf etwa 6 Prozent der Kosten, die der Ausfall der Turbine für einen Tag ausmacht). Fettgefüllte Labyrinthe auf beiden Seiten des Lagers verhindern das Eindringen von Sand.

Wie bei allen Wasserturbinenlagern ist darauf zu achten, daß auf beiden Lagerseiten gleicher Druck herrscht. Dies geschieht durch Anbringen einer Ausgleichsleitung. Das zu der gleichen Anlage wie das eben beschriebene untere Halslager gehörende obere Halslager hat ein so bemessenes Lagerspiel und eine so gewählte Lagerlänge, daß das Öl ohne zusätzliche Drosselung freien Durchgang durch das Lager hat. Die Ölpumpe muß hier so groß ausgeführt sein, daß Leckverluste gedeckt und zusätzliche Wärmemengen abgeführt werden. Eine Tauchdichtung oberhalb des Lagers sorgt dafür, daß kein Öldunst aus dem Lager in die Wicklungen des Generators gelangt.

Besonders einfach gestaltet sich die Schmierung von MICHELL-*Spurlagern*. Im allgemeinen genügt ein Ölbad, in dem sich Spurring und Tragkopf befinden (vgl. Abb. 163). Dies ist einer der großen, schon in Punkt 43b erwähnten Vorteile der Segmentlager. Nur bei sehr hohen Gleitgeschwindigkeiten wird Umlaufkühlung erforderlich. Durch Anordnung von Pumpkanälen in den rotierenden Lagerteilen gelingt es, die erforderliche Zirkulation ohne eingebaute Ölpumpen zu bewerkstelligen. Dies stellt wegen der wichtigen Luftfreiheit des Öls, die bei Verwendung von motorangetriebenen Ölpumpen nicht mehr sichergestellt ist, einen weiteren Gewinn dar. Durch möglichst breite Kanäle zwischen den Segmenten wird für Trennung des ablaufenden, warmen Öls vom zutretenden, kühlen gesorgt [*VII, 48*]. Es werden jedoch auch bei neuen Anlagen Schmiereinrichtungen beschrieben, bei denen eine (mechanisch angetriebene) Pumpe notwendig ist, die das Öl aus dem Spurlagergehäuse ansaugt und es über Ölfilter und Ölkühler vor die Einzugskanten der Tragplatten drückt [*VII, 51*]. Zwischen diesen sind Ölabstreifer eingebaut, die das aus dem Lagerspalt austretende warme Öl nach außen leiten.

In der *Feinmechanik* weicht die Schmiertechnik von der im normalen Maschinenbau üblichen weitgehend ab. Zumeist handelt es sich um einmalige Schmierung kurzer Spurzapfen in offenen, nicht nachstellbaren Lagern. Reinigung und Schmiermittelwechsel sind selten, die Auswahl der Schmierstoffe beschränkt. Unter diesen Umständen handelt es sich zumeist darum, ein Abfließen des Schmiermittels von den zu schmierenden Lagerstellen zu verhindern. Beherrscht werden die Verhältnisse von den in Frage kommenden Oberflächenspannungen. Durch Anbringung geeigneter Ölrillen oder Ansenkungen, durch Verwendung gewölbter Lagersteine usw. gelingt es häufig, das die Schmierung beeinträchtigende Verlaufen des Öls zu mildern [*VII, 93*].

c) **Ebene Lagerstellen.** In Abb. 147 ist ein Gleitschuh dargestellt, der zwei keilförmige, zweckmäßigerweise nicht ganz bis an den Rand gehende Abschrägungen aufweist. Abb. 188 zeigt die Ausführung eines schwerer belasteten, längeren Gleitschuhs. Für jede Bewegungsrichtung liegen hier drei tragende Gleitflächen vor. Auch hier reichen die Keilräume zur Verhinderung seitlichen Abströmens des Öls nicht bis an den Rand. Die Ölzuführung kann beispielsweise durch Nadelöler erfolgen. Ob sich Vollschmierung ausbildet, hängt von Belastung und Gleitgeschwindigkeit ab. Beim Anfahren und Stillsetzen werden Misch- und Grenzschmierungszustände durchschritten.

Die Schlittenführungen von Werkzeugmaschinen werden im allg. nur von Hand geschmiert.

Zur Schmierung der *Zylindergleitflächen* von Kolbenmaschinen werden je nach der Maschine verschiedene Verfahren benutzt [*VII, 87*].

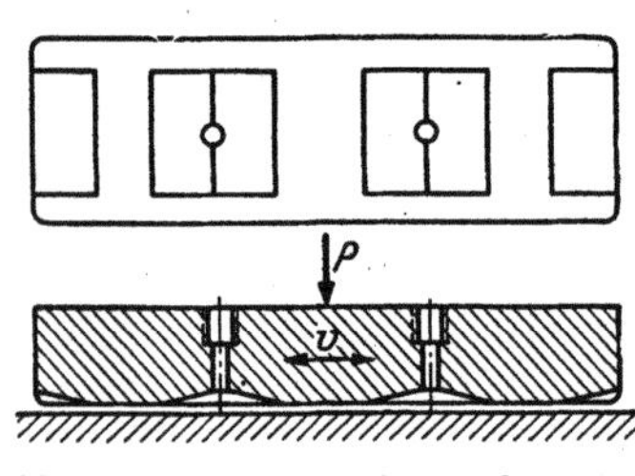

Abb. 188. Schmieranordnung bei einem schwerbelasteten, längeren Gleitschuh (aus [*VII, 4*]).

Die Schmierung von Plungern hydraulischer Hebezeuge, Pressen oder Pumpen geschieht meist durch die geförderte Flüssigkeit selbst, vor allem dann, wenn ein Schmiermittel das Fördergut (z. B. Trinkwasser) schädigt. Bei Großgasmaschinen hat sich automatisch betätigte Druc-kölung durchgesetzt. Bei OTTO-Motoren von Straßenfahrzeugen wird im Falle des Viertakters das aus Haupt- und Pleuellagern seitlich austretende Öl gegen die Zylinderlauffläche geschleudert, bei Zweitaktern wird das Schmiermittel in bestimmtem Verhältnis dem Kraftstoff zugemischt, mit dem es zunächst in das Kurbelgehäuse angesaugt wird, von wo es in den Verbrennungsraum gelangt; Triebwerk und Zylinderwände werden dabei ausreichend geschmiert. Bei den Flugmotoren kommt dem Schmieröl ganz besondere Bedeutung auch als Kühlmittel zu: es werden daher größere Mengen als zur Schmierung allein erforderlich sind in Umlauf gesetzt. Bei ortsfesten Dieselmaschinen kommen eigene Zylinderschmierapparate, Tauchschmierung und Drucköler zur Verwendung, wobei die letzteren am sparsamsten arbeiten. Bei den Fahrzeugdieseln ist der Verschmutzung des Öls durch den verbrannten Treibstoff (Ruß), bzw. seiner Verdünnung durch Petroleum (z. B. bei landwirtschaftlichen Maschinen) Beachtung zu schenken. Bei Pumpen, Gebläsen und Kompressoren wird normalerweise die geförderte Flüssigkeit als Zylinderschmiermittel benutzt. Bei Förderung von Gasen wird entweder im angesaugten Gas Öl verteilt oder es werden Drucköler (Hochdrucköler) verwendet. Besonders angemerkt sei, daß bei Sauerstoff-Verdichtern Schmieröl wegen seiner Oxydation und der damit verbundenen Explosionsgefahr nicht benutzt werden darf; zur Zylinderschmierung wird hier weiches Wasser verwendet. Bei größeren Kompressoren der Kältetechnik werden Drucköler angewendet. Bei den Dampfmaschinen hängt die Art der Schmierung von der Steuerung der Dampfein- und -auslaßorgane ab. Stets sorgen moderne Drucköler mit einer ganzen Reihe von regelbaren Ölauslässen für Versorgung der Schmierstellen und damit auch der Zylinder. Die Zuführung des Öls an die Zylinderwand kann auf verschiedene Art erfolgen: unmittelbar durch Zuführungsstellen oben in der Zylindermitte oder durch die Kolbenstange oder durch Zerstäubung in der Hauptdampfleitung. Außer der Ölzwischenschicht wirken bei Dampfmaschinen möglicherweise auch adsorbierte Wasserhäute reibungserniedrigend und verschleißmindernd für die Kolbenbewegung.

Ein Beispiel einer *Kreuzkopfschmierung* ist in Abb. 189 (nach [*VII, 5*]) dargestellt. Die Zapfenschmierung wird durch Vermittlung des oberen Gleitschuhs besorgt. Öl aus dem Gefäß I wird von der Kante *a* abgestreift, gelangt durch das Rohr *R* in eine Auffangöffnung des Schubstangenkopfs und auf den Kreuzkopfzapfen. Das Gefäß II schmiert den oberen Gleitschuh (Abnahme des Öls durch die Kante *b*, Verteilung durch die Nuten *N*), der untere (nicht gezeichnete) wird durch vom Zapfen und oberen Gleitschuh abfließendes Öl ausreichend versorgt. Schmiermittelzufuhr und Ausbildung von Verteilungsnuten gehen auch aus Abb. 172, die einen Kreuzkopf mit gedrehten Gleitflächen darstellt, hervor. Häufig genügt zur

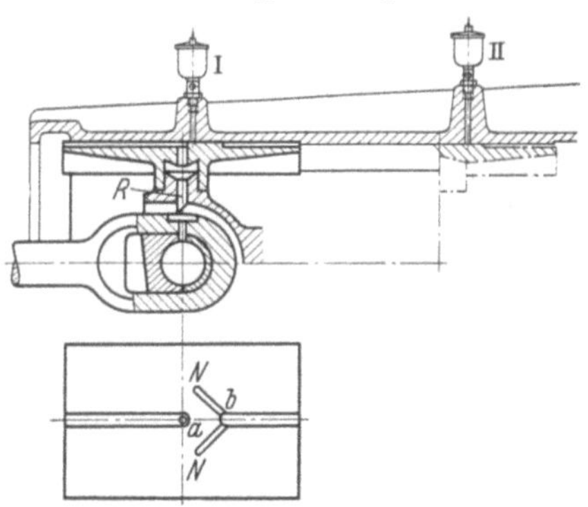

Abb. 189. Schmierung eines Kreuzkopfs (aus [*VII, 5*]).

Schmierung des Kreuzkopfzapfens die periodische Aufnahme von Tropföl durch einen Becher, der an einem der Totpunkte der Bewegung das Öl einem Abstreichöler entnimmt.

Zum Abschluß dieses Punktes über Schmierarten sei die Wichtigkeit sorgfältiger *Lagerabdichtung* besonders betont. Durch Anbringung von Sammelnuten, Spritz- und Abstreifringen ist dem Ölaustritt entgegenzutreten, Filzringe, mit Fett gefüllte Labyrinthnuten schützen gegen das Eindringen von Staub und Schmutz. Laufende Kontrolle derartiger Sicherungen ist notwendig. Weiterhin ist bei Umlaufschmierung der Filterung des Schmieröls Beachtung zu schenken. Eine ganze Reihe von Ölfiltern stehen zur Auswahl (Metallsiebfilterplatten, Spaltfilter, Filterschläuche). Bei Verbrennungskraftmaschinen spielt auch eine gute Luftfilterung für die Lebensdauer der Schmieröle und den Verschleiß eine Rolle. Bauart, Zustand und Betriebsweise des Motors können so ein maßgebender Faktor für die Änderungen der Öleigenschaften werden.

VIII. Lagerfertigung
(vgl. [*VIII, 1*]).

Im vorangegangenen Kapitel wurde die Gestaltung von Gleitlagern besprochen. In diesem wird auf die praktische Fertigung der Lager, welche auf die verschiedenste Art erfolgt, kurz eingegangen. Für die Unterschiede in den Fertigungsverfahren ist nicht nur der Umstand bestimmend, daß die verschiedensten Stoffgruppen zur Lagerherstellung herangezogen werden; auch bei ein- und derselben Gruppe, der der Metalle, welche die wichtigste für den Gleitlagerbau ist, werden aus eigenschaftsbedingten Gründen und solchen der Wirtschaftlichkeit die mannigfaltigsten Herstellungsverfahren ausgeübt. Der besseren Übersicht wegen gliedern wir das Kapitel in zwei Hauptgruppen; in der ersten wird die Lagerherstellung aus metallischem Werkstoff, in der zweiten die aus nichtmetallischen Werkstoffen besprochen.

A. Metallische Werkstoffe.

Bereits mehrfach wurde darauf hingewiesen, daß die Festigkeitseigenschaften wesentlich dafür mitentscheidend sind, ob Massiv- oder Verbundlagerausführung vorzuziehen ist. Weiterhin sind dabei wirtschaftliche Erwägungen, einmal Materialeinsparung von wertvollen oder nur in geringen Mengen verfügbaren Legierungen, zum andern Erschwerung der Herstellung bei Mehrschichtlagern ernsthaft zu berücksichtigen. Wegen der Bedeutung der Oberflächengüte der Gleitflächen wird der Oberflächenbearbeitung und -behandlung ein weiterer Punkt gewidmet. Den Abschluß bildet ein Punkt über Fertigungskontrolle.

46. Massivlager (Vollager).

Reichen die Festigkeitseigenschaften bei Betriebstemperatur und bei tragbaren Lagerabmessungen aus, um die entstehenden Lagerdrücke aufzunehmen, so kann auf eine Stützschale verzichtet und das Lager als Vollager verwendet werden. Die härteren der metallischen Gleitlagerwerkstoffe entsprechen dieser Voraussetzung in vielen Fällen des allgemeinen Maschinenbaues und des Berg- und Fahrzeugbaues. Hierher gehören Lagerlegierungen auf Zinkbasis, Kupferbasis, Aluminiumbasis, das Gußeisen und Sinterlegierungen.

Die Herstellung der Vollager erfolgt entweder durch Gießen — Handguß (Sand- und Kokillenguß), Maschinenguß (Schleuder- und Druckguß) —, durch Knetverarbeitung oder schließlich durch Sintern.

a) Gußherstellung. Der *Handguß* stellt das älteste und am vielseitigsten verwendbare Herstellungsverfahren von Massivlagern dar. Insbesondere eignet er sich auch für den Guß von Lagern größter Abmessungen. Der *Maschinenguß* ist vorzugsweise für die Serienherstellung entwickelt. Er ergibt, sowohl in der Form des Schleudergusses als auch der des Druckgusses bemerkenswerte Verbesserungen der Gefügeausbildung und damit der technologischen Festigkeitseigenschaften.

Eine eingehende Darstellung der Gießverfahren würde den Rahmen dieses Buches übersteigen. Wir weisen diesbezüglich auf [*VIII, 2*], [*VIII, 3*], [*VIII, 4*], [*VIII, 5*], [*VIII, 6*] hin. Hier beschränken wir uns auf die Hervorhebung einiger beachtenswerter Umstände.

Die Gießtemperatur wird beim Handguß gerade nur so hoch gewählt, daß ein einwandfreies Ausfließen der Form sichergestellt ist. Überhitzung kann zu störendem Ausbrand oder zur Verkrätzung wertvoller Legierungsbestandteile führen. Auf den Ausbrand härtender Bestandteile in gehärteten Bleilagermetallen und die gefährliche Bildung harter Zinnsäureeinschlüsse in Weißmetallen und Rotguß wurde bereits oben in Punkt 35 hingewiesen. Systematische Untersuchungen über die Verkrätzung von Blei- und Kadmiumschmelzen sind neuerdings in [*VIII, 7*], [*VIII, 8*] und [*VIII, 9*] beschrieben. Außer dem Nachweis, daß in beiden Fällen die Oxydation über einen reinen Diffusionsvorgang erfolgt, bringen diese Arbeiten auch Ergebnisse über die Oxydationshemmung und -förderung durch Zusätze. Soweit wie möglich wird man auf Fertigmaß gießen. Dies führt außer zur Einsparung von Werkstoff zu einer nur geringen Nachbearbeitung, weiterhin werden Seigerungen dadurch auf ein Mindestmaß beschränkt. Die Frage, ob Sand- oder Kokillenguß vorzuziehen ist, kann nicht allgemein beantwortet werden. Für die Legierungen auf Kupferbasis (Rotguß, Gußbronzen, Aluminiumbronzen und Sondermessinge) wird Gießen in trockene Sandformen angewendet; insbesondere Aluminiumbronze, aber auch Sondermessing und bei einfacher Gestalt auch Rotguß sind überdies für Kokillenguß geeignet. Rotguß und Sondermessing sind auch in grünem Sand gießbar. Zinklegierungen können in nassem Sand und Kokille vergossen werden, für Aluminiumlegierungen, in Sonderheit bei der Herstellung von Kolben, wird Kokillenguß unter Verwendung von Stahlkernen bevorzugt. Die Ausbildung der Kerne erfolgt zweckmäßig derart, daß eine ausreichende und günstige Wärmeabfuhr aus dem Guß gewährleistet ist. Kerne aus grünem Sand bewirken nicht nur eine beschleunigte Abkühlung des Gußstücks, sondern verhindern durch ihr Nachgeben das Auftreten hoher Schrumpfspannungen im Gußstück, die z. B. bei Zinklegierungen zu Warmrissen führen können. Bei Kokillenguß werden im allg. Hohldorne verwendet. Um gleichmäßige Gefügeausbildung in der ganzen Schale zu erhalten, wurde öfters empfohlen, den Gießtiegel bei fallendem Guß entlang des ganzen Eingusses herumzuführen. Angießen des Kerns ist, um örtliche, gefügestörende Überhitzung auszuschließen, zu vermeiden. Um in der Umgebung der Lauffläche gleichmäßig feinkörniges und dichtes Gefüge sicherzustellen, wird man die Temperaturverhältnisse so abstimmen, daß die Erstarrung vom Kern aus fortschreitet. Steigender

Guß verhindert Durchwirbelungen der Schmelze und die dadurch bedingten Oxyd- und Schlackeneinschlüsse, Kaltschweißstellen und Porigkeit, erfordert aber doch soviel Mehraufwand, daß seine allgemeine Anwendung zum Mindesten bei Einzelanfertigung, unwirtschaftlich ist. Kolben werden meist im Kokillenguß hergestellt.

Der zum *Maschinenguß* gehörige Schleuderguß kommt für die *serienmäßige* Herstellung von Lagerkörpern in Betracht. Hierbei werden unter Einsparung von Kernen durch die erzeugten Radialkräfte einfach geformte Lagerbüchsen aus verschiedenen Legierungen hergestellt (Zinkbasis, Kupferbasis, insbesondere Rotguß) [*VIII, 10*].

b) Knetherstellung. Für die Herstellung von Vollagern durch spanlose Formung kommen die in der Einleitung dieses Punktes aufgezählten

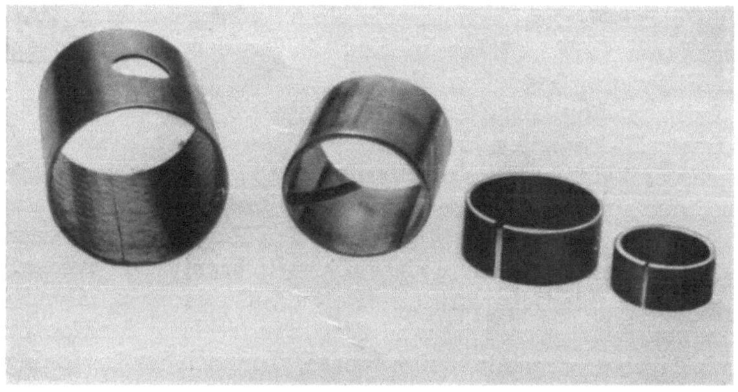

Abb. 190. Gerollte Büchsen. (Die versetzten mit Graphit ausgefüllten Vertiefungen der linken Büchse und die Nut der folgenden Büchse sind vor dem Rollen eingedrückt) [*VIII, 11*].

Lagerwerkstoffe (ausschließlich Gußeisen und Sinterwerkstoffe) in Frage. Im allgemeinen erfolgt die Formgebung der Rohlinge durch Warmpressen von Rohren mit anschließendem Kaltziehen. Auch die Herstellung durch Schmieden im Gesenk und durch Ausdrehen von Abschnitten gezogener Stangen wird angewendet. Schließlich erfolgt eine Herstellung von Büchsen mit offener Naht auch durch Rollen von Blechstreifen (Abb. 190). Für geschmiedete Leichtmetallkolben ist durch Übergang auf Strangguß (Wasserguß) eine wesentliche Vereinfachung erzielt worden. Während früher aus Gußblöcken gepreßte Stangen in Abschnitten zu Kolben verschmiedet wurden, gelingt bei Verwendung stranggegossener Barren, die durch besonders feinkörniges Gefüge ausgezeichnet sind, ein direktes Verschmieden des Gußblocks [*VIII, 12*], [*VIII, 13*].

c) Sinterherstellung. Bei Besprechung der Sinterwerkstoffe in Punkt 26 ist auch die Herstellung von Sinterkörpern miterörtert worden, weiterhin sind darauf bezügliche Angaben auch in Punkt 43 enthalten.

Wir fassen uns daher hier, um Wiederholungen zu vermeiden, kurz. Die zur Anwendung kommenden Preßdrucke überdecken einen sehr weiten Bereich. Sie hängen vom Material, den Abmessungen der Preßlinge und den gewünschten Eigenschaften der Sinterkörper (Porosität, Festigkeit) ab. Bei der Herstellung von Sinterlagern liegen die Drucke im allg. im Bereich von 2000 bis 5000 kg/cm². In besonderen Fällen kommen jedoch auch weit außerhalb dieser beiden Grenzen liegende Drucke zur Anwendung. Die Sinterung erfolgt in reduzierender oder neutraler Atmosphäre. Hierfür kommen die für Blankglühungen üblichen Topföfen, besonders aber entsprechende Durchlauföfen in Frage. Als Schutzgas wird Wasserstoff, Leuchtgas oder Spaltammoniak verwendet, gegebenenfalls erfolgt die Glühung auch im Vakuum. Die Glühtemperaturen liegen bei Sintereisen im Bereich von 1000 bis 1250° C, bei Kupfer–Zinngemischen um 800° C. Im letzten Fall wird zunächst durch Vorwärmung auf etwa 400° C das Zinn geschmolzen. Es hüllt in Form von Schmelzhäutchen die Kupferkörner ein und bildet bei der anschließenden Glühung bei höherer Temperatur durch Eindiffusion in das Kupfer Bronzemischkristalle [*VIII, 14*], [*VIII, 15*]. Bei versuchsweise geprüften Aluminium- und Zinksinterlagern wurden Sintertemperaturen von 600° und 340° benutzt [*VIII, 16*]. Die Sinterzeiten hängen eng mit den verwendeten Temperaturen zusammen. Bei Sintereisen und Sinterbronzen liegen sie bei etwa einer Stunde; weite Über- und Unterschreitungen kommen auf diesem noch durchaus in Entwicklung stehenden Gebiet zunächst noch vor. Auf die Schwierigkeiten, die bei der Sinterherstellung von Bleibronzelagern vorliegen, kommen wir im nächsten Punkt, der sich mit Verbundlagern befaßt, zurück.

Die Wandstärke der Sinterlagerbüchsen soll reichlich bemessen sein (etwa 0,2 des Zapfendurchmessers [*VIII, 17*]). Die Länge der Lagerbüchsen ist entsprechend der Herstellung der Rohlinge von der Wandstärke abhängig: je dünner die Wandstärke, um so kürzer die Länge. Als Anhalt möge dienen, daß bei Sintereisenlagern bei 7 mm Wandstärke die Länge der Preßlinge nicht über 100 mm, bei 15 mm Wandstärke nicht über 150 mm steigen kann [*VIII, 18*]. Lager mit Längen über etwa 200 mm werden entsprechend den in Punkt 43 beschriebenen Verfahren der Verbindung mehrerer Büchsen hergestellt. Auf die Möglichkeit der Herstellung von Sinterlagern beliebiger Länge in Verbundausführung gehen wir im nächsten Punkt ein. Ein Tränken der Büchsen mit Öl („Kochen" in Öl von 70 bis 120° C) kann naturgemäß erst nachträglich erfolgen. Das Ende des Tränkvorganges ist nach einer oder mehreren Stunden erreicht; es macht sich durch Aufhören des Schäumens des Bades (Luftentweichung) bemerkbar.

Schwierigkeiten bestehen hinsichtlich der Anbringung von Bunden; hier ist man auf die mit Materialverlust und Kosten verbundene spanabhebende Bearbeitung angewiesen. Möglicherweise wird aber auch ein Zusammensintern der Büchse mit einem passenden, gepreßten Ring oder ein Anschweißen, wie es im übrigen für die Anbringung von Laschen u. dgl. bei Sintereisen mit Erfolg verwendet wird, eine brauchbare Lösung darstellen. Auf die in der Praxis häufige Anwendung loser Anlaufscheiben ist schon in Punkt 43 hingewiesen worden.

Porenfreie, sogenannte kompakte Sinterlager, die gegenüber den porösen Sinterlagern allerdings stark in den Hintergrund treten, können (vgl. Punkt 43) auf zweierlei Weise hergestellt werden: durch Heißpressen und durch Tränken mit Metallschmelzen.

Beim Heißpressen werden die kalt vorgepreßten, gesinterten Körper bei Sintertemperatur (700—800° C) einem Nachpressen unter hohem Druck (6000—10000 kg/cm²) unterworfen. Das Ausgangspulver (Eisen, Kupfer) wird in sehr feiner Korngröße verwendet (jedenfalls unter 150 μ); ein Zusatz von 4 bis 6% Pudergraphit wird zur Erleichterung der Verpreßbarkeit und vor allem zur nachträglichen Erzeugung eines gleiterleichternden Graphitfilms beigemischt. Eine Tränkung mit Öl erfolgt in diesem Fall natürlich nicht. Bei kleinen Belastungen und niedrigen Gleitgeschwindigkeiten ist eine zusätzliche Schmierung derartiger Lager nicht erforderlich. Bei Vorliegen von Korrosionsgefahr sind Kupfer-Graphit-Lager den Eisen–Graphit-Lagern vorzuziehen [*VIII, 17*].

Bei der Herstellung von porenfreien Sinterlagern oder Gleitschienen durch Tränken von Skelettkörpern mit Lagerwerkstoffen wird, bei Verwendung von Eisenskelettkörpern, etwa folgendermaßen vorgegangen: durch Wahl entsprechender Pulverkörnung und Preßdrucke werden Skelettkörper von der Dichte 4 bis 7, vorzugsweise 5 bis 6,5 erzeugt. Die Form wird weitgehend der Gestalt der gewünschten Büchse oder Gleitschiene angenähert. Die Tränkung mit dem geeigneten Lagermetall, Weißmetall, Zinnbronze, Bleibronze, erfolgt nach der Sinterung in Schutzgas [*VIII, 17*], [*VIII, 19*]. Erwähnt sei schließlich, daß auch vorgeschlagen wurde, die Hohlräume des Sinterkörpers mit flüssigem Metall, Quecksilber oder einem flüssigen Amalgam auszufüllen [*VIII, 20*].

Auf eine sehr interessante Herstellung von Verbundlagern mit Tränklegierungen als Laufschicht wird im nächsten Punkt eingegangen.

47. Verbundlager.

Reichen die Festigkeitseigenschaften des Lagermetalls nicht aus, um brauchbare Massivlager damit herzustellen, oder nötigt seine Natur zu sparsamer Verwendung oder erfordern schließlich die Beanspruchungsverhältnisse die Verwendung von Mehrschichtgleitlagern, so ist man zur Herstellung von Verbundkörpern gezwungen. Die Bedeutung der Gruppe der Verbundlager erhellt daraus, daß sie alle Lager mit Laufschichten aus hochzinnhaltigen Weißmetallen, aus zinnarmen und zinnfreien Bleilagermetallen, aus Kadmium- und Silberlegierungen, aus einem Teil der Kupfer- und Aluminiumlegierungen und der Sinterwerkstoffe umfaßt. Hinzukommt die ständig steigende Bedeutung der Mehrschichtgleitlager für höchste Beanspruchungen.

Die Verbindung der Gleitschicht mit der Stützschale bzw. der Unterlage kann auf sehr verschiedene Weise erfolgen. Das wichtigste Verfahren ist das Angießen in seinen verschiedenen Ausführungsformen. In speziellen Fällen werden auch Schweißplattieren, elektrolytische Abscheidung, Ansintern und schließlich einfaches Einlegen der Laufschicht in den Stützkörper verwendet. Die Hauptanforderung an die Verbundausführung ist einwandfreie Haftung der Gleitschicht an der Stützschale (Unterlage). Im allgemeinen, insbesondere bei Vorliegen hoher mechanischer und thermischer Beanspruchung, kann eine solche Bindung nur durch Diffusion erzielt werden, die in vielen Fällen unter Verwendung von Loten erfolgt. Bei geringen Anforderungen (Zurücktreten dynamischer Beanspruchung) genügt bereits auch eine mechanische Verklammerung von Stützschale und Lagerausguß.

a) Angießen. Voraussetzung für die Ausbildung einer stetig in die beiden Nachbarschichten, Stützschale und Gleitschicht, übergehenden Diffusionszone ist das Fehlen von eine metallische Berührung hindernden Fremdeinschlüssen (in der Hauptsache Oxydhäute). Das mechanische Verhalten der Übergangsschicht wird weitgehend durch ihren strukturellen Aufbau bestimmt. Spröde intermetallische Verbindungen wirken sich schwächend aus. Am günstigsten liegen die Verhältnisse, wenn in der Metallpaarung eine lückenlose Mischkristallbildung oder wenigstens breite Mischkristallgebiete vorliegen. Als Beispiel hierzu seien Blei und Indium genannt, welche Metalle auf Silbergleitschichten niedergeschlagen und durch geeignete Glühbehandlung zur wechselseitigen Diffusion gebracht werden (Punkt 22). Eine solche lückenlose Mischkristallbildung stellt aber bei metallischen Verbundgleitlagern nur eine Ausnahme dar. Vielfach ist es, wie erwähnt, erforderlich, metallische Zwischenschichten zu verwenden, die ihrer Natur nach sowohl nach der Seite der Stützschale (Stahl, Kupferlegierungen), als auch nach der Seite des Lagerausgusses hin Diffusionszonen bilden. Die wichtigste Rolle spielen hierbei bei niedrig schmelzenden Lagermetallen die auch sonst zu Metallverbindungsarbeiten herangezogenen Zinn-Lote. Gelegentlich werden aber auch die Gleitlagermetalle selbst als Lotmaterial benutzt. (Für neuere Entwicklungen auf dem Gebiet der Lotlegierungen vgl. [*VIII, 21*]). Entscheidend ist, daß Zeit und Temperatur hinreichen für die Ausbildung der Diffusionszonen. Besonders begünstigt wird die Diffusion durch flüssigen Zustand des Lotes, der auch die genaue Einhaltung der gewünschten Einwirkungsbedingungen erleichtert. Bei der Abkühlung des Verbundkörpers ist auf Vermeidung von Lunkern und Schrumpfrissen in der Übergangszone zu achten.

Bei Lagermetallen hohen Schmelzpunktes (Cu-Legierungen) treten bei der Herstellung von Verbundgußlagern erhebliche Schwierigkeiten auf. Wir werden darauf und auf die verschiedenen zu ihrer Überwindung eingeschlagenen Wege weiter unten eingehen.

Zunächst sollen einige Hinweise auf die Herstellung von Verbundlagern mit Angüssen aus Weißmetallen und Blei- und Kadmiumlegierungen gegeben werden. Wir lehnen uns dabei an die in [*VIII, 22*] gegebene Darstellung an. Wichtig für Erzielung einwandfreier Bindung ist zunächst schon eine entsprechende Vorbereitung der Stützschalen. Diese bestehen in der überwiegenden Mehrzahl aus kohlenstoffarmen Stählen. Sofern besondere Anforderungen etwa hinsichtlich Wärmedehnung, Dämpfung, Notlaufverhalten, Korrosionsfestigkeit vorliegen, werden auch andere Werkstoffe für den Bau von Stützschalen verwendet, wie Bronze, Rotguß und Gußeisen. Rostspuren, Reste des bei der Bearbeitung verwendeten Kühlmittels müssen entfernt werden (Sandstrahlen, Beizen), ebenso die Reste der verwendeten Reinigungsmittel (Nachspülen). Zweckmäßig vermeidet man nachträgliche Oxydation durch sofortiges Verzinnen nach der mechanischen Bearbeitung und Säuberung. Erfolgt dieses Verzinnen durch Eintauchen in Lotbäder, so werden die Flächen, welche nicht mit Lot überzogen werden sollen, vorher durch Anstriche (Schlemmkreide-Leim, Graphit-Wasserglas) abgedeckt, die übrigen Teile mit Lötwasser bestrichen. Die Eintauchverzinnung bringt den Vorteil einer gleichmäßigen, genau überwachbaren Stützschalentemperatur, wodurch wieder besonders gleichmäßige Temperaturverhältnisse beim Ausgießen und Abkühlen gewährleistet sind. Aus diesem Grunde soll diese Art der Verzinnung möglichst weitgehend angewendet werden. Bei großen Lagern mit Durchmessern etwa über 350 mm erfolgt die Verzinnung zumeist durch Bestreuen der im geeigneten Ofen vorgewärmten Schalen mit Streuzinn oder durch Aufreiben von Stangenzinn. Bei Verwendung von gußeisernen Stützschalen stören die Graphiteinlagerungen die Ausbildung einer dichten, festhaftenden Lotschicht. Zweckmäßig werden derartige Schalen vor der Verzinnung mit einer Kupfer- oder Messingschicht überzogen (Elektrolytische oder Tauchverkupferung, Auftragung von Messing durch ,,Abnutzung'' von Messingdrahtbürsten [*VIII, 23*]). Für das Eingießen des Lagermetalles gelten sinngemäß die schon in Punkt 46a beschriebenen Richtlinien. Um die Erstarrung von der Gleitfläche aus fortschreiten zu lassen, wird die Kerntemperatur niedriger gehalten als die der Stützschale. Die Abkühlgeschwindigkeit des Verbundgusses darf weder zu rasch (Entwicklung von Wärmespannungen), noch zu langsam erfolgen (Auftreten von Enthärtungserscheinungen). Als Beispiel für eine nur mechanische Verklammerung von Lagerausguß und Stützschale sei auf das in Abb. 148 dargestellte Einheitslager der Deutschen Bundesbahn hingewiesen. Die Rotgußschale wird unverzinnt mit Lagermetall ausgegossen, das durch Schwalbenschwanznuten mit der Stützschale verklammert ist. In [*VIII, 24*] wird auf unterschnittene Gewinde hingewiesen, die eine gleichmäßigere Verteilung des Lagermetalles ermöglichen als Schwalbenschwanznuten, verdrückte Gewinde werden in [*VIII, 25*] als Befestigungsart empfohlen.

Für Herstellung größerer Stückzahlen bietet der kerneeinsparende Schleuderguß technische und wirtschaftliche Vorteile. Die verzinnten Stützschalen werden unmittelbar nach der Verzinnung in die Schleudergußmaschine (Abb. 191) eingespannt und in rasche Rotation versetzt. Ist die gewünschte, von Lagerdurchmesser und Ausgußstärke abhängige Drehzahl erreicht, so wird das flüssige Lagermetall durch eine Öffnung der vorderen Abdeckscheibe eingefüllt, von wo es durch die Radialkraft

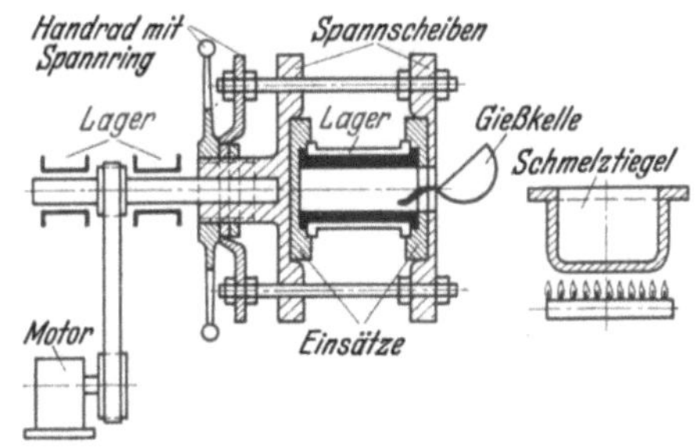

Abb. 191. Schematische Darstellung einer Schleudergußmaschine (aus [*VIII, 22*]).

an die Wandung der Stützschale gepreßt wird. Die Ausgüsse zeichnen sich durch Feinkörnigkeit und mechanische Eigenschaften aus, die denen des Handgusses im allg. überlegen sind. Seigerungen, durch Unterschiede im spez. Gewicht bedingt, stören bei dieser Art der Herstellung die Gleichmäßigkeit des Lagerausgusses; sie können unter Umständen aber auch zu einer erwünschten Anreicherung härterer Kristalle in der Gleitfläche führen [*VIII, 26*]. Durch Wasserkühlung von außen wird einer zu langsamen Erstarrung und Abkühlung begegnet.

Auch eine andere Art des Maschinengusses, der Druckguß, wird zur Herstellung von Verbundlagern verwendet. Eine Entmischung wie beim Schleuderguß ist hierbei vermieden. Als besonderer Vorteil wird weiterhin hervorgehoben, daß durch die Möglichkeit der Anwendung von Genauguß die Verspanung des Lagermetalls nahezu völlig vermieden wird [*VIII, 27*]. Vorbereitung, Verzinnen und Anwärmen der Stützschalen erfolgen wie oben beschrieben. Der Einguß wird, um Wirbelbildungen nach Möglichkeit auszuschließen, an die tiefste Stelle, die Luftabfuhr an die höchste Stelle gelegt. Der Lagerausguß bleibt bis zur Erstarrung unter Druck. An Stelle von Kolbendruck kann auch Gasdruck (10 bis 15 atü) zum Einpressen der Metallschmelze verwendet werden [*VIII, 28*].

Eine andere Ausführungsform für Druckguß von Verbundlagern besteht darin, daß mit Haftschicht überzogene Stahlbänder in einer Druckgußmaschine gleichmäßig mit der Laufschicht überzogen und anschließend auseinandergeschnitten und in Pressen zu Halblagern gebogen werden.

Steigende Bedeutung kommt den modernen kontinuierlichen Verfahren zu. An Hand der schematischen Abb. 192 sei das Band-(strip-

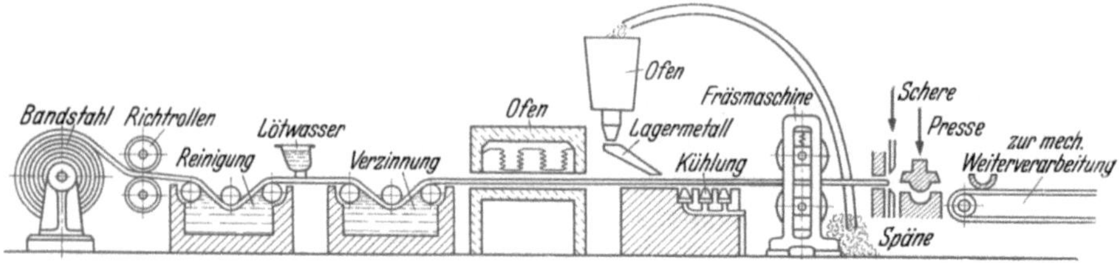

Abb. 192. Schematische Darstellung des Bandgießverfahrens (nach [*VIII, 29*]).

ping)-Verfahren kurz erläutert [*VIII, 29*]. Kalt gewalztes Stahlband wird nach erfolgter Reinigung und Berieselung mit Lötwasser durch ein Lotbad gezogen, erwärmt und mit Lagermetall begossen. Der Verbundstreifen wird anschließend von der Unterseite her gekühlt, passiert eine Fräsmaschine, welche die Oberfläche glatt fräst, wobei die Späne sofort in den Schmelzofen zurückgeführt werden und gelangt zu einer Wickeltrommel oder in eine Schere zur Aufteilung in entsprechende Streifen, die schließlich in einer Presse zu Lagerschalen gebogen werden. Die Vorteile eines derartigen Verfahrens für die Herstellung großer Serien liegen auf der Hand. Abb. 193 zeigt Beispiele für den Entwicklungsgang derartiger Lager mit Weißmetall-Laufschicht. Moderne automatisch arbeitende Maschinen zur Herstellung von Bimetall-Mikrolagern (Weißmetallschichten von

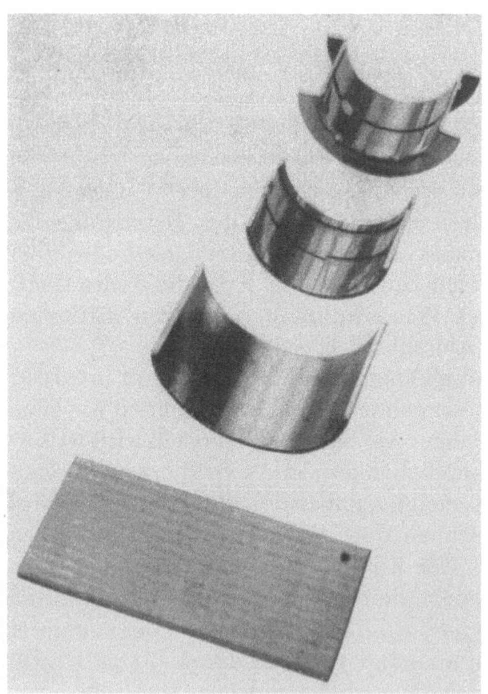

Abb. 193. Entwicklungsgang von Weißmetall-Verbundlagern aus nach dem Bandgießverfahren hergestellten Bimetallstreifen.

etwa 0,1 mm Stärke) aus Bimetall-Band sind in [*VIII, 30*] beschrieben.

Weiche Aluminium-Lagerlegierungen erfordern ebenfalls eine Verbindung mit Stützschalen. In [*VIII, 31*] wird das Angießen einer tragfesten Aluminiumlegierung an gegossene Gleitkörper aus weicher Aluminium-Lagerlegierung erwähnt. Neuerdings wird auch ein Angießverfahren von Aluminium an Stahl (Al-Fin-Verfahren) zur Herstellung von Aluminium-Stahl-Verbundlagern empfohlen [*VIII, 32*], [*VIII, 33*]. In geeigneter Weise vorbereitete Stahlteile werden in eine Aluminiumschmelze getaucht, wobei sich innerhalb einiger Minuten eine $FeAl_3$-Schicht auf der Oberfläche des eingetauchten Teiles bildet. Das so vorbehandelte Teil wird in eine Sand- oder Stahlform eingesetzt und die Aluminium-Lagerlegierung angegossen. Prüfstandversuche in Verbrennungskraftmaschinen haben gezeigt, daß Zahl und Ausmaß der Bindungsschäden bei nach dem Al-Fin-Verfahren hergestellten Aluminium (6 bis 10% Sn)-Stahlverbundlagern, trotz mehr als doppelter Belastung und höherer Temperatur kleiner waren als bei Babbitt-Stahl- bzw. Babbitt-Bronze-Verbundlagern [*VIII, 34*].

Die bei Kupferlegierungen hohen Schmelzpunkts vorliegenden, oben erwähnten Schwierigkeiten bei der Herstellung von Verbundgußlagern — es handelt sich fast ausschließlich um Bleibronze-Stahlverbundgußlager — bestehen in folgendem: Die hohe erforderliche Vorwärmtemperatur der Stützschale bedingt besondere Maßnahmen zur Eindämmung störender Oxydbildung. Die Erzielung gleichmäßig feinen Gefüges im Bleibronzeausguß ist schwierig, desgleichen die Vermeidung von Spannungsrissen. Schließlich muß eine durch die Einwirkung flüssiger Bleibronze im Stahl möglicherweise ausgelöste Lotbrüchigkeit vermieden werden. Ohne auf alle die vielen Bemühungen zur Überwindung dieser Schwierigkeiten einzugehen, sei nachstehend der heutige Stand kurz gekennzeichnet. Wichtig für Gefügeausbildung und Eigenschaften der Bleibronze ist es, den Gasgehalt, insbesondere den an Wasserstoff und Sauerstoff, möglichst zurückzudrängen (Wasserstoff verursacht Porenbildung und Bleiseigerungen, hoher Sauerstoffgehalt bedingt starken Bleiabbrand in der Schmelze und Schwierigkeiten beim Verbundguß, Cu_2O-Einschlüsse in der Gleitfläche sollen das Laufverhalten beeinträchtigen). Zur Niedrighaltung des Gasgehalts wird durch oxydierendes Schmelzen zunächst für möglichste Wasserstofffreiheit gesorgt, die darauffolgende Desoxydation der Schmelze erfolgt so kurz vor dem Guß, daß keine Wasserstoffaufnahme mehr stattfinden kann. Zur Desoxydation dienen Phosphor, Silizium, Mangan, Calcium, Lithium, Titan, seltener auch Aluminium und Magnesium. Die Verwendung von Phosphor (der zweckmäßig in Form des 8%igen P-Cu-Eutektikums eingebracht wird) bringt günstige Nebenwirkungen durch Verminderung der Viskosität der Schmelze und Förderung der Bindefähigkeit an Stahl dadurch, daß er nicht nur die Bindungsfläche frei von Sauerstoff hält, sondern auch eine Diffusion des Kupfers in Stahl vorbereitet. Zur Vermeidung des Auftretens spröder Zwischenschichten darf der Phosphor-Restgehalt 0,06% nicht übersteigen [*VIII, 35*]. Zum Schmelzen der Bleibronzen bedient man sich mit Rücksicht auf gute Durchmischung der Schmelze, Sauberkeit und einwandfreie Schmelzatmosphäre, vorteilhaft des Hochfrequenzofens, es können aber auch alle anderen für Bronzen üblichen Öfen verwendet werden. Als Material der Stahlstütz-schalen werden weiche Stähle mit niedrigem C-Gehalt und garantiertem Reinheitsgrad wie St C 10.61 oder St C 16.61 verwendet [*VIII, 36*]. Stähle, die wegen ihrer erheblich höheren Streckgrenze für besonders hohe örtliche Beanspruchung geeignet sind, sind in [*VIII, 37*] beschrieben. Zur Erzielung einwandfreier Bindung ist eine Vorwärmung der eventuell mit einem Kupferüberzug versehenen Stützschalen unter Oxydationsschutz auf 1000 bis 1080° C erforderlich. Besonders wirtschaftlich erfolgt dies in Muffel- oder Induktionsöfen unter Verwendung von C-haltigen Formkörpern, die eine reduzierende Schutzgasatmosphäre verbürgen; auch Boraxbäder werden verwendet [*VIII, 38*].

Für das Angießen von Stahlstützschalen werden die verschiedensten Verfahren benutzt. Bei Verwendung von Sandformen werden die mit metallischen Überzügen versehenen Stützschalen (in [*VIII, 27*] wird erfolgreiches Arbeiten mit Verzinkungen beschrieben) mit entsprechender Aussparung eingeformt, mit der Form auf etwa 300° C erwärmt und mit Bleibronzeschmelze so hoher Temperatur ausgegossen, daß die Stahlkörper auf die zur Erzielung ausreichender Bindung erforderliche Temperatur aufgeheizt werden. Bei Verwendung von Graphit- oder Metallkokillen werden die Stützschalen vor dem Einbau in Metall- oder Flußmittelbädern auf die erforderliche Temperatur gebracht. Auch bei derartigen Formen werden z. T. getrocknete Sandkerne benutzt. Bei den sog. Flußmittel-Verdrängungsverfahren werden die die Stützschalen enthaltenden Formen mit Flußmittel (z. B. Borax) gefüllt, auf Schweißtemperatur gebracht und dann das Flußmittel durch Bleibronze verdrängt [*VIII, 39*]. Bei den Schleudergußverfahren wird entweder mit flüssiger oder mit fester Beschickung gearbeitet. Im ersten Fall wird entweder die um ihre vertikale Achse rotierende Stützschale in ein Bleibronzebad getaucht, nach Erreichung der erforderlichen Temperatur in drehendem Zustand herausgezogen, wobei eine genügende Menge Ausgußmetall in ihr verbleibt. Durch eine angeschweißte, gelochte Bodenplatte wird ein Abfließen der flüssigen Bleibronze verhindert. Das Schleudern wird bis zur Beendigung der Erstarrung fortgesetzt. Auch das oben beschriebene Schleudergußverfahren mit horizontaler Drehachse (Abb. 191) wird verwendet. Die Stützschalen werden hierbei vor dem Einbau in Boraxbädern auf die erforderliche Schweißtemperatur gebracht. Bei den Schleuderverfahren mit fester Beschickung werden die auszuschleudernden Rohre mit der entsprechenden Menge von Einsatzgut unter Zugabe reduzierender Mittel (Holz, Borax) gefüllt. An den Stirnseiten werden die Rohre verschlossen, wobei einer der Deckel eine Bohrung erhält. Die in der Schleudergußmaschine eingespannten Rohre werden von außen mit Leuchtgas-Sauerstoffbrennern oder durch Hochfrequenzströme erhitzt, wobei das verbrennende bzw. verdampfende Reduktionsmittel den Sauerstoff verdrängt. Mit in Vorversuchen ermittelten günstigsten Schleuderzeiten und Bedingungen der Wasserkühlung erfolgt dann das Ausschleudern ([*VIII, 36*] und [*VIII, 40*]).

Auch ein Bandverfahren, welches dem oben für Weißmetalle beschriebenen (Abb. 192) ähnelt, wird mit Erfolg bei der Herstellung von Bleibronzeverbundlagern verwendet, wenn es auch hier größere Schwierigkeiten bietet [*VIII, 41*], [*VIII, 42*], [*VIII, 43*], [*VIII, 44*]. In Wegfall kommt die Säuberung des Stahlbands durch Berieselung mit Lötwasser. Das Band wird hier durch elektrisch beheizte Walzenpaare auf etwa 900° C erhitzt und läuft dann horizontal oder vertikal durch eine Gießkammer oder den Schmelztiegel, wo es mit der Bleibronzeauflage versehen wird. Gegebenenfalls wird das Band vorher noch durch ein Verkupferungs- oder Verzinnungsbad geleitet. Abstreifen, Kühlung, Aufwicklung, Zerteilen und Formgebung erfolgen analog wie oben bereits beschrieben.

Schließlich seien noch zwei Verfahren erwähnt, die für Sonderfälle in Betracht kommen. Ein im Vakuum durchgeführter Sturzguß und ein Verfahren, bei dem die Bindung zwischen der Stahlstützschale und dem Bleibronzeanguß im festen Zustand durch langdauernde Diffusionsglühungen bewirkt wird [*VIII, 36*].

Trotz der zahlreichen zur Herstellung von Bleibronze-Verbundlagern gebrauchten Verfahren und der weitgehenden Kenntnis der theoretischen Grundlagen ist eine völlig befriedigende Beherrschung aller Schwierigkeiten noch nicht erreicht. Die Höhe des Ausschusses in der betrieblichen Fertigung liegt bemerkenswert hoch. Es ist daher verständlich, daß Herstellungsverfahren, die nicht über die Schmelze gehen und die Gewähr für gleichmäßige Gefügeausbildung in der Bleibronzeschicht zu bieten scheinen, parallel in Entwicklung stehen. Wir kommen auf diese Verfahren in Punkt 47c und d zurück.

Abschließend sei hier noch auf das Ausspritzen von Stützschalen mit Lagermetallen unter Verwendung von Spritzpistolen hingewiesen [*VIII, 45*]. Versuche mit Walzbronze SnBz 6 wurden von verschiedenen Seiten aufgegriffen, führten jedoch infolge mangelhaften Zusammenhangs der einzelnen Bronzeteilchen untereinander und mit der Stützschale nur zu Teilerfolgen [*VIII, 46*].

b) Schweißplattieren. Das Schweißplattieren, d. h. die Herstellung von mit Lagermetall plattierten Blechen oder Rohren aus Stützschalenmaterial, wird zur Herstellung von Verbundlagern mit Gleitschichten aus weichen Kupfer- und Aluminiumlegierungen verwendet. Im ersten Fall werden die zur Oxydationsverhinderung in Knopfblechen oder Rahmen eingeschlagenen Blechpakete aus Stützschalen- und Laufschichtmaterial ausgewalzt und zu Büchsen und Schalen gebogen oder gerollt [VIII, 47]. Neuerdings wurde gezeigt, daß eine ausreichende Diffusionsplattierung auch ohne gemeinsame Verformung der beiden Partner möglich ist, wenn unter Oxydationsverhinderung nur die Temperatur eine gewisse Grenze übersteigt und durch geringen Druck für sattes Aufliegen der Bleche oder Bänder gesorgt wird [VIII, 48]. In gleicher Weise wird vorgegangen, wenn eine weiche Aluminiumlagerlegierung auf eine härtere, als Stützschalenmaterial dienende aufplattiert werden soll [VIII, 31]. Soll dagegen die Leichtmetallegierung auf Stahl aufplattiert werden, so wird ein anderes Verfahren verwendet. Der im Strangguß hergestellte Knüppel aus Lagerlegierung wird im Preßverfahren mit einer dünnen Aluminiumschicht überzogen, zu einem Flachprofil verwalzt und durch Walzen auf das Stahlband (Kohlenstoff-armes Material mit höchstens 0,06% C) plattiert (vgl. [VIII, 49]).

Bei der Herstellung von plattierten Rohren erübrigt sich das bei dem Weg über Verbundbleche oder -bänder notwendige Biegen der Lagerschalen. Hier wird in ein Stahlrohr ein Kupferlegierungsrohr eingezogen, wobei die Bindung durch die Diffusion bei anschließender Verformung erfolgt (Warmpressen, Ziehen mit Zwischenglühungen). Durch Zwischenschichten von Kupferfolien kann die Diffusionsbindung noch verbessert werden. Gegebenenfalls erfolgt die Befestigung des Kupferlegierungsrohres auch nur rein mechanisch durch Einziehen in ein mit Längsrillen versehenes Eisenrohr [VIII, 50].

c) Galvanisches Überziehen. Die elektrolytische Herstellung von Laufschichten ist ein noch junges technisches Verfahren. Das große Interesse, das es gefunden hat, ist vor allem durch die Möglichkeit der Ausnutzung guter Gleiteigenschaften mechanisch weicher Legierungen bei Verwendung in dünner, gleichmäßiger Schicht begründet. Als weitere Vorzüge des Verfahrens seien die hohe Feinkörnigkeit der Niederschläge, der gegenüber der Gußherstellung niedrige Energie- und Werkstoffaufwand, die Möglichkeit der Herstellung von auf dem Weg über die Schmelze nur schwierig erzielbaren Legierungen, die Vermeidung von schädigenden Erhitzungen des Stützschalenmaterials und schließlich die Erzielung guter Bindung des Niederschlags an die Stützschale erwähnt [VIII, 51]. Seine größte Bedeutung hat das Verfahren des galvanischen Überziehens heute für die Herstellung von Mehrschichtlagern (Lager in Hochleistungsmotoren), bei denen die hohen Anforderungen an den Lagerkörper durch Zusammenwirken mehrerer Schichten erfüllt werden. Die Stützschale sorgt für ausreichende mechanische Festigkeit, eine dünne, galvanisch niedergeschlagene, durch beste Gleiteigenschaften ausgezeichnete Laufschicht verbürgt gute Öladsorption und gutes Einlaufverhalten, eine gegossene oder ebenfalls elektrolytisch erzeugte Zwischenschicht aus einem mechanisch festeren Lagermetall verhindert unzulässige mechanische Verformung der dünnen Laufschicht, sichert eine ausreichende Wärmeabfuhr und Einbettfähigkeit, sowie gutes Notlaufverhalten und übernimmt nach eventuellem Abrieb oder nach Eindiffusion des Materials der ursprünglichen Gleitschicht deren Funktion im eingelaufenen Lager. Ein wichtiges Beispiel hierfür ist schon früher (Punkt 22) bei Erörterung der Silberlager besprochen worden: Hochleistungslager, bestehend aus Stahlstützschale, Kupfer- oder Nickelauflage (ca. $1\,\mu$ stark) zur Erzielung ausreichender Bindung der elektrolytisch aufgebrachten Silberzwischenschicht (300 bis $500\,\mu$), Gleitschicht aus Blei, die selbst wieder mit einer dünnen Schicht aus Indium oder Zinn (20 bis $40\,\mu$) überzogen ist. Auch bei Bleibronze-Verbundgußlagern werden galvanisch aufgebrachte Bleischichten (mit 1% Zinn) oder Kadmiumschichten in der Stärke von 1 bis $3\,\mu$ als Einlaufschichten aufgebracht [*VIII, 51*]. Da diese Entwicklung noch ganz am Anfang steht, ist mit weiteren interessanten Ergebnissen durchaus zu rechnen.

Die oben zusammengestellten Vorzüge des galvanischen Herstellungsverfahrens legten es nahe, es nicht nur für die Erzeugung von Laufschichten reiner Metalle heranzuziehen, sondern seine Anwendung auch dort zu versuchen, wo die Herstellung über die Schmelze erhebliche Schwierigkeiten mit sich bringt. Insbesondere auf dem Gebiet der Bleibronzen und der Bleisilberlegierungen liegen viele Bemühungen vor ([*VIII, 40*]; [*VIII, 51*], hier finden sich auch zahlreiche Literaturhinweise auf Arbeiten im Ausland; [*VIII, 52*]). In den Abb. 194a und b sind Gefügebilder von elektrolytisch auf verkupfertem Stahl niedergeschlagenen Bleibronzeschichten (10 bis 12% Blei) dargestellt. Elektrolyt: 14 g/l $Cu(OH)_2$, 56 g/l neutrales Kaliumtartrat, 58 g/l Bleiacetat, 180 g/l Kaliumzitrat und 30 g/l KOH. Stromdichte: $0{,}7$ A/dm².

Im Schliff senkrecht zur Bindungsfläche (Abb. 194a) erkennt man außer dem Wachstum der Bleibronze in senkrecht zur Aufwachsfläche stehenden stengeligen Kristallen eine auf Konzentrationsschwankungen beruhende Schichtung parallel der Aufwachsfläche. Die dunkel angeätzten Schichten sind bleireicher. Auch in der Wachstumsrichtung sind bleireiche Zonen vorhanden, wie man insbesonders aus Abb. 194b, die einen Schliff parallel zur Aufwachsfläche darstellt, erkennt. Die Gestalt der Ätzgruben läßt eine Fasertextur mit der [*111*]-Richtung parallel der Wachstumsrichtung vermuten. Durch Anlassen bei $150°$ C gleichen sich die Konzentrationsschwankungen aus. Über die durch

Anlassen bei verschiedenen Temperaturen bewirkten, bemerkenswerten Härteänderungen der Niederschläge ist in Punkt 33 berichtet. Die Schwierigkeiten der elektrolytischen Herstellung der Bleibronzeschichten

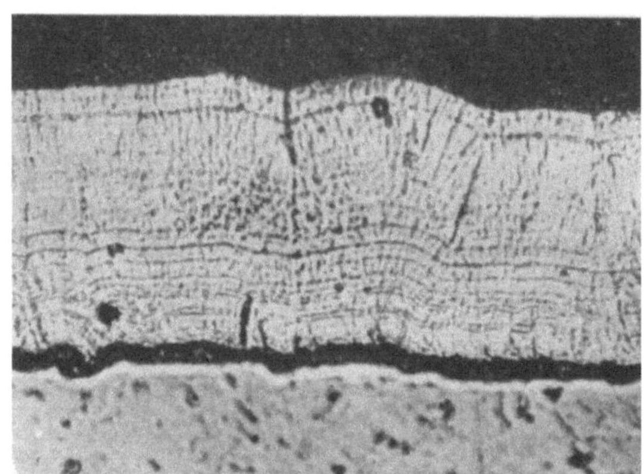

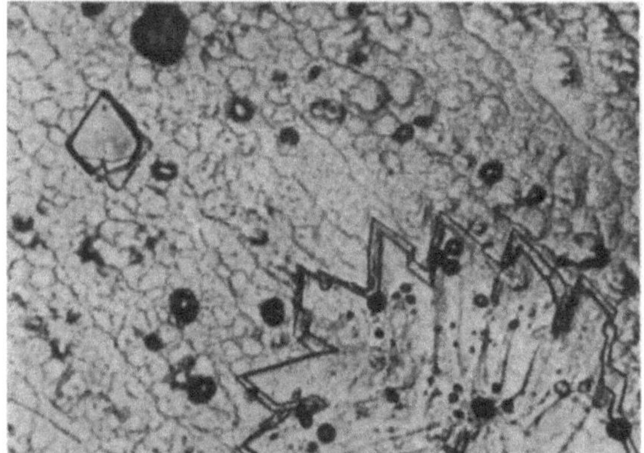

Abb. 194a u. b.   Gefügebilder von elektrolytisch auf verkupfertem Stahl niedergeschlagenen Bleibronzeschichten (aus [*VIII, 53*]).

a Schliff senkrecht zur Bindungsfläche, $V = 1000$ ⎫ (geätzt mit essigsaurer
b Schliff parallel zur Bindungsfläche, $V = 500$ ⎬ Perhydrollösung)

bestehen einmal in der Länge der Herstellungsdauer (0,2 mm dicke Schichten in etwa 32 Stunden unter den eben genannten Bedingungen und in der Sicherstellung einwandfreier, stabiler Badführung. Sie haben eine breitere praktische Anwendung des elektrochemischen Verfahrens bis heute verhindert [*VIII, 51*].

Abschließend sei erwähnt, daß auch Silber–Blei-Gleitschichten mit niedrigen Bleigehalten elektrolytisch hergestellt werden können (vgl.

Punkt 22 und [*VIII, 54*]). Nach [*VIII, 55*] nimmt die Neigung zum Fressen (festgestellt in einer Amsler-Verschleißmaschine) mit steigendem Bleigehalt (bis zu ca. 10%) ab.

d) Ansintern. Ebenso wie die Herstellung von Verbundlagern mit galvanisch niedergeschlagenen Laufschichten befinden sich auch die mit auf dem Sinterwege hergestellten Schichten noch durchaus in Entwicklung. Über die Herstellung von Bleibronze-Sinterverbundlagern wird in [*VIII, 56*] berichtet. Verkupfertes Bleipulver, das heute elektrolytisch hergestellt wird, wird zu Streifen verpreßt und in Wasserstoff oder neutraler Atmosphäre bei Temperaturen weit über dem Bleischmelzpunkt gesintert. Ein Ausschwitzen von Blei wird durch die Kupferrinden der Pulverkörner verhindert; es entstehen Sinterkörper, welche einer erheblichen Kaltverformung fähig sind. Durch Aufwalzen auf sorgfältig gereinigte Kupfer- oder Bronzebänder und Ansintern bei hohen Temperaturen wird ausreichende Haftung erzielt. Um eine solche auch auf Stahlbändern zu erreichen, müssen diese vorher tauchverzinnt werden. Die pulvermetallurgische Herstellung ermöglicht eine stetige Konzentrationsänderung in der Sinterschicht. Besonders gute Ergebnisse werden mit reinem Kupferpulver an der mit der Stützschale zu verbindenden Seite, mit verkupfertem Bleipulver hohen Bleigehalts (40 bis 55%) an der Laufflächenseite der Sinterschicht erzielt.

In ähnlicher Weise werden auch Sinterbronze-Verbundlager hergestellt ([*VIII, 57*]; vgl. auch [*VIII, 58*]). Das Pulvergemisch der gewünschten Zusammensetzung wird lose und in gleichmäßiger Dicke auf vorbereitete Stahlstreifen gespritzt und diese sodann in reduzierender Atmosphäre erhitzt. Unter Schrumpfung erfolgt ein gegenseitiges Zusammensintern der Pulverteilchen und ein wenigstens stellenweises Ansintern an das Stahlband. Durch Pressen oder Walzen wird die Sinterschicht verdichtet und schließlich wird das entstandene Bimetall einer Schlußsinterung unterworfen, die seine nachherige Formung zu Lagerschalen oder -büchsen ermöglicht.

Sinterverbundlager mit einer Tränklegierung als Gleitschicht werden in [*VIII, 59*] beschrieben. Das poröse Skelett wird von einer Sinterlegierung mit 60% Kupfer und 40% Nickel gebildet, die auf eine Stahlunterlage aufgesintert wird. Der Verbundkörper passiert anschließend ein Walzwerk mit verchromten Walzen, in dem die Sinterschicht mit hohem Druck (ca. 7 kg/mm^2) verdichtet und auf gleichmäßige Dicke gebracht wird. Die Poren werden nun im Vakuum (ca. 7 mm Hg-Säule) mit einer zinnarmen Bleilegierung getränkt und das Band schließlich zu Streifen geschnitten und zu Schalen geformt. Ein Beitrag zur Theorie des Tränkverfahrens wird in [*VIII, 60*] gegeben. Das Gefüge eines derartigen Verbundkörpers ist in Abb. 115 dargestellt.

Als Nachteil der Sinterherstellung von Lagerbüchsen war in Punkt 43 die Beschränkung in der Lagerlänge erwähnt worden, wobei allerdings gleichzeitig auf Vorschläge zur Überwindung dieser Einschränkung hingewiesen wurde. Bei Sinterverbundlagern scheint die Möglichkeit der Herstellung von Lagern beliebiger Länge gegeben zu sein [*VIII, 61*]. Hierzu wird ein Stahlrohr mit dem entsprechenden Metallpulvergemisch oder daraus hergestellten Preßlingen gefüllt und anschließend kalt oder warm durch Ziehen oder Walzen in geschlossenem Kaliber verformt. Bei Kaltverformung wird im Anschluß an die Reckung eine Sinterungsglühung empfohlen. Ausbohren von Abschnitten führt auf Verbundbüchsen. Gegebenenfalls können durch zentrische Anordnung eines Stahlstabs in dem Stahlrohr auch unmittelbar Verbundrohre hergestellt werden.

48. Oberflächenbearbeitung und -behandlung.

Ein wichtiges Ergebnis der hydrodynamischen Gleitlagertheorie ist die Aussage, daß die Belastbarkeit eines Lagers der geringsten zulässigen Schmierschichtstärke h_{min} umgekehrt proportional ist (Kap. I, Punkte 5 und 6). Da h_{min} gleich der Summe der Rauhigkeitserhebungen von Lager- und Zapfengleitfläche ist, folgt unmittelbar, daß mit der Güte der Oberflächenbearbeitung die Belastbarkeit von Gleitlagern ansteigt, was durch die Praxis voll bestätigt wird. Wir fassen in diesem Punkt die Verfahren und Ergebnisse von Gleitflächenbearbeitung zusammen nach solchen, bei denen diese Bearbeitung spanabhebend erfolgt und solchen mit spanloser Bearbeitung. Anschließend wird dann noch auf Oberflächenschichten hingewiesen, die eine Gleiterleichterung herbeiführen sollen.

a) Spanabhebende Bearbeitung. Im allgemeinen erfahren die Gleitflächen von Lagern und Wellen eine spanabhebende Fertigbearbeitung. Die Guß-, Knet-, elektrolytische oder Sinterherstellung erfolgt bis nahe an das Fertigmaß, um die Fertigbearbeitung auf ein geringes Ausmaß zu beschränken. In seltenen Ausnahmefällen genügt bereits die natürliche Oberfläche für einwandfreien Einlauf des Lagers unter Last (gehärtetes Bleilagermetall in Achslagern von Güter- und Personenwagen der Bundesbahn [*VIII, 62*], [*VIII, 63*]).

Eine Übersicht über die verschiedenen Bearbeitungsverfahren und die dabei erzielbare Oberflächengüte, ausgedrückt durch die Rauhtiefe[1], ist nach [*VIII, 65*] in Tab. 65 gegeben. Sie stellt eine dem neuesten Stand der Werkzeugmaschinen und Werkzeuge gerecht werdende Erweiterung einer ursprünglich von SCHMALTZ [*VIII, 66*] auf

---

[1] Nach dem Vorentwurf DIN 4760, der eine völlige Umarbeitung der DIN 7183 darstellt, wird der Begriff der Rauhtiefe als Kennzeichen für die Rauhigkeit festgelegt [*VIII, 64*]. Die Normen DIN 4760, 4761, 4762 über technische Oberflächen sind im Februar 1952 erschienen.

Tabelle 65. *Zur Kennzeichnung der Oberflä hengüte nach verschiedenen Bearbeitungs- und Herstellungsverfahren* [*VIII,65*].

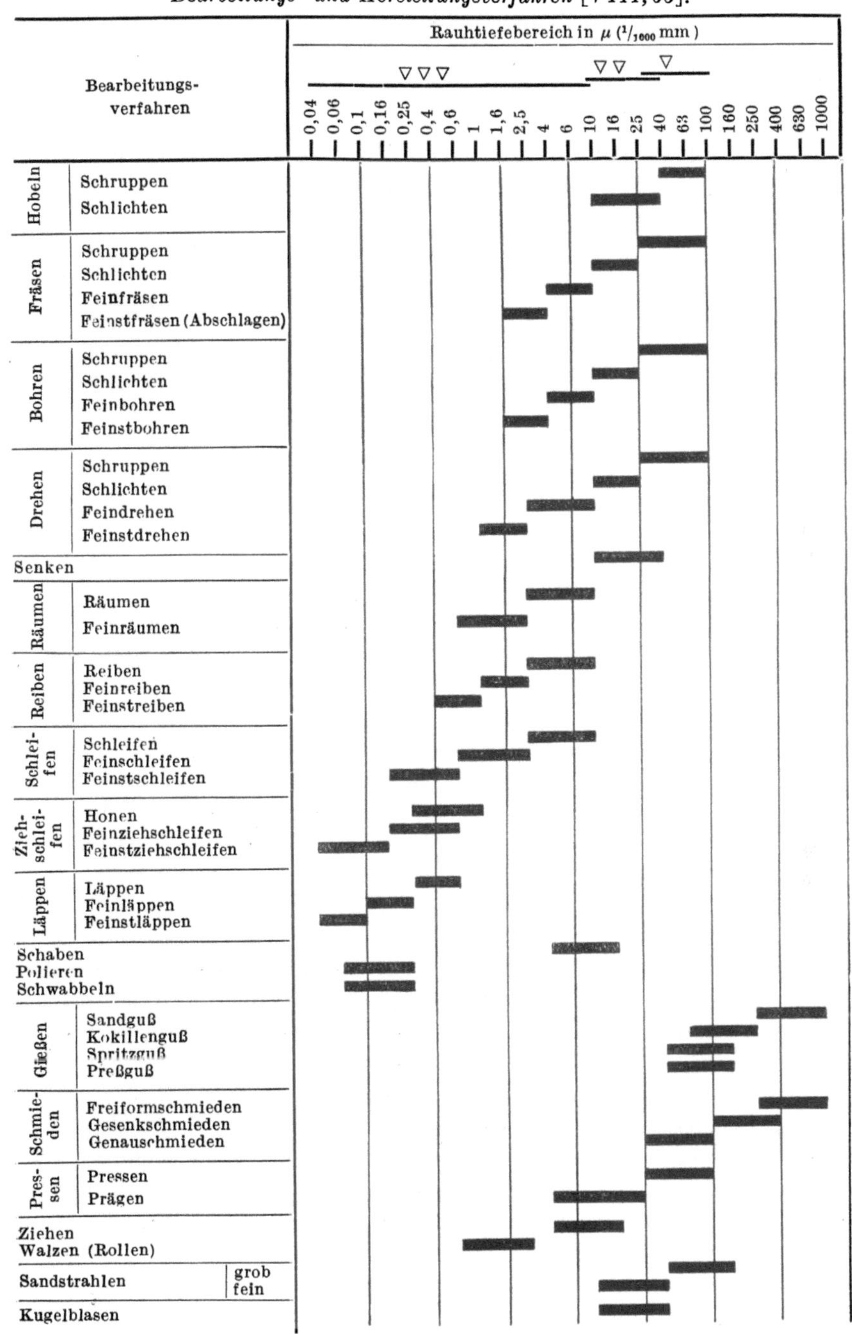

21*

Grund seiner wertvollen Untersuchungen zur Normung von Oberflächen ausgearbeiteten Tabelle dar. Die Mitaufnahme der Oberflächenkennzeichnung von Gußstücken und von spanlos verformtem Material bietet interessante Vergleichsmöglichkeiten.

Nicht aufgenommen in die Tabelle sind Angaben über die Maßhaltigkeit (Ebenheit, Formgenauigkeit), die zur Beschreibung der Exaktheit

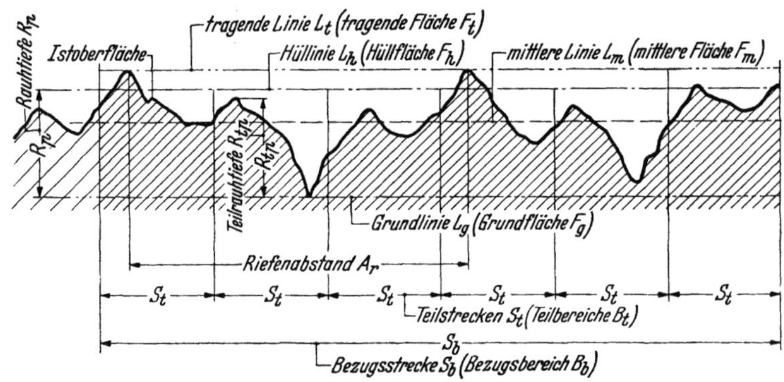

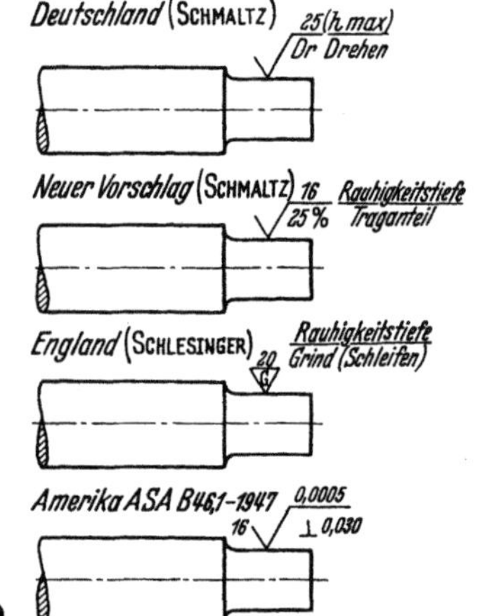

Abb. 195 a u. b. Zur Beschreibung der Oberflächengüte

a Profilschnitt einer Oberfläche mit Oberflächenmaßen (aus [VIII, 65]).

b in verschiedenen Ländern vorgeschlagene Symbole zur Bezeichnung der geforderten Oberflächengüte (nach [VIII, 64]).

der geometrischen Form eines Werkstückes dienen. Diese für Montage und einwandfreien Betrieb wichtigen Größen sind von der Güte der Herstellungsverfahren abhängig und werden durch die betriebsüblichen, zum Teil automatisierten Methoden der Abmessungskontrolle erfaßt. Wir lassen die Maßhaltigkeit bei den weiteren Betrachtungen, die sich mit der Güte der Oberflächen beschäftigen, außer Acht.

Zur Erläuterung der *Rauhtiefe* R_p und einiger anderer Oberflächenmaße soll Abb. 195 a dienen, welche den Profilschnitt einer Oberfläche darstellt [VIII, 65]. Ausgangs- und Bezugsfläche für Oberflächenkennzeichnung ist nach [VIII, 67] die Hüllfläche F_h, die den Profilschnitt in der Hülllinie L_h schneidet. Die Hüllfläche wird so gelegt, daß die Summe der Quadrate der Abstände der höchsten Punkte der Teilbereiche B_t (Teilstrecken S_t im Profilschnitt) ein Minimum wird. Als Grundfläche F_g (Grundlinie L_g) wird eine durch den tiefsten Punkt der technischen

Oberfläche abstandsgleich zur Hüllfläche (Hüllinie) gelegte Fläche (Linie) bezeichnet. Die Rauhtiefe ist nun dieser Abstand der Grundfläche (Grundlinie) von der Hüllfläche (Hüllinie). Sie wird in μ angegeben. Über ihre Bestimmung aus Profilschnitten oder mit Tastgeräten wird später in Punkt 49c berichtet. Als sog. *Glättungsgröße G* (Profilglättungsgröße G_t) wird der in μ angegebene Abstand der Hüllfläche (Hüllinie) von der mittleren Fläche F_m (mittlere Linie L_m) bezeichnet. Die mittlere Fläche liegt äquidistant zu Hüll- und Grundfläche derart, daß der vom Werkstoff über ihr eingenommene Raum gleich ist dem werkstoffreien Raum unter ihr. Um eine Kennzeichnung der Profilform auch *in* Richtung der Oberfläche durchzuführen, wurde die Einführung des Begriffs *Rauhigkeitsgrad R_g* vorgeschlagen, der als Quotient von Rauhtiefe R_p und Riefenabstand A_R definiert ist. Eine sehr anschauliche Auswertung von Oberflächenprofilen wird durch die ABBOTTsche Tragkurve gegeben

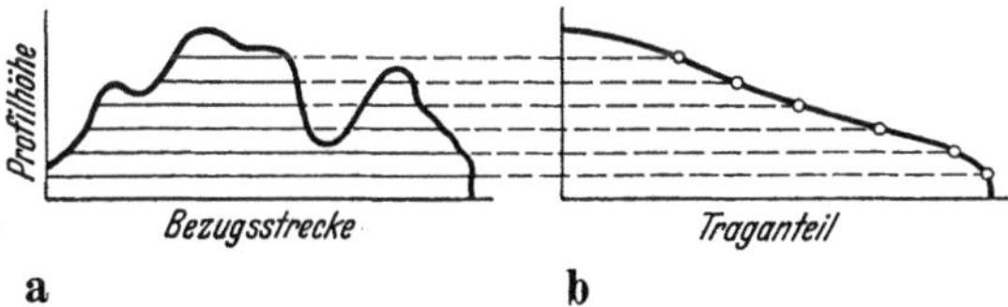

Abb. 196. Konstruktion der ABBOTTschen Tragkurve (b) aus der Profilkurve (a) (aus [*VIII, 66*]).

(Abb. 196). In verschiedenen Höhen über der Grundlinie werden dazu parallele Schnitte gelegt und die gesamte Länge der innerhalb der Profilkurve liegenden Teile als Funktion des Abstands von der Grundlinie aufgetragen. Einige praktische Beispiele einer derartigen Auswertung von Profilkurven sind in Abb. 197 gegeben. Als *Traganteil t_a* wird das Verhältnis der tragenden Flächen (bzw. tragenden Strecke im Profilschnitt) zum ganzen Bezugsbereich (Bezugsstrecke S_b) bezeichnet. Aus Abb. 197 geht beispielsweise hervor, daß bei der gebohrten Oberfläche eine Abtragung um $18\,\mu$ den Traganteil auf 40%, eine Abtragung um $30\,\mu$ auf 80% bringt.

Ein weiteres Eingehen auf das mitten in der Entwicklung stehende Gebiet der Mikrogeometrie der Oberflächen sei hier vermieden. Für eingehende Behandlung sei auf [*VIII, 66*], [*VIII, 68*], [*VIII, 65*] und [*VIII, 64*] verwiesen, wo sich auch ausführliche Schrifttumhinweise finden. Auch über die in verschiedenen Ländern benützten Normungen sind in den drei zuletzt genannten Monographien Angaben gemacht. Abb. 195b möge nur kurz über die in verschiedenen Ländern vorgeschlagenen Symbole zur Bezeichnung der geforderten Oberflächengüte unterrichten (aus [*VIII, 64*]). Die Werte für die Zahleneintragungen werden in Deutschland und in England in μ angegeben. Bei der amerikanischen

Norm wird an der Stelle „16" die Rauhigkeitshöhe in micro-inches[1] an der Stelle „0,0005" die Welligkeitshöhe in Tausendstel inch und an der Stelle „0,030" der Riefenabstand in Tausendstel inch angegeben.

Die wichtigsten spanabhebenden Bearbeitungsarten (vgl. hierzu [*VIII, 64*]) für Lager sind das Drehen, das Schleifen in seinen verschiedenen Ausführungsarten und das Räumen, in gewissen Fällen auch das Schaben (z. B. Auftuschieren von Schwinglagern), Reiben und Polieren. Beim Drehen erreicht man (vgl. Tab. 65) Rauhtiefen bis zu $1\,\mu$ herab, beim

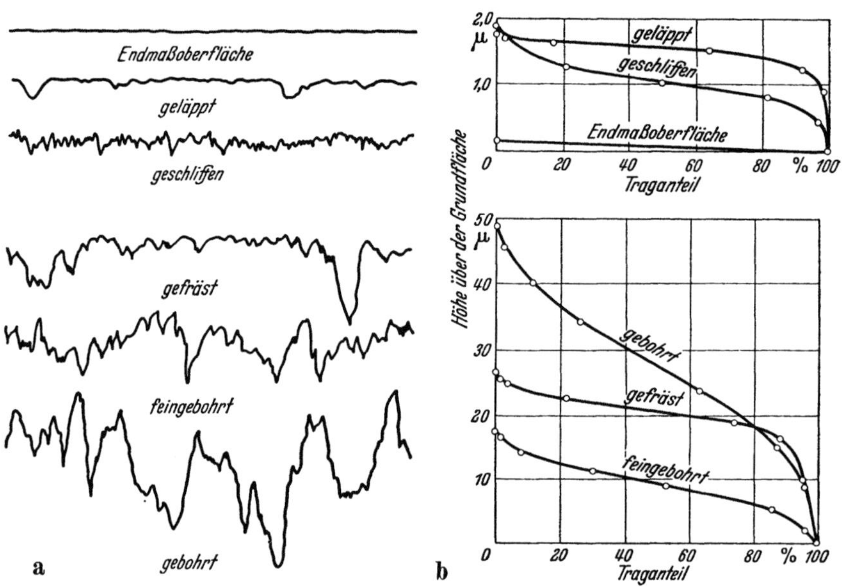

Abb.197a u. b. Auswertung von Profilkurven nach ABBOTT (aus [*VIII, 65*]).
a Profiltastschnitte   b Tragkurven.

Räumen bis etwa $0,6\,\mu$. Schleifen und insbesondere Ziehschleifen führt zu erheblich höherer Oberflächengüte. Im ersten Fall werden Rauhtiefen von $0,16\,\mu$ erreicht, mit der vollendetsten Form des Ziehschleifens (Feinstziehschleifen, superfinish, vgl. [*VIII, 69*]) $0,04\,\mu$. Schaben ist eine vergleichsweise rohe Oberflächenbearbeitung ($4\,\mu$ Rauhtiefe), Reiben führt auf $0,4\,\mu$ und Polieren schließlich auf $0,06\,\mu$. Bei der Gußherstellung zeigt sich die Überlegenheit der Verwendung von Dauerformen gegenüber der von Sandformen, von den spanlosen Formungsverfahren führt das Walzen zur höchsten Oberflächengüte. Miteingetragen in die Tabelle ist die heute noch übliche, nur drei Stufen umfassende

---

[1] Die Umrechnung erfolgt nach:
1 micro-inch (Mikrozoll, mμin; 10^{-6} in) $= 0,025\,\mu$ (25 nm, 25 Nanometer)
$1\,\mu$ (Mikron, 10^{-3} mm) $= 40$ Mikrozoll.

Kennzeichnung der gewünschten Oberflächengüte durch ein bis drei Dreiecke [VIII, 70], eine Kennzeichnung, die für die heutigen, differenzierten Anforderungen zweifellos zu roh ist.

Höchstmögliche Oberflächengüte ist, wie schon mehrfach betont, bei hoch beanspruchten Lagern, besonders wenn das Einlaufverhalten des Lagerwerkstoffes zu wünschen übrig läßt, unbedingt erforderlich. Besonders bemerkt sei nochmals, daß die Angaben der Tab. 65 nur als Anhalt dienen können: Die Oberflächengüte hängt ja zweifellos auch von der Struktur des zu bearbeitenden Materials ab [VIII, 71]. Legierungen mit im Festigkeitsverhalten sehr verschiedenen Gefügebestandteilen verhalten sich anders als feinkörnige reine Metalle oder Mischkristalllegierungen. Darüber hinaus wird wegen der plastischen Anisotropie der Metallkristalle auch schon bei einphasigen Legierungen die Korngröße und Textur die Güte der bearbeiteten Oberfläche beeinflussen. Wie schon in [VIII, 66] hervorgehoben, liegt hier ein noch sehr aussichtsreiches Arbeitsfeld vor.

Auf das weitgehend bearbeitete Gebiet des Einflusses des Werkzeugs, seiner Natur, geometrischen Gestalt und Oberflächenbeschaffenheit, sowie der Schnittbedingungen für die Oberflächengüte der bearbeiteten Fläche kann nicht näher eingegangen werden (vgl. hierzu [VIII, 64]). Bei hohen Schnittgeschwindigkeiten fällt die auftretende Reibungswärme entscheidend ins Gewicht. Dies führt, sofern nicht trotz einwandfreier Kühlung ständiger Wechsel des Drehstahls in Kauf genommen werden kann, zum Übergang auf Hartmetall- und Diamantwerkzeuge. Für die konstruktive Ausbildung der Werkzeuge können allgemein gültige Angaben nicht gemacht werden. Die zweckmäßigen Größen der die Form des Schneidstahls beschreibenden Winkel (Span-, Keil- und Freiwinkel) hängen von der Natur des Werkstücks ab. Gleiches gilt für Vorschub- und Schnittgeschwindigkeit. Angaben für Aluminium finden sich in [VIII, 72], für Zink in [VIII, 73] und [VIII, 74]. Bleibronzeverbundlager werden bei höchsten Anforderungen an Oberflächengüte in Feinbohrwerken möglichst mit Diamanten, zumindest mit sorgfältig geläppten Widiaschneiden fertig bearbeitet ([VIII, 39] und [VIII, 36]). Ausführliche Angaben über die Zerspanbarkeit von Weißmetallen, Kupferlegierungen, Zinklegierungen, Aluminiumlegierungen, Stählen, Gußeisen, Holz, Glas, über Steingut, Porzellan und über Kunststoffe finden sich in [VIII, 64]. Schwingungsfreiheit der Bearbeitungsmaschinen ist oberster Grundsatz. Sinterlager müssen, sofern sie nicht spanlos auf Fertigmaß gebracht werden, mit sehr scharf schneidenden Werkzeugen bearbeitet werden, um ein Zerdrücken der Poren zu verhindern. Für die Sinterwerkstoffe gelten folgende Bearbeitungsrichtlinien [VIII, 131]: Kühlung durch Preßluft (1,5—2 atü). Spannen vorsichtig und leicht. Freiwinkel 8°, Keilwinkel 72°, Schnittwinkel 80°,

Spanwinkel 10°, Einstellwinkel 45°; Schnittgeschwindigkeit beim Schlichten 140—200 m/min., Vorschub < 0,1 mm/U, Spantiefe 0,1 bis 0,4 mm. Angaben über Sintereisen speziell finden sich in [*VIII, 75*], [*VIII, 76*], [*VIII, 14*] und [*VIII, 68*].

In Tabelle 66 sind als Anhalt für den Konstrukteur Angaben über die höchst zulässige Rauhtiefe von Gleitflächen im Motorenbau gegeben [*VIII, 65*]. Sie beziehen sich vornehmlich auf Wellen, Zylinderlauf-

Tabelle 66.

Anhalt für höchst zulässige Rauhtiefe von Gleitflächen im Motorenbau [VIII, 65].

Höchstzulässige Rauhtiefe μ	Anwendungsgebiet	Anwendungsbeispiele
0,4	höchst beanspruchte Laufflächen	Zylinderlaufbüchsen (innen)
0,6	hochbeanspruchte Laufflächen	Kurbelwellen-Laufflächen, Kolbenbolzen, Kolbenbolzenlöcher, Kolbenbolzenbüchsen (innen)
1	hochbeanspruchte Laufflächen	Kolbenschaft
1,6	hochbeanspruchte Laufflächen	Nockenwellenlaufflächen, diamantgedrehte Wellen und Bolzen
2,5	normale Lauf- und Preßsitze	Antriebs-, Anlasser- und Ölpumpenwellen
4	normale Lauf- und Preßsitze	Kolbenbolzenbüchsen und Ventilführungsbüchsen (außen)
6	normale Lauf- und Preßsitze	Lagerbüchsen (außen) mit Sicherung

büchsen und Kolben. Aus den Zahlen geht im Verein mit Tab. 65 hervor, daß auch für diese Maschinenelemente zum Teil Bearbeitungsverfahren heranzuziehen sind, die höchstwertige Oberflächengüte gewährleisten (Schleifen der Wellen).

Wegen des aus mechanischen Gründen und solchen der Wärmeableitung erforderlichen satten Anliegens des Lagers am Gehäuse muß auch der Oberflächengüte am Lagerrücken und der Innenseite des Lagergehäuses größte Beachtung geschenkt werden. Dies wird in [*VIII, 77*] besonders für Aluminiumlager hervorgehoben.

Abschließend sei die Oberflächenbearbeitung von ebenen Gleitflächen (Längslagern und Geradführungen) noch kurz erwähnt [*VIII, 78*]. Als Werkstoff kommt hier vor allem Gußeisen mit und ohne Weißmetallbelag in Frage. Wenn auch bei sehr geringem Flächendruck sauberes Schleifen ausreichend ist, so werden im allgemeinen die Gleitflächen wohl fast stets auftuschiert. Die Rauhtiefen betragen dabei bei sorgfältigstem Schaben etwa 1 bis 2 μ. Ist wie bei gehärtetem Stahl oder harter Bronze Auftuschieren nicht möglich, so muß sauber geschliffen und poliert werden (vgl. auch [VIII, 79]). Die übliche Keilsteigung von 5⁰/₀₀ wird zumeist durch Schleifen hergestellt, wenn wegen hoher Flächendrucke aber auf etwa 2⁰/₀₀ zurückgegangen werden muß, läßt sie sich nur noch durch Schaben herstellen.

b) Spanlose Bearbeitung. Eine völlig scharfe Trennung von spanabhebender und spanloser Bearbeitung ist nicht möglich. Auch bei der sog. spanlosen Bearbeitung werden die in die Täler des Oberflächengebirges gequetschten Kuppen sicherlich zum Teil zunächst abgerissen. Immerhin werden das Prägepolieren von Wellen und Büchsen, das Aufkugeln (Kalibrieren) von Bohrungen zweckmäßig in einer eigenen Gruppe zusammengefaßt.

Für das *Prägepolieren*, wie es beispielsweise bei den Achsschenkeln der Radsätze bei der Bundesbahn verwendet wird [VIII, 80], werden die Zapfen zunächst fein vorgedreht. Durch Druckrollen (Abb. 198) werden sodann Oberflächenrauhigkeiten eingeebnet. Für Rauhtiefen werden Werte von 4 bis 6,5 μ

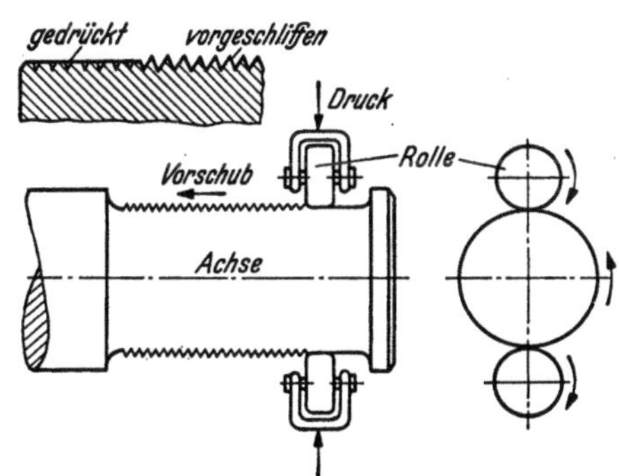

Abb. 198. Prägepolieren (Rollieren) von Mantelflächen (aus [VIII, 69]).

angegeben. Für das Prägepolieren von Innenflächen von Büchsen werden Glättwerkzeuge mit mehreren gehärteten, polierten Rollen verwendet, die an den beiden Enden etwas abgeschrägt sind, wodurch ein sanfter Anstieg der Druckwirkung erreicht wird [VIII, 69].

Das *Kalibrieren* von Bohrungen, das neben der spanabhebenden Bearbeitung bei Sinterlagern verwendet wird, besteht im Durchpressen eines geschliffenen Dornes aus gehärtetem Stahl mit dem Durchmesser, den die Bohrung annehmen soll. Zweifellos wird durch die hervorgerufene Verquetschung der Oberfläche die Tragfläche vergrößert. Dies geht jedoch mit einer Verringerung der für die Schmierung derartiger Lager wesentlichen Porenöffnungen einher, so daß stets abzuwägen ist, welches Fertigbearbeitungsverfahren das geeignetste ist [VIII, 81], [VIII, 82]. Erwähnt sei, daß ein Kalibrieren von Lagermetallbüchsen auch durch Hindurchpressen einer Anzahl von Kugeln durchgeführt wird, wobei sich Rauhtiefen von Bruchteilen eines μ ergeben.

c) Gleiterleichternde Oberflächenschichten. Schon in den Punkten 22 und 47c ist die gleiterleichternde Wirkung dünner (galvanisch aufgebrachter) Blei (Bleizinn-)-Schichten für Silberlager besprochen worden [*VIII, 83*], [*VIII, 51*], [*VIII, 84*]. Derartige Schichten und auch Kadmiumschichten haben auch zur Erleichterung des Einlaufs von Bleibronzelagern Verwendung gefunden [*VIII, 51*]. Auch bei Aluminiumlagern hat man durch Verzinnen, Verbleien oder auch Graphitieren das Einlaufen verbessert [*VIII, 85*]. Kadmiumschichten wurden gleichfalls verwendet. Verzinnen im wasserfreien zinnhaltigen Schmelzbad hat sich auch bei Sondermessing-Lagern durch erhebliche Erhöhung der Grenzbelastungswerte bewährt [*VIII, 86*]. Auch für das Gleitverhalten von Kolben in Verbrennungskraftmaschinen bringen derartige Schichten Vorteile [*VIII, 87*]. Durch dünne, im Tauchverfahren aufgebrachte Zinnschichten (ca. 0,006 mm stark), durch Bleischichten, die entweder auch in einem Tauchverfahren (PERNER-Verfahren) oder elektrochemisch in Schichtdicken von 0,01 bis 0,02 mm erzeugt werden, oder durch aufgebrachte, graphithaltige Schichten wird nicht nur der Einlauf von Aluminiumkolben beschleunigt, sondern auch der Angriff bei Kaltstart verringert ([*VIII, 87*]; hier weitere Literaturangaben).

Für Wellen aller Art und Zylinderbüchsen hat sich die elektrolytische Hartverchromung zur Herabsetzung des Verschleißes und Verbesserung der Notlaufeigenschaften bewährt. Wichtig ist es, durch mechanische oder chemische Aufrauhung der Oberfläche Öltaschen zu schaffen, um die verminderte Benetzbarkeit auszugleichen [*VIII, 88*], [*VIII, 89*], [*VIII, 90*] und [*VIII, 91*]. In Analogie hierzu stehen Beobachtungen über die Verbesserung des Einlaufverhaltens von Gußeisen durch Anätzen der Lauffläche [*VIII, 92*]. Eine erhöhte Schmiermittelspeicherung wird auch als Ursache für die gleitverbessernde Wirkung von Phosphatschichten angesehen [*VIII, 92*], [*VIII, 93*]. Hinzukommt in diesem Fall allerdings auch eine nichtmetallische, die Verschweißneigung von Lager- und Wellenwerkstoff herabsetzende Zwischenschicht [*VIII, 94*], [*VIII, 95*]. Da diese während des Betriebes allmählich abgerieben wird, muß sie — um zu große Änderungen des Lagerspiels zu vermeiden — von vornherein so dünn wie möglich aufgebracht werden. Vor allem kommt das Phosphatierungsverfahren für Wellen in Betracht, im Falle von Zinklegierungslagern kann die Phosphatschicht aber auch an der Lagerlauffläche erzeugt werden. Vorteilhaft erwies sie sich schließlich auch für das Gleitverhalten von (gußeisernen) Kolbenringen [*VIII, 96*], [*VIII, 97*]. Durch Aufbringen von Graphit auf die Phosphatschicht treten weitere Verbesserungen ein. Auch andere feinkristalline, polierende Stoffe, die mit einem Bindemittel auf die Kolbenring-Lauffläche aufgebracht werden und ebenfalls einen Graphitüberzug erhalten, wurden als Einlauf-fördernd angegeben. Schließlich werden auch im wesentlichen aus Harz bestehende weiche Schichten zur Verbesserung des Gleitverhaltens von Kolbenringen genannt [*VIII, 98*].

Der wichtigste Anwendungsbereich für gleiterleichternde Oberflächenschichten ist ohne Zweifel das schon besprochene Mehrschicht-Hochleistungslager, dessen Entwicklung heute noch keineswegs abgeschlossen ist.

49. Fertigungskontrolle.

Nach der Beschreibung der Herstellung von Massiv- und Verbundlagern und ihrer Oberflächenbearbeitung sollen in diesem Punkt die Verfahren zur Qualitätskontrolle der Herstellung kurz geschildert werden. Wir gliedern die Darstellung in drei Gruppen: Kontrolle der Lagermetallschicht, Bindungsprüfung bei Verbundlagern und Bearbeitungskontrolle.

a) Kontrolle der Lagermetallschicht. Es kann sich nicht darum handeln, hier die in Metallbetrieben übliche Chargenkontrolle zur Überwachung der gleichmäßigen Einhaltung der Legierungstoleranzen zu beschreiben (chemische Analyse, stichprobenweise technologische Kontrollen z. B. durch Härtebestimmungen). Es sei vielmehr nur auf solche Verfahren hingewiesen, die sich bis zum Einspielen einer geregelten Fertigung oder bei Werkstoffumstellung als zweckmäßig erwiesen haben. *Metallographische Schliffuntersuchungen* unterrichten über Gefügeausbildung und Seigerungen, über das Auftreten von störenden Beimengungen, Lunkern, Rissen und undichten Stellen anderer Art. Eine wesentliche Ergänzung bildet bei Legierungen mit großen Unterschieden in der Strahlenabsorption die *Grobstrukturprüfung mit Röntgenstrahlen*, ein Verfahren, das sich insbesondere zur Kontrolle der Herstellung von Bleibronzelagern als unentbehrlich erwiesen hat. Das Grundsätzliche der Versuchsanordnung geht aus Abb. 199a hervor [*VIII, 99*]. Die Lagerschalen liegen auf zwei Rollen, durch die sie in Rotation versetzt werden können. Im Innern der Schalen ist zwischen einem Bleizylinder und der Schale ein zylindrischer Film angeordnet. Ein ausgeblendetes Röntgenstrahlbündel durchtritt die Schale und schwärzt den Film. Die Aufnahmen erfolgen meistens bei ruhender Schale. Sechs nach Drehung jeweils um 60° erhaltene Einzelaufnahmen setzen sich zu einem Bild des gesamten Lagers zusammen. Rotation der Schale während der Aufnahme setzt die Fehlererkennbarkeit herab. In Abb. 199b ist eine praktische Ausführung eines Röntgenprüfgerätes für Lagerschalen wiedergegeben. Zwei Teilbilder von Bleibronzeverbundlagern sind in Abb. 200a und b dargestellt [*VIII, 99*]. Sie lassen die große Bedeutung des Röntgenverfahrens für den Nachweis von Gußfehlern in Bleibronzeausgüssen klar erkennen (vgl. auch [*VIII, 100*], [*VIII, 101*], [*VIII, 39*], [*VIII, 102*], [*VIII, 103*] und [*VIII, 104*]). Für Massenuntersuchungen von Lagerschalen wurden sowohl in lagerherstellenden als auch in lagerverbrauchenden Firmen Einrichtungen erstellt, in denen unter Umgehung

der Photographie die hauptsächlichen Fehler auf dem Leuchtschirm
überprüft werden [*VIII, 105*]. Von der Beschickungsseite aus werden
dabei in steter Folge jeweils 4 oder 6 übereinandergeschichtete Lagerschalen, die gleichzeitig durchleuchtet werden, auf einer rotierenden
Scheibe angebracht. Der auf der
anderen Seite befindliche Prüfer
gibt dem Zubringer auf der Beschickungsseite durch Lichtsignal
bekannt, welche der Lagerscha-

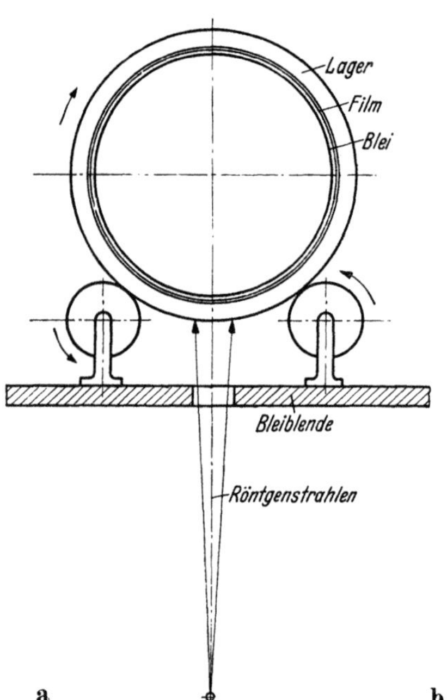

a b

Abb. 199a u. b. Grobstrukturprüfung mit Röntgenstrahlen.
a Schematische Darstellung der Versuchsanordnung (nach [*VIII, 99*]).
b Röntgenprüfgerät, Bauart R. SEIFERT und Co., Hamburg.

len zu beanstanden ist. Für das Maß noch zuzulassender Fehler sind
die betrieblichen Beanspruchungsverhältnisse von wesentlicher Bedeutung, so daß allgemeine Richtlinien nicht angegeben werden können.

Ein weiteres altbewährtes Verfahren, insbesondere zur Feststellung
von Oberflächenrissen, ist die *Kalkmilchprobe*. Ebenso wie die Röntgengrobstrukturprüfung gehört sie zu den zerstörungsfreien Prüfverfahren.
Das zu prüfende Werkstück wird in Öl von 80 bis 130° C so lange erwärmt, bis es die Badtemperatur angenommen hat. Nach Säuberung
der Oberfläche von überschüssigem Öl (Sägespäne) wird der Prüfling
warm in eine Spiritus-Kalk- (oder Kreide-) Mischung oder dgl. getaucht

oder damit bespritzt und anschließend erwärmt. Unganze Stellen machen sich durch Austreten eingesaugten Öls und damit Färbung des weißen Kalk- oder Kreideüberzugs bemerkbar. Naturgemäß können auf diese Weise nur Fehler nachgewiesen werden, die bis an die Oberfläche des Lagers reichen (vgl. z. B. [*VIII, 100*], [*VIII, 39*], [*VIII, 36*]). Eine moderne Abwandlung des Verfahrens umgeht jegliche Erwärmung des Prüflings. Dieser wird mit einer fluoreszierende Stoffe enthaltenden Flüssigkeit (z. B. Petroleum) benetzt und nach kurzer Einwirkungsdauer durch Abwischen getrocknet. Bestrahlung mit ultraviolettem Licht (Quarzlampe) führt bei Abschirmung des Tageslichts zum Erkennen von Oberflächenrissen [*VIII, 106*], [*VIII, 107*]. Auch Tauchen in Farbimprägnierungsmittel wird zum Nachweis von Rissen empfohlen [*VIII, 108*]. Nach Auftrocknen des Imprägnierungsmittels und sorgfältiger Reinigung wird ein Farbentwickler aufgetragen, der etwa vorhandene Risse sichtbar macht.

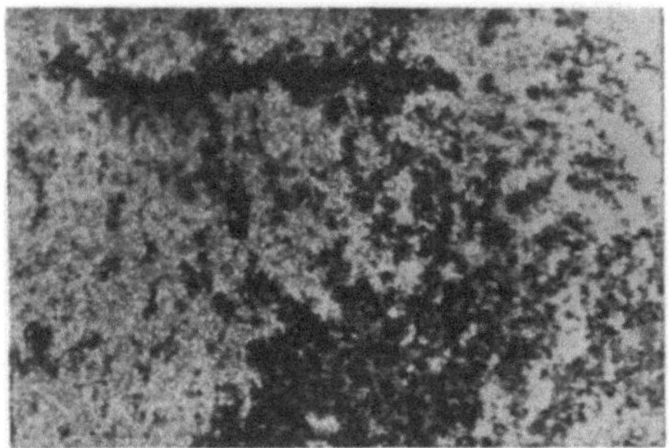

Abb. 200a u. b. Teilbilder (Negative) von Bleibronzeverbundlagern; $V = 1,5$ (nach [*VIII, 99*]).
a einseitige Bleianreicherung und Poren im Ausguß.
b Riß und ungleiche Verteilung von Blei und Kupfer im Ausguß.

b) Bindungsprüfung bei Verbundlagern. Einwandfreie Haftung der Lagermetallschicht an der Stützschale ist eine der wichtigsten Anforderungen an hochbeanspruchte Verbundlager. Fehlerhafte Bindung führt insbesondere bei dynamischer Beanspruchung zu vorzeitiger Zerstörung der ihrer Unterstützung beraubten Teile der Lagermetallschicht. Einer exakten Bindungsprüfung kommt daher wesentliche Bedeutung zu, einmal für die Entwicklung besserer Herstellungsverfahren der Verbundlager, zum Anderen zur laufenden Fertigungskontrolle. Zur Anzeige fehlerhafter Bindung wurden die verschiedensten Eigenschaften herangezogen: Dämpfung, Lockerung der Bindung durch plastische Verformung, Haftfestigkeit, unmittelbar bestimmt durch Zug- und Scherversuche. Hinzu kommen in gewissem Ausmaß Kalkmilchprüfung,

Fehlstellenuntersuchung mit Röntgenstrahlen und schließlich Widerstandsmessung und Ultraschallprüfung.

Die Prüfung der *Dämpfung* zeichnet sich durch besondere Einfachheit aus. Das Verbundlager wird, zweckmäßig mit Gummizwischenlagen, in eine Zange gehängt, angeschlagen und das Abklingen des Eigentons beobachtet. Neuerdings hat man versucht, diese sehr rohe Kontrolle durch Anwendung eines Klangmeßgeräts objektiv zu gestalten [*VIII, 109*]. Die

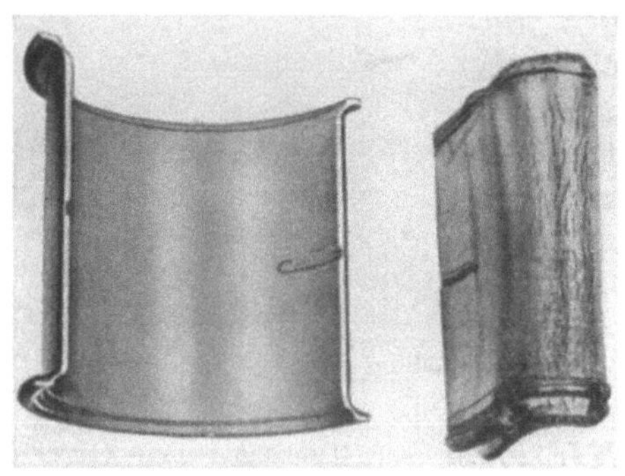

Abb. 201a u. b. Prüfung der Bindung durch plastische Verformung.
a Biegeprüfung an einem Bleibronzeverbundlager (aus [*VIII, 1*]).
b Verwindungsprüfung an einem Kadmiumlagermetall/Stahl-Verbundstreifen.

Anwendung der *Biegeprüfung* auf ein Bleibronzeverbundlager wird durch Abb. 201a, die der *Verwindprüfung* eines Bimetallstreifens durch Abb. 201b veranschaulicht. Bei quantitativen Vergleichen der Eignung verschiedener Lotlegierungen ist bei Verwendung von Bimetallstreifen auf stets gleiche geometrische Bedingungen (Stärke der Schichten) zu achten. Hohes Ausmaß der plastischen Verformung des Verbundlagers führt zur Ablösung der Lagermetallschicht. Seidiger Glanz freigelegter Stützschalenflächen, Reste fest haftender Lagermetallpartien sprechen für hohe Güte der Bindung. Obwohl diese Güteprüfung zur Zerstörung des Werkstücks führt, ist sie zu stichprobenweiser Kontrolle weit verbreitet. Von verschiedenen Seiten wurden unmittelbare Versuche zur Bestimmung der *Haftfestigkeit* zwischen Stützschale und Lagermetallschicht ausgeführt, wobei es sich sowohl um ein Auseinanderreißen (Zugkräfte senkrecht zur Bindungsfläche), als auch um ein Abscheren (Schub parallel zur Bindungsfläche) handelte [*VIII, 110*], [*VIII, 111*], [*VIII, 112*], [*VIII, 109*]. Als Beispiel bringen wir in Abb. 202 die von CHALMERS für das Auseinanderreißen von Lagermetall und Stützschale benutzte Anordnung. Eine kreisförmige Ausdrehung in der Stützschale und eine koachsiale ringförmige Anbohrung in der Lagermetallschicht ermöglichen es, in einer Zerreißmaschine die Haftfestigkeit eines Lagermetallringes unmittelbar zu bestimmen. Haftfestigkeiten bis zur Höhe der Zerreißfestigkeit des Lagermetalls können auf diese Weise gemessen werden. Ähnlich kann auch bei Scherversuchen ermittelt werden, ob die Verbundfestigkeit höher liegt als die Werkstoff-festigkeit. Aus der Ausbildung der Scherfläche sind überdies Rückschlüsse auf die Ursachen mangelhafter Bindung möglich.

Sehr bedingt kann auch die in Punkt 49a beschriebene *Kalkmilchprobe* zu Bindungsprüfungen herangezogen werden. Sie setzt ein Einmünden der Trennstelle in die Oberfläche voraus, kann also nur bei spezieller Lage der Störstellen mit Erfolg angewendet werden. Auch die *Röntgengrobstrukturprüfung* wird nur bei groben Bindungsfehlern mit Nutzen verwendet

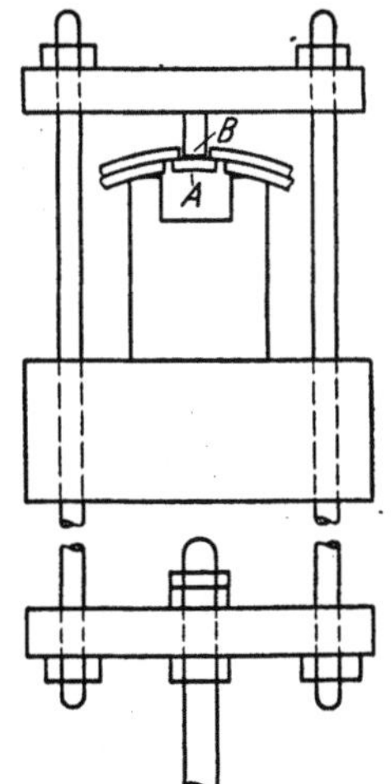

Abb. 202. Anordnung für das Auseinanderreißen von Lagermetall und Stützschale (nach [*VIII, 112*]).
A = ringförmig ausgestochene Lagermetallschicht
B = kreisförmige Ausdrehung in der Stützschale.

werden können. Die nur unwesentlichen Querschnittsschwächungen werden sich bei der üblichen Durchstrahlung senkrecht zur Gleitfläche im allgemeinen dem Nachweis entziehen.

Es sei hier eingeschaltet, daß Bindungsfehler zwischen Lagermetallschicht und Stützschale keineswegs nur in flächenförmigen Trennstellen bestehen. Seigerungszonen und Bildung spröder Zwischenschichten können bei der Beanspruchung der Lager im Betrieb ebenfalls zu einem Ausbröckeln der Laufschicht führen. Hierauf ist besonders bei Bleibronzeverbundlagern für hohe Beanspruchungen zu achten (Entmischungssäume an der Stützschale, Bildung einer Phosphidzwischenschicht bei zu hohem Phosphorrestgehalt [*VIII, 104*]).

Versuchsweise wurden auch Messungen des *elektrischen Widerstands* bei radialer Stromrichtung zum Nachweis von Bindungsfehlern herangezogen. Es ergab sich dabei, daß nur bei Auftreten von wirklichen Materialtrennungen oder kräftigen, zusammenhängenden Oxydhäuten ausreichende Effekte beobachtbar sind [*VIII, 103*].

Schließlich sei noch die Verwendung von *Ultraschall* zur Bindungsprüfung besprochen. Für die Grundlagen des Verfahrens sei auf [*VIII, 113*] verwiesen. Für die Feststellung von Bindungsfehlern in Lagern hat sich das Durchstrahlungsverfahren bewährt. Abb. 203 zeigt nach [*VIII, 114*] die von SCHOCH und CZERLINSKY benutzte Anordnung [*VIII, 115*]. Das zu prüfende Lager liegt auf einem Drehtisch in einem Ölbad. Im Innern des Lagers befindet sich ein Sendequarz, der einen senkrecht auf die Lagerschale treffenden Schallstrahl erzeugt. Ein mit dem Sendequarz auf gleichem Arm befestigter Empfängerquarz registriert die Schallintensität nach Durchtritt des Schallstrahls durch die Lagerschale. Langsame Drehung der Schale und Vertikalbewegung der beiden Quarze ermöglicht es, die Schale schraubenförmig auf Fehlstellen abzutasten. Durch ein entsprechend angetriebenes Registriergerät kann eine eindeutige Zuordnung von angezeigten Fehlstellen erfolgen. Verschiedene Arten der Kontaktgabe zwischen Schallstrahler und Prüfling werden in [*VIII, 116*] beschrieben. Als besonders geeignet wird eine Anordnung empfohlen, bei welcher sich der Quarz in einem Gefäß befindet, das mit einer unter Druck stehenden Flüssigkeit gefüllt und mit einer elastischen Membran, die auf den Prüfling gepreßt wird, verschlossen ist. Wenn auch die Empfindlichkeit der Bindungsprüfung mit Ultraschall die der Röntgenprüfung weit übertrifft, so dürften doch auch für sie die oben für die Röntgenprüfung erwähnten Einschränkungen gelten. Die Schwächung des Schallstrahls kommt ja durch Reflexion an der Trennungsebene Metall-Hohlraum zustande. Es bleibt abzuwarten, ob Struktur-bedingte Bindungsfehler (Seigerungen, Einlagerung spröder Kristallarten) sich im Ultraschallgerät anzeigen.

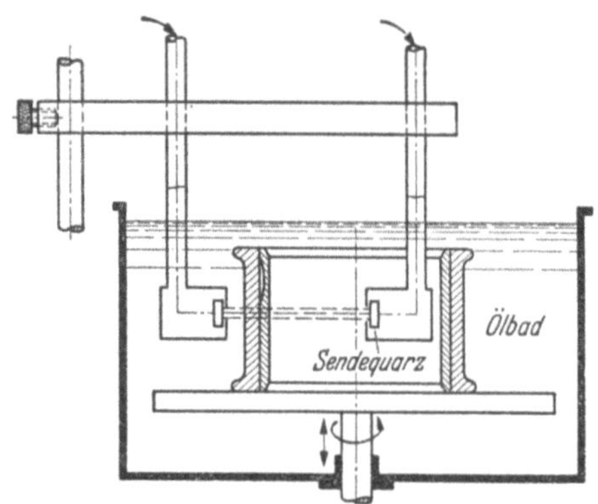

Abb. 203. Bindungsprüfung durch Ultraschall (nach [*VIII, 115*]).

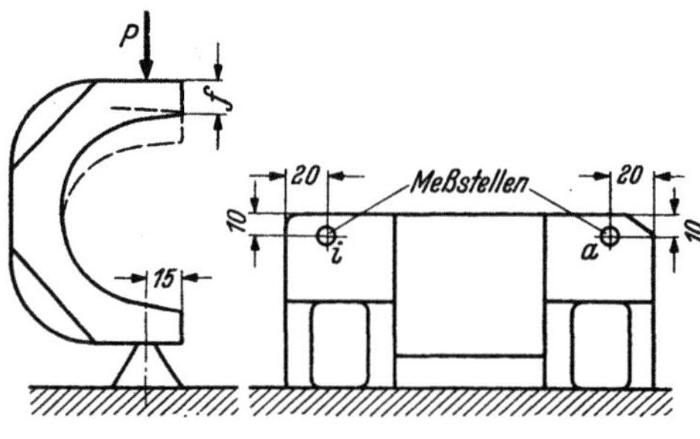

Abb. 204. Kontrolle der Festigkeit von Stützschalen (nach [*VIII, 80*]).
f = Durchbiegung   *i* u. *a* = Meßstellen.

Da bei Verbundlagern die Belastungen im wesentlichen von der Stützschale aufgenommen werden, kommt deren Festigkeitseigenschaften entscheidende Bedeutung zu. Für eine einfache Kontrolle haben sich Biegeversuche gemäß Abb. 204 seit langem eingeführt [*VIII, 80*]. Die bleibende, zu einer bestimmten Belastung gehörige Verformung darf einen bestimmten Grenzwert nicht überschreiten.

c) Bearbeitungskontrolle. Die Frage der Kontrolle der Oberflächengüte bearbeiteter Flächen wird sehr verschiedenartig beurteilt. Während ihr von Seiten vieler Praktiker keine allzu große Bedeutung beigemessen wird unter Hinweis auf stets notwendige zusätzliche Schlosserarbeit beim Zusammenbau, wird sie von Seiten der „Oberflächengeometer und -physiker" sehr ernst genommen und es wird keine Mühe gescheut, die verschiedenen Kenngrößen, über die auszugsweise in Punkt 48a berichtet wurde, zu bestimmen. Die mit Zunehmen der Oberflächengüte wichtiger Maschinenelemente auf vielen Gebieten des Maschinenbaus erzielten Leistungssteigerungen, die Erhöhung der Austauschbarkeit von Bauelementen zeigen aufs Deutlichste, wie richtig das Streben nach immer vollkommeneren Oberflächen ist. Unerläßliche Voraussetzung für nutzbringende Arbeit in dieser Richtung ist aber eine möglichst vollkommene Meßtechnik zur Feststellung der Oberflächeneigenschaften. Nachstehend geben wir nach [*VIII, 66*], [*VIII, 65*], [*VIII, 64*] und [*VIII, 69*] einen gedrängten Überblick über die wichtigsten Prüfverfahren. Für ausführliche Unterrichtung müssen wir auf diese Spezialwerke verweisen. Wir teilen die Verfahren in zwei Gruppen ein: bei denen der ersten Gruppe versucht man vorwiegend mit optischen Methoden das Oberflächengebirge als solches zu kennzeichnen, bei denen der zweiten Gruppe wird die Zerklüftung der Oberfläche durch Profilschnitte erfaßt.

Die einfachste Prüfung der Rauhigkeit einer Fläche besteht darin, daß wir mit dem Finger über sie hinwegstreichen. Wenn auch die Empfindlichkeit dieser Prüfung hoch ist (die eben noch feststellbare Rauhigkeitsschwelle liegt bei etwa $1\,\mu$), so ist diese *Tastprobe* doch nicht zu einer quantitativen Oberflächenbeschreibung geeignet, wie sie etwa durch Angabe des Traganteils oder Aufstellung einer Profilkurve gegeben wird. Zur qualitativen Beurteilung der Oberflächengüte wird diese subjektive Rauhigkeitsschätzung jedoch weitgehend herangezogen. Eine wichtige Ergänzung findet die Oberflächenprüfung auf Grund des Tastsinns durch *Betrachtung* mit dem unbewaffneten Auge und mit optischen Instrumenten. Zur raschen betrieblichen Beurteilung erweist sich ein Vergleich mit „*Normalflächen*", wie sie z. B. entsprechend DIN 140 im Handel sind, als sehr nützlich. Aus dem Glanz und den bei bestimmten Beleuchtungen entstehenden Bildern ergeben sich, gegebenenfalls durch stereoskopische Betrachtung, wichtige Rückschlüsse auf die Ausbildung des Oberflächenreliefs. Übergang von Hellfeld- zu

Dunkelfeldbeleuchtung (hier gelangt kein regulär reflektiertes Licht in das Mikroskop) erhöht die Nachweisempfindlichkeit von Oberflächenrauhigkeiten beträchtlich. Hohe Empfindlichkeit zeichnet ein Verfahren aus, bei welchem die *Totalreflexion des Lichts* an der Hypotenusenfläche eines Prismas ausgenützt wird, der die zu prüfende Oberfläche anliegt. Abb. 205 zeigt das Grundsätzliche dieses auf MECHAU zurückgehenden Verfahrens. An Stellen inniger Berührung von Prüfoberfläche und Prisma (Glas oder Quarz) wird die Totalreflexion gestört; diese Stellen zeichnen sich dunkel im Beobachtungsmikroskop ab. Ausmessung des Anteils dunkler Bereiche im Gesamtbereich liefert den Traganteil. Im MECHAU-DREYHAUPT-Gerät wird der Prüfling durch eine mit einer Schraube einstellbare Fläche gegen die Hypotenusenfläche des Prismas gedrückt. Sind nicht zylindrische Prüfkörper, sondern ebene Flächen oder Bohrungen zu

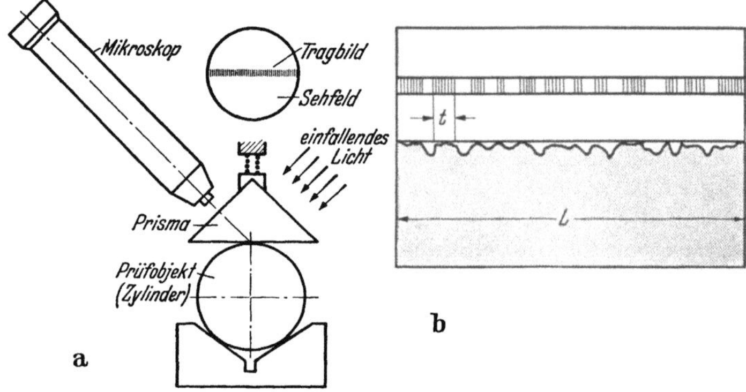

Abb. 205a u. b. Oberflächenprüfverfahren nach MECHAU (optische Tragflächenprüfung unter Ausnützung der Totalreflexion des Lichts), (aus [*VIII*, 65]).

a Prinzip des Verfahrens   b schematische Darstellung des Ergebnisses.

prüfen, so wird die Hypotenusenfläche des Prismas als Zylindermantel ausgebildet. Als Anhalt für die Empfindlichkeit diene die Angabe, daß Rauhtiefen von $0,5\,\mu$ noch nachweisbar sind. Voraussetzung für die Gewinnung einwandfreier Ergebnisse ist sorgfältige Beseitigung von Fett- und Wasserresten von Prüfling und Prisma, da sie eine Vergrößerung des Traganteils vortäuschen. Mit diesem Gerät wurde ein Anstieg des Traganteils von 20 bis 32% in geschliffenen Flächen, auf 40 bis 50% in feinstgeschliffenen ermittelt; Feinstläppen erbrachte Werte bis 80%, in Endmassen steigt der Traganteil auf über 90% an. Nach einem in [*VIII*, 130*] beschriebenen Verfahren werden photographische Spezialemulsionen hoher Feinkörnigkeit (etwa $0,5\,\mu$) zur Abbildung von Oberflächen herangezogen. Diese Emulsionen von einer Dicke von etwa $200\,\mu$ werden unter starkem Druck (etwa 1000 kg/cm²) auf die abzubildende Fläche gedrückt (Einwirkungsdauer etwa 1 Min.) und anschließend entwickelt, fixiert und getrocknet. An den durch die Rauhigkeit gebildeten Eindruckstellen entstehen, wahrscheinlich durch Wärmeentwicklungen infolge Druck und Gleitung, beim Abbilden Schwärzungen, deren Stärke der Größe des Druckes, also der Höhe der Unebenheiten proportional ist. Die hohe Feinkörnigkeit der Emulsion läßt bei der mikroskopischen Betrachtung eine etwa 1000fache Vergrößerung zu. Das Verfahren ist wegen des beim Eindrücken anzuwendenden hohen Druckes nicht bei allen Werkstoffen anwendbar.

Die Grenze des optischen Auflösungsvermögens liegt etwa bei der halben Wellenlänge des zur Abbildung verwendeten Lichts, d. h. sofern nicht auf Ultraviolettmikroskopie übergegangen wird, bei ca. $0,3\,\mu$. Eine außerordentliche Erhöhung des Auflösungsvermögens erbringt die Anwendung von Elektronenstrahlen als abbildende Strahlen im *Elektronenmikroskop*. Rauhigkeiten in der Größenordnung kleiner Vielfacher der Gitterabstände ($\sim {}^1/_{1000}\mu$) werden erfaßbar. In Abb. 206a ist nach MAHL und PAWLEK [*VIII, 117*] eine elektronenoptische Abbildung einer Aluminiumoberfläche (Durchstrahlung eines Lackabdrucks), in Abb. 206b nach v. BORRIES und JANZEN [*VIII, 118*] eine Reihe von Übermikroskopbildern von bearbeiteten Oberflächen von Automatenstahlstäben (Reflexionsverfahren) dargestellt. Mit Rücksicht auf den technischen Aufwand kommt die Verwendung des Übermikroskops zur Prüfung von Oberflächen heute nur in Sonderfällen wissenschaftlicher Forschung in Frage.

Ein optisches Verfahren hoher Empfindlichkeit, jedoch ohne unmittelbare Abbildung der Oberfläche ist das *Politurverfahren* von KÖHLER und KRAFT [*VIII, 132*]. Es besteht darin, daß die zu prüfende Oberfläche durch eine intensive, feine Lichtquelle beleuchtet und das von ihr reflektierte Licht auf einem gekrümmten Schirm aufgefangen wird. Störstellen der Oberfläche werden dabei, wie schon erwähnt, zwar nicht abgebildet, aber durch die am Schirm erscheinenden Schatten ihrer Gestalt und Ausdehnung nach einigermaßen erfaßt.

Es hat nicht an Versuchen gefehlt, die ,,wahre" Größe einer Oberfläche zu ermitteln. Die *Adsorption von Gasen oder radioaktiven Substanzen* diente zur Abschätzung des Quotienten aus wahrer Oberfläche und scheinbarer, die eine Projektion der wahren darstellt. Solange unsere Kenntnisse über die Bedeutung sogen. aktiver Stellen für die Adsorption nicht wesentlich erweitert sind, lassen die auf Grund solcher Versuche erhaltenen Quotienten sichere Aussagen über das Maß der Zerklüftung noch nicht zu. Wie weit neuere Untersuchungen von KRAMER [*VIII, 119*] über die *Elektronenemission* bearbeiteter Oberflächen bei Erwärmung zusätzliche Aussagen über den Feinbau der Oberflächen ermöglichen werden, bleibt abzuwarten.

Einen Übergang von den bisher beschriebenen Verfahren zu denen der zweiten, Profilschnitte liefernden Gruppe bildet die Bestimmung von

Schichtlinien durch Tuschieren. Reibt man die zu prüfende Oberfläche an einer genauen, gehärteten Richtplatte, die mit Rauhtiefen von etwa $0,3\,\mu$ hergestellt werden kann, so poliert man jeweils die höchsten Kuppen blank. Man gelangt zu Schichtlinien, aus denen Profilkurven erhalten

a

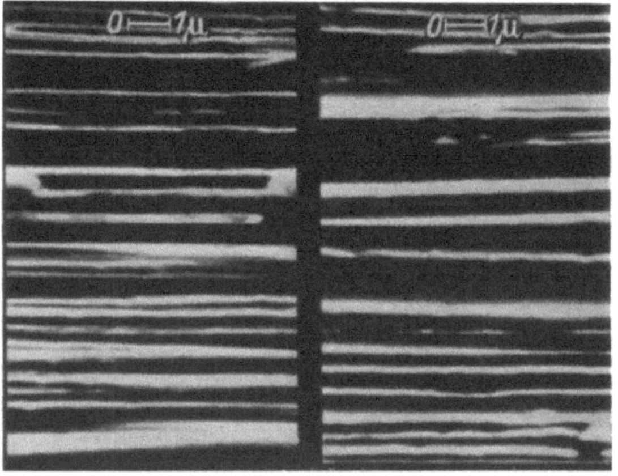

b

Abb. 206 a u. b. Übermikroskopbilder von Metalloberflächen (Elektronenmikroskop)
a Durchstrahlungsbild einer Aluminiumoberfläche (Lackabdruck) (nach [*VIII, 117*]).
b Reflexionsbilder von Oberflächen von bearbeiteten Automatenstählen (nach [*VIII, 118*]).

links gehärtete Proben $HV = 745$;
rechts ungehärtete Proben $HV = 185$; jeweils oben grob und unten fein geschliffen.

werden können. Die Verfahren der zweiten Gruppe führen unmittelbar zu diesen Kurven. Zunächst sei das *Querschliffverfahren* angeführt. Ein metallographischer Schliff wird unter Zerstörung der Probe senkrecht zur Oberfläche gelegt. Zu möglichster Vermeidung der Veränderung des Profils wird die Probe in eine entsprechende Schutzschicht eingebettet (beispielsweise mit niedrig schmelzenden Legierungen umgossen), mit dieser gemeinsam geschliffen und poliert. Das Einbettmetall wird sodann zur Freilegung der Probenoberfläche abgeschmolzen. Abb. 207 zeigt den Querschliff eines feinst ($\triangledown\triangledown\triangledown$)-gehobelten Stahls. Die Profilkurve ist klar entwickelt. In einer ganzen Reihe von Ausführungsformen wird, zurückgehend auf SCHMALTZ das *Abtasten der Oberflächen* mit einem feinen Tastkörper zur Bestimmung der Profilkurven rauher Flächen verwendet. Die Auflösung ist um so größer, je kleiner die Meßfläche des Tastkörpers ist. Hierfür benutzte man zunächst Grammophonnadeln mit einem Krümmungsradius an der Spitze von $30\,\mu$ und mehr. In den heutigen Geräten werden als Kegel oder vierseitige Pyramiden angeschliffene Saphir- oder Diamantspitzen mit Krümmungsradien von 12,5 bis $1,25\,\mu$ verwendet. Spitzenradien von 5 bis $10\,\mu$ genügen im allgemeinen, um die Meßfehler ausreichend klein zu halten. Die Tastkraft ist so niedrig zu wählen, im allgemeinen kleiner als 1 g, daß Verletzungen der zu prüfenden Oberfläche, die sich den Meßfehlern überlagern, verschwindend klein bleiben; sie wird meist versuchsmäßig bestimmt. Die Tastgeschwindigkeit ist nach oben dadurch begrenzt,

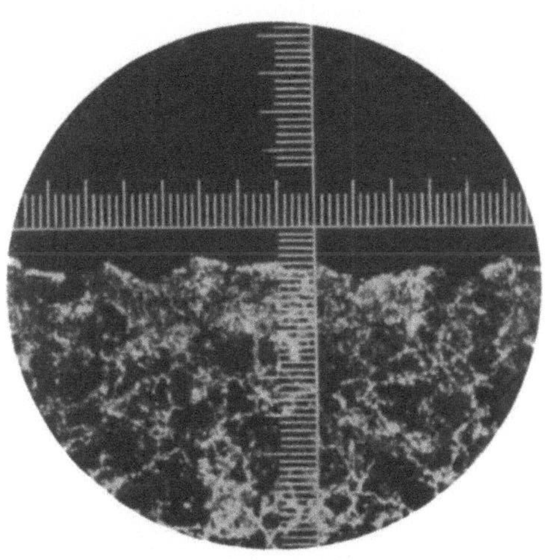

Abb. 207. Querschliff zur Ermittlung der Rauhtiefen an einem ($\triangledown\triangledown\triangledown$)-gehobelten Stahl (aus [*VIII, 66*]), geätzt mit HNO_3. V = 90.

daß bei steilen Abfällen und Anstiegen des Profils die Tastnadel nicht springen darf. In dem Gerät nach FORSTER-LEITZ wird, um größtmögliche Schonung der Oberfläche zu verbürgen, die Abtastung schrittweise durchgeführt. Ein die Tastnadel tragender Bolzen schwingt in einer Magnetspule, die mit einer Frequenz von 50 bis 100 Hz der Nadel eine beschleunigte Aufwärts- und verzögerte Abwärtsbewegung erteilt [*VIII, 120*]. Die aufgenommene Tastkurve wird mit Vergrößerung registriert, die sich aus einem geringen mechanischen und hohem optischen oder elektrischen Anteil zusammensetzt. Je nach Art der elektrischen Fühler am Meßtaster (kapazitive, induktive, fotoelektrische, piëzoelektrische, Elektronen- oder Bolometerfühler, Drosselspulen) unterscheiden sich die verschiedenen Ausführungen der Tastgeräte. Ein Beispiel für ein Tastschnittprofil ist in Abb. 208 [*VIII, 65*] enthalten.

Auf sehr elegante Weise wird das Oberflächenprofil zerstörungs- und kratzerfrei im *Lichtschnittverfahren* von SCHMALTZ sichtbar gemacht

[*VIII, 66*]. Hierbei wird ein schmaler Lichtspalt schräg einfallend auf die Oberfläche projiziert und die Stelle des Auftreffens mit einem Mikroskop betrachtet (Abb. 209a und b)[1]. Zwei Beispiele, in denen dem Lichtschnittbild das gleich vergrößerte Oberflächenbild beigegeben ist, sind in Abb. 210a und *b* [*VIII,66*] gezeigt. In Abb. 208 ist überdies dem Tastschnittprofil *T* ein auf gleiche Vergrößerung umgezeichnetes Lichtschnittprofil *L* gegenübergestellt. Die Profile entsprechen einander weitgehend.

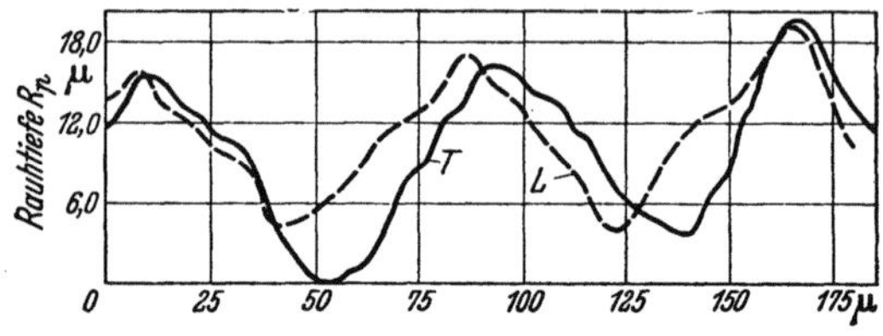

Abb. 208. Tastschnitt (*T*)- und Lichtschnitt (*L*)-Profil
(aus [*VIII, 65*]).

Bei der Beurteilung der für die Bearbeitungskontrolle zur Verfügung stehenden Verfahren darf der beabsichtigte Zweck nicht außer Acht gelassen werden. Für die Erfordernisse der Praxis werden vielfach die Betrachtungsverfahren, besonders bei Vergleich mit Normflächen, ausreichen. Sehr vielseitig verwendbar ist das Lichtschnittverfahren, welches ohne Zerstörung der Ober-

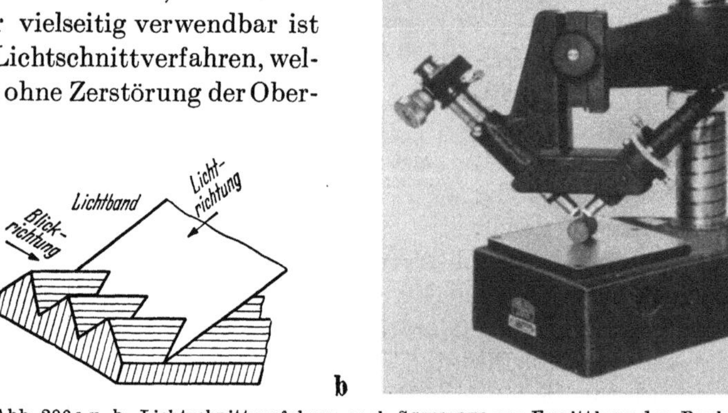

Abb. 209a u. b. Lichtschnittverfahren nach SCHMALTZ zur Ermittlung der Rauhtiefen.
a Prinzip des Lichtschnittverfahrens (aus [*VIII, 69*])   b Lichtschnittprüfgerät (aus [*VIII, 66*]).

fläche Profilkurven ergibt. Nachteilig ist der kleine Prüfbereich, dessen Fläche im Maße der Steigerung der Auflösung der Profilkurve abnimmt.

---

[1] Zum Ausmessen von unzugänglichen Oberflächen benutzt man Abdruckverfahren, die das Profil im Negativ wiedergeben. In der Handhabung und in der erzielbaren Genauigkeit hat sich folgendes Vorgehen bewährt: Nach Aufbringung eines Tropfens einer Lösung von Acetylcellulose in Aceton auf die zu prüfende Oberfläche wird ein Acetylcellulosefilm angepreßt. Durch vorsichtiges Abziehen des Filmes nach dem Antrocknen tritt das Rauhigkeitsprofil im Abdruck als ausmeßbares Negativ in Erscheinung.

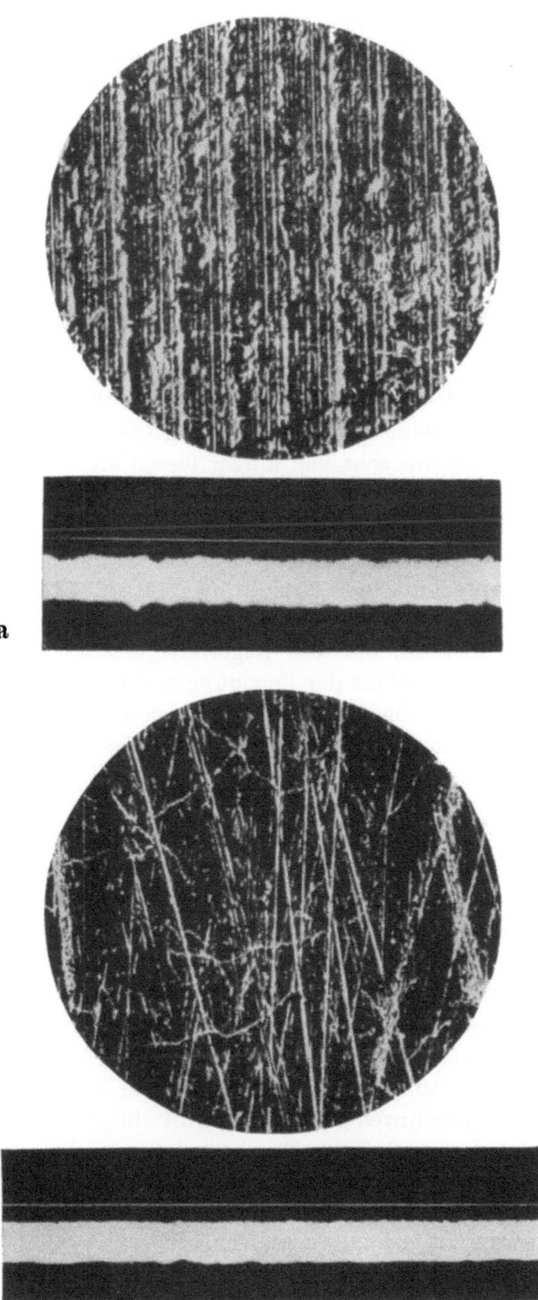

Abb. 210a u. b. Gegenüberstellung von Oberflächenbild und Lichtschnittbild bei gleicher Vergrößerung $V = 170$; (aus [*VIII, 66*]).
a Weißmetall mit Diamant feinstgedreht   b Gußeisen, geläppt.

Auch die Heranziehung von Querschliffen führt bei geschickter Schliffherstellung zu wertvollen Ergebnissen. Nachteilig ist hierbei, daß in allen Richtungen gleiche Vergrößerung vorliegt, also mit Erhöhung der Auflösung der Meßbereich kleiner wird. Die Abtastverfahren haben den Vorteil der Unabhängigkeit der Vergrößerung senkrecht zur geprüften Fläche von der in Richtung der Oberfläche. Zahlreiche in den verschiedenen Ländern entwickelte Tastgeräte führen unter Verwendung verschiedener Vergrößerungsprinzipien zur Registrierung der Profilkurve. Ein Nachteil sind die Meßungenauigkeiten zufolge der Größe des Tastkörpers bei bestimmten Profilformen (z. B. steilen und engen Klüften).

B. Nichtmetallische Werkstoffe.

Bei der Beschreibung der Lagerfertigung aus nichtmetallischen Werkstoffen können wir uns sehr viel kürzer fassen als bei der aus Metallen. In vielen Fällen erfolgt die Herstellung des Werkstoffs erst in der zu seiner Formung im Gleitlager verwendeten Form. Die Lagerfertigung ist dann, wie beispielsweise bei den Kunstharzpreßstoffen und Weichgummi, bereits bei Besprechung der Werkstoffe in Kap. III B wesentlich mitbeschrieben. Ein weiterer Grund für die hier nur angedeutete Behandlung ist der Umstand, daß die Lagerfertigung aus nichtmetallischen Werkstoffen mit Ausnahme der Fertigung von Gleitlagern aus Holz, von Spezialbetrieben durchgeführt wird und den Verbraucher auch mit Nachbearbeitung nur in geringem Ausmaß belastet.

50. Lager aus Kunstharzpreßstoffen und Weichgummi.

Kunstharzpreßstoff-Lager sind im allgemeinen Massivlager. Sie werden in der Regel einbaufertig oder nur geringer Nachbearbeitung bedürftig in Formen gepreßt bzw. spanabhebend aus Rohren gefertigt. Ihre Herausarbeitung aus dem Vollen ist auf Sonderfälle beschränkt. Lager großer Abmessungen werden in Segmentbauweise hergestellt. Die Einstellung der Segmente, die entweder einzeln formgepreßt oder aus Platten herausgearbeitet sind, erfolgt durch Keile oder Schrauben. Abb. 211 zeigt (nach [*VIII, 121*]) ein derartiges Lager für eine Walzenstraße. Die Einrichtungen für eine kombinierte Fett–Wasserschmierung sind besonders gekennzeichnet. Die Aufteilung in Segmente (meist 3 bis 5) erfolgt derart, daß das Druckmaximum nicht auf eine Stoßfuge trifft. Die Segmentbauweise bringt zusätzlich den Vorteil, bei auftretenden Zerstörungen im Lager durch Auswechseln einzelner Segmente den Ersatz des ganzen Lagers zu vermeiden.

Für spanabhebende Bearbeitung müssen zur Erzielung glatter Oberflächen scharfe Werkzeuge aus Schnelldrehstahl bzw. Hartmetall benutzt werden. Über die zur Kennzeichnung der Werkzeugform dienenden

Winkel vgl. [*VIII, 64*]. Zweckmäßig werden hohe Schnittgeschwindigkeiten und kleine Vorschübe verwendet. Der schlechten Wärmeleitfähigkeit der Kunstharzpreßstoffe wegen ist bei spanabhebender Bearbeitung sehr auf die Vermeidung schädigend hoher Temperaturen zu achten. Insbesondere empfiehlt es sich, beim Bohren mit Preßluft zu kühlen. Da die Maßhaltigkeit der Werkstücke der Natur des Werkstoffs entsprechend geringer ist als die der Metalle, müssen bei Kunstharzpreßstoffen weitere Passungstoleranzen gewählt werden. Auf die zum Ausgleich der schlechten Wärmeleitung entwickelten Lagerkonstruktionen mit dünnen, in metallische Stützschalen eingekitteten Kunststoffschichten und Aufkleben dünner Schichten auf den Zapfen sei hier nur nochmals hingewiesen (vgl. auch die Punkte 27 und 43a, Abb. 212). Eine bemerkenswerte Folge dieser Bauweise ist es, daß das Lagerspiel erheblich niedriger gewählt werden kann als bei der üblichen Bauart (vgl. Tab. 63 und Punkt 44).

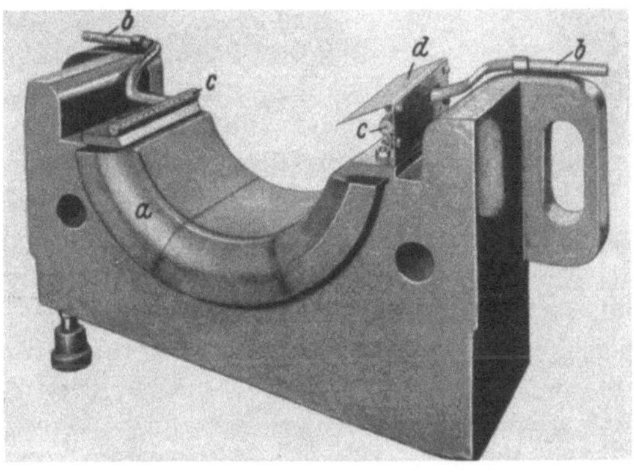

Abb. 211. Walzenlager mit Segmenten aus Kunstharzpreßstoff (aus [*VIII, 121*]). (Zapfendurchmesser 400 mm; $l/d = 1$). a = Segmente aus Kunstharzpreßstoff; b = Rohr für das Kühlwasser; c = Brausen; d = Halteblech zur Aufnahme des Walzenfettbriketts.

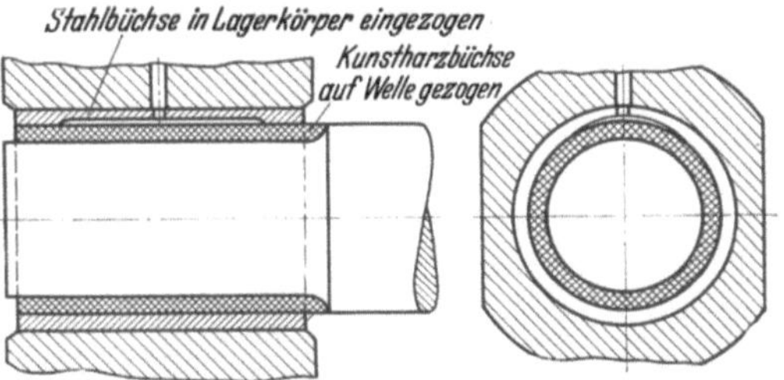

Abb. 212. Lager mit auf die Welle aufgezogener Kunstharzpreßstoffbüchse (aus [*VIII, 122*]).

Nylonlager können im Druckgußverfahren hergestellt werden, wegen des guten Formfüllungsvermögens auch in sehr dünnen Wandstärken. Die spanabhebende Bearbeitung hat unter ähnlichen Bedingungen zu erfolgen, wie sie eben angegeben wurden [*VIII, 123*].

Gummilager werden fast stets in Verbundausführung hergestellt. Bei kleinen Lagern wird ein zusammenhängender, in der Lauffläche ausgekehlter Ausguß an der Innenseite der metallischen Stützschale (Messing) befestigt. Die längs- oder spiralig laufenden Auskehlungen dienen der Durchleitung des als Schmier- und Kühlmittel verwendeten Wassers. Bei großen Abmessungen werden die Lager aus Gründen leichterer Herstellung und leichteren Einbaus als Streifenlager hergestellt. Ein Beispiel hierfür ist in Abb. 157 gegeben [*VIII, 124*], [*VIII, 125*]. Eine Nachbearbeitung der Oberfläche ist im allgemeinen nicht notwendig. Für feinere Passungen wird die Gleitfläche jedoch geschliffen.

51. Lager aus Holz, Kohle und Graphit.

Die Herstellung der Lager aus *Holz* erfolgt durch Ausarbeitung aus Naturholzblöcken, gegebenenfalls nach erfolgtem Heißpressen oder Tränken mit Metall (oder auch Öl) oder aus Schichtholzblöcken mit Nachbearbeitung durch Schleifen und Polieren. Mit Rücksicht auf die Anisotropie des Materials (Tab. 31) wird das Herausschneiden aus Naturholzblöcken in ganz bestimmten Richtungen durchgeführt.

Zur Bearbeitung von Pockholz sei darauf hingewiesen, daß es zwar mit normalen Holzbearbeitungsmaschinen zersägt wird, daß für die weitere Bearbeitung wegen seiner hohen Härte jedoch Maschinen ähnlich denen für Metallbearbeitung verwendet werden. Schnelldrehstähle, gegebenenfalls auch Hartmetall, werden für Zerspanungsarbeiten benützt. Die Bearbeitbarkeit ist, wohl wegen der Schmierwirkung des im Holz enthaltenen Harzes, gut. Schnittgeschwindigkeit und Vorschub liegen wie bei Automatenmessing [*VIII, 126*].

Die Gleitlager aus *Kohle* und *Graphit* werden durch Pressen gepulverten Materials in die gewünschte Form und geeignete thermische Nachbehandlung erzeugt. Die zylindrischen Büchsen werden im allgemeinen in Stützschalen befestigt, gegebenenfalls unter Verwendung von Stahlzwischenringen. Die Oberflächenbearbeitung der Lager bietet keine Schwierigkeiten [*VIII, 127*]. Sie erfolgt zweckmäßig mit Hartmetall. Absaugung des Kohlenstaubes ist notwendig und dient gleichzeitig zur Kühlung. Das Aufspannen hat vorsichtig und leicht zu erfolgen. Aufnahme des Werkstückes auf Dorne ist beim Schlichten zu empfehlen. Freiwinkel 25—30°, Keilwinkel 60°, Schnittwinkel 85—90°, Spanwinkel 0—5°, Einstellwinkel 45°; Schnittgeschwindigkeit beim Schlichten 200—300 m/min, Vorschub $< 0,1$ mm/U, Spantiefe 0,1 bis 0,4 mm [*VIII, 131*].

52. Steinlager [*VIII, 128*].

Für die Herstellung von Steinlagern kommt den künstlichen Edelsteinen eine so bedeutende Rolle zu, daß wir uns im Nachfolgenden auf sie beschränken. Außer günstigeren preislichen Verhältnissen gegenüber den natürlichen Edelsteinen bieten sie den Vorteil besserer Ausnutzbarkeit des Rohstoffes und höherer Gleichmäßigkeit, was sich in Verbesserungen von für die Verwendung als Lagerwerkstoff wichtigen Eigenschaften äußert.

Zur Herstellung künstlicher Edelsteine auf Tonerdebasis (Rubin, Saphir) verwendet man das schon vor langer Zeit von VERNEUIL [*VIII,

129) angegebene Verfahren. Feinstgemahlene, chemisch reine Tonerde, versetzt mit kleinen zur entsprechenden Färbung dienenden Mengen von Metalloxyden, rieselt in einen durch eine Knallgasflamme erhitzten Brennraum, wo sie sich auf einem Chamottestift sammelt, zu einem Oxydtropfen schmilzt und anschließend zu einem Einkristall kristallisiert. Bei richtiger Abstimmung von Temperatur und Zuflußmenge erhält man birnenförmige Kristalle von bis zu 60 mm Länge. Zur Herstellung der Lagersteine müssen die Birnen entsprechend zersägt, geschliffen und gebohrt werden. Eine ausführliche Beschreibung dieser Verfahrensschritte würde hier zu weit führen. Man findet sie in [*VIII, 128*]. Wegen der Anisotropie der Eigenschaften ist es wichtig, das Herausschneiden der Plättchen in geeigneter Richtung vorzunehmen (Punkt 34f). Zum Sägen und auch zum Schleifen kann wegen der hohen Härte kristallisierter Tonerde (9 der Mohsschen Härteskala) nur Diamant verwendet werden. Als Träger dienen Kupferscheiben, auf denen ein Diamantbelag bestimmter Korngröße durch Einwalzen oder Einsintern befestigt wird. Das Schleifen erfolgt in zwei Schritten, Vor- und Fertigschleifen, unter Einhaltung einer Dickentoleranz von $\pm 10\,\mu$. Auch das Bohren umfaßt zwei Arbeitsgänge, die Herstellung des Loches und das Kalibrieren. Verfahrensmäßig ist auch das Bohren ein Schleifvorgang (Lochschleifen). Schleifmittel ist feinkörniges Diamantmehl (Korngröße 1 bis $25\,\mu$). Bohrwerkzeug ist eine mit hoher Tourenzahl rotierende Stahlnadel. Für den Durchmesser der Bohrung wird eine Genauigkeit von 2 bis $3\,\mu$ erreicht.

IX. Praxisbewährte Anwendungsfälle von Lagerwerkstoffen.

In diesem Kapitel wird eine Zusammenstellung von praktisch bewährten Anwendungsfällen von Lagerwerkstoffen gegeben. Dabei werden vorwiegend die Verhältnisse in Deutschland zugrunde gelegt, wie sie in den Richtlinien der Arbeitsgemeinschaft Deutscher Konstruktionsingenieure dargestellt sind [*IX, 1*]. Das Material ist durch Heranziehung in- und ausländischer Veröffentlichungen ergänzt. Insbesondere hinsichtlich der letzteren fürchten wir jedoch, weit von Vollständigkeit entfernt zu sein. Zur besseren Übersicht gliedern wir das Kapitel in zwei Punkte. Im ersten sind die Anwendungsfälle nach Art der Lagerstelle geordnet, im zweiten werden für die einzelnen Gruppen der Lagerwerkstoffe die zugehörigen Anwendungsgebiete angegeben.

53. Anwendungsfälle, geordnet nach Lagerstellen.

Des besseren Überblicks wegen werden zunächst für eine Reihe wichtiger Anwendungsgebiete von Lagern tabellarische Übersichten gegeben (Tab. 67a—m). Sie umfassen folgende Gruppen: a) Kolbendampfmaschinen, Kolbenverdichter, Kolbenpumpen, b) Großkraftmaschinen,

Tabelle 67. *Anwendungsfälle von Lagerwerkstoffen, geordnet nach Lagerstellen.*

a) Kolbendampfmaschinen, Kolbenverdichter, Kolbenpumpen. Anforderungen an die Lagerwerkstoffe: Eignung für stoßweise Belastung bei Dauerbetrieb, auch in staubigen Räumen und bei mangelhafter Wartung.

Lagerstelle	Beanspruchung		Werkstoffe bei Ausführung als		
			Massivlager	Verbundlager	
	p_{max} kg/cm²	v m/s		Stützschale	Ausguß
1. Kreuzkopf-bolzenlager und Kolben-bolzenlager	$< \sim 120$ (160)		PbSnBz 13 PbSnBz 22 Rg 9, SlRg 5	Ge, Stahlguß, Stahl (evtl. mit Notlauf-zwischen-schichten)	(WM 80) LgPbSn 10 u. 5 LgPbSn 9 Cd u. 6 Cd LgPbSb 12 u. 16
	$< \sim 80$ $< \sim 60$		AlSiCuNi I Ge 26.91 (perl. Gefüge)		
2. Kurbelzapfen-lager	< 95	$< 2,5$		Ge, Stahlguß, Stahl (evtl. mit Notlauf-zwischen-schichten)	(WM 80) LgPbSn 10 u. 5 LgPbSn 9 Cd u. 6 Cd LgPbSb 12 u. 16
3. Kurbelwellen-hauptlager	< 35 < 45	$< 3,3$ $< 3,5$			
4. Außenlager	< 25	< 3	Ge	Ge	LgPbSn 10 u. 5 LgPbSn 9 Cd u. 6 Cd LgPbSb 12 u. 16
5. Steuerwellen-lager	< 15				
6. Kreuzkopf-gleitschuh					

b) Großkraftmaschinen (stationäre Landmaschinen, Schiffsmaschinen). Anforderungen an die Lagerwerkstoffe: Eignung für große, wechselnde Dauerbeanspruchung, Unempfindlichkeit gegen kurzfristige Unterbrechung des Ölfilms.

Lagerstelle	Beanspruchung		Werkstoffe bei Ausführung als		
	p_{max} kg/cm²	v m/s	Massivlager	Stützschale	Ausguß
1. Kurbelwellen-lager (Lagerdurch-messer	< 130	> 8[1]		PbSnBz 13 u. 22	WM 80 (LgPbSn 10 u. 5 LgPbSn 9 Cd u. 6 Cd)
< 320mm)	< 130	< 8[1]		Stahl Stahl	PbBz 25 LgPbSn 10 u. 5 LgPbSn 9 Cd u. 6 Cd
2. Kurbelzapfen-lager		$> 5,5$[1] (bzw Ø > 250 mm) $< 5,5$[1]		PbSnBz 13 u. 22 (Stahl Stahl	LgPbSn 9 Cd u. 6 Cd LgPbSn 5 LgPbSb 12 u. 16 WM 80) LgPbSn 10 u. 5 LgPbSn 9 Cd u 6 Cd LgPbSb 12 u. 16

[1] Kolbengeschwindigkeit.

Tabelle 67. 1. Fortsetzung

| Lagerstelle | Beanspruchung | | Werkstoffe bei Ausführung als | | |
| | p_{max} kg/cm² | v m/s | Massivlager | Verbundlager | |
				Stützschale	Ausguß
3. Kreuzkopflager				Stahl, Stahlguß	WM 80
				PbSnBz 13 u. 22	LgPbSn 9 Cd u. 6 Cd LgPb
4. Kolbenbolzenlager (von Tauchkolbenmaschinen)			GSnBz 12 PbSnBz	Stahl (Stahl	PbBz 25 WM 80)
5. Gleitschuh für Kreuzkopfmaschinen					
6. Ein- und Mehrscheibendrucklager Laufwellen-, Tunnel- und Traglager der Drucklager				Ge oder Stahlguß oder (WM 80)	LgPbSn 9 Cd u. 6 Cd LgPbSn 5 LgPbSb 12 u. 16
7. Lager für Steuer- und Brennstoffpumpenwellen				Ge, Stahlguß, Stahl	LgPbSn 9 Cd u. 6 Cd LgPbSn 5 LgPbSb 12 u. 16

c) Kraftwagen- und Flugmotoren. Anforderungen an die Lager: Widerstandsfähig gegen höchste dynamische Beanspruchung bei hoher Betriebssicherheit. Enge Toleranz hinsichtlich Gestalt- und Oberflächengüte.

Lagerstelle	p_{max} kg/cm²	v m/s	Massivlager	Stützschale	Ausguß
	~90		Al-Leg. 83	Stahlguß u. Stahl	LgPbSn 10 u. 5 LgPbSn 9 Cd u. 6 Cd LgPbSb 12 u. 16
				Stahl	Al-Leg. 411 Babbitt PbBz
Grund- und Pleuellager				(Stahl)	CuNi+Babbitt-Tränkleg.+ Babbitt-Laufschicht [IX, 2]
	~150			Stahl (Stahl)	PbBz 25 CuNi+Babbitt-Tränkleg. + Babbitt-Laufschicht [IX, 2]

Tabelle 67. 2. Fortsetzung

| Lagerstelle | Beanspruchung | | Werkstoffe bei Ausführung als | | |
	p_{max} kg/cm²	v m/s	Massivlager	Verbundlager Stützschale	Ausguß
Grund- und Pleuellager	~250	~8		Stahl	PbBz 25 (PbSnBz 13)
				Stahl	Mehrschichtlager [IX, 3]: PbBz+Cd PbBz+Pb+Sn (Cu)+Ag+Pb +Sn

d) Elektro- und Wasserkraftmaschinen: Dampfturbinen und Turbomaschinen. Anforderungen an die Lagerwerkstoffe: Bestes Notlaufverhalten, hohe Belastbarkeit.

Lagerstelle	Leistung der Maschine kW	Stützschale	Ausguß
Quer- und Spurlager von Elektro- und Wasserkraftmaschinen	>12000	Ge	WM 80
	<12000	Ge	LgPbSn 10 u. 5 LgPbSn 9 Cd u. 6 Cd LgPbSb 12 u. 16
Turbinenlager, Spurlager der Turbinen und Lager für Turbogebläse- und verdichter	>10000	Ge, Stahlguß od. Stahl	WM 80
	<10000	Ge	LgPbSn 10 u. 5 LgPbSn 9 Cd u. 6 Cd LgPbSb 12 u. 16

e) Werkzeugmaschinen. Anforderungen an die Lager: Große Laufgenauigkeit bei kleinem Spiel (in weitem Drehzahlbereich bei Hauptlagern).

| Lagerstelle | Beanspruchung | | Werkstoffe bei Ausführung als | | |
	p_{max}	v	Massivlager	Verbundlager Stützschale	Ausguß
Hauptlager [IX, 4]	hoch	klein		Ge, Stahlguß Stahl	(WM 80) LgPbSn 10 u. 5 LgPbSn 9 Cd u. 6 Cd
	mittel	mittel	GBz 12 SlRg 5 Feinzinkleg.	Stahl	LgPbSb 12 u. 16 PbBz 25 Cu-Knetleg.
		sehr hoch	GBz 12, SnBz 6	Ge, Stahlguß Stahl	PbBz 25 PbSnBz 13 u. 22

Tabelle 67. 3. Fortsetzung

Lagerstelle	Beanspruchung		Werkstoffe bei Ausführung als		
			Massivlager	Verbundlager	
	p_{max}	v		Stützschale	Ausguß
Nebenlager [IX, 4]			GBz 12, PbBz 25 PbSn 13 u. 22 LgPbSn 10, SlRg 5 Sinterwerkstoffe	Ge, Stahlguß Stahl	(WM 80) GBz 12 PbBz 25 LgPbSn 10 u. 5 LgPbSn 9 Cd u. 6 Cd LgPbSb 12 u. 16

f) Lokomotiven (vgl. [IX, 5]).

Lagerstelle	Beanspruchung p_{max} kg/cm²	Werkstoffe bei Ausführung als		
		Massivlager	Verbundlager	
			Stützschale	Ausguß
1. Achs- und Stangenlager; Lokomotiven der Bundesbahn			Stahl, Stahlguß mit Notlaufschicht aus Rg 5 o. Ms (Rg 9)	WM 80 (LgPbSn 10)
Industrie- u. Baulokomotiven			Stahl, Stahlguß	LgPbSn 10 LgPbSn 9 Cd u. 6 Cd PbBz 25
2. Steuerwellenlager		Rg 5		
3. Schwingenlager		SlRg 5		
4. Steuerungsbüchsen		SlRg 5 (Ge) Feinzinklegierung		
5. Kreuzkopfgleitplatten; Lokomotiven der Bundesbahn	<6	Rg 5		
Industrie- und Baulokomotiven	<6		Ge	LgPbSn 10 u. 5 LgPbSn 9 Cd u. 6 Cd LgPbSb 12 u. 16 PbBz 25
6. Achslagergleitplatten		(Temperguß)	Stahl	Rg 5

Tabelle 67.   4. Fortsetzung

g) Walzwerke. Anforderungen an die Lager: Eignung für rauhen Betrieb und hohe, stoßweise Belastungen; (Belastungsspitzen schwer abschätzbar); Betriebssicherheit auch bei erhöhten Temperaturen.

Lagerstelle	Beanspruchung p_{max} kg/cm²	Werkstoffe bei Ausführung als		
		Massivlager	Verbundlager	
			Stützschale	Ausguß
1. Walzenlager	für Kunstharzpreßstoffe <100	Bronzen Kunstharzpreßstoffe (Warmwalzwerke) Pockholz (eingelegt in Einbaustücke)		LgPbSn 10 u. 5 LgPbSn 9 Cd u. 6 Cd LgPbSb 12 u. 16 LgPb
2. Lager in Kammwalzgerüsten		Kunstharzpreßstoffe	Stahlguß Stahl	LgPbSn 10 u. 5 LgPbSn 9 Cd u. 6 Cd
3. Rollgangslager		SoGe (eingesetzte Graphitstreifen); Kunstharzpreßstoffe	Ge, Stahlguß	LgPbSb 12 u. 16 PbBz 25 LgPbSn 9 Cd u. 6 Cd Sinterwerkstoffe

h) Transmissionen und Triebwerke. Anforderungen an die Lager: Eignung für verschiedenste Geschwindigkeiten; Schmieranordnung für verschiedenen Lastangriff.

Lagerstelle	Beanspruchung		Werkstoffe bei Ausführung als		
	p_{max} kg/cm²	v m/s	Massivlager	Verbundlager	
				Stützschale	Ausguß
Lager für Transmissionen und allg. Maschinenbau	~5 <15 <40 ~6 ~2 <8	~6 0,5—2 ~0,15 0,5—1 <3,5 0,5—1	Kunstharzpreßstoffe Ge Ge Pockholz Preßvoll- u. Preßschichtholz [$IX, 6$]	Gußeisen	LgPbSn 10 u. 5 LgPbSn 9 Cd u. 6 Cd LgPbSb 12 u. 16 LgPb

Tabelle 67. 5. Fortsetzung

i) Hartzerkleinerungsmaschinen. Anforderungen an die Lager: Widerstandsfähigkeit gegen Wetter und Staub bei geringer Wartung.

| Lagerstelle | Beanspruchung | | Werkstoffe bei Ausführung als | | |
| | p_{max} kg/cm² | v m/s | Massivlager | Verbundlager | |
				Stützschale	Ausguß
Hauptlager	<100 (150)	0,5—2	GBz 14 (nur für Spurlager)		
	<80 (200)	<1	GBz 10 PbSnBz	Ge, Stahlguß Stahl	PbBz 25
	<15 (40)	<10		Ge, Stahlguß Stahl	(WM 80)
	<8 (15)	<3	SoGe	Ge, Stahlguß, Stahl	LgPbSn 10 u. 5 LgPbSn 9 Cd u. 6 Cd
	<8 (15)	<1			LgPbSb 12 u. 16
	<20	0,4—1	Kunstharzpreßstoffe		

k) Brikettpressen. Anforderungen an die Lager: Eignung für stoßweise Beanspruchung bei hohen Flächendrucken.

Lagerstelle	p_{max}	v	Massivlager	Stützschale	Ausguß
1. Mittellager	140—180	1—2	PbSnBz (mit dünnem Pb-Lagermetallausguß)	Ge und Stahlguß	LgPbSn 10 u. 5 LgPbSn 9 Cd u. 6 Cd
2. Seitenlager (auch bei Vierstempelpressen)	70—140	1—2			LgPbSb 12 u. 16 PbBz 25

l) Wagen. Anforderungen an die Lager: Eignung zur Aufnahme von Belastungsstößen, gute Notlaufeigenschaften, Dauerbetriebssicherheit.

Lagerstelle	p_{max}	v	Massivlager	Stützschale	Ausguß
1. Achsschenkellager Bundesbahn	~100 (auf Lauf-Spiegel bezogen)	2—5		Rg 9 Stahl	LgPb PbBz 25
Straßen- und Stadtschnellbahnen			LgPb	(Rg 5) Stahlguß	LgPbSn 10 u. 5 LgPbSn 9 Cd u. 6 Cd LgPbSb 12 u. 16 LgPb

Tabelle 67. 6. Fortsetzung

| Lagerstelle | Beanspruchung | | Werkstoffe bei Ausführung als | | |
| | | | Massivlager | Verbundlager | |
	p_{max} kg/cm²	v m/s		Stützschale	Ausguß
Förder- und Feldbahnen			Ge Hartholz Preßvoll- holz und Preß- schicht- holz [$IX,6$]	Temperguß Stahlguß Stahl	Kunstharzpreß- stoff LgPbSn 10 u. 5 LgPbSn 9 Cd u. 6 Cd LgPbSb 12 u. 16 LgPb
2. Ankerlager				(Rg 5) Stahlguß	LgPbSn 10 (WM 80) LgPbSn 10 u. 5 LgPbSn 9 Cd u. 6 Cd LgPbSb 12 u. 16
3. Tatzenlager			Rg 5 PbSnBz Feinzink- legierungen	(Rg 5) (PbSnBz) Stahlguß (evtl. mit Notlauf- schicht aus Rg 5 oder PbBz 25)	LgPb (WM 80) LgPbSn 10 u. 5 LgPbSn 9 Cd u. 6 Cd LgPbSb 12 u. 16 LgPb

m) Fördermaschinen: Lasthebemaschinen. Anforderungen an die Lagerwerkstoffe: Gutes Gleitverhalten bei unterbrochenem Betrieb mit wechselnder Drehrichtung und im allgemeinen mangelhafter Wartung.

| Lagerstelle | Werkstoffe bei Ausführung als | | |
| | Massivlager | Verbundlager | |
		Stützschale	Ausguß
Nebenlager für Förderbän- der, Becherwerke, Hub- werke	Sinterwerkstoffe		
Laufradbüchsen von Kra- nen, Büchsen von Katzenlaufrädern	Sinterwerkstoffe Feinzinklegierungen		
Seilscheibenlager, Flaschen- zuglager	Sinterwerkstoffe		LgPbSn 9 Cd u. 6 Cd

c) Kraftwagen- und Flugmotoren, d) Elektro- und Wasserkraftmaschinen; Dampfturbinen und Turbomaschinen, e) Werkzeugmaschinen,
f) Lokomotiven, g) Walzwerke, h) Transmissionen und Triebwerke,
i) Hartzerkleinerungsmaschinen, k) Brikettpressen, l) Wagen, m) Fördermaschinen, Lasthebemaschinen. Einleitend zu jeder Tabelle werden
die jeweiligen Anforderungen an die Lager, von denen stets die wich-

tigsten aufgeführt sind, nach [*IX, 1*] zusammengestellt. So weit wie möglich sind die Beanspruchungsgrenzen mit angegeben. Eingeklammerte Werte beziehen sich auf besondere Laufbedingungen. Werkstoffe sind dann eingeklammert, wenn sie — in Sonderfällen hoher Beanspruchung— nicht zu umgehen sind (z. B. WM 80), oder wenn Sonderfälle niedriger Beanspruchung ihre Verwendung ermöglichen (z. B. zinnarme Weißmetalle).

Nicht aufgeführt in Tab. 67 sind *Feinmaschinen* und *Instrumente* (Meßgeräte). Als wichtigste Feinmaschinen seien genannt [*IX, 7*]: Kleinkraftmaschinen, wie Elektromotoren, kleine Otto-Motoren, Fahrzeugzubehör (Magnetzünder, Batteriezünder, Einspritzpumpen, Lichtmaschinen, Anlasser, Scheibenwischer, Kleinkompressoren, Kleinventilatoren), Maschinenzubehör (Öler und Fetter), Elektrowerkzeuge, Haushaltmaschinen (Kühlschränke, Staubsauger, Bohner, Haartrockner, Nähmaschinen), Maschinen für Musik- und Filmvorführung. Die in diesen Maschinen für die Lager vorliegenden Bedingungen lassen sich etwa so zusammenfassen: Ungünstige Bewegungs- und Druckverhältnisse, ungünstigste Schmierverhältnisse (Filz- oder Dochtschmierung, oftmals nur einmalige Schmierung beim Zusammenbau), i. allg. Fehlen fachmännischer Wartung. Als Lagerwerkstoffe kommen neben den traditionell verwendeten Zinnbronzen (Guß- und Knetmaterial) und WM 80, Gußeisen, Sondermessing, harte Bleibronze (PbSnBz), zinnarme Weißmetalle und schließlich besonders Sinterwerkstoffe in Frage. Wenn wegen Platzmangels sehr dünne Büchsen verwendet werden müssen, scheiden wegen unzureichender Festigkeitseigenschaften Gußeisen und Sinterwerkstoffe aus. Die Lagerungen in Meßinstrumenten stehen hinsichtlich Schmierung unter ähnlich ungünstigen Bedingungen wie die in Feinmaschinen. Entscheidend ist möglichst reibungs- und verschleißfreier Lauf, da die zur Verfügung stehenden Kräfte und Momente im allgemeinen sehr klein sind. Die Gleitgeschwindigkeiten sind zumeist niedrig, häufig nur kriechend, oftmals mit ständig wechselndem Drehsinn bei nur kleinen Drehwinkeln. Die Forderungen niedriger Reibung und verschwindenden Verschleißes haben im Instrumentenbau zur Anwendung sehr harter Werkstoffe geführt, von Steinen und harten Bronzen. Unter den Steinen gewinnen die synthetisch hergestellten Rubine und Saphire aus wirtschaftlichen und auch technischen Gründen immer mehr an Bedeutung. Bei gleichzeitiger Einwirkung von Erschütterungen sind mit Rücksicht auf die geringeren Zapfenbeschädigungen Berylliumbronzelager den Steinlagern noch vorzuziehen.

Bei *hochtemperatur- oder korrosionsbeanspruchten Lagerstellen* werden Ni-legierte Aluminiumbronzen, siliziumlegiertes Kupfer, siliziumlegierte Kupfer–Nickel-Legierungen [*IX, 9*] und Kohle und Graphit [*IX, 10*] verwendet.

Anhangweise seien hier noch Angaben über die Werkstoffe für *Plunger* und *Scheiben-* und *Tauchkolben* gebracht. Für die ersteren verwendet man Gußeisen, Stahlguß und geschmiedetes Material, im Falle von Rostgefahr mit Schutzmänteln aus Messing oder Kupfer, das auch galvanisch aufgebracht werden kann. Bei erhöhtem Korrosionsangriff werden Bronzeplunger oder schließlich geschliffene Steingutplunger verwendet. Der Werkstoffeinsatz für Scheiben- und Tauchkolben ist ähnlich dem für Plunger. Hier wird großer Wert auf äußerste Massenverringerung gelegt, daher bevorzugte Anwendung von Schmiede- und Preßmaterial. Für Kolben von Verbrennungskraftmaschinen stehen Aluminiumlegierungen (vgl. z. B. [*IX, 8*]) im Vordergrund (Leistungssteigerung zufolge ihres geringen spezifischen Gewichts verbunden mit gutem Wärmeleitvermögen).

54. Anwendungsbeispiele von Lagerwerkstoffgruppen.

Tab. 68 enthält für die einzelnen Werkstoffgruppen Angaben über ihren Einsatz als Gleitschicht. Sie ist im Grunde ein Auszug aus den Tab. 67a—m. Keine Angaben sind in der Tabelle über Silberlagerlegierungen enthalten, die heute in den modernen Mehrschichtlagern eine gewisse Rolle spielen. Weiterhin fehlen Angaben über die Werkstoffgruppen Weichgummi, Holz, Kohle und Graphit, Glas- und Feinkeramik und Steine. Es handelt sich hierbei um ausgesprochene Spezialwerkstoffe, die nur bei Vorliegen ganz bestimmter Anforderungen zur Verwendung kommen.

Weichgummilager werden bevorzugt dort verwendet, wo die Lagerung unter Wasser steht: Lagerung von Schiffswellen, Wasserturbinen, Pumpen, die ganz von Wasser umgeben sind, Greifern in Baggermaschinen. Die weitgehende Beständigkeit gegen die meisten Säuren und Laugen führt zur Verwendung von Weichgummilagern (Massivlagern) auch in der chemischen Industrie.

Holz, ein besonders in früherer Zeit vielfach für Lagerfertigung verwendeter Werkstoff, kann i. allg. bei den heutigen Anforderungen nur für untergeordnete Zwecke herangezogen werden (kleine Geschwindigkeiten bei mäßigen stoßfreien Belastungen, z. B. Transmissionswellen, Kranwellen). Eine Ausnahme bilden Pockholz und Metallholz, die in großem Umfang in Maschinen der Lebensmittelindustrie, in Druckerei- und Textilmaschinen benutzt werden. Pockholz findet auch zur Herstellung von Walzwerkslagern, Feldbahn- und Förderwagenlagern und zur Lagerung von Schiffs- und Turbinenwellen Verwendung [*IX, 6*]. Durch besondere Behandlungen gelingt es, die Eigenschaften deutscher Naturhölzer denen des Pockholzes anzugleichen (Preßvollholz und Preßschichtholz). Einen Anreiz für die Verwendung von Lagern aus Holz bietet seine relativ gute chemische Beständigkeit.

Tabelle 68. *Anwendungsbeispiele für verschiedene Lagerwerkstoffgruppen.*

Werkstoffgruppe[1]	Anwendungen
1. WM 80	Kreuzkopfbolzen-, Kolbenbolzen- und Kurbelzapfenlager von Kolbendampfmaschinen, -verdichtern und -pumpen. Grund-, Kurbelzapfen-, Kreuzkopf-, Kolbenbolzen-, Ein- und Mehrscheibendrucklager und Kreuzkopfgleitschuhe von Großkraftmaschinen. Quer- und Spurlager von Elektro- und Wasserkraftmaschinen. Quer- und Spurlager von Turbinen und Lager für Turbogebläse und -verdichter. Haupt- und Nebenlager von Werkzeugmaschinen. Achs- und Stangenlager von Lokomotiven. Hauptlager von Hartzerkleinerungsmaschinen. Anker- und Tatzenlager von Straßen- und Stadtschnellbahnen. Lagerstellen im Feinmaschinenbau.
2. Zinnarme und zinnfreie Blei- lagermetalle a) LgPbSn 10 u. 5 LgPbSn 9 Cd u. 6 Cd LgPbSb 12 u. 16	Alle wichtigen Lagerstellen in Kolbendampfmaschinen, -verdichtern und -pumpen und mit gewissen Einschränkungen in Großkraftmaschinen. Grund- und Pleuellager von Verbrennungskraftmaschinen. Quer- und Spurlager von Turbinen kleiner Leistung und Lager für Turbogebläse und -verdichter kleiner Leistung. Nebenlager von Werkzeugmaschinen, nur bei niedrigen Geschwindigkeiten auch Hauptlager. Achs-, Treibstangen- und Kuppelstangenlager von Lokomotiven. Kreuzkopfgleitplatten von Kleinlokomotiven. Walzenlager von Walzwerken, Lager in Kammwalzgerüsten und Rollgängen. Lager in Transmissionen und Triebwerken. Niedrig beanspruchte Hauptlager in Hartzerkleinerungsmaschinen. Mittel- und Seitenlager in Brikettpressen. Achsschenkellager in Straßen- und Stadtschnellbahnwagen, in Förder- und Feldbahnwagen. Anker- und Tatzenlager in Straßen- und Stadtschnellbahnen. Seilscheibenlager in Hebezeugen. Ventilatorenlager. Lagerstellen im Feinmaschinenbau.
b) LgPb	Walzenlager in Walzwerken. Lager in Transmissionen und Triebwerken. Achslager von Bundesbahn-, Straßen- und Stadtschnellbahn-, Förder- und Feldbahnwagen. Anker- und Tatzenlager von Straßen- und Stadtschnellbahnen. Pleuel in langsam laufenden Dieselmaschinen.
3. Legierungen auf Cd-Basis	Grund- und Pleuellager in Automobilmotoren.
4. Legierungen auf Feinzinkbasis	Pleuellager in Glühkopfmotoren. Nebenlager von Werkzeugmaschinen, bei kleinen und mittleren Geschwindigkeiten auch Hauptlager. Steuerungsbüchsen von Lokomotiven. Tatzenlager von Straßenbahnen. Laufradbüchsen von Kränen und Katzen. Kurbellager für Schwingsiebe im Kohlenbergbau.

[1] Für die Zusammensetzung der einzelnen Lagerlegierungen vgl. Kapitel III.

Tabelle 68. 1. Fortsetzung

Werkstoffgruppe [1]	Anwendungen
5. *Legierungen auf Cu-Basis*	
a) Rg9 u. 5 GSnBz 12 GAlBz 9 GAlMBz 10	Kreuzkopfbolzen- und Kolbenbolzenlager in Kolbendampfmaschinen, -verdichtern und -pumpen. Haupt- und Nebenlager von Werkzeugmaschinen. Achslagergleitplatten, Kreuzkopfgleitplatten, Steuerungsbüchsen, Steuerwellenlager, Schwinglager von Lokomotiven. Walzenlager in Walzwerken. Tatzenlager in Straßen- und Stadtschnellbahnen.
b) PbBz 25 PbSnBz13 u.22	Kreuzkopfbolzen- und Kolbenbolzenlager in Kolbendampfmaschinen, -verdichtern und -pumpen. Kurbelwellen- und Kolbenbolzenlager in Großkraftmaschinen. Grund- und Pleuellager in Verbrennungskraftmaschinen. Haupt- und Nebenlager von Werkzeugmaschinen. Achslager und Kreuzkopfgleitplatten von Kleinlokomotiven. Rollgangslager von Walzwerken. Hauptlager in Hartzerkleinerungsmaschinen. Mittel- und Seitenlager in Brikettpressen. Achsschenkellager der Bundesbahnwagen. Tatzenlager von Straßen- und Stadtschnellbahnen.
c) Sn- u. Be-Bronze Al-Mehrstoff-Bronze So-Messing	Hauptlager von Werkzeugmaschinen, Walzenlager von Walzwerken. Hochverschleiß- und stoßbeanspruchte Büchsen im Automobil- und allgemeinen Maschinenbau (z. B. Achsschenkel-, Getriebe- Kardangelenk-, Bremsgestängebüchsen). Zahlreiche Lagerstellen im Feinmaschinenbau. Meßinstrumentenlager (BeBz). Plunger und Kolben (bei erhöhter Korrosionsgefahr). Hochtemperatur- oder korrosionsbeanspruchte Gleitteile (Ni-legierte Al-Bronzen, Si–legiertes Kupfer oder Si–legierte Kupfer-Nickellegierungen).
6. *Legierungen auf Al-Basis*	Grund- und Pleuellager in Kraftwagenmotoren. Kolben in Verbrennungskraftmaschinen.
7. *Gußeisen*	Kreuzkopfbolzen- und Kolbenbolzenlager, Außen- und Steuerwellenlager, Kreuzkopfgleitschuhe in Kolbendampfmaschinen, -verdichtern und -pumpen. Steuerungsbüchsen von Kleinlokomotiven. Rollgangslager von Walzwerken. Niedrig beanspruchte Lager in Transmissionen und Triebwerken. Niedrig beanspruchte Hauptlager von Hartzerkleinerungsmaschinen. Achsschenkellager von Förder- und Feldbahnen. Lager in Fuhrwerken. Lagerstellen im Feinmaschinenbau. Kolben in Verbrennungskraftmaschinen. Plunger. Kolbenringe.
8. *Sinterwerkstoffe*	Haupt- und Pleuellager (porenfreie Tränklegierung) in Kraftwagenmotoren. Nebenlager in Werkzeugmaschinen. Lagerstellen in Förder- und Lasthebemaschinen. Zahlreiche Lagerstellen im Feinmaschinenbau. Lager in Landmaschinen. Lager in Schaltgestängen, Hand- und Betätigungsrädern.

[1] Für die Zusammensetzung der einzelnen Lagerlegierungen vgl. Kapitel III.

Tabelle 68. 2. Fortsetzung

Werkstoffgruppe	Anwendungen
9. *Kunstharzpreß-stoffe*	Walzenlager von Walzwerken. Lager in Kammwalzgerüsten und Rollgängen von Walzwerken. Lager in Transmissionen und Triebwerken bei kleinen Geschwindigkeiten. Hauptlager in Hartzerkleinerungsmaschinen bei kleinen Geschwindigkeiten. Achsschenkellager von Förder- und Feldbahnwagen. Lager für Gelenke, Federbolzen und Führungsbüchsen im Kraftwagenbau.

Kohle und Graphit als Lagerwerkstoffe bieten den Vorteil guter Beständigkeit in weitem Temperaturbereich und gegenüber chemischem Angriff. Zudem erübrigt sich die Verwendung von Schmiermitteln. Anwendung finden derartige Lager u. a. in der Nahrungsmittel- und Textilindustrie und dort, wo Chemikalien, Dampf oder extreme Temperaturen eine Schmierung mit üblichen Schmiermitteln nicht zulassen.

Glas und feinkeramische Werkstoffe besitzen keine Gleiteigenschaften. Ihre (seltene) Verwendung als Lagerbaustoff in der chemischen Industrie gründet sich auf die hohe chemische Beständigkeit.

Steine (natürliche und synthetische) finden wegen ihrer hohen Härte und guten Verschleißfestigkeit auch bei hohen Belastungen ausgedehnte Verwendung in Spitzen- und Zapfenlagerungen von Meßinstrumenten (Uhren, elektrische Meßgeräte).

X. Schlußbetrachtungen, Stand und Aussichten des Gleitlagerproblems.

In diesem letzten Kapitel soll kurz und in ganz großen Zügen ein Rückblick auf das vorangehend Beschriebene geworfen und versucht werden, zukünftige Entwicklungsaussichten des Gleitlagerproblems aufzuzeigen. Wir sind uns dessen bewußt, daß bei einem so komplexen Gebiet, wie es das des Gleitlagers ist, Prophezeihungen sehr schwierig sind, möchten es aber, auch auf die Gefahr hin, von der tatsächlichen Zukunftsentwicklung widerlegt zu werden, nicht unterlassen, einige Ansichten hierzu zu äußern. Unterteilt wird das Kapitel in Theoretische Behandlung, Fragen der Lagergestaltung, -fertigung und -prüfung und Werkstoff-Fragen.

55. Theoretische Behandlung.

Es kann kein Zweifel darüber bestehen, daß der stets anzustrebende Zustand der Vollschmierung im Gleitlager durch die hydrodynamische Theorie beherrscht wird. Sie ist in ihren Aussagen weitgehend experimentell bestätigt worden und hat richtungsweisend die Lagergestaltung beeinflußt. In der Lagerkennzahl hat sie das physikalisch sinnvolle Maß für den Beanspruchungszustand eines Gleitlagers geliefert. Aus stehen eingehende Untersuchungen über die Wärmeabgabe von Lagerkörpern und trotz beachtlicher Vorstöße in dieser Richtung, eine Übertragung der Theorie auf das praktisch auch sehr bedeutungsvolle Gebiet der Mischreibung, in dem Grenz- und hydrodynamische Reibungszustände nebeneinander vorliegen. Die Grenzreibung selbst entzieht sich einer hydrodynamischen Betrachtungsweise, da die zwischen den Gleitflächen noch vorhandene Schmierschicht nicht mehr Flüssigkeitscharakter hat. Mit abnehmender Weite des Schmierspalts überlagert sich den hydrodynamischen Vorgängen immer mehr der Einfluß der Oberflächenkräfte der Gleitschichten. Die Grenzreibung selbst ist ein reizvolles Problem der Oberflächenphysik geworden. Fragen der Schmiermitteladsorption in Abhängigkeit von Gleitwerkstoff und Schmierstoff stehen dabei im Vordergrund. Theoretisch wie experimentell stehen wir bei der Bestimmung der Haftfestigkeiten adsorbierter Ölschichten erst am Anfang. Die Abhängigkeit von der Zusammensetzung, Kornfeinheit und Textur des adsorbierenden Festkörpers, von der chemischen Natur und dem Molekülbau des Schmiermittels und seinen natürlichen und beabsichtigten Beimengungen bedarf noch eingehender systematischer Untersuchungen. Vorauseilend werden in der Technik für eine Reihe von Spezialaufgaben erfolgreich Schmiermittelzusätze verwendet. Weitere Verbesserungen sind vor allem durch Vertiefung unserer theoretischen Erkenntnisse zu erwarten. Ob es je gelingen wird, Schmieröle mit noch flacherer Viskositäts-Temperaturkurve zu schaffen als die der besten pennsylvanischen Öle, bleibt abzuwarten. Ebenso offen ist es, ob ein wirtschaftlicher Einsatz von Silikonen, die eine in weiten Temperaturbereichen konstante Zähigkeit besitzen, auf breiter Grundlage erfolgen kann. Untersuchungen über die Voraussetzungen für die Möglichkeit der Verwendung von Gasen (Luft) als Schmiermittel sind an verschiedenen Stellen in Angriff genommen worden.

56. Fragen der Lagergestaltung, -fertigung und -prüfung.

Im modernen *Gleitlagerbau* sind die Forderungen der hydrodynamischen Theorie weitgehend berücksichtigt. Von einem weiteren Ausbau der Theorie auf das Gebiet der Mischreibung und von Vertiefungen der Erkenntnisse über Grenzreibung sind kaum entscheidende Änderungen hinsichtlich der Lagergestaltung zu erwarten. Neuere, noch keineswegs abgeschlossene Entwicklungen gehen dahin, auch bei Querlagern mehrere voneinander unabhängige Schmierspalte zu schaffen, wie dies für Längslager im MICHELL-Lager seit langem mit größtem Erfolg verwirklicht ist. Ob mit auf dem Zapfen nach neueren Verfahren aufgebrachten Lagermetallschichten Erfolge zu erwarten sind, steht noch offen. Sehr zu beachten sind die Hinweise auf die Notwendigkeit bester Bearbeitung auch des Lagerrückens. Anzustreben ist eine Normung der Gleitlagerabmessungen.

Zur *Lagerfertigung* sei auf die auch heute noch bestehenden Schwierigkeiten zur Erzielung einwandfreier Bleibronzelaufschichten hingewiesen, bei der hohen Bedeutung dieses Lagerwerkstoffs ein sehr unbefriedigender Zustand. Große Beachtung verdienen die zur serienmäßigen Herstellung von Lagern verwendeten Bandverfahren, deren Wirtschaftlichkeit allerdings erst bei großen Stückzahlen in Erscheinung tritt. Das Prinzip, die verschiedenen von einem Gleitlager geforderten Eigenschaften verschiedenen, hierfür besonders geeigneten Schichten zuzuordnen, führte zum Bau des Mehrschichtlagers, dem zweifellos auf vielen Gebieten des Lagerbaus steigende Bedeutung zukommen wird. Der an sich nicht neue Gedanke hat erst in jüngster Zeit durch Verwendung dünnster Schichten zu Höchstleistungslagern für Verbrennungskraftmaschinen geführt. Der galvanischen Aufbringung von Legierungsschichten kommt dabei wesentliche Bedeutung zu. Für das Gebiet der Sinterlager ist eine Förderung durch weitere Entwicklung von für Verbundbauweise geeigneten Verfahren zu erwarten. Für hohe Beanspruchungen stehen die noch jungen, porenfreien Tränklegierungen zur Verfügung.

Die *Prüfung der Gleiteigenschaften* von Lagern ist nicht genormt. Es besteht auch noch keine Einhelligkeit hinsichtlich der am zweckmäßigsten zur Beschreibung des Gleitverhaltens heranzuziehenden Eigenschaften. Immerhin sind in den letzten Jahren mehrfach geeignet erscheinende Vorschläge zu einer vergleichenden Beurteilung von Gleitwerkstoffen vorgebracht worden. Für spezielle Anwendungszwecke werden, den oft weit auseinanderliegenden Anforderungen entsprechend, Sonderprüfungen bestehen bleiben müssen. Eingehende experimentelle Arbeiten sind noch hinsichtlich des Verschleißes bei bestimmten Schmierzuständen zu leisten. Vervollständigung der Bestimmung mechanisch-technologischer Eigenschaften, besonders bei Dauerbeanspruchung, auch bei erhöhten Temperaturen, wird die festigkeitsmäßige Eignungsbeurteilung von Lagerwerkstoffen fördern.

57. Werkstoff-Fragen.

Die bei weitem wichtigste Werkstoffgruppe zum Bau von Gleitlagern ist die der Metalle. Für Sonderzwecke, denen die Metalle nicht genügen können, werden verschiedenste nichtmetallische Werkstoffe eingesetzt. Wenn diese den speziellen Anforderungen auch besser als Metalle entsprechen, so kommt ihnen allen (mit Ausnahme von Kohle und Graphit) doch der erhebliche Nachteil geringerer Wärmeleitfähigkeit zu.

Versucht man die Leistungsfähigkeit der einzelnen *Lagermetallgruppen* abzugrenzen, so ergibt sich etwa das folgende Bild: Die Weißmetalle und die Kadmiumlegierungen zeichnen sich durch ausgezeichnete Gleiteigenschaften aus. Der guten Verarbeitbarkeit der Weißmetalle stehen die höhere Warmfestigkeit und das bessere Verschleißverhalten der Kadmiumlegierungen gegenüber. Ihr niedriger Schmelzpunkt begrenzt die Belastungsfähigkeit. Hohe Belastbarkeit auch bei stoßartiger Beanspruchung, verbunden mit hoher Verschleißfestigkeit kennzeichnet die Gruppe der Kupferlagerlegierungen (die Bleibronzen werden gesondert besprochen). Ihre Gleiteigenschaften stehen denen der Weißmetalle deutlich nach. Eine Mittelstellung nehmen die Bleibronzen und Silberlagerlegierungen ein. Wenn sie auch weder die vorzüglichen Gleiteigenschaften der Weißmetalle noch die guten dynamischen Warmfestigkeitseigenschaften der übrigen Kupferlagerlegierungen erreichen, so stellen sie doch gerade wegen ihrer glücklichen Kombination hinreichender Gleit- und Festigkeitseigenschaften einen ausgezeichneten Lagerwerkstoff mit weiten Anwendungsmöglichkeiten dar. In der Gruppe der Aluminiumlagerlegierungen sind Weiterentwicklungen noch zu erwarten. Die heutigen Legierungen gliedern sich ihren technologischen Eigenschaften entsprechend in zwei Gruppen. Die der härteren ähneln den Kupferlegierungen, die der weicheren sind mit Bleibronze vergleichbar. Die Erfahrungen mit Zinklegierungen verweisen diese auf Grund ihrer Warmfestigkeitseigenschaften auf die Seite der Weißmetalle, deren Gleiteigenschaften aber keineswegs erreicht werden. Bei mäßigen Temperaturen reichen sie in das untere Leistungsgebiet der Kupferlegierungen hinein. Gußeisen, das gemäß seiner Warmfestigkeitseigenschaften etwa den harten Kupferlegierungen entspricht und auch gute Verschleißeigenschaften besitzt, ist in seinen Gleiteigenschaften nur mäßig. Die Stärke der ölgetränkten, porösen Sinterwerkstoffe liegt in ihrer hohen Verschleißfestigkeit bei Vorliegen sehr ungünstiger Schmierbedingungen und ihrem wartungsfreien Lauf bei niedrigen Beanspruchungen. Porenfreie Sinterwerkstoffe in Verbundausführung sind in ihrem Verhalten dem der entsprechenden Legierungen gleichzusetzen.

Ein Vergleich mit ausländischen Normen zeigt, daß sich die Lagerlegierungen in den verschiedenen Ländern in den Grundzügen gleichen. Örtlich gebundene Mangellagen drücken sich jedoch aus. Im Gegensatz zu den Gepflogenheiten in Deutschland werden in den angelsächsischen Ländern von Zinnweißmetallen auch solche mit Zinngehalten über 80% verwendet, die bei Schlagbeanspruchung weniger zu Rißbildung neigen. Einige Blei–Antimonlagermetalle enthalten zur Erhöhung der Bindefestigkeit kleine Prozentsätze an Silber. Es fällt weiterhin auf, daß mehrere zinnhaltige Kupferlegierungen zur Verbesserung der Gleiteigenschaften kleine bis mittlere Gehalte an Blei aufweisen. Silberzusätze in zinnhaltigen Bleibronzen brachten eine Steigerung der Lebensdauer, auch Antimonzusätze wirken sich in zinnhaltigen Bleibronzen vorteilhaft aus. Die im Ausland verwendeten Aluminiumlegierungen haben alle neben anderen Legierungskomponenten auch Zinngehalte von 3 bis 6,5%.

Die *nichtmetallischen Lagerwerkstoffe* nehmen im Rahmen der Gleit-lagerwerkstoffe nur einen verhältnismäßig kleinen Platz ein. Charak-teristisch für sie alle ist, daß sie nur geringe Affinität zum Wellenwerk-stoff besitzen. Kunstharzpreßstoffe, Gummi und Holz haben ein gutes Einbettvermögen für Fremdstoffe, ausreichende Schmiegsamkeit und Stoßfestigkeit; ihre Betriebstemperatur ist niedrig zu halten. Für Kunst-harzpreßstoffe und hochwertiges Holz sprechen gute Belastbarkeit bei kleinen Gleitgeschwindigkeiten; nachteilig ist ihre Neigung zum Quellen. Gummi und Holz sind weitgehend beständig gegen Säuren und Laugen. Kohle, Graphit, Glas und feinkeramische Werkstoffe zeichnen sich durch hohe chemische Beständigkeit aus (Kohle und Graphit außerdem durch große Temperaturbeständigkeit). Ihre Stoßfestigkeit ist gering. Wäh-rend Kohle und Graphit Gleiteigenschaften besitzen, die sie sogar zum Lauf ohne Schmiermittel befähigen, fehlen diese Eigenschaften dem Glas und den feinkeramischen Werkstoffen fast völlig. Auch Steine haben keine ausgesprochenen Gleiteigenschaften. Infolge ihrer hohen Härte sind sie jedoch außerordentlich verschleißfest und in Instru-mentenlagern sehr hoch belastbar.

Literaturverzeichnis.

Einleitung.

[1] JÜRGENSMEYER, W.: Die Wälzlager. Berlin: Springer 1937. — [2] JÜRGENSMEYER, W.: Gestaltung von Wälzlagerungen. 2. Aufl. (Konstruktionsbuch, Bd. 4.) Berlin/Göttingen/Heidelberg: Springer 1952. — [3] JÜRGENSMEYER, W.: Einbau und Wartung der Wälzlager. 2. Aufl. (Werkstattbuch, H. 29.) Berlin/Göttingen/Heidelberg: Springer 1951. — [4] PALMGREN, A.: Grundlagen der Wälzlagertechnik. Stuttgart: Franckh'sche Verlagshandlung 1950.

I. Zur Theorie der Gleitlager.

[1] GÜMBEL, L., u. E. EVERLING: Reibung und Schmierung im Maschinenbau. Berlin: M. Krayn 1925. — [2] HOPF, L.: Zähe Flüssigkeiten, in Geiger-Scheel: Handbuch der Physik Bd. 7, S. 91 u. f. Berlin: Springer 1927. — [3] SCHIEBEL, A., u. K. KÖRNER: Die Gleitlager. Heft 8 der Sammlung C. Volk: Einzelkonstruktionen aus dem Maschinenbau. Berlin: Springer 1933. — [4] RUMPF, A.: VDI-Forschungsheft 393. Berlin: VDI-Verlag 1938. — [5] STIEBER, W.: Das Schwimmlager. Berlin: VDI-Verlag 1933. — [6] SOMMERFELD, A.: Vorlesungen über theoretische Physik Bd. 2, S. 244 u. f. Wiesbaden: Dieterich 1947. — [7] FALZ, E.: Grundzüge der Schmiertechnik. Berlin: Springer 1931. — [8] VOGELPOHL, G.: VDI-Forschungsheft 386. Berlin: VDI-Verlag 1937. — [9] VOGELPOHL, G.: Öl u. Kohle Bd. 37 (1939) S. 720. — [10] VOGELPOHL, G.: Öl u. Kohle Bd. 38 (1940) S. 9 u. 34. — [11] FRÖSSEL, W.: Z. angew. Math. Mech. Bd. 21 (1941) S. 321. — [12] BAUER, K.: Forsch. a. d. Gebiet d. Ing.Wes. Bd. 14 (1943) S. 48. — [13] WICHERT: Zentralblatt der Bauverwaltung 1894, S. 73. — [14] Hütte I. Berlin: W. Ernst & Sohn 1925. — [15] DUBBEL, H.: Taschenbuch f. d. Maschinenbau. 11. Aufl. Berlin/Göttingen/Heidelberg: Springer 1952. — [16] KADMER, E. H.: Schmierstoffe und Maschinenschmierung. Berlin: Gebrüder Bornträger 1941. — [17] RÖGNITZ, H.: Shell-Taschenbuch. Leipzig: J. J. Arnd 1943. — [18] SHAW, M. C., u. E. F. MACKS: Analysis and Lubrication of Bearings. New York-Toronto-London: Mac Graw-Hill Book-Comp. 1949. — [19] DIN DVM 3655 (1936) Prüfung von Schmiermitteln, Zähigkeit. — [20] WALTHER, C.: Erdöl u. Teer Bd. 7 (1931) S. 382. — [21] WALTHER, C.: Maschinenbau Bd. 10 (1931) S. 671. — [22] WALTHER, C.: Öl u. Kohle Bd. 31 (1933) S. 71. — [23] UBBELOHDE, L.: Zur Viskosimetrie. Leipzig 1935. — [24] UBBELOHDE, L., u. KEMMLER: Öl u. Kohle Bd. 36 (1938) S. 541. — [25] DEAN, E. W., u. G. H. DAVIS: Chem. Metallurg. Engng. Bd. 36 (1929) S. 618. — [26] GÖTTNER, G. H.: Über Kennzahlen für das Viskositäts-Temperatur-Verhalten von Schmierstoffen. Leipzig: Hirzel 1949. — [27] GÖTTNER, G. H.: Brennstoffchemie Bd. 30 (1949) S. 314. — [28] KIESSKALT, S.: Forsch. Arbeiten des VDI (1927) Heft 291. — [29] KIESSKALT, S.: Z.VDI Bd. 73 (1929) S. 1502. — [30] BRADFORD u. VANDERGRIFT: Kongreß 1937. London. — [31] DOW, FENSKE u. MORGAN: Ind. Eng. Chem. (1937) S. 1078. — [32] THOMAS, HAM u. DOW: Ind. Eng. Chem. (1939) S. 1267. — [33] FREUNDLICH, H.: Kolloid. Z. Bd. 32 (1923) S. 318; Bd. 33 (1923) S. 326. Kapillarchemie. Leipzig: Akad. Verlagsges. 1932. — [34] GLASSTONE, S., K. J.

Laidler u. H. Eyring: The Theory of Rate-Processes. New York: Mac Graw-Hill Book Comp. Inc. 1941. — [35] Telang, M. S.: J. chem. Physics Bd. 17 (1949) S. 536. — [36] Kahlert, W.: Ingenieur-Arch. Bd. 16 (1948) S. 321. — [37] Reynolds, O.: Philos. Trans. Roy. Soc. London Bd. 2 (1886). — [38] Schulze, E.: Verkehrstechnik Bd. 7 (1926) S. 417. — [39] Sommerfeld, A.: Z. Math. u. Phys. Bd. 50 (1904) H. 1 u. 2. — [40] Sommerfeld, A.: Z. techn. Physik Bd. 2 (1921). — [41] Clayton, D., u. C. Jakeman: Proc. Inst. Mech. Engr. Bd. 133 (1936). — [42] Swift, H. W., u. H. L. Haslegrave: Engineering Bd. 144 (1937) S. 325. — [43] Nücker, W.: VDI-Forschungsheft 352. Berlin: VDI-Verlag 1932. — [44] Schering, H., u. R. Vieweg: Z. angew. Chemie Bd. 38 (1926) S. 1119. — [45] Falz, E.: Metallwirtsch. Bd. 22 (1943) S. 356. — [46] Stribeck, R.: Z. VDI (1902) Forschungsarbeiten Heft 7. — [47] Stäger, H.: Schweiz. Arch. angew. Wiss. Techn. Bd. 15 (1949) S. 97. — [48] v. Philippovich: Luftwissen Bd. 9 (1942) S. 164; Z. VDI Bd. 86 (1942) S. 408. — [49] Lasche, O.: Mitt. Forsch. Arbeit 1903 Heft 9, S. 39. — [50] Kenneford, A. S., u. H. O'Neill: J. Inst. Met. Bd. 55 (1934 II) S. 51. — [51] Czochralski, J., u. G. Welter: Lagermetalle und ihre technologische Bewertung, 2. Aufl. Berlin: Springer 1924. — [52] Kluge, J., G. Bochmann, u. L. Fiddecke: Z. Metallkde. Bd. 39 (1948) S. 139. — [53] Thoma, H.: Z. techn. Physik Bd. 24 (1943) S. 78. — [54] Herttrich, H.: Metallwirtsch. Bd. 22 (1943) S. 195. — [55] Connelly: Trans. A.S.M.E. Bd. 62 (1940) S. 309. — [56] Garre, B.: Metallwirtsch. Bd. 21 (1942) S. 225. — [57] Boas, W., u. E. Schmid: Naturwiss. Bd. 20 (1932) S. 416. — [58] Räther, H.: Z. Physik Bd. 86 (1933) S. 82. — [59] French, R. C.: Proc. Roy. Soc. Bd. 140 (1933) S. 637. — [60] Kranert, W., u. H. Räther: Ann. Phys. Bd. 43 (1943) S. 520. — [61] Richter, H.: Physik. Z. Bd. 44 (1943) S. 406 und Bd. 45 (1944) S. 456. — [62] vom Ende, E.: Metallwirtsch. Bd. 18 (1939) S. 423 u. 443. — [63] Weber, R.: Probleme des Gleitvorganges unter besonderer Berücksichtigung der Laufflächen und der Lagerwerkstoffe. Diss. TH München 1940. — [64] v. Meysenbug, C. M. Frhr.: Kunststoffe Bd. 36 (1946) S. 5. — [65] Ernst, H.: Mitt. Forsch.-Anst. Gutehoffnungshütte-Konzern Bd. 5 (1937) S. 243 — [66] Thum, A., u. R. Strohauer in R. Kühnel: Werkstoffe für Gleitlager. S. 119. Berlin: Springer 1939. — [67] Thompson, F. C., A. S. Kenneford, u. G. C. Seager: Engineering Bd. 146 (1938) S. 299. — [68] Buske, A.: ATZ Bd. 42 (1939) S. 355. — [69] Smith, J. H.: J. Iron Steel Inst. 1910 S. 246. — [70] Bernhardt, E. O., u. H. Hanemann: Z. Metallkde. Bd. 30 (1938) S. 401. — [71] Gürtler, G., u. E. Schmid: Z. VDI Bd. 83 (1939) S. 749. — [72] Orowan, E.: Z. Physik Bd. 89 (1934) S. 605. — [73] Thum, A., u. R. Strohauer: Z. VDI Bd. 81 (1937) S. 1245. — [74] Stephan, H. J.: Automobiltechn. Z. Bd. 37 (1934) S. 425. — [75] MacNaughtan, D. J.: Metal Ind. Bd. 51 (1937) S. 380. — [76] Thum, A., u. W. Bautz: Stahl u. Eisen Bd. 55 (1935) S. 1025. — [77] Adam, N. K.: The Physics and Chemistry of Surfaces. Oxford 1938. — [78] Schmaltz, G.: Technische Oberflächenkunde. Berlin: Springer 1936. [79] Donandt, H.: Z. VDI Bd. 80 (1936) S. 821. — [80] Erbacher, O.: Z. Elektrochemie Bd. 53 (1949) S. 54. — [81] Langmuir: J. Amer. Chem. Soc. (1917) S. 1848. — [82] Müller, A., u. Shearer: Trans. Chem. Soc. Bd. 123 (1923) S. 2043 u. 3156. — [83] Trillat, J. J.: Ergebnisse der techn. Röntgenkde. Bd. 2 (1931) S. 31. Dort weitere Literatur. — [84] Trillat, J. J.: Metallwirtsch. Bd. 7 (1928) S. 101. — [85] Wolf, K. L.: Z. VDI Bd. 83 (1939) S. 781. — [86] Trillat, J. J., u. H. Motz: C. R. hebd. Séances Acad. Sci. Bd. 200 (1935) S. 1299. — [87] Trillat, J. J., u. H. Motz: Ann. de Physique Bd. 4 (1935) S. 273. — [88] Umstätter, H.: Die Technik Bd. 2 (1947) S. 171. — [89] Heidebroek, E.: Z. angew. Chemie Bd. 50 (1937) S. 743. — [90] Karplus: Petroleum Bd. 25 (1929) S. 375. — [91] Wolf, K. L.: Die Chemie Bd. 55 (1942) S. 295. — [92] Heidebroek, E., u. E. Pietsch: Forschung Bd. 12 (1941) Ausg. B, S. 74. — [93] HEIDEBROEK, E.: Automobiltechn. Z. Bd. 44 (1941) S. 349. — [94] BÜCHE, W.: Petroleum Bd. 27 (1931) S. 587. — [95] BACHMANN, u. BRIEGER: Kolloid-Z. Bd. 36 (1925) S. 142. — [96] KRUEGER: Z. physik. Chem. Bd. 109 (1924) S. 438. — [97] FREUNDLICH, H., STAPELFELDT, u. H. ZOCHER: Z. physik. Chem. Bd. 114 (1925) S. 161 u. 190. — [98] KYROPOULOS, S.: Forsch. Gebiete Ingenieurwes. Bd. 3 (1933) S. 287. — [99] VOGELPOHL, G.: Öl u. Kohle Bd. 40 (1942) S. 340. — [100] LAAS, D.: Seifen—Öle—Fette—Wachse Bd. 74 (1948) S. 81. — [101] GLOCKER, R.: Ber. Inst. Metallphys. am KWI Metallforsch. in Stuttgart vom 20. 1. 1945. — [102] DURER, A., u. E. SCHMID: Korros. u. Metallschutz Bd. 20 (1944) S. 161. — [103] GLOCKER, R.: Schr. dtsch. Akad. Luftfahrtforsch. (1942) H. 52. — [104] BEILBY: Aggretation and Flow of Solids: London 1921. — [105] BUSKE, A.: Stahl u. Eisen Bd. 71 (1951) S. 1420. — [106] UMSTÄTTER, H.: Erdöl u. Kohle Bd. 5 (1952) Nr. 2. — [107] DIN 51 550 Bl. 6 (Entwurf), in [I, 106]. — [108] TEN BOSCH, M.: Vorlesung über Maschinenelemente, 3. Aufl. Berlin: Springer 1951. — [109] VOGELPOHL, G.: Fiat-Review of German Science 1939—46: Hydro- and Aerodynamics 1948, S. 189. — [110] BOWDEN, F. P. and D. TABOR: Ann. Rep. on Progr. of Chemistry (London) Bd. 42 (1946) S. 20.

II. Lagerprüfung.

[1] FALZ, E.: Öl u. Kohle Bd. 40 (1944) S. 279. — [2] FALZ, E.: Metallwirtsch. Bd. 22 (1943) S. 356. — [3] KEINATH, G.: Die Technik elektrischer Meßgeräte I, München u. Berlin: R. Oldenbourg 1928. — [4] MERZ, L.: Arch. techn. Mes. Blatt J 011—2. Jan. 1950. — [5] CZOCHRALSKI, J., u. G. WELTER: Lagermetalle u. ihre technologische Bewertung, 2. Aufl. Berlin: Springer 1924. — [6] VOM ENDE, E., in R. KÜHNEL:Werkstoffe f. Gleitlager S. 83. Berlin: Springer 1939. — [7] DUFFING, G.: Z. VDI Bd. 72 (1928) S. 495. — [8] HERTTRICH, H.: Maschinenbau, Betrieb Bd. 8 (1929) S. 120. — [9] JAKEMAN, C., u. G. BARR: B.N.F.-M.R.A. Nr. 289 A Nov. 1931 Res. Nr. 43. — [10] NÜCKER, W.: VDI-Forschungsheft 352. Berlin: VDI-Verlag 1932. — [11] RUMPF, A.: VDI-Forschungsheft 393. Berlin: VDI-Verlag 1938. — [12] LEHR, E.: Kunst- u. Preßstoffe Bd. 1 (1937) S. 20. — [13] SWIFT, H. W., u. H. L. HASLEGRAVE: Engineering Bd. 144 (1937) S. 325. — [14] MAN-Druckschrift M 81/7, Lagerprüfmaschine. — [15] Freundliche Mitt. der Firma C. Schenck, Darmstadt. — [16] McKEE, S. A., u.T. R. McKEE: Trans. A. S. M. E. Bd. 59 (1938) S. 721. — [17] BUSKE, A.: Automobiltechn. Z. Bd. 42 (1939) S. 355. — [18] STROHAUER, R.:Z.VDI Bd. 82 (1938)S. 1441. — [19] RITZAU, G.: Wiss. Veröff. Siemens-Werken. Werkstoffsonderheft (1940) S. 73. — [20] LÜPFERT, H.: VDI-Forschungsheft 417. Berlin: VDI-Verlag 1942. — [21] RAJAKOVICS, E. v.: Metallwirtsch. Bd. 22 (1943) S. 361. — [22] REUTHE, W.: Maschinenbau, Betrieb Bd. 22 (1943) S. 19. — [23] TRÄNKNER, G.: Forsch. Gebiete Ingenieurwes. Bd. 14 (1943) S. 11. — [24] GRAEBING, A.: Braunkohle Bd. 34 (1935) S. 729. — [25] ERNST, H.: Mitt. Forsch.-Anst. Gutehoffnungshütte-Konzerns Bd. 5 (1937) S. 243. — [26] BEATTY, J. R., u. D. H. CORNELL: India Rubber Wld. Bd. 120 (1949) S. 185; Bd. 121 (1949) S. 309. — [27] EICHINGER, A.: Mitt. Kaiser-Wilhelm-Inst. Eisenforsch. Düsseldorf Bd. 23 (1941) S. 247, Abhandlung 422. — [28] STEUDEL, H.: Luftfahrt-Forsch. Bd. 13 (1936) S. 61. — [29] WIECHELL, H.: Automobiltechn. Z. Bd. 40 (1937) S. 235. — [30] KLEMENCIC, A.: Forsch.Gebiete Ingenieurwes. Bd. 11 (1940) S. 108, Forschungsheft 402. — [31] STOTT, V.: J. Inst. Electr. Engr., London Bd. 69 (1931) S. 751. — [32] SEWIG, B.: Z. Instrumentenkunde Bd. 62 (1942) S. 93. — [33] VIEWEG, R., u. F. GOTTWALD: Z. VDI Bd. 86 (1942) S. 681. — [34] SCHERING, H., u. R. VIEWEG: Z. angew. Chem. Bd. 38 (1926) S. 1119. — [35] DECK, W.: Automobil. Revue 1947

Heft 28. — [36] v. Hanffstengel, G.: Maschinenbau, Betrieb Bd. 2 (1922/23) S. 465. — [37] v. Schwarz, M.: Z. VDI Bd. 72 (1928) S. 1098. —[38] Hummel, O.: Metallwirtsch., Bd. 19 (1940) S. 683. — [39] v. Schwarz, M.: Metall u. Erz Bd. 41 (1944) S. 124. — [40] Bowden, F. P., u. K. E. W. Ridler: Proc. Roy. Soc. Bd. 154 (1936) S. 640. — [41] Bowden, F. P., u. E. Leben: Proc. Roy. Soc. Bd. 169 (1939) S. 371. — [42] Bowden, F. P., M. A. Stone, u. G. H. Tudor: Proc. Roy. Soc. Bd. 188 (1947) S. 329. — [43] Kluge, J., G. Bochmann, u. L. Fiddecke: Z. Metallkunde Bd. 39 (1948) S. 139. — [44] Dunken, H., I. Fredenhagen, u. K. L. Wolf: Kolloid-Z. Bd. 20 (1942) S. 101. — [45] Sameshima, J., u. M. Miyake: Bull. Chem. Soc. Japan Bd. 12 (1937) S. 96. — [46] Heyer, H. O.: Automobiltechn. Z. Bd. 40 (1937) S. 551. — [47] Heyer, H. O.: Luftfahrt-Forsch. Bd. 14 (1937) S. 14. — [48] Neuse, O.: Demag-Nachr. Bd. 15 (1941) H. 1. — [49] Thum, A., u. R. Strohauer: Z. VDI Bd. 81 (1937) S. 1245. — [50] Cornelius, E. A., u. E. H. Barten: Z. VDI Bd. 83 (1939) S. 1219. — [51] Barten, E. H.: Dissertation TH Berlin 1939. — [52] Johnson, E. T.: Symposium on Testing of Bearings, A.S.T.M. 1947 S. 2. — [53] Underwood. A. F.: S. A. E. Journal Bd. 43 (1938) S. 385. — [54] Mougey, H. C.: Ind. and Engr. Chem. Bd. 14 (1936) S. 125. — [55] Etchells, E. B., u. A. F. Underwood: S. A. E. Journal Bd. 53 (1945) S. 497. — [56] Clark, E. J.: Automotive Ind. Bd. 102 (1950) S. 34 u. 82. — [57] Gilbert, E., u. K. Lürenbaum: Z. VDI Bd. 86 (1942) S. 139. — [58] Wolff, R.: Das Eisenbahnwerk 1925 S. 211 u. 235. — [59] Müller, H.: Sonderheft zu Glasers Annalen 1927, S. 279. — [60] Garbers: Org. Fortschr. Eisenbahnwes. Bd. 91 (1936) S. 293. — [61] Schmid, P.: Z. VDI Bd. 80 (1936) S. 1334. — [62] Brinell, J. A.: Jernkontorets Ann. Bd. 105 (1921) S. 347: Auszug A. v. Quillfeldt St. u. E. Bd. 42 (1922) S. 391. — [63] Meyer, H.: Arch. Eisenhüttenwes. Bd. 9 (1935/36) S. 501. — [64] Spindel, M.: Z. VDI Bd. 66 (1922) S. 1071. — [65] MAN-Druckschrift „Abnützungsprüfmaschinen". — [66] Amsler u. Co., A. J.: Z. VDI Bd. 66 (1922) S. 377. — [67] Amsler u. Co., A. J.: Firmendruckschrift „Abnützungsmaschine für Metalle" Beschreibung Nr. 140. — [68] Kühnel, R.: Werkstoff-Handbuch Nichteisenmetalle, Blatt B 14 (1938). — [69] Dies, K.: Z. VDI Bd. 83 (1939) S. 307. — [70] Mailänder, R., u. K. Dies: Arch. Eisenhüttenwes. Bd. 16 (1942/43) S. 385. — [71] Heidebroek, E.: Die Technik Bd. 2 (1947) S. 529. — [72] S. A. E. Journal 1936; vgl. auch J. L. van der Minne: Journ. Instn. Mechan. Engr. Bd. 2 (1937) S. 429. — [73] Dies, K.: Arch. Eisenhüttenwes. Bd. 16 (1942/43) S. 399. — [74] Nieberding, O.: Ber. betriebswiss. Arb. Bd. 5 (1930) S. 1, VDI-Verlag, Auszug St. u. E. Bd. 51 (1931) S. 916. — [75] Wahl, H.: Metalloberfläche Bd. 2 (1948) S. 169. — [76] Zaitzeff, A. K.: Erste Mitt. des NIVM Gruppe D, Zürich 1930, S. 119, zitiert nach [II, 82]. — [77] Linious, W.: Schriften d. hess. Hochschulen TH Darmstadt 1933 Heft 2. — [78] Neely, G. L.: S. A. E. Journal Bd. 41 (1937) S. 548. — [79] Suzuki, M.: Z. Internat. Schienentagung, Zürich 1932 S. 167, zitiert nach [II, 82]. — [80] Kehl, B., u. E. Siebel: Arch. Eisenhüttenwes. Bd. 9 (1935/36) S. 563. — [81] Kühnel, R., Werkstoffe für Gleitlager S. 40. Berlin: Springer 1939. — [82] Eichinger, A, in E. Siebel: Handbuch der Werkstoffprüfung Bd. I S. 370. Berlin: Springer 1940. — [83] Dayton, R. W.: Metal Ind. [London] Bd. 54 (1939) S. 155. — [84] Herschman, H. K., u. J. L. Basil: Proc. Amer. Soc. Test. Mater. Bd. 32 (1932, II) S. 536. — [85] Fink, M.: Org. Fortschr. Eisenbahnwes. 1929 Heft 20. — [86] Honda, K., u. R. Yamada: Sci. Rep. Tohoku Imp. Univ., Ser. I Bd. 14 (1925) S. 63. — [87] Heimes, F. u. E. Piwowarsky: Arch. Eisenhüttenwes. Bd. 6 (1932/33) S. 501. — [88] Siebel, E., u. R. Kobitzsch, Arch. Eisenhüttenwes. Bd. 16 (1942/43) S. 409. — [89] A.S.T.M. Standards 1949 Part. 2 S. 824. — [90] Stribeck, R.: Z. VDI (1902) Forschungsarbeiten Heft 7. — [91] Heidebroek, E.: Automobiltechn. Z. Bd. 44 (1941) S. 349. — [92] Bussmann, K. H., u. E. Amedick: Z. VDI Bd. 89 (1945) S. 11. — [93] Lehr, E.: Kunststoffe Bd. 28 (1938) S. 161. — [94] Weber, R.: Z. Metallkunde Bd. 32 (1940) S. 384. — [95] Kammerer, O., G. Welter, u. G. Weber: Entstehung und Durchführung der Lagerversuche. München u. Berlin: R. Oldenbourg 1920. — [96] v. Göler, Frhr., u. R. Weber: Jb. dtsch. Luftfahrtforsch. 1937 II, S. 217. — [97] Weber, R.: Probleme des Gleitvorganges unter besonderer Berücksichtigung der Laufflächen u. der Lagerwerkstoffe. München 1940. Dissertation TH. — [98] Hummel, O.: Metallwirtsch. Bd. 20 (1941) S. 559. — [99] vom Ende, E.: Dinglers polytechnisches Journal Bd. 111 (1930) S. 21. — [100] Ernst, H.: Mitt. Forsch.-Anst. Gutehoffnungshütte-Konzerns Bd. 5 (1937) S. 243. — [101] Gersdorfer, O.: Metallwirtsch. Bd. 21 (1942) S. 563. — [102] Heidebroek, E.: Automobiltechn. Z. Bd. 45 (1942) S. 652. — [103] Heidebroek, E.: Über die Beziehung zwischen Schmierung u. Verschleiß bei geschmierter Gleitreibung, Berichte über die Verhandlungen d. sächsischen Akademie der Wissenschaften zu Leipzig, Bd. 98, Heft 2. Berlin: Akademie-Verlag 1950. — [104] Heidebroek, E.: Die Technik Bd. 4 (1949) S. 449. — [105] Weber, R.: Metallwirtsch. Bd. 21 (1942) S. 555. — [106] Fischer, G.: Luftfahrt-Forsch. Bd. 16 (1939) S. 1. — [107] Fischer, G.: Luftfahrt-Forsch. Bd. 16 (1939) S. 370. — [108] Wahl, H.: Die Technik Bd. 3 (1948) S. 193. — [109] Messrs. Hayward-Tyler and Comp. Ltd., Luton: Engng. Bd. 168 (1949) S. 9. — [110] v. Göler, Frhr. u. R. Weber in R. Kühnel: Werkstoffe für Gleitlager S. 367. Berlin: Springer 1939. — [111] vom Ende, E.: Metallwirtsch. Bd. 18 (1939) S. 423 u. 443. — [112] Hummel, O. H.: Arch. Metallkunde Bd. 1 (1947) S. 427. — [113] Sakman, B. W., J. T. Burwell, u. J. W. Irvine: J. Appl. Phys. Bd. 15 (1944) S. 459. — [114] Gregory, J. N.: Nature Bd. 157 (1946) S. 443. — [115] Burwell, J. T., u. C. D. Strang: Mechan. Wear, Amer. Soc. for Metals 1950 S. 130. — [116] Rabinowicz, E., u. D. Tabor: Proc. Roy. Soc. Ser. A Bd. 208 (1951) S. 455. — [117] Stanton, T. E.: Aer. Res. Comm. Rep. and Mem. Nr. 1424, 1930.

III. Zusammensetzung und Aufbau der Gleitlagerwerkstoffe.

[1] Bungardt, W. in R. Kühnel: Werkstoffe für Gleitlager S. 322. Berlin: Springer 1939. — [2] v. Göler Frhr., u. H. Pfister: Metallwirtsch. Bd. 15 (1936) S. 342 u. 365. — [3] Czochralski, J., u. G. Welter: Lagermetalle und ihre technologische Bewertung, 2. Aufl. Berlin: Springer 1924. — [4] A.S.T.M. Standards 1949, Part 2, S. 824. — [5] Ellis, O. W., P. A. Beck, u. A. F. Underwood: Metals Handbook, S. 745. Cleveland (Ohio) 1948. — [6] Smithells, C. J., London: Butterworths Scientific Publications 1949. — [7] Bradley, J. N., u. Hugh O'Neill: J. Inst. Met. Bd. 68 (1942) S. 259. — [8] Schneider, V.: Arch. Metallkunde Bd. 1 (1947) S. 431. — [9] Blalock, J. M., jr.: Metals Handbook S. 1264. Cleveland (Ohio) 1948. — [10] Tasaki, M.: Mem. Coll. Sci. Kyoto Imp. Univ. Bd. 12 (1929) S. 227, zitiert nach [III, 9]. — [11] Harding, J. V., u. W. T. Pell-Walpole: J. Inst. Met. Bd. 75 (1948) S. 115. — [12] Rapp, A., u. H. Hanemann: Z. Metallkunde Bd. 33 (1941) S. 64. — [13] Vgl. Raynor, G. W.: Inst. Metals (London) Annotated Equilibrium Diagramm Ser. Nr. 2 1944. — [14] Hansen, M.: Der Aufbau der Zweistofflegierungen. Berlin: Springer 1936. — [15] Hanson, D., u. W. T. Pell-Walpole: J. Inst. Met. Bd. 58 (1936) S. 229. — [16] Heyn, E., u. O. Bauer: Verhandl. des Vereins zur Beförderung des Gewerbefleißes Bd. 93 (1914) Beiheft. — [17] v. Göler Frhr., u. F. Scheuer: Z. Metallkunde Bd. 28 (1936)

S. 121 u. 176. — [18] v. Göler, Frhr., u. R. Weber in R. Kühnel: Werkstoffe für Gleitlager S. 367. Berlin: Springer 1939. — [19] Jaffee, J. I., u. H. P. Nielsen: Metals Handbook S. 1267. Cleveland (Ohio) 1948. — [20] Hofmann, W.: Blei und Bleilegierungen. Berlin: Springer 1941. — [21] Schrader, A., u. H. Hanemann: Z. Metallkunde Bd. 33 (1941) S. 49. — [22] Thompson, R. G.: Metal Progr. Bd. 46 (1944) S. 739; Met. Ind. (London) Bd. 66 (1945) S. 55. — [23] Gillett, H. W., u. R. W. Dayton: Metals and Alloys Bd. 15 (1942) S. 584. (Metal Ind. [London] Bd. 61 (1942) S. 38.) — [24] Zunker, P.: Metallwirtsch., Bd. 19 (1940) S. 223 u. 247. — [25] v. Schwarz, M.: Z. Metallkunde Bd. 28 (1936) S. 128. — [26] v. Schwarz, M.: Gießerei Bd. 27 (1940) S. 137 u. 160. — [27] Kühnel, R.: Z. VDI Bd. 85 (1941) S. 201. — [28] Phillips, A. J., A. A. Smith jr., u. P. A. Beck: A.S.T.M. Preprint Nr. 46 (1941) Proc. Amer. Soc. Test. Mater. Bd. 41 (1941) S. 886; Metal. Ind. [London] Bd. 59 (1941) S. 258. — [29] Schmid, E.: Z. Metallkunde Bd. 35 (1943) S. 85. — [30] Ageew, N. W.: Metal Ind. [London] Bd. 50 (1937) S. 4. — [31] Zintl, E., u. S. Neumayr: Z. Elektrochem. Bd. 39 (1933) S. 86. — [32] Zintl, E., u. A. Harder: Z. physik. Chem. Bd. 154 (1931) S. 47. — [33] Hack, C. H.: Metal Progr. Bd. 28 (1935) S. 61. — [34] Schmidt, R.: Stahl u. Eisen Bd. 56 (1936) S. 228. — [35] Grant, L. E.: Metals and Alloys Bd. 3 (1932) S. 138 u. 152. — [36] Bassett, H. N.: Bearing Metals and Alloys. London: E. Arnold u. Co. 1937. — [37] Tichvinsky, C. M.: Electrochem. Soc. Preprint Nr. 85—2 (1944) S. 9. — [38] Ackermann: Metallwirtsch., Bd. 12 (1933) S. 618. — [39] v. Göler, Frhr., u. R. Weber: in R. Kühnel: Werkstoffe für Gleitlager S. 207. Berlin: Springer 1939. — [40] Gill, A. S.: Metal Ind. [London] Bd. 46 (1935) S. 650. — [41] Swartz, C. E., u. A. J. Phillips: Trans. Amer. Inst. Min. Metallurg. Engr.Inst. Metals Div. 1934 S. 333 (vgl. auch [III, 14]). — [42] Phillips, A. J.: The Machinist (London) Bd. 79 (1935) S. 709 E. — [43] Smart, C. F.: Trans. Amer. Soc. Met. Bd. 25 (1937) S. 571. — [44] Berchtenbreiter, H., in R., Kühnel: Werkstoffe für Gleitlager S. 309. Berlin: Springer 1939. — [45] Sammlung binärer Zustanddiagramme. Deutsche Gesellschaft für Metallkunde, Bearbeiter E. Gebhardt: Z. Metallkunde Bd. 40 (1949) Heft 12. — [46] Jareš, V.: Z. Metallkunde Bd. 10 (1919) S. 1. — [47] Gebhardt, E.: Z. Metallkunde Bd. 32 (1940) S. 78. — [48] Köster, W.: Z. Metallkunde Bd. 33 (1941) S. 289. — [49] Löhberg, K.: Z. Metallkunde Bd. 32 (1940) S. 86. — [50] Köster, W., u. K. Moeller: Z. Metallkunde Bd. 33 (1941) S. 278 u. 284. — [51] Gebhardt, E.: Z. Metallkunde Bd. 33 (1941) S. 297. — [52] Mann, H. in R. Kühnel: Werkstoffe für Gleitlager S. 238. Berlin: Springer 1939. — [53] A. S. T. M. Standards Part. 2 1949 S. 31. — [54] A. S. T. M. Standards Part 2 1949 S. 31. — [55] A. S. T. M. Standards Part 2 1949 S. 195. — [56] Copper Developm. Assoc. Publ. Nr. 36 (Metallurgia 1941) Revised 1948. — [57] A.S.T.M. Standards Part 2 1949 S. 109. — [58] Bauer, O., u. M. Hansen: Werkstoffhandbuch Nichteisenmetalle. Berlin: VDI-Verlag 1939 Blatt F1. — [59] Freundlicherweise überlassen von der Firma Vereinigte Deutsche Metallwerke A. G., Hauptniederlassung Heddernheimer Kupferwerk. — [60] Eichinger, A.: Mitt. Kaiser-Wilhelm-Inst. Eisenforsch. Düsseldorf Bd. 23 (1941) S. 247 Abhandlung 422. — [61] Anon: Pro-Metall, Fachzeitschr. schweizer Met.-Ind. Bd. 1 (1948) S. 134. — [62] Hansen, F.: Z. VDI Bd. 80 (1936) S. 807. — [63] Vaders, E., E. Lay, u. J. Fankhänel: Metallwirtsch., Bd. 23 (1944) S. 81. — [64] Wassermann, G.: Metallwirtsch., Bd. 12 (1933) S. 358; Bd. 13 (1934) S. 133. — [65] Thomas, H.: Z. Metallkunde Bd. 36 (1944) S. 136. — [66] Gruhl, W., u. G. Wassermann: Metall Bd. 5 (1951) S. 93 u. 141. — [67] Deutsches Kupferinstitut, Bleibronzen als Lagerwerkstoffe. Berlin 1938. — [68] Dayton, R. W., H. W. Gillett, u. L. E. Balch: Metals and Alloys Bd. 16 (1942) S. 1072. — [69] Anon: Automobile

Engr. Bd. 35 (1945) S. 195. — [70] ANON: Iron Age Bd. 155 (1945) S. 50. — [71] LAMB, T. U., u. E. C. JETER: Materials and Methods Bd. 23 (1946) S. 1567. — [72] BOLLENRATH, F.: Arch. Metallkunde Bd. 1 (1947) S. 417. — [73] TAMMANN, G., u. M. HANSEN: Z. anorg. allg. Chem. Bd. 138 (1924) S. 137. — [74] BAUER, O., u. M. HANSEN: Z. Metallkunde Bd. 22 (1930) S. 387 u. 405; Bd. 23 (1931) S. 19. — [75] SMITH, C. S.: Metals Handbook S. 1265. Cleveland (Ohio) 1948. — [76] JENNINGS, E. G., u. H. J. ROAST: Trans. Amer. Foundrymen's Assoc. Bd. 49 (1942) S. 911. — [77] GARRE, B.: Arch. Metallkunde Bd. 3 (1949) S. 143. — [78] WINTERTON, K.: Metal Ind. [London] Bd. 71 (1947) S. 479, siehe auch Metall (1948). — [79] DAYTON, R. W.: Metals and Alloys Bd. 9 (1938) S. 323. — [80] UNDERWOOD, A. F.: S. A. E. Journal Bd. 43 (1938) S. 385. — [81] JOMINY, W. E.: ref. nach Automobiltechn. Z. Bd. 48 (1946) S. 30. — [82] FAUST, C. L., u. B. THOMAS: Trans. Amer. Electrochem. Soc. Bd. 75 (1939) S. 185. — [83] BEERWALD, A., u. L. DÖRINKEL: Z. Elektrochemie Bd. 48 (1942) S. 255. — [84] BOLLENRATH, F.: Metalloberfläche Bd. 1 (1947) S. 3. — [85] RAUB, E.: Z. Metallkunde Bd. 40 (1949) S. 167. — [86] RAUB, E., u. A. v. POLACZEK-WITTECK: Z. Metallkunde Bd. 34 (1942) S. 93. — [87] MOUGEY, H. C.: Ind. and Engr. Chem. Bd. 14 (1936) S. 125. — [88] VÄTH, A: Luftfahrt-Forsch., Jahrbuch 1941 II S. 384. — [89] BUNGARDT, W., in R. KÜHNEL: Werkstoffe für Gleitlager S. 173. Berlin: Springer 1939. — [90] STEINER, G.: Lilienthal-Ges. f. Luftfahrtforsch., Jahrb. 1936 S. 356. — [91] STEUDEL, H.: Luftfahrt-Forsch. Bd. 13 (1936) S. 61. — [92] STERNER-RAINER, R.: Jb. dtsch. Luftfahrtforsch. 1937 S. 221. — [93] WIECHELL, H.: Motortechn. Z. Bd. 40 (1937) S. 235. — [94] Freundliche Mitteilungen d. Firma K. SCHMIDT GmbH, Neckarsulm. — [95] ALCOA: Aluminium and its Alloys 1946. — [96] DECK, W.: Techn. Rundschau, Bern 1944 und AIAG-Prospekt C 29. — [97] GORET, M.: Rev. de l'Aluminium 1947, ref. nach Metall (1948) S. 198. — [98] STERNER-RAINER, R.: Motortechn. Z. (1941) H. 8. — [99] v. SCHWARZ, M.: Metallwirtsch. Bd. 16 (1937) S. 771. — [100] HUNSICKER, H. Y., u. L. W. KEMPF: S. A. E. Quarterly Transact. Bd. 1 (1947) S. 6. — [101] HUNSICKER. H. Y.: Machine Design Bd. 19 (1947) S. 121. — [102] VADERS, E.: Z. Metallkunde Bd. 29 (1937) S. 155. — [103] FISCHER, G.: Luftfahrt-Forsch. Bd. 16 (1939) S. 1. — [104] ROTHHARDT, A.: Energie u. Technik Bd. 1 (1949) H. 5 S. 8 und H. 6 S. 7. — [105] PODSZUS, E.: Kolloid-Z. Bd. 54 (1931) S. 124; Bd. 56 (1931) S. 122; Bd. 64 (1933) S. 129, zahlreiche DRP der Hartstoffmetall AG. Berlin-Köpenick (siehe z. B. [III, 130]). — [106] PIWOWARSKY, E.: Hochwertiges Gußeisen, seine Eigenschaften u. die physikalische Metallurgie seiner Herstellung, 2. Aufl. Berlin/Göttingen/Heidelberg: Springer 1951. — [107] MAURER, E., u. P. HOLTZHAUSEN: Stahl u. Eisen Bd. 47 (1927) S. 1805 und 1977. P. HOLTZHAUSEN: „Das Gußeisendiagramm von Maurer bei verschiedenen Abkühlungsgeschwindigkeiten", Dr.-Ing.-Diss. Bergakademie Freiberg. — [108] DIEFENTHÄLER, A.: Stahl u. Eisen Bd. 38 (1918) S. 427 u. Bd. 41 (1921) S. 731, DRP 301913 (1917). — [109] TORESSEN, S.: Gjuteriet Bd. 39 (1949) S. 69, ref. in Die neue Gießerei Bd. 37 (1950) S. 213. — [110] FALZ, E.: Grundzüge der Schmiertechnik. Berlin: Springer 1931. — [111] MEBOLDT, W.: Z. VDI Bd. 79 (1935) S. 629. — [112] ROLL, F.: Die neue Gießerei Bd. 36 (1949) S. 314. — [113] SEIDEL u. TAUSCHER: Die Technik Bd. 4 (1949) S. 455. — [114] SCHNEIDER, V.: Glasers Ann. Bd. 68 (1944) S. 172. — [115] JUNGBLUTH, H.: Werkstoffhandbuch Stahl u. Eisen. 2. Auflage 1937, Blatt L/11—1. — [116] MEYER, C. H.: Arch. Eisenhüttenwes. Bd. 13 (1939/40) S. 437. — [117] FEIGIN, N. I.: Liteinoje Delo, ref. nach Foundry Trade J. Bd. 72 (1944) S. 264 in Stahl u. Eisen Bd. 66/67 (1947) S. 434. — [118] DIN 1691, August 1942: Grauguß unlegiert oder niedrig legiert. — [119] PEARCE, J. G.: 4th Report of the Res. Committee on High-Duty Cast Iron for General Engineering Purpose, Acicular CastIron (the Institute of Mechanical Engineers). London 1947/48. — [120] PIWOWARSKY, E.: Die neue Gießerei Bd. 37 (1950) S. 29. — [121] ADEY, C. F.: Die neue Gießerei Bd. 35 (1948) S. 67. — [122] PIWOWARSKY, E.: Die neue Gießerei Bd. 35 (1948) S. 2. — [123] MORROGH, H.: Amer. Foundryman, Preprint Nr. 48—46 (1948). — [124] DONOHO, C. K.: Amer. Foundryman Bd. 15 (1949) S. 30. — [125] GAGNEBIN, A. P., K. D. MILLIS, u. N. B. PILLING: Machine Design Bd. 22 (1950) S. 108. — [126] VENNERHOLM, G., H. BOGART, u. R. MELMOTH: Foundry Trade J. Bd. 88 (1950) S. 247. — [127] MANN, H. in R. KÜHNEL: Werkstoffe für Gleitlager, S. 408. Berlin: Springer 1939. — [128] EISENKOLB, F.: Arch. Metallkde. Bd. 1 (1947) S. 345. — [129] KIEFFER, R., u. W. HOTOP: Pulvermetallurgie u. Sinterwerkstoffe. Berlin: Springer 1943. — [130] KIEFFER, R., u. W. HOTOP: Sintereisen u. Sinterstahl. Wien: Springer 1948. — [131] SKAUPY, F.: Metallkeramik, 4. Auflage. Verlag Chemie 1950. — [132] GUERTLER, W.: Metallurgie Bd. 7 (1910) S. 264. — [133] Schweizer Patent 206995 (1938), Österreichisches Patent 160819 (1942). — [134] NAESER, G., H. STEFFE, u. W. SCHOLZ: Stahl u. Eisen Bd. 68 (1948) S. 346. — [135] TYRRELL, H. J. V.: J. Inst. Metals Bd. 76 (1949) S. 17. — [136] ROSIN, P., u. E. RAMMLER: Zement Bd. 23 (1933) S. 427. — [137] ROSIN, P., E. RAMMLER, u. K. SPERLING: Glückauf Bd. 69 (1933) S. 465. — [138] KONOPIZKY, K.: in [III, 130]. — [139] BERNSDORFF, H., u. F. MOSER: Arch. Metallkde. Bd. 3 (1949) S. 317. — [140] LEADBEATER, I. C., L. NORTHCOTT, u. F. HARGREAVES: J. Iron Steel Inst. Spec. Rep. (1947) Nr. 38 S. 15. — [141] TORRE, C.: Berg- u. Hüttenmännische Monatshefte Bd. 93 (1948) S. 62. — [142] SAUERWALD, F.: Z. allg. anorg. Chemie Bd. 122 (1922) S. 277. — [143] SAUERWALD, F.: Z. Metallkde. Bd. 16 (1924) S. 41. — [144] HÜTTIG, G. F.: Kolloid-Z. Bd. 97 (1941) S. 281. — [145] HÜTTIG, G. F.: Kolloid-Z. Bd. 98 (1942) S. 6 u. 263. — [146] HÜTTIG, G. F.: Z. anorg. Chemie Bd. 247 (1941) S. 221. — [147] HÜTTIG, G. F.: Arch. Metallkde. Bd. 2 (1948) S. 93. — [148] TRZEBIATOWSKI, W.: Z. physik. Chem., Abt. B Bd. 24 (1934) S. 75. — [149] SAUERWALD, F.: Metallwirtsch., Bd. 20 (1941) S. 649 u. 671. — [150] KOEHRING, R.: Metal Progr. Bd. 38 (1940) S. 173 u. 196. — [151] DRP 717454. — [152] KIEFFER, R., u. F. BENESOFSKY: Berg- u. Hüttenmännische Monatshefte Bd. 94 (1949) S. 284. — [153] KATZ, W.: Metall Bd. 4 (1950) S. 81. — [154] A.S.T.M. Standards 1949, Part 2, Designation B 202/45 T, S. 592. — [155] FETZ, E.: Metals and Alloys Bd. 8 (1937) S. 258. — [156] WASSERMANN, G., u. R. WEBER: Metallwirtsch. Bd. 22 (1943) S. 201. — [157] REININGER, H.: Metalloberfläche Bd. 3 (1949) A S. 149, S. 173, 191, 207, 220. — [158] SHAW, H.: Metallurgia Bd. 19 (1939) S. 219. — [159] THUM, A., u. R. STROHAUER in R. KÜHNEL: Werkstoffe für Gleitlager, S. 119. Berlin: Springer 1939. — [160] WINDING, CH. C., u. R. L. RASCHE: Plastics, Theory and Practice. New York u. London: McGraw-Hill Book Company 1947. — [161] KALPER, H.: Kunststoffe Bd. 38 (1948) S. 253. — [162] HEIDEBROEK, E.: Kunst- u. Preßstoffe Bd. 1 (1937) S. 33. — [163] BOWDEN, F. P.: Nature [London] Bd. 166 (1950) S. 330. — [164] DAVEY, W.: Scientific Lubrication Bd. 2 (1950) Nr. 1 S. 2. — [165] AKIN, R. A.: India Rubber World Bd. 120 (1949) S. 467. — [166] MIEDEL, H. in B. NEUMANN: Lehrbuch der Chemischen Technologie u. Metallurgie Bd. II, S. 955. Berlin: Springer 1939. — [167] STEINBORN, B.: Hütte (Taschenbuch der Stoffkunde) S. 686. Berlin: W. Ernst & Sohn 1941. — [168] ADKI: Konstruktive Lagerfragen, Bearbeitet u. Herausgegeben von A. ERKENS. Berlin: VDI-Verlag 1940. — [169] BEDNAR, A.: Rubber Age Bd. 65 (1949) S. 173. — [170] BEATTY, J. R., u. D. H. CORNELL: India Rubber World Bd. 120 (1949) S. 185; Bd. 121 (1949) S. 309. — [171] KOLLMANN, F.: Technologie des Holzes und der Holzwerkstoffe Bd. I. Berlin/Göttingen/Heidelberg: Springer 1951. — [172] TOWNSLEY,

H. V.: Mech. Engineering Bd. 70 (1948) S. 600. — [173] KOLLMANN, F.: Hütte (Taschenbuch der Stoffkunde), S. 562. Berlin: W. Ernst & Sohn 1941. — [174] WILLIAMS, A. E.: Scientific Lubrication Bd. 2 (1950) Nr. 11 S. 10. — [175] FRANKE, E.: Werkstoff u. Korrosion Bd. 1 (1950) S. 254. — [176] KEI- NATH, G.: Die Technik elektrischer Meßgeräte Bd. I. München u. Berlin: R. Ol- denbourg 1928. — [177] PFLIER, P. M.: Z. VDI Bd. 84 (1940) S. 575. — [178] HEIDEBROEK, E.: Kunststoffe Bd. 28 (1938) S. 200. — [179] WITTMOSER, A.: Z. VDI Bd. 93 (1951) S. 49.

IV. Eigenschaften der Gleitlagerwerkstoffe.

[1] DIN 1703 (Aug. 1941): Weißmetall für Gleitlager u. Gleitflächen. — [2] BUNGARDT, W., u. G. SCHAITBERGER: Z. Metallkde. Bd. 31 (1939) S. 240. — [3] Metallgesellschaft A.G.: unveröffentlichte Versuche. — [4] BOLLENRATH, F., W. BUNGARDT u. E. SCHMIDT: Luftfahrtforsch. Bd. 14 (1937) S. 417. — [5] HERT- TRICH, H.: Metallwirtsch. Bd. 22 (1943) S. 195. — [6] CUTHBERTSON, J. W.: J. Inst. Metals Bd. 64 (1939) S. 209. — [7] WÜST, F.: Metallurgie Bd. 6 (1909) S. 769. — [8] A.S.T.M. Standards 1949 Part 2 S. 824. — [9] ELLIS, O. W., P. A. BECK u. A. F. UNDERWOOD: Metals Handbook, S. 745. Cleveland (Ohio) 1948. — [10] WILLIAMS u. BIHLMAN: A.I.M.M.E. Bd. 69 (1923) S. 1065. — [11] BRAD- LEY, J. N., u. HUGH O'NEILL: J. Inst. Metals Bd. 68 (1942) S. 259. — [12] DIN 1728 (Mai 1944): Blei, Zinn u. ihre Legierungen. — [13] RAISCH, F.: Forsch. Gebiete Ingenieurwes. Bd. 3 (1932) Nr. 4. — [14] DIN 1703 U (Febr. 1937): Zinnarme u. zinnfreie Weißmetalle für Gleitlager u. Gleitflächen. — [15] v. SCHWARZ, M.: Gießerei Bd. 27 (1940) S. 137 u. 160. — [16] BASSETT, H. N.: Bearing Metals and Alloys. London: E. Arnold & Co. 1937. — [17] v. GÖLER Frhr., u. R. WEBER in R. KÜHNEL: Werkstoffe für Gleitlager S. 367. Berlin: Springer 1939. — [18] SCHNEIDER, V.: Arch. Metallkde. Bd. 1 (1947) S. 431. — [19] SWARTZ, C. E., u. A. J. PHILLIPS: Trans. Amer. Inst. Min. Metallurg. Engr. Inst. Metals Div. 1934 S. 333 (vgl. auch [III, 14]). — [20] SMART, C. F.: Trans. Amer. Soc. Metals Bd. 25 (1937) S. 571. — [21] v. GÖLER Frhr., u. R. WEBER: in R. KÜHNEL: Werkstoffe für Gleitlager, S. 207. Berlin: Springer 1939. — [22] GILL, A. S.: Metal Ind. [London] Bd. 46 (1935) S. 650. — [23] Zinktaschenbuch: Heraus- gegeben von der Zinkberatungsstelle. Halle: Knapp 1942. — [24] SCHMID, E.: Mitt. aus dem Arbeitsbereich d. Metallgesellschaft 1939 H. 14. — [25] LITZEN- BURGER, TH.: Gießerei Bd. 30 (1943) S. 166. — [26] GEBHARDT, E.: Z. Metallkde. Bd. 39 (1947), (Metallforschung Bd. 2 (1947)) S. 17, 57, 225, 310. — [27] DIN 1724 (Juli 1944): Zink u. Zinklegierungen. — [28] ADLOFF, K.: Wärme Bd. 65 (1942) S. 7. — [29] DIN E 1726, Beiblatt 1 (Okt. 1943): Vorzugsweise zu verwendende Kupferlegierungen. — [30] DIN 1705 Blatt 2 (April 1939): Bronze u. Rotguß, Gußstücke, Güte u. Leistungen. — [31] CLAUS, W.: Über das Schmelzen der wichtigsten technischen Nichteisenmetalle und Nichteisenmetall- Legierungen in den Metallgießereien. Halle: Wilh. Knapp 1927. — [32] PIWO- WARSKY, E.: Hochwertiges Gußeisen, 2. Aufl. Berlin/Göttingen/Heidelberg: Springer 1951. — [33] HANSEN, M., u. C. HAASE: Werkstoffhandbuch Nicht- eisenmetalle d. dtsch. Gesellschaft f. Metallkunde, Blatt F 2. — [34] DIN 1714 (Febr. 1936): Aluminiumbronze. — [35] WILKINS, R. A., u. E. S. BUNN: Copper and Copper Base Alloys. New York u. London: McCraw-Hill Book Company 1943. — [36] CLAUS, W.: Werkstoffhandbuch Nichteisenmetalle d. dtsch. Ges. f. Metallkunde, Blatt F 8. — [37] Aluminiumbronzen. Berlin: Dtsch. Kupfer- institut 1941. — [38] MANN, H. in R. KÜHNEL: Werkstoffe f. Gleitlager, S. 238. Berlin: Springer 1939. — [39] BOLLENRATH, F., u. W. BUNGARDT: Werkstoff-

handbuch Nichteisenmetalle d. dtsch. Ges. f. Metallkunde, Blatt F 6. — [40] BOR-
BECK, H.: Werkstoffhandbuch Nichteisenmetalle d. dtsch. Ges. f. Metallkunde,
Blatt F 5. — [41] CLAUS, W., u. A. H. F. GOEDERITZ: Gegossene Metalle u.
Legierungen. Berlin: M. Krayn-Verlag 1933. — [42] Frdl. Mitt. der Vakuumschmelze
A.G., Hanau. — [43] DIN 1725 Blatt 1 (Juli 1943): Aluminium-Knetlegierungen. —
[44] Frdl. Mitteilung d. Firma K. Schmidt GmbH, Neckarsulm. — [45] Alu-
miniumtaschenbuch: Aluminiumzentrale GmbH., Berlin 1942 (9. Auflage). —
[46] VADERS, E.: Z. Metallkde. Bd. 29 (1937) S. 155. — [47] DECK, W.: Techn.
Rundschau, Bern 1944 u. AIAG-Prospekt C 29. — [48] DIN 1691 (Aug. 1942):
Grauguß unlegiert oder niedrig legiert. — [49] JUNGBLUTH, H.: Hütte (Taschenbuch der Stoffkunde), 2. Aufl., S. 226. Berlin: W. Ernst & Sohn 1937. — [50] Werkstoffhandbuch: Stahl u. Eisen. Düsseldorf 1937. — [51] KIEFFER, R., u. W. HOTOP:
Pulvermetallurgie u. Sinterwerkstoffe. Berlin: Springer 1943. — [52] A.S.T.M.
Standards 1949, Part 2, Designation B 202/45 T, S. 592. — [53] Angaben der
Eisen- u. Hüttenwerke Thale/Harz. — [54] v. GÖLER, Frhr., u. H. PFISTER: Metall-
wirtsch. Bd. 15 (1936) S. 342 u. 365. — [55] UNDERWOOD, A. F.: Proc. M. I. T.
1940, Conference on Friction and Surface Finish. — [56] PHILLIPS, A. J., A. A.
SMITH jr., u. P. A. BECK: Amer. Soc. Test. Mater. Bd. 41 (1941) S. 886. — [57] Ho-
MER, C. E., u. H. PLUMMER: Technical Publ. Intern. Tin. Res. a. Develop. Counc.
Series A 1937 Nr. 57. — [58] Kents Mechanical Engineers Handbook: New York:
J. Wiley & Sons u. London: Shapman & Hall 1938, zitiert nach [III, 1]. —
[59] v. GÖLER, Frhr., u. F. SCHEUER: Z. Metallkde. Bd. 28 (1936) S. 121 u. 176. —
[60] MUNDEY, BISSETT u. CARTLAND: J. Inst. Metals Bd. 28 (1922) S. 141, zitiert
nach [IV, 16]. — [61] MECKEL, A.: Techn. Zbl. prakt. Metallbearb. Bd. 48 (1938)
S. 184. — [62] SCHMID, E., u. R. WEBER: Z.VDI Bd. 86 (1942) S. 208. — [63] WITTE,
F.: Z. Metallkde. Bd. 26 (1934) S. 69. — [64] HACK, C. H.: Metal Progr. Bd. 28
(1935) S. 61. — [65] HERSCHMAN, H. K., u. J. L. BASIL: Proc. Amer. Soc. Test.
Mater. Bd. 32 (1932 II) S. 536. — [66] SWARTZ, C. E., u. A. J. PHILLIPS: Metal
Ind. [London] Bd. 43 (1933) S. 637. — [67] PHILLIPS, A. J.: Machinist [London]
Bd. 79 (1935) S. 709 E. — [68] PONTANI, H.: Lilienthal Ges. Luftfahrtforsch. Ber.
170 (1943). — [69] VÄTH, A.: Der Schleuderguß. Berlin 1934. — [70] CZOCHRALSKI,
J., u. G. WELTER: Lagermetalle u. ihre technologische Bewertung, 2. Aufl.
Berlin: Springer 1924. — [71] A.S.T.M. Standards Part 2 1949 S. 191. — [72] DIN
1726 (März 1948): Kupferlegierungen. — [73] A.S.T.M. Standards Part 2 1949
S. 195. — [74] Angaben der Vereinigten Dtsch. Metallwerke A-G., Hauptnieder-
lassung Heddernheimer Kupferwerk. — [75] A.S.T.M. Standards Part 2 1949
S. 109. — [76] ADKI: Konstruktive Lagerfragen, bearb. u. herausgegeben
von A. Erkens. Berlin: VDI-Verlag 1940. — [77] PIWOWARSKY, E.: Gießerei
Bd. 30 (1943) S. 141. — [78] ROLL, F.: Maschinenbau, Betrieb Bd. 20 (1941)
S. 127. — [79] BOLLENRATH, F.: Metalloberfläche Bd. 1 (1947) S. 3. —
[80] BOLLENRATH, F.: Luftfahrtforsch. Bd. 20 (1943) S. 284. — [81] RAUB, E.:
Z. Metallkde. Bd. 40 (1949) S. 167. — [82] GUY, A. G., C. B. BARRETT u. R.
F. MEHL: A.I.M.M.E. Techn. Publ. Nr. 2341 (1948). — [83] SCHMID, E.: Z.
Metallkde. Bd. 35 (1943) S. 85. — [84] GREENWOOD, H.: Technical Publications
of the International Tin Research and Development Council. Ser. A (1937)
Nr. 58. — [85] HACK, C. H.: Metal Progr. Bd. 28 (1935) S. 61. — [86] SCHNEI-
DER, V.: Arch. Metallkde. Bd. 1 (1947) S. 423. — [87] AOYAMA, S., u. F.
FUKUROI: Sci. Rep. Tôhoku Imp. Univ. Bd. 29 (1941) S. 737; nach C. Abs.
Bd. 36 (1942) S. 1880. — [88] UNDERWOOD, A. F.: S.A.E. Journal Bd. 43 (1938)
S. 385. — [89] HEYN, E., u. O. BAUER: Verhandl. des Vereins zur Beförderung des
Gewerbefleißes Bd. 93 (1914) Beiheft. — [90] KENNEFORD, A. S., HUGH O'NEILL,
R. ARROWSMITH, u. H. GREENWOOD: J. Inst. Metals Bd. 55 (1943) S. 301. —

[*91*] CADY, E. L.: Materials and Methods Bd. 26 (1947) S. 80. — [*92*] DIN 7705 (Juli 1943): Preßstoffe aus härtbaren Preßmassen, warmgepreßt, Formpreß-stoffe. — [*93*] DIN 7708 (Dez. 1944): Preßstoffe, Typentafel. — [*94*] DIN 7701 (Jan. 1939): Kunstharzpreßstoffe warmgepreßt. Herausgegeben vom Fach- aus-schuß für Kunst- und Preßstoffe im VDI. — [*95*] VDI-Fachausschuß für Kunst-u. Preßstoffe. VDI-Richtlinien: Gestaltung u. Verwendung von Gleitlagern aus Kunstharzpreßstoff. Ausgabe Jan. 1939. — [*96*] THUM, A., A. GRETH, u. H. R. JAKOBI: Kunst- u. Preßstoffe Bd. 2 (1937) S. 16. — [*97*] D'ANS, J., u. E. LAX: Taschenbuch für Chemiker u. Physiker, 2. Aufl. Berlin/Göttingen/Heidelberg: Springer 1949. — [*98*] HAUSER, E. A.: Handbuch der gesamten Kautschuk-technologie Bd. I. Berlin: Union Dtsch. Verlagsges. 1935. — [*99*] KOLLMANN, F.: Hütte (Taschenbuch d. Stoffkunde) S. 562. Berlin: W. Ernst & Sohn 1941. — [*100*] KOLLMANN, F.: Technologie des Holzes und der Holzwerkstoffe Bd. I, 2. Aufl. Berlin/Göttingen/Heidelberg: Springer 1951. — [*101*] WILLIAMS, A. E.: Scientific Lubrication Bd. 2 (1950) Nr. 11 S. 10. — [*102*] QUASEBART, K., u. H. LÖFFLER: Hütte (Taschenbuch d. Stoffkunde), 2. Aufl., S. 543. Berlin: W. Ernst & Sohn 1937. — [*103*] SHOTTER, G. F.: Rep. Ref. T/T 31 (Appendix 1) of the Brit. Electric. and Allied Industr. Res. Assoc. — [*104*] KNIGHT, S. F.: Institution of Electrical Engineers 1948. — [*105*] STEINBORN, B.: Hütte (Taschenbuch d. Stoffkunde) S. 686. Berlin: W. Ernst & Sohn 1941. — [*106*] MATTHEWS, F. W. H.: The Beaker-Corrosion-Test for Lubri-cation. J. Inst. Petrol. Bd. 35 (1949) S. 436. — [*107*] TALLEY, S. K., R. G. LARSEN u. W. A. WEBB: Ind. Engng. Chem. Bd. 17 (1945) S. 168. — [*108*] WATERS, G. W., u. H. D. BURNHAM: Ind. Engng. Chem., Bd. 36 (1944) S. 263. — [*109*] JAKEMAN, C., u. G. BARR: B.N.F.M.R.A. Nr. 289 A Nov. 1931 Res. Nr. 43. — [*110*] Nach von Herrn A. F. UNDERWOOD, General Motors Corporation, Detroit USA, freundlicherweise zur Verfügung gestellten Unterlagen. — [*111*] STOKELY, J. M.: Diesel Power and Diesel Transportation (1948) S. 58. — [*112*] RYDER, E. A.: S. A. E.-Journal Bd. 49 (1941) S. 461. — [*113*] RAYMOND, L.: S. A. E.-Journal Bd. 50 (1942) S. 533. — [*114*] BEUERLEIN, P., u. K. L. KRYWALSKI: Oel u. Kohle Bd. 38 (1942) S. 625. — [*115*] Arbeitsausschuß Nichteisenmetalle, Korros. u. Metallschutz Bd. 12 (1936) S. 50. — [*116*] TICHVINSKY, L. M.: Electrochem. Soc. Preprint Nr. 85—2 (1944) S. 9. — [*117*] LIVINGSTONE, C. J., u. W. A. GRUSE: S. A. E.-Journal Bd. 50 (1942) S. 437. — [*118*] MATHESIUS: Glasers Ann. Bd. 92 (1923) S. 163. — [*119*] GRANT, L. E.: Metals and Alloys Bd. 5 (1934) S. 191. — [*120*] SMART, C. F.: Metals Technol. Bd. 5 (1938) Nr. 3. — [*121*] MURRAY, W. S.: Aircraft Engng. Bd. 16 (1944) S. 332. — [*122*] ALBIN, J.: Materials and Methods Bd. 27 (1948) S. 88. — [*123*] LUDWICK, M. T.: Metal Clean. Finish. Bd. 40 (1943) S. 13. — [*124*] MURRAY, W. S.: Proc. Amer. Electroplaters Soc. 1944 S. 160. — [*125*] LOWICKI, N.: Erzmetall Bd. 3 (1950) S. 94. — [*126*] BOLLENRATH, F.: Arch. Metallkde. Bd. 1 (1947) S. 417. — [*127*] ROSIN, P., E. RAMMLER u. K. SPERLING: Glückauf Bd. 69 (1933) S. 465. — [*128*] KLUGE, J.: Bericht 558/43 der Phys. Techn. Reichsanst. Berlin vom 21.5. 1943. — [*129*] KLUGE, J.: Bericht 653/43 der Phys. Techn. Reichsanst. Berlin vom 19. 6. 43. — [*130*] KLUGE, J., G. BOCHMANN u. L. FIDDECKE: Z. Metallkde. Bd. 39 (1948) S. 139. — [*131*] LÜPFERT, H.: VDI-Forschungsheft 417 (1942). — [*132*] v. SCHWARZ, M.: Metall u. Erz Bd. 41 (1944) S. 124. — [*133*] HUMMEL, O. H.: Arch. Metallkde. Bd. 1 (1947) S. 427. — [*134*] REUTHE, W.: Maschinenbau, Betrieb Bd. 22 (1943) S. 19. — [*135*] LEHR, E.: Kunststoffe Bd. 28 (1938) S. 161. — [*136*] LEHR, E.: Kunst- u. Preßstoffe Bd. 1 (1937) S. 20. — [*137*] HEIDE-BROEK, E.: Automobiltechn. Z. Bd. 45 (1942) S. 652. — [*138*] HEIDEBROEK, E.: Technik Bd. 4 (1949) S. 449. — [*139*] HEIDEBROEK, E.: Richtlinien für den Aus-tausch von Wälzlagern gegen Gleitlager. Dresdener Verlagsgesellschaft KG 1950. — [*140*] TRÄNKNER, G.: Forsch. Gebiete Ingenieurwes. Bd. 14 (1943) S. 11. —

[141] STROHAUER, R.: VDI Bd. 82 (1938) S. 1441. — [142] NEUSE, O.: Demag-Nachr. Bd. 15 (1941) H. 1. — [143] WEBER, R.: Z. Metallkde. Bd. 32 (1940) S. 384. — [144] WEBER, R.: Metallwirtsch. Bd. 21 (1942) S. 555. — [145] ETCHELLS, E. B., u. A. F. UNDERWOOD: S. A. E.-Journal Bd. 53 (1945) S. 497. — [146] CLAUSER, H. R.: Materials and Methods Bd. 28 (1948) S. 76. — [147] FISCHER, G.: Luftfahrtforsch. Bd. 16 (1939) S. 370. — [148] FISCHER, G.: Luftfahrtforsch. Bd. 16 (1939) S. 1. — [149] DONANDT, H.: Z. VDI Bd. 80 (1936) S. 821. — [150] DIES, K.: Z. VDI Bd. 83 (1939) S. 307. — [151] SIEBEL, E., u. R. KOBITZSCH: Arch. Eisenhüttenwes. Bd. 16 (1942/43) S. 409. — [152] MAILÄNDER, R., u. K. DIES: Arch. Eisenhüttenwes. Bd. 16 (1942/43) S. 385. — [153] RÄDEKER, W.: Verschleißformen an Nichteisenmetallen bei trockener Gleitreibung. Beiträge zur Wirtschaft, Wissenschaft u. Technik der Metalle u. ihrer Legierungen Bd. 14. Berlin-Dahlem: Dr. G. Lüttge Verlag 1944. Siehe auch Metallwirtsch. Bd. 23 (1944) S. 202. — [154] ROSENBERG, S. J., T. JARRETT, H. S. AVERY u. O. MAAG: Metals Handbook. S. 216. Cleveland (Ohio) 1948. — [155] SHAW, H.: Machinery Bd. 45 (1934) S. 427. — [156] KEHL, B., u. E. SIEBEL: Arch. Eisenhüttenwes. Bd. 9 (1935/36) S. 563. — [157] DAYTON, R. W.: Metal Ind. [London] Bd. 54 (1939) S. 155. — [158] SAWIN, N. N.: Machinist. London (1948) S. 696. — [159] NEELY, G. L.: S. A. E.-Journal Bd. 41 (1937) S. 548. — [160] WAHL, H.: Die Technik Bd. 3 (1948) S. 193. — [161] SIEBEL, E., u. H. BROCKSTEDT: Maschinenbau, Betrieb Bd. 20 (1941) S. 457. — [162] MEINCKE, H.: Z. Metallkunde Bd. 41 (1950) S. 344. — [163] JUNGKÖNIG, W., E. KOCH, u. W. LINICUS: zum Teil veröffentlicht von W. LINICUS: Schr. Hess. Hochschulen, TH Darmstadt 1933 Nr. 2 S. 13. — [164] v. GÖLER Frhr., u. G. SACHS: Mitt. Arbeitsbereich Metallges. Frankfurt/Main H. 10 (1935) S. 3; Gießereipraxis Bd. 57 (1936) S. 76 u. 121. — [165] KUNZE: Maschinenbau, Betrieb Bd. 10 (1931) S. 664. — [166] WELTER, G.: Maschinenbau, Betrieb Bd. 11 (1932) S. 146 (Zuschrift zu Kunze). Mittelwerte aus Messungen an den Achslagern von 70 D-Zugwagen nach halbjähriger Laufzeit. — [167] SEIDEL u. TAUSCHER: Die Technik Bd. 4 (1949) S. 455. — [168] PIWOWARSKY, E.: Hochwertiges Gußeisen, seine Eigenschaften u. die physikalische Metallurgie seiner Herstellung. 2. Aufl. Berlin/Göttingen/Heidelberg: Springer 1951. — [169] GAGNEBIN, A. P., K. D. MILLIS, u. N. B. PILLING: Machine Design Bd. 22 (1950) S. 108. — [170] VERNERHOLM, G., H. BOGARDT, u. R. MELMOTH: Foundry Trade J. Bd. 88 (1950) S. 247. — [171] WOLBANK, F.: Z. Metallkunde Bd. 35 (1943) S. 96. — [172] BOWDEN, F. P., u. J. E. YOUNG: Proc. Roy. Soc. Ser. A Bd. 208 (1951) S. 444. — [173] WITTMOSER, A.: Z. VDI Bd. 93 (1951) S. 49. — [174] GAGNEBIN, A. R.: Mémoires du Congrès International de Fonderie, Association Technique de Fonderie de Belgique 1951, S. 173. — [175] LÖHBERG, K.: Demnächst in Stahl u. Eisen Bd. 73 (1953). — [176] Nach von der Firma C. Conradty, Nürnberg, freundlichst zur Verfügung gestellten Unterlagen.

V. Wellenwerkstoffe.

[1] WILLIAMS, A. E.: Sci. Lubrication Bd. 1 (1949) Nr. 4 S. 5. — [2] WAKEFIELD, J. E.: Metalloberfläche Ausgabe A Bd. 4 (1950) S. 172. — [3] REININGER, H.: Automobiltechn. Z. Bd. 53 (1951) S. 125. — [4] KIESSLER, H.: Stahl u. Eisen Bd. 71 (1951) S. 433. — [5] HOUDREMONT, E.: Handb. d. Sonderstahlkunde. Berlin: Springer 1943. — [6] KLINGENSTEIN, TH., H. KOPP, u. E. MICKEL: Mitt. Forsch.-Anst. Gutehoffnungshütte-Konzerns Bd. 6 (1938) S. 39. — [7] PIWOWARSKY, E.: Hochwertiges Gußeisen. Berlin/Göttingen/Heidelberg: Springer 1951. — [8] BRÜHL, F.: Stahl u. Eisen Bd. 70 (1950) S. 1060. — [9] FRY, A.: Krupp-Mitt. Bd. 4 (1923) S. 137. — [10] BÜHLER, H.: Werkstatt u. Betrieb

Bd. 83 (1950) S. 406. — [11] Howard, J. C.: Metallurgia Bd. 40 (1949) S. 37. — [12] Rossow, E.: Luftfahrt-Forsch. Jahrbuch 1941 II S. 289. — [13] Bednar, A.: Rubber Age [London] Bd. 65 (1949) S. 173. — [14] Jungbluth, H.: Techn. Mitt. Krupp Bd. 6 (1938) S. 88. — [15] Pearce, J. G.: Fourth Rep. of the Res. Com. on High-duty Cast Iron for General Engineering Purposes. Instn. Mechan. Engr., J. Proc. 1949 (ref. in E. Piwowarsky, Die neue Gießerei Bd. 37 (1950) S. 29). — [16] Joly, M. G.: Foundry Bd. 43 (1949) S. 1649 (ref. in A. Wittmoser, u. H. v. Rezori: Die neue Gießerei Bd. 37 (1950) S. 470). — [17] Adey, C. F.: Die neue Gießerei Bd. 35 (1948) S. 67. — [18] Piwowarsky, E.: Die neue Gießerei Bd. 35 (1948) S. 2. — [19] Morrogh, H.: Amer. Foundryman, Preprint Nr. 48—46 (1948). — [20] Donoho, C. K.: Amer. Foundryman Bd. 15 (1949) S. 30. — [21] Schulz, E. H., u. W. Püngel: Werkstoffhandbuch Stahl u. Eisen 2. Aufl. G 1. — [22] Leihener, O.: Werkstoffhandbuch Stahl u. Eisen 2. Aufl. Nickelstähle H. 31. — [23] Stahl-Eisen-Werkstoffblatt 400—49 (April 1949). — [24] Gagnebin, A. P., K. D. Millis, u. N. B. Pilling: Iron Age Febr. 1949. — [25] DIN 1611 (1935) Maschinenbaustahl. — [26] DIN 1661 (1929) Einsatz- u. Vergütungsstahl. — [27] DIN E 1664 (1941) Chromstahl. Chrom-Manganstahl. — [28] DIN 1662 (1930) mit Beiblättern 3, 9 u. 11 vom Mai 1932 Nickel- u. Chromnickelstahl. — [29] Schrader, H.: Werkstoffhandbuch Stahl u. Eisen. 2. Aufl. Einsatzstähle N 11. — [30] DIN 1663 (1939) mit Beiblättern 7, 8 u. 9 vom Febr. 1937 Chromstahl, Chrom-Molybdänstahl. — [31] DIN E 1665 (1941) Chromstahl, Chrom-Manganstahl, Manganstahl. — [32] Stahl-Eisen-Werkstoffblatt 850—47 (März 1947). — [33] Bungardt, K.: Stahl u. Eisen Bd. 70 (1950) S. 582. — [34] Bühler, H.: Werkstatt u. Betrieb Bd. 83 (1950) S. 368. — [35] Kopp, H.: Mitt. Forsch.-Anst. Gutehoffnungshütte-Konzern Bd. 7 (1939) S. 96. — [36] Thum, A.. u. K. Bandow: Z. VDI Bd. 80 (1936) S. 23. — [37] Donoho, C. K.: Foundry Bd. 78 (1950) S. 96 u. 218, zitiert nach K. Krämer: Die neue Gießerei Bd. 37 (1950) S. 470. — [38] Thoma, H.: Z. techn. Physik Bd. 24 (1943) S. 78. — [39] Kiesskalt, S.: Z. VDI Bd. 87 (1943) S. 321. — [40] Kluge, J., G. Bochmann, u. L. Fiddecke: Z. Metallkunde Bd. 39 (1948) S. 139. — [41] v. Rajakovics, E.: Metallwirtsch., Bd. 22 (1934) S. 361. — [42] Lüpfert, H.: VDI-Forschungsh. H. 417 (1942). — [43] Fischer, G.: Luftfahrt-Forsch. Bd. 16 (1939) S. 370. — [44] Fischer, G.: Luftfahrt-Forsch. Bd. 16 (1939) S. 1.

VI. Schmiermittel.

[1] Kadmer, E. H.: Schmierstoffe u. Maschinenschmierung. Berlin: Gebrüder Bornträger 1941. — [2] Rochow, E. G.: Instruction to Chemistry of the Silicones. New York: John Wiley and Sons, Inc. 1946. — [3] Williams, A. E.: Sci. Lubr. (overseas edition) Bd. 1 (1949) Nr. 2 S. 10. — [4] DIN 6530 (1947) Einteilung u. Kennzeichnung d. Schmierstoffe nach Herkunft u. Verarbeitung. — [5] Zerbe, C.: Erdöl u. Kohle Bd. 3 (1950) S. 85. — [6] Göttner, G. H.: Über Kennzahlen für das Viskositäts-Temperaturverhalten von Schmierstoffen. Leipzig: Hirzel 1949. — [7] DIN 6579 (1947) Richtlinien für Schmierstoffe. — [8] DIN 53661 (1947) Prüfung von Schmierstoffen, Flammpunkt. — [9] Verein dtsch. Eisenhüttenleute, Richtlinien für Einkauf und Prüfung von Schmierstoffen. Düsseldorf: Verlag Stahleisen 1949. — [10] DIN 53662 (1947) Prüfung von Schmierstoffen. Stockpunkt. — [11] DIN 53658 (1947) Prüfung von Schmierstoffen. Neutralisationszahl. — [12] DIN 53659 (1947) Prüfung von Schmierstoffen. Verseifungszahl. — [13] DIN 53657 (1947). Prüfung von Schmierstoffen. Aschegehaltzahl. — [14] DIN 53656 (1947) Prüfung von Schmierstoffen. Wassergehalt. — [15] DIN 53660 (1947) Prüfung von Schmierstoffen. Hartasphalt. —

[16] NEYMAN-PILAT, E., u. S. PILAT: Ind. a. Engng. Chem. Bd. 33 (1941) S. 1382. — [17] Siehe Sci. Lubr. Bd. 2 (1950) Nr. 12 S. 10. — [18] REUSCHLE, W.: Techn. Mitt. Bd. 43 (1950) S. 529. — [19] CIBULA, G.: Erdöl u. Kohle Bd. 3 (1950) S. 397. — [20] HERSEY, M. D.: Theory of Lubrication. New York 1936. — [21] UMSTÄTTER, H.: Die Technik Bd. 1 (1946) S. 46. — [22] OSTWALD, WO.: Grundrisse der Kolloidchemie. Dresden 1909. — [23] UMSTÄTTER, H.: Die Technik Bd. 2 (1947) S. 171. — [24] UMSTÄTTER, H.: Kolloidzeitschrift Bd. 116 (1950) S. 18. — [25] UMSTÄTTER, H.: ATM-Blatt: Viskositätsmessung I. Grundlagen. V 9122—6, 1950. — [26] VOGELPOHL, G.: VDI-Forschungsh. 386. Berlin: VDI-Verlag 1937. — [27] HEIDEBROEK, E.: Arch. Metallkunde 1 (1947) S. 356. — [28] KIESSKALT, S.: Z. VDI Bd. 87 (1943) S. 321. — [29] HEIDEBROEK, E.: Das Verhalten von zähen Flüssigkeiten insbesondere Schmierflüssigkeiten in engen Spalten. Berlin: Akademie-Verlag 1950. — [30] KRÖGER, C., u. A. KALLER: Erdöl u. Kohle Bd. 1 (1948) S. 352. — [31] GRATZL, M.: Die Technik Bd. 3 (1948) S. 267. — [32] Siehe Sci. Lubrication Bd. 2 (1950) Nr. 12 S. 20. — [33] BASSETT, H. N.: Bearing Metals and Alloys. London: E. Arnold u. Co. 1937. — [34] DIN 53654 (1947): Prüfung von Schmierstoffen. Fließpunkt. Tropfpunkt. — [35] DIN 1995: Erweichungspunkt nach KRÄMER-SARNOW. — [36] KNOLL, K.: Z. VDI Bd. 92 (1950) S. 1026. — [37] PATERSON, E. V.: Petrol. Times Bd. 53 (1949) S. 235, zitiert nach Chem. Zentralbl. Bd. 121 (1950) S. 1049. — [38] GLASS, E. M.: S. A. E. - Journal Bd 57 (1949) S. 43, ref. in Erdöl u. Kohle Bd. 2 (1949) S. 474. — [39] MERKER, R. L., u. W. A. ZISMAN: Ind. a. Engng. Chem. Bd. 41 (1949) S. 2546. — [40] STUART, H.: Petroleum Bd. 12 (1949) S. 139. — [41] SONNTAG, A.: Iron Age Bd. 167 (1951) S. 91. — [42] GOTTWALD, F., u. R. VIEWEG: Z. angew. Phys. Bd. 2 (1950) S. 437. — [43] Krupp-Katalog, Nitrierhärtung. — [44] KNOPP, E.: Z. VDI Bd. 92 (1950) S. 883. — [45] KADMER, E.: Erdöl u. Kohle Bd. 3 (1950) S. 73. — [46] KOETSCHAU, R.: Brennstoffchemie Bd. 31 (1950) S. 240. — [47] ZORN, H.: Erdöl u. Kohle Bd. 3 (1950) S. 171. — [48] PAVELKA, F.: Kolloid-Z. Bd. 82 (1938) S. 215. — [49] MUSGRAVE, F. F.: Sci. Lubrication Bd. 2 (1950) Nr. 10 S. 10. — [50] HAMILTON, L. A., u. P. V. KEYSER jr.: Nat. Petrol. News Bd. 38 (1946) S. 228. — [51] GREGORY, J. N.: J. Inst. Petrol. Bd. 34 (1948) S. 670. — [52] GLOKKER, R.: Ber. Inst. Metallphys. am Kaiser-Wilhelm-Inst. Metallforsch. Stuttgart v. 20. 1. 45. — [53] WEBER, R.: Probleme des Gleitvorganges unter besonderer Berücksichtigung der Laufflächen u. der Lagerwerkstoffe, Diss. TH München 1940. — [54] MACHU, W.: Die Phosphatierung. Weinheim / Bergstraße, Verlag Chemie, 1950. — [55] ADAM, N. K.: The Physics and Chemistry of Surfaces, Oxford 1938. — [56] Hardy's Collected Papers Cambridge 1936. — [57] DUNKEN, H., I. FREDENHAGEN u. K. L. Wolf: Kolloid-Z. Bd. 20 (1942) S. 101. — [58] GAUDITZ, I. L., u. R. RAMSAUER, Kolloid-Z. Bd. 109 (1944) S. 123. — [59] RAMSAUER, R.: Glastechn. Berichte Bd. 22 (1949) S. 205. — [60] HALDER, R.: Brennstoff-Chemie Bd. 30 (1949) S. 313. — [61] HALDER, R.: Brennstoff-Chemie Bd. 30 (1949) S. 306. — [62] KLUGE, J.: Z. Metallkunde Bd. 40 (1949) S. 386. — [63] KLUGE, J., G. BOCHMANN, u. L. FIDDECKE: Z. Metallkunde Bd. 39 (1948) S. 139. — [64] BOWDEN, F. P., u. E. LEBEN: Proc. Roy. Soc. Bd. 169 (1939) S. 371. — [65] KLEMENCIC, A.: Forsch. Gebiete Ingenieurwes. Bd. 11 (1940) S. 108 (Forschungsheft 402). — [66] SHAW, M. C., u. E. F. MACKS: Analysis and Lubrication of Bearings. New York-Toronto-London: Mac Graw-Hill Book-Comp. 1949. — [67] SOWTER, A. B.: Materials and Methods Bd. 28 (1948) S. 60, vgl. auch Weld. J. 1949 S. 149. — [68] McFARLANE, J. S., u. D. TABOR: Proc. Roy. Soc. Ser. A Bd. 202 (1950) S. 244. — [69] BARTEL, A.: Metalloberfläche Bd. 4 (1950) S. A 191. — [70] SIMARD, G. L., H. W. RUSSELL u. H. R. NELSON: Ind. a. Engng. Chem. Bd. 33 (1941) S. 1352. — [71] BOWDEN, F. P.: J. Instn. Petrol. Technologists Bd. 34 (1948)

S. 654. — [72] Schnurmann, R.: J. Appl. Physics Bd. 20 (1949) S. 376. — [73] Halder, R.: Erdöl u. Kohle Bd. 3 (1950) S. 222. — [74] Halder, R.: Erdöl u. Kohle Bd. 3 (1950) S. 437. — [75] Stäger, H.: Schweiz. Arch. angew. Wiss. Techn. Bd. 15 (1949) S. 97. — [76] Brix, V. H.: J. Instn. Petrol. Technologists Bd. 36 (1950) S. 295. — [77] Windebank, C. S.: Schweiz. Arch. angew. Wiss. Techn. Bd. 16 (1950) S. 243. — [78] Atkinson, J.: Inst. Petrol. Rev. Bd. 4 (1950) S. 127. — [79] Greenhill, E. B.: J. Instn. Petrol. Technologists Bd. 34 (1948) S. 659. — [80] Davey, W.: Sci. Lubrication Bd. 2 (1950) Nr. 1 S. 2. — [81] Davey, W.: Ind. and Engng. Chem. Bd. 42 (1950) S. 1841. — [82] Davey, W.: Sci. Lubrication Bd. 1 (1949) Nr. 6 S. 7. — [83] Heidebroek, E.: Technik Bd. 2 (1947) S. 529. — [84] Ramsauer, R.: Chem. Technik Bd. 1 (1949) S. 75. — [85] Finch, Quarrell u. Wilman: Trans. Faraday Soc. Bd. 31 (1935) S. 1078. — [86] Koethen: Ind. a. Engng. Chem. Bd. 18 (1926) S. 497. — [87] Halder, R.: Erdöl u. Kohle Bd. 4 (1951) S. 180. — [88] Rabinowicz, E., u. D. Tabor: Proc. Roy. Soc. Ser. A Bd. 208 (1951) S. 455. — [89] Zwergal, A., u. H. Umstätter: Erdöl u. Kohle Bd. 5 (1952) S. 177 u. 237.

VII. Lagergestaltung.

[1] Dubbels Taschenbuch f. d. Maschinenbau, 11. Aufl. Berlin/Göttingen/Heidelberg: Springer 1953. — [2] Palm, A.: Elektrische Meßgeräte u. Meßeinrichtungen. 3. Aufl. Berlin/Göttingen/Heidelberg: Springer 1949. — [3] Falz, E.: Grundzüge der Schmiertechnik. Berlin: Springer 1931. — [4] ADKI: Konstruktive Lagerfragen, bearbeitet u. herausgegeben von A. Erkens. Berlin: VDI-Verlag 1940. — [5] Rötscher, F.: Die Maschinenelemente. Berlin: Springer Bd. I 1927, Bd. II 1929. — [6] Deck, W.: Techn. Rundschau, Bern 1944 u. AJAG-Prospekt C 29. — [7] Meier, E.: Maschinenbau, Bd. 15 (1936) S. 543. — [8] Thum, A., u. R. Strohauer: Z. VDI Bd. 81 (1937) S. 1245. — [9] Vogelpohl, G.: Bericht über die Tagung Prüfen u. Messen des VDI vom 1. 12. 36. Berlin: VDI-Verlag 1937. — [10] DIN 502: Flanschlager. — [11] DIN 503: Flanschlager. — [12] DIN 504: Augenlager. — [13] DIN 505: geteilte Deckellager. — [14] DIN 506: geteilte Deckellager. — [15] DIN 118: Stehlager. — [16] Shaw, M. C., u. E. F. Macks: Analysis and Lubrication of Bearings. New York-Toronto-London: Mac Graw-Hill Book-Comp. 1949. — [17] Waring, E. H.: USA-Patent: Bearing Surface for Machinery 1917. — [18] Fast, G.: Trans. Amer. Soc. Mechan. Engr. Bd. 63 (1941) S. 725. — [19] Frössel, W.: Forsch. Gebiete Ingenieurwes. Bd. 9 (1938) Nr. 6. Berlin: VDI-Verlag. — [20] Frössel, W.: Stahl u. Eisen Bd. 71 (1951) S. 125. — [21] Frössel, W.: Z. angew. Math. Mechan. Bd. 21 (1941) S. 321. — [22] Michell, A. G. M., u. A. J. Seggel: Austral. Patent Nr. 101857 (1937). — [23] Welter, G., u. W. Brasch: Metallwirtsch., Bd. 15 (1936) S. 227. — [24] DIN 146 (1932): Lagerbuchsen, dünnwandig. — [25] DIN 147 (1932): Lagerbuchsen, dickwandig. — [26] Sterner-Rainer, R.: Jb. dtsch. Luftfahrtforsch. 1937 S. 221. — [27] Selzam, H. v., in R. Kühnel: Werkstoffe für Gleitlager, S. 1. Berlin: Springer 1939. — [28] Valter, J.: Hutn. Listy. Bd. 12 (1949) S. 381, zitiert nach St. Hajduk: Die neue Gießerei Bd. 27 (1950) S. 496. — [29] DIN 384 (1934): Lagerbuchsen mit Weißmetallausguß, Hauptabmessungen. — [30] v. Schwarz, M.: Metall u. Erz Bd. 41 (1944) S. 124. — [31] Beilfuss, S.: Diss. TH. Braunschweig 1939. — [32] Bollenrath, F.: Metalloberfläche Bd. 1 (1947) S. 3. — [33] Hummel, O.: Metallwirtsch., Bd. 18 (1939) S. 863. — [34] Geschelin, J.: Automotive Ind. Bd. 84 (1941) S. 23 u. 38. — [35] Herttrich, H.: Metallwirtsch., Bd. 22 (1943) S. 195. — [36] Clauser, H. R.: Materials and Methods Bd. 28 (1948) S. 76. — [37] Wassermann, G.: Metallforschung Bd. 2

(1947) S. 129. — [*38*] Köhler, M.: Demag-Nachr. Bd. 14 (1940) S. 29. — [*39*] VDI-Fachausschuß für Kunst- u. Preßstoffe. VDI-Richtlinien: Gestaltung u. Verwendung von Gleitlagern aus Kunstharz-Preßstoff. Ausgabe Jan. 1939. — [*40*] Akin, R. A.: India Rubber Wld. Bd. 120 (1949) S. 467. — [*41*] Bednar, A.: Rubber Age [London] Bd. 65 (1949) S. 173. — [*42*] Townsley, H. V.: Mechan. Engng. Bd. 70 (1948) S. 600. — [*43*] Williams, A. E.: Sci. Lubrication Bd. 2 (1950) Nr. 11 S. 10. — [*44*] DIN 7150: Einheitswelle. — [*45*] DIN 7165: Einheitsbohrung. — [*46*] Schiebel, A., u. K. Körner: Die Gleitlager, Heft 8 d. Sammlung C. Volk: Einzelkonstruktionen aus dem Maschinenbau. Berlin: Springer 1933. — [*47*] Michell, A. G. M.: Z. math. Physik Bd. 52 (1905) S. 123. — [*48*] Gynt, S.: zitiert nach Z. f. Elektrotechnik Bd. 2 (1949) S. 140. — [*49*] Kreuz, F.: Technik Bd. 6 (1951) S. 339. — [*50*] Anon: Engineering Bd. 170 (1950) S. 305 u. 313. — [*51*] Meissner, L.: Z. VDI Bd. 93 (1951) S. 866. — [*52*] Keinath, G.: Die Technik elektrischer Meßgeräte Bd. I. München u. Berlin: R. Oldenbourg 1928. — [*53*] Merz, L.: ATM-Blatt J 011—2 Jan. 1950. — [*54*] Freundlichst überlassen von d. Firma K. Schmidt GmbH., Neckarsulm. — [*55*] Kuhm, M.: Konstruktion Bd. 2 (1950) S. 1. — [*56*] Englisch, C., E. Schmid, u. R. Weber: Naturforschung u. Medizin in Deutschland 1939 bis 1946. Bd. 32 S. 143. Wiesbaden: Dieterich'sche Verlagsbuchhandlung 1948. — [*57*] Koch, E.: Dtsch. Motor-Z. Bd. 14 (1937) H. 9. — [*58*] Gressenich, G.: Automobiltechn. Z. Bd. 41 (1938) H. 12 S. 325. — [*59*] Kohler, W.: Z. VDI Bd. 86 (1942) H. 9/10 S. 153. — [*60*] Zeichnung nach E. Heidebroek. — [*61*] Deutsches Kupferinstitut: Bleibronzen als Lagerwerkstoffe. Berlin 1938. — [*62*] Wögerbauer, H.: Maschinenbau, Betrieb Bd. 21 (1942) S. 23. — [*63*] Heldt, P. M.: Automotive Ind. Bd. 78 (1938) S. 412. — [*64*] Heyer, H. O.: Luftfahrt-Forsch. Bd. 14 (1937) S. 14. — [*65*] Anon (Specifications of 1950 Passenger Cars): Automotive Ind. Bd. 102 (1950) S. 115. — [*66*] Angaben der Fürstlich Hohenzollernsche Hüttenverwaltung, Laucherthal (Hohenzollern). — [*67*] Heidebroek, E.: Richtlinien für den Austausch von Wälzlagern gegen Gleitlager. Dresdener Verlagsgesellschaft K.G. 1950. — [*68*] Meckel, A.: Techn. Zbl. prakt. Metallbearb. Bd. 48 (1938) S. 184. — [*69*] Garbers: Org. Fortschr. Eisenbahnwes. Bd. 91 (1936) S. 293. — [*70*] Eckert, F.: Pro-Metal (1949) S. 532. — [*71*] Lay, E.: Metallwirtsch., Bd. 17 (1938) S. 1199. — [*72*] Rossenbeck, M.: Z. Metallkunde Bd. 41 (1950) S. 109. — [*73*] Mann, H.: Techn. Zbl. prakt. Metallbearb. Bd. 46 (1936) S. 689. — [*74*] Sterner-Rainer, R.: Maschinenbau, Betrieb Bd. 20 (1941) S. 73. — [*75*] Anon: Automobile Engr. Bd. 36 (1946) S. 480. — [*76*] Deck, W.: Automobile Rev. 1947 Heft 28. — [*77*] Wiechell, H.: Automobiltechn. Z. Bd. 40 (1937) S. 235. — [*78*] Goret, M.: Revue de l'Aluminium 1947, ref. nach Metall (1948) S. 198. — [*79*] Frank, H.: Kunststoffe Bd. 37 (1947) S. 46. — [*80*] Grodzinsky, P.: Plastics 1939 S. 304. — [*81*] Gilbert, E., u. K. Lürenbaum: Z. VDI Bd. 86 (1942) S. 139. — [*82*] Rögnitz, H.: Shell-Taschenbuch. Leipzig: J. J. Arnd 1943. — [*83*] Druckschrift der Robert Bosch A.G., Stuttgart. — [*84*] Ressmann, H.: Glasers Ann. Bd. 66 (1942) S. 164. — [*85*] Reuschle, W.: Techn. Mitt. Krupp Bd. 43 (1950) S. 529. — [*86*] Endriss, H.: Z. VDI Bd. 92 (1950) S. 571. — [*87*] Kadmer, E. H.: Schmierstoffe u. Maschinenschmierung. Berlin: Gebrüder Bornträger 1941. — [*88*] McKee, S. A., u. H. S. White: Trans. ASME Paper Nr. 50 — 5 — 9, zitiert nach Sci. Lubrication Bd. 2 (1950) H. 9 S. 10. — [*89*] Thum, A., u. R. Strohauer in R. Kühnel: Werkstoffe für Gleitlager, S. 119. Berlin: Springer 1939. — [*90*] Hummel, O.: Metallwirtsch., Bd. 19 (1940) S. 979. — [*91*] Patton, W. G.: The Iron Age Bd. 165 (1950) S. 91. — [*92*] Angaben der Eisen- u. Hüttenwerke Thale/Harz. — [*93*] Pabst, E. G.: Werkstattstechn. u. Maschinenbau Bd. 39 (1949) S. 117. — [*94*] Gümbel, L., u. E. Everling: Reibung u. Schmierung im Maschinenbau. Berlin: M. Krayn 1925. — [95] GERARD, P.: Le Génie civil Bd. 125 (1948) S. 251. — [96] FÜSSENHÄUSER, A.: Luftwissen Bd. 1 (1934) S. 158. — [97] HOLTMEYER: Org. Fortschr. Eisenbahnwes. Bd. 92 (1937) S. 349. — [98] FISCHER, G.: Luftfahrt-Forsch. Bd. 16 (1939) S. 1. — [99] Von der Firma Brown, Boveri u. Cie. A. G. Mannheim freundl. zur Verfügung gestellte Werkzeichnung. — [100] BUSKE, A.: ATZ Bd. 42 (1939) S. 355. — [101] BUSKE, A.: Stahl u. Eisen Bd. 71 (1951) S. 1420. — [102] GERSDORFER, O.: Österr. Maschinenmarkt mit Elektrowirtsch. Bd. 6 (1951) H. 24. — [103] HEYER, H. O.: ATZ Bd. 40 (1937) S. 551 u. 589. — [104] KRÄMER, L.: DRP 548 024 (1932). — [105] MANN, H.: T. Z. f. prakt. Metallbearb. Bd. 46 (1936) S. 605. — [106] MELHUISH, M.: The Metal Industry (1936) S. 209. — [107] Nach Angaben der Ringsdorff-Werke GmbH Mehlem/Rhein. — [108] Nach von der Firma C. Conradty, Nürnberg freundlichst zur Verfügung gestellten Unterlagen.

VIII. Lagerfertigung.

[1] MANN, H., in R. KÜHNEL: Werkstoffe für Gleitlager, S. 238. Berlin: Springer 1939. — [2] CLAUS, W.: Über das Schmelzen der wichtigsten technischen Nichteisenmetalle u. Nichteisen-Metallegierungen in den Metall-Gießereien. Halle: Wilh. Knapp 1927. — [3] CLAUS, W., u. A. F. GOEDERITZ: Gegossene Metalle u. Legierungen. Berlin: M. Krayn-Verlag 1933. — [4] SCHOTT, E. A.: Metallgießerei. Leipzig 1920. — [5] IRMANN, R.: Aluminiumguß in Sand und Kokille. Leipzig: Akademische Verlagsgesellschaft 1945. — [6] PIWOWARSKY, E.: Hochwertiges Gußeisen, seine Eigenschaften u. die physikalische Metallurgie seiner Herstellung. 2. Aufl. Berlin/Göttingen/Heidelberg: Springer 1951. — [7] GRUHL, W.: Z. Metallkunde Bd. 40 (1949) S. 225. — [8] HOFMANN, W., u. K. H. MAHLICH: Werkstoffe u. Korros. Bd. 2 (1951) S. 55. — [9] GRUHL, W., u. G. WASSERMANN: Z. Metallkunde Bd. 41 (1950) S. 178. — [10] VÄTH, A.: Der Schleuderguß. Berlin 1934. — [11] Freundlichst überlassen von der Firma Vereinigte deutsche Metallwerke A.G., Hauptniederlassung Heddernheimer Kupferwerk. — [12] MEYERRÄSSLER, E.: Aluminium Bd. 25 (1943) S. 165. — [13] STERNER-RAINER, R., u. F. W. RABENAU: Jb. dtsch. Luftfahrtforsch. Bd. 2 (1941) S. 408. — [14] TIMMERBEIL, H., u. O. H. HUMMEL: Arch. Metallkunde Bd. 2 (1948) S. 30. — [15] MANN, H., in R. KÜHNEL: Werkstoffe für Gleitlager, S. 408. Berlin: Springer 1939. — [16] WASSERMANN, G., u. R. WEBER: Metallwirtsch., Bd. 22 (1943) S. 201. — [17] KIEFFER, R., u. W. HOTOP: Sintereisen u. Sinterstahl. Wien: Springer 1948. — [18] KÖHLER, M.: Demag-Nachr. Bd. 14 (1940) B 29. — [19] KIEFFER, R., u. F. BENESOFSKY: Berg- u. hüttenmänn. Mh. montan. Hochschule Leoben Bd. 94 (1949) S. 284. — [20] E. P. 577 198 (1943), zitiert nach [VIII. 17]. — [21] HERMANNS, H.: Elektrotechn. u. Maschinenbau Bd. 1 (1947) S. 189. — [22] ADKI: Konstruktive Lagerfragen, bearbeitet u. herausgegeben von A. Erkens. Berlin: VDI-Verlag 1940. — [23] THEWS, E. R.: Werkstattstechn. u. Werksleiter Bd. 29 (1935) S. 181. — [24] BEILFUSS, S.: Diss. TH. Braunschweig 1939. — [25] v. SCHWARZ, M.: Metall u. Erz Bd. 41 (1944) S. 124. — [26] MECKEL, A.: Montan. Rdsch. Bd. 33 (1941) S. 19. — [27] HAAS, PH.: Metallwirtsch., Bd. 19 (1940) S. 1115. — [28] BEILFUSS, S.: Z. VDI Bd. 80 (1936) S. 1475. — [29] GARRE: Metallwirtsch., Bd. 21 (1942) S. 225. — [30] ANON: Automobile Engr. Bd. 39 (1949) S. 265. — [31] STERNER-RAINER, R.: Motortechn. Z. (1941) H. 8. — [32] LITTLE, M. V.: Machinery [London] Bd. 2 (1950) S. 173. — [33] GÜRTLER, G.: Automobiltechn. Z. Bd. 53 (1951) S. 102. — [34] CLAUSER, H. R.: Materials and Methods Bd. 24 (1946) S. 633. — [35] BOLLENRATH, F.: Arch. Metallkunde Bd. 1 (1947) S. 417. — [36] Deutsches Kupferinst.: Bleibronzen als Lagerwerk-

stoffe, 2. Ausgabe. Berlin 1943. — [37] CORNELIUS, H., u. F. BOLLENRATH: Luftfahrt-Forsch. Bd. 19 (1942) S. 167. — [38] MANN, H.: Bericht über 11. Aachener Gießerei-Kolloquium 1947 S. 11. — [39] LAY, E.: Metallwirtsch. Bd. 17 (1938) S. 1199. — [40] BOLLENRATH, F., u. W. SIEDENBURG: Luftfahrt-Forsch. Bd. 20 (1943) S. 269. — [41] ANON: Iron Age Bd. 136 (1935) S. 25 u. 47. — [42] NISCHK, K.: Gießerei Bd. 23 (1936) S. 4. — [43] ANON: Automotive Ind. Bd. 78 (1938) S. 205. — [44] BLANKENFELD, A.: Z. Metallkunde Bd. 31 (1939) S. 31. — [45] REININGER, H.: Metalloberfläche Bd. 3 (1949) S. A 149; A 173; A 191; A 207; A 220. — [46] ROTHENBERG, O.: Maschinenbau, Betrieb Bd. 20 (1941) S. 527. — [47] Deutsches Kupferinstitut: Kupferplattierungen. Berlin 1942. — [48] ENGELHARDT, W.: Mitt. Forsch.-Anst. Gutehoffnungshütte-Konzerns Bd. 8 (1940) S. 150. — [49] WEBER, R., E. SCHMID, u. H. MANN: Naturforschung u. Medizin in Deutschland 1939—1946, Bd. 33 Teil II S. 83. Lagermetalle Wiesbaden: Dieterich'sche Verlagsbuchhandlung 1948. — [50] LAY, E., in H. v. SCHULZ: Jahrbuch d. Metalle S. 120. Berlin 1943. — [51] BOLLENRATH, F.: Metalloberfläche Bd. 1 (1947) S. 3. — [52] BEERWALD, A., u. L. DÖHLER: Arch. Metallkunde Bd. 1 (1947) S. 412. — [53] BOLLENRATH, F.: Luftfahrt-Forsch. Bd. 20 (1943) S. 284. — [54] RAUB, E.: Naturforschung u. Medizin in Deutschland 1939—1946, Bd. 33 Teil II S. 122. Wiesbaden: Dieterich'sche Verlagsbuchhandlung 1948. — [55] DAYTON, R. W.: Metals and Alloys Bd. 9 (1938) S. 323. — [56] FETZ, E.: Metals and Alloys Bd. 8 (1937) S. 258. — [57] TAIT, W. H.: Symposium on Powder Metallurgy. J. Iron Steel Inst. (1947) S. 157. — [58] KATZ, W.: Metall Bd. 4 (1950) S. 81. — [59] KOEHRING, R.: Metal Progr. Bd. 38 (1940) S. 173 u. 196. — [60] SCHWARZKOPF, P.: Z. anorg. Chem. Bd. 262 (1950) S. 218. — [61] WASSERMANN, G.: Metallforschung Bd. 2 (1947) S. 129. — [62] WOLFF, R.: Eisenbahnwerk 1925 S. 211 u. 235. — [63] MÜLLER, H.: Sonderheft zu Glasers Ann. 1927 S. 279. — [64] KREKELER, K.: Die Zerspanbarkeit der metallischen und nichtmetallischen Werkstoffe. Berlin/Göttingen/Heidelberg: Springer 1951. — [65] PERTHEN, J.: Prüfen u. Messen der Oberflächengestalt. München: C. Hanser Verlag 1949. — [66] SCHMALTZ, G.: Technische Oberflächenkunde. Berlin: Springer 1936. — [67] DIN 7183, Bl. 1 1944: Oberflächengeometrie, Begriffe, Benennungen, Zeichen. — [68] WELLER, E. J.: Machinery [London] Bd. 55 (1949) S. 181. — [69] SCHLESINGER, G.: Messung der Oberflächengüte. Berlin/Göttingen/Heidelberg: Springer 1951. — [70] DIN 140 (1931) Bl. 1 Oberflächen, Beschaffenheit; Bl. 2 Oberflächenzeichen; Bl. 3 Wortangaben; Bl. 4 Zeichnerische Eintragungen der Oberflächen; Bl. 5 u. 6 Kennzeichnungsbeispiele, Zeichen. — [71] SOMMER, P.: Maschinenbau, Betrieb Bd. 17 (1938) S. 579. — [72] Aluminium-Taschenbuch. 9. Aufl. Berlin: Aluminiumzentrale GmbH 1942. — [73] Zinktaschenbuch, herausgegeben von der Zinkberatungsstelle. Halle: Knapp 1942. — [74] PONTANI, H., u. H. BARBIER: Maschinenbau, Betrieb Bd. 19 (1940) S. 149. — [75] Angaben der Eisen- u. Hüttenwerke Thale/Harz. — [76] HUMMEL, O. H.: Metallwirtsch. Bd. 22 (1943) S. 206. — [77] ANON: Automobile Engr. Bd. 36 (1946) S. 480. — [78] FALZ, E.: Grundzüge der Schmiertechnik. Berlin: Springer 1931. — [79] GYNT, S.: zitiert nach Z. Elektrotechnik Bd. 2 (1949) S. 140. — [80] GARBERS: Org. Fortschr. Eisenbahnwes. Bd. 91 (1936) S. 293. — [81] HUMMEL, O.: Metallwirtsch. Bd. 19 (1940) S. 979. — [82] EISENKOLB, F.: Arch. Metallkunde Bd. 1 (1947) S. 345. — [83] JOMINY, W. E.: ref. nach Automobiltechn. Z. Bd. 48 (1946) S. 30. — [84] ELLIS, O. W., P. A. BECK u. A. F. UNDERWOOD: Metals Handbook, S. 745. Cleveland (Ohio) 1948. — [85] STERNER-RAINER, R.: Maschinenbau, Betrieb Bd. 20 (1941) S. 73. — [86] GEBHARDT, E.: Vortrag Hauptversammlung der dtsch. Ges. f. Metallkde., Sept. 1950 in Konstanz. — [87] MEYER-RÄSSLER, E.: Z. VDI Bd. 86 (1942) S. 245. — [88] ANON: The Automobile Engr. 1936, zitiert nach Brennstoff-

u. Wärmewirtsch. Bd. 19 (1937) S. 52. — [89] GEBAUER, K.: Metalloberfläche Bd. 2 (1948) S. 161. — [90] RIEKERT, P., u. W. HAMPP: Metalloberfläche A Bd. 3 (1951) S. 33. — [91] MEYER-RÄSSLER, E.: Metalloberfläche B Bd. 3 (1951) S. 33. — [92] WEBER, R.: Probleme des Gleitvorganges unter besonderer Berücksichtigung der Laufflächen u. der Lagerwerkstoffe. Diss. TH München 1940. — [93] OVERATH, W., u. R. TUCH: Automobiltechn. Z. Bd. 43 (1940) S. 612. — [94] DURER, A., E. SCHMID, u. H. D. Graf v. SCHWEINITZ: Z. VDI Bd. 86 (1942) S. 15. — [95] DURER, A., u. E. SCHMID: Korros. u. Metallschutz Bd. 20 (1944) S. 161. — [96] BREMER, F.: Korros. u. Metallschutz Bd. 17 (1941) S. 208. — [97] MACHU, W.: Die Phosphatierung. Weinheim/Bergstraße: Verlag Chemie 1950. — [98] Der Kolbenring Nr. 11 (1939), Goetze-Werk, Burscheid-Köln. — [99] v. GÖLER Frhr., u. F. W. NOTHING: Tafel 30 in BERTHOLD: Atlas der zerstörungsfreien Prüfverfahren. Leipzig: J. A. Barth. — [100] v. GÖLER Frhr., u. R. WEBER: Jb. dtsch. Luftfahrtforsch. 1937 II, S. 217. — [101] WIEGAND, H. in Agfa Röntgenblätter Bd. 7 (1937) S. 73. — [102] GARRE, B.: Metallwirtsch., Bd. 16 (1937) S. 281. — [103] SOSSINKA, G. H., u. A. KEIL: Jb. dtsch. Luftfahrtforsch. II (1941) S. 376. — [104] KEIL, A.: Z. Metallkunde Bd. 41 (1950) S. 325. — [105] Nach freundlicher Mitteilung der Firma R. SEIFERT, Hamburg. — [106] ANON: J. Sci. Instruments (London) Bd. 19 (1942) S. 189; zitiert nach [VII, 65]. — [107] SCHRAIVOGEL, K., u. G. ADLER: Luftwissen, Bd. 10 (1943) S. 285. — [108] ANON: Chem. Proc. Rev. Bd. 13 (1950) S. 30. — [109] SCHNEIDER, V.: Metallwirtsch., Bd. 22 (1943) S. 369. — [110] STANTON, T. E.: Aeronautical Res. Committee Reports and Memoranda Nr. 1424. His Majesty's Stationary Office, London 1930. — [111] WOOD, E.: Metal Ind. [London] Bd. 52 (1938) S. 569. — [112] CHALMERS, B.: J. Inst. Metals Bd. 68 (1942) S. 253. — [113] BERGMANN, L.: Der Ultraschall u. seine Anwendung in Wissenschaft u. Technik. Stuttgart: Hirzel 1949. — [114] MÜLLER, E. A. W.: Elektrotechn. Bd. 2 (1950) S. 339. — [115] CZERLINSKY, E.: Unters. u. Mitt. Zentr. wiss. Ber. dtsch. Luftfahrtforsch. Nr. 1069 (1943). — [116] HOMES, A., Y. VAN OTS, u. E. SYMON: Vortrag auf dem internationalen Kolloquium in Saarbrücken vom 30. 11. bis 2. 12. 1950. — [117] MAHL, H., u. F. PAWLEK: Z. Metallkunde Bd. 34 (1942) S. 232. — [118] v. BORRIES, B., u. S. JANZEN: Z. VDI Bd. 85 (1941) S. 207. — [119] KRAMER, J.: Der metallische Zustand. Göttingen: Vandenhoeck u. Ruprecht 1950. — [120] BECKER, H.: Metall Bd. 4 (1950) S. 359. — [121] THUM, A., u. R. STROHAUER in R. KÜHNEL: Werkstoffe f. Gleitlager S. 119. Berlin: Springer 1939. — [122] WEIGEL, W.: Kunststoffpreßstoffe im Maschinenbau. Berlin: Springer 1942. — [123] AKIN, R. A.: India Rubber Wld. Bd. 120 (1949) S. 467. — [124] BEDNAR, A.: Rubber Age Bd. 65 (1949) S. 173. — [125] BEATTY, J. R., u. D. H. CORNELL: India Rubber Wld. Bd. 120 (1949) S. 185; Bd. 121 (1949) S. 309. — [126] TOWNSLEY, H. V.: Mechan. Engng. Bd. 70 (1948) S. 600. — [127] WILLIAMS, A. E.: Sci. Lubrication Bd. 2 (1950) Nr. 11 S. 10. — [128] PALITZSCH, G.: Feinwerkstechnik Bd. 54 (1950) S. 121. — [129] VERNEUIL, A. V. L.: Ann. Chim. et Phys. [3] Bd. 3 (1904) S. 20. [130] MATHER, K. B.: Metal Progr. Bd. 56 (1949) S. 225. — [131] Nach Angaben der Ringsdorff-Werke GmbH, Mehlem/Rhein. — [132] vergl. EPPSTEIN, Z. VDI Bd. 78 (1934) S. 1114.

IX. Praxisbewährte Anwendungsfälle von Lagerwerkstoffen.

[1] ADKI, Konstruktive Lagerfragen, bearbeitet u. herausgegeben von A. Erkens. Berlin: VDI-Verlag 1940. — [2] KOEHRING, R.: Metal Progr. Bd. 38 (1940) S. 173 u. 196. — [3] BOLLENRATH, F.: Metalloberfläche Bd. 1 (1947) S. 3. —

[*4*] IRTENKAUF, J., u. H. SCHUMACHER: Werkstattstechn. u. Werksleiter Bd. 35 (1941) S. 109. — [*5*] SCHNEIDER, V.: Metall Bd. 3 (1949) S. 327. — [*6*] KOLLMANN, F.: Technologie des Holzes u. der Holzwerkstoffe Bd. 1, 2. Aufl. Berlin/Göttingen/Heidelberg: Springer 1951. — [*7*] LÜPFERT, H.: VDI-Forschungsheft 417 (1942). — [*8*] ENGLISCH, C., E. SCHMID, u. R. WEBER: Naturforschung u. Medizin in Deutschl. 1939—1946. Bd. 32, S. 141. Wiesbaden: Dieterich'sche Verlagsbuchh. 1948. — [*9*] VANICK, J. S.: The Foundry Bd. 78 (1950) S. 80 u. 211. — [*10*] Nach von der Firma C. Conradty, Nürnberg, freundlichst zur Verfügung gestellten Unterlagen.

Sachverzeichnis.

Auf den durch *Kursiv-Satz* hervorgehobenen Seiten wird das Stichwort
ausführlicher behandelt.